中国核电 QC 小组活动优秀成果集

本书编写组　编著

中国原子能出版社

图书在版编目（CIP）数据

中国核电 QC 小组活动优秀成果集 / 本书编写组编著
. — 北京 : 中国原子能出版社，2022.12
ISBN 978-7-5221-2442-1

Ⅰ. ①中… Ⅱ. ①本… Ⅲ. ①核电站-质量管理-中国 Ⅳ. ①TM623.7

中国版本图书馆 CIP 数据核字(2022)第228253号

中国核电 QC 小组活动优秀成果集

出版发行　中国原子能出版社（北京市海淀区阜成路 43 号　100048）
责任编辑　王　青　郭文传
责任校对　冯莲凤
责任印制　赵　明
印　　刷　北京中科印刷有限公司
开　　本　787 mm×1092 mm　1/16
印　　张　35　　字　数　522 千字
版　　次　2022 年 12 月第 1 版　2022 年 12 月第 1 次印刷
书　　号　ISBN 978-7-5221-2442-1　　定　价　298.00 元

出版电话：010-88821453
发行电话：010-68452845

编写委员会

主　任　魏智刚

副主任　高顺龙　陈志刚　姚照红　梅炳云　王国华

编　委　吴锦坤　王常明　陈凤杰　赵　兵　郭守锋

姜育锋　俞文伟　蒋晓炜　陈　睿　叶应权

孙艳珍　彭斗光　张顺心　夏想山

编写组成员

组　　长　沈　哲

副 组 长　赵　兵　周雪梅　耿江海

编写人员　韩　娜　彭　虹　朱　鹏　黄义忠　雷雅云

江　斌　杜配配　李春华　姜淑雄　章拓霆

李　娟　方成平　郭　强　严斌鹏　王声学

章　勇　王良明　周晨曦　姚肖方　黄东松

林博洋　丁广宇　谢　阅　史为乐　林静怡

曾姝婕　马伟奇

前言

质量管理（QC）小组活动作为普及率最高的群众性质量管理活动，从1978年我国第一个QC小组诞生至今，已开展了40多年，这种通过运用科学严谨的活动程序、灵活多样的工具方法进行的质量活动，已然成为了企业员工参与质量改进与创新的有效途径。它在提高企业全员质量意识、提升员工现场问题解决能力、培养质量管理人才等方面都发挥了重要的作用。

一直以来，中国核工业集团有限公司高度重视质量改进与创新活动，不断加强骨干队伍的建设，积极推动企业质量活动的开展，作为集团的下属企业，中国核电响应集团的号召，全力支持QC小组活动的推进，QC成果近年来在国内电力行业中一直处于领先水平，2021年有6项成果获得了国际QC小组活动领域的最高奖。

为确保中国核电QC小组活动的有效开展，促进QC小组活动优秀成果在中国核电新项目中的推广应用，达到经验共享的目的，中国核电收集了近2年各成员单位在全国QC小组大赛、中核集团、中国水利电力质量管理协会、各省质量协会等各大平台获得佳绩的共计15项成果，由秦山核电牵头组织江苏核电、福清核电、海南核电、三门核电、中核武汉、霞浦核电、漳州能源、辽宁核电等单位的QC小组活动专家，针对活动中容易出错的问题进行梳理、点评，形成成果集。

成果集既有核电成果的独特性，也有QC小组活动的普及性，更贴近核电行业QC小组活动的实操，便于初学者快速领会、准确借鉴优秀成果的精髓，对中国核电各成员单位QC小组活动开展具有指导意义和参考价值。

成果集在编制过程中，受到了上级单位领导、行业同仁等众多专家的指导和支持，在此向他们表示诚挚感谢。

由于时间和水平有限，成果集中难免存在不妥之处，诚恳地希望读者指正。

成果集编写组

2022年6月

目录

课题一

提高循环水管刚性环下料一次合格率

一、小组概况

表 1　“马里奥”QC 小组及本次课题概况表

<table>
<tr><td>小组名称</td><td>“马里奥”QC 小组</td><td>成立日期</td><td>2017-09</td></tr>
<tr><td>课题名称</td><td>提高循环水管刚性环下料一次合格率</td><td>小组注册号</td><td>2019-CMD-07</td></tr>
<tr><td>课题类型</td><td>问题解决型</td><td>活动次数</td><td>8 次</td></tr>
<tr><td>活动时间</td><td>2019-07—2019-12</td><td>小组人数</td><td>8 人</td></tr>
<tr><td>人均 TQM</td><td colspan="3">98 学时</td></tr>
<tr><td colspan="4">获奖情况
1. 2020 年全国优秀质量管理小组
2. 2020 年中核集团质量管理小组一等奖
3. 2020 年浙江省电力行业 QC 小组活动一等奖
4. 2020 年三门核电有限公司 QC 小组成果一等奖
5. 2019 年三门核电有限公司 QC 小组成果二等奖
6. 2018 年三门核电有限公司 QC 小组成果三等奖</td></tr>
</table>

<table>
<tr><td colspan="7">小组成员简介</td></tr>
<tr><td>序号</td><td>姓名</td><td>性别</td><td>职务</td><td>学历</td><td>就职单位</td><td>小组分工</td></tr>
<tr><td>1</td><td>丁广宇</td><td>男</td><td>组长</td><td>本科</td><td>三门核电</td><td>组织策划、成果总结</td></tr>
<tr><td>2</td><td>×××</td><td>男</td><td>组员</td><td>本科</td><td>三门核电</td><td>组织策划、原因分析</td></tr>
<tr><td>3</td><td>×××</td><td>男</td><td>组员</td><td>本科</td><td>三门核电</td><td>资料收集、原因分析</td></tr>
<tr><td>4</td><td>×××</td><td>女</td><td>组员</td><td>本科</td><td>三门核电</td><td>资料收集、要因制定</td></tr>
<tr><td>5</td><td>×××</td><td>男</td><td>组员</td><td>本科</td><td>三门核电</td><td>数据整理、对策实施</td></tr>
<tr><td>6</td><td>×××</td><td>男</td><td>组员</td><td>本科</td><td>浙电监理</td><td>数据整理，现场见证</td></tr>
<tr><td>7</td><td>×××</td><td>男</td><td>组员</td><td>本科</td><td>浙江火电</td><td>数据整理，现场见证</td></tr>
<tr><td>8</td><td>×××</td><td>女</td><td>组员</td><td>本科</td><td>三门核电</td><td>数据整理，成果总结</td></tr>
</table>

制表人：×××　　　　制表日期：2019-07-02

二、选择课题

2.1 课题背景

三门核电厂规划建设六台 AP1000 核电机组，厂址位于浙江省东部沿海的台州市三门县，坐落在三门县健跳镇猫头山半岛上。循环水管道作为三门核电常规岛辅助系统中尺寸最大的一个管道，其安全稳定直接影响汽轮机的正常运行和电厂的输出功率，关系着核电厂的运行寿命。

三门核电循环水管道（DN4100 mm）作为国内电力行业尺寸最大的碳钢管道，外壁采用刚性环进行加固，详见图 1。循环水管道地埋深（地下 12 m），其上部地面最大载荷达 750 kN/m^2，而刚性环作为管道承重的重要组成部分，是整条地埋循环水管线的脊梁，其下料质量将直接影响管道的承重载荷，对循环水系统乃至核电厂安全起到至关重要的作用。

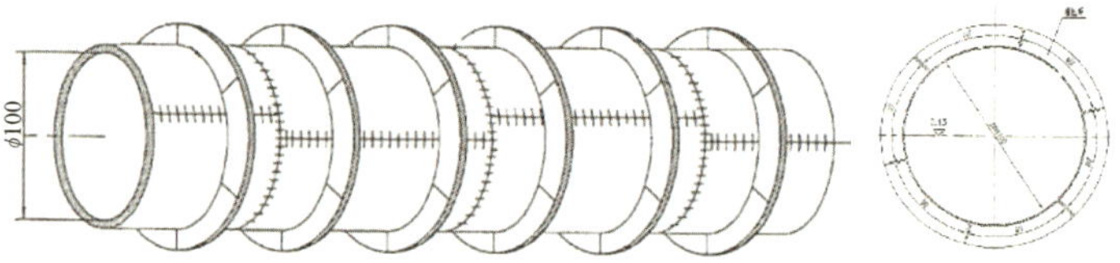

图 1　循环水管刚性环结构图

制图人：×××　　　　制图日期：2019-07-03

二期工程循环水管道工程总共有 553 根管道，每根管道分为 3 节，每节循环水管道外壁有 2 圈加强环，每圈加强环由 6 块刚性环焊接而成，共计 19 072 块。刚性环由数控切割机加工尺寸后，再使用半自动切割机进行坡口加工，采用氧气丙烷方式对 45 mm 厚的 Q345A 材质钢板进行切割。刚性环下料工艺如图 2 所示。

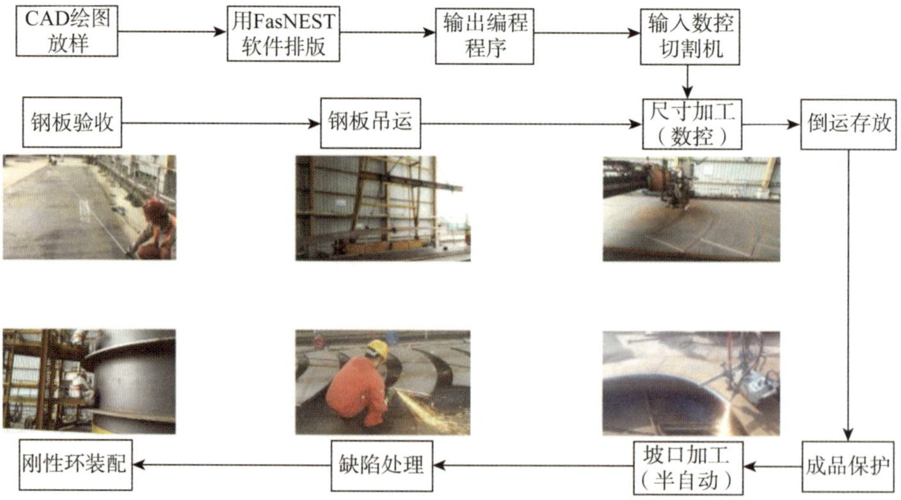

图 2　循环水管刚性环下料工艺流程图

制图人：×××　　　　制图日期：2019-07-03

经小组成员统计，刚性环下料是整个循环水管道制作过程中耗时最长的步骤，因此刚性环下料进度直接制约着整个循环水管道制作工程的进展。而刚性环下料缺陷的处理时间比下料时间还要长，当一次合格率偏低返修时，将严重影响刚性环的下料效率，制约着循环水管道制作进展以及后续的安装和回填工作。循环水管道工程见图3。

图3 循环水管道工程照片

制图人：××× 制图日期：2019-07-03

2.2 名词解释

刚性环：为加强钢管刚度，焊接在管外壁上的等距离圆环

下料：将原材料加工成所需要的形状

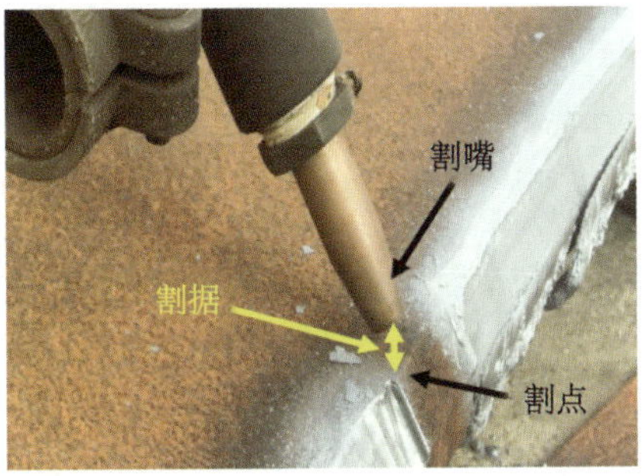

割距：割嘴到割点的距离

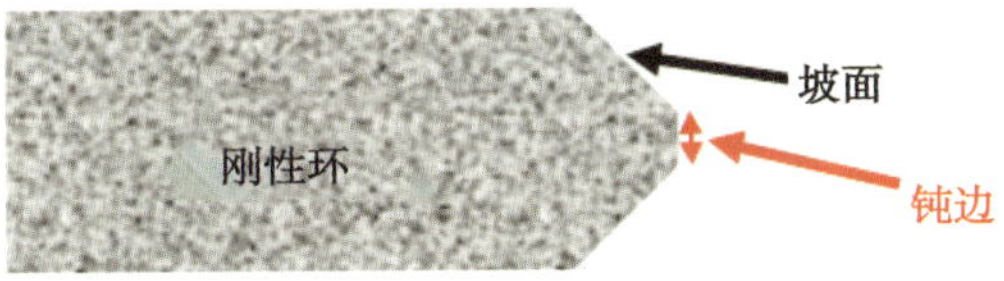

钝边：焊件未开坡口的端面部分

坡口：焊件的待焊部位成的斜面

凹槽：是整个坡面的凹口

塌边：是坡面上边缘加工的凹口

2.3 选题理由

公司要求 → 循环水管刚性环下料一次合格率不低于95%

目前水平 →

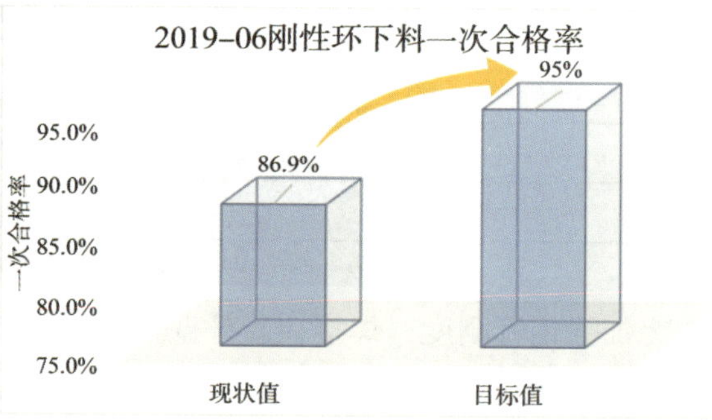

月份	下料总数	合格数量	不合格数	一次合格率
6月	3962	3443	519	86.9%

选择课题 → 提高循环水管刚性环下料一次合格率

图 4　选择课题

制图人：×××　　　　制图日期：2019-07-04

2.4 活动计划

QC 小组先后开展了 8 次 QC 小组交流活动，根据 PDCA 原则，制订了详细的小组活动计划表，如表 2 所示，各阶段都组织小组成员针对当前目标进行讨论学习，每次活动时间为 2 h。

表 2　小组活动日程推进计划表

活动阶段	活动程序	活动内容与要求		2019年						
		质量教育	活动要求	7月	8月	9月	10月	11月	12月	负责人
P	选择课题	学习《QC小组活动指南》,《QC小组基础教材》，学习了解活动程序及活动方法	1.资料收集，找出主要问题； 2.根据现状调查情况，设定课题目标； 3.对问题进行原因分析，确定要因； 4.对要因制定对策							×××
	设定目标									×××
	目标分析									×××
	分析原因									×××
	确定要因									×××
	制定对策									×××
D	对策实施	学习有关理论知识和规范、规程等	逐项实施各个对策措施，并对对策的实施效果进行检查							×××
C	效果检查	学习先进质量管理小组活动经验	把对策实施前后的数据进行比较，若达不到目标要求需继续改进							×××
A	巩固措施	学习QC成果	总结成果，制定巩固措施，归纳整改报告							×××
	活动总结									×××

注：计划线 ---→　　实施线 ——→

制图人：×××　　　　制图日期：2019-07-05

三、设定目标

小组成员调查 2019 年 6 月循环水管道刚性环下料的 3962 块刚性环，一次验收合格的有 3443 块，下料一次合格率为 86. 9%。

根据公司要求 QC 小组把循环水管刚性环下料一次合格率提高至 95%作为本次 QC 活动的目标值。

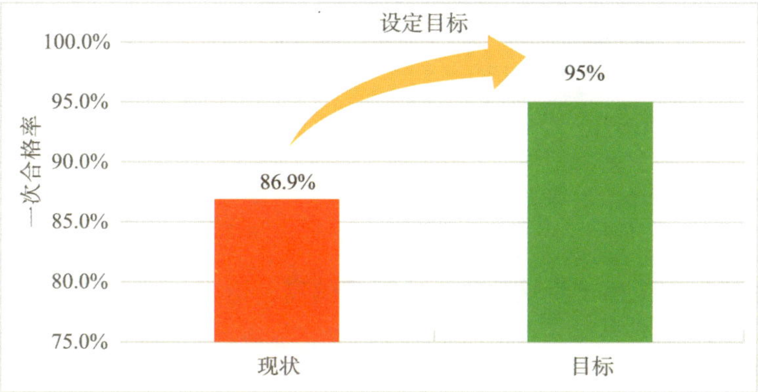

图 5　课题目标图

制图人：×××　　　　制图日期：2019-07-06

四、目标可行性论证

4.1 目标可行性论证一

2019 年 6 月共预制刚性环 3962 块，QC 人员根据《三门核电项目厂区循环水钢管施工总说明》进行检查和验收，其中不合格为 519 块，下料一次合格率为 86.9%。QC 小组成员采用分层法，对不合格的刚性环进行了统计和分析，结果如下。

4.1.1 分层一 刚性环下料的不同工序缺陷情况如下

表 3 2019 年 6 月刚性环各工序缺陷数统计表

序号	工序缺陷	频数（块）	累计频数（块）	频率	累计频率
1	坡口加工	457	457	88.1%	88.1%
2	尺寸加工	43	500	8.3%	96.4%
3	缺陷处理	17	517	3.3%	99.7%
4	钢板验收	2	519	0.3%	100%

制表人：××× 制表日期：2019-07-07

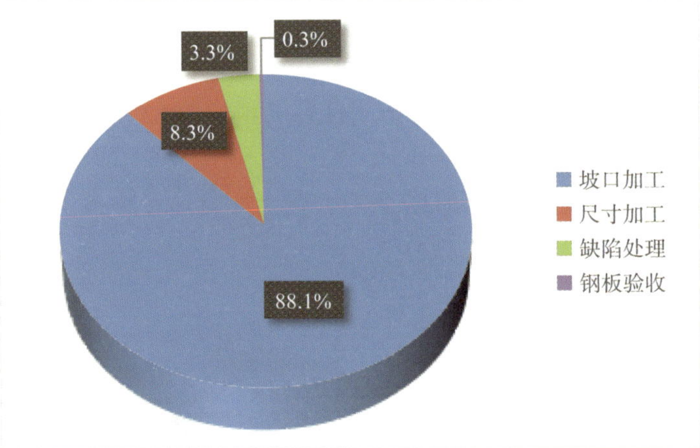

图 6 2019 年 6 月刚性环各工序不合格项目统计饼图

制图人：××× 制图日期：2019-07-07

结论一：坡口加工工序产生缺陷的占比明显偏高，达 88.1%。

4.1.2　分层二　坡口加工工序产生的各项缺陷情况如下

表 4　2019 年 6 月刚性环坡口加工不合格项目统计表

序号	项目	频数（块）	累计频数（块）	频率	累计频率
1	表观缺陷	420	420	91.9%	91.9%
2	钝边尺寸	17	437	3.7%	95.6%
3	坡口角度	12	449	2.6%	98.2%
4	刚性环平整度	6	455	1.4%	99.6%
5	其他	2	457	0.4%	100%

制表人：×××　　制表日期：2019-07-09

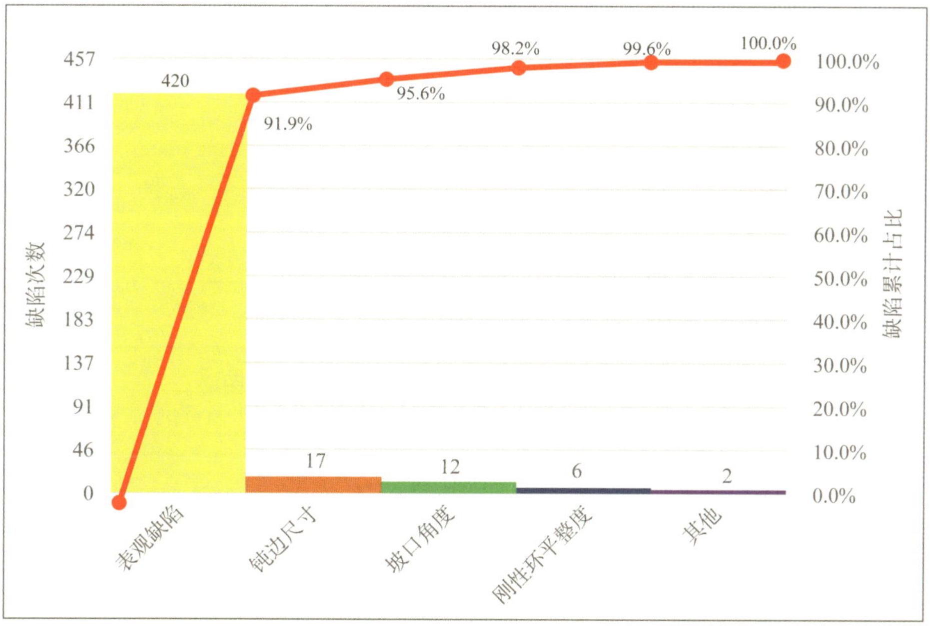

图 7　2019 年 6 月刚性环坡口加工不合格项目统计排列图

制图人：×××　　制图日期：2019-07-09

结论二：坡口加工产生的表观缺陷的占比明显偏高，达 91.9%。

4.1.3　分层三　表观缺陷中的各项缺陷情况如下

表 5　2019 年 6 月刚性环坡口表观缺陷统计表

序号	项目	频数（块）	累计频数（块）	频率	累计频率
1	凹口	344	344	81.9%	81.9%
2	粗糙	27	371	6.4%	88.3%
3	粘渣	14	385	3.4%	91.7%
4	毛刺	13	398	3.1%	94.8%
5	锈蚀	11	409	2.6%	97.4%

续 表

序号	项目	频数（块）	累计频数（块）	频率	累计频率
6	划痕	7	416	1.6%	99.0%
7	其他	4	420	1.0%	100%

制表人：×××　　　　制表日期：2019-07-11

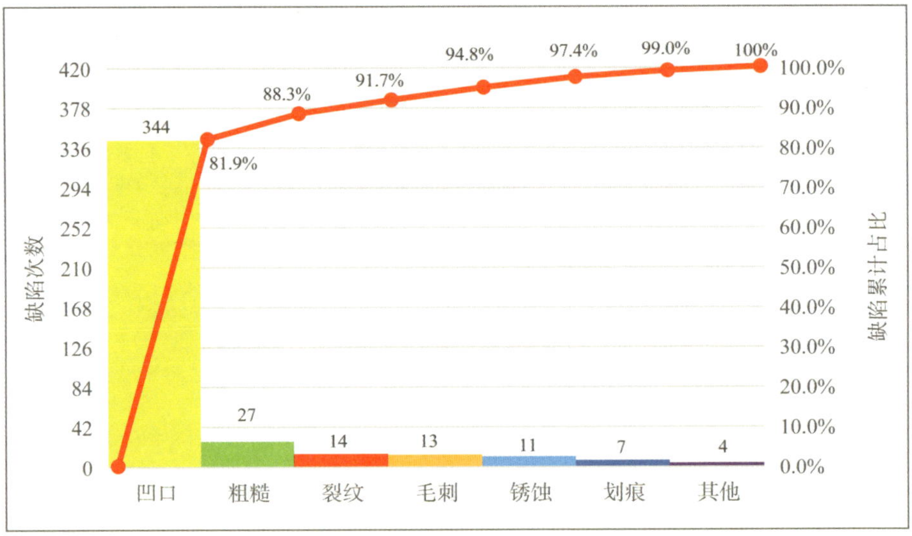

图 8　2019 年 6 月刚性环表观缺陷统计排列图

制图人：×××　　　　制图日期：2019-07-11

结论三：表观缺陷中凹口的占比明显偏高，达 81.9%。

4.1.4　分层四　凹口缺陷中的各项缺陷情况如下

表 6　2019 年 6 月刚性环坡口凹口缺陷统计表

序号	项目	频数（块）	累计频数（块）	频率	累计频率
1	塌边	197	197	57.27%	57.27%
2	凹槽	135	332	39.24%	96.51%
3	坡面内凹	6	338	1.75%	98.26%
4	气孔	3	341	0.87%	99.13%
5	其他	3	344	0.87%	100.00%

制表人：×××　　　　制表日期：2019-07-12

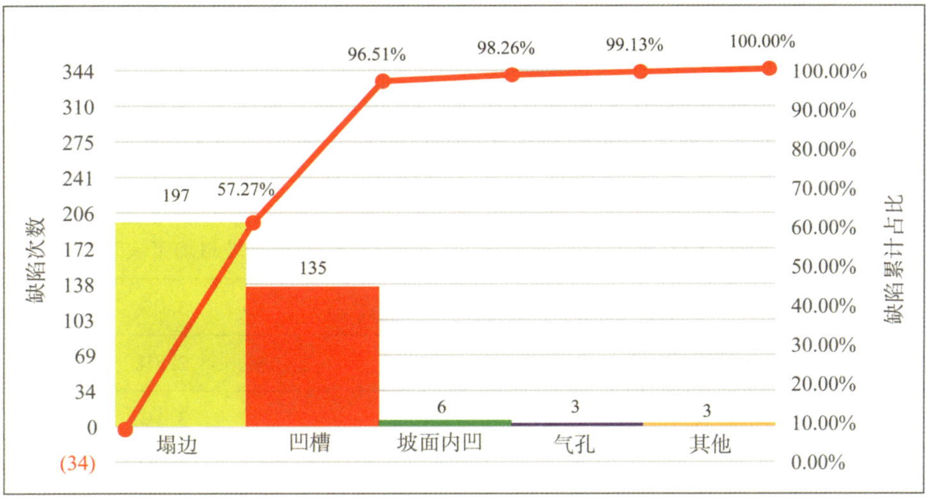

图 9 2019 年 6 月刚性环坡口凹口缺陷统计排列图

制图人：×××　　　　制图日期：2019-07-12

结论四：凹口缺陷中塌边和凹槽的占比明显偏高，总计达 96.51%。

通过分层法可以得出，坡口加工产生的塌边、凹槽这 2 类坡口凹口缺陷是造成刚性环下料一次合格率偏低的主要症结，是小组需要解决的主要问题。

4.2 目标可行性论证二

虽然大口径碳钢循环水管道（DN4100 mm）在国内尚属首例，其刚性环尺寸大（45×500×1500 mm），下料难度偏大，一期工程循环水管道刚性环下料一次合格率为 91.3%，但其下料原理与火电厂管道工程刚性环下料是一样的。

通过调研火电同行工程——台二电厂、北仑电厂、嘉兴电厂管道工程刚性环下料一次合格率情况，刚性环（10×150×1500 mm）下料一次合格率均能达到 95%。

表 7 同行刚性环下料一次合格率情况

项目名称	刚性环下料一次合格率
台二电厂管道工程	95.6%
北仑电厂管道工程	95.3%
嘉兴电厂管道工程	95.7%
镇海电厂工程	95.1%

制表人：×××　　　　制表日期：2019-07-15

4.3 可行性论证三

经调研，同行工程刚性环下料缺陷的数据统计未精确到塌边、凹槽缺陷，仅能得到因坡口加工缺陷导致的不合格率均能控制在3.3%以内。

表8 同行坡口加工缺陷率情况

项目名称	坡口加工缺陷率
台二电厂管道工程	3.0%
北仑电厂管道工程	2.8%
嘉兴电厂管道工程	3.1%
镇海电厂工程	3.3%

制表人：××× 制表日期：2019-07-17

由于刚性环下料原理与同行工程相同，小组按照同行水平进行计算，当坡口加工不合格率能控制在3.3%时，坡口塌边、凹槽的解决率需达到：

$$(457-3962\times3.3\%)/332=98.19\%$$

因此，坡口塌边、凹槽问题只要能解决98%，刚性环因坡口加工缺陷导致的不合格率就能达到同行水平，此时刚性环下料一次合格率可提升：

$$(100\%-86.9\%)\times88.1\%\times91.9\%\times81.9\%\times96.51\%\times98\%=8.22\%$$

即刚性环下料一次合格率将提高到：

$$86.9\%+8.22\%=95.12\%$$

结论：通过上述三个方面的分析，小组成员认为此次活动目标值设定合理。通过精心策划，严格控制，将刚性环下料一次合格率提高至95%是可以实现的。

五、原因分析

日常施工过程中，QC小组成员多次深入现场对问题进行调查和研究，联合施工方技术人员、监理人员进行探讨和分析。依据现场收集信息，结合火焰切割、加工配制专业知识，运用“头脑风暴法”，从“人、机、料、法、环”等方面进行深入分析讨论，对可能导致刚性环坡口塌边和凹槽的原因进行分析，绘制出关联图，找出了9个末端原因。

经小组成员分析，施工车间内采用集中供气，使用的罐装液氧浓度均大于99.999%，已接近限值100%，因此排除氧气浓度低的原因。

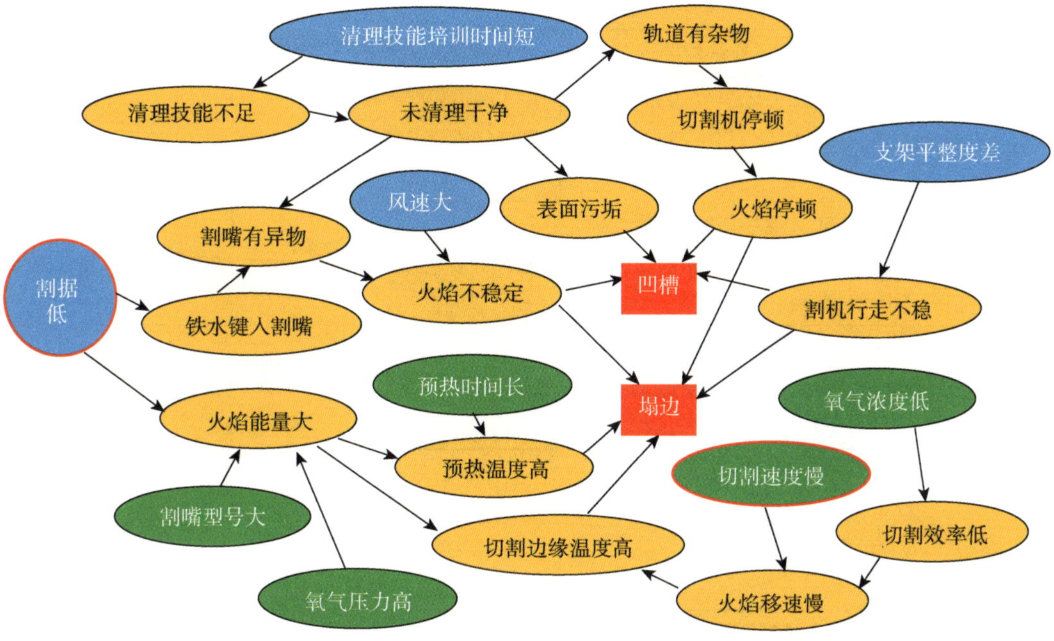

图 10　坡口塌边、凹槽原因关联图

制图人：×××　　　　制图日期：2019-07-20

六、确定主要原因

现场使用的割嘴均是采购 CG1-100 小车式切割机时厂家根据现场施工情况配备的割嘴，不存在其他型号，该因素不在小组能力范围内，因此排除割嘴型号大原因。

小组成员采用现场测量、试验和调查分析方式，对关联图中分析出的剩余 7 条原因进行要因确认，结果如表 9 所示。

表 9　要因确认计划表

序号	末端因素	确认内容	确认方法	确认人	确认时间	确认地点
1	清理技能培训时间短	确认现场清理技能培训时间；确认清理技能培训时间对症结的影响	调查分析试验	×××	2019-07-23	现场
2	风速大	确认现场风速；确认风速对症结的影响	现场测量试验	×××	2019-07-23	现场
3	割距低	确认现场割距高度；确认割距对症结的影响	现场测量调查分析	×××	2019-07-25	现场
4	预热时间长	确认现场预热时间；确认预热时间对症结的影响	现场测量试验	×××	2019-07-26	现场

续 表

序号	末端因素	确认内容	确认方法	确认人	确认时间	确认地点
5	氧气压力大	确认现场氧气压力； 确认氧气压力对症结的影响	调查分析	×××	2019-07-28	现场
6	切割速度慢	确认现场切割速度； 确认切割速度对症结的影响	现场测量试验	×××	2019-07-31	现场
7	支架平整度差	确认支架的平整度； 确认支架平整度对症结的影响	现场测量调查分析	×××	2019-08-01	现场

制表人：×××　　　　制表日期：2019-07-21

6.1 要因确认一

<table>
<tr><td colspan="4">末端因素 1　清理技能培训时间短</td></tr>
<tr><td>确认内容</td><td colspan="3">确认现场清理技能培训时间；
确认清理技能培训时间对症结的影响</td></tr>
<tr><td>确认方法</td><td>调查分析、试验</td><td>确认地点</td><td>现场</td></tr>
<tr><td>确认依据</td><td colspan="3">清理技能培训时间≥20 min；
清理技能培训时间短对症结影响程度小</td></tr>
<tr><td>确认人</td><td>×××</td><td>确认时间</td><td>2019-07-23</td></tr>
<tr><td>确认过程</td><td colspan="3">

调查分析：

根据公司要求施工人员在入场时需在工程质量培训中心进行技能培训。小组成员调查了 3 名施工人员×××入场时专项技能培训中，清理技能培训时间情况，均达到要求的 20 min。

小组统计了 7 月 20 日 3 名施工人员坡口塌边率和凹槽率情况（表 10）。

调查结果：现场施工人员清理技能培训时间均≥20 min

现场试验：

为了确认清理技能培训时间对塌边、凹槽的影响程度，小组成员在 7 月 21 日早上又对三名施工人员进行了 20 min 的清理技能培训，并统计了当天的塌边凹槽情况；同样，7 月 22 日早上再次对三名施工人员进行了 20 min 的清理技能培训，并统计了当天的塌边凹槽情况，结果如下：

</td></tr>
</table>

续　表

末端因素 1　清理技能培训时间短

确认过程

表 10　各施工人员清理技能培训时长和症结缺陷率统计表

下料时间		07-20	07-21	07-22
清理技能培训时间		20 min	40 min	60 min
×××	塌边率	4.2%	4.0%	4.1%
	凹槽率	3.4%	3.5%	3.3%
×××	塌边率	4.3%	4.2%	4.2%
	凹槽率	3.2%	3.3%	3.2%
×××	塌边率	4.1%	4.3%	4.2%
	凹槽率	3.4%	3.2%	3.3%

制表人：×××　　　　制表日期：2019-07-22

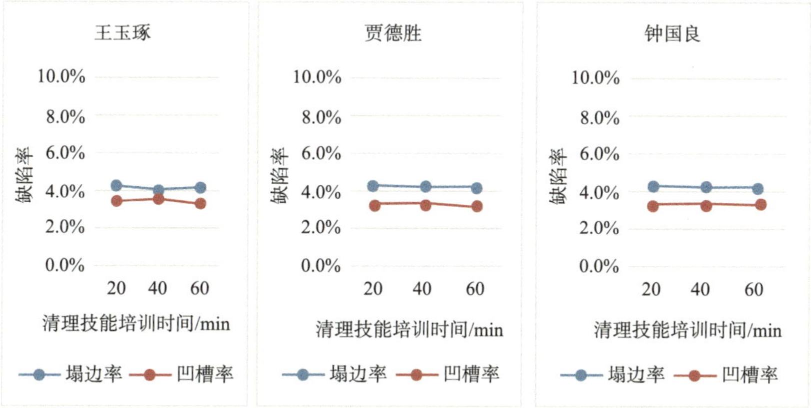

图 11　各施工人员清理技能培训时长与凹槽率、塌边率散布图

制图人：×××　　　　制图日期：2019-07-22

从图 11 可以看出，清理技能培训时间对塌边、凹槽率无明显影响。

试验结论：清理技能培训时间≥20 min 后，不同清理技能培训时间对塌边率、凹槽率影响程度小。

确认结果

清理技能培训时间≥20 min；
清理技能培训时间短对症结影响程度小

结论

清理技能培训时间短是非要因

6.2 要因确认二

末端因素 2　风速大			
确认内容	确认现场风速； 确认风速对症结的影响		
确认方法	现场测量、试验	确认地点	现场
确认依据	风速≤6 级风； 风速大对症结影响程度小		
确认人	×××	确认时间	2019-07-23
确认过程	见下文		

现场测量：

根据方案要求下料时风速≤6 级风，小组成员将手持式风速仪固定在刚性环下料车间内，监测风速情况，如下表所示：

表 11　风速统计表

日期	06-21	06-22	06-23	06-24	06-25	06-26	06-27	06-28
最小风速	1 级	1 级	2 级	1 级	1 级	1 级	1 级	2 级
最大分速	3 级	3 级	3 级	4 级	3 级	2 级	4 级	5 级
日期	06-29	06-30	07-01	07-02	07-03	07-04	07-05	07-06
最小风速	1 级	1 级	1 级	2 级	1 级	1 级	1 级	2 级
最大风速	3 级	3 级	2 级	4 级	3 级	3 级	4 级	3 级
日期	07-07	07-08	07-09	07-10	07-11	07-12	07-13	07-14
最小风速	1 级	2 级	1 级	1 级	1 级	2 级	1 级	1 级
最大分速	4 级	5 级	3 级	3 级	3 级	3 级	4 级	3 级

制表人：×××　　　　制表日期：2019-07-21

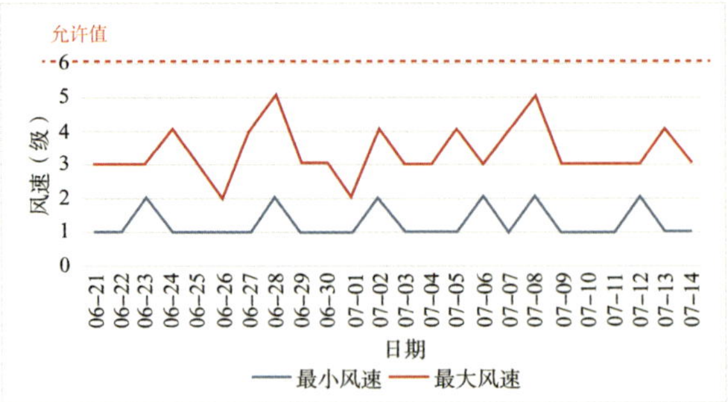

图 12　风速统计图

制图人：×××　　　　制图日期：2019-07-21

测量结论：施工现场风速均≤6 级风。

现场试验：

为确认风速对塌边、凹槽的影响程度，小组成员采用电风扇等设备，模拟试验了不同风速下刚性环塌边、凹槽情况，结果如下所示：

续　表

末端因素 2　风速大

确认过程

表 12　不同风速下塌边、凹槽结果统计表

风速	试件数（块）	塌边数（块）	塌边率	凹槽数（块）	凹槽率
0~2 级	200	8	4.0%	6	3.0%
2~4 级	200	9	4.5%	7	3.5%
4~6 级	200	9	4.5%	6	3.0%

制表人：×××　　　　制表日期：2019-07-23

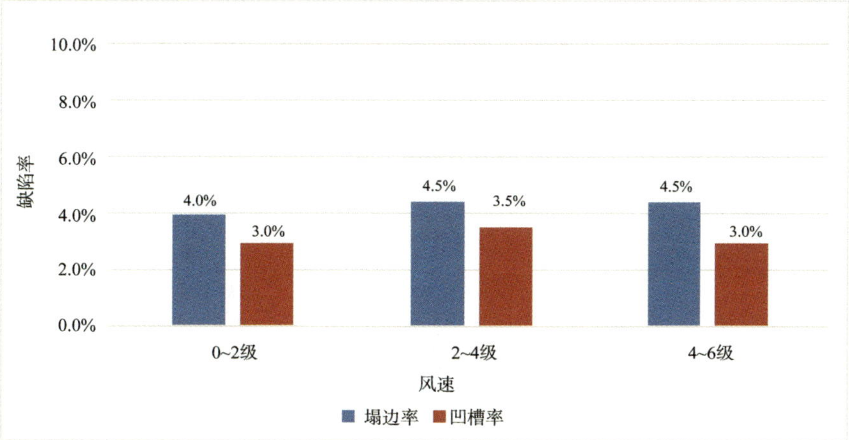

图 13　不同风速塌边、凹槽结果统计图

制图人：×××　　　　制图日期：2019-07-23

试验结论： 风速≤6 级时，不同风速导致塌边、凹槽缺陷率无明显差别，风速对塌边、凹槽影响程度小。

确认结果	车间风速均在 6 级以内； 车间内风速对症结影响程度小。
结论	**风速大是非要因**

6.3　要因确认三

末端因素 3　割距低			
确认内容	确认现场割距的高度； 确认割距对症结的影响		
确认方法	现场测量、调查分析	确认地点	现场
确认依据	割距 3.8~4.2 mm； 割距低对症结影响程度小		
确认人	×××	确认时间	2019-07-25

续 表

末端因素 3　割距低

确认过程

现场测量：

根据《氧丙烷切割质量影响因素分析》报告，采用氧-丙烷对 45 mm 钢板切割时，割距应在 3. 8~4. 2 mm。小组成员对现场割距进行抽查，统计结果如下：

表 13　现场割距测量统计表

日期	06-28	06-29	06-30	07-01	07-02	07-03	07-04	07-05
割距	3. 6 mm	3. 9 mm	3. 7 mm	4 mm	3. 9 mm	4. 3 mm	3. 5 mm	4. 4 mm
日期	07-06	07-07	07-08	07-09	07-10	07-11	07-12	07-13
割距	4 mm	4. 2 mm	3. 6 mm	4. 4 mm	3. 4 mm	3. 7 mm	4 mm	4. 3 mm
日期	07-14	07-15	07-16	07-17	07-18	07-19	07-20	07-21
割距	3. 8 mm	3. 6 mm	4. 4 mm	4. 4 mm	3. 9 mm	4. 5 mm	3. 7 mm	4. 3 mm

制表人：×××　　　　制表日期：2019-07-24

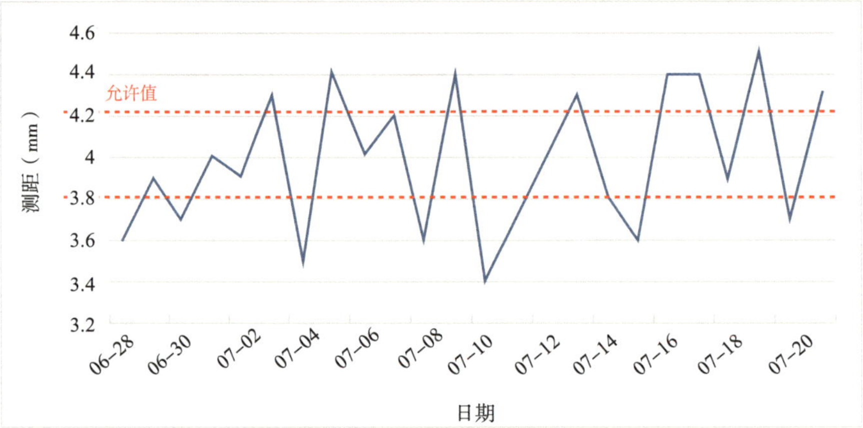

图 14　现场割距统计图

制图人：×××　　　　制图日期：2019-07-24

测量结果：现场对该道工序管控不严，割距在 3. 4~4. 5 mm 以内。

调查分析：

为确认割距对塌边、凹槽的影响程度，小组成员调查统计了不同割距时塌边、凹槽的情况，结果如下：

表 14　不同割距塌边、凹槽结果统计表

割距	刚性环数（块）	塌边数（块）	塌边率	凹槽数（块）	凹槽率
3. 4~3. 8 mm	200	13	6. 5%	5	2. 5%
3. 8~4. 0 mm	200	5	2. 5%	4	2. 0%
4. 0~4. 2 mm	200	9	4. 5%	7	3. 5%
4. 2~4. 5 mm	200	11	5. 5%	8	4. 0%

制表人：×××　　　　制表日期：2019-07-25

续 表

<table>
<tr><td colspan="2">末端因素 3　割距低</td></tr>
<tr><td>确认过程</td><td>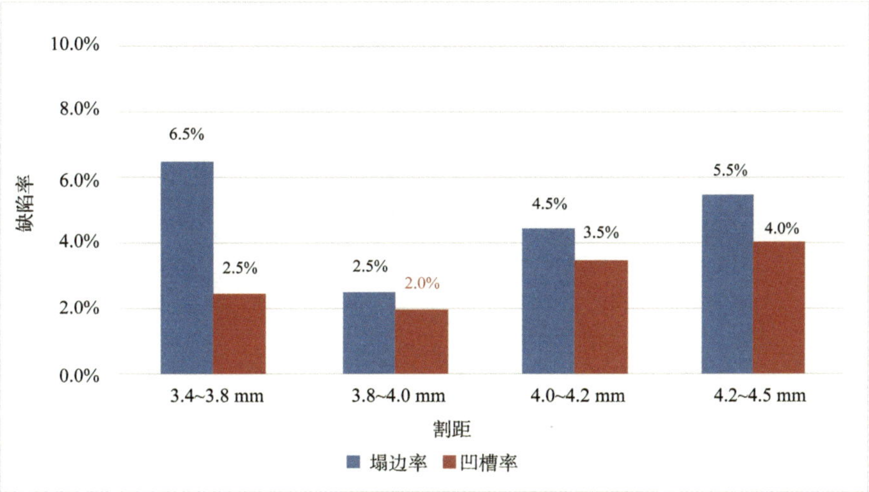

图 15　不同割距塌边、凹槽比例统计图
制图人：×××　　制图日期：2019-07-25
调查分析结果：当割距在 3.4~4.5 mm 范围时，不同割距对塌边、凹槽情况存在明显影响，割距对塌边、凹槽影响程度大。</td></tr>
<tr><td>确认结果</td><td>现场割距不全在 3.8~4.2 mm；
割距低对症结影响程度大。</td></tr>
<tr><td>结论</td><td>割距低是要因</td></tr>
</table>

6.4　要因确认四

<table>
<tr><td colspan="4">末端因素 4　预热时间长</td></tr>
<tr><td>确认内容</td><td colspan="3">确认现场预热时间；
确认预热时间对症结的影响。</td></tr>
<tr><td>确认方法</td><td>现场测量、试验</td><td>确认地点</td><td>现场</td></tr>
<tr><td>确认依据</td><td colspan="3">预热时间≤14 s；
预热时间对症结影响程度小</td></tr>
<tr><td>确认人</td><td>×××</td><td>确认时间</td><td>2019-07-26</td></tr>
<tr><td>确认过程</td><td colspan="3">现场测量：
根据《氧丙烷切割质量影响因素分析》报告，采用氧-丙烷对45 mm钢板切割时，预热时间≤14 s。小组成员随机抽查了 70 个刚性环坡口加工的预热时间，情况如下：</td></tr>
</table>

续　表

末端因素 4　预热时间长

确认过程

表 15　预热时间抽查统计表

序号	时间（s）	序号	时间（s）	序号	时间（s）	序号	时间（s）
1	7	21	2	41	12	61	13
2	11	22	8	42	3	62	9
3	3	23	12	43	4	63	8
4	11	24	10	44	4	64	8
5	13	25	5	45	6	65	10
6	4	26	13	46	2	66	6
7	12	27	5	47	7	67	8
8	7	28	13	48	12	68	11
9	14	29	9	49	8	69	8
10	4	30	13	50	14	70	7
11	11	31	3	51	9		
12	6	32	10	52	11		
13	10	33	14	53	7		
14	11	34	13	54	10		
15	8	35	9	55	5		
16	10	36	13	56	7		
17	8	37	7	57	13		
18	8	38	5	58	8		
19	14	39	9	59	2		
20	6	40	10	60	9		

制表人：×××　　　　制表日期：2019-07-23

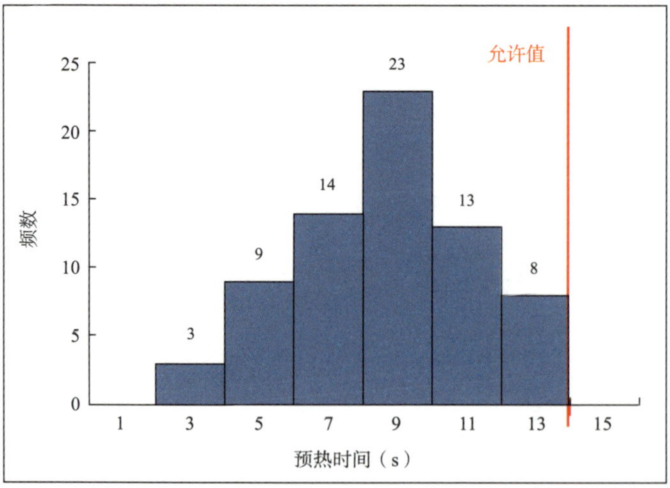

图 16　预热时间直方图

制图人：×××　　　　制图日期：2019-07-23

续　表

末端因素 4　预热时间长	

确认过程

测量结果：从直方图中可以看出现场对该道工序管控严格，预热时间均在 14 s 以内。

现场试验：

为了确认预热时间对塌边的影响程度，小组成员使用不同预热时间进行试验，并记录刚性环坡口塌边的情况，结果如下：

表 16　预热时间坡口塌边结果统计表

预热时间（S）	试件数（块）	塌边数（块）	塌边率
0～5	200	8	4. 0%
5～10	200	8	4. 0%
10～14	200	9	4. 5%

制表人：××× 　　　　制表日期：2019-07-26

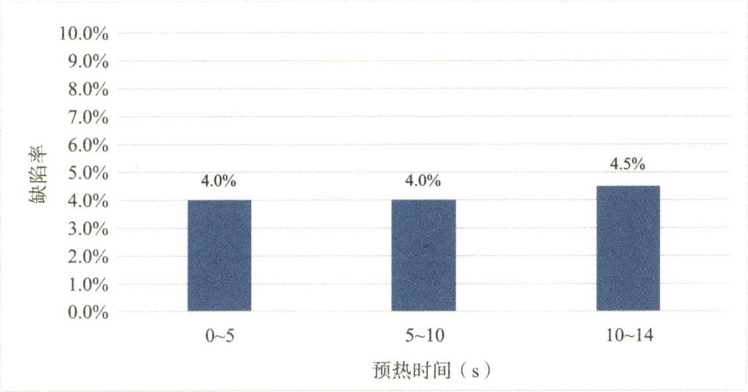

图 17　不同预热时间坡口塌边结果统计图

制图人：××× 　　　　制表日期：2019-07-26

试验结果：从图 17 可以看出，预热时间在≤14 s 时，不同预热时间下坡口塌边率无明显差别，预热时间对塌边影响程度小。

确认结果	现场预热时间≤14 s 现场预热时间对症结影响程度小
结论	**预热时间长是非要因**

6.5　要因确认五

末端因素 5　氧气压力大			
确认内容	确认现场氧气压力 氧气压力对症结的影响程度		
确认方法	调查分析	确认地点	现场

续 表

末端因素 5　氧气压力大			
确认依据	氧气压力 0.5~0.65 MPa 氧气压力大对症结影响程度小		
确认人	×××	确认时间	2019-07-28

确认过程

调查现场氧气压力均情况：

根据《氧丙烷切割质量影响因素分析》报告，采用氧-丙烷对45 mm钢板切割时，氧气压力 0.5~0.65 MPa。小组成员对坡口加工时的氧气压力进行抽查统计，结果如下：

表 17　氧气压力试验结果统计表

抽查编号	项目	允许范围	实测值（MPa）									
1#~50#	氧气压力	0.5~0.65 MPa	0.53	0.64	0.61	0.56	0.51	0.60	0.55	0.58	0.60	0.53
			0.59	0.61	0.50	0.63	0.60	0.56	0.59	0.61	0.62	0.51
			0.57	0.56	0.65	0.63	0.60	0.64	0.55	0.51	0.60	0.58
			0.51	0.63	0.59	0.55	0.52	0.54	0.61	0.64	0.51	0.62
			0.57	0.52	0.56	0.62	0.51	0.58	0.60	0.59	0.53	0.61

制表人：×××　　　　制表日期：2019-07-28

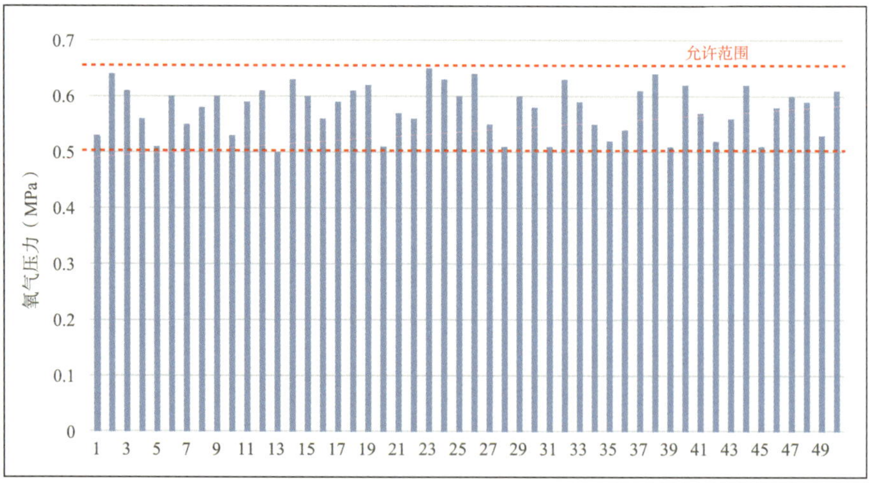

图 18　氧气压力检查结果统计图

制图人：×××　　　　制图日期：2019-07-28

调查结果：氧气压力均在 0.5~0.65 MPa。

分析不同氧气压力对坡口塌边的影响：

为确认氧气压力对坡口塌边的影响程度，小组成员陈流长统计了不同氧气压力下刚性环坡口塌边情况，结果如下所示：

续　表

末端因素5　氧气压力大	
确认过程	（见下）

表18　不同氧气压力坡口塌边结果统计表

氧气压力（MPa）	刚性环数量（块）	塌边数量（块）	塌边率
0.50～0.55	200	9	4.5%
0.55～0.60	200	10	5.0%
0.60～0.65	200	9	4.5%

制表人：×××　　　　制表日期：2019-07-28

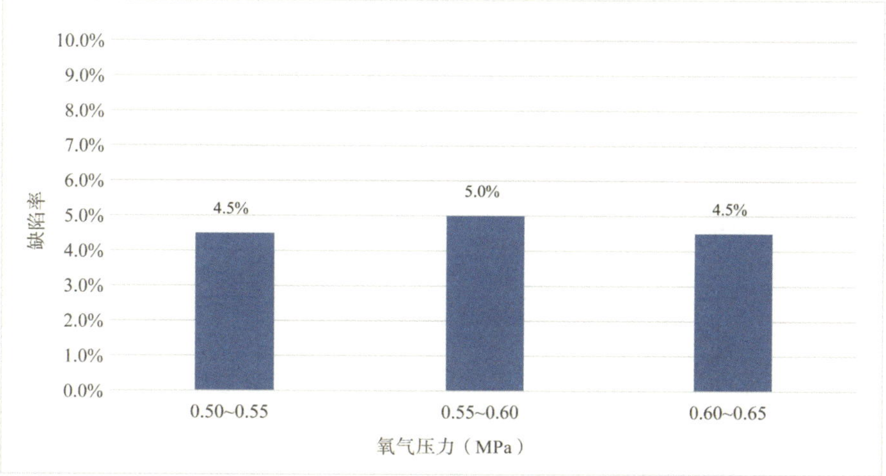

图19　不同氧气压力塌边结果统计图

制表人：×××　　　　制表日期：2019-07-28

调查分析结果：从上图可以看出，氧气压力在0.5～0.65 MPa，不同氧气压力对破口塌边率无明显影响，氧气压力大对坡口塌边影响程度小。

确认结果	氧气压力0.5～0.65 MPa 氧气压力大对症结影响程度小。
结论	**氧气压力大是非要因**

6.6　要因确认六

末端因素6　切割速度慢			
确认内容	确认现场切割速度 切割速度对症结的影响		
确认方法	现场测量、试验	确认地点	现场
确认依据	切割机移速440～480 mm/min 切割机移速快对症结影响程度小		

续 表

末端因素 6　切割速度慢			
确认人	×××	确认时间	2019-07-31

确认过程

现场测量：

根据《氧丙烷切割质量影响因素分析》报告，采用氧-丙烷对 45 mm 钢板切割时，切割速度 440~480 mm/min。小组成员对坡口加工时切割机的移动速度进行调查，确认切割机移速均处于 4 档，即在 520 mm/min。但由于切割小车所处位置每次都有差别，因此通过计算钢板内外弧的速度比，得出在小车 4 档移速下理论上的坡口切割速度范围在 423~520 mm/min。

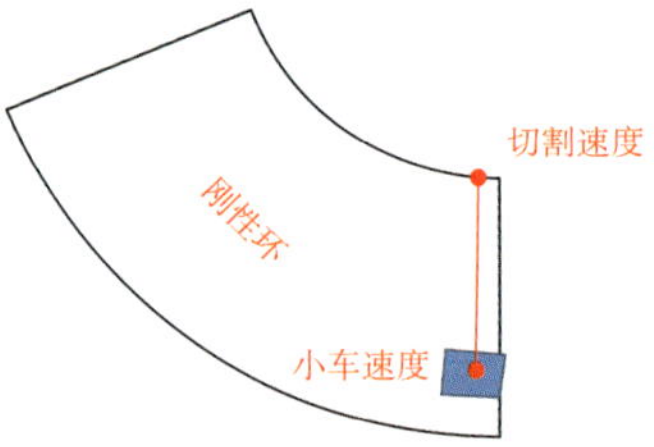

小组成员继续测量抽查每次小车切割前所处的位置，并计算统计出各范围切割速度情况如下：

表 19　不同切割速度统计表

序号	切割速度（mm/min）	记录	次数
1	423~440	一	1
2	440~455	正正正丁	17
3	455~470	正正正正正一	26
4	470~485	正正	10
5	485~500	正一	6
6	500~515	丁	2
7	515~520	一	1
	合计		63

制表人：×××　　制表日期：2019-07-28

测量结果：切割速度不全在 440~480 mm/min，在 423~520 mm/min 范围。

现场试验：

为确认切割速度对坡口塌边的影响，按照现场 423~520 mm/min 切割速度进行了坡口加工试验，结果如下所示：

表 20　不同切割速度试验结果统计表

切割速度	试件数（块）	塌边数（块）	塌边率（%）
423~450 mm/min	200	13	6.5%
450~480 mm/min	200	6	3.0%
480~510 mm/min	200	8	4.0%
510~520 mm/min	200	10	5.0%

制表人：×××　　制表日期：2019-07-31

续　表

末端因素 6　切割速度慢	
确认过程	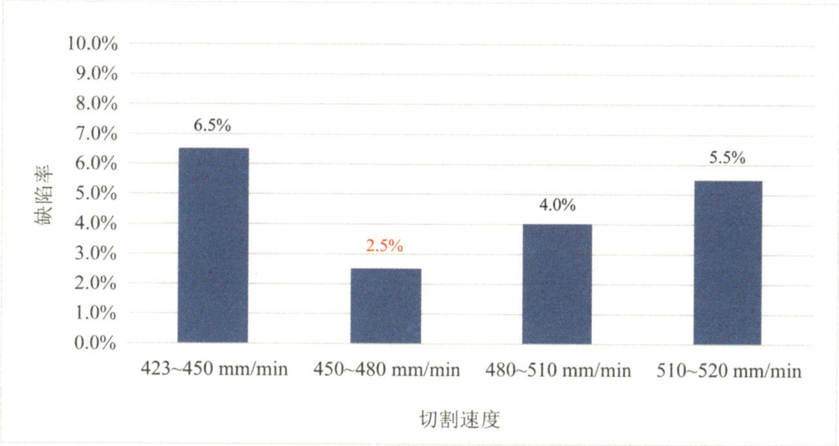 **图 20　切割机移速不同试验结果统计图** 制图人：×××　　制图日期：2019-07-31 **试验结果：**从图中可以看出，切割速度对坡口塌边存在明显影响，切割速度慢对坡口塌边影响程度大。
确认结果	现场切割速度超出 440~480 mm/min 范围 切割速度慢对症结影响程度大
结论	**切割速度慢是要因**

6.7　要因确认七

末端因素 7　支架平整度差			
确认内容	确认现场刚性环支架的平整度 确认现场刚性环支架平整度对症结的影响		
确认方法	现场测量、调查分析	确认地点	现场
确认依据	支架平整度≤0.5 mm 支架不平整对症结的影响程度小		
确认人	×××	确认时间	2019-08-01
确认过程	**现场测量：** 刚性环坡口加工基础是由 2 条长 10 m 的工字钢组成，小组成员根据刚性环的宽度，以 0.5 m 为间距，共测量了 24 组数据，结果如下所示。		

续　表

末端因素 7　支架平整度差

确认过程

表 21　不同切割速度统计表

序号	不平整度（mm）	记录	次数
1	0～0. 1	一	1
2	0. 1～0. 2	正	5
3	0. 2～0. 3	正正	10
4	0. 3～0. 4	正一	6
5	0. 4～0. 5	丅	2
	合计		24

制表人：×××　　　　制表日期：2019-08-01

测量结果：支架平整度≤0. 5 mm。

调查分析：

为了确认支架平整度对坡口塌边、凹槽的影响程度，小组成员统计了不同平整度下塌边、凹槽情况，结果如下所示：

表 22　不同平整度试验结果统计表

平整度	刚性环数（块）	塌边数（块）	塌边率	凹槽数（块）	凹槽率
0～0. 2 mm	200	8	4. 0%	6	3. 0%
0. 2～0. 3 mm	200	9	4. 5%	6	3. 0%
0. 3～0. 5 mm	200	9	4. 5%	7	3. 5%

制表人：×××　　　　制表日期：2019-08-01

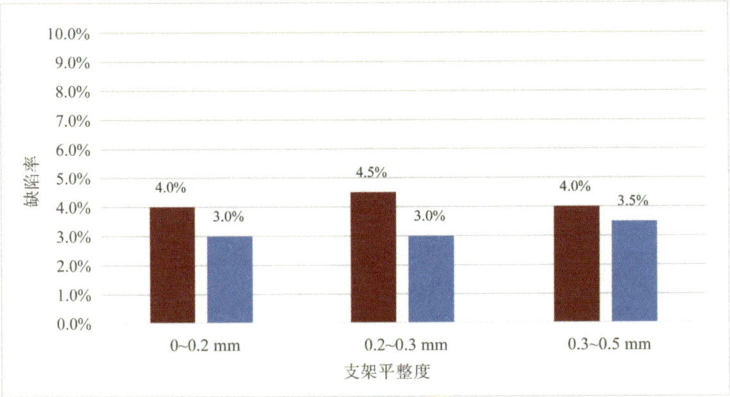

图 21　不同平整度试验结果统计图

制图人：×××　　　　制图日期：2019-08-01

调查分析结果：从图中可以看出，支架平整度≤0. 5 mm 时，不同支架平整度导致坡口塌边、凹槽无明显差别，支架不平整对症结影响程度小。

续 表

末端因素 7 支架平整度差	
确认结果	现场支架平整度≤0.5 mm 现场支架平整差对症结的影响程度小
结论	**支架平整度差是非要因**

综上所示，经 QC 小组成员分析确认，影响循环水管刚性环下料产生坡口塌边、凹槽的主要原因如表 23 所示。

表 23 主要原因表

主要原因	1. 割距低
	2. 切割速度慢

制表人：×××　　制表日期：2019-08-01

七、制定对策

为制定出最有效的对策，小组成员专门就割距、切割速度进行试验，以确定最佳的割距和切割速度。

最佳割距确认（要因一）

小组成员将原因分析时结果最好的 3.8~4.0 mm 割距的分为 3.8 mm、3.9 mm、4.0 mm 分别进行试验。

现场试验：小组成员进行 600 块刚性环坡口加工试验，试验结果如下表：

表 24 不同割距时的塌边、凹槽情况

割距	试件数（块）	塌边数（块）	塌边率	凹槽数（块）	凹槽率	塌边、凹槽率总和
3.8 mm	200	8	4.0%	6	3.0%	7.0%
3.9 mm	200	2	1.0%	1	0.5%	1.5%
4.0 mm	200	3	1.5%	0	0.0%	1.5%

制表人：×××　　制表日期：2019-08-05

续 表

最佳割距确认（要因一）	
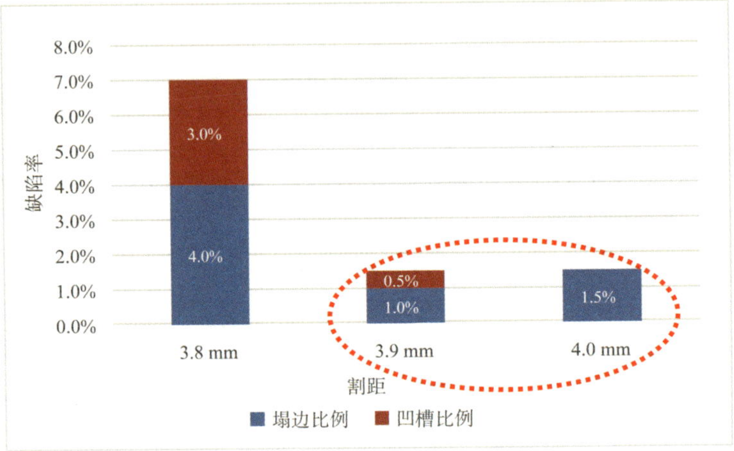 **图 22　不同平整度试验结果统计图** 制图人：××× 制表日期：2019-08-05 **试验结果：**从图中可以看出，当割距在 3.9~4.0 mm 时，塌边、凹槽所占的总比例之和最小。 **注：**在施工过程中，发现有割距是 3.9 mm 的小车在使用 5 天后，割距略有降低，导致割距低于 3.9 mm。咨询厂家分析是由于热胀冷缩引起的细微变化。因此现场将割距优先设置为 4.0 mm，以便于割距自然降低后仍然满足 3.9~4 mm 要求。	
最佳割距	**3.9~4.0 mm**

最佳切割速度确认（要因二）
小组成员将原因分析时结果最好的 450~480 mm 切割速度，分为 450~460 mm/min、460~470 mm/min、470~480 mm/min 进行试验。
现场试验：小组成员进行 600 块刚性环坡口加工试验，试验结果如下表：

表 25　不同切割速度时的塌边情况

切割速度（mm/min）	试件数（块）	塌边数（块）	塌边比例
450~460	200	1	0.5%
460~470	200	8	4.0%
470~480	200	11	5.5%

制表人：×××　　制表日期：2019-08-09

续　表

最佳切割速度确认（要因二）

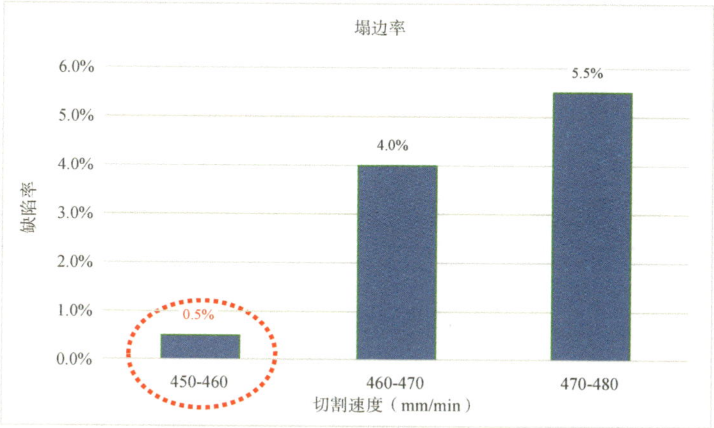

图 23　切割速度试验结果统计图

制图人：×××　　　　制表日期：2019-08-09

试验结果：从图中可以看出，当切割速度在 450～460 mm/min 时，塌边比例最小。

最佳切割速度	450～460 mm/min

为制定出最经济有效的对策，小组成员专门召开了专题会议，小组成员运用各自的技术、知识和经验，利用“头脑风暴法”，采用 5WIH 的原则制定了可选择的对策，对每条要因应采取的对策从可实施性、有效性、经济性和可靠性方面进行讨论和分析，同时结合现场的实际情况进行综合可行性分析和优选，最终运用对策表制定了相应的对策。

要因一：割距低

表 26　要因一对策方案选择表

对策方案	预选方案对策 1	预选方案对策 2
方案描述	购买可自动调节割距的切割小车	现场采取对小车式切割机（CG1-100）割嘴调整器进行固定等措施来满足 3.9～4.0 mm 要求
可实施性	经调研，采购至少 7 天；现场基础改造、设备安装至少 9 天；对施工人员进行培训和练习，预计 7 天。共计 23 天，工期不允许	通过现场精确测量割嘴到割点的距离后，固定割嘴上、下调整旋钮，并不定期检查割距等措施，以确保割距，该方案在施工过程中易操作
有效性	可以有效减少割距低问题	可以有效减少割距低问题
经济性	采购设备会额外增加施工成本	不会额外增加施工成本
可靠性	较可靠的解决割距低的问题	较可靠的解决割距低的问题

续 表

对策方案	预选方案对策 1	预选方案对策 2
是否选择	否	是

制表人：××× 制表日期：2019-08-11

要因二：切割机移速慢

表 27 要因二对策方案选择表

对策方案	预选方案对策 1	预选方案对策 2	预选方案对策 3
方案描述	购买全自动弧形坡口加工机	自制弧形轨道，通过轨道放在刚性环上的位置，来调整切割速度 	在切割机侧面增加带滚轮的固定装置，通过该装置滚轮沿着刚性环外圆行走来控制切割速度 
可实施性	经调研，采购至少 17 天；现场基础改造、设备安装至少 14 天；施工人员培训和练习，预计 8 天。共计 39 天，工期不允许	每次切割前需放样测量轨道的位置，切割过程中还需保证轨道的稳定性，可实施性较差	计算制作好固定装置长度后，安装在小车上，即可按照固定的切割速度切割，施工中无需进行其他调整，现实可实时性较强
有效性	切割速度可以有效的控制	切割速度可以有效的控制	切割速度可以有效的控制
经济性	采购设备会额外增加施工成本	不会额外增加施工成本	不会额外增加施工成本
可靠性	较可靠的解决切割速度快的问题	虽然能控制切割速度，但每需提前测量轨道位置，当使用时间长后，存在变形等问题，可靠性较差	切割速度较易控制，且稳定性较好，可靠性较好
是否选择	否	否	是

制表人：××× 制表日期：2019-08-11

表 28 对策措施表

要因	对策	目标	措施	责任人	地点	完成时间
割距低	调整割距并固定调整器，确保割距	割距 3.9~4.0 mm	1. 精确调整割距后，将割嘴上下调整器固定住； 2. 施工前复测割距并记录； 3. 现场抽查割距，若发现有偏差则调整后再固定。	×××	现场	2019-08-21
切割速度慢	在切割机侧面增加带滚轮的固定装置，来保证切割速度	切割速度 450~460 mm/min	1. 计算出切割速度在 450~460 mm/min时固定装置宽度； 2. 制作固定框架以及滚轮，并安装在焊接小车上； 3. 将固定装置的滚轮靠紧刚性环外弧侧，让小车自动沿着外弧行走。	×××	现场	2019-08-31

制表人：××× 制表日期：2019-08-13

八、对策实施

8.1 对策一实施：调整割距并固定调整器，确保割距在 3.9~4 mm

8.1.1 小组成员精确调整割距后，将割嘴上下调整器固定住（如图所示）

根据试验时发现的热胀冷缩会导致割距自然下降的情况，现场将割距设置为 4 mm，以确保割距自然下降时仍然满足 3.9~4.0 mm 的要求。

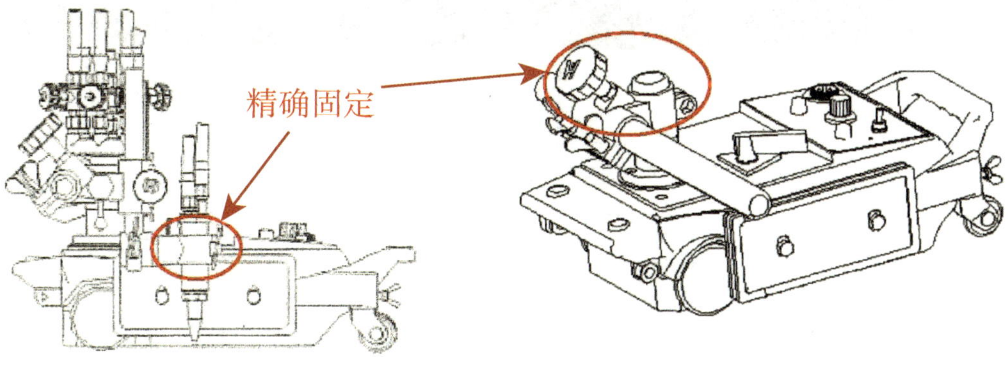

8.1.2 施工前对割距进行复测，并将复测结果记录

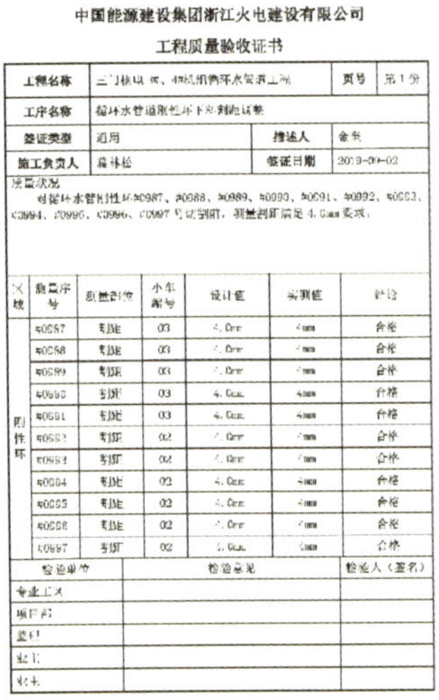

中国能源建设集团浙江火电建设有限公司

工程质量验收证书

工程名称	三门核电3#、4#机组循环水管道工程			页号	第1份
工序名称	循环水管道刚性环下料割距试验				
签证类型	通用		描述人	[illegible]	
施工负责人	[illegible]		签证日期	2019-09-02	

质量状况

对循环水管刚性环#0987、#0988、#0989、#0990、#0991、#0992、#0993、#0994、#0995、#0996、#0997号试割前，测量割距满足4.0mm要求。

区域	测量序号	测量部位	小车编号	设计值	实测值	结论
刚性环	#0987	割距	03	4.0mm	4mm	合格
	#0988	割距	03	4.0mm	4mm	合格
	#0989	割距	03	4.0mm	4mm	合格
	#0990	割距	03	4.0mm	4mm	合格
	#0991	割距	03	4.0mm	4mm	合格
	#0992	割距	02	4.0mm	4mm	合格
	#0993	割距	02	4.0mm	4mm	合格
	#0994	割距	02	4.0mm	4mm	合格
	#0995	割距	02	4.0mm	4mm	合格
	#0996	割距	02	4.0mm	4mm	合格
	#0997	割距	02	4.0mm	4mm	合格

检验单位	检验意见	检验人（签名）
专业工区		
项目部		
监理		
业主		
业主		

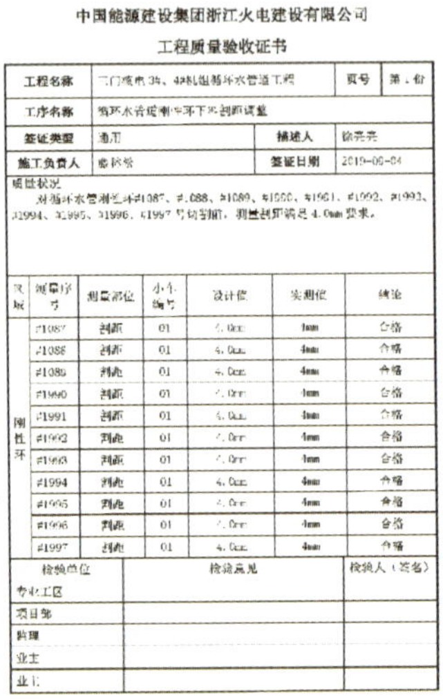

中国能源建设集团浙江火电建设有限公司

工程质量验收证书

工程名称	三门核电3#、4#机组循环水管道工程			页号	第1份
工序名称	循环水管道刚性环下料割距调整				
签证类型	通用		描述人	[illegible]	
施工负责人	[illegible]		签证日期	2019-09-04	

质量状况

对循环水管刚性环#1087、#1088、#1089、#1990、#1991、#1992、#1993、#1994、#1995、#1996、#1997号切割前，测量割距满足4.0mm要求。

区域	测量序号	测量部位	小车编号	设计值	实测值	结论
刚性环	#1087	割距	01	4.0mm	4mm	合格
	#1088	割距	01	4.0mm	4mm	合格
	#1089	割距	01	4.0mm	4mm	合格
	#1990	割距	01	4.0mm	4mm	合格
	#1991	割距	01	4.0mm	4mm	合格
	#1992	割距	01	4.0mm	4mm	合格
	#1993	割距	01	4.0mm	4mm	合格
	#1994	割距	01	4.0mm	4mm	合格
	#1995	割距	01	4.0mm	4mm	合格
	#1996	割距	01	4.0mm	4mm	合格
	#1997	割距	01	4.0mm	4mm	合格

检验单位	检验意见	检验人（签名）
专业工区		
项目部		
监理		
业主		
业主		

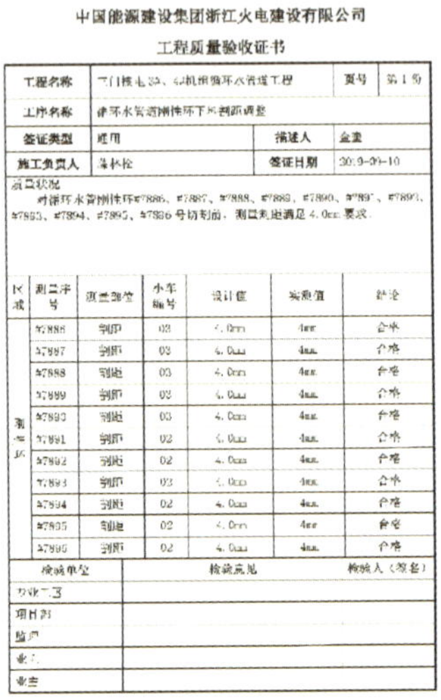

中国能源建设集团浙江火电建设有限公司

工程质量验收证书

工程名称	三门核电3#、4#机组循环水管道工程			页号	第1份
工序名称	循环水管道刚性环下料割距调整				
签证类型	通用		描述人	[illegible]	
施工负责人	[illegible]		签证日期	2019-09-10	

质量状况

对循环水管刚性环#7886、#7887、#7888、#7889、#7890、#7891、#7892、#7893、#7894、#7895、#7896号切割前，测量割距满足4.0mm要求。

区域	测量序号	测量部位	小车编号	设计值	实测值	结论
刚性环	#7886	割距	03	4.0mm	4mm	合格
	#7887	割距	03	4.0mm	4mm	合格
	#7888	割距	03	4.0mm	4mm	合格
	#7889	割距	03	4.0mm	4mm	合格
	#7890	割距	03	4.0mm	4mm	合格
	#7891	割距	02	4.0mm	4mm	合格
	#7892	割距	02	4.0mm	4mm	合格
	#7893	割距	03	4.0mm	4mm	合格
	#7894	割距	02	4.0mm	4mm	合格
	#7895	割距	02	4.0mm	4mm	合格
	#7896	割距	02	4.0mm	4mm	合格

检验单位	检验意见	检验人（签名）
专业工区		
项目部		
监理		
业主		
业主		

8.1.3 小组成员现场抽查割距，若发现有偏差则调整后再固定，保证割距控制在4.0 mm

图24 对策一措施现场落实照片

表29 现场割距抽查结果统计表

时间	割距（mm）											验证人
2019-08-14	4	4	4	4	4	4	4	4	4	4	4	×××
2019-08-15	4	4	4	4	4	4	4	4	4	4	4	×××
2019-08-16	4	4	4	4	4	4	4	4	4	4	4	×××
2019-08-17	4	4	4	4	4	4	4	4	4	4	4	×××
2019-08-18	4	4	4	4	4	4	4	4	4	4	4	×××
2019-08-19	4	4	4	4	4	4	3.9	4	4	4	4	×××
2019-08-20	4	4	4	4	4	4	4	4	4	4	4	×××

制表人：×××　　　　制表日期：2019-08-21

从表中可以看出，通过一周的连续巡查和割距现场检测，小组成员确认割距严格控制在 3.9~4.0 mm 以内，对策目标实现。

对策目标实现了！

8.2 对策二实施：在切割机侧面增加带滚轮的固定装置，保证切割速度在450~460 mm/min

8.2.1 小组成员计算出固定装置长度 400 mm，宽度 63 mm，侧向轮半径 20 mm 时，可以保证切割速度在 450~460 mm/min 时

（1）根据小车式切割机（CG1-100）说明书，4 档时小车行驶速度 $V_1=520$ mm/min，刚性环内弧半径 $r=2086$ mm，因此小车行驶的弧形轨道半径 R：

$$R = V_1/V_2 \times r = 2359 \sim 2410 \text{ mm}$$

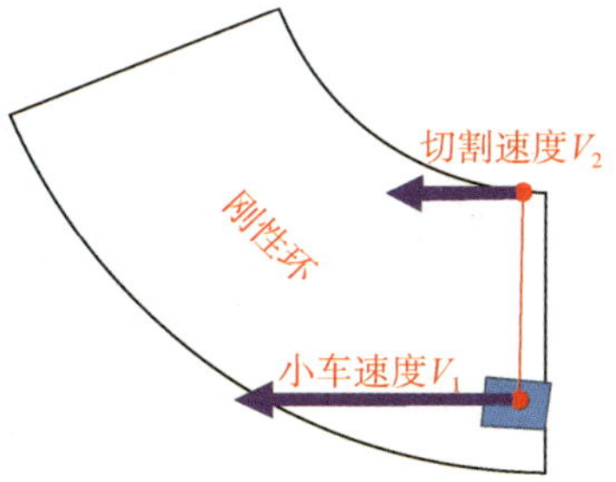

（2）根据小车行驶的弧形轨道半径 R 计算出，小车的中心应在距离刚性环内弧边缘 273~324 mm 位置。

（3）小组设置切割小车中心距刚性环内弧边缘 300 mm。同时，根据现场测量情况，计算出框架的具体尺寸。框架长度 400 mm，宽度 63 mm，侧向轮半径 20 mm。

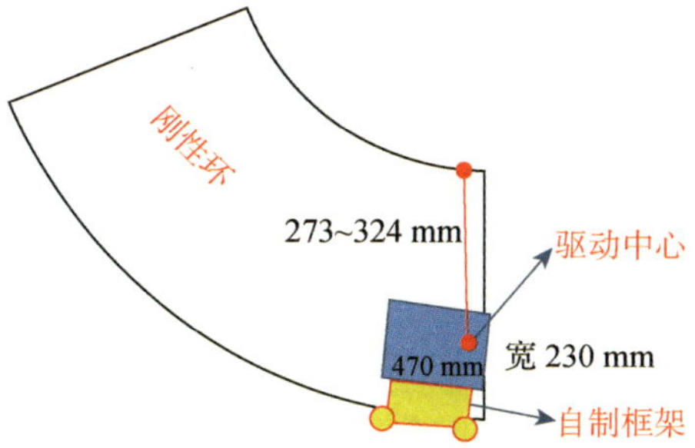

8.2.2 制作固定框架以及滚轮，并安装在切割小车上，确保切割速度满足要求

小组成员绘制出小车模型图，并根据模型图制作框架。

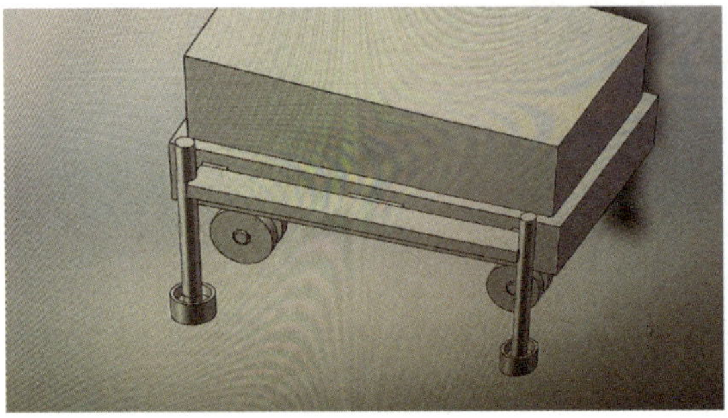

8.2.3 将固定装置的滚轮靠紧刚性环外弧侧，让小车自动沿着外弧行走

小组将改造完的小车放在废旧的钢板上进行切割试验，切割面优秀。小组测量出此时切割速度在455 mm/min。

图25 对策二措施现场落实照片

8.2.4 抽查现场切割速度，均控制在452~458 mm/min以内

在切割速度满足要求后，小组将多辆小车进行改造，并抽测小车的切割速度。

表30 切割速度现场抽查结果统计表

切割速度	组中点	划记	次数	验证人
450~452 mm/min	451		0	×××
452~454 mm/min	453	正正正丅	17	×××
454~456 mm/min	455	正正正正正正正一	36	×××
456~458 mm/min	457	正正一	11	×××
458~460 mm/min	459		0	×××
合计			64	

制表人：×××　　　　制表日期：2019-08-31

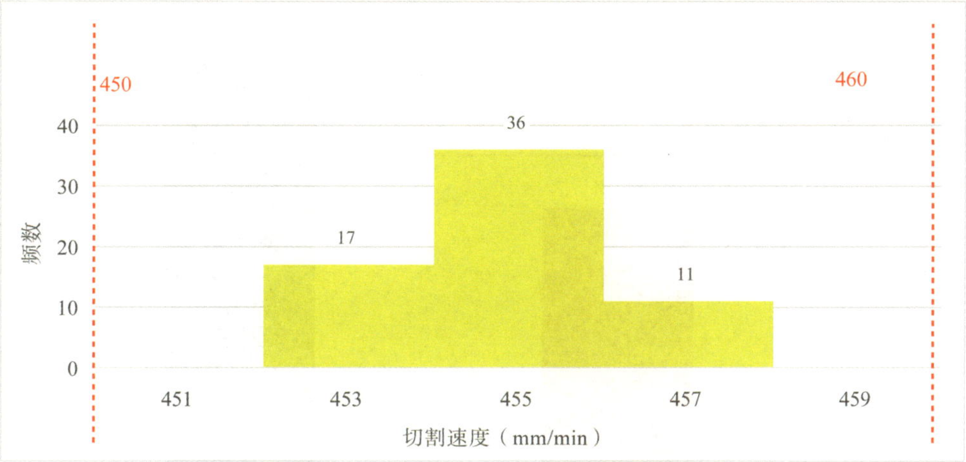

图 26　切割速度现场抽查结果统计图

制图人：×××　　　　制图日期：2019-08-31

从图 26 可以看出，通过一周的连续抽查和检测，小组成员确认现场切割速度控制在 450～460 mm/min 内，且控制效果良好，对策目标实现。

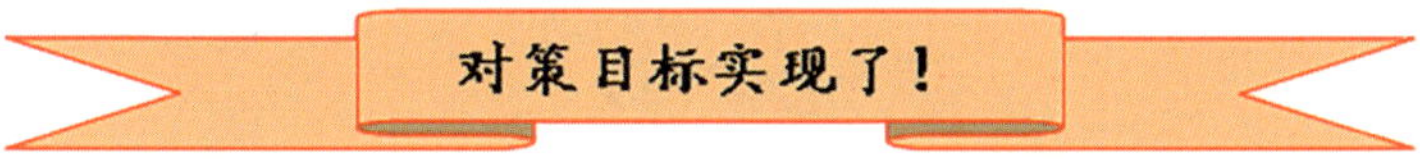

九、效果检查

9.1　目标检查

对策全部实施完成后，小组成员对 2019 年 9 月下料的刚性环进行验收，总共验收 4392 块，合格 4238 块，预制一次合格率达到了 96.5%，超出了 95%，达到了预期目标，QC 小组目标实现。

表 31　活动前后一次合格率统计表

时间	下料总数（块）	合格数（块）	不合格数（块）	一次合格率
活动前	3962	3443	519	86.9%
活动后	4392	4238	154	96.5%

制表人：×××　　　　制图日期：2019-09-30

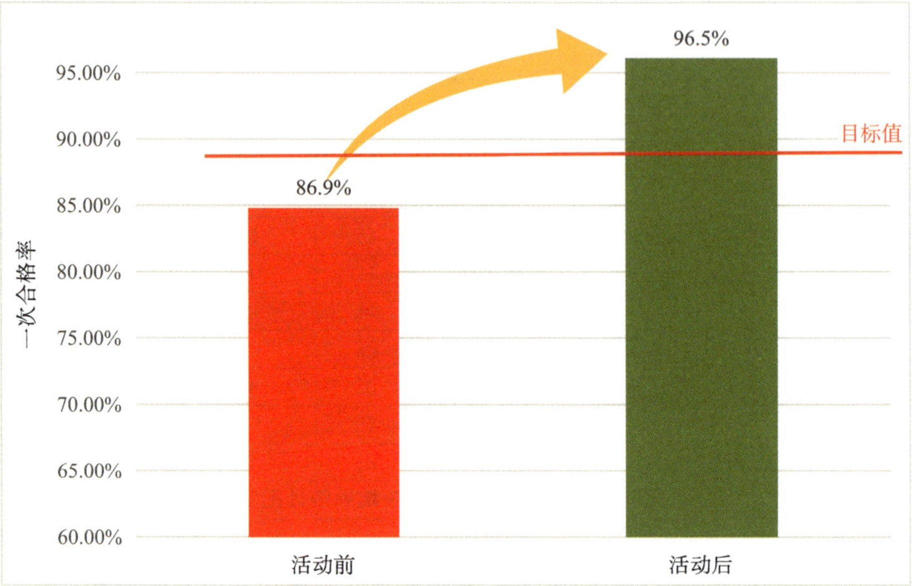

图 27　活动前后合格率对比

制图人：×××　　　　制表日期：2019-09-30

9.2　症结检查

QC 小组成员对 2019 年 9 月因坡口凹口而验收不合格的刚性环（共 25 块）用分层法进行了统计，情况如下所示：

表 32　刚性环坡口凹口统计表

序号	缺陷项目	不合格频数（块）	累计频数（块）	累计频率（%）
1	坡面内凹	8	8	32.0%
2	气孔	6	14	56.0%
3	塌边	5	19	76.0%
4	凹槽	4	23	92.0%
5	其他	2	25	100.0%
	合计	25		

制表人：×××　　　　制表日期：2019-09-30

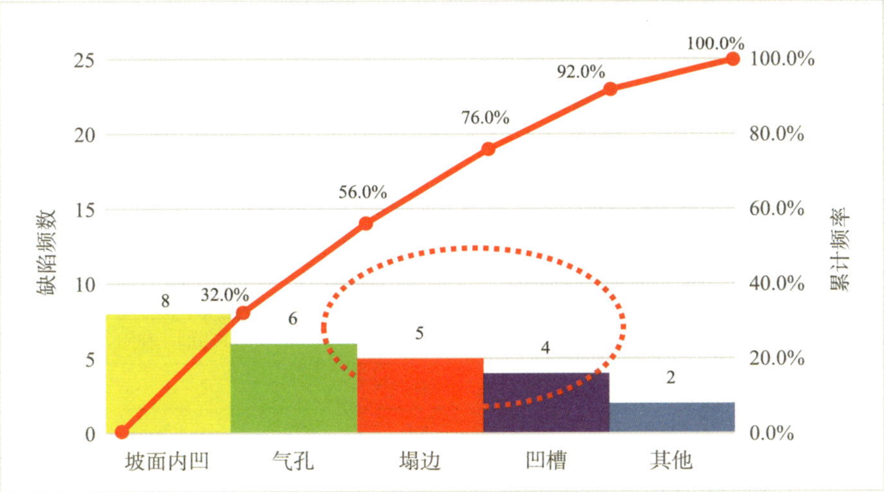

图 28　刚性环坡口凹口缺陷排列图

制图人：×××　　　　　　　　　　　　　　制图日期：2019-09-30

通过计算分析，凹槽、塌边缺陷问题解决百分比如下：

（332/3962－9/4392）÷（332/3962）＝98.24%>98%

根据统计结果和计算，我们可以得出坡口缺口问题已解决了98%以上，达到预期目标，症结目标实现。

注：根据图28显示，对坡面内凹和气孔占比由原先的1.74%和0.87%增加至现在的32%、24%，小组成员对此进行讨论和分析。是由于坡口凹口缺陷整体数量的明显减少，导致坡面内凹、气孔缺陷在坡口凹口缺陷的占比明显增加。从下表中可以看出，整体的坡面内凹率和气孔缺陷率并没有太大的变化。

月份	刚性环下料总数	坡面内凹数	坡面内凹率	气孔缺陷数	气孔缺陷率	凹口缺陷数
6月	3962	6	0.15%	3	0.08%	344
9月	4392	8	0.18%	6	0.14%	25

9.3　活动效益

质量效益

•刚性环下料一次合格率达到96.5%，提高了循环水管的质量，保证了循环水系统的整体质量。

进度效益

•减少了不合格刚性环块质量返修的时间，加快了施工进度，保证了工期。

经济效益

•节约了7月至12月刚性环缺陷修补的费用。
平均每快刚性环人工费40/块，材料费5元/件，
合计40+5=45元/件;QC小组活动费用2000元，
已节约2190×45-2000=9.655万元。

社会效益

•通过本次活动，提高了循环水管刚性环下料的质量，得到各参建单位的认可，为后续工程积累了宝贵的经验。
•本次活动中采取的有效措施对圆弧形钢板坡口加工有一定借鉴意义，可以帮助同行电厂优化下料工艺，提高下料质量。

十、制定巩固措施

10.1 巩固措施

表 33 巩固措施实施表

序号	有效措施	巩固形式	文件名称和编号	责任人	完成日期
1	1. 精确调整割距在3.9~4.0 mm，将割嘴上下调整器固定住； 2. 施工前复测割距并记录； 3. 现场抽查割距，若发现有偏差则调整后再固定。	工作程序	纳入《刚性环下料工作程序》（SMS-025-GCP-SMZY013）内**3.1.2条 割距控制要求中**。	×××	2019-10-01
2	1. 计算出切割速度在450~460 mm/min时，框架尺寸：400×63×20 mm； 2. 制作固定框架以及滚轮，并安装在焊接小车上，以确保切割速度满足要求； 3. 将固定装置的滚轮靠紧刚性环外弧侧，让小车自动沿着外弧行走。	施工方案	纳入《循环水管制作施工方案》（SMS-025-GCH-SMZY008）内**4.4.7条 切割速度控制措施中**。	×××	2019-10-01

制表人：×××　　　　制表日期：2019-09-30

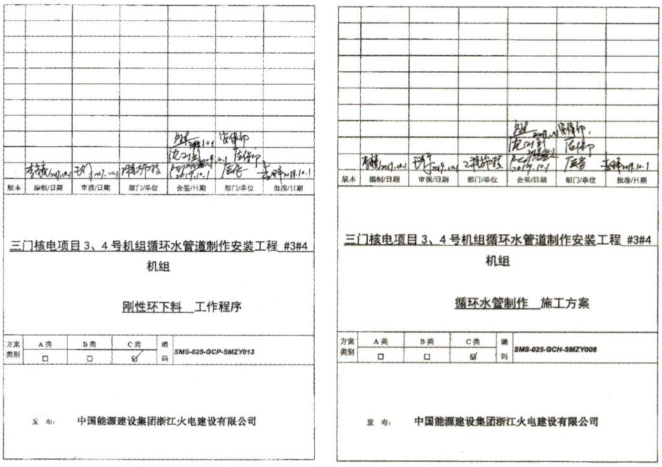
版本 编制/日期 审核/日期 部门/单位 会签/日期 部门/单位 批准/日期

三门核电项目3、4号机组循环水管道制作安装工程 #3#4机组

刚性环下料　工作程序

方案类别 A类 B类 C类 编码 SMS-025-GCP-SMZY013

发布：中国能源建设集团浙江火电建设有限公司

版本 编制/日期 审核/日期 部门/单位 会签/日期 部门/单位 批准/日期

三门核电项目3、4号机组循环水管道制作安装工程 #3#4机组

循环水管制作　施工方案

方案类别 A类 B类 C类 编码 SMS-025-GCH-SMZY008

发布：中国能源建设集团浙江火电建设有限公司

图 29　升版方案实施巩固措施

制表人：×××　　　　制表日期：2019-10-01

10.2　巩固期效果检查

巩固措施实施完成后，小组成员统计了2019年10—12月循环水管刚性环下料验收情况，一次合格率均达到97%，可见QC活动的效果是稳定的。

表 34　巩固期刚性环下料一次合格率统计表

巩固期时间	10月	11月	12月
目标值	95.00%	95.00%	95.00%
实际值	97.27%	97.00%	97.23%
实际平均值	97.17%		

制表人：×××　　　　制表日期：2019-12-30

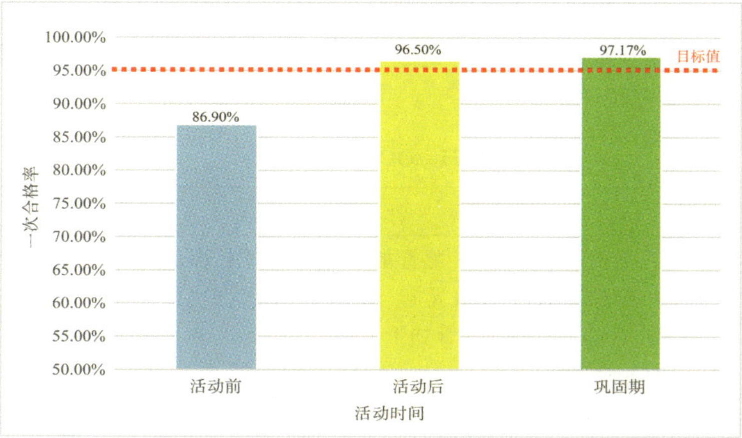

图 30　巩固期效果检查图

制图人：×××　　　　制表日期：2019-12-30

十一、总结和下一步打算

11.1 活动收获

本次活动，QC 小组运用 QC 的理论和方法，针对发现的问题，以数据、事实为依据，通过现场测量、试验和调查分析，找出要因，并制定经济有效的对策措施，较好地解决了问题，提高了循环水管刚性环下料的一次合格率，改善了循环水管的质量，保证了循环水系统的安全性。

本次 QC 小组活动后，小组成员对活动的全过程进行了回顾和总结，小组成员对工程质量控制的意识和方法有了进一步的理解，各方面能力得到了锻炼，提高了专业技术、实体质量、管理水平和综合素质，同时小组成员对这四个方面的提高点和不足点进行了总结（见表 35），并进行了自我评价。

表 35 QC 小组总结表

序号	内容	提高点	不足点
1	专业技术	1）小组成员熟悉了配管加工、火焰切割和材料相关规范 2）提高了材料和配管加工方面的专业知识	1）对配管加工工程规范的理解运用有待提高 2）专业知识现场实践经验仍显不足，需继续加强
2	实体质量	1）观察报告、不符合项、通知单等质量文件数量下降 2）施工进度加快	质量缺陷仍偶尔发生，未彻底解决

续 表

序号	内容	提高点	不足点
3	管理水平	1）小组成员按照 PDCA 程序解决问题，思路和逻辑性增强 2）在 QC 活动的过程中始终以客观数据为依据去分析和解决问题 3）学会了用排列图、关联图等多种 QC 工具来分析和解决问题	1）部分 QC 的方法和工具本次课题未能涉及和使用 2）部分小组成员仍不熟悉部分 QC 工具的使用
4	综合素质	1）小组成员发现和解决问题的能力得到提高 2）工作热情和团队合作等综合素质得到提升	小组成员的创新能力不足

制表人：××× 制表日期：2019-12-31

11.1.1 专业技术提升

小组组织对《电力建设施工技术规范 第 8 部分：加工配制》（DL 5190.8—2012）《氧丙烷切割质量影响因素分析》《火焰切割质量质控研究》进行培训学习，提升小组成员对配管加工规范和火焰切割相关专业知识水平，提高现场质量检查控制技能水平，包括塌边、凹槽缺陷原因分析、处理措施。

同时，小组根据现场对策措施中自制的工装申请了专利，并获得国家知识产权局的授权 ZL202122512360.8。

11.1.2 实体质量提升

经过本次 QC 活动，刚性环下料时产生的缺陷大幅减少，因此现场产生的观察报告、不符合项、通知单等质量文件数量大幅降低，详细情况如下：

表 36 质量文件统计

项目	2019 年 6 月质量文件	2019 年 6 月质量文件	2019 年 10—12 月平均月质量文件
阶段	活动前	活动后	巩固期
数量（份）	57	11	9

制表人：××× 制表日期：2019-12-31

11.1.3 管理水平提升

（1）小组成员按照 PDCA 程序解决问题，思路和逻辑性增强，在 QC 活动的过程中始终以客观数据为依据去分析和解决问题，要因判断时始终以对症结的影响程度作为判断标准。

（2）学会了用关联图、调查表、直方图等多种 QC 工具来分析和解决问题。

11.1.4 综合素质提升

（1）小组成员发现和解决问题的能力得到提高

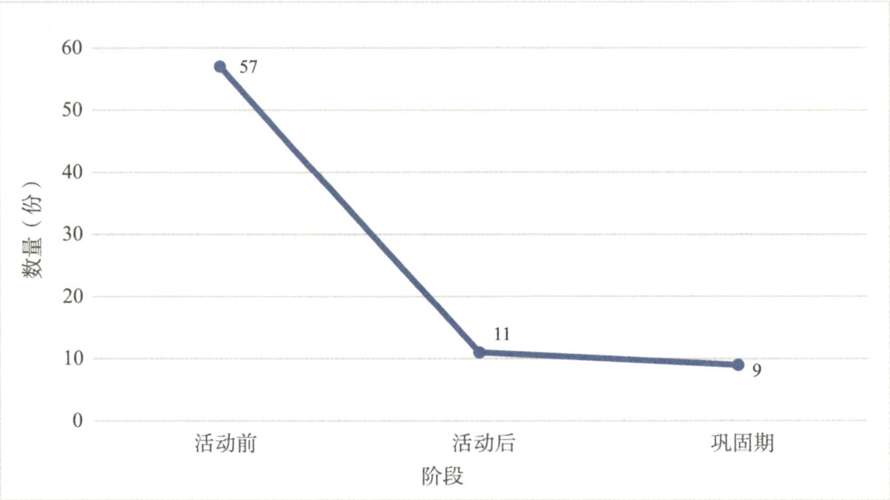

图 31　质量文件趋势统计

制图人：×××　　　　　　　　　　　　　　　　　　　　制表日期：2019-12-31

之前被忽视的问题均被关注到并及时有效解决，循环水管道制作的可靠性得到保证。**如：小组成员发现管道预制完成后圆度偏差大，现场采取措施将圆度偏差由≤12.3 mm 控制到≤6 mm。**

根据标准《水利水电工程压力钢管制造安装及验收规范》（DL/T5017—2007）中 4.1.14 条要求，管道预制时最大直径与最小直径的差值在 3/1000D 且不大于 30 mm，因此 DN4100 mm 循环水管道预制时允许的圆度偏差是 12.3 mm。

现场在质量验收时发现管道回圆时圆度偏差均≤4 mm，但刚性环装配完成后圆度偏差大部分都达到 10~12 mm，虽然满足规范要求，但圆度仍然偏大，不利于后续安装时管道对口。

小组成员通过跟踪测量、现场试验、调查分析方式，找到症结所在，并通过改进刚性环装配前管道存放工艺、优化圆度检查措施、提高刚性环下料质量（本次活动）、改善刚性环装配控制措施，将管道预制完成后圆度偏差控制在 6 mm 以内。

（2）工作热情和团队合作等综合素质得到提升

在 QC 活动过程中，通过不断交流讨论，提高团队合作能力，同时在找到症结并解决症结的过程中，不断攻克难关取得成功实现目标，小组成员工作热情得到提升。

11.1.5　存在的不足

在活动开展过程中，虽然我们在专业技术、实体质量、管理水平、综合素质等方面取得了长足的进步，但是也暴露出平时工作中的一些不足之处，需加以改进。

（1）对配管加工工程规范的理解运用有待提高；专业知识现场实践经验仍显不足，需继续加强。

（2）部分小组成员仍不熟悉部分 QC 工具的使用，部分 QC 的方法和工具本次课题未能涉及和使用等。

11.2 下一步打算

通过此次 QC 活动，我们小组成员小有成就感，积极性大增，后续我们将：

（1）总结经验、再接再厉：继续开展 QC 活动，不断创新，并将活动中学到的技能和方法充分运用到实际工作中去，发现问题，解决问题。

（2）提高自己、推动大家：以师带徒、老带新，尽快提升新加入成员的 QC 知识水平和能力，积极为本处室及公司 QC 工作添砖加瓦，推动 QC 工具在全公司范围内的广泛应用。

（3）2020 年，根据现场需求情况，小组以《研制循环水管道整体式热处理炉装置》《研制大口径循环水管道吊装专用工具》或以《缩短循环水管道组对时间》作为课题开展活动，优化工作流程，提高施工效率，保障作业安全。

专家点评：秦山核电　周雪梅　章拓霆

1. 总体评价

本课题是问题解决型课题，QC 小组针对三门核电循环水管道安装环节，刚性环下料缺陷的处理时间长，刚性环的下料效率低，制约循环水管道制作进展的突出问题，以《提高循环水管刚性环下料一次合格率》为课题，严格遵循 PDCA 循环，开展质量管理小组活动。活动思路清晰、流程规范、成效显著，突出体现了 QC 小组活动成果“小、实、活、新”的特点。

2. 成果亮点

（1）活动成效显著。本 QC 小组通过精确调整割距、计算出切割速度等一系列措施，达到了对策目标，最终在下料的刚性环进行验收时，预制一次合格率达到了 96.5%，超出了 95%的目标，同时减少了不合格刚性环块质量返修的时间，加快了施工进度，保证了工期，改善了循环水管的质量，保证了循环水系统的安全性。活动成果较为显著，可以帮助同行电厂优化下料工艺，提高下料质量，具有可推广性。

（2）活动程序规范。QC 成果按照问题解决型（指令性目标）课题的 10 个步骤进行阐述，每个步骤环环相扣，逻辑严密，做到了前后呼应。例如：目标可行性论证一中分了 4 层进行论证，首先从“刚性环下料的不同工序”入手，找到了坡口加工工序产生缺陷高，紧接着分析坡口加工工序产生的各项缺陷，查明“表观缺陷的占比明显偏高”，进而又将表观缺陷的“凹口、粗糙、粘渣”等 7 个部分着手，查明“凹口的占比明显偏高，达 81.9%”，最后对“凹口缺陷”进行统计，得出了结论为：“坡口加工产生的塌边、凹槽这 2 类坡口凹口缺陷是造成刚性环下料一次合格率偏低的主要症结”。整个过程层层深入，较为清晰地呈现了查找症结的整个过程，为后续原因分析提供了指引。

（3）巩固措施有力。小组将对策表中通过实施证明有效的措施，纳入相应的《刚性环下料工作程序》及《循环水管制作施工方案》，且在 2019 年 10—12 月小组对循环水管刚性环下料验收情况，开展巩固措施“回头看”工作，循环水管刚性环下料一次合格率均达到97%以上，QC活动效果稳定，巩固效果良好。

（4）工具应用适宜。课题较为灵活地运用QC工具，采用图、表相结合的方式，用直观的试验来呈现结论。在目标可行性论证过程中，采用排列图，利用“二八原则”，逐层剖析，找到症结。在原因分析过程中，运用调查表、简易图表等适宜的工具，确定了“割距低”“切割速度慢”为要因，过程清晰，说服力较强。

3. 改进建议

（1）目标可行性论证三，小组是按照同行水平来计算症结的解决程度，建议根据组织曾经达到的最好水平，来预测症结解决的程度。

（2）要因确认环节。应依据末端因素对问题或症结的影响程度来判断是否为主要原因。本成果中的要因确认中，每条要因的确认依据既有均有明确的标准，也有症结影响程度内容，这与2020版质量管理小组活动准则不符，建议删除确认依据中标准相关的内容。

（3）小组在制定对策表前，对割距、切割速度进行试验，以确定最佳的割距和切割速度，建议此内容放在对策实施过程中进行。

（4）本成果针对“割距低”“切割速度慢”两个主要原因均进行了对策的评价和选择，但缺少数据进行科学分析，大部分都是从可实施性、有效性、经济性、可靠性等方面主观描述，建议使用客观的方法进行对策方案的评价和选择，有数据充分说明选择的必要性。

（5）效果检查环节，对QC小组活动所取提的经济效益进行计算，建议增加相关部门认可的证据。

（6）在9.2章节对症结的改善程度进行检查时，建议增加与4.1.4分层四中凹口缺陷中的各项缺陷情况进行对比的内容，最好是以图表形式描述，更直观地显示活动后症结的改善程度。

课题二

减少秦一厂取样系统气动截止阀缺陷次数

一、前言

秦山核电厂位于浙江省海盐县，由秦一厂、秦二厂、秦三厂、方家山厂组成，运营着9台核电机组，其中，秦一厂负责运营1台330 MW的核电机组；该机组的取样系统中有用于取样的气动截止阀，共11台；阀门缺陷较多，对机组化学取样工作产生一定的影响。

1.1 设备简介

气动截止阀主要由手轮、气动头、控制部件、阀门本体四部分组成。阀门本体主要由阀体、阀座、阀芯、阀笼、阀盖、阀杆组成，阀门简图如图1和图2所示。

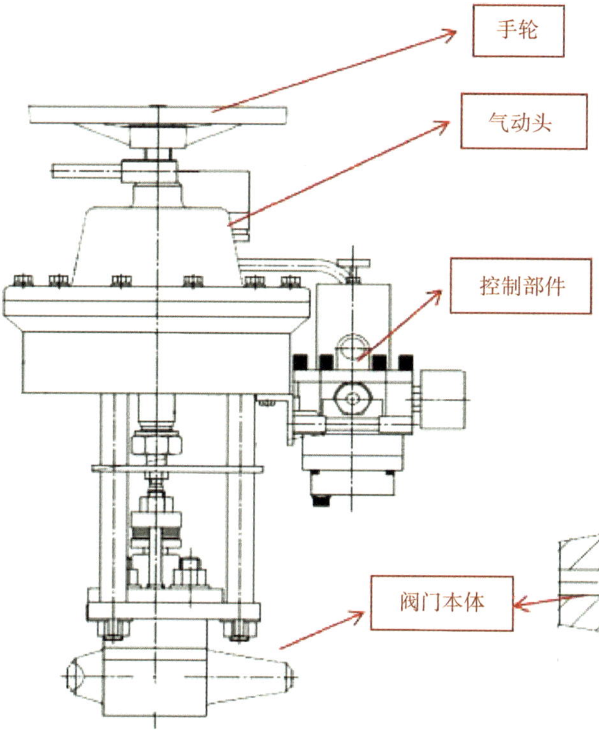

图1　气动截止阀结构简图

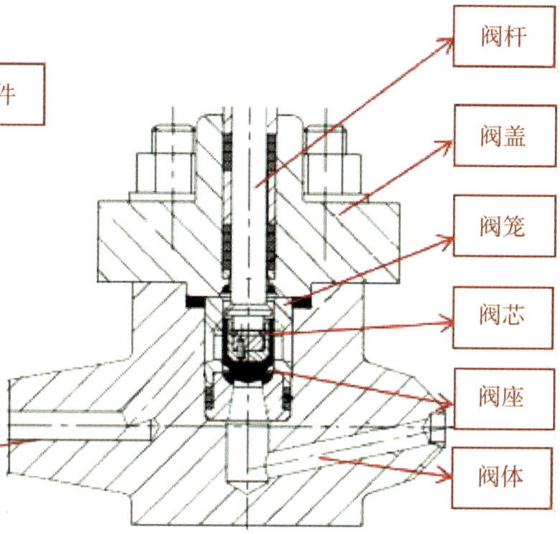

图2　阀门本体结构简图

制图人：×××

制图时间：2020-03-02

1.2 工作原理

气动截止阀通过控制部件自动控制气动头的充/排气，改变气动头作用力，从而带动阀杆上下运动，实现阀门的开关动作。

1.3 名词解释

取样系统：用于在核电厂反应堆正常运行、热停堆、冷停堆等工况下，从管道内取得具有代表性的液体、气体样品，供化学分析和放射化学分析的系统。

气动截止阀：带有气动头的截止阀，通过气动头充/排气，带动阀杆上下运动，实现阀门开关。

滑动副：阀芯外径面与阀笼内孔面相互配合，起导向作用。

密封副：阀芯密封面与阀座密封面相互接触，起密封作用。

二、小组简介

表1 小组简介表

企业名称	中核核电运行管理有限公司			
小组名称	核阀先锋 QC 小组			
课题名称	**减少秦一厂取样系统气动截止阀缺陷次数**			
课题类型	问题解决型			
小组成立时间	2016-05-12		小组注册号	CNNP-QS-2020-038
课题注册时间	2020-03-01		课题注册号	CNNP-QS-KT-2020-038
小组人数	10 人		出勤率	100%
活动次数	21 次		培训时数	60 小时/人
活动时间	2020-03—2020-12			
小组成员简介				
姓名	性别	文化程度	职称	小组职务/分工
方成平	男	本科	工程师	组长/项目组织
×××	男	本科	工程师	副组/活动实施
×××	女	本科	高级工程师	组员/程序指导
×××	男	专科	高级技师	组员/活动实施
×××	男	本科	高级技师	组员/活动实施
×××	男	本科	高级工程师	组员/管理支持
×××	男	本科	高级工程师	组员/管理支持
×××	男	本科	高级技师	组员/技术支持
×××	男	本科	助理工程师	组员/活动实施
×××	女	研究生	工程师	组员/活动实施

制表人：××× 制表时间：2020-03-02

三、选择课题

选题背景 ➡ 秦一厂取样系统气动截止阀缺陷较多，影响机组化学取样工作开展。

秦一厂取样系统气动截止阀实际缺陷现状 ➡

秦一厂取样气动截止阀缺陷次数统计，2019 年 9 月—2020 年 2 月。

表 2　故障统计表

时间	2019-09	2019-10	2019-11	2019-12	2020-01	2020-02
故障次数	12 次	11 次	12 次	10 次	9 次	12 次
总计：66 次故障次数 11（次/月）						
调查人员：××× 调查地点：办公室				调查时间：2020-03-03 调查方法：EAM 工单查询系统		

制表人：×××　　制表时间：2020-03-03

QC 小组成员对气动截止阀历史最好水平进行了调查，2015 年历史最好水平为 6（次/月），目前阀门陷次数为 11（次/月），两者存在一定差距。

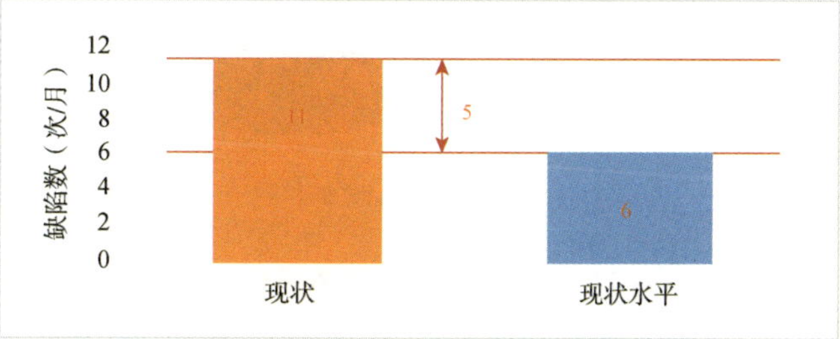

图 3　现状与最好水平柱状图

制图人：×××　　制表时间：2020-03-03

课题选择 ➡ 减少秦一厂取样系统气动截止阀缺陷次数

四、现状调查

4.1　调查一：秦一厂取样系统气动截止阀缺陷类别调查

首先，小组对 2019 年 9 月—2020 年 2 月间，取样系统气动截止阀的缺陷类别进行调查统计，结果如表 3 所示。

表 3　缺陷类别统计表

序号	缺陷类别	次数（次）	百分比（%）	累计次数（次）	累计比率（%）
A	**机械类故障**	**59**	**89.00**	**59**	**89.00**
B	**仪控类故障**	**5**	8.00	64	97.00
C	**电气类故障**	**2**	3.00	66	100
合计		**66**	100		
调查人：××× 地点：电仪楼 111 办公室				时间：2020-03-04 调查方法：EAM 工单查询系统	

制表人：×××　　制表时间：2020-03-04

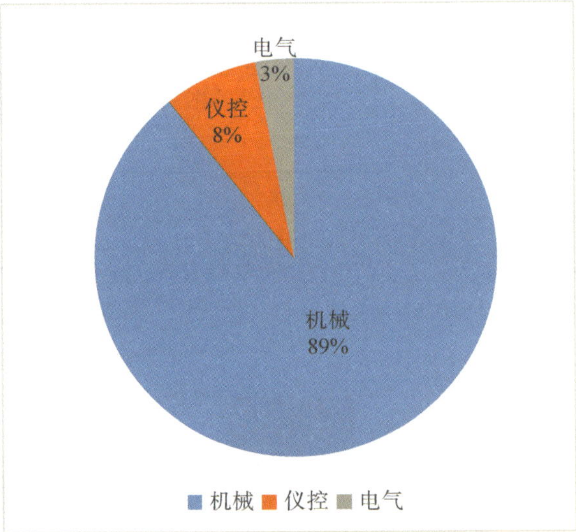

图 4　缺陷类别饼分图

制图人：×××　　制图时间：2020-03-04

结论一：机械类故障占总故障的 89%，远高于其他类型故障，是重点关注对象。

4.2　调查二：秦一厂取样系统气动截止阀机械类故障类型情况调查

接着，小组对取样系统气动截止阀**机械类故障**类型进行调查统计，结果如表 4 所示。

表 4　机械类故障类型统计表

序号	故障类型	次数（次）	百分比（%）	累计次数（次）	累计比率（%）
A1	**内漏故障**	**52**	88.13	52	**88.13**
A2	**外漏故障**	2	3.39	54	91.52
A3	**松动故障**	2	3.39	56	94.91
A4	**其他故障**	3	5.09	59	100
合计		**59**	100		

续　表

序号	故障类型	次数（次）	百分比（%）	累计次数（次）	累计比率（%）
调查人：×××					时间：2020-03-04
地点：电仪楼 111 办公室					调查方法：EAM 工单查询系统

制表人：×××　　　　制表时间：2020-03-04

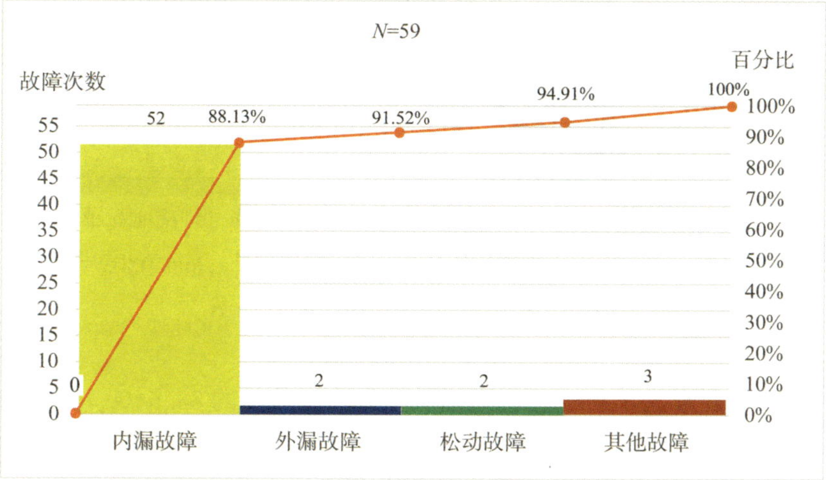

图 5　机械类故障类型排列图

制图人：×××　　　　制图时间：2020-03-04

结论二：内漏故障占机械类故障的 88.13%，远高于其他故障，是重点关注对象。

4.3　调查三：秦一厂取样系统气动截止阀内漏故障情况调查

最后，小组对取样系统气动截止阀**内漏故障**具体现象进行调查统计，结果如表 5 所示。

表 5　内漏故障统计表

序号	故障现象	故障次数（次）	比率（%）	累计次数（次）	累计比率（%）
a	滑动副卡涩	25	48.08	25	48.08
b	密封副损伤	20	38.46	45	**86.54**
c	阀座垫破损	2	3.85	47	90.39
d	阀腔壁划伤	2	3.85	49	94.24
e	其他	3	5.76	52	100
合计		**52**	100		
调查人员：×××					调查时间：2020-03-05
调查地点：电仪楼 111 办公室					调查方法：EAM 工单查询系统

制表人：×××　　　　制表时间：2020-03-05

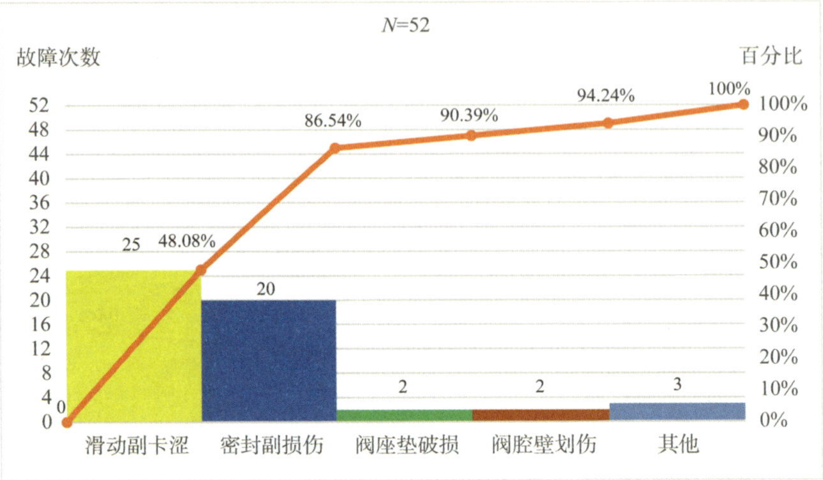

图 6　内漏故障排列图

制图人：×××　　　　制图时间：2020-03-05

结论三：“滑动副卡涩”与“密封副损伤”占内漏故障的 86.54%，是症结所在。

为了目标设定的合理性、科学性、挑战性，小组成员针对目标设定值进行分析讨论。

4.4　调查四：目标设定依据

4.4.1　同行水平

小组成员调查发现巴基斯坦恰希玛核电 C3/C4 机组堆型及其取样系统气动截止阀与秦一厂结构相似，统计其 2019 年 9 至 2020 年 2 月间的取样系统气动截止阀的故障次数，阀门月平均次数为 5 次/月。

4.4.2　目标理论值测算

通过现状调查、同行水平的对比，小组成员还调查历史最好水平，发现 2016 年期间滑动副卡涩和密封副损伤的平均月缺陷次数最低为 1.8 次，而目前现状调查中的滑动副卡涩和密封副损伤的平均月缺陷次数为 45÷6=7.5 次，若能达到历史最优，则可测算小组解决的程度为：(7.5−1.8) /7.5×100%=76%。

另外小组曾解决多项类似的课题，同时完成多项重大设备缺陷分析和处理工作，成员有能力、有信心完成本次课题症结的 80%，故理论测算可将月缺陷次数降低至 [66−(45×0.8)]÷6=5（次/月），另通过更换控制部件可彻底消除电仪故障，通过紧固部件防松可减少松动故障。

五、设定目标

通过上述分析讨论，小组成员最终一致决定将活动目标值设定为：阀门故障次数由 11（次/月）降至 5（次/月），如图 7 所示。

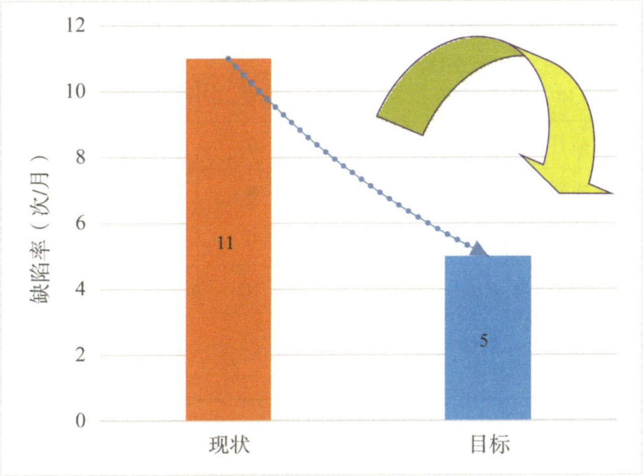

图 7 目标设定柱状图

制图人：××× 制图时间：2020-03-06

六、原因分析

小组成员组织会议讨论，并结合已有的现场设备调查资料，集思广益，针对主要症结“**滑动副卡涩**”及“**密封副损伤**”，从“人员、机器、材料、方法、环境、测量”6 个角度找出了 10 条末端原因。由于原因之间有交叉影响，因此采用关联图进行原因分析。

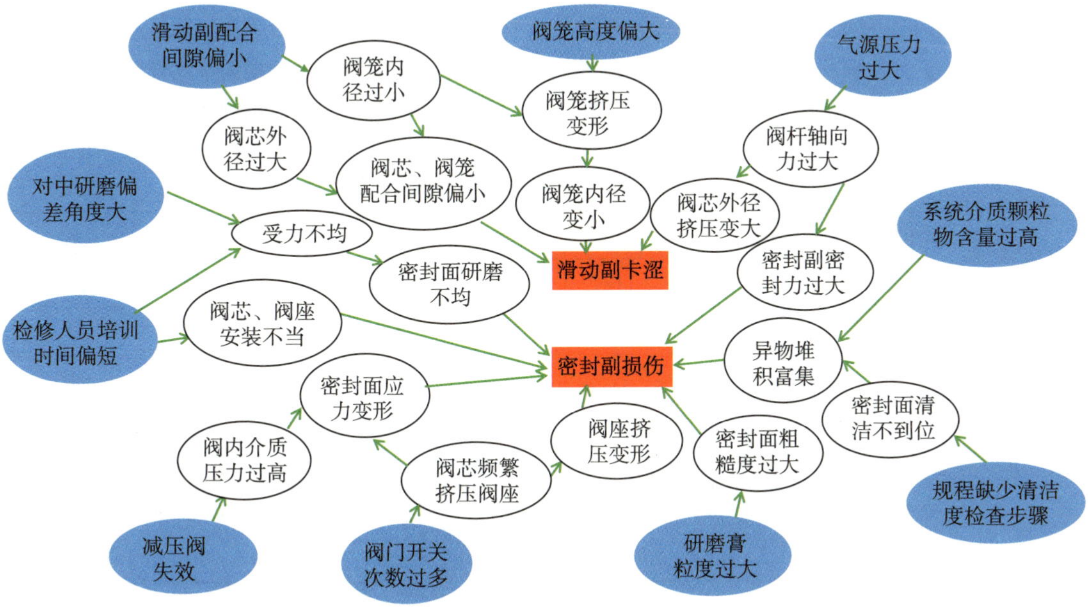

图 8 原因分析关联图

制图人：××× 制图时间：2020-03-10

结合以上分析，梳理出 10 条末端因素。

表6　末端因素统计表

序号	内容	序号	内容
1	阀门开关次数过多	6	气源压力过大
2	减压阀失效	7	阀笼高度偏大
3	系统介质颗粒物含量过高	8	对中研磨偏差角度大
4	规程缺少清洁度检查步骤	9	滑动副配合间隙偏小
5	磨膏粒度过大	10	检修人员培训时间偏短
调查人员：×××			调查时间：2020-03-10
调查地点：办公室			调查方法：原因分析

制表人：×××　　制表时间：2020-03-10

七、要因确认

要因确认一：阀门开关次数过多

确认内容	阀门开关次数对阀门密封副损伤的影响程度
确认方法	调查分析、试验

现状情况：

阀门密封副是否损伤，可通过确认阀门关闭到位后，观察阀后是否存在泄漏进行判断。

秦一厂1号机组取样系统气动截止阀预维解体周期为2个大修，即28个月，阀门为取样阀，为配合取样工作，**每个月平均开关4次，即检修周期内平均开关112次。**

小组对比6组修复合格的阀门，统计开关112次后的水压试验结果，如表7及图9所示。

表7　试验结果统计表

阀门编号	1	2	3	4	5	6
动作次数	112	112	112	112	112	112
泄漏量（mL）	0	0	0	0	0	0
密封副损伤	否	否	否	否	否	否
试验人：×××						时间：2020-03-11
地点：阀门厂家						试验方法：组装打压

制表人：×××　　制表时间：2020-03-11

续 表

<table>
<tr><td>确认内容</td><td>阀门开关次数对阀门密封副损伤的影响程度</td></tr>
<tr><td>现状情况</td><td>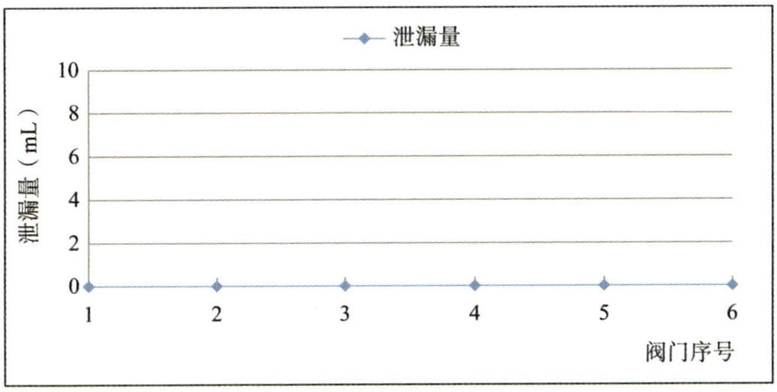

图 9 阀门开关后泄漏量折线图
制图人：××× 制图时间：2020-03-11

根据该类型阀门设计要求，阀门在一个预维周期内即使连续启闭动作 5000 次后应能保持技术规格书性能要求，保持 0 泄漏，查阅该型号阀门样机实验数据记录表，阀门 5000 次带压开关试验，满足阀门密封副密封要求。</td></tr>
<tr><td>影响程度</td><td>小组成员开展 6 台新组装阀门（出厂前经过水压密封试验无泄漏），进行开关试验，统计新阀门首次出现泄漏时累计达到的开关总次数，如表 8、图 10 所示。

表 8 阀门首次出现泄漏时的开关总数记录表
<table>
<tr><td>阀门序号</td><td>1</td><td>2</td><td>3</td><td>4</td><td>5</td><td>6</td></tr>
<tr><td>首次出现泄漏时开关总次数</td><td>5712</td><td>5413</td><td>5622</td><td>5578</td><td>5689</td><td>5842</td></tr>
<tr><td colspan="7">试验人：××× 时间：2020-03-12
地点：阀门厂家 试验方法：开关试验、阀门打压</td></tr>
</table>
制表人：××× 制表时间：2020-03-12
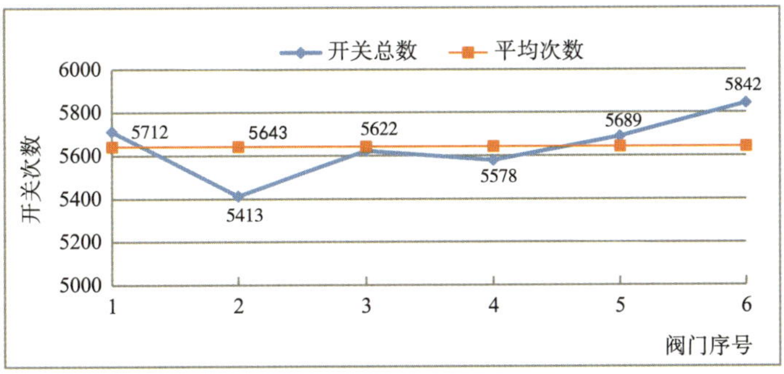

图 10 阀门首次出现泄漏时的开关总数折线图
制图人：××× 制图时间：2020-03-12

试验结论：阀门首次出现泄漏时开关总数平均为 5643 次，当阀门开关次数在 5400 次以下，阀门密封副均未出现泄漏情况，密封副无损伤。</td></tr>
</table>

续 表

确认内容	阀门开关次数对阀门密封副损伤的影响程度		
	确认结果：现场阀门预维周期内仅动作 112 次<5400 次，故末端因素“阀门开关次数过多”不是“密封副损伤”症结的要因。		
确认人	×××		
确认时间	2020-03-12	确认地点	阀门厂家/办公室
确认结论	**非要因**		

要因确认二：减压阀失效

确认内容	减压阀失效对阀门密封副损伤的影响程度
确认方法	调查分析、试验
现状情况	正常工况下，一回路介质压力为 15.2 MPa，当介质流经减压阀后压力会按设定值下降，如果减压阀失效时，减压功能丧失，气动截止阀阀体内部介质压力会上升至 **15.2 MPa**。 1. 现场调查，减压阀后介质压力值均为正常值，且均<15.2 MPa，即减压阀功能正常。 2. 查询气动截止阀出厂试验报告，阀门出厂前均进行 16.8 MPa 水压密封试验，满足密封副密封要求。 3. 模拟系统升压过程，取 16 次介质压力值（0～15.2 MPa），对取样阀后泄漏量进行统计，未出现泄漏情况，如图 11 所示。 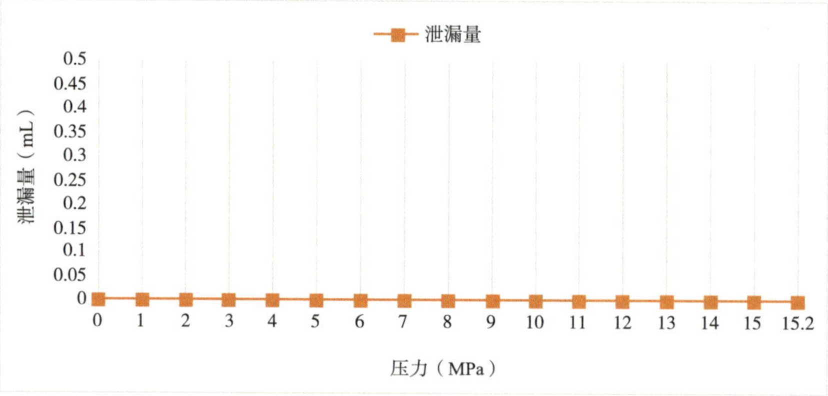 **图 11 泄漏量折线图** 制图人：××× 制图时间：2020-03-13
影响程度	小组对组装开关 112 次后的 6 组新阀门，进行了不同压力的水压试验，统计阀门首次出现泄漏时的压力值，试验结果如表 9 及图 12 所示。

续　表

确认内容	减压阀失效对阀门密封副损伤的影响程度

影响程度

表 9　阀门首次出现泄漏时压力值记录表

阀门序号	1	2	3	4	5	6
首次出现泄漏时压力值（MPa）	33.5	34.8	35.1	33.8	35.2	34.3
试验人：×××						时间：2020-03-13
地点：阀门厂家实验室						试验方法：组装打压

制表人：×××　　　　制表时间：2020-03-13

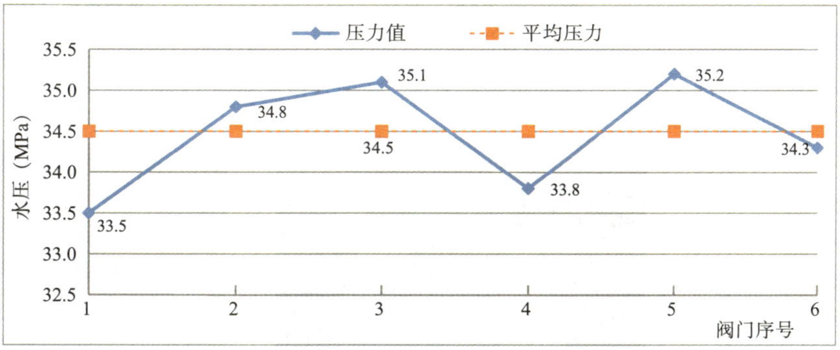

图 12　阀门首次出现泄漏时的压力值折线图

制图人：×××　　　　制图时间：2020-03-13

试验结论：阀门首次出现泄漏时压力平均值为 34.5 MPa，当阀门内部介质压力≤33 MPa，阀门密封副均未出现泄漏情况，密封副无损伤。

确认结果：现场减压阀功能正常，即使减压阀失效，压力达到 15.2 MPa，阀门内部介质压力最高为 15.2 MPa<33 MPa，故末端因素“减压阀失效”不是“密封副损伤”症结的要因。

确认人	×××		
确认时间	2020-03-13	确认地点	阀门厂家实验室
确认结论	**非要因**		

要因确认三：系统介质颗粒物含量过高

确认内容	系统介质颗粒物含量对阀门密封副损伤的影响程度
确认方法	调查分析、试验
现状情况	秦一厂 1 号机组**取样系统**在 C18-C19 功率运行期间，部分取样系统阀门发生内漏缺陷较为频繁，解体阀门后，密封面上往往会堆积大量肉眼可见的黑色固体颗粒物，如图 13 所示。

续 表

确认内容	系统介质颗粒物含量对阀门密封副损伤的影响程度		
影响程度	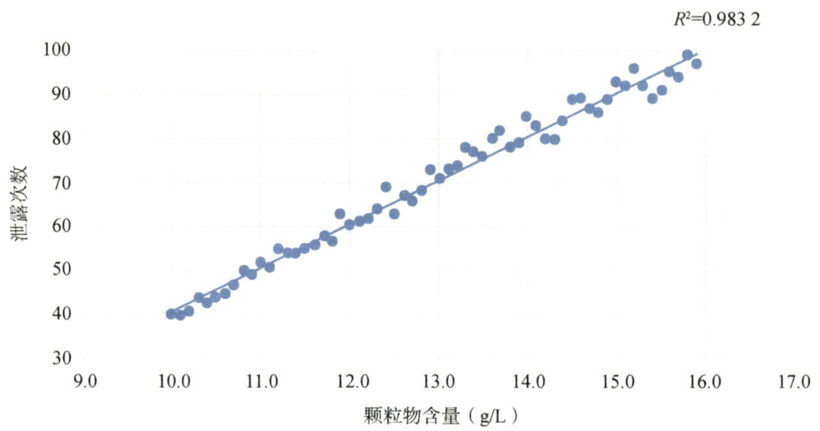 **图 16　颗粒物含量与泄漏次数散布图** 制图人：×××　　制图时间：2020-03-17 **试验结论：**小组进行现场试验、统计，绘制散点图后获得 *R* 的平方为 0.983 2，发现颗粒物含量与泄漏次数呈强正相关性，对症结的影响程度大。 **确认结果：**11 台阀门所处系统介质颗粒物含量均在 12～15 g/L；故末端因素“系统介质颗粒物含量过高”是“密封副损伤”症结的要因。		
确认人	×××		
确认时间	2020-03-17	确认地点	热车间/化学分析室
确认结论	**要因**		

要因确认四：规程缺少密封面清洁度检查步骤

确认内容	规程中有无密封面清洁度检查步骤对阀门密封副损伤的影响程度
确认方法	调查分析、试验
现状情况	查阅阀门解体规程，规程内有明确步骤要求阀门回装前需进行清洁度检查，并由记录人及校核人先后对密封面的清洁情况进行检查，检查合格后在规程内相应步骤标识，代表执行完毕，如图 17 所示。

续　表

确认内容	规程中有无密封面清洁度检查步骤对阀门密封副损伤的影响程度

现状情况

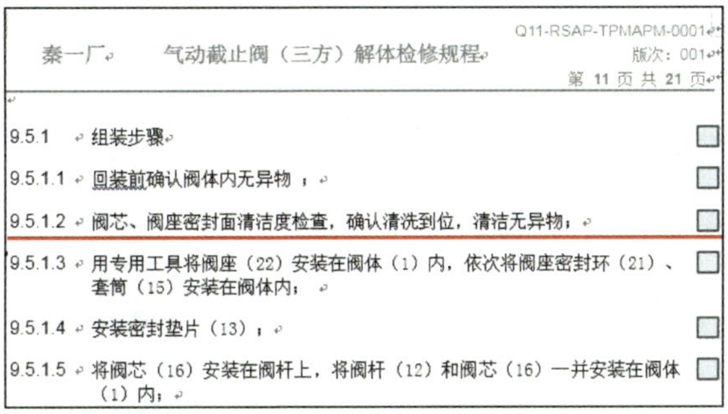

秦一厂　气动截止阀（三方）解体检修规程

Q11-RSAP-TPMAPM-0001

版次：001

第 11 页 共 21 页

9.5.1 组装步骤

9.5.1.1 回装前确认阀体内无异物；

9.5.1.2 阀芯、阀座密封面清洁度检查，确认清洗到位，清洁无异物；

9.5.1.3 用专用工具将阀座（22）安装在阀体（1）内，依次将阀座密封环（21）、套筒（15）安装在阀体内；

9.5.1.4 安装密封垫片（13）；

9.5.1.5 将阀芯（16）安装在阀杆上，将阀杆（12）和阀芯（16）一并安装在阀体（1）内；

图 17　规程步骤图

制图人：×××　　　　制图时间：2020-03-18

同时质量计划停工待检点（H 点）见证，QC 见证人员现场确认各部件清洁到位、无异物后，才会签字；QC 签字确认后，阀门各零部件才能进行回装，如图 18 所示。

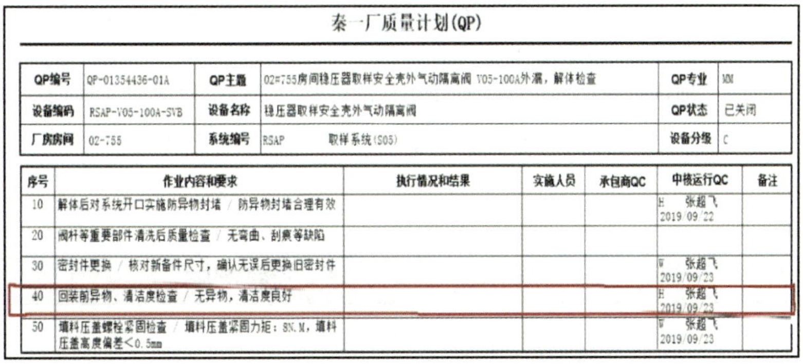

秦一厂质量计划(QP)

QP编号	QP-01354436-01A	QP主题	02#755房间稳压器取样安全壳外气动隔离阀 V05-100A外漏，解体检查	QP专业	MM
设备编码	RSAP-V05-100A-SVB	设备名称	稳压器取样安全壳外气动隔离阀	QP状态	已关闭
厂房房间	02-755	系统编号	RSAP　取样系统(S05)	设备分级	C

序号	作业内容和要求	执行情况和结果	实施人员	承包商QC	中核运行QC	备注
10	解体后对系统开口实施防异物封堵 / 防异物封堵合理有效				H 张超飞 2019/09/22	
20	阀杆等重要部件清洗后质量检查 / 无弯曲、刮痕等缺陷					
30	密封件更换 / 核对新备件尺寸，确认无误后更换旧密封件				W 张超飞 2019/09/23	
40	回装前异物、清洁度检查 / 无异物，清洁度良好				H 张超飞 2019/09/23	
50	填料压盖螺栓紧固检查 / 填料压盖紧固力矩：8N.M，填料压盖高度偏差<0.5mm				W 张超飞 2019/09/23	

图 18　质量计划停工待检点图

制图人：×××　　　　制图时间：2020-03-18

影响程度

小组开展试验，设置 10 组，5 组阀门按照有密封面清洁度检查步骤的规程进行操作，另 5 组按照无密封面清洁度检查步骤的规程进行操作，阀门研磨完成后，进行零部件组装，动作 112 次后，每组均进行 10 次打压试验，如表 12 及图 19 所示。

表 12　打压试验记录表

类型	规程有密封面清洁度检查步骤					规程无密封面清洁度检查步骤				
编号	1	2	3	4	5	1	2	3	4	5
打压次数	10	10	10	10	10	10	10	10	10	10
合格次数	8	7	9	8	9	3	2	2	3	2
合格率	80%	70%	90%	80%	90%	30%	20%	20%	30%	20%
调查人：×××						调查时间：2020-03-19				
调查地点：热车间						调查方法：试验				

制表人：×××　　　　制表时间：2020-03-19

续 表

<table>
<tr><td>确认内容</td><td colspan="3">规程中有无密封面清洁度检查步骤对阀门密封副损伤的影响程度</td></tr>
<tr><td>影响程度</td><td colspan="3">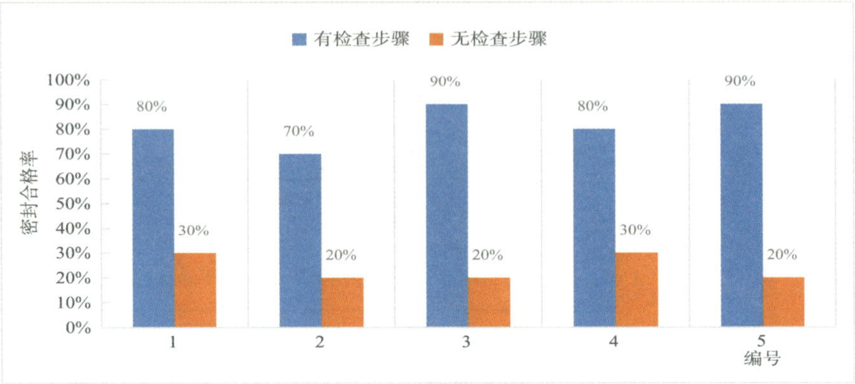

图 19　合格率对比柱状图
制图人：×××　　制图时间：2020-03-19
试验结论：当规程有密封面清洁度检查步骤时，阀门密封合格率平均达到 80%，当规程无密封面清洁度检查步骤时，阀门密封副密封合格率平均只有 25%，所以规程内缺少密封面清洁度检查对密封副损伤影响较大。
确认结果：现场阀门均使用有阀门密封面清洁度检查步骤的规程和文件，故末端因素“规程缺少密封面清洁度检查步骤”不是“密封副损伤”症结的要因。</td></tr>
<tr><td>确认人</td><td colspan="3">×××</td></tr>
<tr><td>确认时间</td><td>2020-03-19</td><td>确认地点</td><td>热车间/299 库房</td></tr>
<tr><td>确认结论</td><td colspan="3">**非要因**</td></tr>
</table>

要因确认五：研磨膏粒度过大

<table>
<tr><td>确认内容</td><td>研磨膏粒度对阀门密封副损伤的影响程度</td></tr>
<tr><td>确认方法</td><td>调查分析、试验</td></tr>
<tr><td>现状情况</td><td>现场阀门研磨时，使用**W3 和 W5** 两种粒度号研磨膏进行密封面研磨，如图 20 所示。
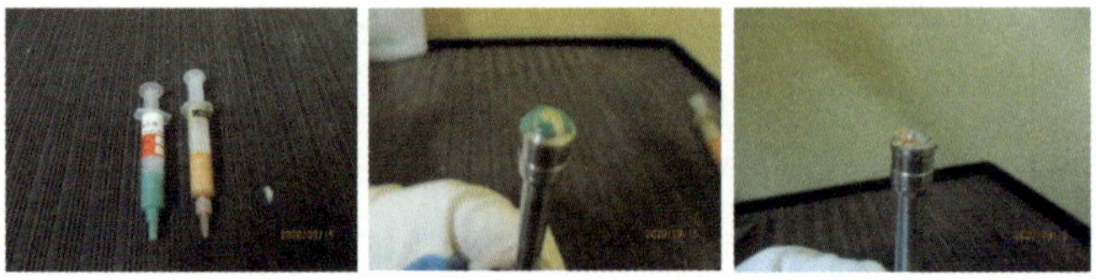
图 20　W3 和 W5 研磨膏
制图人：×××　　制图时间：2020-03-20
使用 5 种不同粒度号研磨膏（草绿：W3、桔黄：W5、玫红 W7、洋兰：W10、青莲：W16）如图 21，使阀芯、阀座互研，清洗密封副组装阀门，动作 112 次后进行打压试验，结果如表 13 及图 22 所示。</td></tr>
</table>

续　表

确认内容	研磨膏粒度对阀门密封副损伤的影响程度
影响程度	

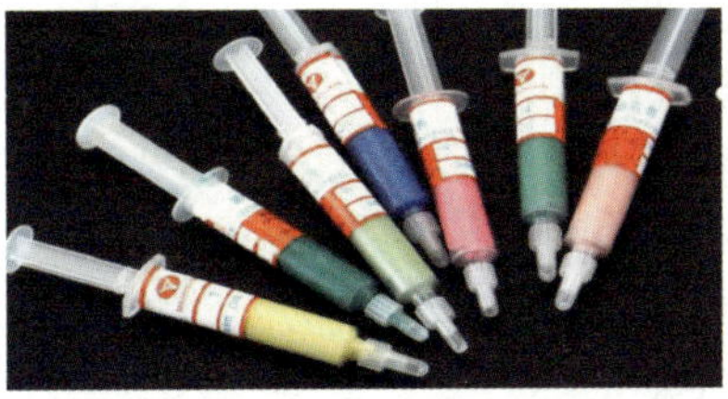

图 21　不同粒度号研磨膏

制图人：×××　　　　制图时间：2020-03-20

表 13　不同粒度号打压试验表

研磨膏粒度号	阀门编号	泄漏量（mL）	平均值（mL）
W3	A1	0	0
	A2	0	
	A3	0	
W5	B1	0	0
	B2	0	
	B3	0	
W7	C1	0	0
	C2	0	
	C3	0	
W10	D1	4	5
	D2	5	
	D3	6	
W16	E1	11	11
	E2	9	
	E3	13	
试验人：××× 地点：热车间/库房			时间：2020-03-20 试验方法：组装打压

制表人：×××　　　　制表时间：2020-03-20

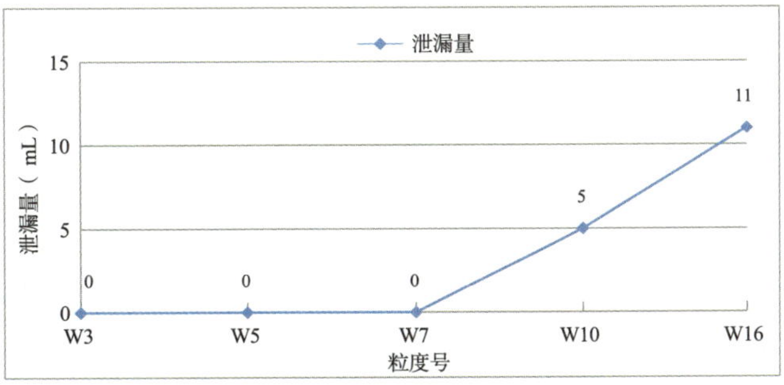

图 22　不同度粒研磨膏试验折线图

制图人：×××　　　　制图时间：2020-03-20

续 表

确认内容	研磨膏粒度对阀门密封副损伤的影响程度		
影响程度	**试验结论**：当研磨膏粒度号≥W10，密封不合格，密封副损伤；研磨膏粒度号≤W7，密封合格，密封副无损伤。 **确认结果**：现场使用研磨膏粒度号为 W3 和 W5<W10；故末端因素“研磨膏粒度过大”不是“密封副损伤”症结的要因。		
确认人	×××		
确认时间	2020-03-20	确认地点	热车间/库房
确认结论	**非要因**		

要因确认六：气源压力过大

确认内容	阀门气源压力对滑动副卡涩及密封副损伤的影响程度
确认方法	调查分析、试验

现状情况

1. 调查阀门设计技术规格书要求气源压力为 0.49~0.59 MPa，对 11 台现场运行的阀门气源压力进行调查，气源压力均在设计要求范围内，如表 14 及图 23 所示。

表 14 现场气源压力统计表

序号	设备编码	气源压力
1	RSAP-V05-05-SVB	0.53 MPa
2	RSAP-V05-06-SVB	0.53 MPa
3	RSAP-V05-07-SVB	0.53 MPa
4	RSAP-V05-08-SVB	0.53 MPa
5	RSAP-V05-09-SVB	0.50 MPa
6	RSAP-V05-10-SVB	0.50 MPa
7	RSAP-V05-13-SVB	0.53 MPa
8	RSAP-V05-14-SVB	0.53 MPa
9	RSAP-V05-15-SVB	0.50 MPa
10	RSAP-V05-100A-SVB	0.51 MPa
11	RSAP-V05-101A-SVB	0.51 MPa

制表人：××× 制表时间：2020-03-23

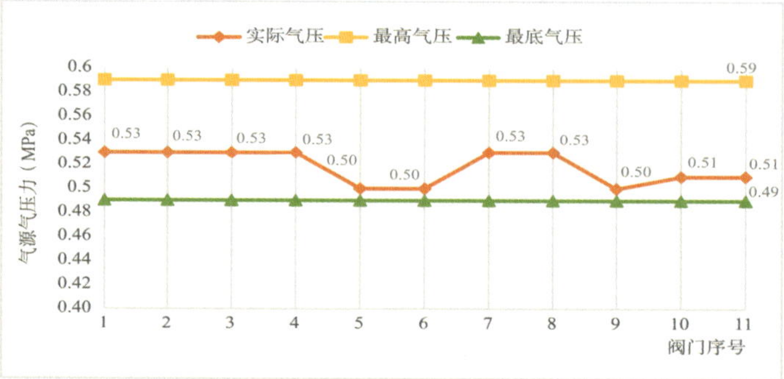

图 23 现场气源压力统计折线图

制图人：××× 制图时间：2020-03-23

续　表

确认内容	阀门气源压力对滑动副卡涩及密封副损伤的影响程度
现状情况	2. 查询阀门出厂前在 0.4~0.6 MPa 气源压力下开关动作试验结果，阀门均启闭平稳、无卡阻、无异常声响。
影响程度	小组成员使用 10 组不同气源压力，进行阀门开关试验，阀门开关 112 次后进行水压试验，结果如表 15 及图 24 所示。

表 15　不同气源压力打压试验表

气源压力（MPa）	0.4	0.5	0.6	0.7	0.8	0.9	1.0	1.1	1.2	1.3
开关次数	112	112	112	112	112	112	112	112	112	112
卡涩次数	0	0	0	1	3	6	10	15	21	29
卡涩率（%）	0	0	0	0.8	2.7	5.4	8.9	13.4	18.8	25.9
泄漏（mL）	0	0	0	0	0	0	0	0	0	0

调查人：×××　　调查时间：2020-03-23

调查地点：热车间　　调查方法：试验

制表人：×××　　制表时间：2020-03-23

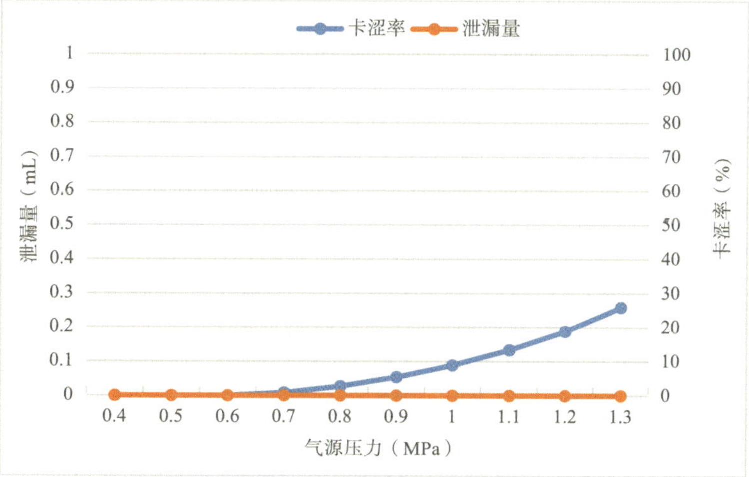

图 24　泄漏量、卡涩率折线图

制图人：×××　　制图时间：2020-03-23

试验结论：当气源压力>0.7 MPa 时，阀门出现卡涩；但气源压力上升，未出现泄漏情况。

确认结果：现场阀门气源压力为 0.50~0.53 MPa<0.7 MPa，故末端因素“气源压力过大”不是“滑动副卡涩”及“密封副损伤”症结的要因。

确认人	×××		
确认时间	2020-03-23	确认地点	热车间/库房
确认结论	**非要因**		

要因确认七：阀笼高度偏大

确认内容	阀笼高度对滑动副卡涩的影响程度
确认方法	调查分析、测量、应力分析软件

现状情况

阀体、阀盖、阀笼和阀座四个部件的制造公差尺寸，如表 16 所示。

表 16　零件尺寸和公差表

序号	零件名称	制造尺寸及公差
1	阀体	$38_{0}^{+0.062}$ mm
2	阀盖	$4_{0}^{+0.1}$ mm
3	阀笼	$21_{-0.052}^{0}$ mm
4	阀座	$13_{-0.090}^{0}$ mm

制表人：×××　　　　制表时间：2020-03-24

通过表 17 可知，阀体最大深度为**38.062 mm**，阀座、阀笼、阀盖三个零件叠加尺寸可达**38.1 mm**，存在**0.038 mm 的过盈量**(中法兰存在间隙)，会导致阀盖接触阀笼后无法与阀体中法兰端面接触，中法兰上四个螺栓的拉力由阀笼来承受，小组对 11 台现场阀门中法兰间隙进行测量，表 17 所示。

表 17　中法兰间隙测量统计表

序号	设备编码	中法兰间隙/mm
1	RSAP-V05-05-SVB	0.01
2	RSAP-V05-06-SVB	0.01
3	RSAP-V05-07-SVB	0.01
4	RSAP-V05-08-SVB	0.01
5	RSAP-V05-09-SVB	0.01
6	RSAP-V05-10-SVB	0.01
7	RSAP-V05-13-SVB	0.03
8	RSAP-V05-14-SVB	0.02
9	RSAP-V05-15-SVB	0.02
10	RSAP-V05-100A-SVB	0.03
11	RSAP-V05-101A-SVB	0.03

制表人：×××　　　　制表时间：2020-03-24

当中法兰存在间隙时阀笼需承受 11 000 N 压力，通过 Solidworks Simulation 功能模块，进行应力变形分析，阀笼最大变形量 0.007 37 mm；中法兰无间隙时阀笼需承受 5000 N 压力，阀笼最大变形量 0.004 69 mm；

压力 11 000 N 时，应变如图 25 所示；压力 5000 N 时，应变如图 26 所示。

续　表

确认内容：阀笼高度对滑动副卡涩的影响程度

现状情况

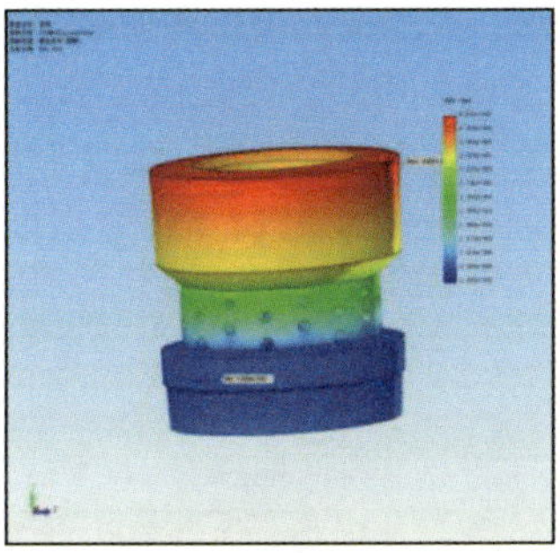

图 25　压力 11 000 N 时应力变形

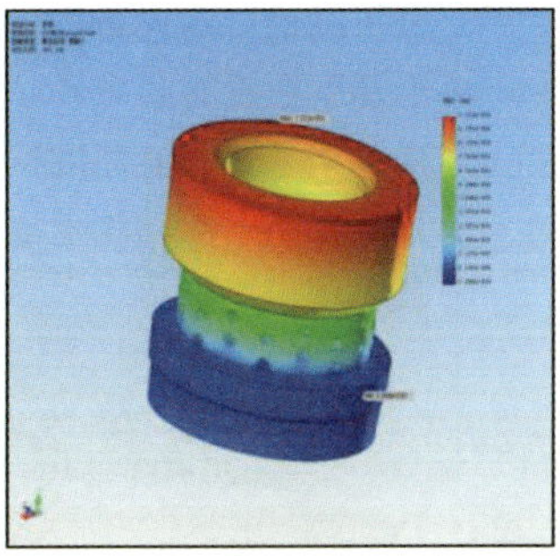

图 26　压力 5000 N 时应力变形

制图人：×××　　　　制图时间：2020-03-24

阀芯外径与阀笼内径构成的滑动副在常温下属于间隙配合，间隙在0.026～0.066 mm之间，阀笼高度偏大情况下，更容易被挤压变形，通过应力分析软件分析，阀笼内径最大缩减量为0.007 37 mm，但该变形量相对于导向副原始设计间隙来说影响较小。

影响程度

小组成员进行10组阀门动作试验，通过选用不同高度的阀笼和相关部件，6组阀门中法兰间隙也不同，分别动作112次，统计卡涩次数，如表18和图27所示；

表 18　卡涩次数统计表

中法兰间（mm）	0	0.01	0.015	0.02	0.025	0.03
开关次数	112	112	112	112	112	112
卡涩次数	6	7	6	8	7	8
调查人：×××						调查时间：2020-03-24
调查地点：热车间						调查方法：试验

制表人：×××　　　　制表时间：2020-03-24

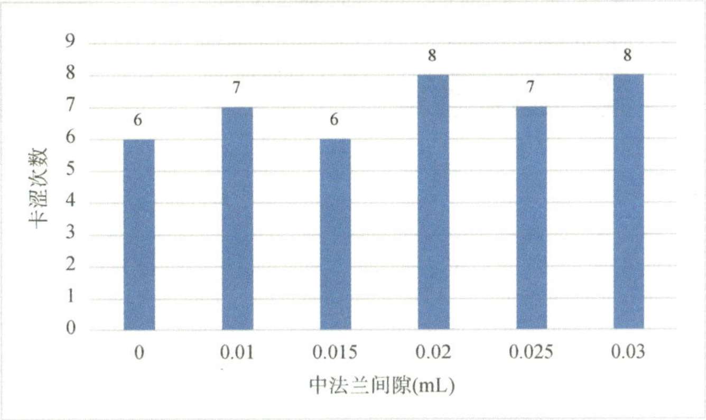

图 27　卡涩次数统计柱状图

制图人：×××　　　　制图时间：2020-03-24

续 表

确认内容	阀笼高度对滑动副卡涩的影响程度		
影响程度	**分析结论：**对比数据，间隙值增加，卡涩次数未出现明显上升，说明中法兰间隙值对卡涩次数没有显著影响。 **确认结果：**阀笼高度偏大时，阀笼应力变形会增加，但变形量相对于原设计间隙影响程度较小，滑动副卡涩未明显增加，故末端因素“阀笼高度偏大”不是“滑动副卡涩”症结的要因。		
确认人	×××		
确认时间	2020-03-24	确认地点	热车间/库房
确认结论	**非要因**		

要因确认八：对中研磨偏差角度大

确认内容	对中研磨偏差角度大对密封副损伤的影响程度
确认方法	调查分析、试验
现状情况	调查班组目前球面研磨常采用的方法有两种，方法 1 手持阀芯组件和阀座对研（对中性偏差角度 10°～15°），方法 2 将阀座置于平面上，手持阀芯组件进行对研（对中性偏差角度 5°～10°）。 采用手持阀芯组件和阀座对研如图 28 所示、或者将阀座置于平面上，手持阀芯组件进行对研如图 29 所示。上述两种方法均存在对中偏差角度较大的客观因素，研磨时不稳定、受力不均匀，会导致密封副产生一定损伤，影响阀门密封副密封性。 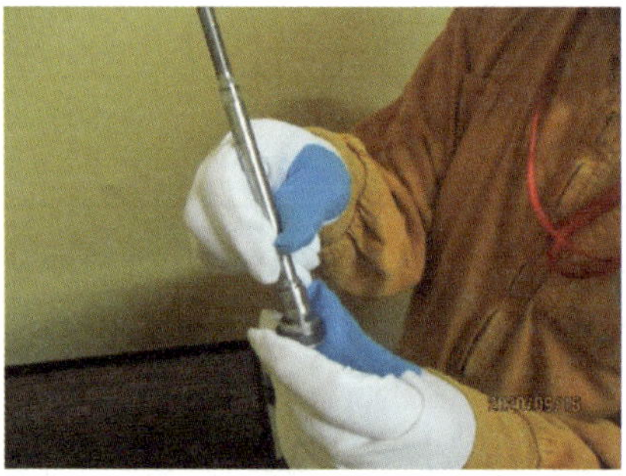 **图 28　手持阀芯阀座** 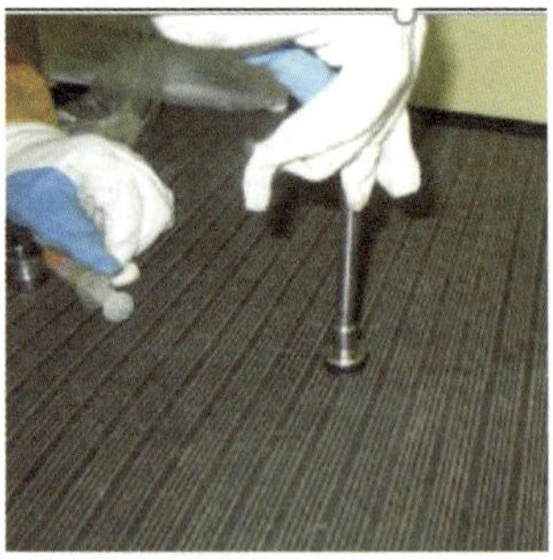 **图 29　阀座置于平面，手持阀芯** 制图人：×××　　制图时间：2020-03-25
影响程度	该结构阀门，阀芯密封面为球面，阀芯与阀杆通过卡环连接，阀芯能够自由旋转和存在一定程度上的左右晃动。如图 30 所示；研磨方法为阀芯与阀座互研，且采用研磨膏研磨，目前秦一厂只有该类型阀门为上述结构，该类型阀门采用研磨膏研磨，所以，研磨时要保证研磨稳定、受力均匀和良好的对中性，才能保证研磨质量。

续　表

确认内容	对中研磨偏差角度大对密封副损伤的影响程度

影响程度

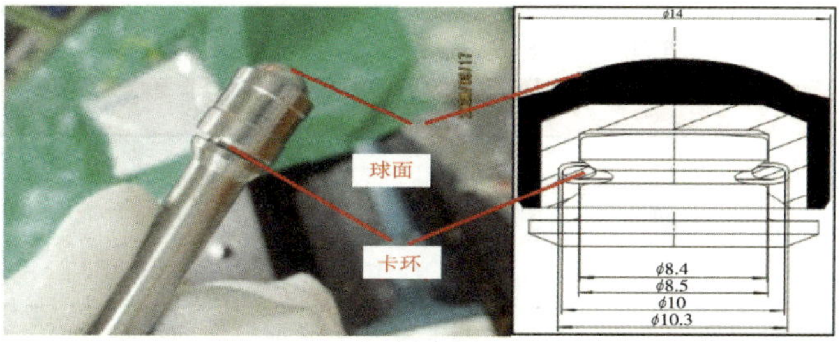

图 30　阀芯球面密封面结构及与阀杆卡环连接图

制图人：×××　　　　制图时间：2020-03-26

小组分别利用不同研磨偏差角度对阀门密封副进行研磨，最终统计 10 次蓝油色印试验时色印线不合格的总次数，计算不合格率，如表 19 和图 31 所示。

表 19　蓝油试验不合格率统计表

偏差角度（°）	0	5	10	15	20	25	30
试验次数	10	10	10	10	10	10	10
不合格次数	0	0	2	5	7	10	10
不合格率（%）	0	0	20	50	70	80	100
调查人：×××					调查时间：2020-03-26		
调查地点：热车间					调查方法：试验		

制表人：×××　　　　制表时间：2020-03-26

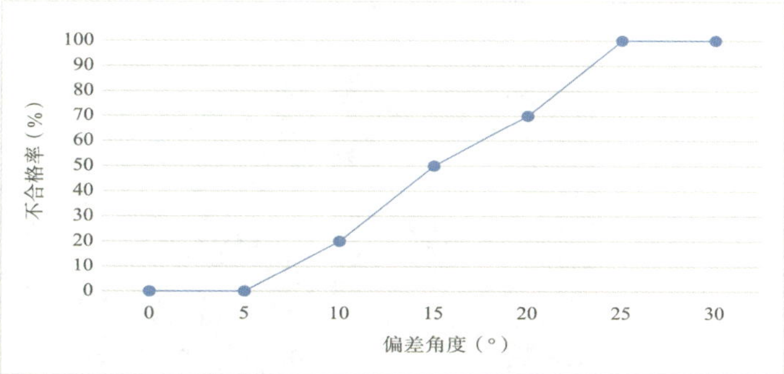

图 31　蓝油试验不合格率折线图

制图人：×××　　　　制图时间：2020-03-26

试验结论：当研磨对中偏差角度在 5°以内，研磨不合格率为 0；随着研磨对中性偏差角度增加，研磨不合格率呈上升趋势，当偏差角度≥25°时研磨不合格率达到 100%，对中研磨偏差角度大对密封副损伤产生影响。

确认结果：研磨对中偏差角度越小，密封副色印合格率越高，目前采用的两种研磨方法对中性偏差角度较大，合格率较低，故末端因素“对中研磨偏差角度大”是“密封副损伤”症结的要因。

续　表

确认内容	对中研磨偏差角度大对密封副损伤的影响程度		
确认人	×××		
确认时间	2020-03-26	确认地点	AF 库/热车间/办公室
确认结论	要因		

要因确认九：滑动副配合间隙偏小

确认内容	滑动副配合间隙对滑动副卡涩及密封副损伤的影响程度
确认方法	调查分析、测量、试验

现状情况

从制造公差尺寸上看，如表 20 所示：

阀笼内孔的最小直径为 ϕ14.020 mm，最大直径为 ϕ14.033 mm；

阀芯最小外径为 ϕ13.967 mm，阀芯最大外径为 ϕ13.994 mm。

表 20　阀笼、阀芯配合制造公差尺寸表

零件名称	尺寸及公差	配合类型
阀笼内孔	$\phi14^{+0.033}_{+0.02}$ mm	Xmin：0.026 mm
阀芯外径	$\phi14^{-0.005}_{-0.033}$ mm	Xmax：0.066 mm

制表人：×××　　　　制表时间：2020-03-27

为测量现场阀门的阀笼内孔尺寸，小组成员委托专业精密厂家加工制作了 Φ14.005 mm、Φ14.010 mm、Φ14.015 mm、Φ14.020 mm、Φ14.025 mm 和 Φ14.030 mm 六个规格的塞规，如图 32 所示。

图 32　不同规格塞规

制图人：×××　　　　制图时间：2020-03-27

对拆卸下来的阀笼内孔进行了测量，如统计表 21 及图 33 所示。

表 21　阀笼内孔实际尺寸测量统计表

序号	设备编码	阀笼实际尺寸/mm	工况下卡涩率
1	RSAP-V05-05-SVB	14.025	12.5%
2	RSAP-V05-06-SVB	14.02	16.7%

续　表

<table>
<tr><td>确认内容</td><td>滑动副配合间隙对滑动副卡涩及密封副损伤的影响程度</td></tr>
<tr><td>现状情况</td><td>
<table>
<tr><th>序号</th><th>设备编码</th><th>阀笼实际尺寸/mm</th><th>工况下卡涩率</th></tr>
<tr><td>3</td><td>RSAP-V05-07-SVB</td><td>14.01</td><td>33.3%</td></tr>
<tr><td>4</td><td>RSAP-V05-08-SVB</td><td>14.01</td><td>41.7%</td></tr>
<tr><td>5</td><td>RSAP-V05-09-SVB</td><td>14.02</td><td>25%</td></tr>
<tr><td>6</td><td>RSAP-V05-10-SVB</td><td>14.025</td><td>20.8%</td></tr>
<tr><td>7</td><td>RSAP-V05-13-SVB</td><td>14.02</td><td>16.7%</td></tr>
<tr><td>8</td><td>RSAP-V05-14-SVB</td><td>14.025</td><td>12.5%</td></tr>
<tr><td>9</td><td>RSAP-V05-15-SVB</td><td>14.02</td><td>29.2%</td></tr>
<tr><td>10</td><td>RSAP-V05-100A-SVB</td><td>14.01</td><td>50%</td></tr>
<tr><td>11</td><td>RSAP-V05-101A-SVB</td><td>14.01</td><td>45.8%</td></tr>
</table>
制表人：×××　　　　制表时间：2020-03-27
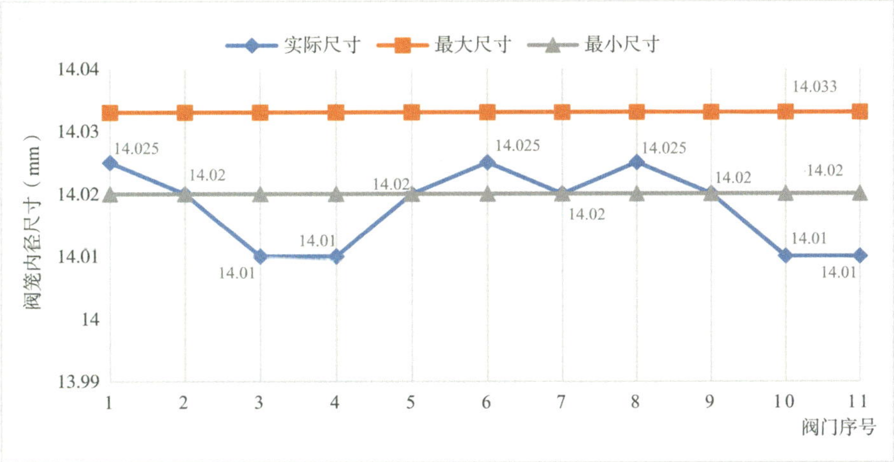

图 33　阀笼内孔尺寸折线图
制图人：×××　　　　制图时间：2020-03-27
</td></tr>
<tr><td>影响程度</td><td>小组成员联系阀门厂家，设计加工相同外径为 13.99 mm 的阀芯和不同内径的阀笼，尺寸分别为 ϕ14.01 mm（导向副间隙 0.02 mm）、ϕ14.03 mm（导向副间隙 0.04 mm）、ϕ14.06 mm（导向副间隙 0.07 mm）进行组装，并在阀门厂家进行带压、高温进行开关试验，结果如表 22 及图 34 所示。</td></tr>
</table>

续 表

确认内容	滑动副配合间隙对滑动副卡涩及密封副损伤的影响程度

影响程度

表 22 阀门开关试验结果统计表

温度/℃ 卡涩率/% 间隙	100	150	200	250	300	350
0.02 mm	5.4	18.8	26.8	35.7	47.3	61.6
0.04 mm	3.6	6.3	10.7	20.5	31.3	43.8
0.07 mm	2.7	5.4	6.3	9.8	17.0	28.6

制表人：×××　　　　制表时间：2020-03-27

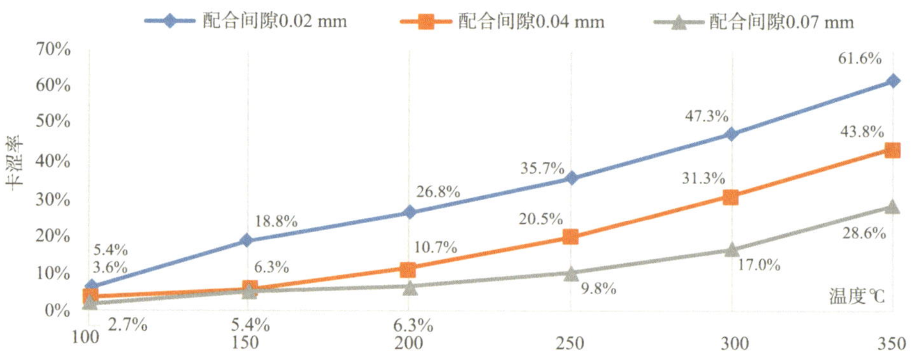

图 34 配合间隙与卡涩率折线图

制图人：×××　　　　制图时间：2020-03-27

试验结论： 滑动副配合间隙偏小对滑动副卡涩影响较大，且随着温度升高，卡涩率不断上升。

确认结果： 工况下，阀门均出现卡涩情况；且阀笼内孔越小，滑动副卡涩率越高，说明现有阀门滑动副配合间隙均偏小，故末端因素“滑动副配合间隙偏小”是“滑动副卡涩”症结的要因。

确认人	×××		
确认时间	2020-03-27	确认地点	热车间/AF 库
确认结论	要因		

要因确认十：检修人员培训时间偏短

确认内容	检修人员培训时间对阀门密封副损伤的影响程度
确认方法	调查分析、试验

续　表

<table>
<tr><td>确认内容</td><td>检修人员培训时间对阀门密封副损伤的影响程度</td></tr>
<tr><td>现状情况</td><td>

小组对该阀门剩余历史检修人员的检修培训时长也进行了调查，如表 23 所示。

表 23　培训时长统计表

检修人员编号	培训时长（h）
1	104
2	120
3	96
4	128
5	104
调查人：××× 地点：电仪楼 111 办公室	时间：2020-03-31 调查方式：培训管理系统

制表人：×××　　制表时间：2020-03-31

</td></tr>
<tr><td>影响程度</td><td>

小组查阅了班组的培训记录，统计了 6 位阀门检修人员的培训时长，并对 2019 年 1 月—2019 年 6 月期间，阀门检修完成后，离线进行检修合格率统计，统计结果如表 24和图 35 所示。

表 24　不同培训时长试验对比表

检修人员	培训时长（h）	2019-01	2019-02	2019-03	2019-04	2019-05	2019-06	平均合格率
余某	104	100	90	90	100	90	90	93. 3
万某	120	90	90	80	90	90	100	90. 0
盛某	96	90	100	90	90	90	90	91. 7
任某	96	100	100	100	90	90	100	96. 7
张某	80	90	90	90	100	90	80	90. 0
陈某	88	100	90	90	100	90	100	95. 0

制表人：×××　　制表时间：2020-03-31

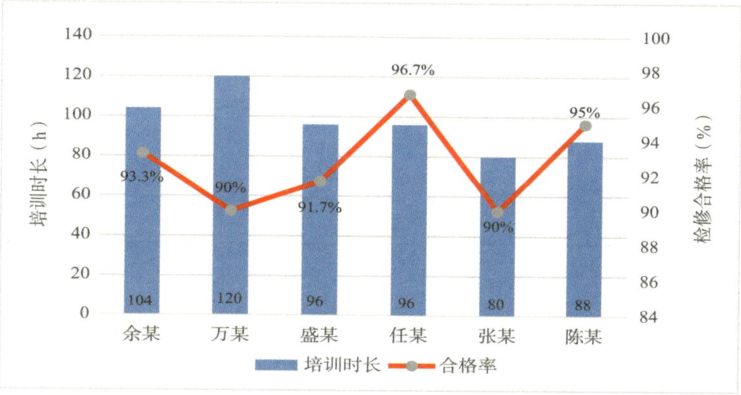

图 35　不同培训时长下试验折线图

制图人：×××　　制图时间：2020-03-31

</td></tr>
</table>

续 表

确认内容	检修人员培训时间对阀门密封副损伤的影响程度		
影响程度	**试验结论**：从小组调查分析的结果可以看到，检修人员的培训时长和检修合格率呈现杂乱无章的变化情况：培训时间多和培训时间少的检修人员，检修合格率均在 90% 及以上，甚至出现了培训时间多的检修人员合格率低于培训时间少的检修人员的情况，故“检修人员培训时间偏短”对症结影响小。 **确认结果**：检修人员的都进行了培训且具有一定的培训周期，故末端因素“检修人员培训时间偏短”不是“密封副损伤”症结的要因。		
确认人	×××		
确认时间	2020-03-31	确认地点	AF 库房/办公室
确认结论	**非要因**		

综上，**要因**有 3 点，如表 25 所示。

表 25　要因统计表

序号	要因
1	系统介质颗粒物含量过高
2	对中研磨偏差角度大
3	滑动副配合间隙偏小

制表人：×××　　制表时间：2020-03-31

八、制定对策

8.1　提出对策

表 26　要因及对策确认

要因	对策
系统介质颗粒物含量过高	过滤减少颗粒物
	冲洗减少颗粒物
滑动副配合间隙偏小	减小阀芯外径
	增大阀笼内径

制表人：×××　　制表时间：2020-04-01

8.2　对策评估

8.2.1　系统介质颗粒物含量过高

表 27　方案对策评估表 1

<table>
<tr><th>序号</th><th>方案</th><th>方案 1：过滤减少颗粒物</th><th>方案 2：冲洗减少颗粒物</th></tr>
<tr><td>1</td><td>图例</td><td>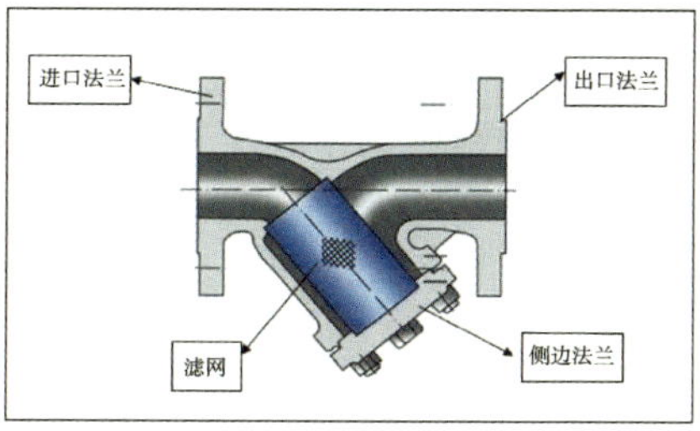
</td><td>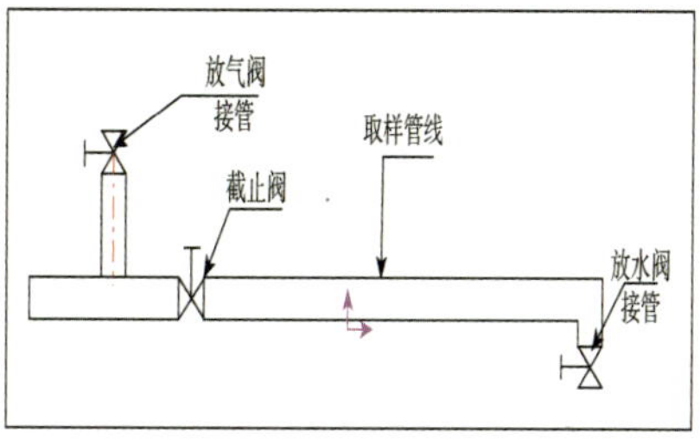
</td></tr>
<tr><td>2</td><td>方案描述</td><td>管道加装过滤器</td><td>在放气阀、放水阀处接好冲洗软管，对取样系统管道进行正反冲洗</td></tr>
<tr><td>3</td><td>杂质含量</td><td><table><tr><th>试验序号</th><th>颗粒物浓度（g/L）</th></tr><tr><td>1</td><td>0. 5</td></tr><tr><td>2</td><td>0. 6</td></tr><tr><td>3</td><td>0. 4</td></tr></table>通过试验，过滤器对介质中固体颗粒进行过滤，可将固体颗粒物减少至 0. 5 g/L</td><td><table><tr><th>试验序号</th><th>颗粒物浓度（g/L）</th></tr><tr><td>1</td><td>0. 8</td></tr><tr><td>2</td><td>0. 7</td></tr><tr><td>3</td><td>0. 9</td></tr></table>通过试验，冲洗可将系统内固体颗粒物减少至 0. 8 g/L</td></tr>
<tr><td>4</td><td>新增缺陷</td><td>易增加新的缺陷类型 1 次/月</td><td>不产生新类型缺陷</td></tr>
<tr><td>5</td><td>系统影响</td><td>多安装 1 台过滤器，取样系统产生压降为 0. 1 MPa</td><td>未改变原有系统和设备状态，压降为 0 MPa</td></tr>
<tr><td>6</td><td>实现成本</td><td>5000 元</td><td>400 元</td></tr>
<tr><td colspan="2">方案优缺点</td><td>优点：颗粒物含量浓度更低；
缺点：1. 需要对系统变更改造，改造周期长；2. 会产生新的缺陷；3. 资金成本更高</td><td>优点：1. 不产生新的缺陷；2. 系统不产生压降；3. 定期投入人力成本即可
缺点：颗粒物含量浓度相比较高</td></tr>
<tr><td colspan="2">是否采用</td><td>否</td><td>是　采用</td></tr>
</table>

制表人：×××　　　　制表时间：2020-04-02

8.2.2 滑动副配合间隙偏小

表 28 方案对策评估表 2

<table>
<tr><td>序号</td><td>方案</td><td>方案 1：减小阀芯外径</td><td>方案 2：增大阀笼内径</td></tr>
<tr><td>1</td><td>图例</td><td>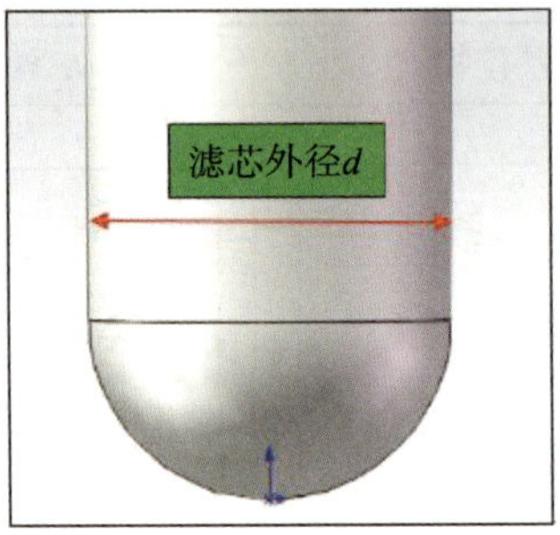
</td><td>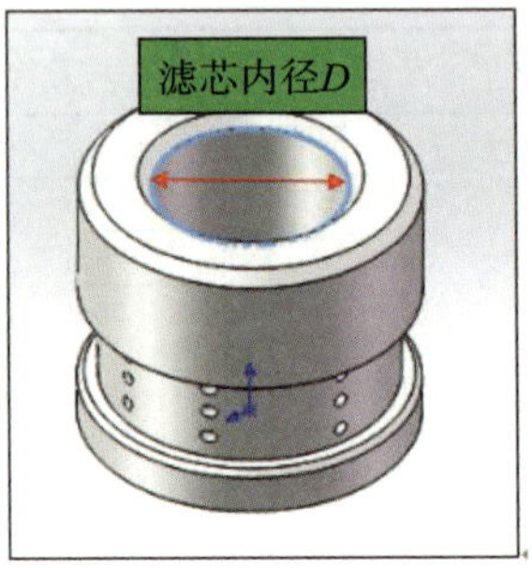
</td></tr>
<tr><td>2</td><td>方案描述</td><td>阀笼制造公差不变，车削减小阀芯外径 d</td><td>阀芯制造公差不变，车削增大阀笼内径 D</td></tr>
<tr><td>3</td><td>加工时间</td><td>2 h</td><td>4 h</td></tr>
<tr><td>4</td><td>加工效果</td><td><table><tr><td>试验序号</td><td>密封合格率（%）</td><td>卡涩率（%）</td></tr><tr><td>1</td><td>93</td><td>0.94</td></tr><tr><td>2</td><td>90</td><td>0.90</td></tr><tr><td>3</td><td>90</td><td>0.92</td></tr></table>密封合格率达 91%，卡涩率 0.92%</td><td><table><tr><td>试验序号</td><td>密封合格率（%）</td><td>卡涩率（%）</td></tr><tr><td>1</td><td>98</td><td>0.97</td></tr><tr><td>2</td><td>97</td><td>0.96</td></tr><tr><td>3</td><td>99</td><td>0.98</td></tr></table>密封合格率达 98%，卡涩率 0.97%</td></tr>
<tr><td>5</td><td>重复使用</td><td>无法重复使用</td><td>可重复使用 2~3 次</td></tr>
<tr><td>6</td><td>实现成本</td><td>备件采购价格：8955 元</td><td>备件采购价格：1800 元</td></tr>
<tr><td colspan="2">方案优缺点</td><td>优点：1. 加工时间短；2. 卡涩率低；
缺点：1. 密封合格率低；2. 无法重复使用；3. 备件成本高</td><td>优点：1. 密封合格率高；2. 可以重复使用 2~3 次；3. 备件成本低；
缺点：1. 加工时间长；2. 卡涩率相对更高</td></tr>
<tr><td colspan="2">是否采用</td><td>否</td><td>是 采用</td></tr>
</table>

制表人：×××　　制表时间：2020-04-03

8.3 制订对策实施表

表 29 对策实施表

要因	对策	目标	措施	负责人	地点	完成时间
滑动副配合间隙偏小	增大阀笼内径	阀门开关动作卡涩率≤1%	1. 明确阀笼内径加工验收尺寸 2. 提高阀笼的强度 3. 车削加工降低阀笼高度	×××	办公室/阀门厂	2020-04-20
对中研磨偏差角度大	**降低对中研磨偏差角度**	研磨后阀门密封合格率≥90%	1. 设计加工研磨对中辅助工装，降低对中研磨偏差角度，并进行工装调试 2. 设计加工密封检测工装，提高研磨后密封检测可靠性，并进行工装调试 3. 开发阀门球面研磨方式改进和工装使用培训专项教材 4. 开展阀门球面研磨方式改进和工装使用理论培训 5. 测试和现场实操考核	×××	办公室/热车间/AF 库	2020-05-10
系统介质颗粒物含量过高	**冲洗降低颗粒物**	系统介质颗粒物含量≤1g/L	1. 申请冲洗工单 2. 开展现场冲洗工作 3. 化学人员对最后一次冲洗得到的介质，进行颗粒物含量化学分析	×××	办公室/核辅助厂房	2020-05-31

制表人：×××　　　　制表时间：2020-04-03

九、对策实施

9.1 实施一：增大阀笼内径

步骤	实施方法	图纸与数据
步骤 1. 明确阀笼内径加工验收尺寸	在新的配合间隙下，即使没有考虑阀笼受热膨胀，只考虑阀芯受热膨胀，也能保证阀芯与阀笼保持间隙配合，间隙值在 0.01～0.04 mm；	阀芯（1）与阀笼（3）组成的滑动副（2）之间的配合间隙只有 0.026～0.066 mm，由于金属部件会受热膨胀，所以配合间隙会发生改变： 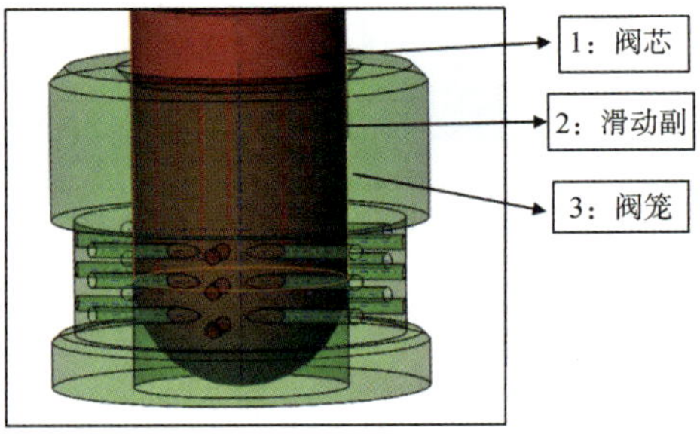 金属热膨胀量计算公式如下： $\Delta d = \alpha \times d_0 \times (t_1 - t_0)$ 式中，Δd：直径膨胀量 α：线膨胀系数 d_0：初始直径 t_1/t_0：变化后温度和初始温度 阀芯的材质为 304 堆焊司太立合金，司太立材质热膨胀系数 α 为14.3×10^{-6}/℃，阀芯制造公差为：$\phi14^{-0.006}_{-0.033}$，即阀芯最大外径 d_0 为 Φ13.994 mm，当温度为在 345 ℃时，最大膨胀量 Δd 可达 0.069 mm，即阀芯最大外径可达 Φ14.063 mm。 经建模力学分析，在中法兰紧固力作用下阀笼的最大变形量达到 0.007 37 mm，即阀笼内径缩小了 0.007 37 mm，假设阀笼内径不变，此时阀芯外径等效尺寸变为 Φ14.070 mm。 2020 年 4 月 7 日，完成分析，调整阀笼内孔公差由 $\phi14^{+0.033}_{+0.02}$ mm 至 $\phi14^{+0.10}_{+0.08}$ mm，阀芯制造公差不变 $\phi14^{-0.006}_{-0.033}$，这样配合间隙加大到 0.086～0.133 mm 之间。在新的配合间隙下，即使没有考虑阀笼受热膨胀，只考虑阀芯受热膨胀，也能保证阀芯与阀笼保持间隙配合，阀芯外圆可在阀笼内孔自由的上下运动，与此同时，此间隙也可保证阀笼的导向作用不受影响。 2020 年 4 月 8 日，分析确定将斜孔外径由原来的 Φ2 mm 加大到 Φ2.5 mm，在保证最大流量的基础上，将小孔数量由原来的 32 个 Φ1.5 mm 的孔，减少到 16 个 Φ1.5 mm 的孔，等效 Φ8 mm 的流通面积。

续 表

<table>
<tr><th>步骤</th><th>实施方法</th><th>图纸与数据</th></tr>
<tr><td>步骤 2. 提高阀笼的强度</td><td>扩大斜孔通径、减少阀笼小孔数量</td><td>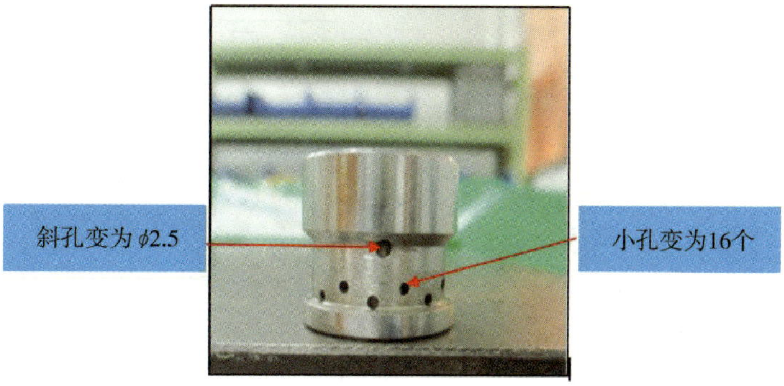
</td></tr>
<tr><td>步骤 3. 车削加工，降低阀笼高度</td><td>将阀笼高度降低 0.05 mm，消除零件叠放的过盈配合，减小阀笼应力变形</td><td>阀体、阀盖、阀笼和阀座四个零件叠放起来存在 0.038 mm 的过盈配合。
<table>
<tr><th>编号</th><th>零件名称</th><th>原制造公差</th><th>零件最大尺寸</th></tr>
<tr><td>1</td><td>阀体</td><td>$38_{0}^{+0.062}$ mm</td><td>$L1=38.062$ mm</td></tr>
<tr><td>2</td><td>阀盖</td><td>$4_{0}^{+0.1}$ mm</td><td rowspan="3">$L2=38.1$ mm</td></tr>
<tr><td>3</td><td>阀笼</td><td>$21_{-0.052}^{0}$ mm</td></tr>
<tr><td>4</td><td>阀座</td><td>$13_{-0.090}^{0}$ mm</td></tr>
</table>
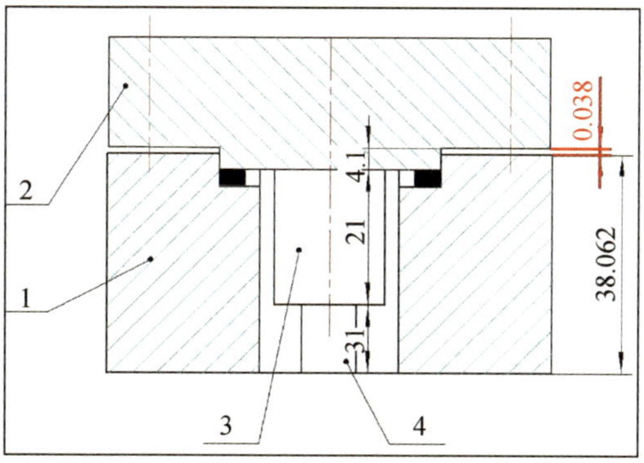

2020 年 4 月 9 日，分析确定保持阀座、阀体、阀盖的制造尺寸公差不变，将阀笼的制造公差由原来的 $21_{-0.052}^{0}$ mm 改为 $21_{-0.102}^{-0.05}$ mm，即高度上，下降 0.05 mm，这样可以保证零件叠加起来不产生过盈配合，此时阀盖接触阀笼后，可与阀体中法兰端面接触，中法兰间隙为 0，四个螺栓的拉力绝大部分由中法兰承受，阀笼所承受的压力会下降，由此可减少阀笼的变形量。
<table>
<tr><th>编号</th><th>零件名称</th><th>原制造公差</th><th>新制造公差</th></tr>
<tr><td>1</td><td>阀体</td><td>$38_{0}^{+0.062}$ mm</td><td>不变</td></tr>
<tr><td>2</td><td>阀盖</td><td>$4_{0}^{+0.1}$ mm</td><td>不变</td></tr>
<tr><td>3</td><td>阀笼</td><td>$21_{-0.052}^{0}$ mm</td><td>$21_{-0.102}^{-0.05}$ mm</td></tr>
<tr><td>4</td><td>阀座</td><td>$13_{-0.090}^{0}$ mm</td><td>不变</td></tr>
</table></td></tr>
</table>

续 表

<table>
<tr><th>步骤</th><th>实施方法</th><th>图纸与数据</th></tr>
<tr><td>步骤 3. 车削加工，降低阀笼高度</td><td>将阀笼高度降低 0.05 mm，消除零件叠放的过盈配合，减小阀笼应力变形</td><td>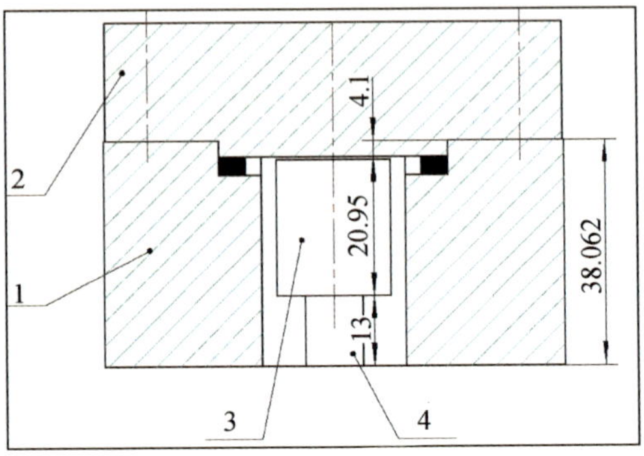
</td></tr>
<tr><td>步骤 4. 实施检查</td><td>根据设定的目标值进行效果的检查和验证</td><td>1. 理论分析
2020 年 4 月 10 日，阀笼部件按照上述分析，都进行了调整和优化，根据调整后的制造公差尺寸，进行零件三维建模。
通过 solidworks Simulation 功能模块，再次进行应力变形分析；
应力分析结果表明：阀笼进行设计优化后，常温下受 11 000 N 压力时，变形量减少明显，最大变形量由原来的 0. 007 37 mm 减小至 0. 003 86 mm。
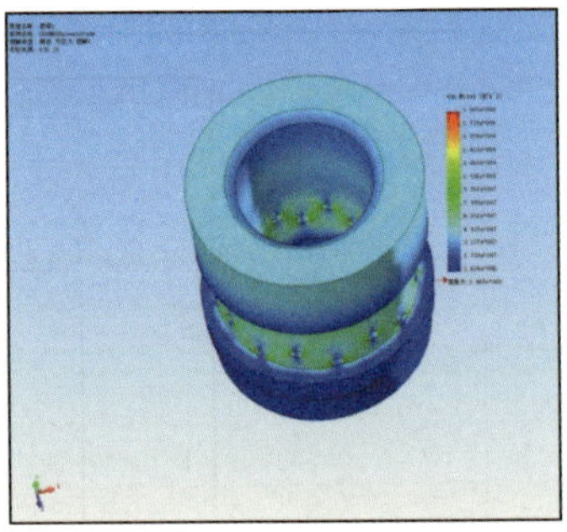
2. 局部试验
阀笼按上述三个部位改进后制作了样件，2020 年 4 月 13—15 日，开展以下试验步骤：
在常温下，先对自由状态下的阀笼进行测量，用 Φ14. 080 mm 的塞规可以通过而且很流畅，Φ14. 085 mm 的塞规不能通过，但可以塞进阀笼的两端，Φ14. 090 mm 不能塞进阀笼两端孔；
然后将阀笼和阀座安装在阀体内，用专用的阀盖直接接触阀笼压紧，螺栓按预紧力矩拧紧，用 Φ14. 080 mm 的塞规进行测量，可以通过但不流畅，Φ14. 085 mm 可以塞进阀笼上端孔。
试验结论 1：据此推断阀笼在常温环境中，在受螺栓压紧力作用下，阀笼小孔位置有变形，但其变形比较小，在 0. 005 mm 内。
在高温下，先将自由状态的阀笼加热到 350 ℃保持 3 个小时，拿出来马上用 Φ14. 110 mm 的塞规测量，很通畅的掉入阀笼内；
等冷却后，将阀笼安装到阀体内受压进行加热，350 ℃保持 3 个小时，拿出来用 Φ14. 110 mm 的塞规测可塞进，开小孔位置但有点受阻，换用</td></tr>
</table>

续 表

<table>
<tr><th>步骤</th><th>实施方法</th><th>图纸与数据</th></tr>
<tr><td>步骤 4. 实施检查</td><td>根据设定的目标值进行效果的检查和验证</td><td>
Φ14. 100 mm 测量很流畅的掉入阀笼。
试验结论 2：据此可以判断在高温环境下，阀笼小孔位置在受螺栓压紧力作用下变形量在 0. 010 mm 内。
3. 整机试验
阀门各零部件进行整机组装，2020 年 4 月 16—20 日，开展以下试验
① 在常温下，用内孔为 Φ14. 080 mm 的阀笼进行安装试验，装配好后进行壳体耐压、填料函密封、阀座密封和低压气密封等试验都达到标准要求；
② 然后进行 2000 次带压动作试验，阀门开关无卡涩；
③ 最后重新进行壳体耐压、填料函密封、阀座密封和低压气密封等试验，结果没有变化；
④ 在高温下，用内孔尺寸是 Φ14. 080 mm 的阀笼进行安装试验，对内孔尺寸为 Φ14. 080 mm 阀笼进行和常温下一样顺序的试验，实验结果一致。
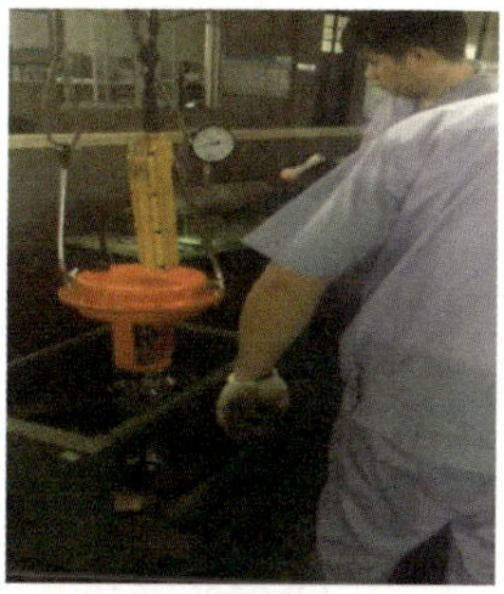
<table>
<tr><th>试验类型</th><th>局部试验</th><th>整机试验</th></tr>
<tr><td>开关次数</td><td>2000</td><td>2000</td></tr>
<tr><td>卡涩次数</td><td>0</td><td>0</td></tr>
<tr><td>卡涩率</td><td>0%</td><td>0%</td></tr>
</table>
试验结论：据此可以判断在高温下，即使阀笼开小孔位置在受螺栓压紧力作用下有相对常温时较大的变形，但对阀门动作试验、壳体耐压、填料函密封、阀座密封和低压气密封没有影响。
通过这两组试验验证，改进后的阀笼可以满足现场工况，尺寸调整完全满足要求，即阀笼内径的制造公差调整至 $\phi14^{+0.10}_{+0.08}$是合适的。
改进后的方案即使阀芯热膨胀和阀笼变形条件下，阀芯也能自由的上下运动，阀门能顺畅地关闭和开启，卡涩率 0%，达到目卡涩率≤5%的目标。
对策目标实现
</td></tr>
</table>

<table>
<tr><td>实施负责人</td><td>×××</td><td>效果检查人</td><td>×××</td></tr>
<tr><td>实施日期</td><td>2020-04-07—20</td><td>检查日期</td><td>2020-04-20</td></tr>
</table>

9.2 实施二：降低对中研磨偏差角度

<table>
<tr><th>步骤</th><th>实施方法</th><th>图表与数据</th></tr>
<tr>
<td>步骤 1. 设计加工研磨对中辅助工装，降低对中研磨偏差角度，并进行工装调试</td>
<td>通过设计研磨辅助工装，保证对中性，降低偏差角度，提高研磨密封合格率</td>
<td>
在小组人员已充分掌握使用研磨膏研磨球面密封前提下，为解决现有研磨方法的对中偏差角度大问题，设计研磨辅助工装，以提高研磨稳定性、保证受力均匀，并加工组装，进行使用培训，效果如下。
① 2020 年 4 月 21 日完成零部件设计，三维组装
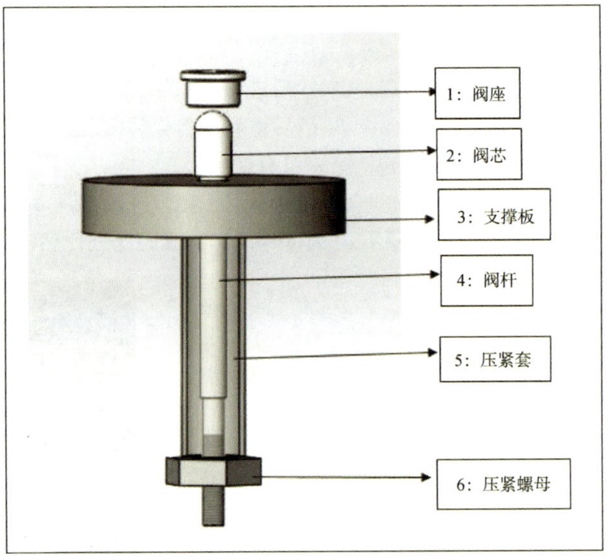

② 2020 年 4 月 21 日完成研磨辅助工装加工零部件图纸绘制
<table>
<tr><th>部件编号/名称</th><th>零部件加工图</th></tr>
<tr><td>1：支撑板</td><td>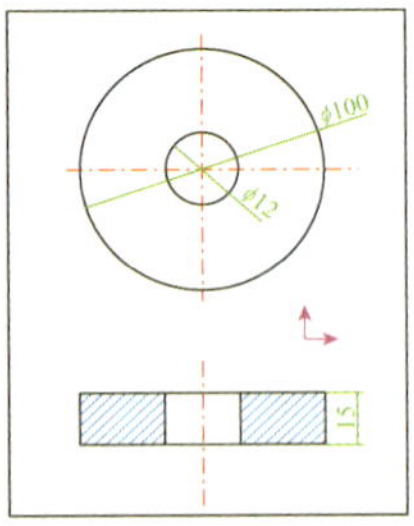
</td></tr>
<tr><td>5：压紧套</td><td>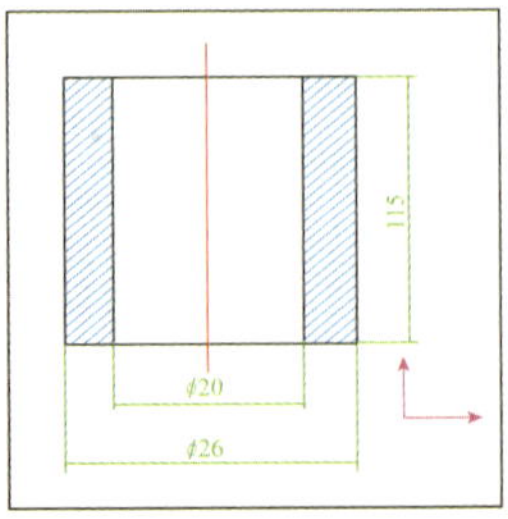
</td></tr>
</table>
</td>
</tr>
</table>

续　表

<table>
<tr><th>步骤</th><th>实施方法</th><th>图表与数据</th></tr>
<tr><td>步骤 1. 设计加工研磨对中辅助工装，降低对中研磨偏差角度，并进行工装调试</td><td>通过设计研磨辅助工装，保证对中性，降低偏差角度，提高研磨密封合格率</td><td>
<table>
<tr><th>部件编号/名称</th><th>零部件加工图</th></tr>
<tr><td>6：压紧螺母</td><td>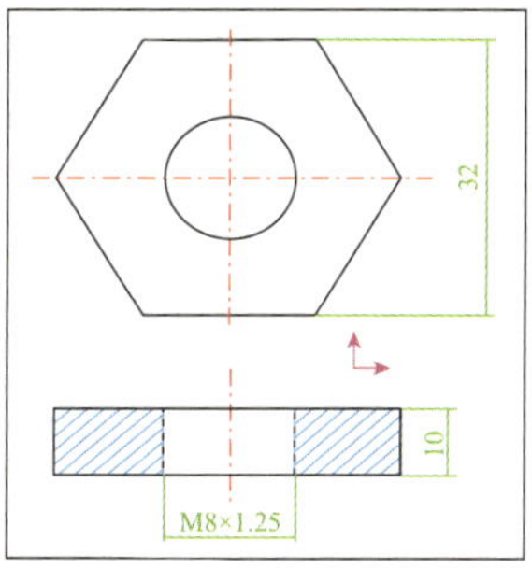
</td></tr>
</table>
③ 2020 年 4 月 22 日根据绘制的零部件图纸，完成机加工制造

④ 2020 年 4 月 23 日完成研磨辅助工装零部件进行工装装配、测试

</td></tr>
<tr><td>步骤 2. 设计加工密封检测工装，提高研磨后密封检测可靠性，并进行工装调试</td><td>通过开发密封副密封性检测工装，提高微小密封副缺陷识别能力</td><td>该类型阀门的阀芯与阀杆通过卡环实现相互连接，阀芯能够绕着阀杆 360 度旋转，阀芯密封面采用球面密封，因为阀芯为球面结构，且能够自由旋转和存在一定程度上的左右晃动，所以对该类型阀门进行阀芯、阀座密封副蓝油色印试验，根据色印线是否清晰、均匀、连续来作为阀门是否密封性良好的标准，还不是很可靠。
 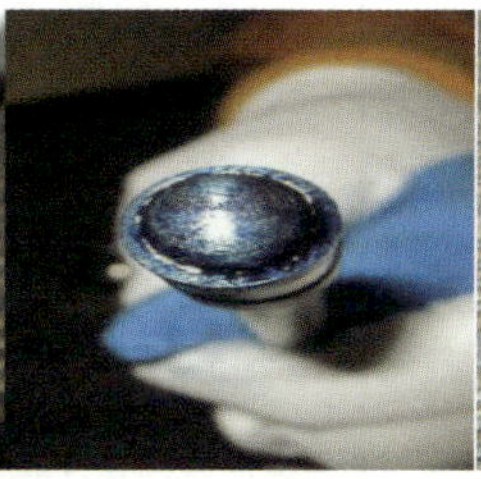 
</td></tr>
</table>

续 表

<table>
<tr><th>步骤</th><th>实施方法</th><th>图表与数据</th></tr>
<tr><td>步骤 2. 设计加工密封检测工装，提高研磨后密封检测可靠性，并进行工装调试</td><td>通过开发密封副密封性检测工装，提高微小密封副缺陷识别能力</td><td>

考虑到上述情况，在小组人员已掌握蓝油色印检查的前提下，为了能够更准确地验证新阀芯阀座或者旧阀芯阀座密封副修复完成后的密封可靠性，同时实现迅速、便捷、可靠的检测出新阀芯阀座本身是否存在的密封副缺陷问题或者旧阀芯阀座修复后是否满足密封标准，提高密封合格率，设计一种用于检测密封性能的专用工具，实现以上上述功能和要求，并加工组装，进行使用培训，效果如下。

① 2020 年 4 月 23 日完成零部件设计，三维组装

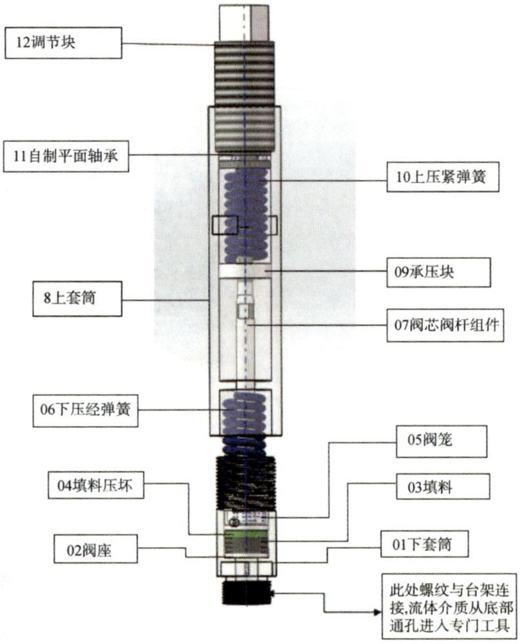

② 2020 年 4 月 23 日完成密封性能检测工装加工零部件图纸绘制

<table>
<tr><th>部件编码/名称</th><th>零部件加工图</th></tr>
<tr><td>01：下套筒</td><td>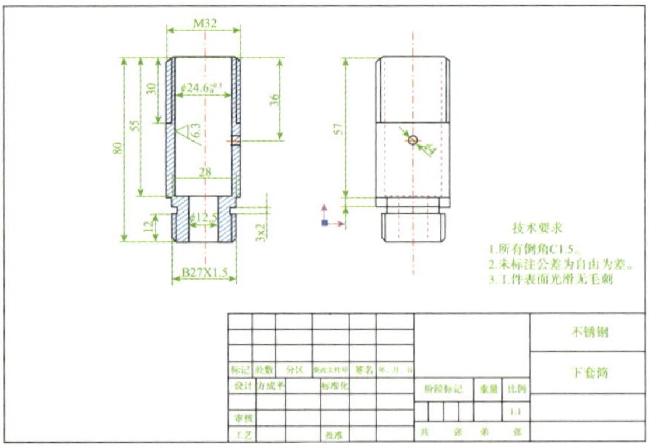
</td></tr>
</table>

</td></tr>
</table>

续　表

<table>
<tr><th>步骤</th><th>实施方法</th><th>图表与数据</th></tr>
<tr><td>步骤 2. 设计加工密封检测工装，提高研磨后密封检测可靠性，并进行工装调试</td><td>通过开发密封副密封性检测工装，提高微小密封副缺陷识别能力</td><td>
<table>
<tr><th>部件编码/名称</th><th>零部件加工图</th></tr>
<tr><td>08：上套筒</td><td>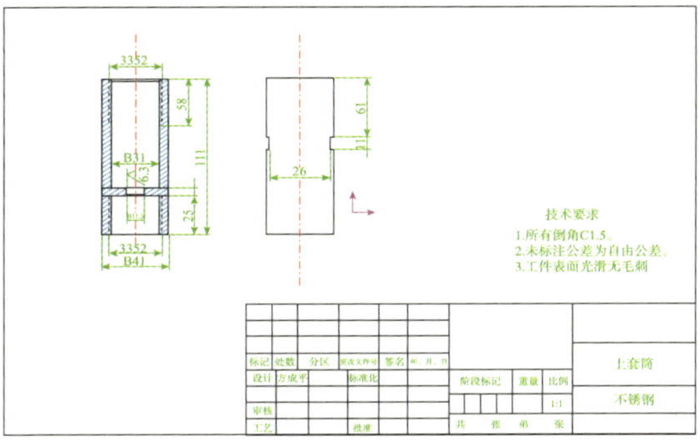
</td></tr>
<tr><td>09：承压块</td><td>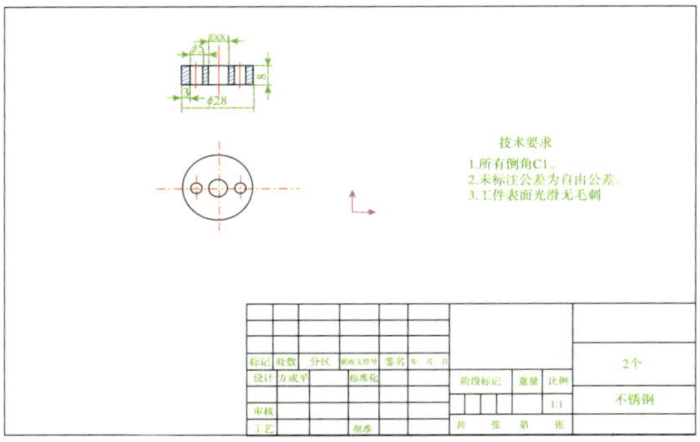
</td></tr>
<tr><td>11：自制平面轴承</td><td>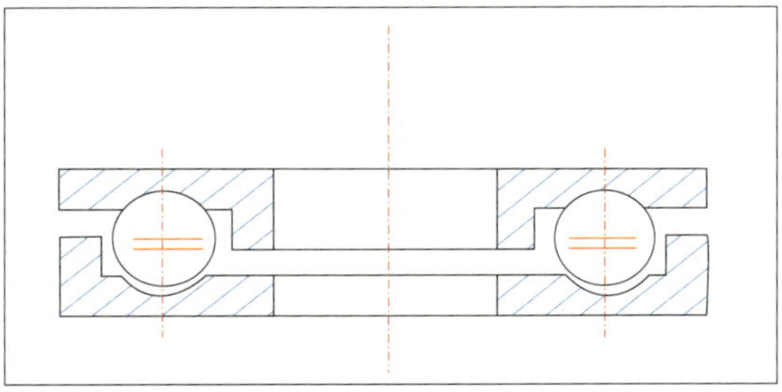</td></tr>
<tr><td>12：调节块</td><td>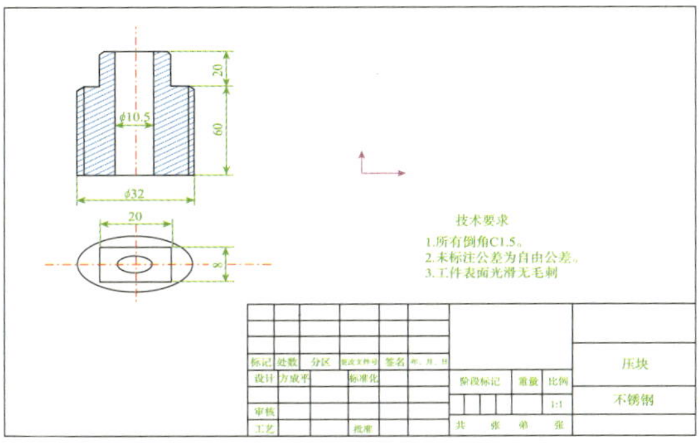
</td></tr>
</table>
</td></tr>
</table>

续 表

步骤	实施方法	图表与数据
步骤 2. 设计加工密封检测工装，提高研磨后密封检测可靠性，并进行工装调试	通过开发密封副密封性检测工装，提高微小密封副缺陷识别能力	③ 2020 年 4 月 24 日完成零部件机加工 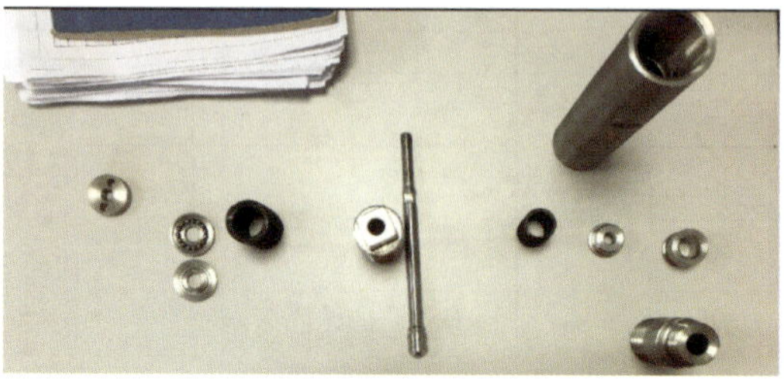 ④ 2020 年 4 月 24 日完成密封性能检测工装组装  ⑤ 2020 年 4 月 27 日工装在 AF 库阀门检修车间的台架上进行使用培训，并进行新阀芯、阀座备件密封性能验证  该装置设计完成，通过气体打压验证密封副是否满足密封要求，可以通过压力表的压降量，直观的发现密封副是否存在缺陷，解决蓝油色印结果存在主观性强的问题。
步骤 3. 开发阀门球面研磨方式改进和工装使用培训专项教材	根据设计图纸、历史缺陷处理方法、阀门结构研磨特点、对中性要求编制专用 PPT	2020 年 4 月 28 日开发《球面研磨方式改进和工装使用专项培训》教材 

续　表

<table>
<tr><th>步骤</th><th>实施方法</th><th>图表与数据</th></tr>
<tr><td>步骤 4. 开展阀门球面研磨方式改进和工装使用理论培训</td><td>开展要点理论培训：
要点 1：研磨膏使用
要点 2：球面研磨方式改进和工装使用
要点 3：球面蓝油色印检查验收标准</td><td>2020 年 4 月 29—30 日，完成球面研磨辅助工装使用培训和各项理论知识内容理论课堂授课
</td></tr>
<tr><td>步骤 5. 测试和现场实操考核</td><td>开展现场研磨工装实操培训后进行测试</td><td>① 2020 年 5 月 6 日研磨辅助工装现场培训使用和测试
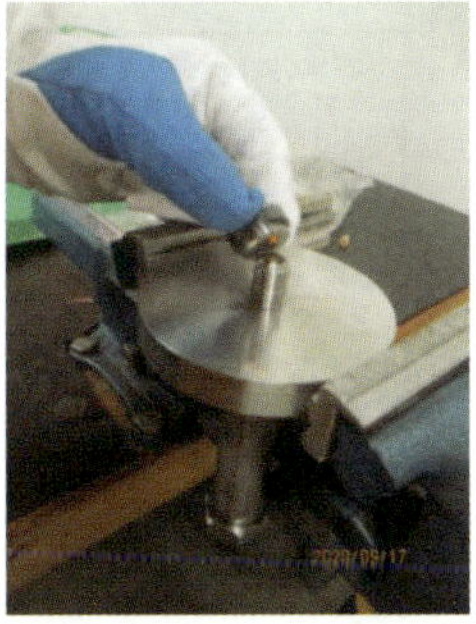
② 2020 年 5 月 8 日气压密封性能检测工装现场培训使用和测试
</td></tr>
</table>

续 表

<table>
<tr><th>步骤</th><th>实施方法</th><th colspan="2">图表与数据</th></tr>
<tr><td>步骤 6. 实施检查</td><td>根据设定的目标值进行效果的验证</td><td colspan="2">

2020 年 5 月 9 日和 2020 年 5 月 11 日，先后对全体成员进行研磨知识笔试考试和现场实操考试，考核内容及标准：要求笔试成绩≥90 分，阀门合格率≥90%（阀门密封合格、开关顺畅无卡涩）。

① 阀门密封性考核现场校核（压降检查）

② 阀门开关顺畅性考核检查（通气试车）

阀门密封性检测合格后，进行阀门部件组装，气动头通、断气进行阀门开关顺畅性检查

<table>
<tr><td>人员编号</td><td>1</td><td>2</td><td>3</td><td>4</td><td>5</td><td>6</td><td>7</td><td>8</td><td>9</td><td>10</td></tr>
<tr><td>笔试成绩</td><td>91</td><td>91</td><td>93</td><td>91</td><td>92</td><td>95</td><td>92</td><td>92</td><td>91</td><td>93</td></tr>
<tr><td>实操合格率</td><td>100%</td><td>90%</td><td>100%</td><td>100%</td><td>90%</td><td>100%</td><td>100%</td><td>100%</td><td>90%</td><td>90%</td></tr>
<tr><td colspan="11">调查人：×××　　时间：2020-05-11
地点：办公室　　调查方法：数据统计</td></tr>
</table>

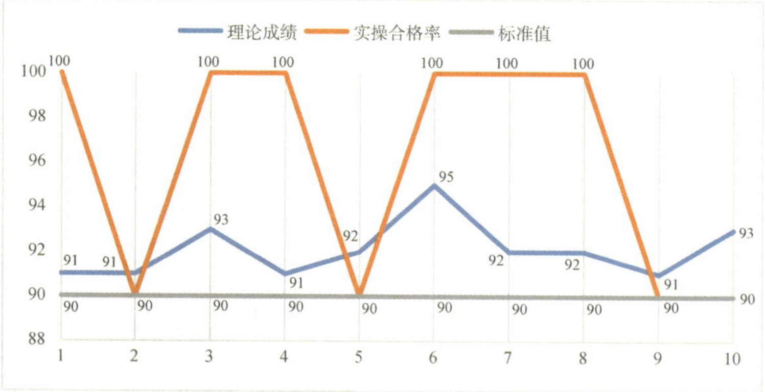

制图人：×××　　制图时间：2020-05-11

按照上述措施实施后，全体成员**理论考核合格，阀门密封合格率均≥90%**，达到**目标**。

对策目标实现
</td></tr>
<tr><td colspan="2">实施负责人</td><td>×××</td><td>效果检查人　×××</td></tr>
<tr><td colspan="2">实施日期</td><td>2020-04-21—05-11</td><td>检查日期　2020-05-11</td></tr>
</table>

9.3　实施三：冲洗降低颗粒物

<table>
<tr><th>步骤</th><th>实施方法</th><th>图纸与数据</th></tr>
<tr><td>步骤 1. 申请冲洗工单</td><td>在 EAM 系统内创申请冲洗工单</td><td>
通过试验发现，当颗粒物浓度小于 2 g/L 时，阀门密封合格达 90%以上，为了保证阀门密封副能长期有效密封，对系统进行冲排后，小组制定冲排后介质中的颗粒物含量要≤1 g/L 目标，第一步就是创建冲洗工单。
2020 年 5 月 12 日完成 4 张冲洗工单的申请和准备，在工单工作步骤中明确对相应取样管道进行正反冲洗，并明确计划冲洗时间和冲洗负责人。
<table>
<tr><th>序号</th><th>工单任务标题</th><th>计划实施时间</th><th>实施人</th></tr>
<tr><td>1</td><td>蒸发器 B 排污取样冷却器后减压阀 V05-134，冲洗杂质</td><td>2020-05-13—16</td><td>×××</td></tr>
<tr><td>2</td><td>蒸发器 A 排污取样冷却器后减压阀 V05-133，冲洗杂质</td><td>2020-05-17—20</td><td>×××</td></tr>
<tr><td>3</td><td>蒸发器 B 排污取样冷却器后安全阀 V05-136，冲洗杂质</td><td>2020-05-21—24</td><td>×××</td></tr>
<tr><td>4</td><td>蒸发器 A 排污取样冷却器后安全阀 V05-135，冲洗杂质</td><td>2020-05-25—29</td><td>×××</td></tr>
</table>
</td></tr>
<tr><td>步骤 2. 开展现场冲洗工作</td><td>按工单要求开展现场管道正反冲洗工作</td><td>
2020 年 5 月 13—29 日，小组组织人员完成取样管道首次冲洗工作，将沉积和附着在管道内杂质颗粒物冲出系统。
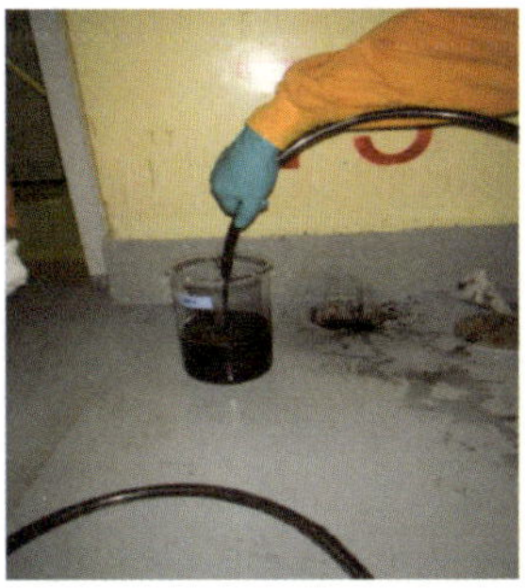
</td></tr>
<tr><td>步骤 3. 化学人员对最后一次冲洗得到的介质，进行颗粒物含量化学分析</td><td>将冲出的介质送至化学分析处进行化学分析</td><td>
每次冲洗完成后，介质化学分析取样，确保介质颗粒物含量低于 1 g/L，作为冲洗验收合格标准。

</td></tr>
</table>

续 表

<table>
<tr><th>步骤</th><th>实施方法</th><th colspan="3">图纸与数据</th></tr>
<tr><td>步骤 4. 实施检查</td><td>根据设定的目标值进行效果的检查和验证</td><td colspan="3">
对每张冲洗工单对应的最后一次冲洗出的介质各取样 3 份，进行化学分析，测得固体颗粒物含量平均值。
<table>
<tr><th>序号</th><th>冲洗位置</th><th>取样点</th><th>含量（g/L）</th><th>平均值（g/L）</th></tr>
<tr><td rowspan="3">1</td><td rowspan="3">V05-133</td><td>1</td><td>0.9</td><td rowspan="3">0.8</td></tr>
<tr><td>2</td><td>0.7</td></tr>
<tr><td>3</td><td>0.8</td></tr>
<tr><td rowspan="3">2</td><td rowspan="3">V05-134</td><td>1</td><td>0.7</td><td rowspan="3">0.7</td></tr>
<tr><td>2</td><td>0.7</td></tr>
<tr><td>3</td><td>0.7</td></tr>
<tr><td rowspan="3">3</td><td rowspan="3">V05-135</td><td>1</td><td>0.6</td><td rowspan="3">0.6</td></tr>
<tr><td>2</td><td>0.5</td></tr>
<tr><td>3</td><td>0.7</td></tr>
<tr><td rowspan="3">4</td><td rowspan="3">V05-136</td><td>1</td><td>0.8</td><td rowspan="3">0.9</td></tr>
<tr><td>2</td><td>0.9</td></tr>
<tr><td>3</td><td>1.0</td></tr>
</table>
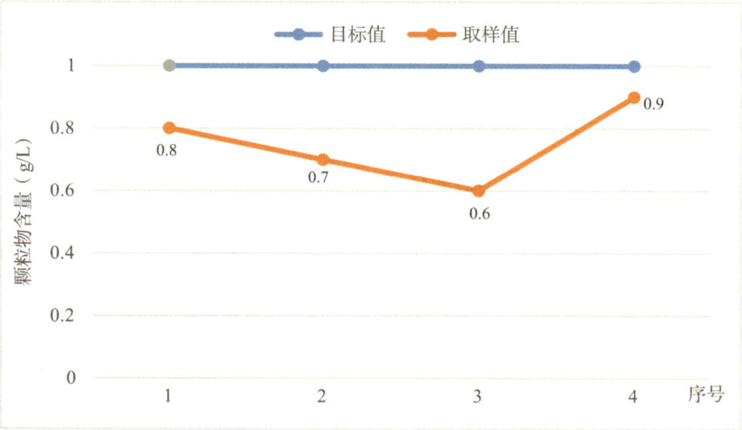

由分析结果可知，每次冲洗工作结束后，最后一次介质中颗粒物含量均≤1 g/L，所以冲洗工作都达到了目标。
在系统冲洗过程结果合格后，利用系统隔离的窗口，完成气动截止阀的新阀笼更换工作。
对策目标实现
</td></tr>
<tr><td colspan="2">实施负责人</td><td>×××</td><td>效果检查人</td><td>×××</td></tr>
<tr><td colspan="2">实施日期</td><td>2020-05-12—31</td><td>检查日期</td><td>2020-05-31</td></tr>
</table>

十、效果检查

10.1　目标检查

上述方案实施后，小组在 EAM 工单系统中收集整理秦一厂取样系统气动截止阀 2020 年 6 月—2020 年 11 月的缺陷情况，如表 30 所示，结合数据绘制了效果检查对比图 36。

表 10-1　对策实施后的缺陷统计表

月份	2020-06	2020-07	2020-08	2020-09	2020-10	2020-11
故障次数	3 次	2 次	4 次	3 次	2 次	1 次
故障次数：2.5 次/月						
调查人员：×××						调查时间：2020-12-01
调查地点：班组						调查方法：EAM 工单查询

制表人：×××　　　　制表时间：2020-12-01

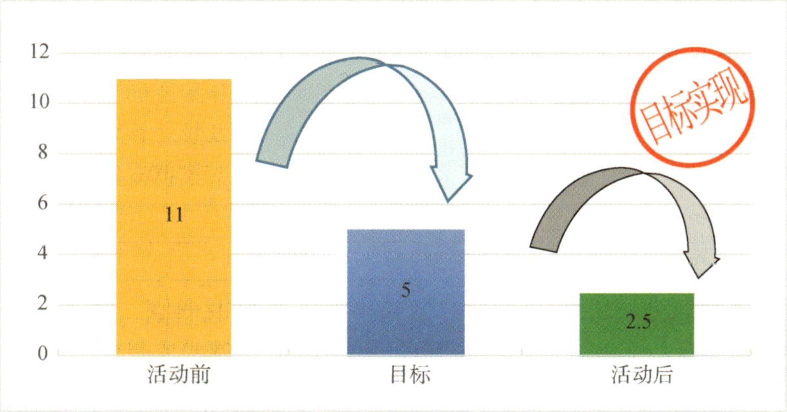

图 36　活动效果对比图

制图人：×××　　　　制图时间：2020-12-01

可以看到，活动后的秦一厂取样系统气动截止阀故障次数大幅减少，较目标值的**5 次/月**进一步的降低，达到**2.5 次/月**，目标实现。

10.2　气动截止阀内漏故障具体情况对比

对活动前后秦一厂取样系统气动截止阀的内漏故障现象发生次数进行了统计和对比，如表 31 所示，结合数据绘制了活动前后排列见图 37 和图 38。

表 31　活动前后具体故障对比表

活动前（2019-09—2020-02）				活动后（2020-06—2020-11）			
序号	故障现象	故障次数	百分比（%）	序号	故障现象	故障次数	百分比（%）
a	滑动副卡涩	25	48.08	a	滑动副卡涩	2	25
b	密封副损伤	20	38.46	b	密封副损伤	1	12.5
c	阀座垫破损	2	3.85	c	阀座垫破损	1	12.5
d	阀腔壁划伤	2	3.85	d	阀腔壁划伤	1	12.5
e	其他	3	5.76	e	其他	3	37.5
合计		52	100	合计		8	100
调查人：×××						时间：2020-12-02	
地点：电仪楼 111						调查方法：EAM 工单查询系统	

制表人：×××　　　　制表时间：2020-12-02

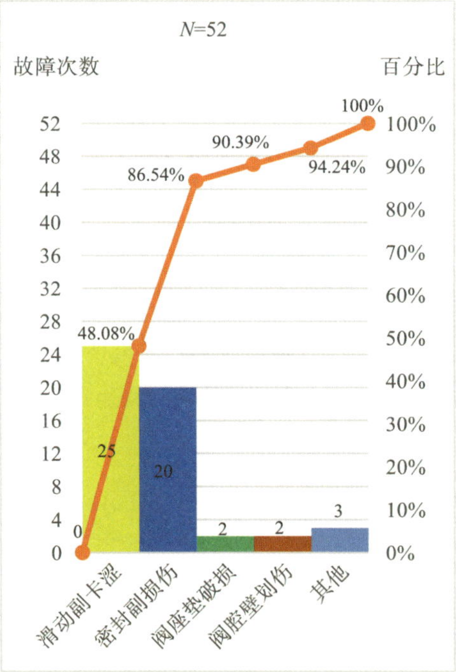

图 37　活动前故障次数排列图

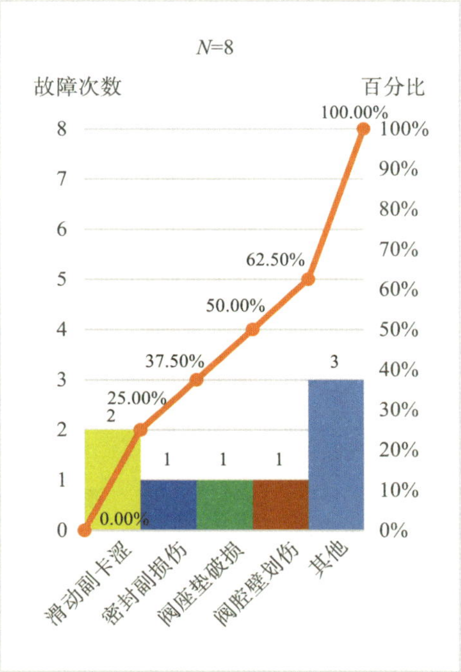

图 38　活动后故障次数排列图

制图人：×××　　　　制图时间：2020-12-02

活动效果结论：活动实施后，秦一厂取样系统气动截止阀内漏缺陷次数减少显著，其中症结数由活动前 45 次，降低至活动后的 3 次，症结消除率达到 93.3%。

10.3　效益分析

10.3.1　经济效益

QC 活动 2020 年 5 月 31 日完成，截止 2020 年 11 月 30 日，6 个月内直接降备件成本 5.17 万元，表 32 活动前后备件成本对比表。

同时，采取定期冲洗的方法，也减少了取样系统管线上安全阀、减压阀等其他类型阀门内漏的缺陷数量，减少这些类型阀门解体次数，也可节约备件成本。另一方面解放了人力劳动，使检修工人们从阀门解体的工作中抽身出来。

表 32　活动前后备件成本对比表

项目	QC 活动前	QC 活动后
填料备件成本	32×350＝11 200	3×300＝900
阀座密封垫备件成本	32×500＝16 000	3×200＝600
中法兰密封垫备件成本	32×300＝9600	3×500＝1500
阀芯组件备件成本	10×1185＝11 850	1×1185＝1185
阀座备件成本	4×1800＝7200	0
备件总成本	55 850 元	4185 元
节约成本	5.17 万元	

制表人：×××　　制表时间：2020-12-03

10.3.2　安全效益

通过 QC 活动的实施，减少秦一厂取样系统气动截止阀缺陷次数，有效减少了人员检修过程中接收的辐射剂量 4.64 mSv，表 33 活动前后剂量对比表，同时保证了取样系统的运行可靠性，极大的提高了机组的安全稳定运行。

表 33　活动前后剂量对比表

项目	QC 活动前	QC 活动后
辐射剂量	32×0.01×2×8＝5.12	3×0.01×2×8＝0.48
剂量减少量	4.64 mSv	

制表人：×××　　制表时间：2020-12-03

十一、制定巩固措施

11.1 巩固措施

表 34 巩固措施表

<table>
<tr><th>对策措施</th><th>巩固方式</th><th>巩固内容</th><th>成果</th></tr>
<tr><td rowspan="2">降低对中研磨偏差角度</td><td>工装使用指导书</td><td>编写《对中研磨工装使用指导书》
文件编码 Q11－RSAP－TPMAPM－0002</td><td>

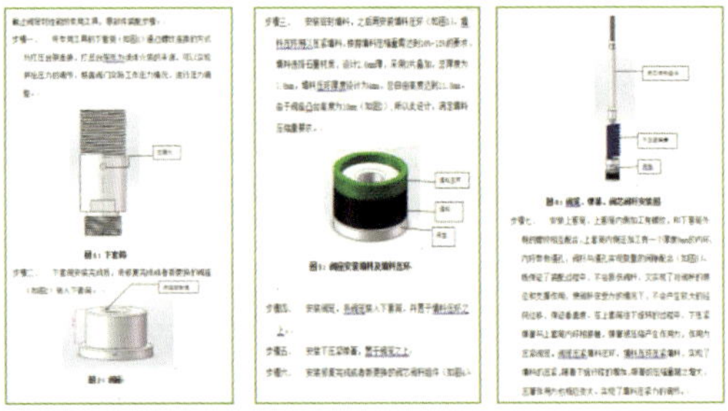</td></tr>
<tr><td>图纸归档</td><td>YMFZGZ-JJEB-0001</td><td>

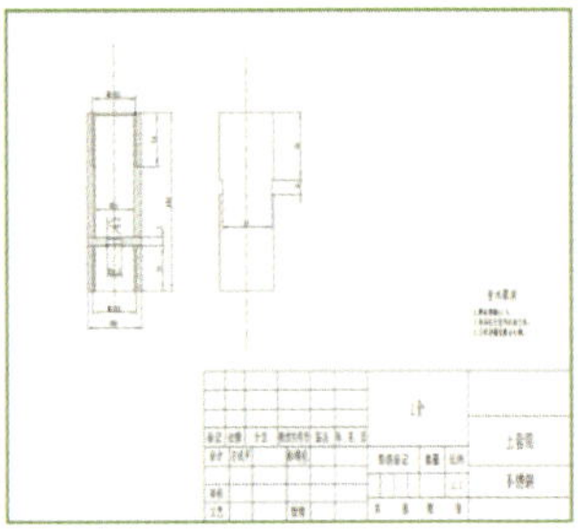
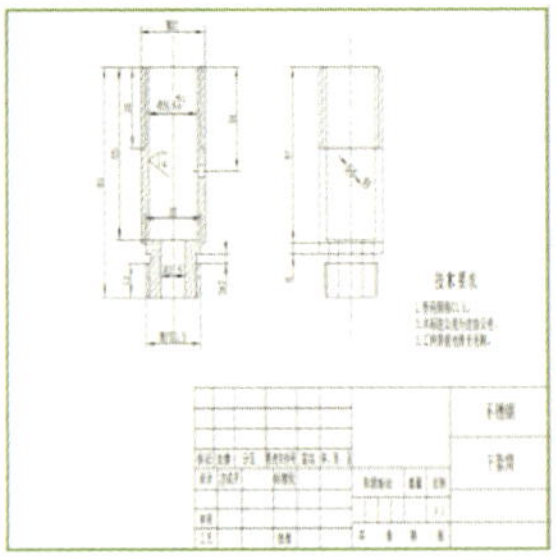</td></tr>
</table>

续　表

对策措施	巩固方式	巩固内容	成果
降低对中研磨偏差角度	岗位培训大纲	岗位授权培训完成后，才授权检修该类型阀门 培训科目编号 QMGMM081	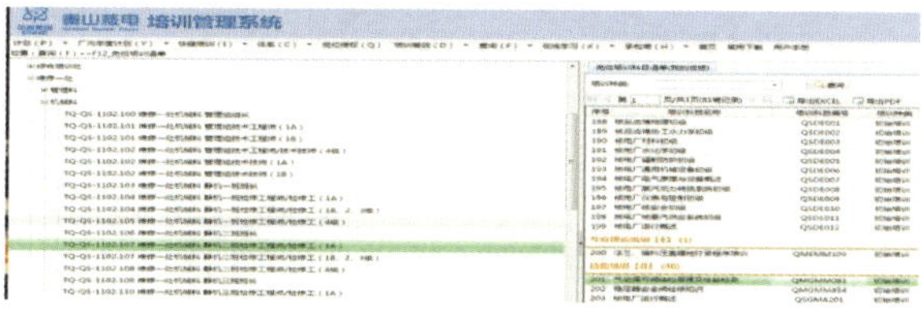
	装置实操培训	班组内部定期培训，学习使用辅助工装对球面密封进行研磨	
冲洗降低颗粒物	创建预防性维修模板工单	定期触发（6 月/次）冲洗工单，按要求及时完成触发出工单的准备，并开展管道颗粒物冲洗工作	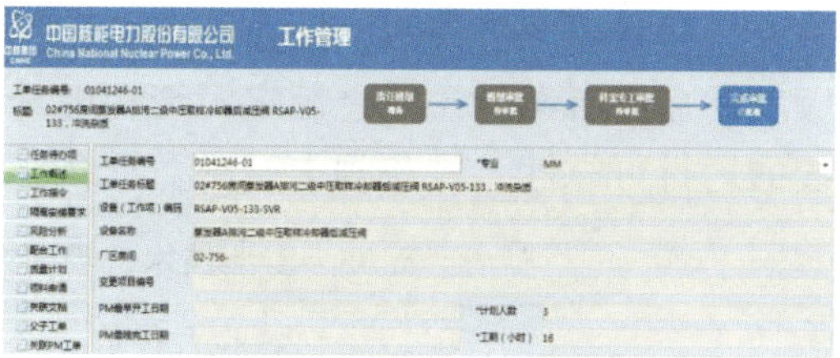
增大阀笼内径	阀门维修规程	编制阀门解体维修规程，明确阀笼内径验收标准 文件编码 Q11 – RSAP – TPMAPM–0001	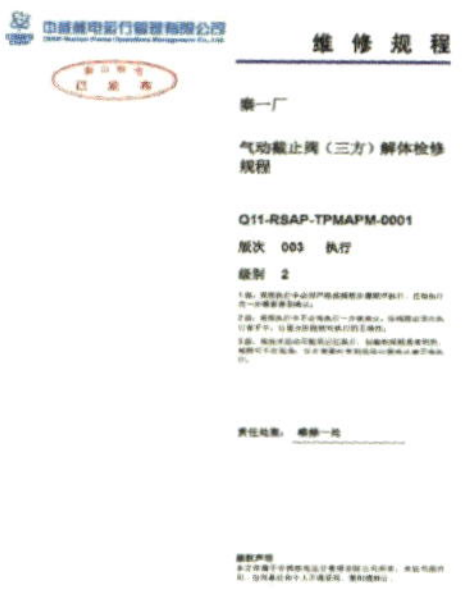

制表人：×××　　　　　　　　　　　　　　　　制表时间：2020-12-25

11.2 效果跟踪

截至 2021 年 4 月，阀门缺陷次数呈不断下降趋势，2021 年 3—4 月为 0 缺陷。

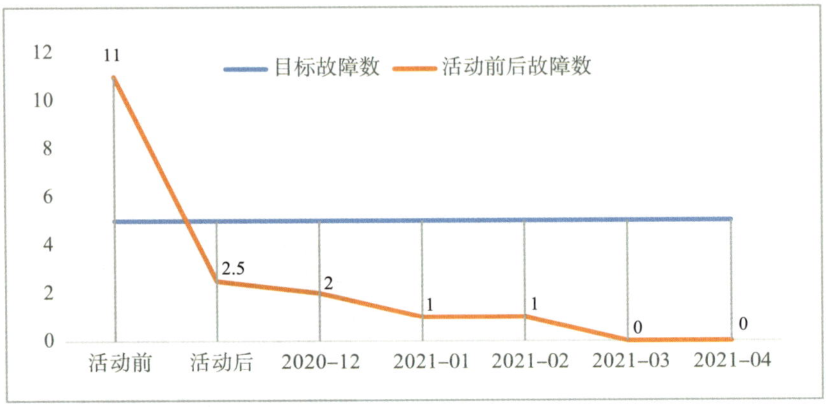

图 39 活动效果跟踪对比图

制图人：××× 制图时间：2021-04-16

从活动跟踪效果图看，活动效果得到了很好的持续。

十二、总结和下一步打算

12.1 总结

本次 QC 课题以减少电厂取样系统气动截止阀的缺陷次数为目的，通过调查研究并运用调查表、柱状图、折线图、散布图等方法，对数据进行整理、分类、统计，成功地找到缺陷频发的症结所在，并通过制定对策和现场实施，有效减少阀门缺陷次数，提高电厂取样系统的运行可靠性，收获颇丰，受益良多，总结如下。

表 35 专业技术、管理方法、成员素质总结表

分类	特点及优势	不足之处
小组专业技术提升	1. 小组具有主动解决问题的主观能动性和积极性，在解决机组长期存在的多发性缺陷方面取得重大突破。 通过本次 QC 活动，小组成员在理论水平和动手能力上都有显著提高。 通过本次 QC 活动，深入了解气动截止阀工作原理、组装结构，提升了小组成员整体的专业技术水平。 通过本次 QC 活动，提升了阀门工作原理的掌握及对应故障的应对处置措施，提高了检修的专业性和时效性。 通过本次 QC 活动，增强了三维制图、二维制图能力，加强了工单查询系统、文档查询系统、状态报告开发等方面的能力。	组员在尺寸链分析，金属特性、金属加工工艺、精密部件测量方法等方面知识的掌握有所欠缺，接下来需要进一步的学习和提高。

续　表

分类	特点及优势	不足之处
小组专业技术提升	2. 在对策实施上小组对于逻辑性分析有了很大的提升，小组根据影响症结的 10 项因素，逐项细致分析，找到症结的要因；使课题结果更具可信度与可行性。	小组能在试验分析上使用的方法比较单一。
	3. 在课题开发的过程中，小组成果积极创新，不断钻研，开发了多项有效提升设备检修质量的工装，并进出了专利成果转化。 	针对本次 QC 课题开发出的工装，进一步开展 QC 成果转化工作。
	4. 推广应用范围，针对取样系统多发的设备缺陷，也将本次处理的思路和方案进行推广，在其他班组解决系统多发性设备缺陷时具有参考性和借鉴意义。	目前成果仅在机械科推广，后续可以推广至其他科室或者其他电厂。
小组管理方法提升	通过本次 QC 活动，提升了小组的管理技术水平。活动中，成员明确个人的职责、分工，相互之间的配合更加默契，团队精神大幅提高，管理技术得到提升，小组成员创新能力、应用质量工具分析问题、多角度思考问题、深层次解决问题能力得到提升，培养了小组人员精益求精的态度，比如在发现现有培训方法存在不足时，大胆创新，高效改进，取得了很好的效果。	需增加一些奖励性质的活动来提高小组成员的积极性。
小组成员综合素质提升	通过本次 QC 活动，学习了解熟悉了 PDCA 质量改进的方法和技能，小组成员创新能力、应用质量工具分析问题、解决问题能力得到提升，各方面技能、技术得到了全面的发展。	需进一步对新规范新标准进行理解。

制表人：×××　　　　制表时间：2021-04-20

表 36　质量管理方法总结表

活动内容	特点及优势	工具与方法	不足之处
课题选择	课题针对性强，能有效解决现场实际问题	调查表、柱状图	只从机械本身出发，未充分考虑到其他专业的分析，可结合其他专业/部门开展活动，从而使得课题效果更佳
现状调查	现场调查深入，确定基本目标	调查表、饼分图排列图	对现场进行进一步地调查，更深层次剖析现状
目标设定	根据现状调查，通过数据分析确定目标	调查表，柱状图	目标制定前要开展更多的数据调查工作

续　表

活动内容	特点及优势	工具与方法	不足之处
原因分析	从症结出发，组员头脑风暴，将所有可能的因素记录下来，集思广益，深度剖析现场，分析所有可能原因	关联图 头脑风暴法	原因分析过程可以请组员外的其他专业人员一同分析
要因确认	通过试验、测试、调查统计，用数据说话，根据对症结的影响程度，分析并确认要因	调查表、折线图柱状图、散布图	分析手段较为直接，过于单一，应当考虑从多角度分析、试验，从而更加准确的对要因进行判定
制定对策	能够针对要因提出不同的解决方案，并且能够在最大程度上摒弃主观选取，而是通过试验及调查分析等方法，从有效性、可行性、经济性对方案进行判定、选取，确定最佳方案，提出有效的实施措施	调查表	制定对策要进行更加充分的调查，利用最有效的技术提出更加优化的方案
对策实施	实施过程、实施结果明确，逐条实施并检查实施效果，数据充分	调查表、折线图	对策实施过程中，有些细节考虑的不够全面和细致，导致试验结果可靠性不够充分
效果检查	除了对实施目标的检查外，还对经济效果、安全效果等方面进行检查	调查表、柱状图 排列图	更深入进行效果检查，明确各缺陷要素的占比以及各症结解决效果分析
巩固措施	申请专利对研究成果进行保护 标准、规程进行修订 实施效果进行持续的跟踪	调查表、折线图	持续效果跟踪存在一定的局限性，除了本机组对应阀门外，在将该工具、改造推广至其他机组的情况下，也可对其使用效果进行跟踪调查

制表人：×××　　　　制表时间：2021-04-20

12.2　下一步打算

针对本次课题存在的不足，提出改进措施，如表 37 所示。

表 37　下一步打算计划表

不足方面	改进措施	预期目标	负责人	计划完成时间
专业技术	组织购买尺寸链分析，金属特性、金属加工工艺、精密部件测量方法等方面知识的书籍，并邀请相关专家到厂进行专业技术指导	利用更为专业的知识技能，在分析确认要因的过程中，思路会全面，课题结果更具科学性	×××	2021-10-30

续　表

不足方面	改进措施	预期目标	负责人	计划完成时间
管理方法	深入学习鱼骨图、FEMA 法、散布图等质量管理工具的使用，展开专项培训 2 次	增加质量管理工具的学习培训，增强成员的管理能力	×××	2021-10-30
人员素质	参加中质协组织的质量管理标准培训 1 次，邀请省质协专家到厂指导 1 次	进一步对新规范新标准进行理解	×××	2021-12-30

制表人：×××　　　　制表时间：2021-04-20

- 随着机组运行年限的不断增加，电厂部分核级闸阀会因系统、设备、检修或人因等问题出现各类导致阀门不可用的缺陷，当出现上述情形时，通常的检修手段为更换阀门整机。

⇩

- 其中，焊接核级闸阀具有造价高昂、供货周期长、现场安装施工费用极大、占用的检修工期较长等特点，更换整阀的维修成本一直居高不下，给核电厂造成了极大困扰。

⇩

- 目前国内尚没有在线进行核级闸阀阀座密封环在线切割更换的装置，开发该装置是一项开创性的工作，一旦开发成功，形成完整的技术能力，不但可以提高我公司的维修技能水平，而且可以在核级闸阀密封面在线修复领域占得先机，提高对外服务的市场竞争力。

⇩

因此，小组将下个课题定为**《核级闸阀阀座密封环在线切割装置的研制》**。

专家点评：海南核电　彭虹

1. 总体评价

该课题类型为问题解决型，核阀先锋 QC 小组通过对气动截止阀 2019 年 9 月—2020 年 2 月缺陷次数月平均达到 11 次进行统计，通过分层分析，找到了“滑动副卡涩”与

“密封副损伤”2个症结，运用关联图对症结进行原因分析，找到10条末端因素，通过要因确认，确定了3条要因后，经对策优选、制定对策表及实施，最终完成了小组的活动目标。小组整个活动过程数据充分，逻辑性强，是一个较好的“小、实、活、新”的成果。

2. 成果亮点

（1）活动程序思路清晰，问题分析透彻到位。小组选题理由明确，针对性强，有效解决了现场实际问题。现状调查中，从不同的角度层层展开分析，找到了问题的症结所在。与此同时，还通过同行对标比较和理论测算等，为实现课题活动目标提供了充分的依据。

（2）原因分析统计方法适宜、正确。小组集思广益，深度剖析现场，分析所有可能原因，根据影响症结的10项因素，逐项细致分析；确定主要原因方法科学、严谨，整个确认过程用数据、事实说话，通过现场调查、测量、试验等手段，找到了影响症结的3条要因。

（3）对策制定科学有效。针对要因提出不同的解决方案，通过试验及调查分析等方法，从有效性、可行性、经济性对方案进行判定、选取，确定最佳方案，提出有效的实施措施，做到对策制定过程清楚，目标可测量、检查，措施具体到位。

（4）活动效果明显。活动实施后，秦一厂取样系统气动截止阀内漏缺陷次数减少显著，其中症结数由活动前45次，降低至活动后的3次，症结消除率达到93.3%。对策实施过程中经已验证有效的措施纳入了相应的标准，对每项对策的实施效果及对策目标完成情况进行跟踪检查，课题活动目标得到了较好的巩固和维持。

（5）活动工具使用规范。该成果使用头脑风暴法、调查表、饼分图、排列图、关联图、散布图等，工具使用恰当、适宜。

3. 改进建议

（1）现状调查中“表4-2 机械类故障类型统计表”的“内漏故障”和“表4-3 内漏故障统计表”中的“密封副损伤”“阀座垫破损”“阀腔壁划伤”不能直观判断，放于此不合适。

（2）现状调查中可测算小组解决的程度为76%，但小组又是按照课题症结的80%进行计算的，数据前后不一致。

（3）效果检查“10-3”样本数只有8个，不适合用排列图。

（4）经济效益应经有关部门认可。

课题三

降低调试期间中压柜停送电误操作率

一、小组概况

为及时、有效地解决田湾核电厂三期工程 5、6 号机组高压电气设备出现的问题，维修三处于 2018 年 5 月 8 日成立了高压纵横 QC 小组。小组自成立以来就致力于从各方面入手，解决现场设备的各类疑难杂症，提高设备调试、检修的效率。

表 1　小组概况表

小组名称	高压纵横 QC 小组	组长	王声学	人数	10
所在部门	江苏核电有限公司　维修三处				
成立日期	2018-05-08	注册日期	2019-03-04		
小组注册号	2019-QC-006-TMB	活动时间	2019-03—2020-04		
人均 TQM	90 学时	出勤率	100%		
课题名称	降低调试期间中压柜停送电误操作率	课题类型	问题解决型		
小组成员简介					
序号	姓名	性别	职称	学历	小组分工
1	王声学	男	高级工程师	研究生	方案策划、全面负责
2	×××	男	工程师	本科	现场实施、数据采集
3	×××	男	工程师	本科	现场实施、资料整理
4	×××	男	工程师	本科	现场实施、数据采集
5	×××	女	高级工程师	研究生	方法指导、组织协调
6	×××	男	高级工程师	本科	现场实施、数据采集
7	×××	男	工程师	本科	现场实施、数据采集
8	×××	男	工程师	本科	数据采集、资料整理
9	×××	男	工程师	本科	技术指导、组织协调
10	×××	男	工程师	本科	数据采集、资料整理
四特精神	特别有安质 特别守程序 特别负责任 特别能战斗				

二、选择课题

2.1 名词解释

手操器——一种电气工器具，在开关就地处对开关进行分合闸操作的手持式控制设备，由插头、电缆及控制器三部分组成，见图 1。

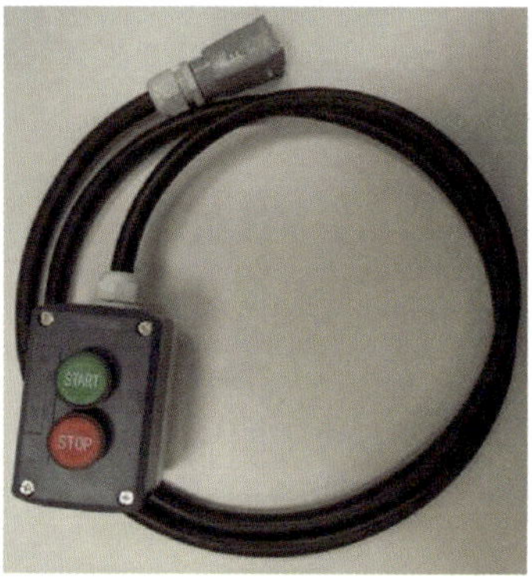

图 1 手操器

2.2 课题背景

中压柜是 5、6 号机组重要的电气设备之一，对现场用电设备起到通断、控制和保护的作用。

2018 年 7 月，5、6 号机组开始中压柜调试工作，但是从 2018 年 11 月开始，发生多次停、送电的误操作事件，给人身及设备带来了极大的风险。

2.3 课题选择

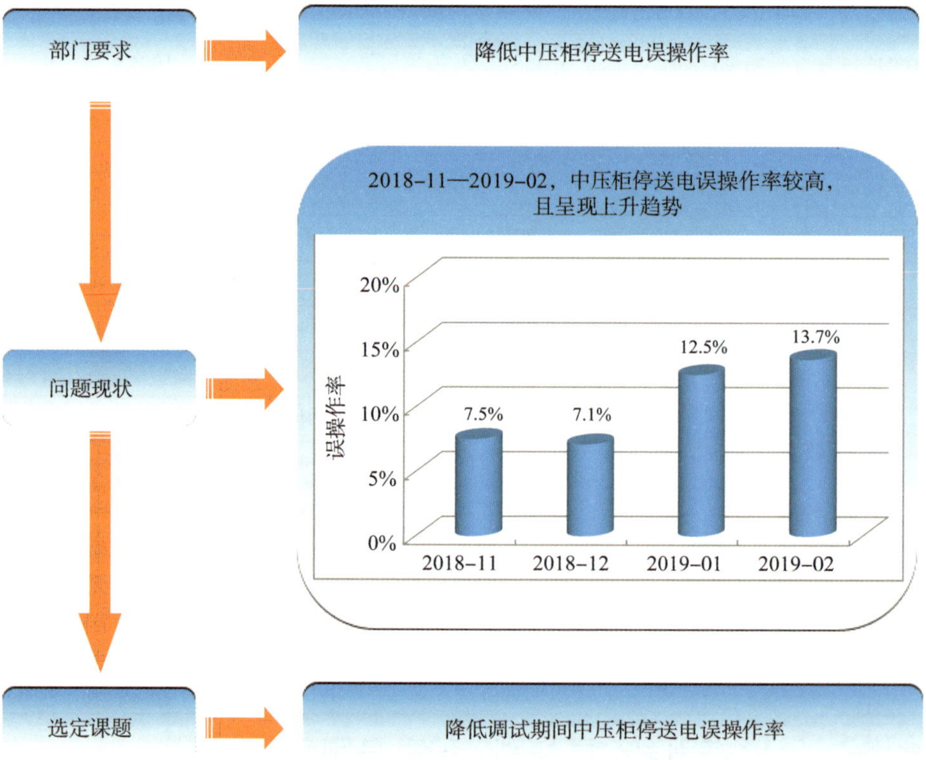

三、现状调查

从 2018 年 11 月开始，中压柜停送电误操作事件开始增多，其中 2018 年 11 月—2019 年 2 月共操作中压柜 189 次，发生 20 次误操作事件，误操作率达到 10.6%，见表 2。

表 2　中压柜误操作情况统计

时间	2018-11	2018-12	2019-01	2019-02	共计
操作次数（次）	40	42	56	51	189
误操作次数（次）	3	3	7	7	20
误操作率	7.5%	7.1%	12.5%	13.7%	**10.6%**

3.1　设备类型调查

中压柜分断路器柜和接触器柜两种型号，断路器柜共 61 台，接触器柜共 178 台，不同设备的误操作事件统计见表 3。

表 3　按设备型号分层整理误操作事件统计表

设备型号	断路器柜	接触器柜
操作总次数（次）	70	119
误操作次数（次）	1	19
误操作率	1.4%	16.0%

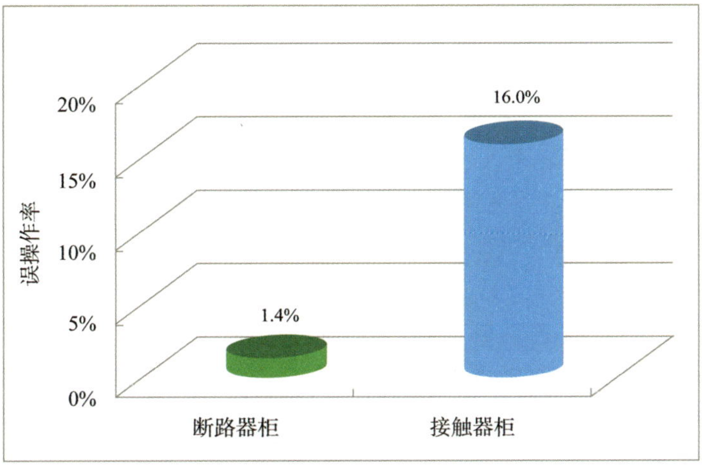

图 2　不同型号中压柜误操作率

由图 2 可以看出，接触器柜误操作率远高于断路器柜，因此接触器柜停送电误操作率高是主要问题所在。

3.2 接触器柜误操作调查

小组成员对接触器柜19次误操作的来源进行了调查，主要有三种类型，即步骤错误、指令错误和走错间隔，见表4，图3。

表4 误操作类型调查统计表

误操作来源	步骤错误	指令错误	走错间隔	共计
误操作次数（次）	17	1	1	19
各误操作占比	89.4%	5.3%	5.3%	—

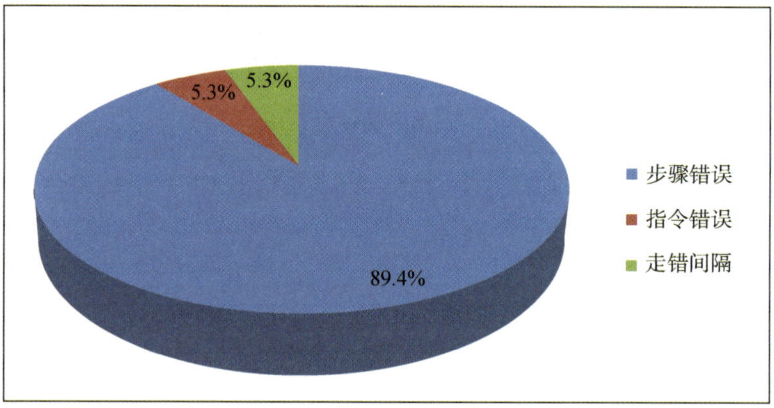

图3 误操作类型占比饼分图

由图可以看出，由“步骤错误”引起的误操作占接触器柜误操作次数的89.4%，远高于其他两类，是**关键的少数**。

3.3 步骤调查

接触器柜停送电过程分五个步骤，分别为操作控制电源、切换开关位置、连接手操器、分合闸、拔出手操器，按顺序执行。因此，小组成员对操作过程各步骤的误操作次数分别进行了调查，连接手操器导致的误操作为17次，见表5。

表5 步骤调查统计表

误操作步骤	第1步	第2步	第3步	第4步	第5步
	操作控制电源	切换开关位置	连接手操器	分合闸	拔出手操器
误操作次数（次）	0	0	17	0	0

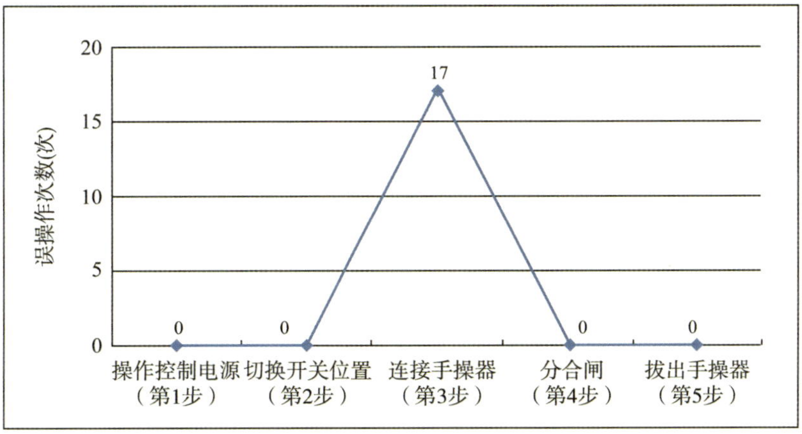

图 4　步骤调查统计图

由上述图表可知，17 次误操作都是执行“连接手操器”时发生的。189 次操作中，“连接手操器”引起的误操作率为 9.0%。因此，调试期间中压柜停送电误操作率高的**症结为“接触器柜连接手操器误操作次数多”**。

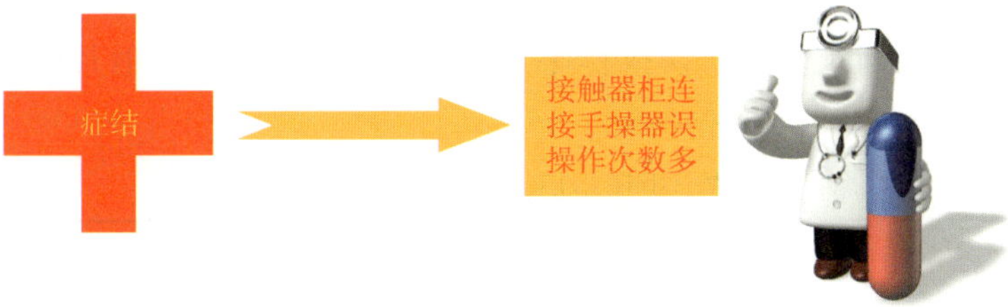

3.4　同行调查

小组成员对标先进同行，调查了田湾三期设计参考电厂方家山和福清二期，调试期间发生误操作率情况见表 6。由表 6 及图 5 可以明显看出，田湾三期的操作率 10.6%远高于同行电厂的 2.1%和 2.3%。

表 6　同行电站中压柜误操作率调查

电厂	田湾三期	方家山	福清二期
误操作率	10.6%	2.1%	2.3%

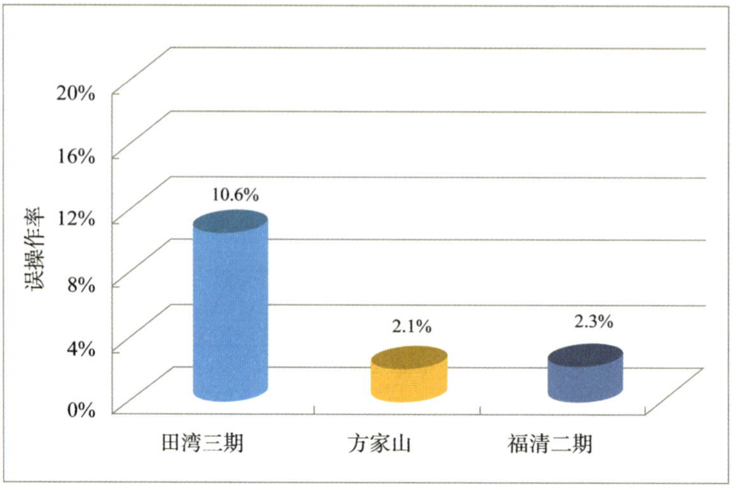

图5　中压柜停送电误操作率对标先进同行

3.5　历史调查

小组成员又对中压柜历史误操作率进行了调查统计，2018年7月—2018年10月共操作159次，发生3次误操作事件，误操作率为1.9%。期间接触器柜共操作108次，误操作2次，见表7。

表7　中压柜历史误操作率统计表

中压柜	断路器柜	接触器柜
操作次数（次）	51	108
误操作次数（次）	1	2

针对接触器柜的2次误操作情况，小组成员又进一步进行了调查，结果见表8。

表8　误操作类型调查

误操作类型	步骤错误	指令错误	走错间隔
误操作次数（次）	1	0	1

由表8可以看出，由步骤错误引起的误操作为1次，小组成员对这一次误操作来源继续进行调查，见表9。

表9　步骤调查统计表

误操作步骤	操作控制电源	切换开关位置	连接手操器	分合闸	拔出手操器
误操作次数（次）	0	0	1	0	0
误操作率	0%	0%	0.6%	0%	0%

由表可以看出，连接手操器引起的误操作率为 0.6%，远低于现状的 9.0%。

3.6 目标测算

小组以历史最优数据进行测算，症结可解决程度测算如下：

$$(9.0\%-0.6\%)\div 9.0\%\times 100\%=93.3\%$$

则课题目标测算如下：

$$9.0\%\times(1-93.3\%)\times 100\%+3\div 189\times 100\%=2.19\%$$

根据测算结果，及同行先进电站的误操作率情况，小组将目标值设定为 2.2%。

四、设定目标

将中压柜停送电误操作率由 10.6%降低至 2.2%。

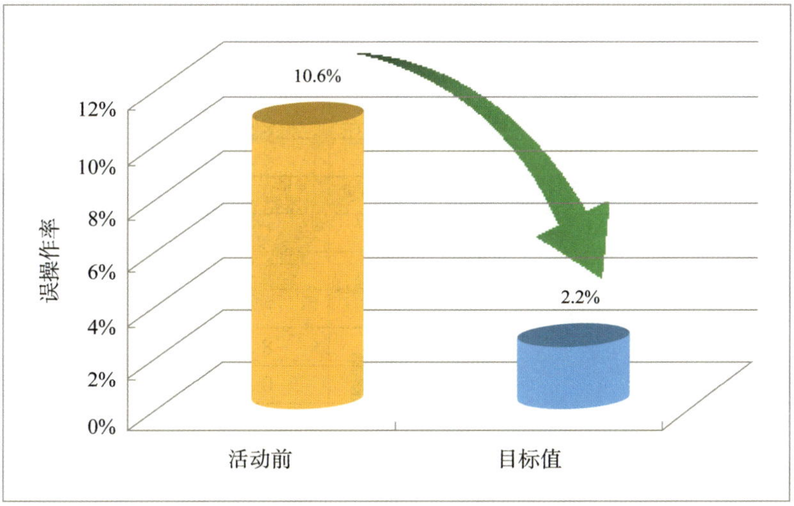

图 6　活动目标示意图

五、原因分析

小组成员开展头脑风暴，针对症结“接触器柜连接手操器误操作次数多”绘制关联图，见图 7。

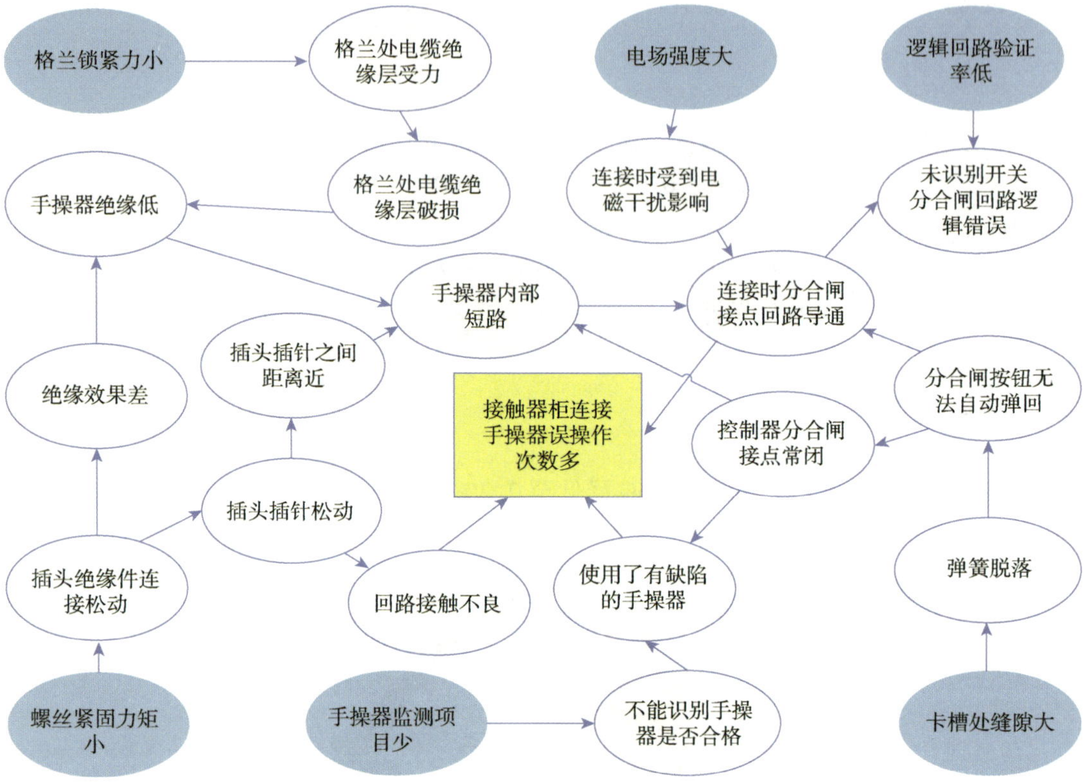

图 7　关联图

六、确定主要原因

为了找出“接触器柜连接手操器误操作次数多”的主要原因，小组成员对关联图 7 中的 6 条末端因素进行逐条验证。

要因确认一

末端因素	逻辑回路验证率低
确认内容	1. 调查逻辑回路验证率。 2. 确认对症结的影响程度。
确认方法	调查分析、现场试验
确认过程	5、6 号机组中压柜含有接触器的母线段共有 9 个，均进行过出厂试验和单体试验，相关的逻辑已进行过检测。调试时，作业人员根据下游负荷类型、重要程度及进度对接触柜逻辑回路进行选择性验证，逻辑回路验证情况见表 10。

续　表

末端因素	逻辑回路验证率低

确认过程

表 10　逻辑回路验证率统计表

序号	母线段	接触器柜数量（台）	验证数量（台）	验证率
1	LGA	14	14	100%
2	LGB	20	18	90%
3	LGC	16	10	63%
4	LGD	8	8	100%
5	LGE	8	8	100%
6	LHA	34	10	30%
7	LHB	34	12	35%
8	LGIA	22	5	22%
9	LGIB	20	2	10%

由上表可知道，接触器柜逻辑回路验证率从 10% 到 100% 不等。为进一步确认该末端因素对症结的影响程度大小。小组成员选取 LGA、LGC、LGIB 三段验证率不同的中压系统进行试验，保持其他末端因素不变，每段随机选择接触器柜进行 20 次分合闸试验（图 8），误操作次数统计见表 11。

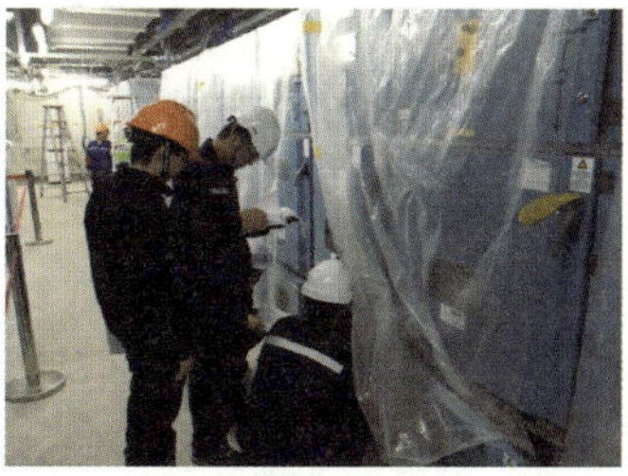

图 8　接触器柜误操作试验

表 11　逻辑回路不同验证率下的误操作次数统计表

母线段	LGA	LGC	LGIB
逻辑回路验证率	**100%**	**63%**	**10%**
试验次数（次）	20	20	20
误操作次数（次）	8	9	9

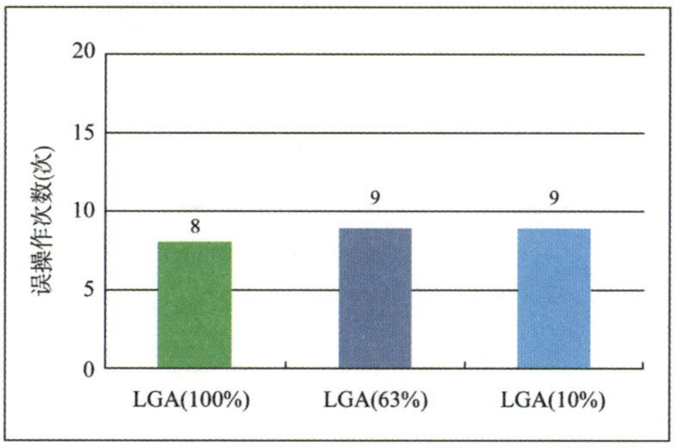

图 9　不同验证率下的误操作次数柱状图

续 表

末端因素	逻辑回路验证率低		
确认过程	由图 9 可知，不同验证率的接触器柜误操作次数相差不大，验证率 100%的 LGA 段与验证率 10%的 LGIB 段误操作次数仅相差 1 次。因此“逻辑回路验证率低”对症结影响程度小。		
验证结果	“逻辑回路验证率低”对症结影响程度小		
确认地点	大棚 309、L406	确认时间	2019-05-30
结论	逻辑回路验证率低是非要因		

要因确认二

末端因素	卡槽处缝隙大
确认内容	1. 测量卡槽处缝隙大小。 2. 确认对症结的影响程度。
确认方法	现场测量、现场试验
确认过程	调试时使用的手操器共有 36 个，其主要通过选择开关按钮来控制分合闸回路的通断，并通过直径 4.00 mm 的弹簧来自动恢复按钮状态。如果选择开关弹簧卡槽处缝隙大，则弹簧会松动甚至脱出卡槽，从而引起分合闸回路触点常闭（图 10），进一步导致手操器功能失效。小组成员利用塞尺测量了分合闸选择开关弹簧卡槽处缝隙（图 11），结果见表 12。 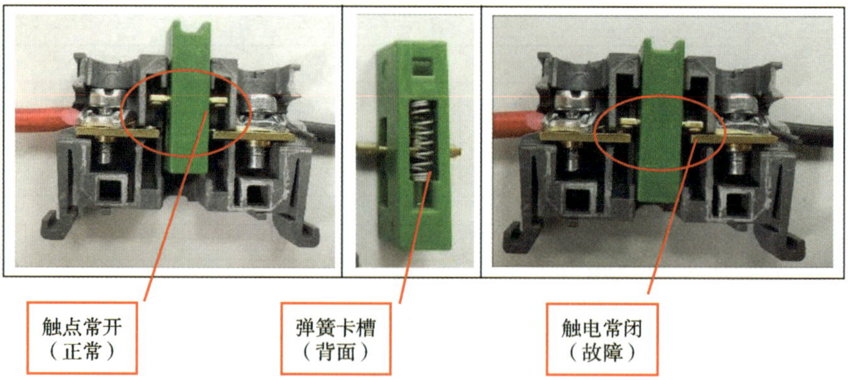 图 10　选择开关内部弹簧及卡槽图

续　表

末端因素	卡槽处缝隙大
确认过程	图 11、表 12

图 11　卡槽处缝隙测量示意图

表 12　弹簧卡槽处缝隙统计表（单位：mm）

手操器	分闸	合闸	平均	手操器	分闸	合闸	平均
1#	0. 81	0. 75	0. 78	19#	1. 20	1. 26	1. 23
2#	0. 94	0. 88	0. 91	20#	2. 70	2. 38	2. 54
3#	2. 38	2. 86	2. 62	21#	3. 23	3. 63	3. 43
4#	0. 84	0. 90	0. 87	22#	2. 67	2. 85	2. 76
5#	1. 73	1. 61	1. 67	23#	2. 43	2. 69	2. 56
6#	0. 89	0. 99	0. 94	24#	1. 51	1. 35	1. 43
7#	2. 62	2. 50	2. 56	25#	3. 40	3. 50	3. 45
8#	3. 42	3. 22	3. 32	26#	0. 80	0. 76	0. 78
9#	3. 80	3. 98	3. 89	27#	3. 96	3. 88	3. 92
10#	0. 80	0. 94	0. 87	28#	1. 42	1. 44	1. 43
11#	3. 22	3. 42	3. 32	29#	0. 76	0. 96	0. 86
12#	3. 21	3. 25	3. 23	30#	3. 62	3. 46	3. 54
13#	1. 13	1. 73	1. 43	31#	1. 03	1. 43	1. 23
14#	2. 45	2. 67	2. 56	32#	2. 54	2. 36	2. 45
15#	2. 67	2. 85	2. 76	33#	0. 54	0. 98	0. 76
16#	3. 47	3. 25	3. 36	34#	1. 20	1. 26	1. 23
17#	3. 86	3. 82	3. 84	35#	1. 72	1. 62	1. 67
18#	3. 66	3. 46	3. 56	36#	2. 05	2. 85	2. 45

续 表

末端因素	卡槽处缝隙大

确认过程

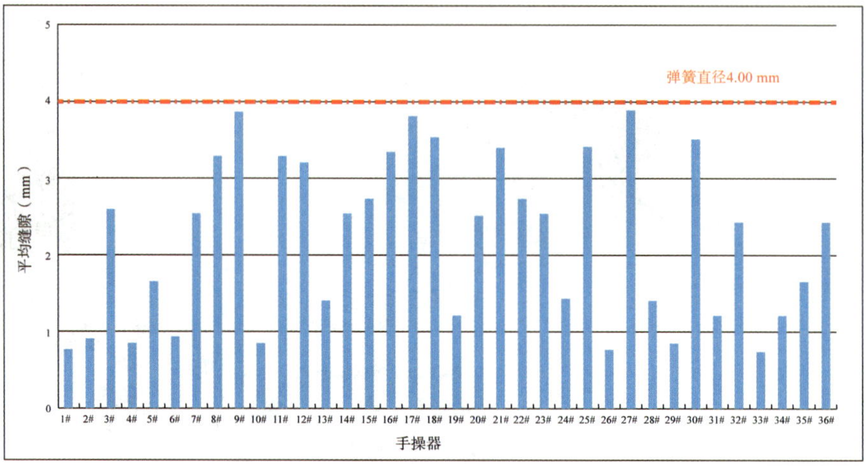

图 12　弹簧卡槽处平均缝隙统计图

由表 12 和图 12 可以看出，选择开关弹簧卡槽处缝隙均小于弹簧直径 4.00 mm，因此，手操器在使用的过程中不易发生脱落现象。

为进一步验证该条末端因素对症结的影响程度大小，小组成员按照平均缝隙大小将手操器分成 A、B、C、D 四组（见表 13），每组进行 50 次连接试验，试验时确保每组每个手操器试验次数大致相同，分组试验结果见表 13，图 13。

表 13　手操器连接试验误操作次数统计表

组别	A	B	C	D
缝隙范围（mm）	$0<L\leqslant 1$	$1<L\leqslant 2$	$2<L\leqslant 3$	$3<L\leqslant 4$
手操器数量	8	8	9	11
总操作次数（次）	50	50	50	50
误操作次数（次）	4	5	4	4
注：L 表示间缝隙大小，mm。				

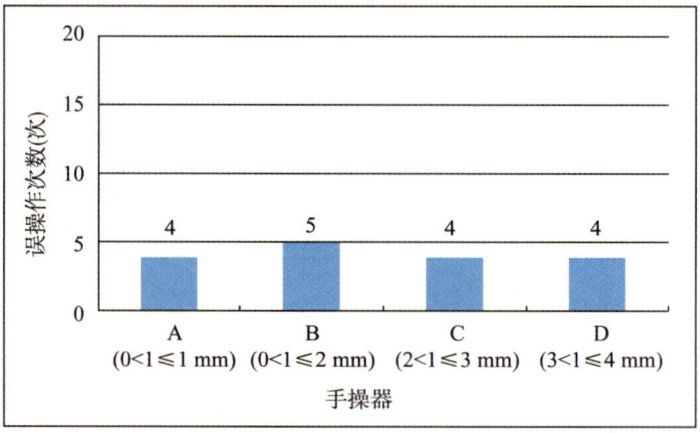

图 13　手操器连接试验误操作率分组统计柱状图

续　表

末端因素	卡槽处缝隙大		
确认过程	由图 13 可以看出，A、B、C、D 四组不同缝隙的手操器误操作次数相差不大，随着缝隙的逐渐增大，连接手操器误操作次数变化程度较小。因此，“卡槽处缝隙大”对症结影响程度小。		
验证结果	“卡槽处缝隙大”对症结影响程度小		
确认地点	大棚 309、L406	确认时间	2019-06-06
结论	卡槽处缝隙大是非要因		

要因确认三

末端因素	格兰锁紧力小
确认内容	1. 测量格兰对电缆的锁紧力大小。 2. 确认对症结的影响程度。
确认方法	现场测量、现场试验
确认过程	小组成员对 36 个手操器格兰头锁紧力进行了现场测量（图 14），测量情况见表 14。

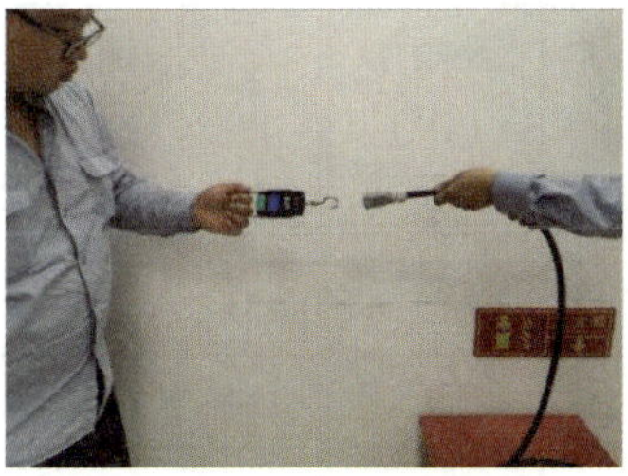

图 14　锁紧力测量

表 14　手操器格兰锁紧力测量统计表（单位：N）

手操器	锁紧力	手操器	锁紧力	手操器	锁紧力	手操器	锁紧力
1#	1	10#	22	19#	47	28#	26
2#	20	11#	24	20#	29	29#	37
3#	57	12#	3	21#	16	30#	56
4#	43	13#	32	22#	10	31#	14
5#	3	14#	5	23#	15	32#	55
6#	54	15#	50	24#	56	33#	53
7#	27	16#	58	25#	8	34#	50
8#	52	17#	57	26#	9	35#	18
9#	28	18#	58	27#	46	36#	43

续 表

末端因素	格兰锁紧力小
确认过程	

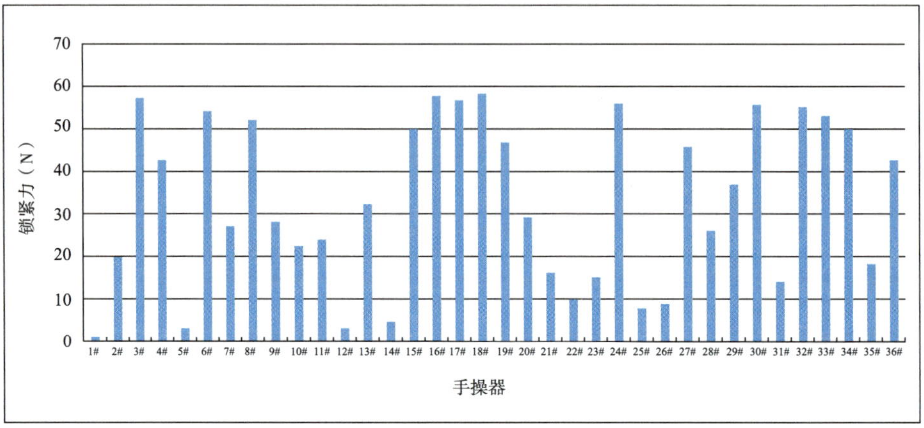

图 15　手操器格兰锁紧力柱状图

由表 14 和图 15 可以看出，格兰锁紧力介于 1 N 与 58 N 之间。为进一步验证该末端因素对症结的影响程度大小，小组成员对每个手操器在接触器柜上进行 30 次连接试验，误操作次数统计见表 15。

表 15　误操作情况统计表

手操器	锁紧力（N）	误操作（次）	手操器	锁紧力（N）	误操作（次）	手操器	锁紧力（N）	误操作（次）
	X	Y		X	Y		X	Y
1#	1	15	13#	32	6	25#	8	13
2#	20	9	14#	5	13	26#	9	12
3#	57	0	15#	50	1	27#	46	3
4#	43	3	16#	58	0	28#	26	6
5#	3	14	17#	57	0	29#	37	5
6#	54	0	18#	58	0	30#	56	0
7#	27	5	19#	47	2	31#	14	12
8#	52	1	20#	29	7	32#	55	0
9#	28	6	21#	16	9	33#	53	0
10#	22	7	22#	10	10	34#	50	2
11#	24	7	23#	15	11	35#	18	8
12#	3	15	24#	56	0	36#	43	4

续　表

<table>
<tr><td>末端因素</td><td colspan="3">格兰锁紧力小</td></tr>
<tr><td>确认过程</td><td colspan="3">
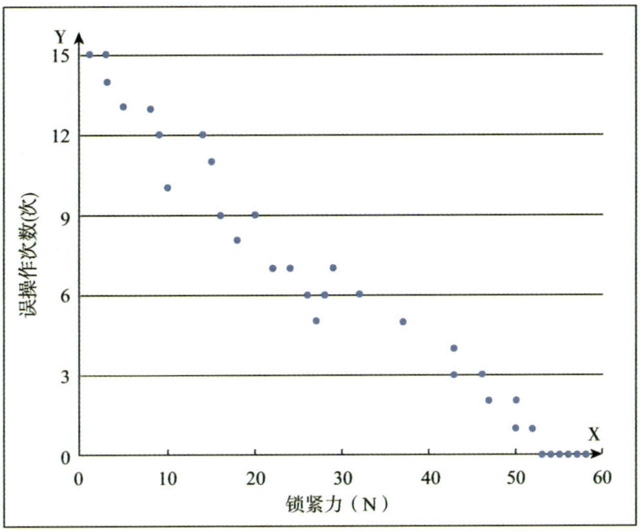

图 16　散布图

绘制散布图（图 16），对照典型图例，可以看出，格兰锁紧力大小与手操器连接误操作次数呈强负相关。随着手操器格兰锁紧力的增大，误操作次数逐渐减少，且变化程度较大。同时，由散布图可以看出，当锁紧力≥53 N 时，误操作次数均为 0。

根据试验情况，小组成员认为手操器格兰锁紧力小对症结影响较大，锁紧力越大，误操作次数越少。因此，“格兰锁紧力小”对症结影响程度大。
</td></tr>
<tr><td>验证结果</td><td colspan="3">“格兰锁紧力小”对症结影响程度大</td></tr>
<tr><td>确认地点</td><td>大棚 309、L406</td><td>确认时间</td><td>2019-06-10</td></tr>
<tr><td>结论</td><td colspan="3">格兰锁紧力小是要因</td></tr>
</table>

要因确认四

末端因素	螺丝紧固力矩小
确认内容	1. 调查插头螺丝紧固力矩。 2. 确认对症结的影响程度。
确认方法	现场测量、现场试验

续 表

末端因素	螺丝紧固力矩小

确认过程

插头主要实现手操器与接触器柜的可靠连接，其内部含有绝缘件及插针，并通过外壳的螺丝进行固定，示意图见图 17。

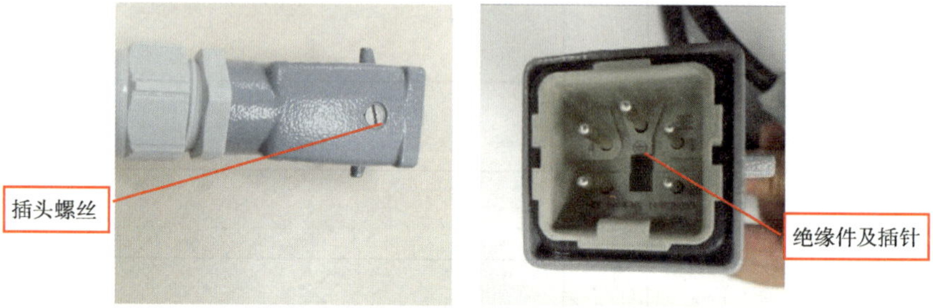

图 17　手操器插头

表 16　手操器插头螺丝紧固力矩调查统计表

手操器	1#	2#	3#	4#	5#	6#	7#	8#	9#
力矩（N · m）	21	23	20	23	22	25	27	28	28
手操器	10#	11#	12#	13#	14#	15#	16#	17#	18#
力矩（N · m）	22	26	24	27	24	28	28	25	21
手操器	19#	20#	21#	22#	23#	24#	24#	26#	27#
力矩（N · m）	20	22	26	23	26	27	21	25	23
手操器	28#	29#	30#	31#	32#	33#	34#	35#	36#
力矩（N · m）	23	22	25	28	21	22	23	26	22
力矩平均值（N · m）	24								

小组成员用仪器测量了 36 个手操器插头的螺丝紧固力矩情况，统计结果见表 16。由表可以看出，螺丝的紧固力矩介于 20~28 N · m，且绝缘件及插针均无松动情况。

为进一步确认该末端因素对症结的影响程度，小组成员通过以下试验进行确认，试验结果见表 17 和图 18：

（1）将所有手操器螺丝紧固力矩均统一调整为 20 N · m，记为 A 组；

（2）将 A 组 36 个手操器分别在接触器柜上进行 5 次手操器连接试验，记录该组误操作次数；

（3）重复步骤（1）和步骤（2）过程，将手操器螺丝紧固力矩依次增大到 28 N · m、32 N · m 和36 N · m，分别记为 B、C 和 D 组，并记录对应的误操作次数。

表 17　插头连接误操作率统计

插头编号	A	B	C	D
力矩（N · m）	20	28	32	36
误操作次数（次）	16	17	15	17

续 表

末端因素	螺丝紧固力矩小		
确认过程	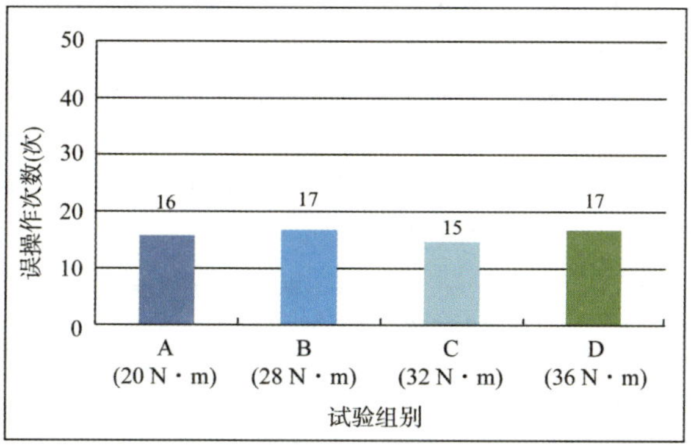 图 18 不同螺丝紧固力矩的手操器连接误操作次数 由上图 18 可以看出，在分别增大螺丝紧固力矩至 32 N · m 和 36 N · m 时，其连接手操器误操作次数相较于 20 N · m 和 28 N · m 时基本一致，变化程度较小。因此“螺丝紧固力矩小”对症结影响程度小。		
验证结果	“螺丝紧固力矩小”对症结影响程度小		
确认地点	大棚 309、L406	确认时间	2019-06-14
结论	螺丝紧固力矩小是非要因		

要因确认五

末端因素	手操器检测项目少
确认内容	1. 调查手操器检测项目。 2. 确认对症结的影响程度。
确认方法	调查分析、现场试验
确认过程	小组成员调查了库房保管记录，发现手操器没有进行过相关的检测项目，其绝缘性能、分合闸功能等是否正常也无相关的检测记录。手操器为公司 5、6 号机组新引入的设备，也并无相关的检测制度。 为验证“手操器检测项目少”对症结的影响程度大小，小组成员借鉴相关经验，对手操器的绝缘及功能等进行检测，确认是否有缺陷，检测结果见表 18。 表 18 手操器检测结果统计表 (见下表)

表 18 手操器检测结果统计表

检测结果	缺陷	无缺陷
数量（个）	27	9

续 表

<table>
<tr><td>末端因素</td><td colspan="3">手操器检测项目少</td></tr>
<tr><td>确认过程</td><td colspan="3">
经过检测，小组成员发现 27 个手操器存在缺陷。为此，小组成员设计以下试验进一步确认该末端因素对症结影响程度。
（1）检测组：选取检测无缺陷的 9 个手操器各进行 10 次连接试验，统计误操作次数；
（2）随机组（无检测项目组）：从 36 个手操器中随机选择 9 个手操器各进行 10 次连接试验，统计误操作次数。
表 19　手操器连接误操作试验统计表
<table>
<tr><td>人员</td><td>检测组</td><td>随机组</td></tr>
<tr><td>误操作次数（次）</td><td>0</td><td>8</td></tr>
</table>
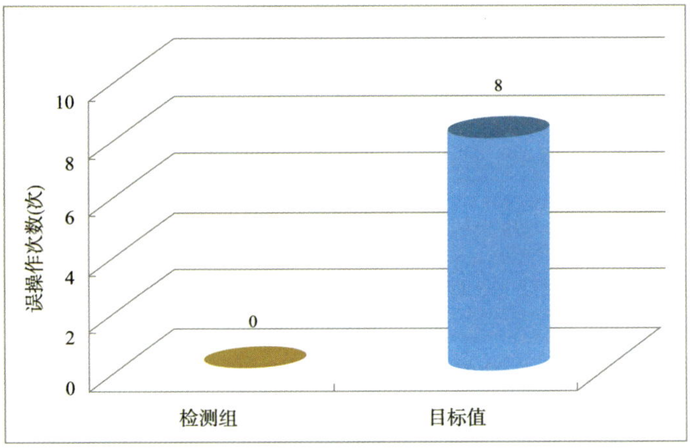

图 19　误操作次数统计柱状图
试验结果见表 19 和图 19，可以明显看出，无检测项目的随机组手操器连接误操作次数远高于检测合格组，即“手操器检测项目少”对连接手操器误操作次数影响较大。因此，“手操器检测项目少”对症结影响程度大。
</td></tr>
<tr><td>验证结果</td><td colspan="3">“手操器检测项目少”对症结影响程度大</td></tr>
<tr><td>确认地点</td><td>大棚 309、L406</td><td>确认时间</td><td>2019-06-20</td></tr>
<tr><td>结论</td><td colspan="3">手操器检测项目少是要因</td></tr>
</table>

要因确认六

末端因素	电场强度大
确认内容	1. 测量中压母线段附近的电场强度。 2. 确认对症结的影响程度。
确认方法	现场测量、现场试验

续　表

末端因素	电场强度大

确认过程

由于中压接触器柜所在房间都是高压电气设备，存在一定电场，而电场会对周围设备产生电磁干扰，存在导致误操作可能。为此，小组成员测量了母线段附近的电场强度，统计情况见表 20。

表 20　母线段附近电场强度测量统计表

母线段	LGA	LGB	LGC	LGD	LGE	LHA	LHB	LGIA	LGIB
电场强度（V/m）	106	305	187	185	208	180	356	109	132

由统计表 20 可以看出，现场中压母线段的接触器柜附近电场强度在 106 V/m 到 356 V/m之间。公司技能培训中心设有与现场同批次采购完全一致的 2 台接触器柜，小组成员测量了该处电场强度为 6 V/m。

为进一步确认末端因素对症结的影响程度，小组成员在电场强度最大的 LHB、最小的 LGA 和培训柜上分别进行手操器连接试验，每个手操器连接 5 次，统计误操作次数，统计结果见表 21 和图 20。

表 21　母线段附近电场强度测量统计表

母线段	LHB	LGA	培训柜
电场强度（V/m）	356	106	6
误操作次数（次）	16	14	17

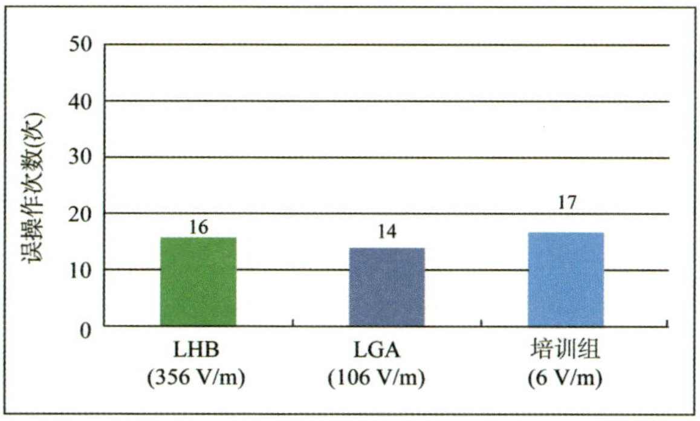

图 20　不同电场强度下连接手操器误操作次数统计图

由上述试验结果可以看出，电场强度 6 V/m 时连接手操器误操作次数与 356 V/m 时误操作次数接近，且随着电场强度的剧烈变化，症结变化程度小。因此，“电场强度大”对症结影响程度小。

验证结果	“电场强度大”对症结影响程度小		
确认地点	技能培训中心、L406	确认时间	2019-06-25
结论	电场强度大是非要因		

经过对上述末端因素的逐项确认，找出了接触器柜连接手操器误操作次数多的主要原因，即**格兰锁紧力小、手操器检测项目少**。

七、制定对策

小组成员按照5W1H原则制定了对策表。

表22 对策表

序号	要因	对策	目标	措施	地点	负责人	时间
1	格兰锁紧力小	增大格兰锁紧力	格兰锁紧力≥53 N	1. 拆开并检查锁紧力<53 N手操器的插头。	大棚309	×××	2019-07-28
				2. 在格兰处电缆护套上缠绕自粘带。	大棚309	×××	2019-07-28
				3. 用格兰锁紧电缆护套。	大棚309	×××	2019-07-28
2	手操器检测项目少	增加手操器检测项目	增加的项目可100%检测出缺陷手操器	1. 确定检测项目。	大棚309	×××	2019-07-10
				2. 选择检测项目最优方案。	大棚309	×××	2019-07-20
				3. 根据确定的检测项目及方案编制检测制度。	大棚309	×××	2019-07-28

八、对策实施

8.1 对策实施一：增大格兰锁紧力

8.1.1 拆开并检查锁紧力<53 N手操器的插头

将格兰锁紧力<53 N的27个手操器插头打开，发现部分手操器因锁紧力小导致内部芯线绝缘层破损（图21）。

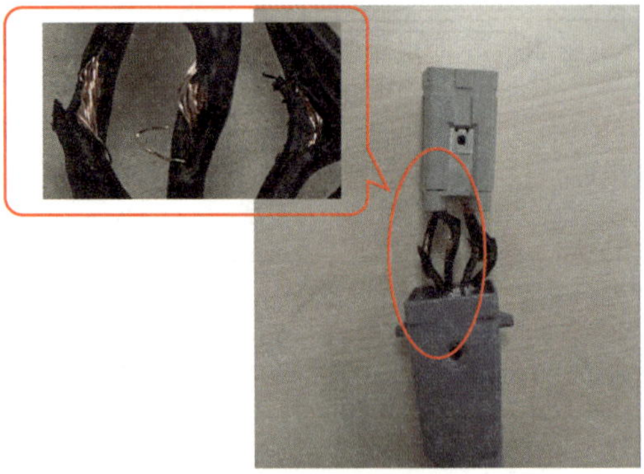

图21 电缆芯线绝缘层破损情况

对芯线破损的手操器进行处理，剪掉破损及多余的电缆芯线（图 22），重新制作电缆接头（图 23）。

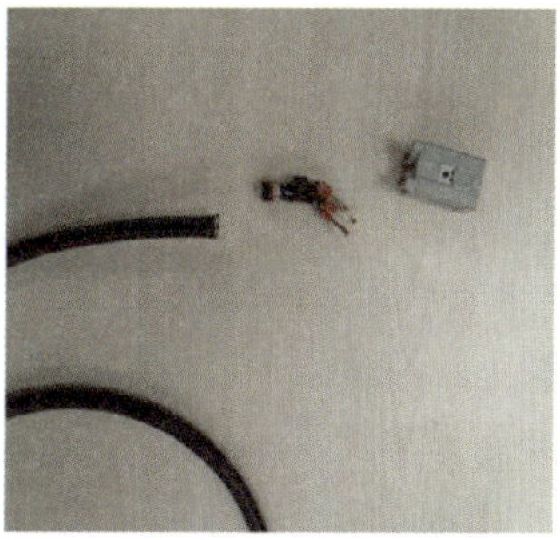

图 22　剪去破损及多余部分

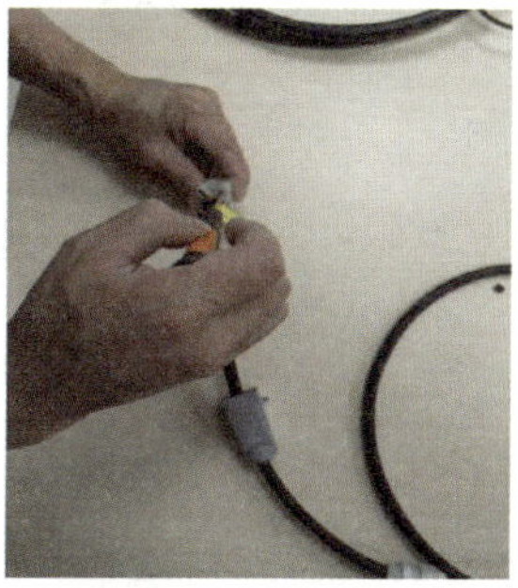

图 23　重新制作电缆接头并连接

8.1.2　在格兰处电缆护套上缠绕自粘带

在格兰处电缆护套上缠绕自粘带，并确认缠绕牢固（图 24）。

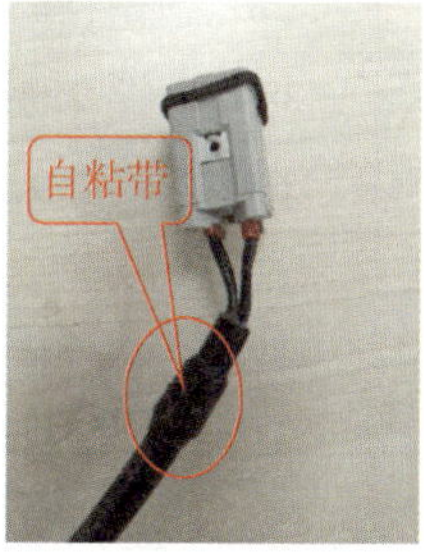

图 24　缠绕的自粘带

8.1.3　用格兰锁紧电缆护套

确认夹紧爪位于护套自粘带处，旋紧格兰迫紧头（图 25）。锁紧后的格兰见图 26。

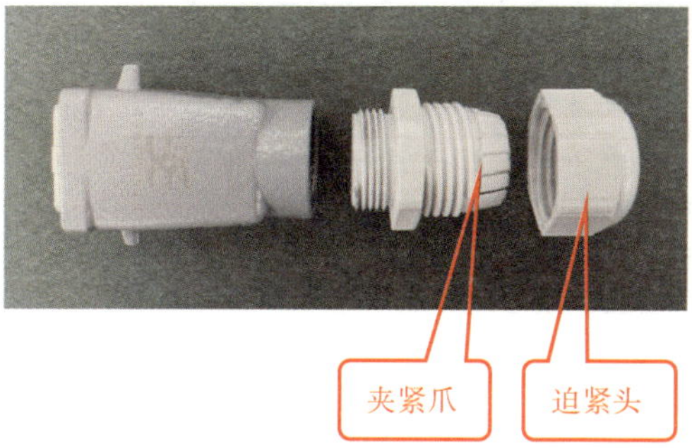

图 25　格兰结构示意图

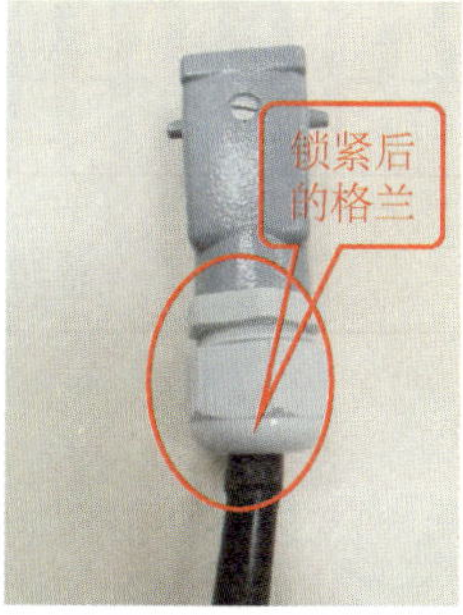

图 26　锁紧后的格兰

实施效果检查：

在对策实施完成后，小组成员对实施的手操器格兰头锁紧力进行了测量，见图 27 和表 23。根据表 23 绘制统计图，由图 28 可以看出所有格兰头的锁紧力均≥53 N，达到了对策目标。

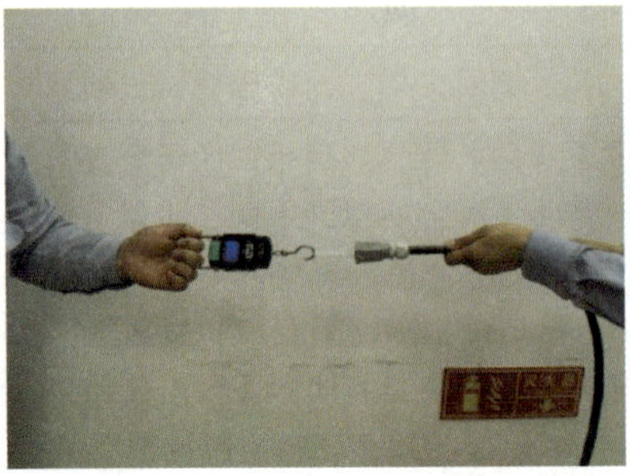

图 27　对策实施效果检查

表 23　手操器格兰锁紧力测量统计表

手操器	1#	2#	4#	5#	7#	8#	9#	10#	11#
锁紧力（N）	57	56	60	55	56	56	55	63	55
手操器	12#	13#	14#	15#	19#	20#	21#	22#	23#
锁紧力（N）	58	64	56	58	56	62	60	58	60
手操器	25#	26#	27#	28#	29#	31#	34#	35#	36#
锁紧力（N）	56	58	64	63	59	60	62	58	59

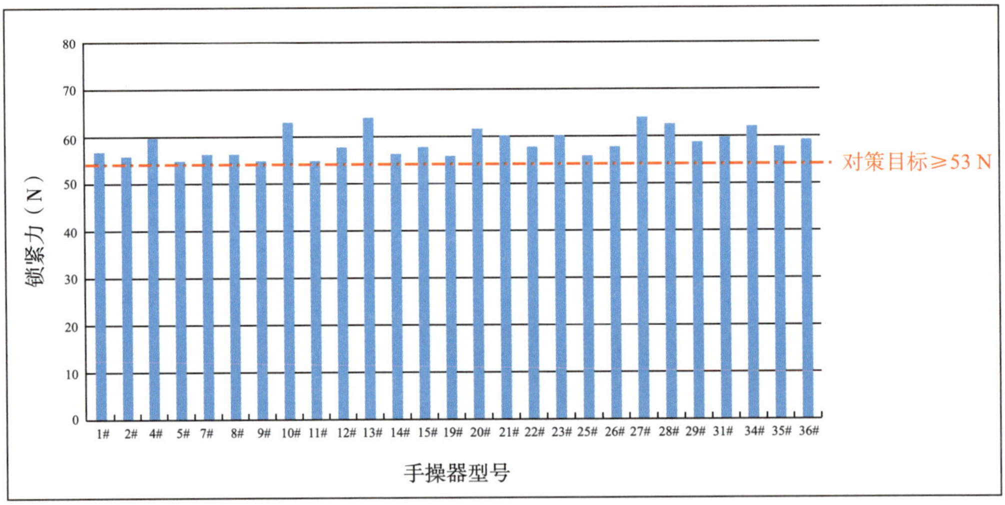

图 28　格兰锁紧力统计图

对策执行成功！

8.2　对策实施二：增加手操器检测项目

8.2.1　确定检测项目

为确定检测项目，小组成员结合要因确认过程并咨询了相关专家，经讨论达成一致意见，即通过借鉴公司内部的绝缘工器具和电动工器具的检测项目，将手操器检测项目确定为：外观检查、绝缘检测和功能检测 3 个项目。

8.2.2　确定检测方案

（1）外观检查

对手操器外观进行目视检查，应无破损、裂痕等异常。

（2）绝缘检测

按照电力行业标准 DL/T596《电力设备预防性试验规程》要求，低压控制回路绝缘电阻≥0.5 MΩ。手操器主要有插头、电缆和控制器组成。绝缘检测需要能检测出分合闸回路对地绝缘是否符合标准。

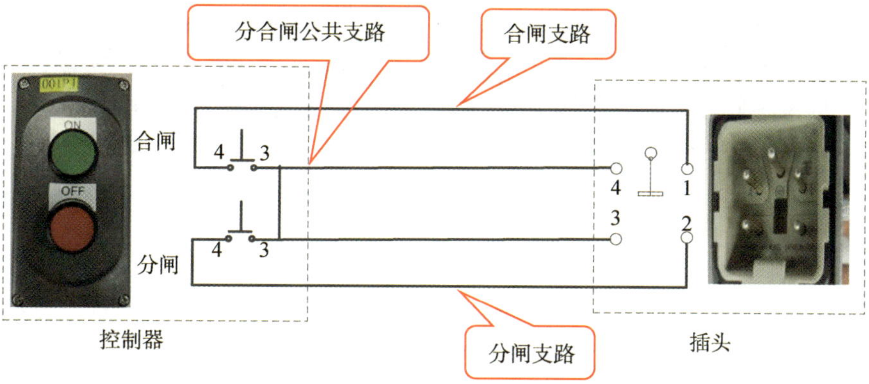

图 29　手操器分合闸回路示意图

由图 29 可以看出，分合闸回路共分三部分组成（合闸支路、分闸支路、分合闸公共支路）。对测量绝缘电阻，经头脑风暴会议后提出三种方案，即直接测量法、铅丝短接法、锡箔纸短接法。

小组成员对三种方案分别进行了 2 次实际验证（图 30~图 32），验证结果见表 24。

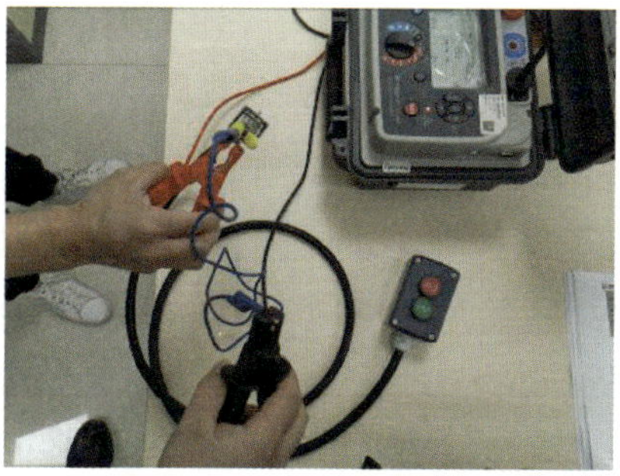

图 30　方案一“直接测量法”试验验证

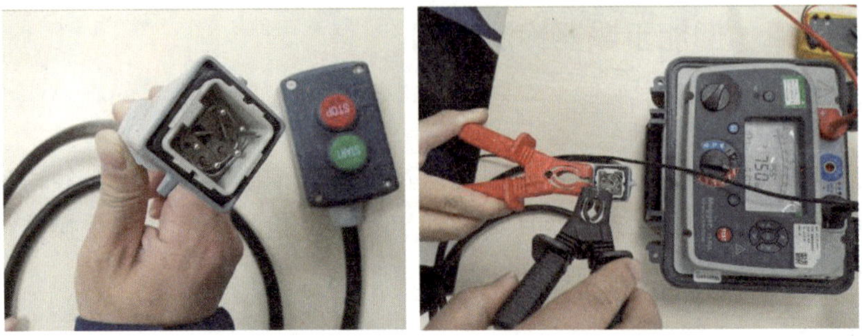

（a）铅丝短接后的插头　　　　（b）试验验证

图 31　方案二“铅丝短接法”试验验证

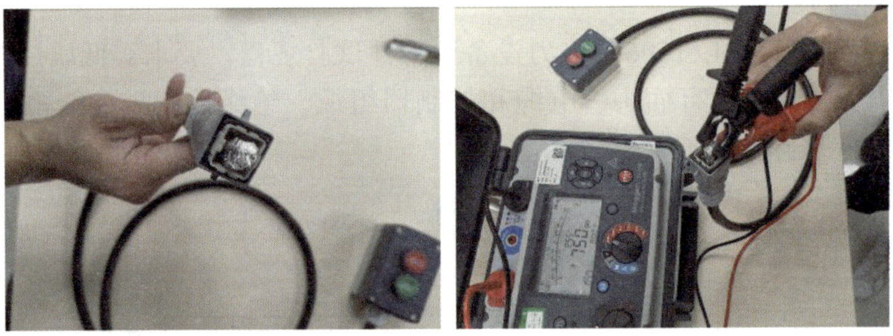

（a）铅丝短接后的插头　　　　（b）试验验证

图 32　方案三“锡箔球短接法”试验验证

表 24　方案试验统计分析表

序号	方案	人数	耗时（min）		
			第 1 次	第 2 次	平均
1	直接测量法	3 人	5	5. 5	5. 25
2	铅丝短接法	2 人	4	4	4
3	锡箔纸短接法	1 人	2	1. 5	1. 75

由表 24 可知，方案 3 锡箔纸短接法需要的人数最少，耗时最短，因此**确定绝缘测试采用锡箔纸短接法**。

（3）功能检测

根据手操器分合闸回路示意图，小组成员从技术角度进行了充分的讨论，确定了手操器功能测试的方法，即需验证测试插头上（1，4）、（2，3）（1，2）、（1，3）这四对插针相互间不通，验证（3，4）之间导通，同时验证合闸时（1，4）之间导通，分闸时（2，3）之间导通。根据上述分析及需测试的工作内容，小组成员展开头脑风暴，提出两种测试检查方案（表 25），并进行实际试验验证。

表 25　功能测试方案

方案	方法
方案 A	万用表直接测量法
方案 B	专用工具检测法

小组成员对两种功能测试方案进行了实际试验验证，并确定选择方案 B 为功能测试方案，见表 26。

表 26　方案试验验证选择

<table>
<tr><th>方案</th><th>方案试验验证过程</th><th>是否采用</th></tr>
<tr><td>方案A</td><td>

采用万用表进行测试插针之间的导通与断开情况。2019 年 7 月 15 日，小组安排三组人员执行三次功能测试步骤，均可完整执行下去，统计耗时情况见表 27。

表 27　方案 A 测试耗时情况统计

组别	第一组（min）	第二组（min）	第三组（min）
	×××	×××	×××
第一次	28	22	28
第二次	22	27	21
第三次	23	23	25
平均	24. 3	24. 0	24. 7

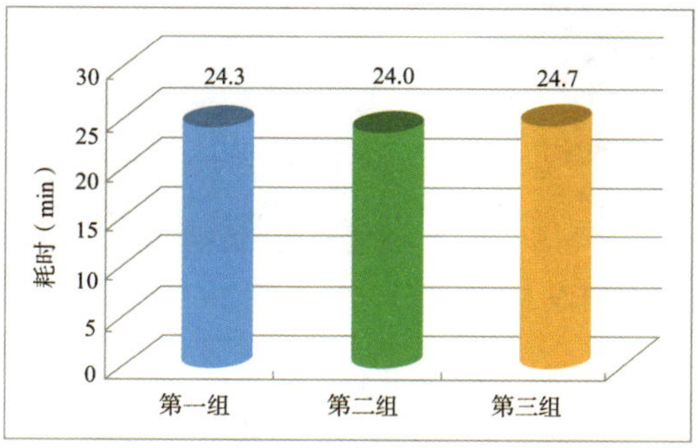

图 33　方案 A 测试耗时统计柱状图

图 34　用万用表进行功能测试

</td><td>不采用</td></tr>
</table>

续 表

<table>
<tr><th>方案</th><th>方案试验验证过程</th><th>是否采用</th></tr>
<tr><td>方案A</td><td>由于调试期间工作任务重，时间紧，现场停送电任务多，大多是工艺需求的紧急工作。如果每次送电前都检测手操器功能，手操器检测耗时长将浪费大量的人力及时间。因此该功能测试方案在实际工作中不可行。</td><td>不采用</td></tr>
<tr><td>方案B</td><td>
经过咨询厂家，目前市场上无手操器专用检测工具，但功能测试主要检查相关接点的导通与断开情况，原理较简单，可制作一个手操器测试盒。小组成员依据测试原理，绘制了电气原理图A版（见图35），并按照图纸采购了元器件，见图36。

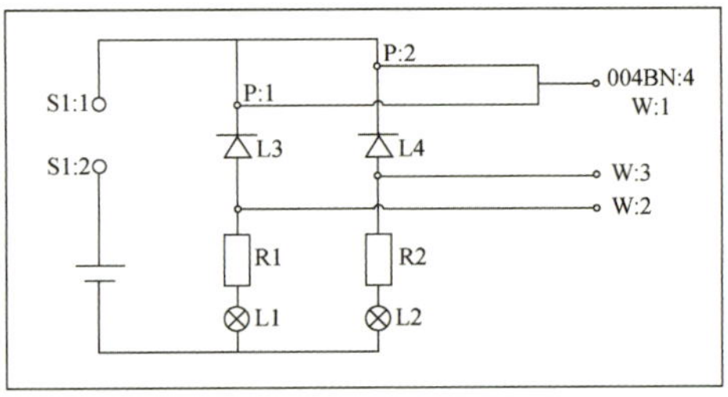

图35 电气原理图

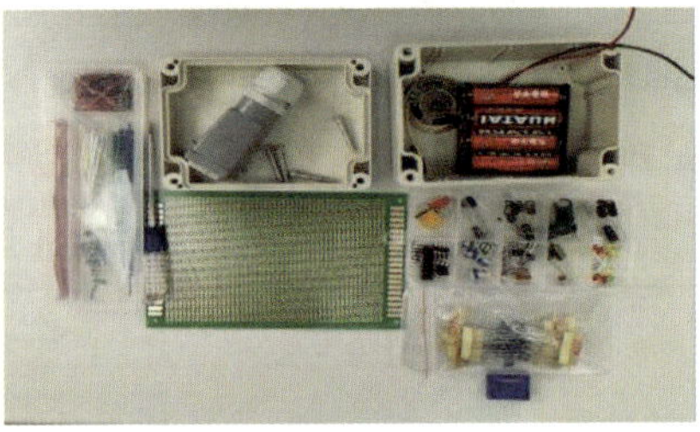

图36 采购的元器件

小组成员按照图纸制作了手操器测试盒，见图37、图38。

图37 测试盒制作

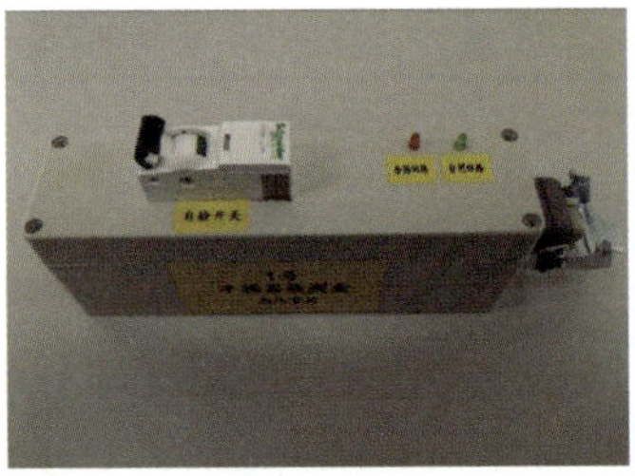

图38 测试盒

2019年7月18日，小组安排三组人员执行三次功能测试步骤，每组三次平均耗时为1.0~1.2 min，耗时较短，满足调试工作需求。因此采用该方案，见表28、图39。

表28 功能测试耗时情况统计表

<table>
<tr><th rowspan="2">组别</th><th>第一组（mim）</th><th>第二组（mim）</th><th>第三组（mim）</th></tr>
<tr><th>×××</th><th>×××</th><th>×××</th></tr>
<tr><td>第一次</td><td>1.0</td><td>0.9</td><td>1.5</td></tr>
<tr><td>第二次</td><td>0.8</td><td>1.2</td><td>0.8</td></tr>
<tr><td>第三次</td><td>1.2</td><td>1.1</td><td>1.2</td></tr>
<tr><td>平均</td><td>1.0</td><td>1.1</td><td>1.2</td></tr>
</table>
</td><td>采用</td></tr>
</table>

续　表

<table>
<tr><th>方案</th><th>方案试验验证过程</th><th>是否采用</th></tr>
<tr><td>方案B</td><td>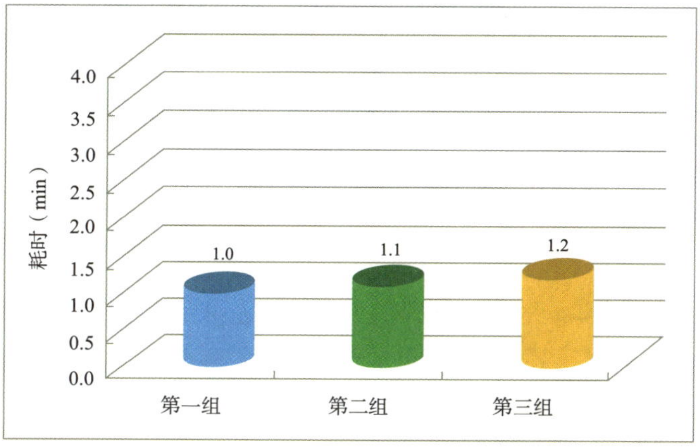

图 39　方案 B 测试耗时统计柱状图</td><td>采用</td></tr>
</table>

8.2.3　根据确定的检测项目及方案编制检测制度

小组成员按照确定的检测项目及方案编制了检测制度《手操器检测与使用程序》A0 版，并经部门领导签字生效。

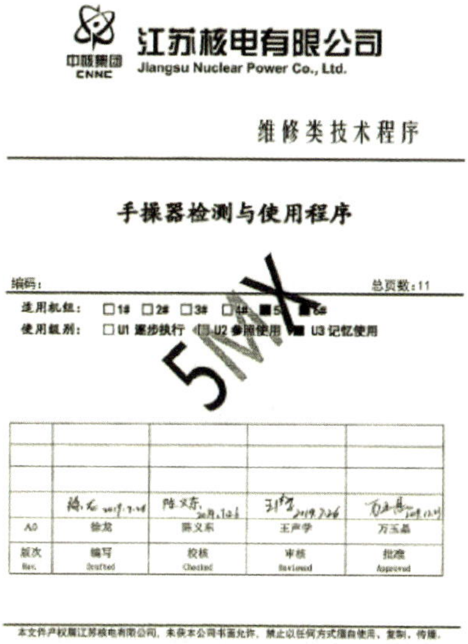

中核集团 CNNC

江苏核电有限公司

Jiangsu Nuclear Power Co., Ltd.

维修类技术程序

手操器检测与使用程序

编码：　　　　总页数：11

适用机组：　□1#　□2#　□3#　□4#　■5#　■6#

使用级别：　□U1 逐步执行　□U2 参照使用　■U3 记忆使用

5MX

A0	徐龙	陈文东	王声学	万玉晶
版次 Rev.	编写 Drafted	校核 Checked	审核 Reviewed	批准 Approved

本文件产权属江苏核电有限公司，未获本公司书面允许，禁止以任何方式擅自使用、复制、传播。

图 40　手操器检测制度

实施效果检查：

2020 年 8 月，小组成员选取 6 个手操器人为设置缺陷，并随机混入剩余的 30 个手操器中。小组依据编制的检测制度，执行检测项目，正确识别出 6 个缺陷手操器，**检测正确率 100%，达到了对策目标，**见图 41。

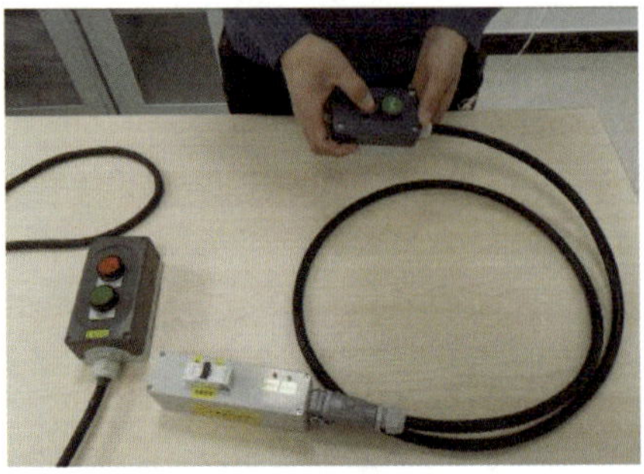

图 41　手操器检测试验

九、效果检查

9.1　目标检查

对策执行完毕后，小组成员按照改进后的要求对实施效果进行验证，2019 年 8 月—2019 年 11 月中压柜停送电情况统计见表 29 和图 42，可以看出，误操作率已降低到 1.2%，达到了目标值。

表 29　对策实施后效果检查表

时间	2019-08	2019-09	2019-10	2019-11	共计
操作次数（次）	61	70	50	66	246
误操作次数（次）	1	1	0	1	3
误操作率	1.6%	1.4%	0%	1.5%	**1.2%**

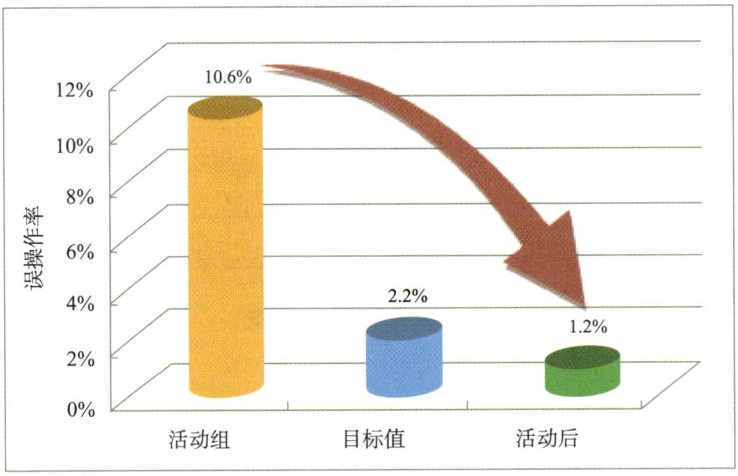

图 42　目标效果检查对比图

9.2 症结检查

2019 年 8 月—2019 年 11 月没有发生接触器柜停送电因步骤错误导致的误操作事件（表 30），因此连接手操器也没有造成误操作，“接触器柜连接手操器误操作次数多”已不是症结。

表 30 中压柜误操作类型情况统计

误操作类型	步骤错误	指令错误	走错间隔	共计
误操作次数（次）	0	2	1	3

十、制定巩固措施

10.1 巩固措施

为了更好地发挥本次课题的作用，巩固本次活动的成果，小组将对策实施过程中有效的措施（表 31）进行巩固，并报部门审批以巩固活动效果。

表 31 巩固措施

序号	巩固措施	文件编码	纳入文件	负责人	完成日期
1	将增大格兰锁紧力要求加入技术规格书	TW-TR-MAT-JSS-2019026（D1 版）	5、6 号机组维修电气专用工具采购技术规格书	×××	2019-12-30
2	检测制度升版并报部门批准	TMB - ME - CX - 2019002（B0 版）	手操器检测与使用程序	×××	2019-12-30

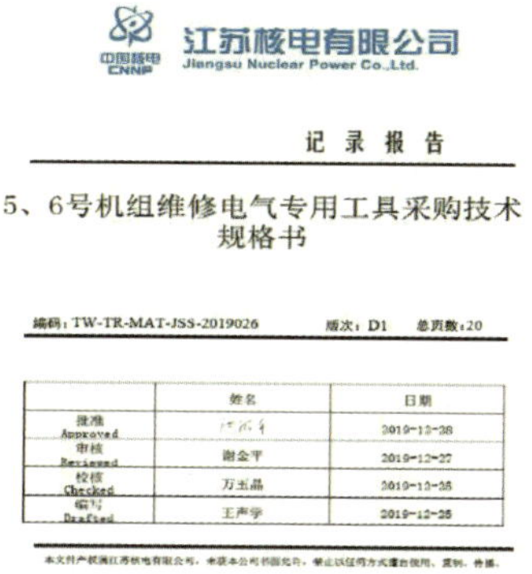
江苏核电有限公司
Jiangsu Nuclear Power Co.,Ltd.

记 录 报 告

5、6号机组维修电气专用工具采购技术规格书

编码：TW-TR-MAT-JSS-2019026 版次：D1 总页数：20

	姓名	日期
批准 Approved		2019-12-28
审核 Reviewed	谢金平	2019-12-27
校核 Checked	万玉晶	2019-12-26
编写 Drafted	王声学	2019-12-26

图 43 《5、6 号机组维修电气专用工具采购技术规格书》（D1 版）

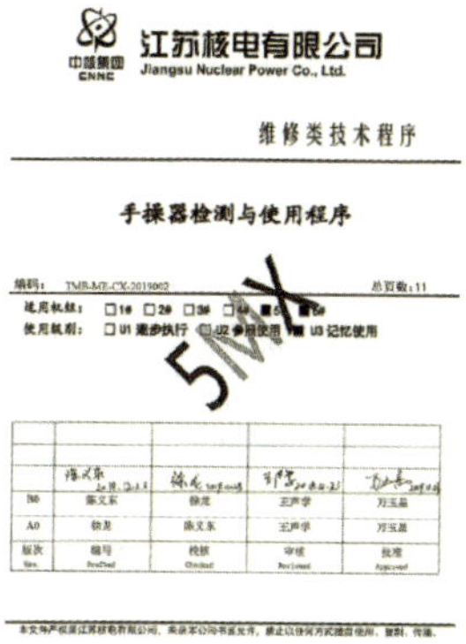
江苏核电有限公司
Jiangsu Nuclear Power Co., Ltd.

维修类技术程序

手操器检测与使用程序

编码：TMB-ME-CX-2019002 总页数：11

适用机组：□1# □2# □3# □4# ■5# ■6#

使用级别：□U1 逐步执行 □U2 参照使用 ■U3 记忆使用

版次 Rev.	编写 Drafted	校核 Checked	审核 Reviewed	批准 Approved
B0	陈文东	徐龙	王声学	万玉晶
A0	徐龙	陈文东	王声学	万玉晶

图 44 《手操器检测与使用程序》（B0 版）

10.2 巩固期效果检查

在2020年1月—2020年3月巩固期内，误操作率统计情况见表32，误操作率为1.1%，因此课题的活动效果是长期有效的。

表32 巩固期内中压柜误操作率统计表

时间	2020-01	2020-02	2020-03	共计
操作次数（次）	126	87	98	380
误操作次数（次）	2	1	1	4
误操作率	1.6%	1.1%	1.0%	1.1%

十一、总结和下一步打算

小组活动遵循PDCA循环，在活动过程中，始终坚持质量第一的观念。从效果检查的结果可以看出，本次QC活动找到了中压柜停送电误操作率高的症结，并确定其主要原因，对策的制定及实施也是行之有效的，活动过程分阶段总结见表33。

表33 小组活动分阶段总结表

阶段	总结
P	小组成员根据部门要求选择了亟待解决的中压柜误操作率高的棘手问题，一方面可以给小组自己压力，另一方面可以提升小组成员分析问题、解决问题的能力。在进行现状调查、原因分析及要因确认等活动时，组长邀请部门内相关专业人员及诊断师参与会议，给出必要的意见或建议。通过邀请组外人员参与旁听会议，激发了小组成员的活跃度，提高了团队精神。
D	通过自己动手实施对策，小组成员动手能力得到了加强，尤其是在制作测试盒时，努力做到精益求精，遇到制作难题时不气馁，增强了大家的工作热情干劲。
C	小组活动效果达到了目标值，巩固期内也效果良好，极大的提升了成员的自信心，工作热情也得到进一步提高。但在该阶段工具方法应用不足，还需要进一步提升。
A	

在此次活动中，小组成员在中压柜停送电方面的专业水平得到了极大提升，从理论知识的掌握到现场实践水平都得到了提高。同时，通过组织开展小组活动并积极参与进来，组长和成员的管理水平也得到了较好的提升，但是成员的管理水平还需要再进一步加强。通过开展QC活动，QC小组运用QC的理论和方法，解决了调试期间中压柜停送电误操作率高的问题，全员综合素质得到了提高。在以后的工作中，小组成员将把此理论和方法运用到处理其他问题中去。小组成员的自我评价情况见表34，绘制成条形图，见图45。

表 34 自我评价表

序号	内容	活动前	活动后
1	团队精神	4	5
2	进取精神	5	5
3	质量意识	4	5
4	QC 工具运用技巧	3	4
5	工作热情干劲	4	5
6	改进意识	4	4

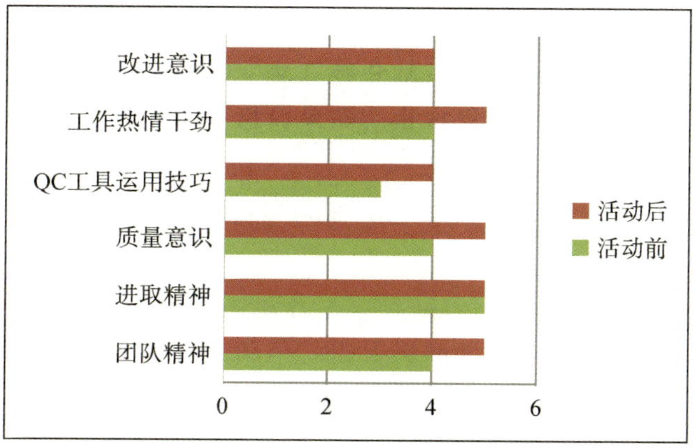

图 45 活动前后小组成员自我评价条形图

从条形图可以看出：

1）在 QC 工具运用技巧上有明显提高。

2）在团队精神、质量意识和工作热情上比活动前有所进步。

3）小组进取精神一直不错，且已保持下来。

4）在改进意识上活动前后都是 4 分，说明小组在这方面还有差距，今后有待提高。

小组下一个活动课题为**《变压器取油样装置的研制》**。

专家点评：漳州能源 杜配配

1. 总体评价

该课题类型为问题解决型，小组成员针对 2018 年 11 月—2019 年 2 月中压柜调试停送电误操作率上升、危机设备及人身安全这一亟需解决的问题，全员参与、群策群力，应用分层法找到问题症结，使用关联图确定要因，通过制定最优对策及实施，成功的将停送电误操作率从活动前的 10.6%降低至活动后的 2.2%，实现了活动目标。

2. 成果亮点

小组注重数据的收集和分析，用数据说话。在现状调查环节，小组通过三次分层调查找出问题症结为“接触器柜连接手操器误操作次数多”；在要因确认环节，采用大量现场测量和试验数据对每个末端因素进行分析对比，如针对末端因素“格兰锁紧力小”，小组对36个手操器的格兰锁紧力进行测量，并分别在接触器柜上进行30次连接试验，通过绘制散步图分析，确定“格兰锁紧力小”为要因；在对策实施二“增加手操器检测项目”实施环节，小组通过对三种方案进行验证对比选择最佳方案。数据充分，逻辑清晰，说服力强。

3. 改进建议

（1）原因分析中“不能识别手操器是否合格”的末端因素描述为“手操器检测项目少”，但在要因五中对有、无检测的手操器进行了试验对比，而没有验证末端因素“手操器检测项目少”对症结的影响程度大小。

（2）要因确认五中，随机组（无检测项目组）从36个手操器中随机选取9个出现8次误操作，此类随机选取的9个手操器中可能存在无缺陷的手操器，而无缺陷的手操器（检测组）试验的误操作次数是0，无法直观反应对比结果。

（3）要因确认六中，在电场强度最大的LHB、最小的LGA和培训柜上分别进行手操器连接试验，没有交代中压接触器柜及手操器的数量，不便于确认试验中手操器操作的次数。

（4）对策实施中表24绝缘测试三种测量法择优中，以人数和测量时间作为依据，直接以表格方式列出人数和测量耗时，没有对每种测量所需人数做出说明，略有不足。

（5）对策实施二的8.2.3根据确定的检测项目及方案编制检测制度。“小组编制了检测制度《手操器检测与使用程序》A0版，并经部门领导签字生效”此内容建设放在制定巩固措施环节。

（6）在9.2章节对症结的改善程度进行检查时，应与现状调查中3.3中接触器柜停送电过程的步骤分析，与最后得出症结的数据内容进行对比，建议以图表形式描述更直观显示活动后症结的改善程度。

课题四

提高边坡混合料喷播一次合格率

一、小组概况

表 1　小组情况表

小组名称	马里奥 QC 小组		组长	林博洋	人数	8
成立日期	2017-09-01		活动时间	2019-09—2020-04		
小组注册号	2017-CMD-02		活动次数	8 次		
课题注册号	2019-CMD-01		人均 TQM	98 学时		
课题名称	提高边坡混合料喷播一次合格率			课题类型	问题解决型	
小组曾获奖励						
2021 年 7 月，获“中核集团优秀 QC 成果”一等奖； 2020 年 12 月，获“全国优秀质量管理小组”奖项； 2020 年 7 月，获“中核集团优秀 QC 成果”一等奖。						
小组成员简介						

序号	姓名	性别	职务	学历	就职单位	小组分工
1	林博洋	男	组长	本科	三门核电	组织策划、成果总结
2	×××	男	组员	本科	三门核电	组织策划、原因分析
3	×××	男	组员	本科	三门核电	资料收集、原因分析
4	×××	女	组员	硕士	三门核电	数据整理，成果总结
5	×××	女	组员	本科	三门核电	数据整理、对策实施
6	×××	男	组员	硕士	三门核电	数据整理、对策实施
7	×××	男	组员	本科	中核咨询	数据整理，现场见证
8	×××	男	组员	本科	河南雅居乐	数据整理，巩固措施

制表人：×××　　　　制表日期：2019-09-01

二、选择课题

2.1 课题背景

三门核电厂规划建设六台 AP1000 核电机组，厂址位于浙江省东部沿海的台州市三门县，坐落在三门县健跳镇猫头山半岛上。根据《三门核电一期工程水土保持方案报告书（批复稿）》要求以及水利部太湖管理局（水管水土函〔2015〕100 号）下发的监督检查意见，需要对三门核电北门进场高开挖边坡、银子岗边坡、南区 35 kV 变电站边坡及厂内隧道进出口洞脸边坡进行复绿。

施工内容为：边坡坡面的清理、混合料喷播、原有广告牌拆除、生命线设置、边坡灌溉系统以及养护管理等相关工作，主要采用导根孔+双层网喷混植生态护坡工艺（其中 35 kV边坡部分区域采用土工格栅+爬藤的形式）。喷混植生结构剖面图及混合料喷播施工工序流程图如图 1 和图 2。

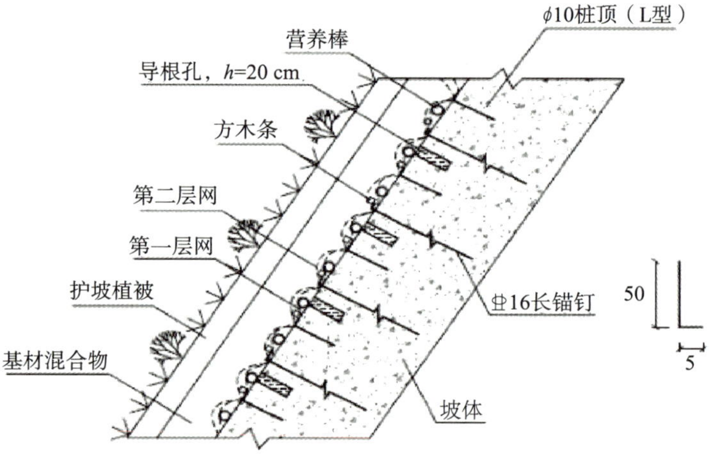

图 1　喷混植生结构剖面图

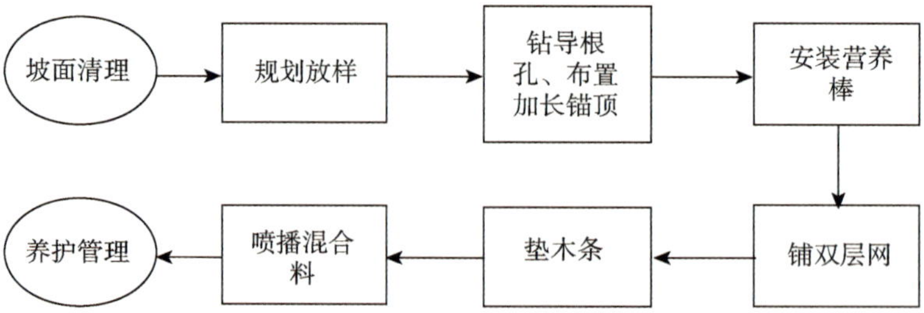

图 2　混合料喷播施工工序流程图

经小组成员统计，混合料喷播是整个边坡绿化过程中难度最高且重要性最大的工作，关乎绿植是否能正常并及时的生长，因此混合料喷播的进度直接制约着整个边坡绿化工程的进展。对于喷射混合料这道工序，不在能对施工或检查造成影响的雨天气时段进行施工或检查。

图 3　三门核电厂区边坡绿化工程照片

2.2　词语解释

混合料喷播：混合料是将过筛腐殖土、肥料、草纤维、黏合剂、种子等按规定范围配合比混合后形成的坡面基质。边坡绿化中，将利用专业喷射工具将混合料喷射至边坡坡面，用于植物生长。喷播工序完成后坡面基质不出现质量问题既视为喷播合格。

双层网：用锚钉固定于边坡上网孔为 5 cm×5 cm，丝径不低于 2 mm 的镀 PVC 菱形铁丝网，其作用为帮助混合料粘于坡面，加强混合料黏结稳定度。每坡面铺钉两层，网间用木条隔开，进一步加强混合料基质在坡面上的稳定性，也便于控制基质厚度。

黏合剂：高分子聚丙乙烯酰胺聚合而成的一种水溶性有机类土壤调理剂，分解物为碳氢氧氮化合物，对环境无害。

坡度：是地表单元陡缓的程度，通常把坡面的垂直高度 h 和水平宽度 l 的比叫作坡度（或叫作坡比）用字母 i 表示，即坡角的正切值，$i=h:l$，坡度越大边坡越陡峭。

坡面钻孔

混合料喷播

坡面挂网

施工双排脚手架搭设

图 4　混合料喷播施工组图

2.3　选题理由

公司对于边坡混合料喷播的一次合格率要求是不得低于95%，2019 年 9 月初现场进行了银子岗边坡混合料喷播工作，在对喷播完成的 800 m²混合料现场验收过程中，发现混合料喷播一次合格率仅为 85%，不能满足公司要求。

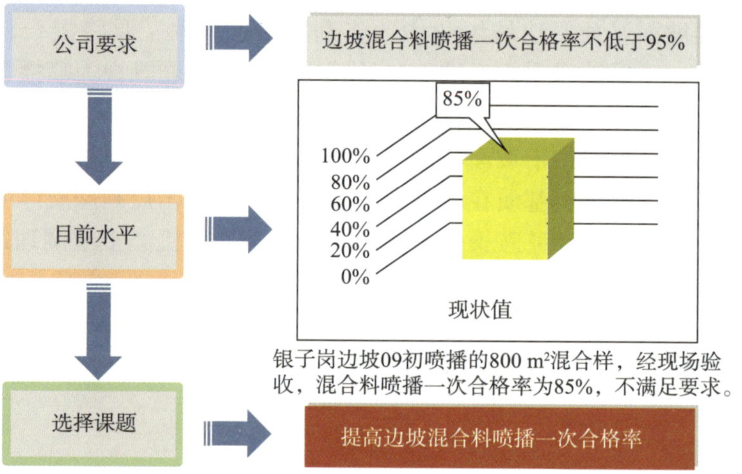

2.4　活动计划

本 QC 小组自成立之后，先后开展了 8 次 QC 小组交流活动，根据 PDCA 原则，制订了详细的小组活动计划表，如下表所示，各阶段都组织小组成员针对当前目标进行讨论学习，每次活动时间不少于 2 h。

表 2　小组活动日程推进计划表

<table>
<tr><th rowspan="2">活动阶段</th><th rowspan="2">活动程序</th><th colspan="2">活动内容与要求</th><th colspan="4">2009年</th><th colspan="2">2020年</th><th rowspan="2">负责人</th></tr>
<tr><th>质量教育</th><th>活动要求</th><th>9月</th><th>10月</th><th>11月</th><th>12月</th><th>1月</th><th>4月</th></tr>
<tr><td rowspan="6">P</td><td>选择课题</td><td rowspan="6">学习《QC小组活动指南》，《QC小组基础教材》，学习了解活动程序及活动方法</td><td rowspan="6">1.资料收集，找出主要问题；
2.根据现状调查情况,设定课题目标;
3.对问题进行原因分析，确定要因；
4.对要因制定对策</td><td>→</td><td></td><td></td><td></td><td></td><td></td><td>×××</td></tr>
<tr><td>设定目标</td><td>→</td><td></td><td></td><td></td><td></td><td></td><td>×××</td></tr>
<tr><td>目标可行性论证</td><td>→</td><td></td><td></td><td></td><td></td><td></td><td>×××</td></tr>
<tr><td>原因分析</td><td>→</td><td></td><td></td><td></td><td></td><td></td><td>×××</td></tr>
<tr><td>确定主要要因</td><td>→</td><td></td><td></td><td></td><td></td><td></td><td>×××</td></tr>
<tr><td>制定对策</td><td>→</td><td></td><td></td><td></td><td></td><td></td><td>×××</td></tr>
<tr><td>D</td><td>对策实施</td><td>学习有关理论知识和规范、规程等</td><td>逐项实施各个对策措施，并对对策的实施效果进行检查</td><td>→</td><td></td><td></td><td></td><td></td><td></td><td>×××</td></tr>
<tr><td>C</td><td>效果检查</td><td>学习先进质量管理小组活动经验</td><td>把对策实施前后的数据进行比较,若达不到目标要求需继续改进</td><td></td><td>→</td><td></td><td></td><td></td><td></td><td>×××</td></tr>
<tr><td rowspan="2">A</td><td>制定巩固措施</td><td rowspan="2">学习QC成果</td><td rowspan="2">1.制定有效落地措施巩固成果，并进行巩固期检查；
2.对活动收获进行总结，并进行下一步打算</td><td></td><td></td><td>→</td><td>→</td><td>→</td><td>→</td><td>×××</td></tr>
<tr><td>总结</td><td></td><td></td><td></td><td></td><td></td><td>→</td><td>×××</td></tr>
</table>

制表人：×××　　　　制表日期：2019-09-10

三、设定目标

根据公司要求，QC 小组把提高边坡混合料喷播一次合格率至 95%作为本次 QC 活动的目标值。

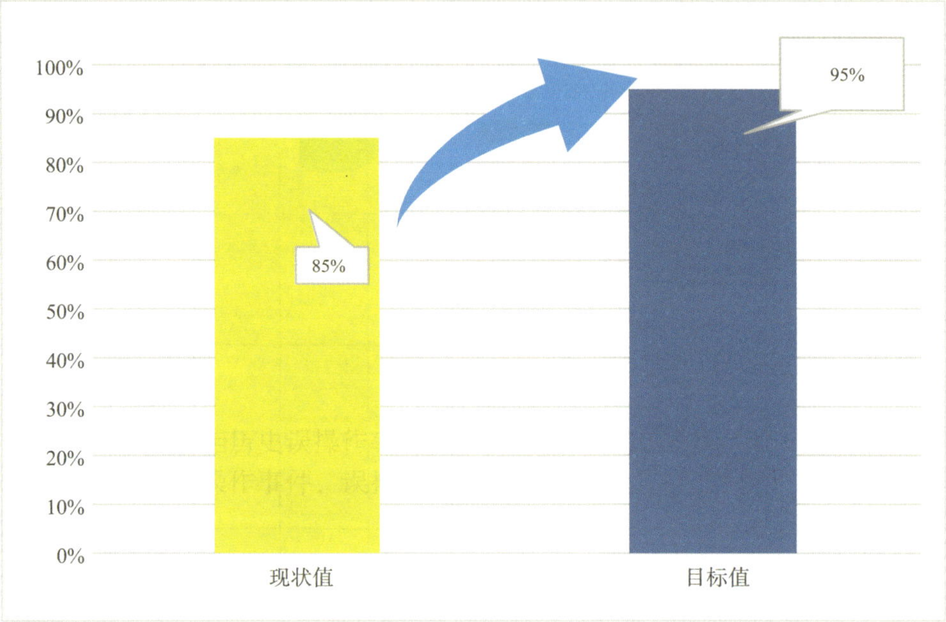

图 5 课题目标图

制图人：×××　　制图日期：2019-09-11

四、目标可行性论证

4.1 目标可行性论证一

银子岗边坡 9 月 1—9 日喷播的 800 m^2混合料，经现场验收，不合格面积 120 m^2，混合料喷播一次合格率为 85%，不满足要求。QC 小组成员按照规范的验收项目，用分层法进行了统计和分析，结果如下：

（1）分层一：根据混合料喷播检查过程不合格项目统计分析结果如表 3 所示。

表 3 混合料喷播不合格项目统计表

序号	项目	面积（m^2）	累计面积（m^2）	累计百分比（%）
1	坡面混合料缺陷	110	110	91.67%
2	导根孔深度浅	4	114	95.00%
3	营养棒固定不牢	3	117	97.50%

续　表

序号	项目	面积（m^2）	累计面积（m^2）	累计百分比（%）
4	双层网间距近	2	119	99.17%
5	其他	1	120	100.00%
	合计	120		

制表人：×××　　　　制表日期：2019-09-12

根据表 3 内容，绘制出排列图，如图 6 所示。

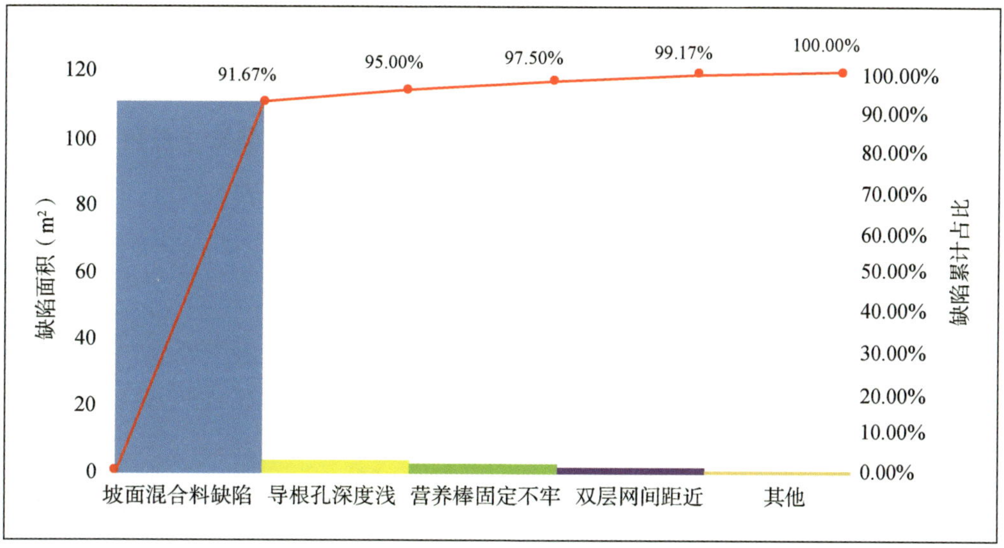

图 6　混合料喷播不合格项目统计排列图

制图人：×××　　　　制图日期：2019-09-12

结论一：坡面混合料缺陷占比明显偏高，达到 91.67%。

（2）分层二：继续对坡面混合料缺陷进行分析，结果如表 4 所示。

表 4　坡面混合料缺陷统计表

序号	项目	面积（m^2）	频率
1	表观缺陷	106	96.36%
2	混合料厚度低	2	1.82%
3	喷播遗漏	2	1.82%

根据表 4 内容，绘制出饼图，如图 7 所示。

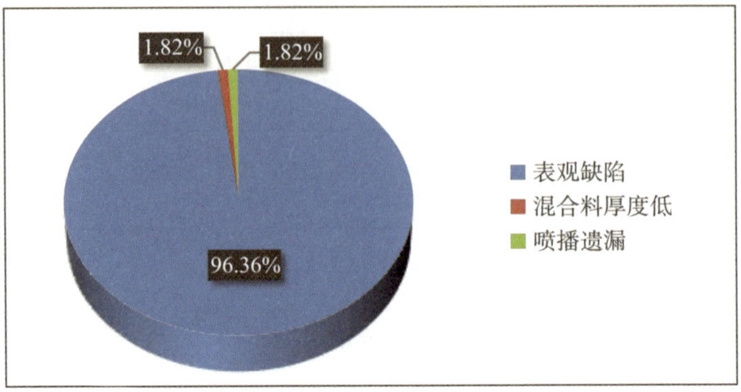

图 7　坡面混合料缺陷统计饼图

制图人：×××　　　　制图日期：2019-09-12

结论二：表观缺陷占比明显偏高，达到 96.36%。

（3）分层三：继续对坡面混合料表观缺陷进行分析，结果如表 5 所示。

表 5　表观缺陷统计表

序号	项目	面积（m^2）	频率
1	混合料脱落	104	98.12%
2	混合料裂口	1	0.94%
3	混合料表面石子多	1	0.94%
	合计	106	100%

制表人：×××　　　　制表日期：2019-09-12

根据表 5 内容，绘制出表观缺陷饼图，如图 8 所示。

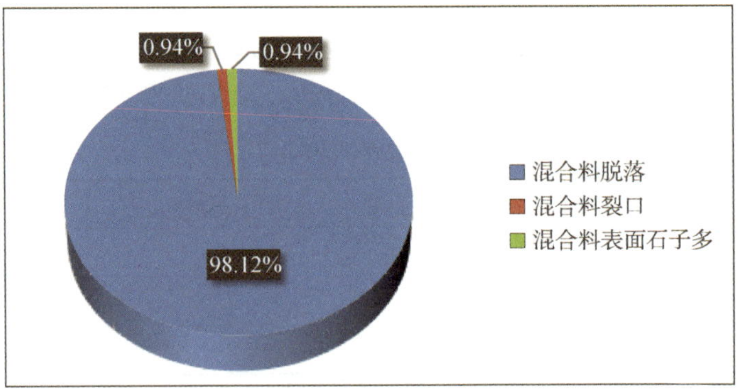

图 8　表观缺陷统计饼图

制图人：×××　　　　制图日期：2019-09-12

结论三：混合料脱落问题占比明显偏高，达到 98.12%。

通过以上分层法可以得出，混合料脱落面积大是造成边坡混合料喷播一次合格率偏低的主要症结，是小组需要解决的主要问题。

4.2　目标可行性论证二

通过调研同行工程–六横电厂、宁海电厂、台二电厂工程边坡混合料喷播一次合格率情况，三家单位边坡混合料喷播一次合格率的平均值能够达到95%。

表6　边坡混合料喷播一次合格率情况

项目名称	边坡混合料喷播一次合格率	边坡混合料喷播一次合格率平均值
六横电厂护堤工程	95.1%	95.1%
宁海电厂护岸工程	94.8%	
台二电厂级渔港工程	95.3%	

制表人：×××　　制表日期：2019-09-14

4.3　目标可行性论证三

经同行调研，同行工程混合料脱落面积大导致的不合格率均可以控制在1%以内。

表7　混合料脱落面积大导致的不合格率情况

项目名称	混合料脱落面积大导致的不合格率
六横电厂护堤工程	0.8%
宁海电厂护岸工程	0.9%
台二电厂级渔港工程	0.8%

制表人：×××　　制表日期：2019-09-14

QC小组成员经讨论和分析，认为本工程播混合料脱落面积大问题可以通过改进技术措施和加强监督管理来改善并达到同行水平。

经计算，混合料脱落面积大导致的不合格率在1%以内，则混合料脱落面积大的问题能达到的解决率：

$$(104-800\times1\%)/104=92.31\%$$

则混合料喷播一次合格率可提升：

$$91.67\%\times(100\%-85\%)\times96.36\%\times98.12\%\times92.31\%=12\%$$

即混合料喷播一次合格率将提高到：

$$85\%+12\%=97\%$$

结论：通过上述三个方面的分析，小组成员认为此次活动目标值设定合理。通过精心策划，严格控制，边坡混合料喷播一次合格率达到95%是可以实现的。

五、原因分析

厂区边坡绿化项目施工过程中，QC 小组成员深入现场对问题进行调查和研究，依据现场收集信息，结合专业知识，小组运用“头脑风暴法”，结合现场实际，从“人、机、料、法、环”等方面进行深入分析讨论，对混合料脱落面积大的可能原因进行分析。经分析，小组成员发现各原因之间存在交叉影响，所以小组运用关联图进行原因分析，绘制出混合料脱落原因关联图，找出了 7 个末端原因。

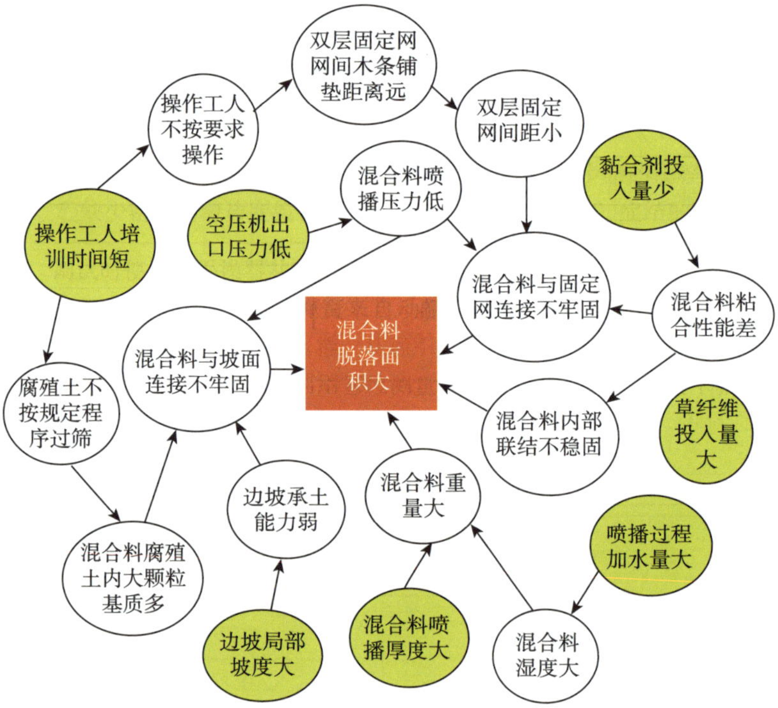

图 9 混合料脱落原因关联图

制图人：××× 制图日期：2019-09-15

六、确定主要原因

QC 小组成员对可能的原因进行要因确认，制定了要因确认计划表，如下所示。

表 8 要因确认计划表

序号	末端因素	确认内容	确认方法	确认依据	确认人	确认时间	确认地点
1	操作工人培训时间短	确认操作工人培训时间 确认操作工人培训时间对症结的影响	调查分析	技能培训时间≥18 h; 技能培训时间短对症结影响程度小。	×××	2019-09-16	现场
2	喷播过程加水量大	确认现场喷播过程加水量 喷播过程加水量对症结的影响程度	调查分析现场测量试验	加水量在 1.9~2.0 L/m^2范围内; 喷播过程加水量大对症结影响程度小。	×××	2019-09-17	现场
3	黏合剂投入量少	确认黏合剂投入量 黏合剂投入量对症结的影响程度	调查分析现场测量试验	每立方米混合料黏合剂投入量在500~550 g之间; 黏合剂投入量少对症结影响程度大。	×××	2019-09-18	现场
4	混合料喷播厚度大	确认混合料喷播量 混合料喷播量对症结的影响程度	调查分析现场测量试验	混合料喷播厚度在 10~12 cm; 混合料喷播量大对症结影响程度小。	×××	2019-09-19	现场
5	边坡局部坡度大	确认边坡坡度 边坡坡度对症结的影响程度	调查分析现场测量试验	边坡局部坡度≥(1∶0.3) 边坡局部坡度大对症结影响程度大。	×××	2019-09-20	现场
6	空压机出口压力低	确认空压机压力设置 空压机出口压力对症结的影响程度	调查分析现场测量试验	空压机出口压力在 1.4~1.45 MPa 范围; 空压机出口压力对症结影响程度小。	×××	2019-09-21	现场
7	草纤维投入量大	确认草纤维投入量 草纤维含量对症结的影响程度	调查分析现场测量试验	每平方米混合料草纤维含量在 2~3 kg 之间; 草纤维投入量大对症结影响程度小。	×××	2019-09-22	现场

制表人:××× 制表日期:2019-09-15

要因确认一

<table>
<tr><td colspan="4">末端因素 1　操作工人培训时间短</td></tr>
<tr><td>确认内容</td><td colspan="3">确认操作工人培训时间
确认操作工人培训时间对症结的影响</td></tr>
<tr><td>确认方法</td><td colspan="3">调查分析</td></tr>
<tr><td>确认依据</td><td colspan="3">操作工人培训时间≥18 h；
操作工人培训时间短对症结影响程度小。</td></tr>
<tr><td>确认人</td><td>×××</td><td>确认时间</td><td>2019-09-16</td></tr>
<tr><td>确认过程</td><td colspan="3">见下文</td></tr>
</table>

1. 情况确认

QC 小组成员俞杏梅统计了 8 月施工人员培训时间，8 月每天施工前进行约 0.2 h（12 min）的培训。

（注：混合料脱落频率=混合料脱落面积/当次试验或当日喷播混合料面积。混合料脱落频率越高则混合料脱落面积越大）

表 9　培训时间和症结缺陷率统计表

培训日期	培训时间	混合料脱落频率
08-01	17	16. 10%
08-02	17. 2	16. 15%
08-03	17. 4	15. 80%
08-06	17. 6	15. 60%
08-07	17. 8	15. 20%
08-08	18	13. 80%
08-12	18. 2	14. 40%
08-13	18. 4	14. 20%
08-14	18. 6	14. 10%
08-16	18. 8	13. 80%
08-17	19	14. 20%
08-18	19. 2	13. 50%
08-19	19. 4	13. 40%
08-20	19. 6	14. 20%
08-21	19. 8	14. 00%
08-22	20	13. 50%
08-23	20. 2	13. 50%
08-24	20. 4	14. 20%
08-25	20. 6	13. 50%
08-27	20. 8	14. 00%
08-28	21	13. 80%
08-29	21. 2	13. 50%
08-30	21. 4	14. 10%
08-31	21. 6	13. 50%

制表人：×××　　　　制表日期：2019-09-16

续　表

<table>
<tr><td colspan="2">末端因素 1　操作工人培训时间短</td></tr>
<tr><td>确认过程</td><td>

图 10　现场培训及检查照片

2. 对症结的影响程度分析

为了确定培训时长对症结的影响程度，小组成员根据表 9 绘制出培训时长与混合料脱落频率的统计图如下：

图 11　培训时长与混合料脱落频率统计图

制图人：×××　　　　制图日期：2019-09-16

调查结论：在技能培训时长不足 18 h 时，技能培训时长对混合料脱落率有明显影响；当技能培训时长超过 18 h 时，技能培训时长对混合料脱落率无明显影响。

现场施工人员技能培训时长均在 18 h 以上，因此对症结影响小。
</td></tr>
<tr><td>确认结果</td><td>操作工人培训时间≥18 h；
操作工人培训时间短对症结的影响程度小。</td></tr>
<tr><td>结论</td><td>操作工人培训时间短是非要因</td></tr>
</table>

要因确认二

<table>
<tr><td colspan="4">末端因素 2　喷播过程加水量大</td></tr>
<tr><td>确认内容</td><td colspan="3">确认现场喷播过程加水量
喷播过程加水量对症结的影响程度</td></tr>
<tr><td>确认方法</td><td colspan="3">调查分析，现场测量，试验</td></tr>
<tr><td>确认依据</td><td colspan="3">加水量在（1.9~2.0）L/m² 范围内；
喷播过程加水量大对症结影响程度小。</td></tr>
<tr><td>确认人</td><td>×××</td><td>确认时间</td><td>2019-09-17</td></tr>
<tr><td>确认过程</td><td colspan="3">见下文</td></tr>
</table>

1. 情况确认

依照设计文件规定，喷播混合料加水标准，以达到既能黏结在岩面上又不致产生流淌为宜，根据该规则，根据现场实际，选择每平方米混合料加水量在 1.9~2.0 L范围。小组检查了相关施工记录，确认施工时确是按照要求执行。

表 10　每平方米混合料加水量记录表

日期	09-01	09-02	09-05	09-06
每平方米混合料加水量（L）	2.0	1.9	1.9	1.9
日期	09-07	09-08	09-09	
每平方米混合料加水量（L）	2.0	2.0	2.0	

制表人：×××　　制表日期：2019-09-17

2. 对症结的影响程度分析

现场为确认不同加水量对混合料脱落的影响程度，按照每平方米混合料加水 1.8 L、1.9 L、2.0 L、2.1 L进行了喷播试验，试验结果如下所示：

表 11　不同加水量混合料喷播试验结果统计表

每平方米混合料加水量（L）	试验面积（m²）	混合料脱落面积（m²）	混合料脱落频率
1.8	30	4	13.33%
1.9	30	3	10.00%
2	30	4	13.33%
2.1	30	4	13.33%

制表人：×××　　制表日期：2019-09-17

续　表

末端因素 2　喷播过程加水量大	
确认过程	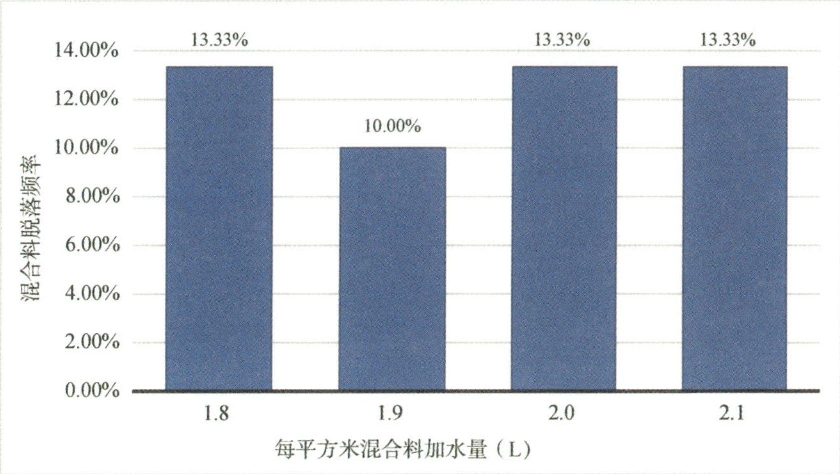 图 12　不同加水量混合料喷播试验结果统计图 制图人：×××　　制图日期：2019-09-17 **试验结论：**由试验结果可以看出，加水量在 1.8~2.1 L 范围内，不同加水量导致混合料脱落面积无明显差别，而现场实际加水量在这范围之内，所以该因素对混合料脱落影响程度小。  图 13　喷播试验及检查照片
确认结果	加水量在（1.9~2.0）L/m^2； 喷播过程加水量大对症结影响程度小。
结论	**喷播过程加水量大是非要因**

要因确认三

末端因素 3　黏合剂投入量少	
确认内容	确认黏合剂投入量 黏合剂投入量对症结的影响程度
确认方法	调查分析，现场测量，试验

续 表

<table>
<tr><td colspan="5">末端因素 3　黏合剂投入量少</td></tr>
<tr><td>确认依据</td><td colspan="4">每立方米混合料黏合剂投入量在 500~550 g 之间；
黏合剂投入量少对症结影响程度大。</td></tr>
<tr><td>确认人</td><td>×××</td><td>确认时间</td><td colspan="2">2019-09-18</td></tr>
<tr><td>确认过程</td><td colspan="4">见下文</td></tr>
</table>

1. 情况确认

依照设计文件规定，每立方米混合料中投入黏合剂含量在 420~700 g（可调），QC 小组成员王静经现场调查，确认现场每立方米混合料中黏合剂投入量在 500~550 g 之间。

表 12　每立方米混合料中黏合剂投入量记录表

日期	09-01	09-02	09-05	09-06
每立方米混合料加黏合剂量（g）	520	550	540	550
日期	09-07	09-08	09-09	
每立方米混合料加黏合剂量（g）	550	550	550	

制表人：×××　　制表日期：2019-09-18

2. 对症结的影响程度分析

现场为确认不同黏合剂投入量对混合料脱落的影响程度，按照每立方米混合料中黏合剂 420 g、550 g、620 g、700 g、800 g 的添加量进行了混合料喷播试验，试验结果如下所示：

表 13　不同黏合剂投入量混合料喷播试验结果统计表

每立方米混合料黏合剂投入量（g）	试验面积（m^2）	混合料脱落面积（m^2）	混合料脱落频率
420	25	5	20.00%
550	25	4	16.00%
620	25	3	12.00%
700	25	1	4.00%
800	25	1	4.00%

制表人：×××　　制表日期：2019-09-18

续 表

末端因素 3 黏合剂投入量少	
确认过程	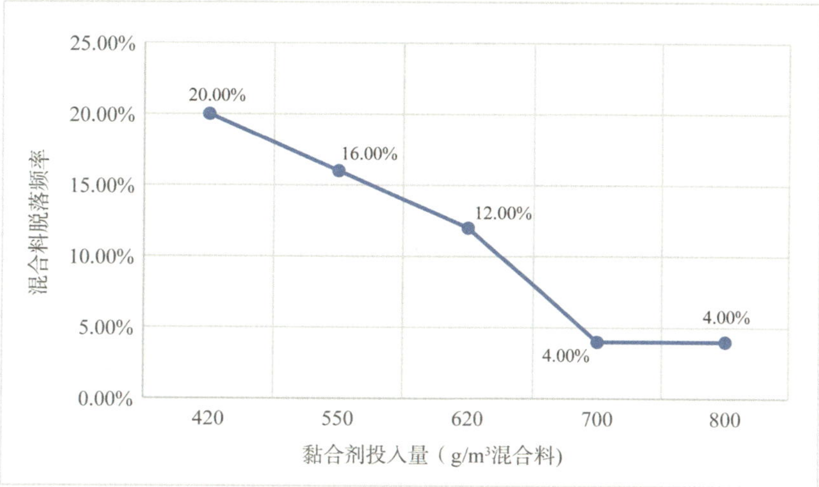 图 14 不同黏合剂投入量混合料喷播试验结果统计图 制图人：××× 制图日期：2019-09-18 **试验结论：**由试验结果可以看出，不同黏合剂投入量对混合料脱落频率存在明显影响，黏合剂投入少对混合料脱落影响程度大。  图 15 现场检查及试验照片
确认结果	每立方米混合料中黏合剂含量投入量在 500~550 g 之间； 黏合剂投入量对症结影响程度大。
结论	黏合剂投入量少是要因

要因确认四

末端因素 4 混合料喷播厚度大	
确认内容	确认混合料喷播厚度 混合料喷播厚度对症结的影响程度

续 表

<table>
<tr><td colspan="4">末端因素 4　混合料喷播厚度大</td></tr>
<tr><td>确认方法</td><td colspan="3">调查分析，现场测量，试验</td></tr>
<tr><td>确认依据</td><td colspan="3">混合料喷播厚度在 10～12 cm；
混合料喷播厚度大对症结影响程度小。</td></tr>
<tr><td>确认人</td><td>×××</td><td>确认时间</td><td>2019-09-19</td></tr>
<tr><td>确认过程</td><td colspan="3">见下文</td></tr>
</table>

1. 情况确认

根据设计要求，混合料喷播厚度要保持在 10～12 cm 间，QC 小组成员丁广宇现场对 100 m^2 的已喷播完成的混合料按 2 m×2 m 划分 25 等分进行抽查其厚度，确认混合料喷播厚度均在 10～12 cm 范围内，统计结果如下所示。

表 14　混合料厚度统计表

2 m×2 m 区域数量	项目	设计混合料喷播厚度	实测混合料喷播厚度（cm）								
50	混合料喷播厚度	10～12 cm	10	12	10	10	12	11	12	12	12
			11	11	12	12	12	12	11	10	11
			12	11	12	12	11	12	12		

制表人：×××　　制表日期：2019-09-19

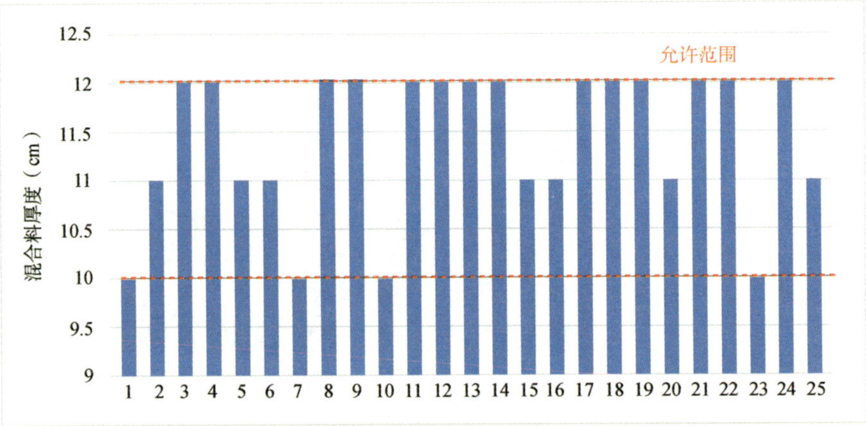

图 16　混合料厚度统计图

制图人：×××　　制图日期：2019-09-19

图 17　现场检查照片

续　表

末端因素 4　混合料喷播厚度大

确认过程

2. 对症结的影响程度分析

为确认混合料喷播厚度对混合料脱落的影响程度，现场进行了喷播试验，小组统计了不同混合料厚度下混合料脱落情况，结果如下所示：

表 15　不同混合料厚度混合料脱落缺陷统计表

混合料喷播厚度（cm）	检查数量（m^2）	混合料脱落面积（m^2）	混合料脱落频率
9	30	3	10.00%
10	30	3	10.00%
11	30	3	10.00%
12	30	4	13.33%
13	30	3	10.00%

制表人：×××　　　　制表日期：2019-09-19

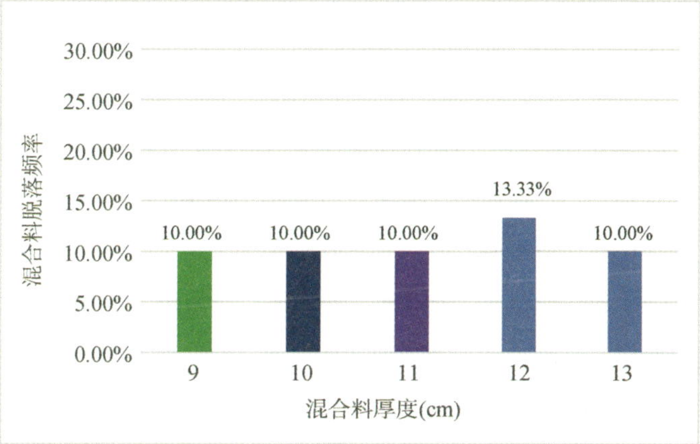

图 18　不同混合料厚度混合料脱落缺陷统计图

制图人：×××　　　　制图日期：2019-09-19

试验结论：由试验结果可以看出，在混合料喷播厚度在 10~12 cm 的范围内，不同厚度导致混合料脱落比例无明显差别，混合料喷播厚度对混合料脱落影响程度小。

确认结果

混合料喷播厚度在 10~12 cm；
混合料喷播厚度大对症结影响程度小。

结论

混合料喷播厚度大是非要因

要因确认五

<table>
<tr><td colspan="4">末端因素 5　边坡局部坡度大</td></tr>
<tr><td>确认内容</td><td colspan="3">确认边坡坡度
边坡坡度对症结的影响程度</td></tr>
<tr><td>确认方法</td><td colspan="3">调查分析，现场测量，试验</td></tr>
<tr><td>确认依据</td><td colspan="3">边坡局部坡度≥（1∶0.3）；
边坡局部坡度大对症结影响程度大。</td></tr>
<tr><td>确认人</td><td>×××</td><td>确认时间</td><td>2019-09-20</td></tr>
<tr><td>确认过程</td><td colspan="3">

1. 情况确认

根据设计资料，进行混合料喷播的坡面坡度在 1∶（0.6±0.05），QC 小组成员潘海天现场对 200 m^2的尚未喷播的坡面进行坡度检查，确认坡度在范围内（1∶0.6）~（1∶0.2）之间，统计结果如下所示：

表 16　边坡坡度统计表

边坡坡度	实际面积（m^2）	占检查区域比例
1∶0.6	83	41.50%
1∶0.5	53	26.50%
1∶0.4	31	15.50%
1∶0.3	25	12.50%
1∶0.2	8	4.00%

制表人：×××　　制表日期：2019-09-20

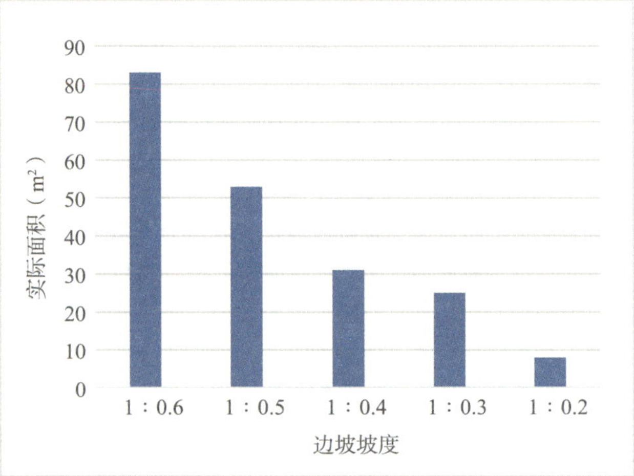

图 19　不同坡度面积结果统计图

制图人：×××　　制图日期：2019-09-20
</td></tr>
</table>

续 表

末端因素 5 边坡局部坡度大

确认过程

2. 对症结的影响程度分析

为确认边坡坡度对混合料脱落的影响程度，小组成员潘海天统计了不同坡度下混合料脱落情况，结果如下所示：

表 17 不同坡度下混合料脱落率统计表

边坡坡度	检查面积（m^2）	混合料脱落面积（m^2）	混合料脱落频率
1：0.6	15	1	6.67%
1：0.5	15	2	13.33%
1：0.4	15	2	13.33%
1：0.3	15	6	40.00%
1：0.2	15	12	80.00%

制表人：×××　　　　制表日期：2019-09-20

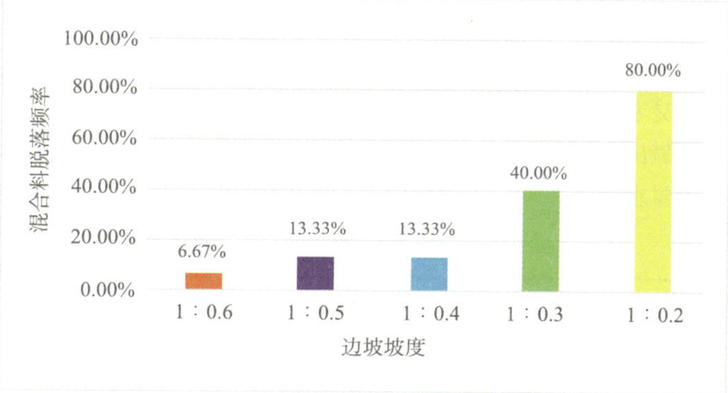

图 20 不同坡度下混合料脱落频率统计图

制图人：×××　　　　制图日期：2019-09-20

试验结论：由试验结果可以看出，坡度在（1：0.6）~（1：0.4）时混合料脱落频率差距不大，但局部坡度上升到（1：0.3）之后，混合料脱落频率很高，可以看出边坡局部坡度大对混合料脱落频率影响程度大。

图 21 现场试验及检查照片

确认结果

边坡局部坡度≥（1：0.3）；
边坡局部坡度大对症结影响程度大。

续 表

末端因素 5　边坡局部坡度大	
结论	边坡局部坡度大是要因

要因确认六

<table>
<tr><td colspan="4">末端因素 6　空压机出口压力低</td></tr>
<tr><td>确认内容</td><td colspan="3">确认空压机压力设置
空压机出口压力对症结的影响程度</td></tr>
<tr><td>确认方法</td><td colspan="3">调查分析，现场测量，试验</td></tr>
<tr><td>确认依据</td><td colspan="3">空压机出口压力在 1.4~1.45 MPa 范围；
空压机出口压力低对症结影响程度小。</td></tr>
<tr><td>确认人</td><td>×××</td><td>确认时间</td><td>2019-09-21</td></tr>
<tr><td>确认过程</td><td colspan="3">

1. 情况确认

依照设计文件规定，混合料喷播空压机出口压力标准，以达到既能黏结在岩面上又不致产生流淌、过度迸溅为宜，依据该规则，根据现场实际，调节空压机出力，保障出口压力在 1.4~1.45 MPa 范围。小组检查了相关施工记录，确认施工时确是按照要求执行。

表 18　空压机出口压力记录表

日期	09-01	09-02	09-05	09-06
空压机出口压力（MPa）	1.45	1.4	1.4	1.45
日期	09-07	09-08	09-09	
空压机出口压力（MPa）	1.45	1.45	1.45	

制表人：×××　　制表日期：2019-09-21

2. 对症结的影响程度分析

现场为确认不同出口压力对混合料脱落的影响程度，按照出口压力 1.35 MPa、1.4 MPa、1.45 MPa、1.5 MPa 进行了喷播试验，结果如下所示：

表 19　不同出口压力混合料喷播试验结果统计表

空压机出口压力（MPa）	试验面积（m^2）	不合格面积（m^2）	混合料脱落面积（m^2）	混合料脱落频率
1.35	30	4	3	10.00%
1.4	30	4	4	13.33%
1.45	30	5	4	13.33%
1.5	30	4	3	10.00%

制表人：×××　　制表日期：2019-09-21

</td></tr>
</table>

续 表

末端因素 6	空压机出口压力低
确认过程	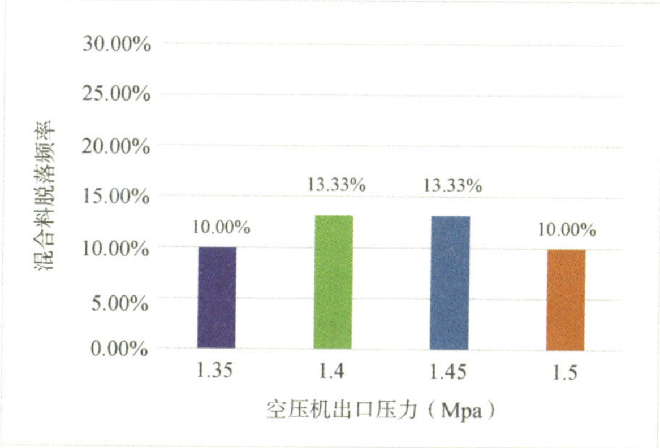 **图 22 不同出口压力混合料喷播试验结果统计图** 制图人：××× 制图日期：2019-09-21 **试验结论：**由试验结果可以看出，空压机出口压力在 1.35～1.5 MPa 范围内，不同出口压力导致混合料脱落不合格比例无明显差别，现场实际空压机出口压力在这范围之内，所以该因素对混合料脱落影响程度小。  **图 23 现场试验及检查照片**
确认结果	空压机出口压力在 1.4～1.45 MPa 范围； 空压机出口压力低对症结影响程度小。
结论	**空压机出口压力低是非要因**

要因确认七

末端因素 7	草纤维投入量大
确认内容	确认草纤维投入量 草纤维含量对症结的影响程度
确认方法	调查分析，现场测量，试验
确认依据	每平方米混合料草纤维含量在 2～3 kg 之间； 草纤维投入量大对症结影响程度小。

续　表

末端因素 7　草纤维投入量大			
确认人	×××	确认时间	2019-09-22

确认过程

1. 情况确认

依照设计文件规定，每平方米混合料中加入草纤维 2 kg，QC 小组成员林博洋经现场调查，确认现场每平方米混合料中草纤维投入量在 2.0~3.0 kg 之间，较设计要求投入量更多。小组检查了相关施工记录，确认施工时确是按照要求执行。

表 20　每平方米混合料中草纤维投入量记录表

日期	09-01	09-02	09-05	09-06
每平方米混合料加草纤维量（kg）	2.6	3	3	2.5
日期	09-07	09-08	09-09	
每平方米混合料加草纤维量（kg）	3	2.5	3	

制表人：×××　　制表日期：2019-09-22

2. 对症结的影响程度分析

现场为确认不同草纤维含量对混合料脱落的影响程度，按照每平方米混合料中草纤维 2.0 kg、2.4 kg、2.8 kg、3.0 kg、3.2 kg 的添加量进行了混合料喷播试验，试验结果如下所示：

表 21　不同草纤维含量混合料喷播试验结果统计表

每平方米混合料草纤维含量（kg）	试验面积（m^2）	不合格面积（m^2）	混合料脱落面积（m^2）	混合料脱落频率
2.0	30	4	3	10.00%
2.4	30	4	3	10.00%
2.8	30	5	4	13.33%
3.0	30	5	3	10.00%
3.2	30	6	4	13.33%

制表人：×××　　制表日期：2019-09-22

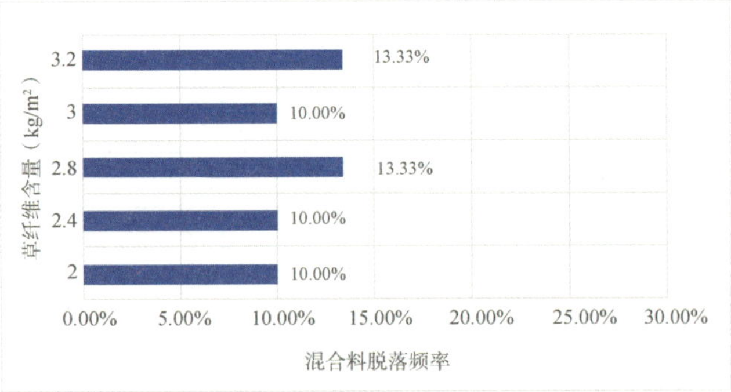

图 24　不同草纤维含量下混合料脱落频统计图

制图人：×××　　制图日期：2019-09-22

续 表

末端因素 7 草纤维投入量大	
确认过程	**试验结论：**由试验结果可以看出，每平方米混合料中草纤维投入量在 2.0~3.2 kg 范围内，不同草纤维投入量导致混合料脱落不合格比例无明显差别，现场实际用量也在该范围内，草纤维投入量对混合料脱落影响程度小。  图 25 现场试验及草纤维照片
确认结果	每平方米混合料草纤维含量在 2~3 kg 之间； 草纤维投入量大对症结影响程度小。
结论	**草纤维投入量大是非要因**

综上所示，经 QC 小组成员分析确认，影响边坡混合料喷播产生混合料脱落问题的主要原因如下：

表 22 主要原因表

主要原因	1. 黏合剂投入量少
	2. 边坡局部坡度大

制表人：×××　　　　制表日期：2019-09-22

七、制定对策

为制定出最经济有效的对策，结合现场混合料喷播试验的数据，QC 小组成员专门召开了专题会议，小组成员运用各自的技术、知识和经验，利用“头脑风暴法”，采用 5WIH 的原则制定了可选择的对策，对每条要因应采取的对策从可实施性、有效性、经济性和可靠性方面进行讨论和分析，同时结合现场的实际情况进行综合可行性分析和优选，最终运用对策表制定了相应的对策。

小组对两大要因进行对策制定选择如下表：

要因一：黏合剂投入量少

表 23　要因一对策方案

对策方案	
方案描述	提高现有黏合剂投入量，达到每立方米混合料中含黏合剂不少于 700 g。
可实施性	已通过审批进厂的黏合剂在增加用量后，仍然满足实际需求，不额外增加工期。
有效性	可以较有效减少黏合剂投入量少的问题。
经济性	不增加施工合同成本。
可靠性	通过上阶段试验可知每立方米混合料中含黏合剂不少于 700 g 时可以可靠地降低混合料脱落频率。
是否选择	是

制表人：×××　　制表日期：2019-09-23

要因二：边坡局部坡度大

表 24　要因二对策方案选择表

对策方案	预选方案对策 1	预选方案对策 2
方案描述	利用混凝土对坡度大于等于（1∶0.3）的边坡进行角度调整，降低其坡度。	在对坡度大于等于（1∶0.3）的边坡上的双层网间加设木板挡翼，用以间接降低边坡坡度，同时可以加强局部陡坡的混合料承托能力。
可实施性	部分问题坡面位置较高，混凝土运送不便，且耗量较大，可实施性较差。	木板材料现场已具备，实施简单，可操作性强。
有效性	可以直接有效减少边坡局部坡度大的问题。	可以间接降低局部边坡坡度，并且有效解决因边坡局部坡度大导致其混合料承托能力弱的问题。外部单位经验中有成功案例。
经济性	增加施工成本约 100 000 元。	增加施工成本约 3000 元。
可靠性	可以较可靠的解决边坡局部坡度大的问题。	可以较可靠的解决边坡局部坡度大的问题。
是否选择	否	是

制表人：×××　　制表日期：2019-09-23

为确定最合适的木板挡翼尺寸，小组进行了分析：考虑现有坡面已经挂有营养棒，双网间也已经挂有隔网木条（木条尺寸及布置方式为：长 50 cm×宽 3 cm×厚 3 cm；纵向间距 150 cm，横向间距 100 cm），根据现场实际条件及外部施工经验，确定木板长度为 90 cm，厚度 1 cm，布置方式为纵向间距（150±5）cm，横向间距（50±5）cm，位置要与内网下的营养棒交叉布置。

在木板挡翼的宽度选择上，由于边坡混合料厚为 10～12 cm，考虑到边坡挂网的厚度以及模板在喷播完成后不可以显现的原则，木板宽度最多不可以超过 10 cm，现场选择

5 cm、7 cm、10 cm 三种类型木板分别在坡度为（1∶0.3）、（1∶0.2）的边坡进行试验，结果如下表所示：

表 25　不同宽度木板安装在坡度为（1∶0.3）的边坡后混合料脱落频率统计表

木板挡翼宽度（cm）	检查面积（m^2）	混合料脱落面积（m^2）	混合料脱落频率
5	15	3	20.00%
7	15	3	20.00%
10	15	1	6.67%

制表人：×××　　　　制表日期：2019-09-24

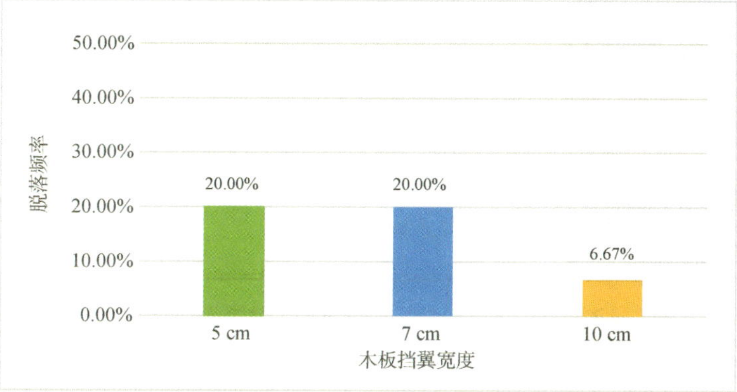

图 26　不同宽度木板安装在坡度为（1∶0.3）的边坡后混合料脱落频率统计图

制图人：×××　　　　制图日期：2019-09-24

表 26　不同宽度木板安装在坡度为（1∶0.2）的边坡后混合料脱落频率统计表

木板挡翼宽度（cm）	检查面积（m^2）	混合料脱落面积（m^2）	混合料脱落频率
5	15	5	33.33%
7	15	4	26.67%
10	15	3	20.00%

制表人：×××　　　　制表日期：2019-09-24

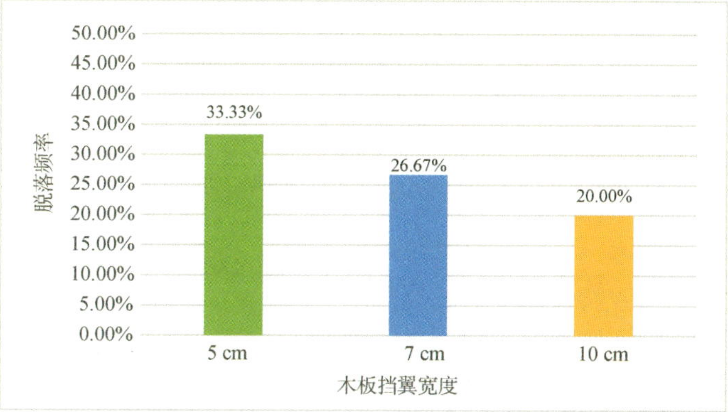

图 27　不同宽度木板安装在坡度为（1∶0.2）的边坡后混合料脱落频率统计图

制图人：×××　　　　制表日期：2019-09-24

小组根据以上试验可知，在加设木板挡翼后，坡度大于等于（1∶0.3）的坡面的混合料脱落频率较未设置木板时大大减小。

小组进一步比对分析；由表 25 及表 26 可知木板宽度在 10 cm 时，混合料脱落频率最小且效果远好于其他两种形式，依此，小组最终选择木板挡翼宽度为 10 cm。

最终确定在坡度大于等于（1∶0.3）的边坡加设木板挡翼长宽厚尺寸为：（90 cm×10 cm×1 cm），布置方式为纵向间距（150±5）cm，横向间距（50±5）cm，位置要与内网下的营养棒交叉布置。加设木板挡翼后，局部坡度将降低，坡面坡度将小于等于（1∶0.3）。

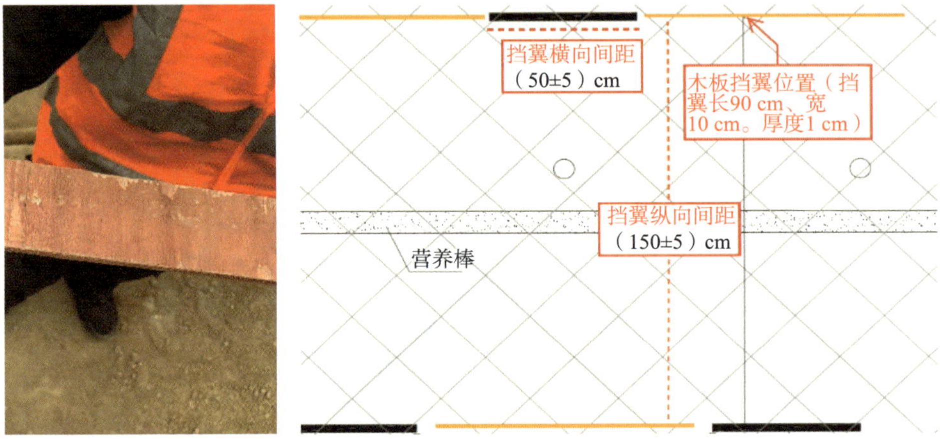

图 28　木板挡翼实物图和布置示意

小组制定对策表如下：

表 27　对策措施表

要因	对策	目标	措施	责任人	地点	完成时间
黏合剂投入量少	提高黏合剂用量	每立方米混合料中含黏合剂不少于 700 g。	1. 对黏合剂报验材料进行复查，确保黏合剂质量达标，并且在有效期内； 2. 计算在实际投入黏合剂时的用量； 3. 配料过程中安排小组成员旁站监督，保证现场严格按照设定剂量配置混合料。	×××	现场	2019-09-30

续　表

要因	对策	目标	措施	责任人	地点	完成时间
边坡局部坡度大	加设木板挡翼，减少坡面局部坡度	坡面局部坡度小于（1∶0.3）。	1. 定位局部坡度大于等于（1∶0.3）的坡面，按纵向间距（150±5）cm，横向间距（50±5）cm，位置要与内网下的营养棒交叉布置选定布置木板挡翼位置，并做好明显的标识，重新进行交底； 2. 预制木板过程中安排小组成员旁站监督，严格按照长度 90 cm，宽度 10 cm，厚度 1 cm 制作木板挡翼； 3. 安装过程中安排小组成员旁站监督，保证现场严格按照设定位置施工，木板的放置方式为用塑料扎带将其固定在双层网间。	×××	现场	2019-09-30

制表人：×××　　　　制表日期：2019-09-23

八、对策实施

8.1　对策实施一

提高黏合剂用量	
实施目标	每立方米混合料中含黏合剂不少于 700 g
实施过程	1. 小组成员对黏合剂报验材料进行复查，确保黏合剂质量达标，并且在有效期内； 2. 小组成员按照现场实际，计算黏合剂调配：现场利用铲车挖腐殖土运送至制料场地，每铲斗松散腐殖土体积约为 0.6 m^3，制成松散混合料 0.6 m^3，将其喷至喷薄面，由于压力原因，将形成 0.3 m^3混合料层面，依照计划对策，坡面上每立方米混合料中含黏合剂不少于 700 g，依此可推算，每 0.6 m^3松散腐殖土加入不少于 210 g 可达到对策标准。 3. 小组成员在混合料筛滤制作场地进行实地旁站监督，保证现场严格按照每立方米松散混合料中含黏合剂不少于 210 g 剂量配置混合料。  图 29　对策一措施现场落实照片

续　表

提高黏合剂用量	
实施目标检查	现场对每铲斗松散腐殖土添加黏合剂用量进行抽查并换算、记录，结果如下表所示。

表 28　现场黏合剂添加情况抽查记录统计表

日期	每立方米混合料添加黏合剂用量（g）									
09-24	703	700	710	700	700	700	700	707	700	700
09-25	700	707	710	713	700	700	700	703	700	703
09-26	700	703	700	700	700	700	700	707	700	703
09-27	707	700	700	707	703	707	700	700	703	700
09-28	703	700	710	700	700	700	703	700	700	700
09-29	700	707	700	703	707	710	700	700	700	700
09-30	700	700	700	700	700	703	700	700	700	703

制表人：××× 　　　　制表日期：2019-09-30

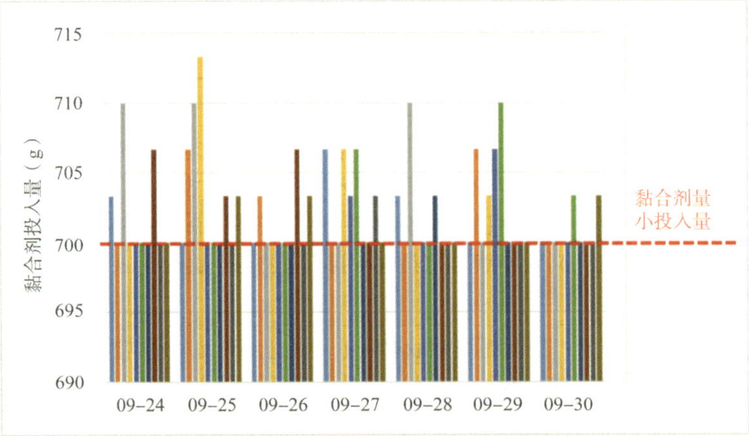

图 30　现场黏合剂添加情况抽查记录统计图

制图人：××× 　　　　制图日期：2019-09-30

通过连续巡查和现场抽检，每立方米混合料添加黏合剂用量不少于 700 g，对策目标实现。

对策目标实现了！

实施负责人	×××	效果检查人	×××
实施日期	2019-09	检查日期	2019-09

8.2 对策实施二

加设木板挡翼	
实施目标	坡面局部坡度小于（1∶0.3）

实施过程

1. 小组成员定位局部坡度大于等于（1∶0.3）的坡面，现场监督施工人员按木板纵向间距（150±5）cm、横向间距（50±5）cm，位置要与内网下的营养棒交叉布置要求，将选定位置处做好明显的标识，统计木板需求量。
2. 预制木板过程中安排小组成员旁站监督，严格按照厚度 1 cm，宽度 10 cm，长度 90 cm 制作木板，首批按一个月边坡施工用量制作共 160 块。
3. 安装过程中安排小组成员旁站监督，保证现场严格按照设定位置及方式施工，木板的放置方式为用塑料扎带将其固定在双层网间，宽面垂直于边坡。
4. 每日布置完成木板挡翼随即开始喷播混合料作业，完成当日喷播作业后，小组抽查在“过程 1”中定位过的坡度大于等于（1∶0.3）的坡面，检查局部坡度是否已经达到目标值。

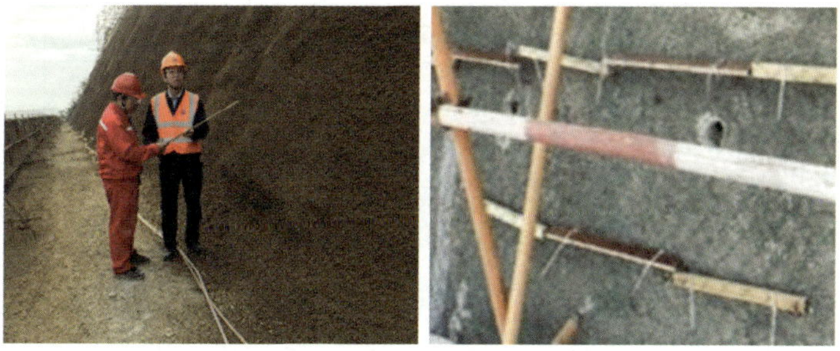

图 31　对策二措施现场落实照片

实施目标检查

现场对木板安装数量进行检查，结果如下表所示。

表 29　木板挡翼安装结果统计表

日期	计划安装完成（块）	实际安装完成（块）
09-26	30 块	30 块
09-27	30 块	30 块
09-28	30 块	30 块
09-29	30 块	30 块
09-30	40 块	40 块

制表人：×××　　　　制表日期：2019-09-30

续 表

加设木板挡翼

实施目标检查

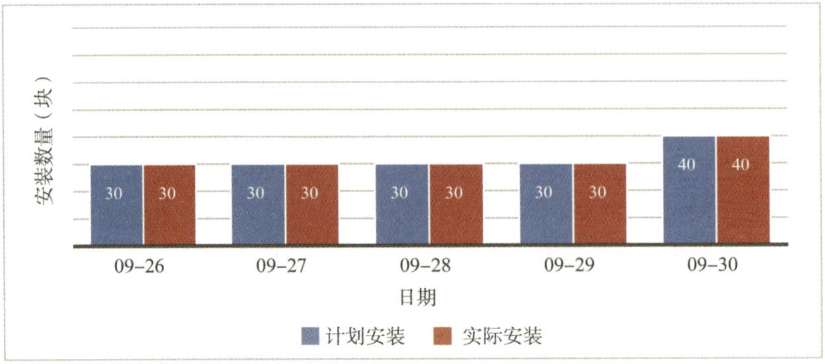

图 32　木板挡翼安装结果统计图

制图人：×××　　　　制图日期：2019-09-30

小组每日抽查 10 组木板挡翼的纵向、横向间距，结果如下表所示：

表 30　木板挡翼纵向间距检查结果统计表

	09-26	09-27	09-28	09-29	09-30
纵向间距（cm）	150	151	147	150	150
	152	153	152	150	150
	150	150	149	148	149
	149	149	150	150	152
	150	150	154	148	150
	148	148	150	149	148
	150	150	148	150	150
	153	153	149	153	150
	145	145	150	152	149
	149	149	150	150	150

制表人：×××　　　　制表日期：2019-09-30

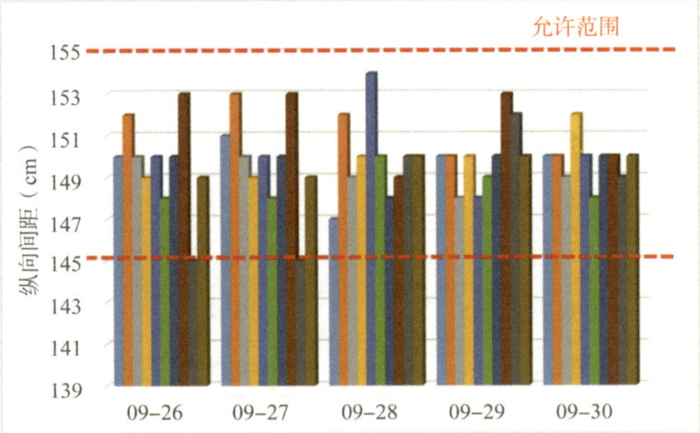

图 33　木板挡翼纵向间距检查结果统计图

制图人：×××　　　　制图日期：2019-09-30

续 表

加设木板挡翼	
实施目标检查	见下文

表 31 木板挡翼纵向间距检查结果统计表

	09-26	09-27	09-28	09-29	09-30
横向间距（cm）	51	50	52	52	50
	45	52	49	50	49
	46	48	50	51	50
	50	48	50	48	48
	47	51	49	47	51
	51	50	51	48	49
	48	48	47	50	50
	48	50	50	52	48
	49	47	48	49	50
	50	49	49	52	50

制表人：××× 制表日期：2019-09-30

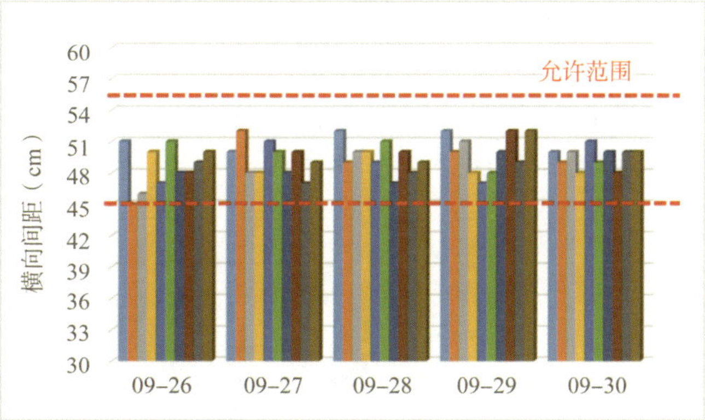

图 34 木板挡翼横向间距检查结果统计图

制图人：××× 制图日期：2019-09-30

由表可知安装的木板挡翼横向及纵向间距均在要求范围之内。

完成每日喷播工作后，小组对定位过的坡度大于等于（1∶0.3）的局部边坡坡度进行抽查，确定其坡度是否达到目标值，结果如下表所示：

续 表

加设木板挡翼	
实施目标检查	见下文

表 32　喷播混合料前坡度大于等于（1∶0.3）的局部边坡，在对策措施执行后坡检查结果统计表

	09-26	09-27	09-28	09-29	09-30
对策措施执行后坡度	1∶0.4	1∶0.35	1∶0.4	1∶0.35	1∶0.38
	1∶0.35	1∶0.4	1∶0.35	1∶0.42	1∶0.45
	1∶0.32	1∶0.4	1∶0.42	1∶0.42	1∶0.35
	1∶0.35	1∶0.42	1∶0.38	1∶0.35	1∶0.4
	1∶0.32	1∶0.32	1∶0.35	1∶0.4	1∶0.35
	1∶0.4	1∶0.42	1∶0.32	1∶0.35	1∶0.32
	1∶0.32	1∶0.38	1∶0.35	1∶0.45	1∶0.35
	1∶0.35	1∶0.35	1∶0.35	1∶0.4	1∶0.45
	1∶0.38	1∶0.42	1∶0.4	1∶0.35	1∶0.35
	1∶0.42	1∶0.35	1∶0.4	1∶0.35	1∶0.45

制表人：×××　　　　制表日期：2019-09-30

为方便绘制更直观的统计图，将所检查出的坡度直接转化为数值，对应关系如下表：

表 33　坡度数值表

坡度（比例）	1∶0.45	1∶0.42	1∶0.4	1∶0.38	1∶0.35	1∶0.32	1∶0.3
坡度（数值）	2.2	2.4	2.5	2.6	2.9	3.1	3.3

根据以上关系，绘制出喷播混合料前坡度大于等于（1∶0.3）的局部边坡在对策措施执行后坡检查结果统计图如下：

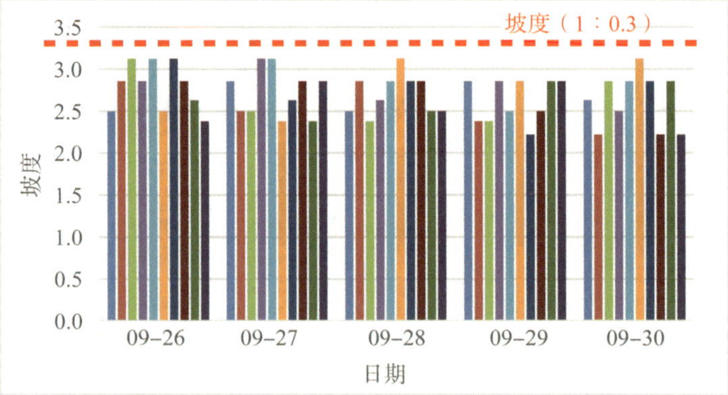

图 35　喷播混合料前坡度大于等于（1∶0.3）的局部边坡，在对策措施执行后坡检查结果统计图

制图人：×××　　　　制图日期：2019-09-30

续 表

加设木板挡翼			
实施目标检查	通过连续巡查和现场抽检，坡面局部坡度小于（1∶0.3），对策目标实现。 对策目标实现了！		
实施负责人	×××	效果检查人	×××
实施日期	2019-09-30	检查日期	2019-09-30

九、效果检查

9.1 目标检查

对策全部实施完成后，小组成员对 2019 年 10 月 1—9 日边坡混合料喷播进行验收，总共验收 800 m^2，合格 777 m^2，边坡混合料喷播一次合格率达到了 97.14%，超出了 95%，达到了预期目标，QC 小组目标实现。

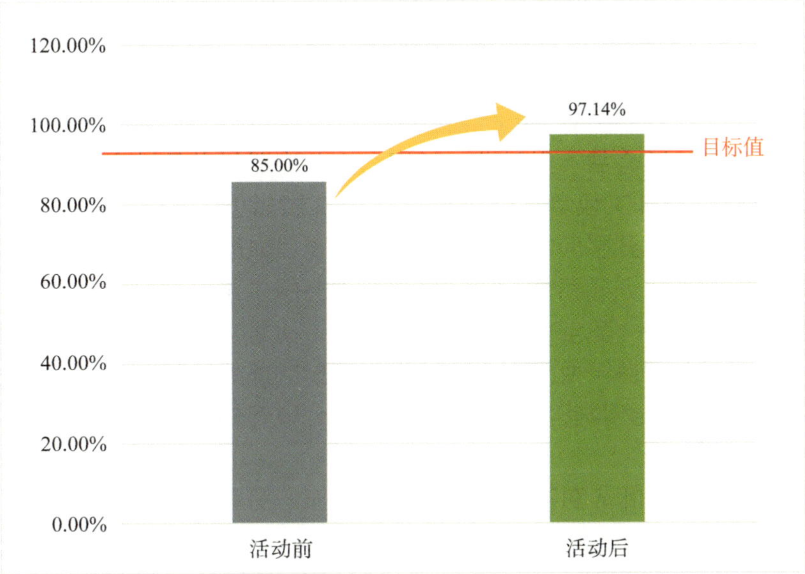

图 36 活动前后一次合格率对比图

制图人：××× 制图日期：2019-10-10

9.2 症结检查

QC 小组成员对 2019 年 10 月 1—9 日边坡混合料喷播因表观缺陷而不合格的坡面（共 10 m^2）进行了统计，情况如下所示：

表 34 边坡混合料喷播表观缺陷统计表

序号	项目	面积（m^2）	频率
1	混合料脱落	7	70%
2	混合料裂口	2	20%
3	混合料表面石子多	1	10%
	合计	10	100%

制表人：×××　　　　制表日期：2019-10-10

根据表 34 内容，绘制出表观缺陷项目的饼图，如下图所示：

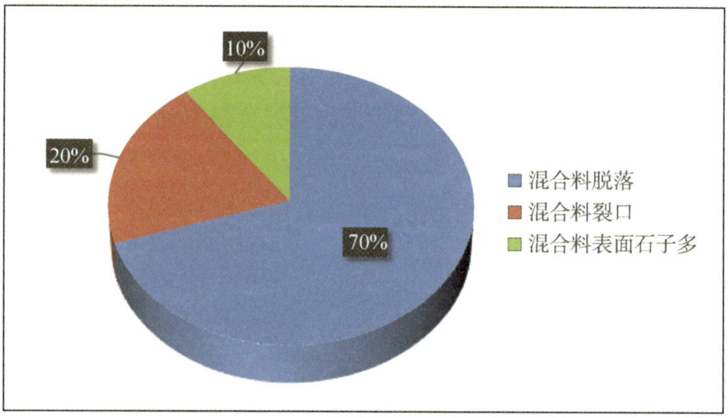

图 37 边坡混合料喷播表观缺陷统计图

制图人：×××　　　　制图日期：2019-10-10

通过计算分析，混合料脱落问题解决百分比如下：

$$(114/800-7/800) \div (7/800) = 93.85\% > 92.31\%$$

根据统计结果和计算，我们可以得出混合料脱落问题已解决了 92.31%以上，达到预期目标，症结目标实现。

9.3　活动效益

质量效益

- 边坡混合料喷播一次合格率达到了97.14%，提高了混合料喷播的质量，保证了边坡绿化工程的整体质量。

进度效益

- 减少了混合料喷播不合格返工修补的时间，加快了施工进度，避免工期进一步延误。

经济效益

- 节约边坡混合料修补的费用。平均每平方米人工费10/块，材料费25元/m^2，合计10+25=35元/m^2;QC小组措施费用3000元，可节约2400×35-3000=8.1万元。

社会效益

- 通过本次活动，提高了混合料喷播的质量，得到各参建单位的认可，为后续工程积累了宝贵的经验。

十、制定巩固措施

10.1　巩固措施

表 35　巩固措施实施表

序号	有效措施	标准化形式	文件名称和编号	责任人	完成日期
1	在对坡度大于等于（1∶0.3）的边坡上设置（长 90 cm×宽 10 cm×厚1 cm）木板挡翼，用于降低边坡局部坡度，以及增强混合料能力；木板纵向间距（150±5）cm，横向间距（50±5）cm，位置要与内网下的营养棒交叉布置。措施完成后要保障局部边坡坡度小于（1∶0.3）。	设计变更通知单	《三门核电厂区水土保持边坡绿化专项工程设计（修改）通知单》SMG-9000-A0N-HK003	×××	2019-10-31

续 表

序号	有效措施	标准化形式	文件名称和编号	责任人	完成日期
2	1. 每立方米混合料中含黏合剂不少于 700 g。 2. 在对坡度大于等于（1：0.3）的边坡上设置（长 90 cm×宽 10 cm×厚 1 cm）木板挡翼，用于降低边坡局部坡度，以及增强混合料能力；木板纵向间距（150 ± 5）cm，横向间距（50±5）cm，位置要与内网下的营养棒交叉布置。措施完成后要保障局部边坡坡度小于（1：0.3）。	施工方案	《三门核电厂区水土保持边坡绿化工程绿化主体施工方案》SMG-9000-GCH-AJ007。措施一固化在“3.12 喷射混合料”；措施二固化在“3.11 垫木条、木板挡翼”	×××	2019-10-31

制表人：×××　　制表日期：2019-10-16

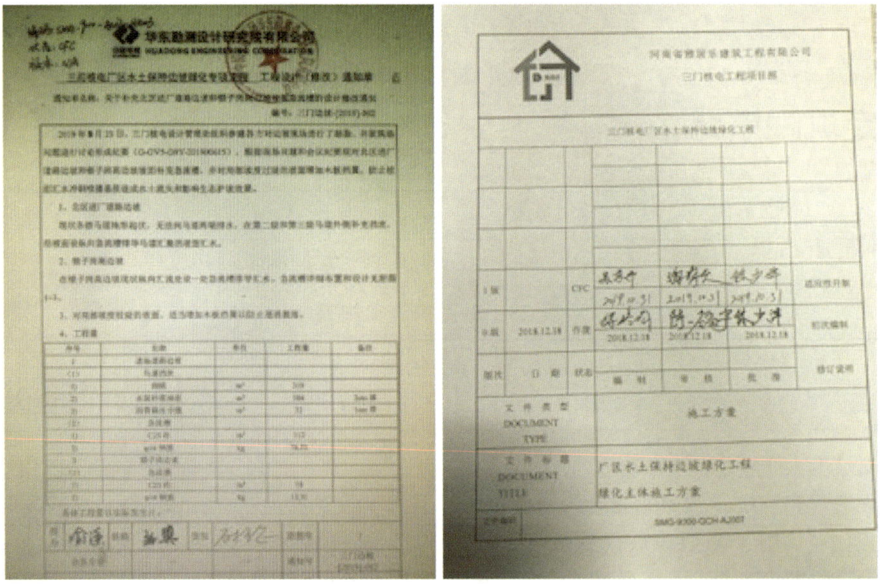

图 38　升版方案、发起设计变更实施巩固措施

制图人：×××　　制图日期：2019-10-31

10.2　巩固期效果检查

巩固措施实施完成后，2019 年 11、12 月和 2020 年 1、4 月分别进行了混合料喷播验收，合格率均达到 95%以上，可见 QC 活动的效果是稳定的。统计结果如下表所示：

表 36 不同月份混合料喷播一次合格率统计表

时间	2019-09	2019-10	2019-11	2019-12	2020-01	2020-04
实际值	85.00%	97.14%	96.90%	97.50%	97.30%	96.70%
目标值	95.00%	95.00%	95.00%	95.00%	95.00%	95.00%

制表人：×××　　制表日期：2020-04-30

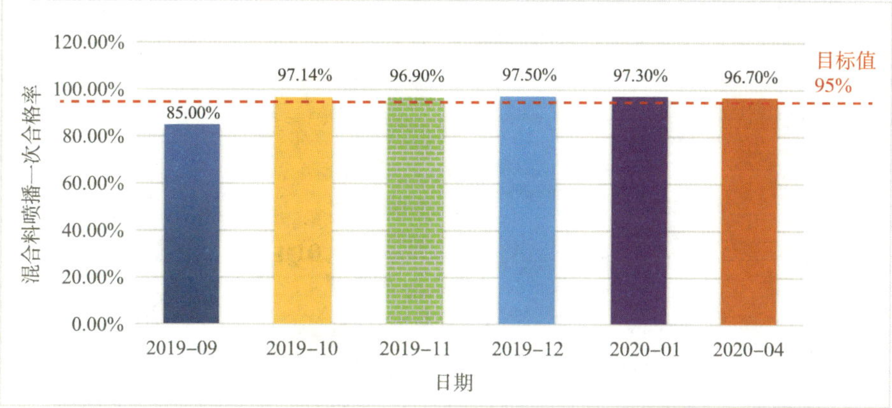

图 39 不同月份混合料喷播一次合格率统计图

制图人：×××　　制图日期：2020-04-30

表 37 稳固期混合料喷播一次合格率统计表

时间	2019-11	2019-12	2020-01	2020-04
实际值	96.80%	97.55%	97.20%	96.75%
平均值	97.10%			

制表人：×××　　制表日期：2020-04-30

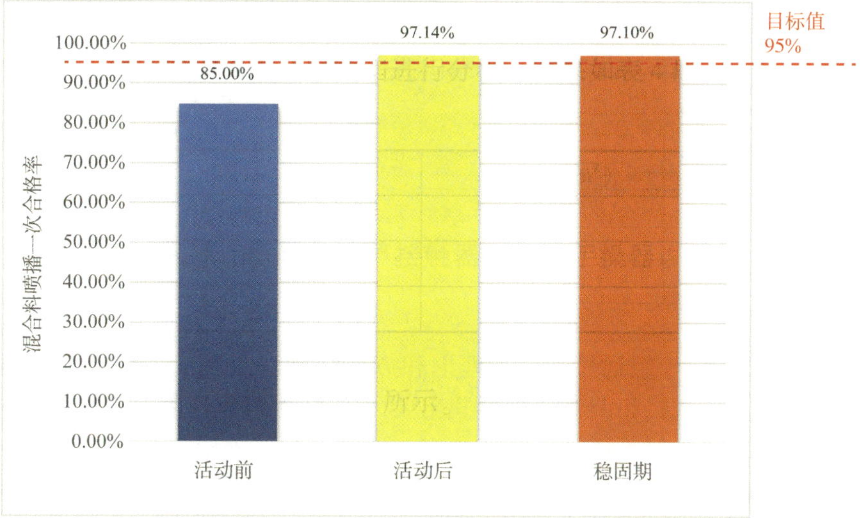

图 40 巩固期效果检查图

制图人：×××　　制图日期：2020-04-30

图 41　活动后边坡施工图片及边坡植被生长情况图片

十一、总结和下一步打算

11.1　活动总结和收获

在本次活动中，QC 小组运用 QC 的理论和方法，针对发现的问题，以数据、事实为依据，通过现场测量、试验和调查分析，找出要因，并制定经济有效的对策措施，较好地解决了问题，提高了混合料喷播的一次合格率，改善了混合料喷播的施工质量，保证了边坡绿化工程的安全性。

本次 QC 小组活动后，小组成员对活动的全过程进行了回顾和总结，小组成员对工程质量控制的意识和方法有了进一步的理解，各方面能力得到了锻炼，提高了专业技术、管理水平和综合素质，同时小组成员对这三方面的提高点和不足点进行了总结（见表38），并进行了自我评价。

表38　QC小组总结表

序号	内容	提高点	不足点
1	专业技术	1）小组成员熟悉了边坡绿化工程相关规范 2）提高了边坡绿化施工方面的专业知识	1）对边坡绿化工程规范的理解和运用有待提高 2）专业知识现场实践经验仍显不足，需继续加强
2	管理方法	1）小组成员按照PDCA程序解决问题，思路和逻辑性增强 2）在QC活动的过程中始终以客观数据为依据去分析和解决问题 3）学会了用排列图、关联图等多种QC工具来分析和解决问题	1）部分QC的方法和工具本次课题未能涉及和使用 2）部分小组成员仍不熟悉部分QC工具的使用
3	实体质量	1）观察报告、不符合项、通知单等质量文件数量下降 2）施工进度加快	质量缺陷仍偶尔发生，未彻底解决
4	综合素质	1）小组成员发现和解决问题的能力得到提高 2）工作热情和团队合作等综合素质得到提升	小组成员的创新能力不足

制表人：×××　　　　制表日期：2020-04-30

（1）专业技术方面得到提升

小组组织对《水土保持工程质量评定规程》（SL 336-2006）、《园林绿化工程施工及验收规范》（CJJ 82-2012）、《水利水电工程水土保持技术规范》（SL 515-2012）进行培训学习，提升小组成员对边坡绿化工程、水土保持工程相关专业知识水平，提高现场质量检查控制技能水平，包括喷播混合料的缺陷原因分析、处理措施。

（2）管理方法方面得到提升

a）小组成员按照PDCA程序解决问题，思路和逻辑性增强，在QC活动的过程中始终以客观数据为依据去分析和解决问题，要因判断时始终以对症结的影响程度作为判断标准。

b）继续加强了使用关联图、柱状图、饼分图等多种QC工具来分析和解决问题的能力。

（3）实体质量方面得到提升

经过本次QC活动，混合料喷播一次合格率能够稳定达到95%以上，另外，边坡绿化施工时产生的缺陷大幅减少，从现场产生的观察报告、不符合项、通知单等质量文件数量大幅降低可侧面印证实体质量方面的提升，详细情况如下：

表 39　质量文件统计

项目	2019 年 9 月质量文件	2019 年 10 月质量文件	2019 年 11 月—2020 年 4 月平均月质量文件
阶段	活动前	活动后	巩固期
数量（份）	11	3	2

制表人：×××　　　　制表日期：2020-04-30

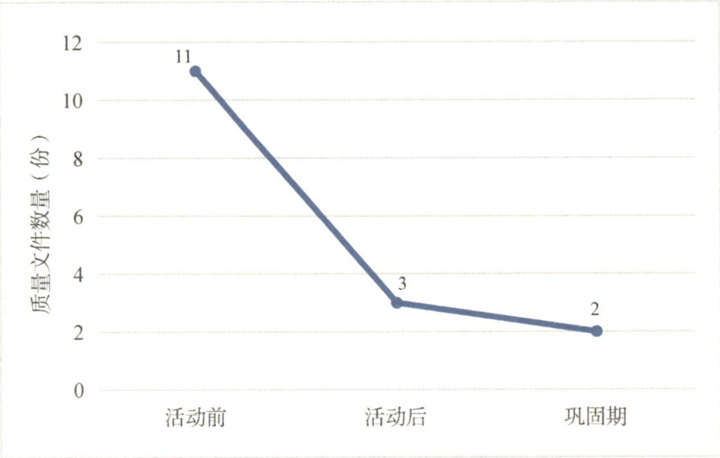

图 42　质量文件趋势统计图

制图人：×××　　　　制图日期：2020-04-30

（4）综合素质方面得到提升

a）小组成员发现和解决问题的能力得到提高

之前被忽视的问题均被关注到并及时有效解决，边坡绿化工程施工的可靠性得到保证。如：小组成发现银子岗边坡给水系统安装后，不能满足实际灌溉需求，小组通过测量、现场试验、调查分析方式，找到症结所在，发起设计现场变更，依据实际，重新规划坡上供水管道，增加管路及阀门，确定后续保养阶段将采用分段式开阀供水的方式进行边坡灌溉，成功将问题解决。

b）工作热情和团队合作等综合素质得到提升

在 QC 活动过程中，通过不断交流讨论，提高团队合作能力，同时在找到症结并解决症结的过程中，不断攻克难关取得成功实现目标，小组成员工作热情得到提升。

（5）存在的不足

在活动开展过程中，虽然我们在专业技术、实体质量、管理水平、综合素质等方面取得了长足的进步，但是也暴露出平时工作中的一些不足之处，需加以改进。

a）对边坡绿化工程规范的理解和运用有待提高，专业知识现场实践经验仍显不足，需继续加强。

b）部分小组成员仍不熟悉部分 QC 工具的使用，部分 QC 的方法和工具本次课题未能涉及和使用等。

11.2 下一步打算

通过此次 QC 活动，小组成员感受到了成就感以及荣誉感，对待 QC 活动的积极性也进一步增强，后续我们将在下面 3 方面进行总结提升。

a）总结经验、再接再厉：继续开展 QC 活动，不断创新，并将活动中学到的技能和方法充分运用到实际工作中去，发现问题，解决问题。

b）提高自己、推动大家：以师带徒、老带新，尽快提升新加入成员的 QC 知识水平和能力，积极为本部门及公司 QC 工作添砖加瓦，推动 QC 工具在全公司范围内的广泛应用。

c）本次活动过程中小组成员发现混合料喷播检查时，由于每级边坡高度均在 10m 以上，而目前市场上无成型的边坡混合料厚度测厚专用工具，现场只能自制较为简单的测厚长杆进行检查，操作不便且效率低下，针对该现状和小组创新能力不足的短板，本小组经讨论，确定下阶段创新型备选课题：研制边坡绿化工程坡面混合料厚度检查专用工具/研制边坡绿化坡面施肥、喷药专用工具。

专家点评：江苏核电　韩娜

1. 总体评价

该课题类型为问题解决型，小组成员根据公司提出的边坡混合料喷播的一次合格率不得低于 95%的要求，通过分层分析，找到了混合料脱落面积大这个症结，运用关联图对症结进行了原因分析，确定了 2 个要因后，经对策优选、制定对策表及实施，最终完成了小组的活动目标。小组整个活动过程数据充分，逻辑性强，是一个较好的“小、实、活、新”的成果。

2. 成果亮点

（1）活动程序思路清晰，问题分析透彻到位。小组用三层框图法清晰明了地展现了选题理由，确定了活动目标。在对目标的可行性论证中，从不同的角度层层展开分析，找到了问题的症结所在。与此同时，还通过同行对标比较和理论测算等，为实现课题活动目标提供了充分的依据。

（2）原因分析统计方法适宜、正确，确定主要原因方法科学、严谨，整个确认过程用数据、事实说话，通过现场调查、测量、试验等手段，对 7 条末端原因逐一进行了确认。

（3）对策制定科学有效。针对确认出来的 2 条要因，小组对要因二边坡局部坡度大提出了 2 种对策方案，并通过调查、试验等方法收集大量的数据，从可实施性、有效性、经济性、可靠性 4 个方面进行综合分析对比评价，最终确定了最佳的对策方案，做到了对策制定过程清楚，目标可测量、检查，措施具体到位。

（4）对策实施过程中对每项对策的实施效果及对策目标完成情况进行跟踪检查，确保了实施的有效性。并把对策实施过程中有效的措施纳入了相应的标准，课题活动目标得到了较好的巩固和维持。

3. 改进建议

（1）小组未持续开展活动，活动计划表中缺少 2020 年 2、3 月的计划。活动程序步骤有重叠，如在 2020 年 4 月制定巩固措施步骤还未完成的情况下就进行了总结和下一步打算。

（2）目标可行性论证阶段中用原因分析的方法找症结，如导根孔深度浅、营养棒固定不牢、双层网间距近都是坡面混合料缺陷的原因。症结解决程度应该依据组织曾经最好的水平，而不应是同行的先进水平。

（3）确定主要原因阶段对“操作工人培训时间短”这一原因确认的过程中现场调查的施工人员培训时间数据逻辑不合理。症结是混合料脱落面积大，但小组却都是对混合料脱落频率进行确认。验证试验条件不统一，试验面积有 30 m^2、25 m^2、15 m^2三种情况。

（4）制定对策阶段，由于要因一就只有一个对策，所以无需体现方案选择过程。对策目标设置不合理，如每立方米混合料中含黏合剂不少于 700 g，没有上限值，坡面局部坡度小于（1∶0.3）没有下限值。

（5）效益检查只包括经济效益和社会效益，并且是必要时，经济效益计算错误。

（6）制定巩固措施阶段巩固期效果检查时间过长，通常取 3 个循环周期的数据能看到效果达到稳定效果即可。

课题五

减少秦二厂3、4号机组汽水分离再热器系统缺陷次数

一、简介

汽水分离再热器系统是设置在汽轮机高、低压缸之间的一个系统，其目的是除去高压缸排汽中98%的水分，使进入低压缸的蒸汽具有一定的过热度，改善汽轮机低压缸的工作条件，提高汽轮机的相对内效率，减少湿蒸汽对汽轮机零部件的腐蚀，对汽水分离和再热过程中产生的疏水进行回收和利用。

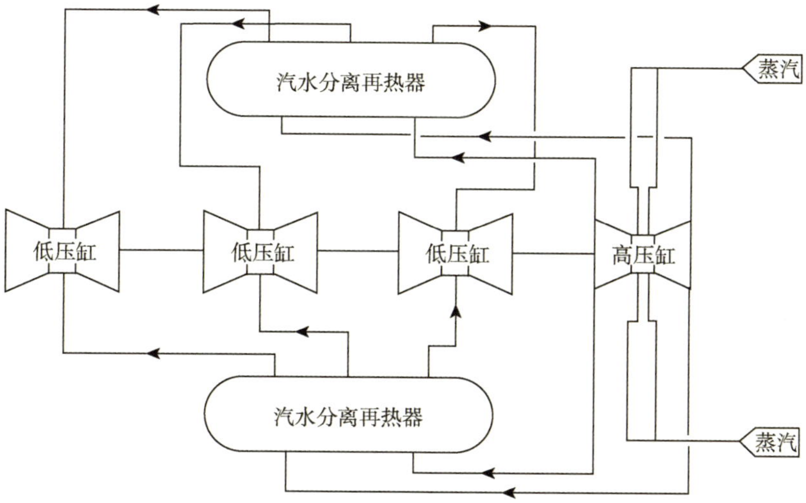

图1 汽轮机及汽水分离再热器位置示意图

制图人：×××　　制图时间：2020-02

二、小组及课题简介

表 1　小组及课题简介表

<table>
<tr><td>小组名称</td><td colspan="4">秦山核电战神 QC 小组</td></tr>
<tr><td>QC 课题</td><td colspan="4">减少秦二厂 3、4 号机组汽水分离再热器系统缺陷次数</td></tr>
<tr><td>课题类型</td><td colspan="4">问题解决型</td></tr>
<tr><td>小组成立时间</td><td colspan="2">2017-03</td><td>小组注册号</td><td>CNNP-QS-2020-010</td></tr>
<tr><td>小组人数</td><td colspan="2">10 人</td><td>活动次数</td><td>16 次</td></tr>
<tr><td>活动时间</td><td colspan="4">2020-02—2021-04</td></tr>
<tr><td colspan="5">小组成员简介</td></tr>
<tr><td>序号</td><td>姓名</td><td>文化程度</td><td>小组职务</td><td>组内分工</td></tr>
<tr><td>1</td><td>郭　强</td><td>本科</td><td>组长</td><td>组织策划、成果总结</td></tr>
<tr><td>2</td><td>×××</td><td>本科</td><td>组员</td><td>活动程序、统计方法指导</td></tr>
<tr><td>3</td><td>×××</td><td>本科</td><td>组员</td><td>信息收集、原因分析</td></tr>
<tr><td>4</td><td>×××</td><td>本科</td><td>组员</td><td>信息收集、原因分析</td></tr>
<tr><td>5</td><td>×××</td><td>本科</td><td>组员</td><td>资料查询、要因确认</td></tr>
<tr><td>6</td><td>×××</td><td>本科</td><td>组员</td><td>资料查询、要因确认</td></tr>
<tr><td>7</td><td>×××</td><td>本科</td><td>组员</td><td>资料查询、要因确认</td></tr>
<tr><td>8</td><td>×××</td><td>本科</td><td>组员</td><td>整理数据、对策实施</td></tr>
<tr><td>9</td><td>×××</td><td>本科</td><td>组员</td><td>整理数据、对策实施</td></tr>
<tr><td>10</td><td>×××</td><td>研究生</td><td>组员</td><td>整理数据、现场见证</td></tr>
</table>

制表人：×××　　　　制表时间：2020-02

三、选择课题

选题背景 ➡ 秦二厂 3、4 号机组汽水分离再热器系统缺陷较多，对机组安全稳定运行产生了一定的影响。

秦二厂 3、4 号机组汽水分离再热器系统实际缺陷状况 ➡

小组统计了 2019 年 8 月—2020 年 1 月期间秦二厂 3、4 号机组汽水分离再热器系统的缺陷性工单情况如下表所示：

表 2　缺陷情况调查表

时间	2019-08	2019-09	2019-10	2019-11	2019-12	2020-01
缺陷次数	7	8	10	9	12	13
总计：59 次；月平均缺陷次数：9. 83 次/月						
调查人：××× 地点：班组						时间：2020-02 调查方式：查询历史工单

制表人：×××　　　　制表时间：2020-02

小组通过调查得到，汽水分离再热器系统缺陷次数的行业最好水平为：**4 次/月**。目前系统缺陷次数为 9. 83 次/月，两者存在较大差距。

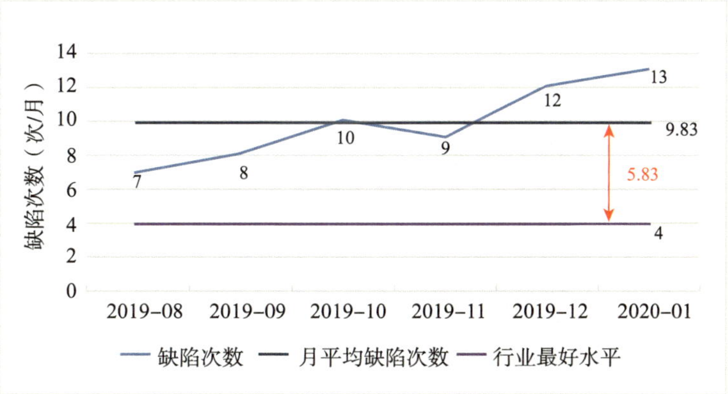

图 2　现状与行业最好水平对比柱状图

制图人：×××　　　　制图时间：2020-02

课题选择 ➡ 减少秦二厂 3、4 号机组汽水分离再热器系统缺陷次数

四、现状调查

4.1 现状调查一

对 2019 年 8 月—2020 年 1 月期间秦二厂 3、4 号机组汽水分离再热器系统缺陷工单分布情况统计如下：

表 3 缺陷工单统计表

序号	缺陷种类	次数（次）	百分比（%）	累计次数（次）	累计百分比（%）
A	阀门故障	51	86.4	51	86.44
B	管道故障	4	6.8	55	93.22
C	容器故障	2	3.4	57	96.61
D	其他故障	2	3.4	59	100.00
总计		59	100		
调查人：××× 地点：办公室					时间：2020-02 调查方式：查历史缺陷工单

制表人：××× 制表时间：2020-02

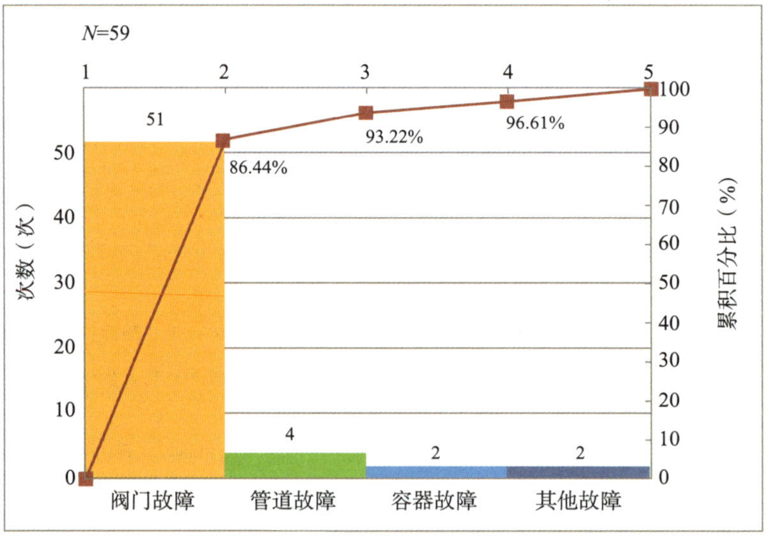

图 3 汽水分离再热器系统缺陷排列图

制图人：××× 制图时间：2020-02

由上可知，**汽水分离再热器系统缺陷数量最多的是阀门故障**。

4.2 现状调查二

对阀门故障缺陷工单详细的调查统计，具体情况如下表所示：

表 4　阀门故障缺陷工单统计情况表

序号	缺陷类型	次数（次）	百分比（%）	累计次数（次）	累计百分比（%）
A1	阀门本体泄漏	42	82.36	42	82.36
A2	阀门气动头漏气	3	5.88	45	88.24
A3	阀门电动头漏油	2	3.92	47	92.16
A4	阀门手轮松动	2	3.92	49	96.08
A5	其他	2	3.92	51	100.00
总计		51	100		
调查人：××× 地点：办公室				时间：2020-02 调查方式：查历史缺陷工单	

制表人：×××　　　　制表时间：2020-02

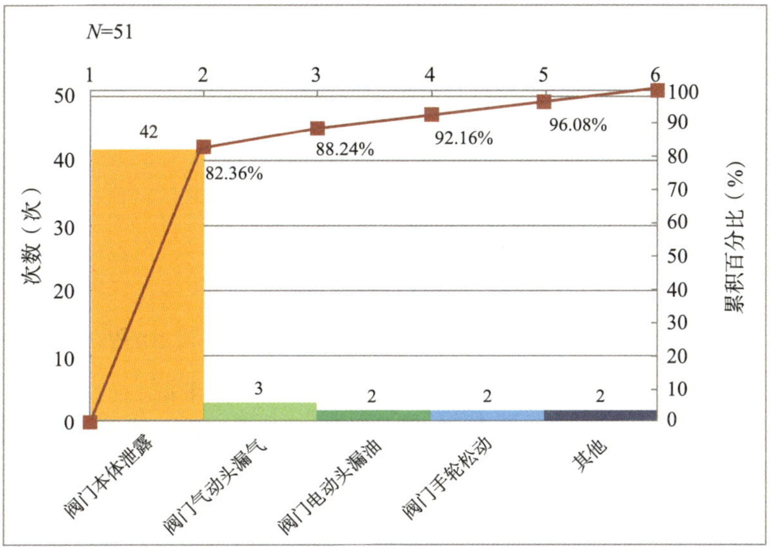

图 4　阀门故障缺陷排列图

制图人：×××　　　　制图时间：2020-02

由上可见，**阀门本体泄漏是阀门故障的主要故障来源**。

4.3　现状调查三

对阀门本体泄漏缺陷进行详细的调查统计，得到表 5。

表 5　阀门本体泄漏缺陷统计情况表

序号	缺陷内容	泄漏次数（次）	百分比（%）
A11	阀门填料泄漏	35	83.33
A12	阀门内漏	5	11.90
A13	阀门法兰泄漏	2	4.77

续 表

序号	缺陷内容	泄漏次数（次）	百分比（%）
总计		42	100
调查人：××× 地点：办公室			时间：2020-02 调查方式：查历史缺陷工单

制表人：××× 制表时间：2020-02

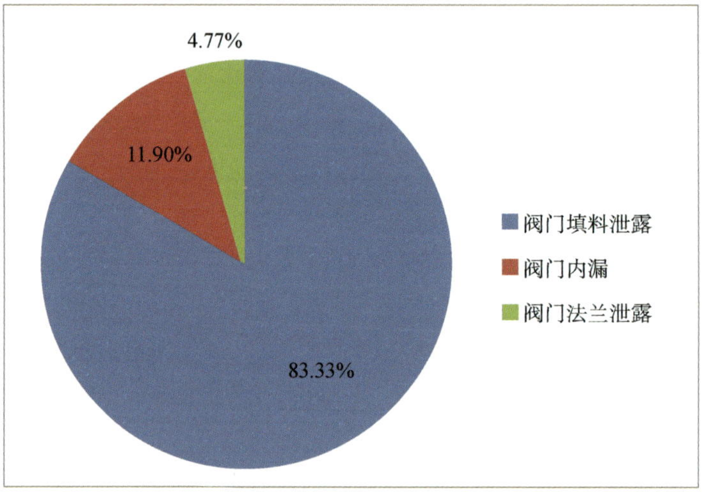

图 5 阀门本体泄漏缺陷饼图

制图人：××× 制图时间：2020-02

从以上可知：**阀门填料泄漏是阀门本体泄漏的主要故障来源**。

结论：通过分层法进行分析，找到了造成秦二厂3、4号机组汽水分离再热器系统缺陷次数多的症结是：阀门填料泄漏。

4.4 目标值测算

4.4.1 目标设定依据

横向比较：

小组成员对国内其他核电机组的汽水分离再热器系统在2019年8月—2020年1月期间的缺陷次数进行了调查，调查结果见下表：

表 6 国内其他电厂缺陷次数调查统计表

电厂	福清核电厂	昌江核电厂	秦二厂1、2号机组	方家山核电厂
月均缺陷次数（次/月）	4.54	4.47	4.28	4.35
调查人：××× 地点：办公室				时间：2020-02 调查方式：查历史缺陷单及电话咨询

制表人：××× 制表时间：2020-02

从上表可知，国内其他电厂缺陷率都**不超过 4. 54 次/月均**。

纵向比较：

小组对 2014 年与 2019 年秦二厂 3/4 号机组汽水分离再热器系统阀门填料泄漏次数进行了调查，调查结果见下表：

表 7　2014 年阀门填料泄漏缺陷情况调查表

2014 年 月份	1	2	3	4	5	6	7	8	9	10	11	12
缺陷次数	3	5	3	2	3	5	1	4	4	3	2	2
调查人：××× 地点：班组												时间：2020-02 调查方式：查询历史工单

制表人：×××　　制表时间：2020-02

表 8　2019 年阀门填料泄漏缺陷情况调查表

2019 年 月份	1	2	3	4	5	6	7	8	9	10	11	12
缺陷次数	8	7	6	7	10	9	8	6	7	9	7	10
调查人：××× 地点：班组												时间：2020-02 调查方式：查询历史工单

制表人：×××　　制表时间：2020-02

4. 4. 2　目标值测算

通过现状调查、指标的横向对比以及纵向对比，小组成员调查发现 2014 年阀门填料泄漏的月缺陷次数历史最低为 1 次，而 2019 年月缺陷次数最高为 10 次，相差 90%，则可将汽水分离再热器系统月平均缺陷次数降低：

$$35\times90\%\div6=5.25\text{ 次/月}$$

现汽水分离再热器系统月平均缺陷次数为 9. 83 次，减少 5. 25 次即可降低至：

$$9.83-5.25=4.58\text{ 次/月}$$

五、设定目标

根据对其他电厂了解的情况和目标值测算，我们决定将**汽水分离再热器系统缺陷率由活动前的 9. 83 次/月减少到 4. 6 次/月**。

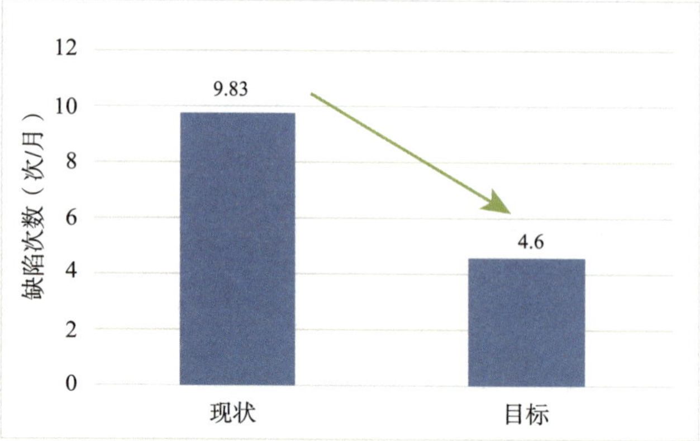

图 6　活动目标柱状图

制图人：×××　　　　制图时间：2020-02

六、原因分析

经过现场深入调查，QC 小组成员针对阀门填料泄漏问题进行分析，对造成这一结果的各种原因反复进行了讨论，经汇总归类，绘制了下图。

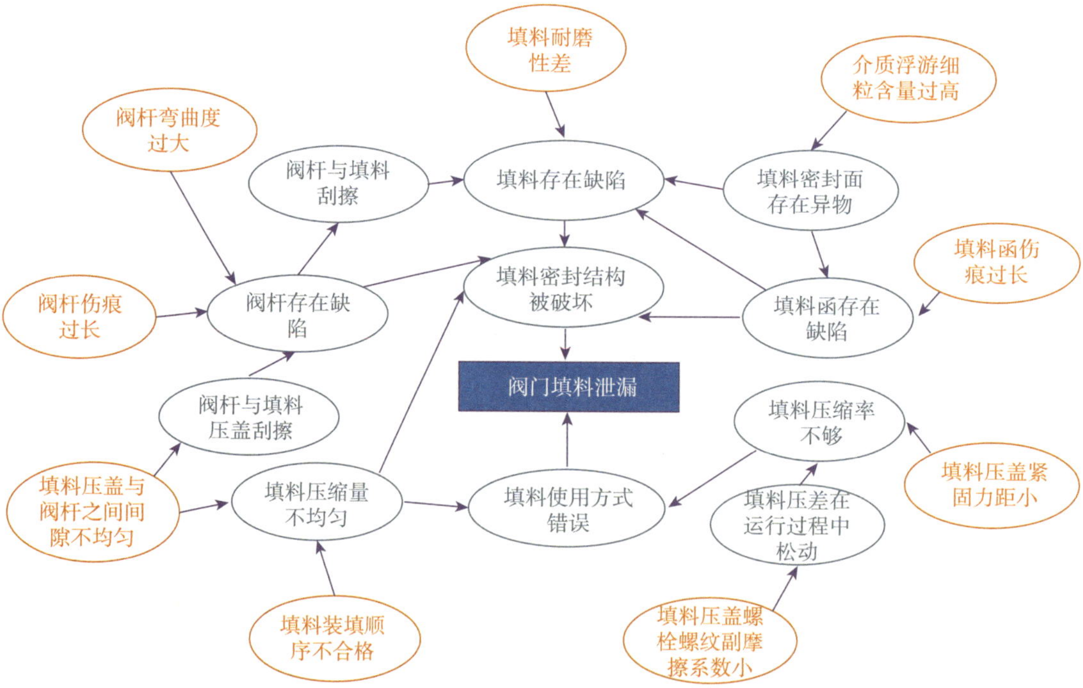

图 7　原因分析图

制图人：×××　　　　制图时间：2020-02

末端因素：

1. 填料耐磨性差
2. 介质浮游细粒含量过高
3. 填料函伤痕过长
4. 填料压盖紧固力矩小
5. 填料压盖螺栓螺纹副摩擦系数小
6. 填料装填顺序不合理
7. 填料压盖与阀杆之间间隙不均匀
8. 阀杆伤痕过长
9. 阀杆弯曲度过大

七、确定主要原因

表 9　要因确认计划表

序号	末端因素	确认内容	确认方法	确认人	完成时间
1	填料耐磨性差	填料耐磨性对填料泄漏的的影响程度	调查分析、试验	×××	2020-02
2	阀杆伤痕过长	阀杆不同伤痕长度对填料泄漏的影响程度	调查分析、试验	×××	2020-02
3	阀杆弯曲度过大	阀杆弯曲程度对填料泄漏的影响程度	调查分析、试验	×××	2020-02
4	填料函伤痕过长	填料函不同伤痕长度对填料泄漏的影响程度	调查分析、试验	×××	2020-02
5	填料压盖与阀杆之间间隙不均匀	填料压盖与阀杆之间间隙不均匀程度对填料泄漏的影响程度	调查分析、试验	×××	2020-03
6	填料压盖紧固力矩小	填料压盖紧固力矩大小对填料泄漏的影响程度	调查分析、试验	×××	2020-03
7	填料装填顺序不合理	填料装填顺序对填料泄漏的影响程度	调查分析、试验	×××	2020-03
8	填料压盖螺栓螺纹副摩擦系数小	填料压盖螺栓螺纹副摩擦系数对填料泄漏的影响程度	调查分析、试验	×××	2020-03
9	介质浮游细粒含量过高	化学取样结果表明，介质中浮游细粒含量满足运行要求，且该项目由系统运行条件所决定，**小组无法改变其含量，因此删除“介质浮游细粒含量过高”这一不可控因素。**		×××	2020-03

制表人：×××　　　　制表时间：2020-02

确认一：填料耐磨性差

<table>
<tr><td>确认内容</td><td>填料耐磨性对填料泄漏的的影响程度</td></tr>
<tr><td>确认方法</td><td>调查分析、试验</td></tr>
<tr><td>现状情况</td><td>
小组成员通过查看阀门开关动作趋势图，对现场阀门在一个检修周期之内的实际动作次数进行统计(说明：阀门填料会在每个检修周期内进行更换，故阀门动作次数只要满足在一个检修周期内不泄漏即可!) ，同时小组在阀门解体时，对阀门填料的状况进行了检查并记录，具体情况见表 10：
表 10　阀门动作次数情况记录表
<table>
<tr><th>项目</th><th>实际动作次数（次）</th><th>阀门填料状况</th></tr>
<tr><td>3GSS125VL</td><td>4347</td><td>填料逸散</td></tr>
<tr><td>3GSS225VL</td><td>4531</td><td>轻微划痕</td></tr>
<tr><td>3GSS126VL</td><td>4479</td><td>轻微划痕</td></tr>
<tr><td>3GSS226VL</td><td>4385</td><td>较重伤痕</td></tr>
<tr><td>3GSS139VL</td><td>4503</td><td>填料逸散</td></tr>
<tr><td>3GSS239VL</td><td>4372</td><td>轻微划痕</td></tr>
<tr><td>3GSS140VL</td><td>4297</td><td>填料逸散</td></tr>
<tr><td>3GSS240VL</td><td>4468</td><td>较重伤痕</td></tr>
<tr><td>4GSS125VL</td><td>4354</td><td>较重伤痕</td></tr>
<tr><td>4GSS225VL</td><td>4509</td><td>较重伤痕</td></tr>
<tr><td>4GSS126VL</td><td>4489</td><td>轻微划痕</td></tr>
<tr><td>4GSS226VL</td><td>4413</td><td>轻微划痕</td></tr>
<tr><td>4GSS139VL</td><td>4565</td><td>较重伤痕</td></tr>
<tr><td>4GSS239VL</td><td>4333</td><td>轻微划痕</td></tr>
<tr><td>4GSS140VL</td><td>4278</td><td>填料逸散</td></tr>
<tr><td>4GSS240VL</td><td>4438</td><td>轻微划痕</td></tr>
<tr><td colspan="3">记录人：××× 　　　　时间：2020-02
地点：办公室 　　　　统计方式：查看阀门动作趋势、现场检查</td></tr>
</table>
制表人：××× 　　　　制表时间：2020-02
由上表可知，现场阀门在一个检修周期之内的实际动作次数为：4278～4565 次，且现场阀门在运行一个周期后，填料出现了不同程度的损伤，甚至出现填料逸散现象。
</td></tr>
</table>

续　表

确认内容	填料耐磨性对填料泄漏的的影响程度

影响程度

小组成员从库房领用原厂填料，联系厂家对阀门进行了模拟试验，试验内容为将原厂填料安装在填料试验机上动作不同的次数，观察填料的泄漏情况，停止试验后取出填料，检查填料的状况，试验结果如下表：

表 11　填料泄漏情况及填料状况记录表

序号	动作次数	填料泄漏情况	填料状况
1	500	无泄漏	无伤痕
2	1000	无泄漏	无伤痕
3	1500	无泄漏	无伤痕
4	2000	无泄漏	无伤痕
5	2500	无泄漏	无伤痕
6	2600	无泄漏	无伤痕
7	2700	无泄漏	无伤痕
8	2800	无泄漏	无伤痕
9	2900	轻微泄漏	填料存在伤痕
10	3000	轻微泄漏	填料存在伤痕
试验人：×××			时间：2020-02
地点：厂家			试验方式：阀门动作试验

制表人：×××　　　　制表时间：2020-02

试验结论：当阀门动作次数超过 2900 次时，填料出现泄漏现象，且填料存在伤痕，对症结的影响程度较大。

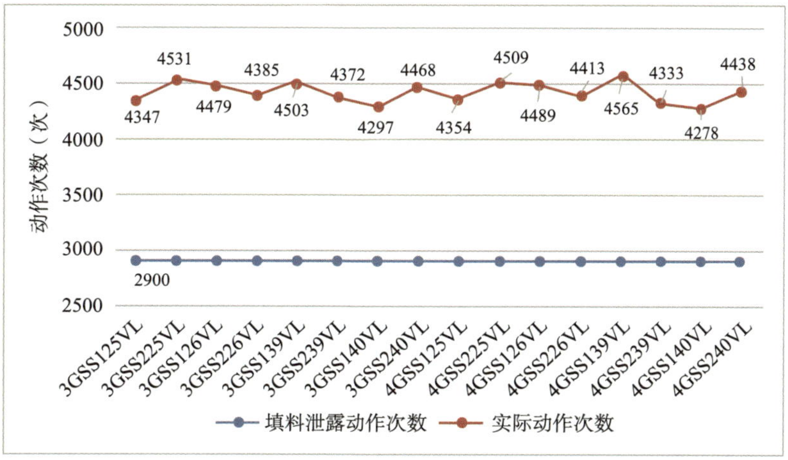

图 8　阀门动作次数对照折线图

制图人：×××　　　　制图时间：2020-02

续 表

确认内容	填料耐磨性对填料泄漏的的影响程度		
影响程度	**确认结果：现场阀门的实际动作次数均远高于填料泄漏时的动作次数，且现场阀门在运行一个周期后，填料出现了不同程度的损伤，甚至出现填料逸散现象，故末端因素“填料耐磨性差”是“阀门填料泄漏”症结的主要原因。**		
确认人	×××		
确认时间	2020-02	确认地点	厂家、办公室、现场
确认结论	要因		

确认二：阀杆伤痕过长

确认内容	阀杆不同伤痕长度对填料泄漏的影响程度
确认方法	调查分析、试验
现状情况	在现场阀门解体过程中，小组对阀杆的伤痕情况进行认真检查及测量，情况如下表所示：（见表12）由上表可知，现场阀门阀杆伤痕长度为：0~46 mm。

表 12　阀杆伤痕长度情况记录表

项目	测量时间	伤痕长度（mm）
3GSS125VL	2020-02	46
3GSS225VL	2020-02	13
3GSS126VL	2020-02	0
3GSS226VL	2020-02	26
3GSS139VL	2020-02	37
3GSS239VL	2020-02	0
3GSS140VL	2020-02	42
3GSS240VL	2020-02	34
4GSS125VL	2020-02	35
4GSS225VL	2020-02	23
4GSS126VL	2020-02	12
4GSS226VL	2020-02	0
4GSS139VL	2020-02	33
4GSS239VL	2020-02	18
4GSS140VL	2020-02	43
4GSS240VL	2020-02	7
记录人：××× 地点：现场		时间：2020-02 统计方式：现场测量

制表人：×××　　制表时间：2020-02

续　表

确认内容	阀杆不同伤痕长度对填料泄漏的影响程度

影响程度

小组对阀门进行模拟试验，试验内容为验证阀杆不同伤痕长度对阀门填料泄漏的影响。

填料函深度为 86 mm，阀门的行程为 30±3 mm，故阀杆与填料的有效接触长度为 116±3 mm，我们在阀杆与填料的有效接触长度范围内对阀杆制造出不同长度的伤痕，安装在阀门上，每组试验分别动作阀门 300 次，观察填料泄漏情况，试验结果如下表：

表 13　阀杆不同伤痕长度试验情况表

序号	伤痕长度（mm）	填料泄漏情况		
		第 100 次动作	第 200 次动作	第 300 次动作
1	15	无泄漏	无泄漏	无泄漏
2	30	无泄漏	无泄漏	无泄漏
3	45	无泄漏	无泄漏	无泄漏
4	60	无泄漏	无泄漏	无泄漏
5	75	无泄漏	微小泄漏	微小泄漏
6	80	微小泄漏	微小泄漏	微小泄漏
7	82	微小泄漏	微小泄漏	较大泄漏
8	84	较大泄漏	较大泄漏	较大泄漏
9	86	较大泄漏	较大泄漏	较大泄漏
10	88	较大泄漏	较大泄漏	较大泄漏
试验人：×××				时间：2020-02
地点：库房				试验方式：阀门动作试验

制表人：×××　　　　制表时间：2020-02

试验结论：当阀杆的伤痕长度 $L\geqslant 75$ mm 时，会导致阀门填料泄漏，对症结的影响程度较大。

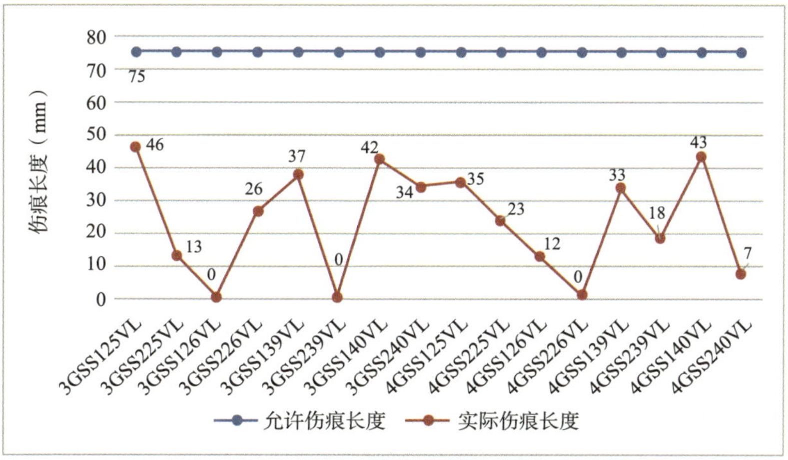

图 9　阀杆伤痕程度对照折线图

制图人：×××　　　　制图时间：2020-02

续 表

确认内容	阀杆不同伤痕长度对填料泄漏的影响程度		
影响程度	**确认结果：现场阀门的阀杆伤痕长度均远低于允许的伤痕长度，故末端因素“阀杆伤痕过长”不是“阀门填料泄漏”症结的主要原因。**		
确认人	×××		
确认时间	2020-02	确认地点	库房、现场
确认结论	非要因		

确认三：阀杆弯曲度过大

确认内容	阀杆弯曲程度对填料泄漏的影响程度
确认方法	调查分析、试验
现状情况	现场对阀门进行解体检修时，经小组检查及测量，阀门的阀杆弯曲程度情况如下表所示：（见表14） 由上表可知，现场阀门阀杆弯曲度为：0.01~0.03 mm/m。

表 14　阀门阀杆弯曲情况记录表

项目	测量时间	弯曲度（mm/m）
3GSS125VL	2020-02	0.01
3GSS225VL	2020-02	0.02
3GSS126VL	2020-02	0.01
3GSS226VL	2020-02	0.03
3GSS139VL	2020-02	0.03
3GSS239VL	2020-02	0.02
3GSS140VL	2020-02	0.01
3GSS240VL	2020-02	0.01
4GSS125VL	2020-02	0.02
4GSS225VL	2020-02	0.01
4GSS126VL	2020-02	0.01
4GSS226VL	2020-02	0.02
4GSS139VL	2020-02	0.01
4GSS239VL	2020-02	0.03
4GSS140VL	2020-02	0.02
4GSS240VL	2020-02	0.02
记录人：××× 地点：现场		时间：2020-02 统计方式：现场测量

制表人：×××　　制表时间：2020-02

续　表

确认内容	阀杆弯曲程度对填料泄漏的影响程度

影响程度

小组对阀门进行了模拟验，试验内容为验证阀杆弯曲程度对阀门填料泄漏的影响。我们制造出不同弯曲度的阀杆，安装在阀门上，每组试验分别动作阀门 300 次，观察填料泄漏情况，试验结果如下表：

表 15　阀杆不同弯曲程度试验结果情况表

序号	阀杆弯曲度（mm/m）	填料泄漏情况		
		第 100 次动作	第 200 次动作	第 300 次动作
1	0. 03	无泄漏	无泄漏	无泄漏
2	0. 05	无泄漏	无泄漏	无泄漏
3	0. 07	无泄漏	无泄漏	无泄漏
4	0. 09	无泄漏	无泄漏	无泄漏
5	0. 11	无泄漏	无泄漏	无泄漏
6	0. 13	无泄漏	无泄漏	微小泄漏
7	0. 15	无泄漏	无泄漏	微小泄漏
8	0. 17	无泄漏	微小泄漏	微小泄漏
试验人：×××				时间：2020-02
地点：库房				试验方式：阀门动作试验

制表人：×××　　　　制表时间：2020-02

试验结论：当阀杆弯曲度 $K \geqslant 0.13$ mm/m 时，容易导致阀门填料泄漏，对症结的影响程度较大。

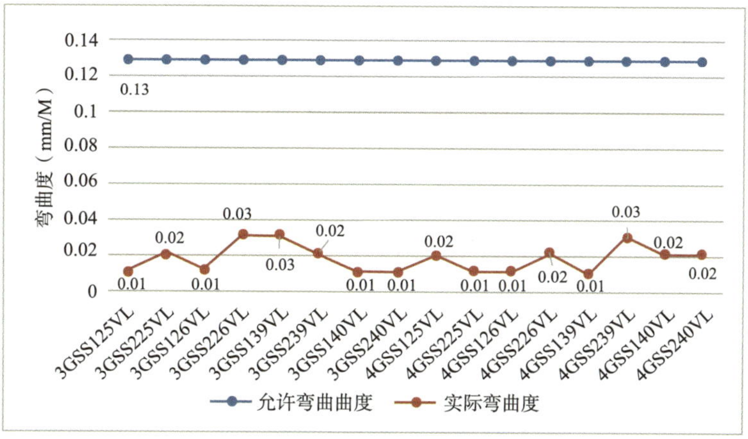

图 10　阀杆弯曲程度对照折线图

制图人：×××　　　　制图时间：2020-02

确认结果：现场阀门的阀杆弯曲度均小于允许弯曲度，故末端因素“阀杆弯曲度过大”不是“阀门填料泄漏”症结的主要原因。

续　表

确认内容	阀杆弯曲程度对填料泄漏的影响程度		
确认人	×××		
确认时间	2020-02	确认地点	库房、现场
确认结论	非要因		

确认四：填料函伤痕过长

确认内容	填料函伤痕长度对填料泄漏的影响程度
确认方法	调查分析、试验
现状情况	现场对阀门进行解体检修时，经认真检查及测量，填料函的伤痕情况如下表所示： 表 16　阀门填料函伤痕长度情况记录表（见下表） 由上表可知，现场阀门填料函伤痕长度为：0~4 mm。

表 16　阀门填料函伤痕长度情况记录表

项目	测量时间	伤痕长度（mm）
3GSS125VL	2020-02	3
3GSS225VL	2020-02	1
3GSS126VL	2020-02	0
3GSS226VL	2020-02	2
3GSS139VL	2020-02	4
3GSS239VL	2020-02	0
3GSS140VL	2020-02	3
3GSS240VL	2020-02	2
4GSS125VL	2020-02	2
4GSS225VL	2020-02	1
4GSS126VL	2020-02	1
4GSS226VL	2020-02	0
4GSS139VL	2020-02	2
4GSS239VL	2020-02	1
4GSS140VL	2020-02	3
4GSS240VL	2020-02	0
记录人：××× 地点：现场		时间：2020-02 统计方式：现场测量

制表人：×××　　制表时间：2020-02

续　表

确认内容	填料函伤痕长度对填料泄漏的影响程度
影响程度	见下文

小组对阀门进行了模拟试验，试验内容为验证填料函不同伤痕长度对阀门填料泄漏的影响。

填料函深度为 86 mm，我们制造出不同伤痕长度的填料函，安装在阀门上，每组试验分别动作阀门 300 次，观察填料的泄漏情况，试验结果如下表：

表 17　填料函不同伤痕长度试验结果情况表

序号	伤痕长度（mm）	填料泄漏情况		
		第 100 次动作	第 200 次动作	第 300 次动作
1	15	无泄漏	无泄漏	无泄漏
2	30	无泄漏	无泄漏	无泄漏
3	45	无泄漏	无泄漏	无泄漏
4	60	无泄漏	无泄漏	无泄漏
5	75	无泄漏	微小泄漏	微小泄漏
6	80	微小泄漏	微小泄漏	微小泄漏
7	82	微小泄漏	微小泄漏	较大泄漏
8	84	较大泄漏	较大泄漏	较大泄漏
9	86	较大泄漏	较大泄漏	较大泄漏
试验人：××× 地点：库房			时间：2020-02 试验方式：阀门动作试验	

制表人：×××　　　　制表时间：2020-02

试验结论：当填料函的伤痕长度 $L \geq 75$ mm 时，会导致阀门填料泄漏，对症结的影响程度较大。

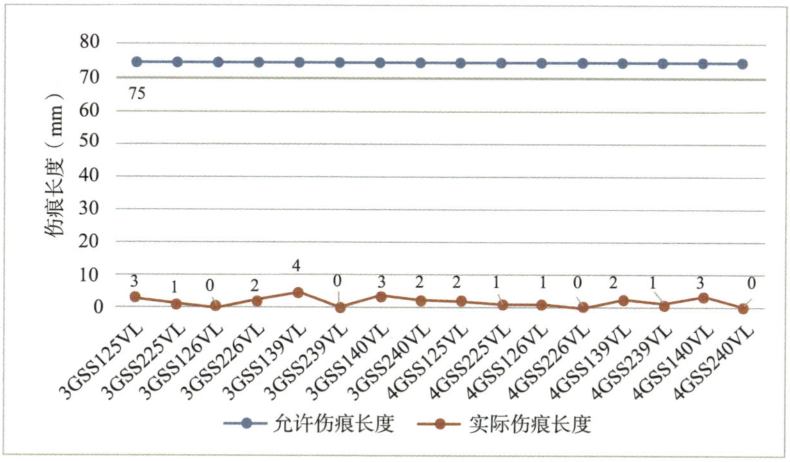

图 11　填料函伤痕程度对照折线图

制图人：×××　　　　制图时间：2020-02

续 表

确认内容	填料函伤痕长度对填料泄漏的影响程度		
影响程度	**确认结果：现场阀门的填料函伤痕长度均远低于允许的伤痕长度，故末端因素“填料函伤痕过长”不是“阀门填料泄漏”症结的主要原因。**		
确认人	×××		
确认时间	2020-02	确认地点	库房、现场
确认结论	非要因		

确认五：填料压盖与阀杆之间间隙不均匀

确认内容	填料压盖与阀杆之间间隙不均匀程度对填料泄漏的影响程度
确认方法	调查分析、试验
现状情况	填料压盖与阀杆之间间隙示意图如下： 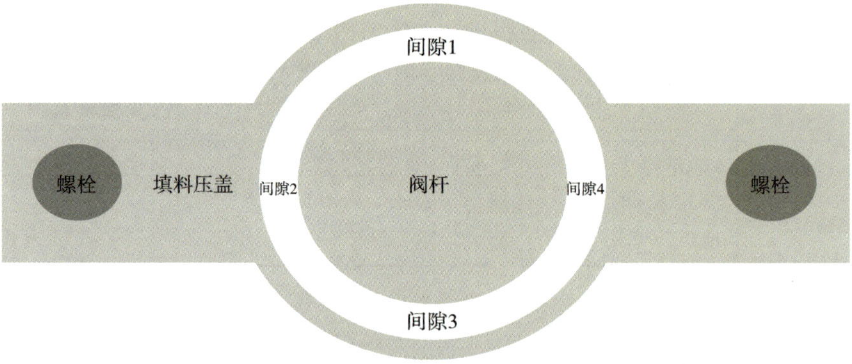 图 12　填料压盖与阀杆之间间隙示意图 制图人：×××　制图时间：2020-03 现场对阀门进行解体检修之前，对填料压盖与阀杆之间的间隙进行认真测量并记录，情况如下所示：

表 18　阀门填料压盖与阀杆之间间隙情况记录表

项目	测量时间	间隙 1（mm）	间隙 2（mm）	间隙 3（mm）	间隙 4（mm）	最大间隙差（mm）
3GSS125VL	2020-02	0. 16	0. 19	0. 24	0. 23	0. 08
3GSS225VL	2020-02	0. 25	0. 19	0. 17	0. 29	0. 12
3GSS126VL	2020-02	0. 18	0. 22	0. 24	0. 20	0. 06
3GSS226VL	2020-02	0. 19	0. 21	0. 19	0. 18	0. 02
3GSS139VL	2020-02	0. 21	0. 31	0. 28	0. 16	0. 15
3GSS239VL	2020-02	0. 25	0. 15	0. 18	0. 18	0. 07

续 表

<table>
<tr><td>确认内容</td><td>填料压盖与阀杆之间间隙不均匀程度对填料泄漏的影响程度</td></tr>
<tr><td>现状情况</td><td>

项目	测量时间	间隙 1（mm）	间隙 2（mm）	间隙 3（mm）	间隙 4（mm）	最大间隙差（mm）
3GSS140VL	2020-02	0. 22	0. 24	0. 18	0. 16	0. 08
3GSS240VL	2020-02	0. 22	0. 31	0. 21	0. 18	0. 13
4GSS125VL	2020-02	0. 20	0. 17	0. 18	0. 21	0. 04
4GSS225VL	2020-02	0. 28	0. 24	0. 21	0. 19	0. 07
4GSS126VL	2020-02	0. 21	0. 15	0. 22	0. 24	0. 09
4GSS226VL	2020-02	0. 22	0. 27	0. 22	0. 16	0. 11
4GSS139VL	2020-02	0. 19	0. 23	0. 25	0. 17	0. 06
4GSS239VL	2020-02	0. 24	0. 18	0. 19	0. 23	0. 05
4GSS140VL	2020-02	0. 17	0. 24	0. 31	0. 21	0. 14
4GSS240VL	2020-02	0. 27	0. 21	0. 17	0. 27	0. 10
记录人：××× 地点：现场						时间：2020-02 统计方式：现场测量

制表人：××× 制表时间：2020-03

由上表可知，现场阀门填料压盖与阀杆之间的最大间隙差为：0. 02~0. 15 mm。</td></tr>
<tr><td>影响程度</td><td>

小组对阀门进行了模拟试验，试验内容为验证填料压盖与阀杆之间间隙不均匀的程度对阀门填料泄漏的影响。我们通过不同的填料压盖紧固方法制造出不同的间隙，然后每组试验分别动作阀门 300 次，观察填料泄漏情况，试验结果如下表：

表 19 填料压盖与阀杆之间间隙不均匀程度试验结果情况表

序号	间隙 1（mm）	间隙 2（mm）	间隙 3（mm）	间隙 4（mm）	最大间隙差（mm）	填料泄漏情况		
						第 100 次动作	第 200 次动作	第 300 次动作
1	0. 10	0. 19	0. 38	0. 17	0. 28	无泄漏	泄漏较小	泄漏较小
2	0. 12	0. 19	0. 37	0. 17	0. 25	无泄漏	无泄漏	泄漏较小
3	0. 13	0. 18	0. 36	0. 18	0. 23	无泄漏	无泄漏	无泄漏
4	0. 14	0. 19	0. 34	0. 17	0. 20	无泄漏	无泄漏	无泄漏
5	0. 14	0. 20	0. 33	0. 16	0. 19	无泄漏	无泄漏	无泄漏
6	0. 16	0. 16	0. 32	0. 20	0. 18	无泄漏	无泄漏	无泄漏
7	0. 15	0. 17	0. 30	0. 19	0. 15	无泄漏	无泄漏	无泄漏
8	0. 20	0. 16	0. 28	0. 19	0. 12	无泄漏	无泄漏	无泄漏
9	0. 22	0. 18	0. 26	0. 18	0. 08	无泄漏	无泄漏	无泄漏

</td></tr>
</table>

续 表

确认内容	填料压盖与阀杆之间间隙不均匀程度对填料泄漏的影响程度

影响程度

序号	间隙 1（mm）	间隙 2（mm）	间隙 3（mm）	间隙 4（mm）	最大间隙差（mm）	填料泄漏情况		
						第 100 次动作	第 200 次动作	第 300 次动作
10	0. 24	0. 20	0. 24	0. 18	0. 02	无泄漏	无泄漏	无泄漏

试验人：××× 时间：2020-03

地点：库房 试验方式：阀门动作试验

制表人：××× 制表时间：2020-03

试验结论：当填料压盖与阀杆之间的最大间隙差超过 0. 25 mm 时，容易导致阀门填料泄漏，对症结的影响程度较大。

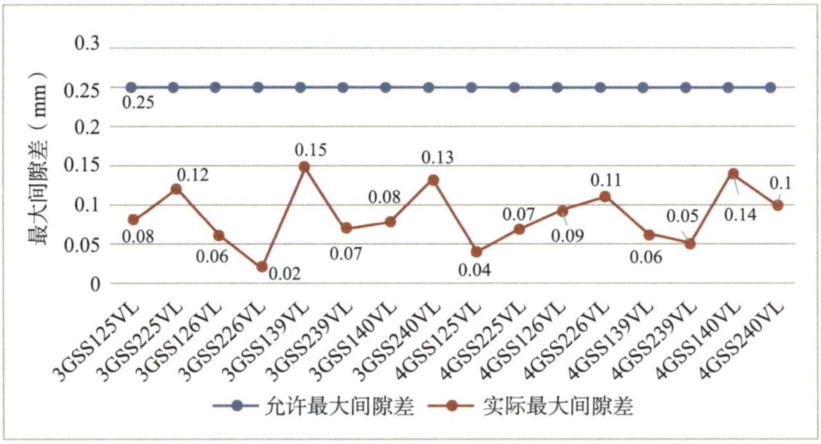

图 13 填料压盖与阀杆允许最大间隙差对照折线图

制图人：××× 制图时间：2020-03

确认结果：现场阀门的填料压盖与阀杆之间的最大间隙差均低于允许最大间隙差，故末端因素“填料压盖与阀杆之间间隙不均匀”不是“阀门填料泄漏”症结的主要原因。

确认人	×××		
确认时间	2020-03	确认地点	库房、现场
确认结论	非要因		

确认六：填料压盖紧固力矩小

确认内容	填料压盖紧固力矩大小对填料泄漏的影响程度
确认方法	调查分析、试验

续　表

<table>
<tr><td>确认内容</td><td>填料压盖紧固力矩大小对填料泄漏的影响程度</td></tr>
<tr><td>现状情况</td><td>
对现场阀门填料压盖力矩进行复验，力矩复紧结果测量和统计如下：
表 20　不同填料压盖紧固力矩试验结果情况表
<table>
<tr><th>序号</th><th>测量时间</th><th>填料压盖力矩复验结果（N·m）</th></tr>
<tr><td>3GSS125VL</td><td>2020-03</td><td>30</td></tr>
<tr><td>3GSS225VL</td><td>2020-03</td><td>29</td></tr>
<tr><td>3GSS126VL</td><td>2020-03</td><td>29</td></tr>
<tr><td>3GSS226VL</td><td>2020-03</td><td>30</td></tr>
<tr><td>3GSS139VL</td><td>2020-03</td><td>30</td></tr>
<tr><td>3GSS239VL</td><td>2020-03</td><td>30</td></tr>
<tr><td>3GSS140VL</td><td>2020-03</td><td>31</td></tr>
<tr><td>3GSS240VL</td><td>2020-03</td><td>28</td></tr>
<tr><td>4GSS125VL</td><td>2020-03</td><td>30</td></tr>
<tr><td>4GSS225VL</td><td>2020-03</td><td>30</td></tr>
<tr><td>4GSS126VL</td><td>2020-03</td><td>31</td></tr>
<tr><td>4GSS226VL</td><td>2020-03</td><td>29</td></tr>
<tr><td>4GSS139VL</td><td>2020-03</td><td>30</td></tr>
<tr><td>4GSS239VL</td><td>2020-03</td><td>29</td></tr>
<tr><td>4GSS140VL</td><td>2020-03</td><td>29</td></tr>
<tr><td>4GSS240VL</td><td>2020-03</td><td>30</td></tr>
<tr><td colspan="3">试验人：×××　　时间：2020-03
地点：现场　　统计方式：现场测量</td></tr>
</table>
制表人：×××　　制表时间：2020-03
由上表可知，现场阀门填料压盖紧固力矩为：28~31 N·m。
</td></tr>
<tr><td>影响程度</td><td>
对阀门进行了模拟试验，试验内容为验证不同的填料压盖紧固力矩对阀门填料泄漏的影响，每组试验分别动作阀门 300 次，观察阀门动作以及填料泄漏情况，试验结果如下表：
表 21　不同填料压盖紧固力矩试验结果情况表
<table>
<tr><th rowspan="2">序号</th><th rowspan="2">填料压盖紧固力矩（N·m）</th><th colspan="3">阀门动作及填料泄漏情况</th></tr>
<tr><th>第 100 次动作</th><th>第 200 次动作</th><th>第 300 次动作</th></tr>
<tr><td>1</td><td>10</td><td>顺畅/泄漏较大</td><td>顺畅/泄漏较大</td><td>顺畅/泄漏较大</td></tr>
<tr><td>2</td><td>15</td><td>顺畅/泄漏较大</td><td>顺畅/泄漏较大</td><td>顺畅/泄漏较大</td></tr>
<tr><td>3</td><td>20</td><td>顺畅/泄漏较小</td><td>顺畅/泄漏较大</td><td>顺畅/泄漏较大</td></tr>
</table>
</td></tr>
</table>

续 表

确认内容	填料压盖紧固力矩大小对填料泄漏的影响程度
影响程度	（见下表及试验结论）

序号	填料压盖紧固力矩（N·m）	阀门动作及填料泄漏情况		
		第 100 次动作	第 200 次动作	第 300 次动作
4	22	顺畅/泄漏较小	顺畅/泄漏较大	顺畅/泄漏较大
5	24	顺畅/无泄漏	顺畅/泄漏较小	顺畅/泄漏较小
6	26	顺畅/无泄漏	顺畅/无泄漏	顺畅/无泄漏
7	28	顺畅/无泄漏	顺畅/无泄漏	顺畅/无泄漏
8	30	顺畅/无泄漏	顺畅/无泄漏	顺畅/无泄漏
9	32	顺畅/无泄漏	顺畅/无泄漏	顺畅/无泄漏
10	34	顺畅/无泄漏	顺畅/无泄漏	顺畅/无泄漏
11	36	顺畅/无泄漏	顺畅/无泄漏	顺畅/无泄漏
12	38	轻微卡涩/无泄漏	轻微卡涩/无泄漏	顺畅/无泄漏
13	40	轻微卡涩/无泄漏	轻微卡涩/无泄漏	轻微卡涩/无泄漏
14	45	卡涩/无泄漏	卡涩/无泄漏	卡涩/无泄漏
15	50	卡涩/无泄漏	卡涩/无泄漏	卡涩/无泄漏

试验人：××× 时间：2020-03

地点：库房 试验方式：阀门动作试验

制表人：××× 制表时间：2020-03

试验结论：当填料压盖紧固力矩不在 26 N·m≤T≤36 N·m 范围内时，阀门填料容易出现泄漏或动作卡涩现象，对症结的影响程度较大。

确认结果：现场阀门填料压盖的紧固力矩满足 26 N·m≤T≤36 N·m 要求，故末端因素“填料压盖紧固力矩小”不是“阀门填料泄漏”症结的主要原因。

确认人	×××		
确认时间	2020-03	确认地点	库房、办公室
确认结论	非要因		

确认七：填料装填顺序不合理

确认内容	填料装填顺序对填料泄漏的影响程度
确认方法	调查分析、试验
现状情况	泄漏阀门的填料是由填料组、填料隔环、抗挤压垫片组成，具体结构如下图所示：

续　表

<table>
<tr><td>确认内容</td><td>填料装填顺序对填料泄漏的影响程度</td></tr>
<tr><td>现状情况</td><td>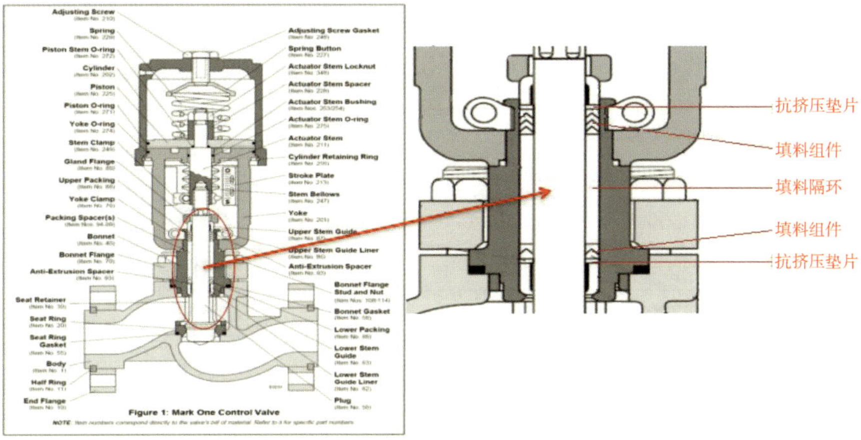

图 14　阀门填料结构图
制图人：×××　　制图时间：2020-03

现场阀门填料装填顺序现状：小组在现场阀门解体时，对填料装填顺序进行检查确认，经确认，现场阀门均为原厂设计装填顺序。</td></tr>
<tr><td>影响程度</td><td>小组对阀门进行了模拟试验，试验内容为不同的填料装填顺序对阀门填料泄漏的影响。我们通过不同的填料安装顺序，组合出五种不同的填料结构形式，如下图所示（装填顺序一为原厂设计装填顺序）：
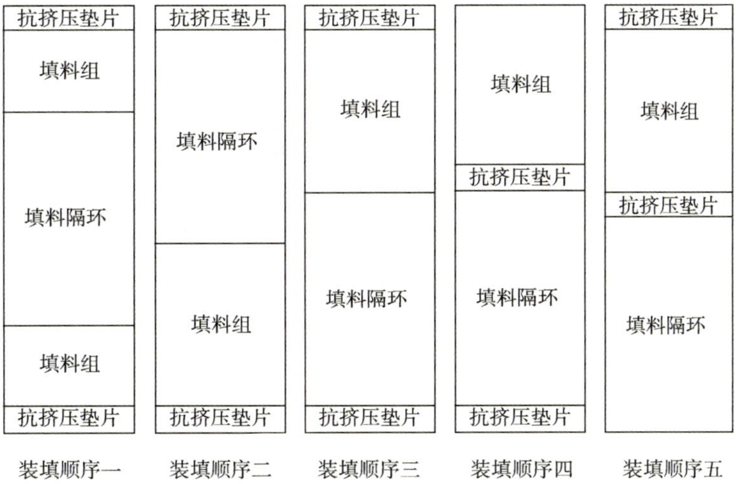

图 15　五种不同的填料装填顺序
制图人：×××　　制图时间：2020-03

小组联系厂家，在填料试验机上对阀门进行了模拟试验，试验内容为：按照这五种不同的装填顺序，将填料安装在填料试验机上，每组试验分别动作至填料出现泄漏为止，具体试验结果如下表：</td></tr>
</table>

续 表

确认内容	填料装填顺序对填料泄漏的影响程度
影响程度	

表 22　不同填料装填顺序试验结果情况表

动作次数（次）	填料泄漏情况				
	装填顺序一	装填顺序二	装填顺序三	装填顺序四	装填顺序五
2500	无泄漏	无泄漏	无泄漏	无泄漏	无泄漏
2600	无泄漏	无泄漏	无泄漏	无泄漏	无泄漏
2700	无泄漏	出现泄漏	无泄漏	无泄漏	无泄漏
2800	无泄漏		无泄漏	无泄漏	无泄漏
2900	出现泄漏		无泄漏	无泄漏	无泄漏
3000			无泄漏	无泄漏	无泄漏
3100			无泄漏	无泄漏	无泄漏
3200			无泄漏	无泄漏	出现泄漏
3300			出现泄漏	无泄漏	
3400				出现泄漏	
试验人：×××				时间：2020-03	
地点：厂家				试验方式：填料动作试验	

制表人：×××　　　　制表时间：2020-03

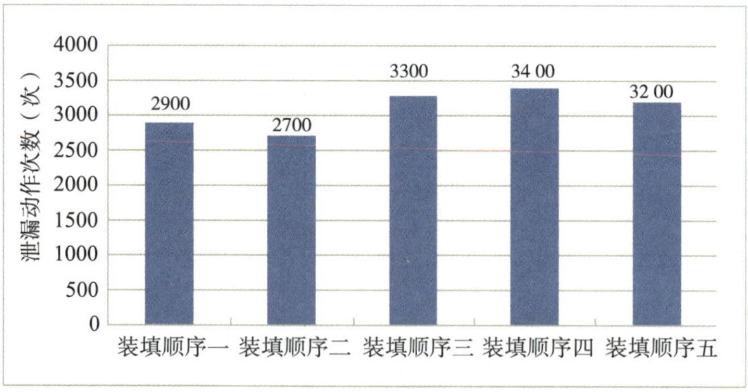

图 16　不同的填料装填顺序泄漏动作次数柱状图

制图人：×××　　　　制图时间：2020-03

试验停止后取出填料，对填料的压缩量进行检查测量（**每组填料共有 6 个填料环组成，每个填料环的初始高度为 6 mm**），具体情况如下表：

续　表

确认内容	填料装填顺序对填料泄漏的影响程度

影响程度

表 23　不同填料装填顺序填料压缩情况表

填料装填顺序	装填顺序一	装填顺序二	装填顺序三	装填顺序四	装填顺序五
最大压缩量（mm）	0.58	0.48	0.60	0.62	0.60
最小压缩量（mm）	0.46	0.34	0.52	0.58	0.50
压缩量最大差值（mm）	0.12	0.14	0.08	0.04	0.10

试验人：×××　　时间：2020-03

地点：厂家　　试验方式：填料动作试验

制图人：×××　　制图时间：2020-03

试验结论：不同的填料装填顺序，泄漏动作次数也不同；填料装填顺序四的泄漏动作次数最多，填料环压缩量的最大差值为 0.04 mm，是最合理的装填顺序。其他几种填料装填顺序容易导致阀门填料出现泄漏，对症结的影响程度较大。

确认结果：填料装填顺序一（原厂设计）不是最合理的装填顺序，故末端因素“填料装填顺序不合理”是“阀门填料泄漏”症结的主要原因。

确认人	×××		
确认时间	2020-03	确认地点	厂家、现场
确认结论	要因		

确认八：填料压盖螺栓螺纹副摩擦系数小

确认内容	填料压盖螺栓螺纹副摩擦系数对填料泄漏的影响程度
确认方法	调查分析、试验
现状情况	经确认，现场阀门的填料压盖螺栓螺纹副均采用**铸铁**材料，其摩擦系数为 1.1。
影响程度	首先，小组使用测振仪对现场相关阀门所连接管道的振动情况进行了测量，根据现场测量结果，阀门 4GSS225VL 的振动程度最大，其最大振动频率为 48 Hz，最大振幅为 6.4 mm。 我们小组对阀门进行了模拟试验，试验内容为阀门相连管道在振动频率为 48 Hz，振幅为 6.4 mm 的实验条件下，不同填料压盖螺栓螺纹副摩擦系数对阀门填料泄漏的影响。小组成员将振动器安装在阀门相连的管道上，通过设置振动频率以及振幅达到试验条件，通过使用不同材料的螺栓、螺母安装在阀门上，然后每组试验分别动作阀门 300 次，观察填料泄漏的情况并确认填料压盖是否松动，结果如下表：

续 表

<table>
<tr><td>确认内容</td><td colspan="3">填料压盖螺栓螺纹副摩擦系数对填料泄漏的影响程度</td></tr>
<tr><td>影响程度</td><td colspan="3">
表 24　不同填料压盖螺栓螺纹副摩擦系数对填料泄漏影响的试验结果情况表
<table>
<tr><td rowspan="2">序号</td><td rowspan="2">螺栓/螺母材质</td><td rowspan="2">填料压盖螺栓螺纹副摩擦系数</td><td colspan="3">填料压盖松动及填料泄漏情况</td></tr>
<tr><td>第 100 次动作</td><td>第 200 次动作</td><td>第 300 次动作</td></tr>
<tr><td>1</td><td>铝</td><td>1.2</td><td>未松动/未泄漏</td><td>未松动/未泄漏</td><td>未松动/未泄漏</td></tr>
<tr><td>2</td><td>铸铁</td><td>1.1</td><td>未松动/未泄漏</td><td>未松动/未泄漏</td><td>未松动/未泄漏</td></tr>
<tr><td>3</td><td>铜</td><td>1</td><td>未松动/未泄漏</td><td>未松动/未泄漏</td><td>未松动/未泄漏</td></tr>
<tr><td>4</td><td>镍</td><td>0.7</td><td>未松动/未泄漏</td><td>未松动/未泄漏</td><td>松动/泄漏</td></tr>
<tr><td>5</td><td>铬</td><td>0.41</td><td>未松动/未泄漏</td><td>松动/泄漏</td><td>松动/泄漏</td></tr>
<tr><td colspan="6">试验人：×××　　时间：2020-03
地点：库房　　试验方式：阀门动作试验</td></tr>
</table>
制表人：×××　　制表时间：2020-03
试验结论：当填料压盖螺栓螺纹副摩擦系数小于 0.7 时，容易导致阀门填料出现泄漏，对症结的影响程度较大。
确认结果：根据现场确认结果，现场阀门填料压盖螺栓螺纹副的摩擦系数为 $1.1>0.7$，故末端因素“填料压盖螺栓螺纹副摩擦系数小”不是“阀门填料泄漏”症结的主要原因。
</td></tr>
<tr><td>确认人</td><td colspan="3">×××</td></tr>
<tr><td>确认时间</td><td>2020-03</td><td>确认地点</td><td>库房、现场</td></tr>
<tr><td>确认结论</td><td colspan="3">非要因</td></tr>
</table>

主要原因：

（1）填料耐磨性差

（2）填料装填顺序不合理

八、制定对策

制定对策实施表

表 25　对策实施表

要因	对策	目标	措施	负责人	地点	计划完成时间
填料耐磨性差	增强填料的耐磨性	新选填料在动作 5000 次后填料缺陷率小于 5%	1. 对原厂设计的填料进行分析 2. 设计确定新填料 3. 向采购部门提出采购，购买新填料 4. 确定新选填料的填料压盖紧固力矩 5. 现场填料换型实施 6. 确定后续巩固措施	×××	现场	2020-05
填料装填顺序不合理	优化填料的装填顺序	最合理的填料装填顺序可以使填料环压缩量的最大差值≤0. 04 mm	1. 根据要因确认七中不同的填料装填顺序的试验结果，选择最合理的填料装填顺序 2. 现场阀门解体 3. 填料装填顺序变更 4. 阀门回装 5. 确定后续巩固措施	×××	现场	2020-05

制表人：×××　　　　制表时间：2020-03

九、对策实施

对策实施一：增强填料的耐磨性	
实施目标	新选填料在动作 5000 次后填料缺陷率小于 5%
实施过程	**（1）对原厂设计的填料进行分析。** 原厂填料为纯石墨填料，其具有良好的回弹，良好的润滑性，抗压能力强，耐高温能力强，但是用于频繁动作的正常疏水阀上时，纯石墨填料呈现出的耐磨性不够，阀门动作过程中纯石墨填料会出现不同程度的磨损，不能满足现场阀门的运行要求。 经小组成员查阅填料相关资料并进行充分讨论，决定**在纯石墨填料中添加一些耐磨材料**，使其耐磨性能得到进一步的提高，可以达到现场阀门的运行要求。

续　表

对策实施一：增强填料的耐磨性

实施过程

（2）设计确定新填料。

小组自行设计了三种石墨混合型填料，包括**石墨与钢丝混合、石墨与铜丝混合、石墨与镍丝混合，**联系厂家生产制造出这三种填料的样品，并利用填料试验机对这三种填料进行耐磨性试验，具体试验情况如下表：

表 26　试验情况表

填料类型	动作次数（次）	填料磨损情况
石墨与钢丝混合	5000	存在磨损
石墨与铜丝混合	5000	存在磨损
石墨与镍丝混合	5000	未见明显磨损
确认人：×××		时间：2020-04
地点：厂家		试验方式：填料动作试验

制表人：×××　　　　制表时间：2020-04

由上述试验可以得出，石墨与镍丝混合的填料可以动作 5000 次仍没有任何磨损，其耐磨性能可以满足现场阀门运行工况要求，故小组最终**选择石墨与镍丝混合的填料作为拟更换的新选填料**。

（3）向采购部门提出采购申请，购买新填料。

（4）确定新选填料的填料压盖紧固力矩。

小组成员利用填料压盖力矩计算公式对新选的填料压盖紧固力矩进行计算。

$$W_0 = A_g \sigma_0$$

$$A_g = 0.785(D_0^2 - D_i^2)$$

$$T = \frac{kdW_0}{n} = \frac{kdA_g\sigma_0}{n} = \frac{0.785kd\sigma_0(D_0^2 - D_i^2)}{n}$$

T：填料压盖螺栓力矩，N · m

k：螺栓摩擦系数

d：螺栓名义直径，m

σ_0：填料预压缩应力

D_0：填料起密封作用的外径，mm

D_i：填料起密封作用的内径，mm

n：螺栓数量

W_0：螺栓最小预紧载荷，N

A_g：填料起密封作用的面积，mm^2

其中，k 选为 0.16；填料紧固螺栓直径 d 为 0.014 m；σ_0 选为 33 至 48 MPa；D_0 为 41 mm；D_i 为 28.5 mm；n 为 2，代入公式：

$$T = \frac{kdW_0}{n} = \frac{kdA_g\sigma_0}{n} = \frac{0.785kd\sigma_0(D_0^2 - D_i^2)}{n}$$

续　表

<table>
<tr><th colspan="4">对策实施一：增强填料的耐磨性</th></tr>
<tr><td>实施过程</td><td colspan="3">

计算得：阀门压盖紧固力矩 T 选为 25 N·m 至 37 N·m。

（5）现场填料换型实施。

申请工单对阀门进行解体检查，将旧填料全部取出，同时将新填料（石墨与镍丝混合）回装至阀门。

（6）确定后续巩固措施：

1. 将旧填料物资编码冻结，申请新的物资编码将新填料型号固化；
2. 升版检修规程，更新填料信息，同时修改填料压盖紧固力矩；
3. 更新模板工单领料申请中的填料挂接信息。

</td></tr>
<tr><td>实施目标检查</td><td colspan="3">

小组联系厂家，将 6 组新选填料和 6 组原厂填料分别装在填料试验机上动作 5000 次，检查填料的缺陷情况，具体情况如下表：

表 27　试验情况表

<table>
<tr><th colspan="2">填料类型</th><th>原厂填料</th><th>新选填料</th></tr>
<tr><td colspan="2">试验组数（组）</td><td>6</td><td>6</td></tr>
<tr><td colspan="2">动作次数（次）</td><td>5000</td><td>5000</td></tr>
<tr><td rowspan="2">试验结果</td><td>填料缺陷组数</td><td>6</td><td>0</td></tr>
<tr><td>填料缺陷率</td><td>100%</td><td>0%</td></tr>
<tr><td colspan="4">确认人：×××　　时间：2020-04
地点：厂家　　试验方式：填料动作试验</td></tr>
</table>

制表人：×××　　制表时间：2020-04

试验结果表明，新选填料在动作 5000 次后填料缺陷率为 0%，小于 5%，达到了实施目标。

</td></tr>
<tr><td>实施负责人</td><td>×××</td><td>效果检查人</td><td>×××</td></tr>
<tr><td>实施日期</td><td>2020-04—2020-05</td><td>检查日期</td><td>2020-04</td></tr>
</table>

<table>
<tr><th colspan="2">对策实施二：优化填料的装填顺序</th></tr>
<tr><td>实施目标</td><td>最合理的填料装填顺序可以使填料环压缩量的最大差值≤0.04 mm</td></tr>
<tr><td>实施过程</td><td>

（1）根据**要因确认七**中不同的填料装填顺序的试验结果，填料装填顺序四的泄漏动作次数最多，优于其他的填料装填顺序，**故小组选择装填顺序四为作为最合理的填料装填顺序**。

（2）**现场阀门解体**：申请工单，对阀门进行解体检查。

（3）**填料装填顺序变更**：按照填料装填顺序四对填料进行回装。

（4）**阀门回装**：完成阀门的回装。

（5）**确定后续巩固措施**：升版检修规程，明确阀门填料装填顺序。

</td></tr>
</table>

续　表

<table>
<tr><td colspan="4">对策实施二：优化填料的装填顺序</td></tr>
<tr><td>实施目标检查</td><td colspan="3">
小组联系厂家，将 6 组原厂填料按照填料装填顺序四的方式分别安装在填料试验机上动作 5000 次，试验停止后取出填料，对填料环的压缩量进行检查测量，具体情况如下表：
表 28　填料压缩量情况表
<table>
<tr><th>项目</th><th>填料 1</th><th>填料 2</th><th>填料 3</th><th>填料 4</th><th>填料 5</th><th>填料 6</th></tr>
<tr><td>最大压缩量（mm）</td><td>0.62</td><td>0.62</td><td>0.62</td><td>0.62</td><td>0.62</td><td>0.62</td></tr>
<tr><td>最小压缩量（mm）</td><td>0.60</td><td>0.58</td><td>0.60</td><td>0.60</td><td>0.58</td><td>0.60</td></tr>
<tr><td>压缩量最大差值（mm）</td><td>0.02</td><td>0.04</td><td>0.02</td><td>0.02</td><td>0.04</td><td>0.02</td></tr>
<tr><td colspan="7">确认人：××× 时间：2020-05
地点：厂家 试验方式：填料动作试验</td></tr>
</table>
制表人：××× 制表时间：2020-05
试验结果表明，按照填料装填顺序四回装填料，动作 5000 次后填料环压缩量的最大差值均≤0.04 mm，达到了实施目标。
</td></tr>
<tr><td>实施负责人</td><td>×××</td><td>效果检查人</td><td>×××</td></tr>
<tr><td>实施日期</td><td>2020-04—2020-05</td><td>检查日期</td><td>2020-05</td></tr>
</table>

十、效果检查

10.1　目标检查

方案实施后，小组对秦二厂 3、4 号机组汽水分离再热器系统于 2020 年 6 月—2020 年 11 月出现的缺陷进行记录，见表 29，同时绘制实施效果检查图 17。

表 29　方案实施后缺陷统计表

月份	2020-06	2020-07	2020-08	2020-09	2020-10	2020-11	总计
缺陷次数（次）	7	3	4	3	4	5	26
月平均缺陷次数（次/月）	4.33						
调查人：××× 时间：2020-12 地点：办公室 调查方式：查历史缺陷工单							

制表人：××× 制表时间：2020-12

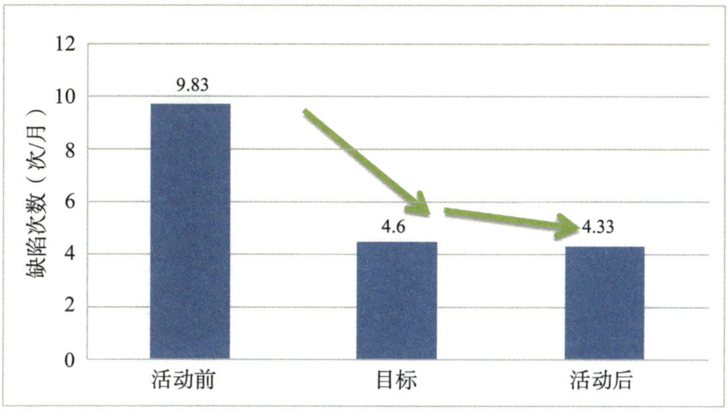

图 17 实施效果检查图

制图人：×××　　时间：2020-12

结论：由上可知，小组通过对策实施降低了秦二厂 3、4 号机组汽水分离再热器系统缺陷次数，**由活动前的 9.83 次/月降低至 4.33 次/月，达到了活动目标。**

10.2 症结检查

活动后，小组对具体缺陷进一步调查，将活动前、活动后的缺陷情况进行对比分析，具体缺陷统计表见表 30。

表 30 活动前后具体缺陷对照表

活动前（2019-08—2020-01）				活动后（2020-06—2020-11）			
序号	项目	缺陷次数	百分比	序号	项目	缺陷次数	百分比
A11	**阀门填料泄漏**	**35**	**83%**	A12	阀门内漏	3	43%
A12	阀门内漏	5	12%	A13	阀门法兰泄漏	3	43%
A13	阀门法兰泄漏	2	5%	**A11**	**阀门填料泄漏**	**1**	**14%**
总计		42	100%	总计		7	100%
调查人：××× 地点：办公室						时间：2020-12 调查方式：历史工单完工报告	

制表人：×××　　制表时间：2020-12

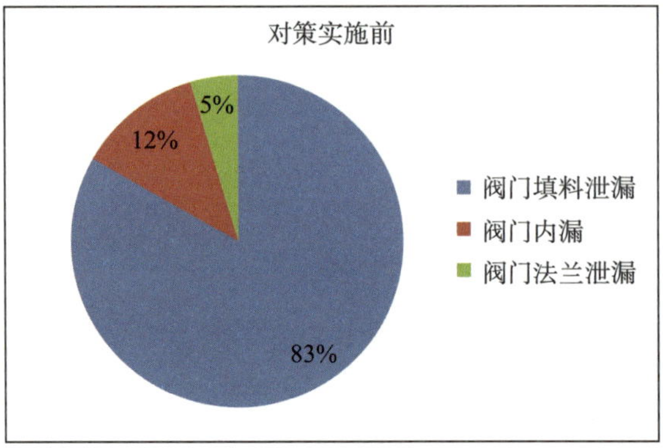

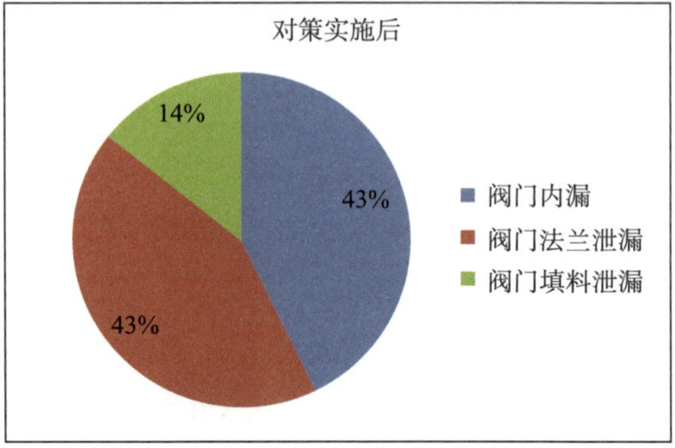

图 18　活动前后缺陷次数对照图

制图人：×××　　　　时间：2020-12

结论：由上可知，对策实施后，汽水分离再热器系统**阀门填料泄漏的缺陷次数由活动前的 35 次，降低至活动后的 1 次，症结消除率达到了 97%，已经不再是系统的主要症结，**汽水分离再热器系统的运行可靠性大幅提高。

10.3　效益分析

（1）安全效益

通过本次 QC 活动，减少了秦二厂 3、4 号机组汽水分离再热器系统缺陷次数，提高了汽水分离再热器系统的运行可靠性，为电厂的安全稳定运行保驾护航。同时也极大降低了检修人员在对缺陷进行处理时受到高温流体伤害的可能性。

（2）社会效益

本次 QC 活动对于症结阀门填料泄漏的解决方案不仅适用于秦二厂的 4 台机组，对于其他电厂存在类似填料结构的阀门同样具有重要的指导意义，值得广泛推广。

十一、制定巩固措施

11.1　制定巩固措施

表 31　巩固措施表

序号	巩固措施	落实人	完成时间
1	将旧填料的物资编码冻结，申请新的物资编码将新填料型号固化。 3/4GSS125/225/139/239VL 填料物资编码 9000239258 3/4GSS126/226/140/240VL 填料物资编码 9000239265	×××	2021-06

续 表

序号	巩固措施	落实人	完成时间
2	升版规程 Q2Y-XFS-TPMAPM-0002《3、4 号机组 FLOWSERVE 公司失气开型调节阀解体检查》、Q2Y-XFS-TPMAPM-0003《3、4 号机组 FLOWSERVE 公司失气关型调节阀解体检查》，明确阀门填料装填顺序，更新填料信息，同时修改填料压盖紧固力矩，目前规程已发布。	×××	2021-06
3	更新模板工单领料申请中的填料挂接信息。 模板工单号包括：00635206、00623349、00635211、00623352、00624055、00628007、00628717、00623931、00622824、00628865、00622950、00628936、00631775、00623823、00624069、00628190	×××	2021-06

制表人：×××　　制表时间：2020-12

11.2　巩固期效果跟踪

2020 年 12 月—2021 年 4 月，小组对改进后秦二厂 3、4 号机汽水分离再热器系统缺陷情况进行了持续跟踪调查，调查结果如下所示。

表 32　效果跟踪表

月份	2020-12	2021-01	2021-02	2021-03	2021-04
缺陷次数	2 次	4 次	3 次	2 次	3 次
调查人：××× 地点：办公室					时间：2021-04 调查方式：查询 EAM 系统

制表人：×××　　制表时间：2021-04

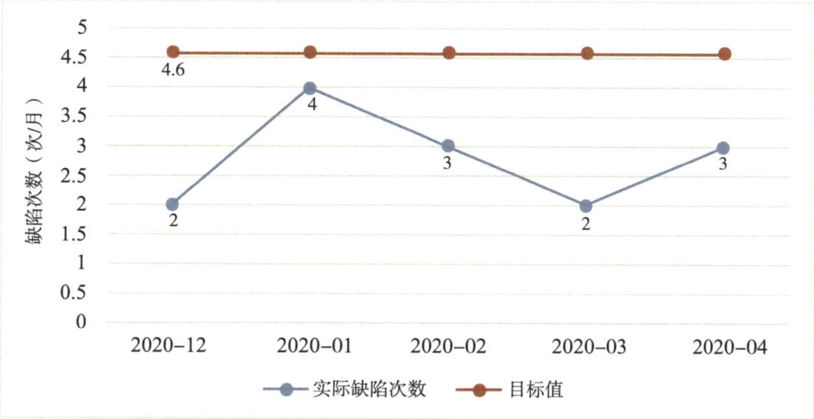

图 19　效果跟踪对比图

制图人：×××　　制图时间：2021-04

结论：从跟踪检查结果可以看出，**活动效果得到很好的持续。**

十二、总结和下一步打算

12.1 总结

（1）专业技术：本次 QC 小组活动达到了预期目标，降低了秦二厂 3/4 号机组汽水分离再热器系统缺陷次数，保障了机组的安全稳定运行。通过本次 QC 活动，小组成员解决问题能力、技能知识水平均得到了全面的提升。深入了解掌握了一般气动调节阀的工作原理、结构组成、常见故障现象以及处理措施，降低了气动阀检修难度，提高了检修的专业性。同时也存在一些不足之处，例如：在对策实施过程中，针对填料耐磨性差的技术改进方案仍存在可提升空间。

（2）管理方法

表 33　管理方法总结

项目		总结
活动程序和方法经验总结	调查现状	本次 QC 小组的现状调查采用了分层剖析的方法，对现状分析更加具有逻辑性，调查得也更加透彻，准确的找到了课题的症结是“阀门填料泄漏”，为后续的原因分析提供了坚实的依据。
	设定目标	本次活动的目标设定，小组统计往年解决症结的能力，均在 90% 以上；同时也调查了国内其他核电厂的相关情况，做到了目标设定的有理有据。
	原因分析	针对症结，组员运用头脑风暴法进行了分析，分析过程中不再拘泥于设备本身，而是能从各个方面着手考虑，明确各个环节和症结的因果关系。例如：针对填料的压缩率不够，小组不仅从填料压盖本身紧固力矩方面分析，同时也考虑到了填料压盖在阀门运行过程中可能出现松动的情况。
	要因确认	通过本次活动，学会了运用现场检查，测量，对比试验，用数据说话，通过分析其影响程度的方法来进行确认，但同时存在要因确认方法比较单一的问题。
	对策实施	以前在对策实施时不会去思考尽可能多的方案。本次活动中，学会了通过做试验，根据试验数据来对方案进行评估的方法，在极大程度上摒弃了主观选取。例如：小组分析并自行设计了 3 种石墨混合型填料，通过动作试验最终选定了石墨与镍丝混合的填料。
	巩固措施	本次活动巩固措施主要从标准方面开展，将已有的成果转化为文件，为日后的检修维护提供依据，同时对巩固期系统缺陷情况进行了持续跟踪调查，调查发现症结消除后，活动效果得到了很好的延续。

制表人：×××　　　　制表时间：2021-04

（3）综合素质

通过本次活动，对 QC 活动的程序更加熟练，增强了质量改进意识，增强了团队凝聚力。在实施过程中，通过查找相关资料，增长了技术知识，同时小组应用统计方法工具分析问题，多角度思考问题，深层次解决问题的能力得到了有效提升。但小组人员在设备知识和技能操作水平上仍有欠缺，需要进一步提升。

（4）提升措施

针对小组成员在技术、管理、人员素质提升等方面存在的不足，提出了相应措施并落实到人，详见下表。

表 34 制定提升措施

不足方面	改进措施	预期目标	完成时间	负责人
针对技术上的不足	开阔眼界，利用最前沿的技术提出更加有效的改进方案	通过网络、讲座等途径掌握前沿先进技术，完成 1 篇相关技术报告	2021-12	×××
针对管理上的不足	增加 QC 项目的学习培训，增强小组成员质量管理活动水平	深入学习各类图表及 QC 工具方法使用，每年至少开展该类专项培训 2 次	2022-06	×××
针对小组成员素质提升上的不足	加强对设备的深入学习，提高个人实操能力水平	每月组织开展 1 次“每人一课”讲学活动；每年至少开展 2 次技能比武活动	2022-06	×××

制表人：××× 制表时间：2021-04

12.2 下一步计划

今后，我们将在实际工作中，更广泛地开展 QC 活动，针对核电厂内日益增长的安全稳定运行需求不断改进，不断创新。下一阶段小组计划开展“**减少秦二厂 3、4 号机组硼和水补给系统补给水箱氧含量超标次数**”的课题研究。

选题背景 ➡ 秦二厂3、4号机组硼和水补给系统补给水箱氧含量频繁超标，对机组安全稳定运行产生了一定的影响。

秦二厂3、4号机组硼和水补给系统补给水箱氧含量实际超标情况 ➡

小组通过调查，统计了2020年下半年内秦二厂3、4号机组硼和水补给系统补给水箱氧含量超标次数的情况如下：

表35 故障情况调查表

时间	2020-07	2020-08	2020-09	2020-10	2020-11	2020-12
缺陷次数	2	1	1	0	1	0
总计：5次；　缺陷率：10次/年						
调查人：×××　地点：班组					时间：2021-04　调查方式：查询历史工单	

制表人：×××　制表时间：2021-04

小组通过调查得到，硼和水补给系统补给水箱氧含量超标次数的行业最好水平为：**2次/年**。但是目前补给水箱的氧含量超标次数高达10次/年，与行业最好水平相比存在较大差距。

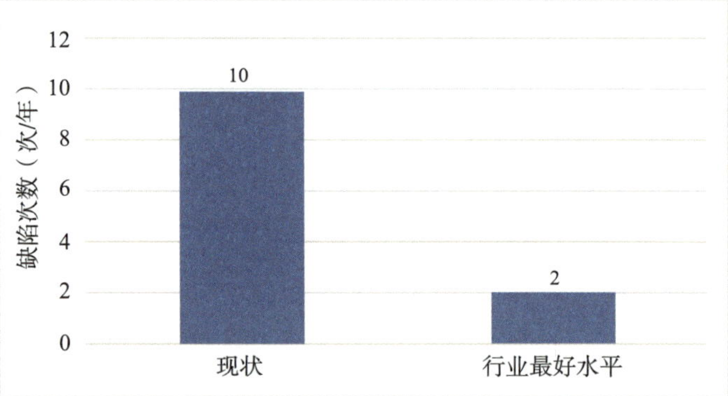

图20 现状与行业最好水平对比柱状图

制图人：×××　制图时间：2021-04

课题选择 ➡ 减少秦二厂3、4号机组硼和水补给系统补给水箱氧含量超标次数

专家点评：三门核电　黄义忠

1. 总体评价

该课题类型为问题解决型，战神QC小组严格遵循PDCA活动程序，注重用数据和事实说话，思路清楚、流程规范、方法得当、成果突出，通过小组QC活动，秦二厂3、4号

机组汽水分离再热器系统缺陷得到了有效的整治。

2. 成果亮点

（1）活动效果明显，小组通过采取增强汽水分离再热器系统阀门填料的耐磨性、优化阀门填料的装填顺序的对策，使汽水分离再热器系统阀门填料泄漏频次明显减少，超过了预期目标，活动效果明显。

（2）活动程序规范。该成果遵循 PDCA 循环，按照问题解决型（自定目标）课题活动要求开展活动，如对策实施时，小组能够针对主要原因逐条制定对策；进行多种对策选择时，有事实和数据为依据。对策按“5W1H”要求制定；按照对策表逐条实施，并与对策目标进行比较，确认对策效果，活动程序较为规范。

（3）要因确认过程数据翔实，逻辑紧密。小组通过现场测量、试验和调查分析，针对每个末端原因逐条确认，以末端因素对问题或问题症结的影响程度判定主要原因。

3. 改进建议

（1）原因分析未逐层分析到末端，能直接采取对策，如：“填料耐磨性差”这条要因未分析到末端，还可以分析为什么填料耐磨性差，是厂家质量问题还是选型问题等。

（2）图 3 汽水分离再热器系统缺陷排列图的纵轴坐标值范围未涵盖累计 100%对应的缺陷次数。

（3）制定巩固措施中表 31 中建议优化，增加巩固措施、巩固内容、纳入文件名称、编码，生效时间等信息。巩固期效果检查，应在所有的巩固措施生效后再进行跟踪检查。

课题六

减少 DVG 风机故障次数

一、课题介绍

DVG 系统（辅助给水泵房通风系统）是核电厂重要通风系统，其功能是保证控制棒驱动机构电源室、棒控和棒位系统机柜间、蒸汽发生器辅助给水系统电动泵房和汽动泵房设备所需的适宜温度，为有关的房间提供适当的换气次数，保证控制棒驱动机构电源系统及棒控和棒位系统的设备处于合适的温度。流程简图如图 1 所示。

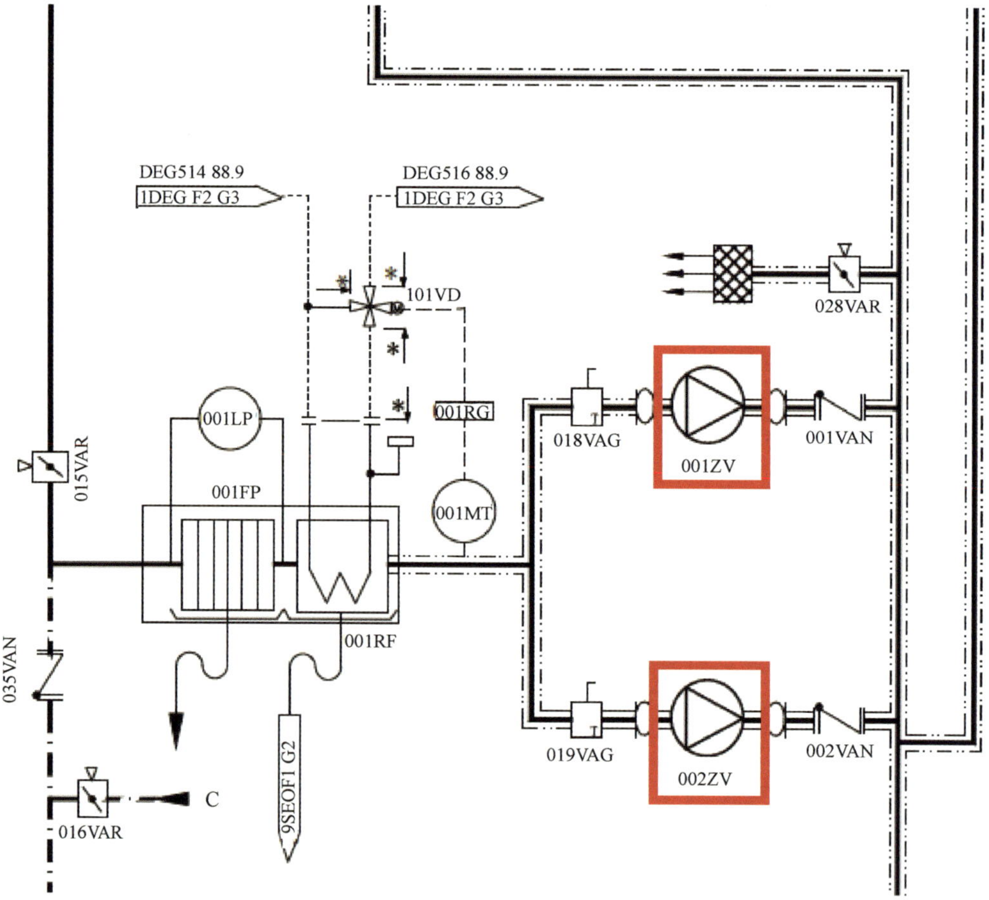

图 1　DVG 系统流程简图

DVG 系统采用一次回风系统，经过过滤处理后的空气通过送风机（DVG001ZV 或 002ZV）送风，DVG 风机是 DVG 系统的“心脏”。2020 年 5 月以来，我厂 DVG 风机故障次数较多，一方面增加了设备检修的人力、物力成本，另一方面导致系统频繁隔离检修，影响下游用户冷源供应，严重的话会导致机组后撤。为了减少 DVG 风机故障次数，“核风”QC 小组展开了 PDCA 循环活动，总结出减少 DVG 风机故障次数的方法。

二、小组简介

“核风”QC 小组成立于 2020 年 8 月 3 日，成员共有 9 人。本小组是由于工作需要，在各部门的大力支持下，挑选 QC 小组骨干力量新成立的 QC 小组，小组成员多次参加 QC 小组活动，技术能力过硬，现场经验丰富，为本次 QC 活动的顺利开展提供了有利条件。

表 1　“核风”QC 小组概况

小组名称	“核风”QC 小组					
课题名称	减少 DVG 风机故障次数					
成立时间	2020-08-03		注册时间	2020-08-03		
注册登记号	HNPC-QC-2021-020		课题类型	问题解决型		
小组人数	9 人		活动时间	2020-08—2021-04		
TQM 教育时间	48 h		出席率	100%		
小组成员简介						
序号	姓名	性别	学历	职称	职务	组内分工
1	姚肖方	女	硕士研究生	工程师	组长	统筹协调，总结打算等
2	×××	男	硕士研究生	工程师	组员	方案制定、成果梳理等
3	×××	男	硕士研究生	高级工程师	组员	调查分析、效果检查等
4	×××	男	本科	助理工程师	组员	调查分析、试验验证等
5	×××	男	本科	工程师	组员	分析实施、试验验证等
6	×××	男	本科	工程师	组员	调查分析、分析实施等
7	×××	男	硕士研究生	高级工程师	组员	数据整理、成果梳理等
8	×××	男	本科	高级工程师	组员	资料收集、活动记录等
9	×××	男	本科	工程师	组员	资料收集、数据整理等

制表人：×××　　校核人：×××　　审核人：×××　　制表日期：2020-08-04

三、选择课题

3.1 重要性

《XDVG 报警手册》：因 001ZV 或 002ZV 风机跳闸引起的高温对控制棒驱动机构的发电机组、RGL 电气柜运行不利，严重的话会导致机组后撤，影响机组的稳定运行。按照风机可靠性要求，DVG 风机的故障次数≤2 次/月。

3.2 目前现状

小组成员对 2020 年 5—7 月期间 DVG 风机发生的故障次数进行统计，见表 2。

表 2　DVG 风机故障次数统计表

项目	2020-05—2020-07	2020-06	2020-07	合计
故障次数（次）	3	5	4	12
月平均故障次数（次/月）	4			

制表人：××× 校核人：××× 审核人：××× 制表日期：2020-08-04

根据上表，DVG 风机 3 个月内总故障次数达 12 次，平均达到了 4 次/月，为生产运行带来隐患。

3.3 选择课题

结合现有的人力、物力及现场情况，均有利于我们工作的开展，故选择《减少 DVG 风机故障次数》作为本次 QC 活动的课题。

四、现状调查

4.1 风机缺陷分类统计

分层一：

小组对 2020 年 5—7 月 DVG 风机的所有故障，按照缺陷种类进行统计和分类，见表 3。

表 3　2020 年 5—7 月 DVG 风机缺陷分类统计表

序号	缺陷种类	缺陷次数（次）	累计次数（次）	累计占比
1	风机有异音	11	11	91.7%
2	皮带抖动大	1	12	100%

制表人：××× 校核人：××× 审核人：××× 制表日期：2020-08-06

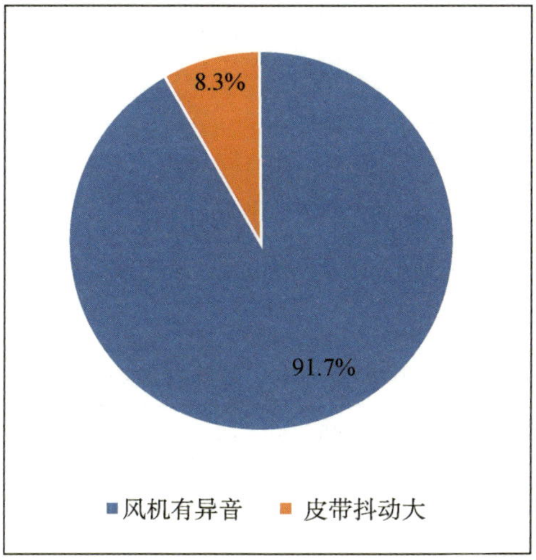

图 2　缺陷类型分类统计图

制图人：×××　　校核人：×××　　审核人：×××　　制图日期：2020-08-06

从上述分析可以得出："风机有异音"故障在 DVG 风机故障次数中占主要比例，小组成员决定对其进一步分析。

分层二：

小组对 2020 年 5—7 月 DVG 风机异音来源进行分析，见表 4。

表 4　2020 年 5—7 月 DVG 风机异音来源分类统计表

序号	异音来源	缺陷次数（次）	累计次数（次）	累计占比
1	非驱动端轴承有异音	10	10	90. 9%
2	皮带罩壳有异音	1	11	100%

制表人：×××　　校核人：×××　　审核人：×××　　制表日期：2020-08-06

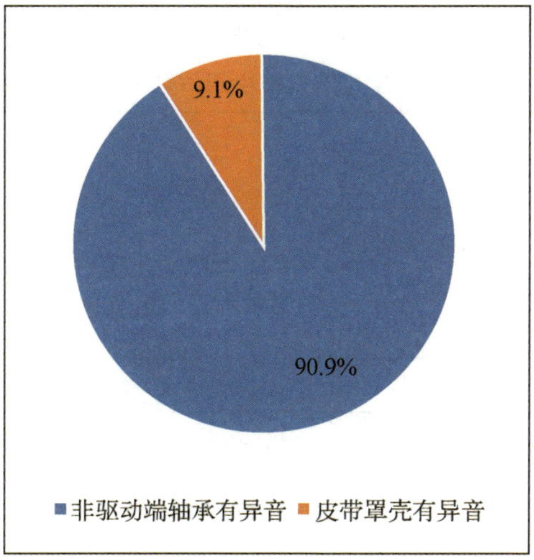

图 3　风机异音来源分类统计图

制图人：×××　　校核人：×××　　审核人：×××　　制图日期：2020-08-06

基于以上现状调查，可以确认“非驱动端轴承有异音”是 DVG 风机故障次数多的主要原因，是本次 QC 活动要解决的主要症结。

4.2 目标设定依据

（1）横向对比

小组成员对国内其他核电机组的 DVG 风机在 2020 年 5—7 月期间的故障次数进行了调查，调查结果见表 5。

表 5 国内其他电厂故障次数统计表

电厂	福清核电	秦山核电	方家山核电
月平均故障次数（次/月）	1	1	0

制表人：××× 校核人：××× 审核人：××× 制表日期：2020-08-10

从上表可知，国内其他电厂 DVG 风机故障次数不高于 1 次/月。

（2）纵向对比

小组成员对我厂 2019 年 5 月—2020 年 4 月期间 DVG 风机的缺陷工单与运行记录进行了调查，调查结果见表 6。

表 6 我厂故障次数统计表

时间	2019-05	2019-06	2019-07	2019-08	2019-09	2019-10	2019-11	2019-12	2020-01	2020-02	2020-03	2020-04
月平均故障次数（次/月）	2	1	2	2	1	1	1	2	1	1	2	3

制表人：××× 校核人：××× 审核人：××× 制表日期：2020-08-10

从上表可知，我厂 DVG 风机缺陷次数历史最优月为 1 次/月。

（3）目标数据测算

对小组成员往年参与的 QC 小组活动症结解决程度进行调查，统计结果见表 7。

表 7 小组成员往年参与的 QC 小组活动症结解决程度统计表

课题名称	活动时间	活动前症结缺陷率	活动后症结缺陷率	症结解决程度
降低化学楼通风系统故障次数	2019—2020 年	5 次/月	0 次/月	100%
降低汽轮发电机组 11#轴瓦外油挡漏油量	2018—2019 年	112 mL/天	11 mL/天	90.2%
减少电气厂房冷冻机故障次数	2017—2018 年	10 次/月	1 次/月	90%

制表人：××× 校核人：××× 审核人：××× 制表日期：2020-08-10

由上表可知，小组成员 QC 小组活动症结解决程度在 90%以上。

“非驱动端轴承有异音”这个症结在 3 个月时间内共发生 10 次，平均每月 10÷3＝3.33 次/月。小组分析认为如果能将症结解决 90%，则活动过后每月缺陷次数为 4 次/月－3.33 次/月×90%＝1 次/月。

五、设定目标

基于上述分析，小组设定目标为：减少 DVG 风机故障次数为 1 次/月。

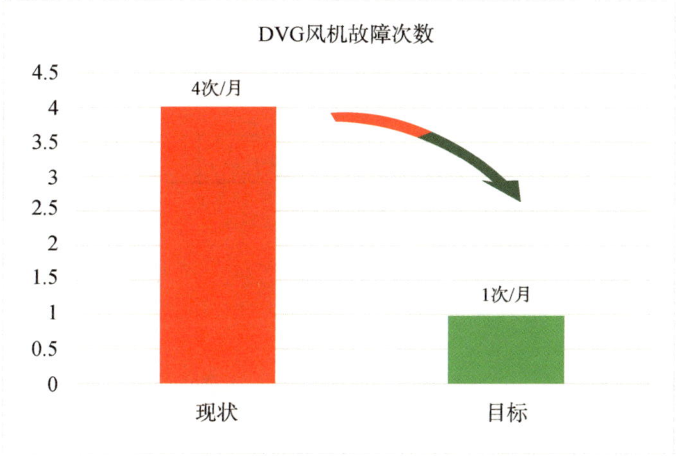

图 4 活动目标柱状图

制图人：××× 校核人：××× 审核人：××× 制图日期：2020-08-10

六、原因分析

根据现状调查分析，“非驱动端轴承有异音”是 DVG 风机故障次数多的主要症结，小组成员运用头脑风暴法，组织了多次分析讨论，共找到了 10 个末端因素，并绘制鱼刺图，如图 5 所示。

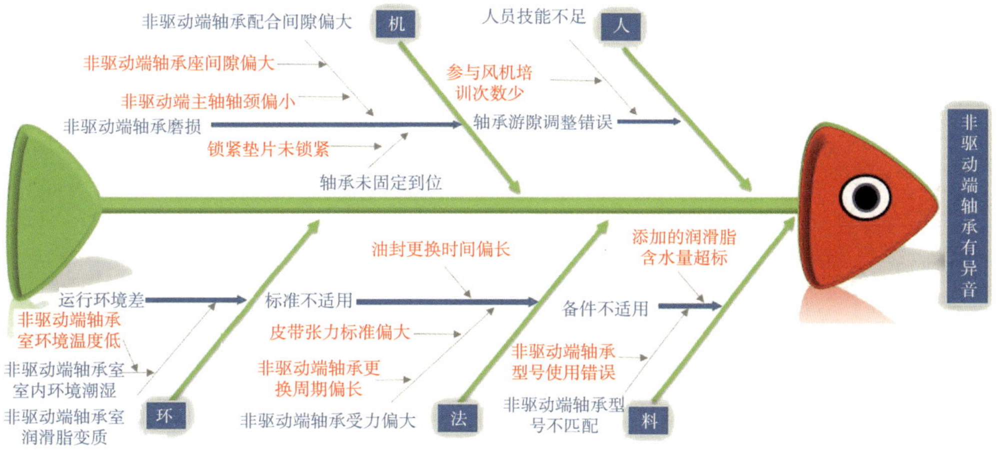

图 5 鱼刺图

制图人：××× 校核人：××× 审核人：××× 制图日期：2020-08-12

对末端因素进行统计，见表8。

表8　末端因素统计表

序号	末端因素	序号	末端因素
1	参与风机培训次数少	6	非驱动端主轴轴颈偏小
2	非驱动端轴承型号使用错误	7	锁紧垫片未锁紧
3	非驱动端轴承更换周期偏长	8	油封更换时间偏长
4	皮带张力标准偏大	9	非驱动端轴承室环境温度低
5	非驱动端轴承座间隙偏大	10	添加的润滑脂含水量超标

制表人：××× 校核人：××× 审核人：××× 制表日期：2020-08-12

七、确定主要原因

小组成员根据“鱼刺图”，并结合实际情况，共找到导致“非驱动端轴承有异音”的10个末端因素，制定了要因确认计划表，见表9。

表9　要因确认计划表

序号	末端因素	确认内容	判定方式	责任人	确定时间	地点
1	参与风机培训次数少	参与风机培训次数对非驱动端轴承有异音的影响	调查分析	×××	2020-08-12	BX110
2	非驱动端轴承型号使用错误	非驱动端轴承型号错误对非驱动端轴承有异音的影响	调查分析	×××	2020-08-12	BX110
3	非驱动端轴承更换周期偏长	非驱动端轴承更换周期长短对非驱动端轴承有异音的影响	调查分析	×××	2020-08-14	BX110
4	皮带张力标准偏大	皮带张力标准大小对非驱动端轴承有异音的影响	调查分析	×××	2020-08-18	BX110
5	非驱动端轴承座间隙偏大	非驱动端轴承座间隙大小对非驱动端轴承有异音的影响	调查分析 现场测量	×××	2020-08-20	BX223 W130/W170
6	非驱动端主轴轴颈偏小	非驱动端主轴轴颈大小对非驱动端轴承有异音的影响	调查分析 现场测量	×××	2020-08-20	BX223 W130/W170
7	锁紧垫片未锁紧	锁紧垫片锁紧程度对非驱动端轴承有异音的影响	调查分析 试验	×××	2020-08-21	W130/W170
8	油封更换时间偏长	油封更换时间长短对非驱动端轴承有异音的影响	调查分析 试验	×××	2020-09-04	BX223 W130/W170

续 表

序号	末端因素	确认内容	判定方式	责任人	确定时间	地点
9	非驱动端轴承室环境温度低	非驱动端轴承室环境温度高低对非驱动端轴承有异音的影响	调查分析 现场测量 试验	×××	2020-09-04	BX110 W130/W170
10	添加的润滑脂含水量超标	润滑脂属于化学品，仓库中的润滑脂由公司统一管理，全厂设备通用，化学定期取样分析，水分满足国标要求，小组无法改变其含水量，因此删除“添加的润滑脂含水量超标”这一不可控因素。				

制表人：××× 校核人：××× 审核人：××× 制表日期：2020-08-12

为了找到要因，小组成员深入讨论分析，对造成“非驱动端轴承有异音”的末端因素进行分工，每个末端因素都由两人共同判定。小组成员从现场测量、试验、调查分析三个方面进行验证，在9个末端因素中确定要因。

7.1 参与风机培训次数少

末端因素一	参与风机培训次数少
确认方法	调查分析
分析过程	参与风机培训次数少，可能会因风机检修技能不熟练导致轴承安装游隙错误，从而造成非驱动端轴承有异音。
确认过程	小组对组内风机检修人员工龄、培训次数、轴承游隙安装正确率、检修后是否出现“非驱动端轴承有异音”等数据进行统计，见表10。

表10 检修人员培训及检修情况调查表

人员名称	工龄	风机培训次数	轴承游隙安装正确率	是否出现非驱动端轴承有异音
×××	20	30	100%	是
×××	10	20	100%	是
×××	9	16	100%	是
×××	9	0	100%	是
×××	4	8	100%	是

制表人：××× 校核人：××× 审核人：××× 制表日期：2020-08-12

续 表

<table>
<tr><td>末端因素一</td><td colspan="5">参与风机培训次数少</td></tr>
<tr><td>确认过程</td><td colspan="5">
图 6　现场调整轴承图
确认结果：经调查，小组成员在培训次数相差较大的情况下，均能按照轴承游隙调整方法完成游隙调整，均未出现轴承游隙安装错误，但检修的风机均会出现非驱动端轴承有异音的情况。</td></tr>
<tr><td>确认结论</td><td colspan="5">参与风机培训次数少对症结影响程度小，该因素为非要因。</td></tr>
<tr><td>确认人</td><td>×××</td><td>确认地点</td><td>BX110</td><td>确认日期</td><td>2020-08-12</td></tr>
</table>

7.2　非驱动端轴承型号使用错误

<table>
<tr><td>末端因素二</td><td>非驱动端轴承型号使用错误</td></tr>
<tr><td>确认方法</td><td>调查分析</td></tr>
<tr><td>分析过程</td><td>（1）调查风机轴承原装型号
经调查风机运维手册，DVG 风机轴承原装型号为 22212EK/SKF，驱动端与非驱动端轴承型号一致。
DVG 风机是皮带传动离心风机，皮带安装于驱动端侧，运行过程中轴承会承受较大的径向力和轴向力。22212EK/SKF 是圆锥孔球面滚子轴承，滚珠与轴承垂直轴线成 1∶12的锥度，能自由调心，可承受较大的径向力和轴向力。轴承选型经过厂家计算，满足风机运行需求。
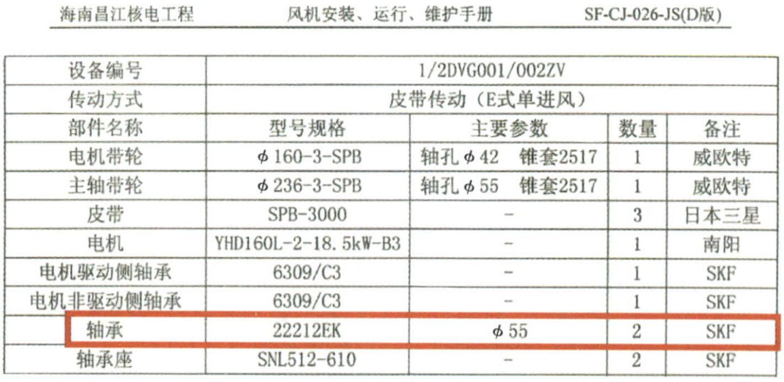
海南昌江核电工程　风机安装、运行、维护手册　SF-CJ-026-JS(D版)
<table><tr><td>设备编号</td><td colspan="4">1/2DVG001/002ZV</td></tr><tr><td>传动方式</td><td colspan="4">皮带传动（E式单进风）</td></tr><tr><td>部件名称</td><td>型号规格</td><td>主要参数</td><td>数量</td><td>备注</td></tr><tr><td>电机带轮</td><td>ϕ160-3-SPB</td><td>轴孔ϕ42　锥套2517</td><td>1</td><td>威欧特</td></tr><tr><td>主轴带轮</td><td>ϕ236-3-SPB</td><td>轴孔ϕ55　锥套2517</td><td>1</td><td>威欧特</td></tr><tr><td>皮带</td><td>SPB-3000</td><td>-</td><td>3</td><td>日本三星</td></tr><tr><td>电机</td><td>YHD160L-2-18.5kW-B3</td><td>-</td><td>1</td><td>南阳</td></tr><tr><td>电机驱动侧轴承</td><td>6309/C3</td><td>-</td><td>1</td><td>SKF</td></tr><tr><td>电机非驱动侧轴承</td><td>6309/C3</td><td>-</td><td>1</td><td>SKF</td></tr><tr><td>轴承</td><td>22212EK</td><td>ϕ55</td><td>2</td><td>SKF</td></tr><tr><td>轴承座</td><td>SNL512-610</td><td>-</td><td>2</td><td>SKF</td></tr></table>
图 7　风机运维手册中轴承型号</td></tr>
</table>

续　表

末端因素二	非驱动端轴承型号使用错误

分析过程

（2）调查相似或相近的轴承型号及尺寸

经调查，我厂相似或相近的轴承型号及尺寸，见表 11。

表 11　轴承型号与尺寸表

轴承型号	轴承内圈/mm	轴承外圈/mm	轴承厚度/mm
22211EK/SKF	55	100	25
22212EK/SKF	**60**	**110**	**28**
22212E/SKF	60	110	28
22312/NSK	60	130	46
22213EK/SKF	65	120	31

制表人：×××　　校核人：×××　　审核人：×××　　制表日期：2020-08-12

DVG 风机轴承原装型号为 22212EK/SKF，若选用的轴承内圈<60，轴承无法套装在主轴上；若选用的轴承内圈>60，轴承可以装上主轴，但因轴承外圈尺寸>110，无法安装轴承盖，故无法安装；若选用 22312/NSK，内圈 = 60，轴承可以装上主轴，但因轴承外圈尺寸>110，无法安装轴承盖，故无法安装。22212E/SKF 与原装轴承 22212EK/SKF 轴承外形尺寸一致，轴承型号相似，现场可以安装，有轴承型号使用错误的风险。

经调查，22212E/SKF 是圆柱孔球面滚子轴承，能承受较大的径向力，但无法承受轴向力。而 DVG 风机运行过程中会产生较大轴向力，若使用 22212E/SKF，轴承在轴向力作用下会产生异音。

分析结果：若使用 22212E/SKF，轴承会在轴向力作用下产生异音。

确认过程

（1）查询轴承采购记录，采购型号为 SKF 轴承［22212EK］，与运维手册中一致。

采购申请综合查询报表（物资）

物料号	物料描述	采购申请数...	单...	物料制造商名称	采购申请编号
51060	SKF轴承[22212 EK]	1.000	EA	SKF	0010024014
51060	SKF轴承[22212 EK]	1.000	EA	SKF	0010023735
51060	SKF轴承[22212 EK]	4.000	EA	SKF	0010022909
51060	SKF轴承[22212 EK]	1.000	EA	SKF	0010023984
51060	SKF轴承[22212 EK]	1.000	EA	SKF	0050006099

图 8　采购的轴承型号

（2）查询轴承领用记录，领用型号为 SKF 轴承［22212EK］，与运维手册中一致。

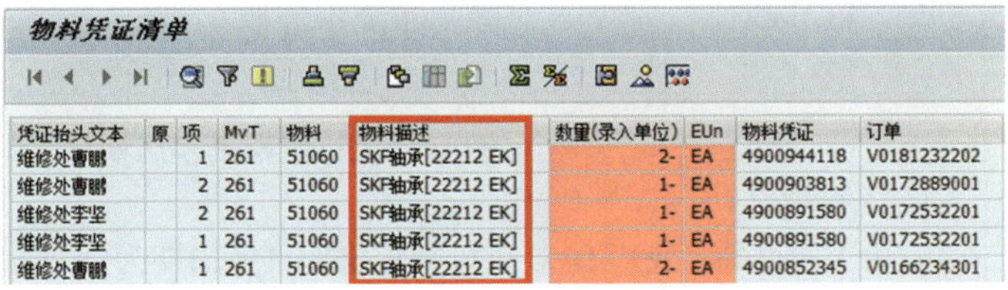

物料凭证清单

凭证抬头文本	原	项	MvT	物料	物料描述	数量(录入单位)	EUn	物料凭证	订单
维修处曹鹏		1	261	51060	SKF轴承[22212 EK]	2-	EA	4900944118	V0181232202
维修处曹鹏		2	261	51060	SKF轴承[22212 EK]	1-	EA	4900903813	V0172889001
维修处李坚		2	261	51060	SKF轴承[22212 EK]	1-	EA	4900891580	V0172532201
维修处李坚		1	261	51060	SKF轴承[22212 EK]	1-	EA	4900891580	V0172532201
维修处曹鹏		1	261	51060	SKF轴承[22212 EK]	2-	EA	4900852345	V0166234301

图 9　使用的轴承型号

续　表

<table>
<tr><td>末端因素二</td><td colspan="5">非驱动端轴承型号使用错误</td></tr>
<tr><td>确认过程</td><td colspan="5">
（3）调查轴承异音情况，非驱动端有异音，驱动端无异音。
表 12　轴承型号调查与轴承异音情况表
<table>
<tr><th rowspan="2">位号</th><th rowspan="2">运维手册中轴承型号</th><th rowspan="2">采购的轴承型号</th><th rowspan="2">领用的轴承型号</th><th colspan="2">轴承异音情况</th></tr>
<tr><th>非驱动端</th><th>驱动端</th></tr>
<tr><td>1DVG001ZV</td><td>22212EK/SKF</td><td>22212EK/SKF</td><td>22212EK/SKF</td><td>有异音</td><td>无异音</td></tr>
<tr><td>1DVG002ZV</td><td>22212EK/SKF</td><td>22212EK/SKF</td><td>22212EK/SKF</td><td>有异音</td><td>无异音</td></tr>
<tr><td>2DVG001ZV</td><td>22212EK/SKF</td><td>22212EK/SKF</td><td>22212EK/SKF</td><td>有异音</td><td>无异音</td></tr>
<tr><td>2DVG002ZV</td><td>22212EK/SKF</td><td>22212EK/SKF</td><td>22212EK/SKF</td><td>有异音</td><td>无异音</td></tr>
</table>
制表人：×××　　校核人：×××　　审核人：×××　　制表日期：2020-08-12
确认结果：经调查 2020 年 5—7 月风机轴承备件更换情况，使用的轴承型号与采购型号、运维手册型号一致，均为 22212EK/SKF，说明驱动端轴承型号使用正确，但运行过程中非驱动端轴承有异音，而驱动端轴承无异音。
</td></tr>
<tr><td>确认结论</td><td colspan="5">非驱动端轴承型号使用错误对症结影响程度小，该因素为非要因。</td></tr>
<tr><td>确认人</td><td>×××</td><td>确认地点</td><td>BX110</td><td>确认日期</td><td>2020-08-12</td></tr>
</table>

7.3　非驱动端轴承更换周期偏长

<table>
<tr><td>末端因素三</td><td>非驱动端轴承更换周期偏长</td></tr>
<tr><td>确认方法</td><td>调查分析</td></tr>
<tr><td>分析过程</td><td>
轴承更换周期偏长会导致轴承性能下降，轴承损坏概率增加。小组成员联系风机厂家进行轴承寿命计算与评估，依据轴承型号、负载、风机转速、风机功率等参数计算轴承设计寿命为 10 万小时，约 11.4 年。
分析结果：若非驱动端轴承更换周期>11.4 年，则轴承损坏产生异音。
</td></tr>
<tr><td>确认过程</td><td>
调查电厂预防性维修更换轴承时间及轴承检查情况。
（1）查询 DVG 风机定期更换轴承的周期，如图 10 所示。
<table>
<tr><th></th><th></th><th>电厂</th><th>PMPID</th><th>PMID-PMRQ</th><th>PM号</th><th>状</th><th>设备编码</th><th>项目序</th><th>项目名称</th><th>工作内容</th><th>专业</th><th>周期</th><th>工作条件</th></tr>
<tr><td></td><td>1</td><td>海南</td><td>0000955006</td><td>00201221-01</td><td></td><td>生效</td><td>1-DVG-001ZV</td><td>10</td><td>全面解体检查</td><td>（1）检查风机机壳、</td><td>机械</td><td>2C</td><td>停堆大修</td></tr>
<tr><td></td><td>2</td><td>海南</td><td>0000954430</td><td>00201222-01</td><td></td><td>生效</td><td>1-DVG-002ZV</td><td>18</td><td>全面解体检查</td><td>（1）检查风机机壳、</td><td>机械</td><td>2C</td><td>停堆大修</td></tr>
<tr><td></td><td>3</td><td>海南</td><td>0000954435</td><td>00198817-01</td><td></td><td>生效</td><td>2-DVG-001ZV</td><td>39</td><td>全面解体检查</td><td>（1）检查风机机壳、</td><td>机械</td><td>2C</td><td>停堆大修</td></tr>
<tr><td></td><td>4</td><td>海南</td><td>0000954507</td><td>00198818-01</td><td></td><td>生效</td><td>2-DVG-002ZV</td><td>46</td><td>全面解体检查</td><td>（1）检查风机机壳、</td><td>机械</td><td>2C</td><td>停堆大修</td></tr>
</table>
图 10　风机定期更换周期表
由上图可知，我厂 DVG 风机轴承定期更换周期为 2C 即 3 年（1C＝1.5 年），远短于轴承设计寿命。
</td></tr>
</table>

续　表

<table>
<tr><td>末端因素三</td><td colspan="5">非驱动端轴承更换周期偏长</td></tr>
<tr><td>确认过程</td><td colspan="5">（2）调查 2020 年 5—7 月期间非驱动端轴承更换情况及异音情况，见表 13。

表 13　轴承更换情况及异音情况

位号 ｜ 非驱动端：更换间隔/月、异音情况 ｜ 驱动端：更换间隔/月、异音情况
1DVG001ZV ｜ 2 ｜ 有异音 ｜ 5 ｜ 无异音
1DVG002ZV ｜ 3 ｜ 有异音 ｜ 20 ｜ 无异音
2DVG001ZV ｜ 2 ｜ 有异音 ｜ 2 ｜ 无异音
2DVG002ZV ｜ 3 ｜ 有异音 ｜ 14 ｜ 无异音

制表人：××× 校核人：××× 审核人：××× 制表日期：2020-08-14

确认结果：非驱动端轴承更换周期短于轴承设计寿命，缩短非驱动端轴承更换周期，非驱动端轴承仍有异音，而驱动端轴承运行时间长于非驱动端，无异音。</td></tr>
<tr><td>确认结论</td><td colspan="5">非驱动端轴承更换周期偏长对症结影响程度小，此因素为非要因。</td></tr>
<tr><td>确认人</td><td>×××</td><td>确认地点</td><td>BX110</td><td>确认时间</td><td>2020-08-14</td></tr>
</table>

表 13　轴承更换情况及异音情况

位号	非驱动端		驱动端	
	更换间隔/月	异音情况	更换间隔/月	异音情况
1DVG001ZV	2	有异音	5	无异音
1DVG002ZV	3	有异音	20	无异音
2DVG001ZV	2	有异音	2	无异音
2DVG002ZV	3	有异音	14	无异音

7.4　皮带张力标准偏大

<table>
<tr><td>末端因素四</td><td>皮带张力标准偏大</td></tr>
<tr><td>确认方法</td><td>调查分析</td></tr>
<tr><td>分析过程</td><td>皮带张力标准偏大，轴承受到较大的偏心力，会导致皮带轮不对中，非驱动端轴承会因受力不均产生异音。
经复核我厂规程中皮带张力标准，发现张力未区分新旧皮带，均为 35~50 N。
经重新计算、评估，制定新旧皮带张力标准见表 14。

表 14　皮带张力标准

张力标准 ｜ 单根计算值/N ｜ 调整范围/N
新皮带 ｜ 37 ｜ 33~41
旧皮带 ｜ 25 ｜ 25~33

制表人：××× 校核人：××× 审核人：××× 制表日期：2020-08-18

分析结果：原皮带张力标准偏大，需核实两种标准下非驱动端轴承异音情况。</td></tr>
</table>

续 表

<table>
<tr><td>末端因素四</td><td colspan="5">皮带张力标准偏大</td></tr>
<tr><td>确认过程</td><td colspan="5">调查规程中皮带张力及轴承异音情况见表 15。 表 15　皮带张力及轴承异音情况 | 对比	皮带调整均值/N	轴承异音情况	
		非驱动端	驱动端
旧标准	48	有异音	无异音
新标准	40	有异音	无异音 | 制表人：××× 校核人：××× 审核人：××× 制表日期：2020-08-18 确认结果：减小皮带张力调整范围后，非驱动端轴承仍然有异音。</td></tr>
<tr><td>确认结论</td><td colspan="5">皮带张力标准偏大对症结影响程度小，此因素为非要因。</td></tr>
<tr><td>确认人</td><td>×××</td><td>确认地点</td><td>BX110</td><td>确认时间</td><td>2020-08-18</td></tr>
</table>

7.5 非驱动端轴承座间隙偏大

<table>
<tr><td>末端因素五</td><td>非驱动端轴承座间隙偏大</td></tr>
<tr><td>确认方法</td><td>调查分析、现场测量</td></tr>
<tr><td>分析过程</td><td>轴承座属于非必换件，轴承与轴承座均为标准件，若配合间隙在标准范围内，则风机运行后轴承外圈可与轴承座处于相对静止状态。超过标准范围会导致轴承外圈得不到有效支撑，轴承座内壳接触面出现磨损，发生跑外圈现象，运行过程中产生异音。
DVG 风机所用轴承为 22212EK，配套轴承座为 SNL512-610，轴承与轴承座配合间隙标准：0. 01～0. 07 mm。
分析结果：若非驱动端轴承座间隙>0. 07 mm 时，轴承外圈得不到有效支撑，轴承座内壳接触面会出现磨痕，会产生异音。</td></tr>
<tr><td>确认过程</td><td>现场用压铅丝方法测量轴承与轴承室间隙，并调查轴承异音情况，数据统计见表 16。 表 16　轴承座间隙与磨损情况 | 位号	驱动端	非驱动端	轴承座内壳接触面是否有磨损	轴承异音情况	
	配合间隙标准：0. 01～0. 07 mm			非驱动端	驱动端
1DVG001ZV	0. 040 mm	0. 050 mm	无	有异音	无异音
1DVG002ZV	0. 030 mm	0. 030 mm	无	有异音	无异音
2DVG001ZV	0. 040 mm	0. 040 mm	无	有异音	无异音
2DVG002ZV	0. 060 mm	0. 050 mm	无	有异音	无异音 | 制表人：××× 校核人：××× 审核人：××× 制表日期：2020-08-20</td></tr>
</table>

续　表

<table>
<tr><td>末端因素五</td><td colspan="5">非驱动端轴承座间隙偏大</td></tr>
<tr><td>确认过程</td><td colspan="5">
图 11　现场压铅丝图

确认结果：驱动端与非驱动端轴承与轴承座配合间隙均<0.07 mm，且轴承座内圈均无磨损痕迹，说明运行过程中轴承外圈与轴承座配合良好，非驱动端轴承座间隙不偏大。但驱动端轴承无异音，非驱动端轴承有异音。</td></tr>
<tr><td>确认结论</td><td colspan="5">非驱动端轴承座间隙偏大对症结影响程度小，此因素为非要因。</td></tr>
<tr><td>确认人</td><td>×××</td><td>确认地点</td><td>BX223
W130/W170</td><td>确认时间</td><td>2020-08-20</td></tr>
</table>

7.6　非驱动端主轴轴颈偏小

<table>
<tr><td>末端因素六</td><td>非驱动端主轴轴颈偏小</td></tr>
<tr><td>确认方法</td><td>调查分析、现场测量</td></tr>
<tr><td>分析过程</td><td>主轴属于非必换件，轴承为标准件，若配合间隙在标准范围内，则风机运行后轴承内圈可与主轴处于相对静止状态。主轴轴颈偏小，将会导致主轴、紧定套、轴承内圈间隙过大，超过标准范围会导致轴承内圈得不到有效固定，主轴轴颈出现磨损，发生跑内圈现象，运行过程中产生异音。
经调查，风机运维手册要求：与轴承配合处的轴颈尺寸 $\phi 55k6$，即主轴轴颈需满足 55.002~55.021 mm。
分析结果：若非驱动端主轴轴颈<50.002 mm 时，轴承内圈得不到有效固定，主轴轴颈会出现磨损，会产生异音。</td></tr>
<tr><td>确认过程</td><td>现场测量主轴轴颈尺寸，调查分析对非驱动端轴承有异音的影响。
现场用游标卡尺测量主轴轴颈尺寸，并调查轴承磨损情况，数据统计见表 17。</td></tr>
</table>

续　表

<table>
<tr><td>末端因素六</td><td colspan="5">非驱动端主轴轴颈偏小</td></tr>
<tr><td>确认过程</td><td colspan="5">
表 17　主轴轴颈测量与异音情况
<table>
<tr><td rowspan="2">位号</td><td rowspan="2">驱动端</td><td rowspan="2">非驱动端</td><td rowspan="2">主轴轴颈有无磨损</td><td colspan="2">轴承异音情况</td></tr>
<tr><td>非驱动端</td><td>驱动端</td></tr>
<tr><td>1DVG001ZV</td><td>55. 020</td><td>55. 010</td><td>无</td><td>有异音</td><td>无异音</td></tr>
<tr><td>1DVG002ZV</td><td>55. 020</td><td>55. 020</td><td>无</td><td>有异音</td><td>无异音</td></tr>
<tr><td>2DVG001ZV</td><td>55. 010</td><td>55. 010</td><td>无</td><td>有异音</td><td>无异音</td></tr>
<tr><td>2DVG002ZV</td><td>55. 010</td><td>55. 020</td><td>无</td><td>有异音</td><td>无异音</td></tr>
</table>
制表人：×××　　校核人：×××　　审核人：×××　　制表日期：2020-08-20
确认结果：4 台风机主轴轴颈>50. 002 mm，且主轴轴颈均无磨损痕迹，说明运行过程中轴承未发生过跑内圈的现象。但驱动端轴承无异音，非驱动端轴承有异音。
</td></tr>
<tr><td>确认结论</td><td colspan="5">非驱动端主轴轴颈偏小对症结影响程度小，此因素为非要因。</td></tr>
<tr><td>确认人</td><td>×××</td><td>确认地点</td><td>BX223
W130/W170</td><td>确认时间</td><td>2020-08-20</td></tr>
</table>

7.7　锁紧垫片未锁紧

<table>
<tr><td>末端因素七</td><td>锁紧垫片未锁紧</td></tr>
<tr><td>确认方法</td><td>调查分析、试验</td></tr>
<tr><td>分析过程</td><td>
风机驱动端依靠锁紧垫片固定锁紧螺母，进而保证紧定套与主轴、轴承有效固定。
正常安装状态下，锁紧垫片与轴承内圈接触，最后通过舌板与螺母进行锁定。调整轴承安装游隙时，需解除锁紧垫片和螺母的锁定。锁紧垫片若发生变形，调整轴承游隙时，变形位置与轴承保持架先接触，紧定套与轴承内圈未接触或未完全接触，存在间隙。运行一段时间，锁紧垫片与保持架接触位置磨损，轴承内圈与锁紧垫片间隙释放，此时轴承、锁紧垫片和锁紧螺母处于不固定状态，主轴发生窜动，轴承游隙超标，加速轴承磨损，产生异音。
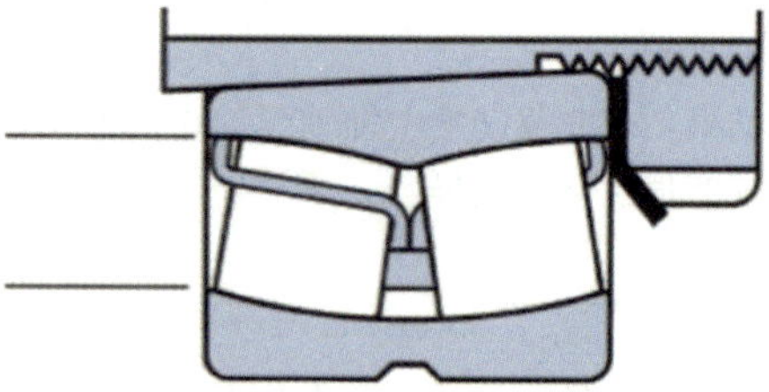
图 12　锁紧垫片与轴承安装示意图
试验锁紧垫片锁紧情况对风机轴承异音的影响。
</td></tr>
</table>

续 表

<table>
<tr><td>末端因素七</td><td colspan="5">锁紧垫片未锁紧</td></tr>
<tr><td>分析过程</td><td colspan="5">

表 18 锁紧垫片锁紧程度统计表

<table>
<tr><td rowspan="2">锁紧垫片</td><td colspan="2">轴承游隙</td><td>异音情况</td><td>舌板检查情况</td></tr>
<tr><td>试验前</td><td>试验后</td><td>试验后</td><td>试验后</td></tr>
<tr><td>完全锁紧</td><td>0. 04</td><td>0. 04</td><td>无</td><td>无变化</td></tr>
<tr><td>未完全锁紧</td><td>0. 04</td><td>0. 06</td><td>有</td><td>碰磨、变形</td></tr>
</table>

制表人：××× 校核人：××× 审核人：××× 制表日期：2020-08-21

分析结果：若锁紧垫片未锁紧，运行过程中舌板会发生变形、碰磨，影响轴承游隙，会产生异音。

</td></tr>
<tr><td>确认过程</td><td colspan="5">

现场检查锁紧垫片舌板是否有碰磨的情况。

表 19 锁紧垫片检查情况

<table>
<tr><td rowspan="2">位号</td><td colspan="2">舌板检查情况</td></tr>
<tr><td>驱动端</td><td>非驱动端</td></tr>
<tr><td>1DVG001ZV</td><td>未变形</td><td>轻微碰磨</td></tr>
<tr><td>1DVG002ZV</td><td>未变形</td><td>碰磨、变形</td></tr>
<tr><td>2DVG001ZV</td><td>未变形</td><td>轻微碰磨、变形</td></tr>
<tr><td>2DVG002ZV</td><td>未变形</td><td>碰磨</td></tr>
</table>

制表人：××× 校核人：××× 审核人：××× 制表日期：2020-08-21

图 13 现场锁紧垫片磨损图

检查发现，4 台风机非驱动端锁紧垫片舌板部分均有碰磨痕迹，说明运行过程中锁紧垫片与轴承保持架发生了碰磨，产生了异音，又由于轴承内圈与锁紧垫片间隙释放，导致轴承游隙超标，加速轴承磨损。

确认结果：非驱动端锁紧垫片未锁紧，舌板发生碰磨、变形，导致非驱动端轴承产生异音。

</td></tr>
<tr><td>确认结论</td><td colspan="5">锁紧垫片未锁紧对症结影响程度大，此因素为要因。</td></tr>
<tr><td>确认人</td><td>×××</td><td>确认地点</td><td>W130/W170</td><td>确认时间</td><td>2020-08-21</td></tr>
</table>

7.8 油封更换时间偏长

<table>
<tr><td>末端因素八</td><td colspan="5">油封更换时间偏长</td></tr>
<tr><td>确认方法</td><td colspan="5">调查分析、试验</td></tr>
<tr><td>分析过程</td><td colspan="5">油封是橡胶件，内圈的轻微变形肉眼不易分辨，油封更换时间偏长可能会导致油封老化、内圈磨损，外界杂质进入轴承室，导致非驱动端轴承产生异音。
经调查，油封型号为 TSN512，主要材料为聚乙烯，定期更换时间为 6 年。
分析结果：若油封更换时间>6 年，油封老化内圈磨损，杂质进入轴承室，会产生异音。</td></tr>
<tr><td>确认过程</td><td colspan="5">调查分析油封更换时间，试验更换油封对非驱动端轴承异音的影响。
（1）调查分析油封更换时间
经调查，我厂在役油封最长运行时间为 5 年，油封在更换时间内。
（2）试验更换油封对非驱动端轴承异音的影响
对 1DVG002ZV 锁紧垫片完全锁紧、更换油封，运行 2 周后进行检查，轴承异音情况见表 20。

表 20　油封更换前后轴承异音情况
<table>
<tr><th rowspan="2">位号</th><th colspan="2">非驱动端轴承异音情况</th><th colspan="2">驱动端轴承异音情况</th></tr>
<tr><th>更换油封前</th><th>更换油封后</th><th>更换油封前</th><th>更换油封后</th></tr>
<tr><td>1DVG002ZV</td><td>有异音</td><td>有异音</td><td>无异音</td><td>无异音</td></tr>
</table>
制表人：×××　　校核人：×××　　审核人：×××　　制表日期：2020-09-04

确认结果：油封更换时间不偏长，且缩短油封更换时间后非驱动端轴承仍有异音，而驱动端轴承无异音。</td></tr>
<tr><td>确认结论</td><td colspan="5">更换油封时间偏长对症结影响程度小，此因素为非要因。</td></tr>
<tr><td>确认人</td><td>×××</td><td>确认地点</td><td>W130/W170</td><td>确认时间</td><td>2020-09-04</td></tr>
</table>

7.9 非驱动端轴承室环境温度低

<table>
<tr><td>末端因素九</td><td>非驱动端轴承室环境温度低</td></tr>
<tr><td>确认方法</td><td>调查分析、现场测量、试验</td></tr>
<tr><td>分析过程</td><td>风机非驱动端上游接冷却盘管，温度较低。风机正常运行过程中，在对流换热情况下，非驱动端轴承室内外温度、湿度处于平衡状态。风机停运惰转过程中，对流换热效率下降，内部平衡被打破，非驱动端轴承室内温度逐渐升高、含湿量增加。风机停运后，轴承室内外温度通过传热进行热交换，轴承室内温度会逐渐下降至一平衡点。当非驱动端轴承室内温度低于露点温度时，会冷凝成水珠。
经调查，风机停运后，非驱动端轴承室内温度会从 35 ℃开始下降至稳定状态。根据湿空气焓湿表，得出在 35 ℃条件下，不同相对湿度下的露点温度，见表 21。</td></tr>
</table>

续 表

末端因素九	非驱动端轴承室环境温度低

分析过程

表 21 35 ℃温度下露点表

相对湿度	90%	80%	70%	60%	50%	40%
露点	33℃	31℃	28℃	26℃	23℃	19℃

制表人：××× 校核人：××× 审核人：××× 制表日期：2020-08-13

从表中可以看出，当非驱动端轴承室环境温度<19 ℃时，非驱动端轴承室内部分空气会被冷凝为液态水滴，导致非驱动端轴承室环境潮湿。

（1）调查分析环境潮湿对润滑脂的影响

风机所用润滑脂为 LGWA2/SKF，是复合锂基润滑脂，抗水性能不足。若环境潮湿，油脂易乳化。

综上所述，非驱动端轴承室环境温度低对非驱动端轴承室润滑脂变质影响较大。

（2）试验乳化的润滑脂对非驱动端轴承的影响

模拟风机运行情况，试验乳化变质润滑脂对轴承异音的影响情况，发现盘车过程中轴承室有异音。

表 22 润滑脂状态与异音情况表

润滑脂状态	轴承异音情况
新润滑脂	无异音
乳化润滑脂	有异音

制表人：××× 校核人：××× 审核人：××× 制表日期：2020-08-18

分析结果：当非驱动端轴承室环境温度<19 ℃时，非驱动端轴承室内部分空气会被冷凝为液态水滴，导致非驱动端轴承室环境潮湿、润滑脂乳化变质，运行过程中产生异音。

确认过程

现场测量环境温度，试验更换润滑脂对非驱动端轴承有异音的影响。

（1）现场测量轴承室环境温度

测量非驱动端轴承室环境温度（非驱动端在风管内，无法直接测量，测量其就近部位的机壳温度与冷却盘管温度），介于为 6.6 ℃～14.4 ℃之间，小于 19 ℃，如图 14 所示。

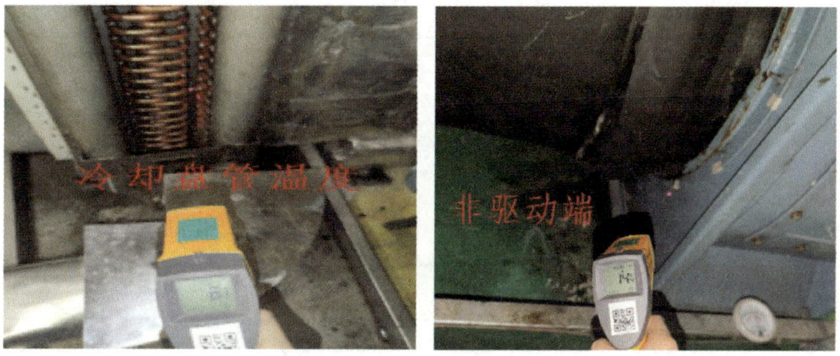

图 14 非驱动端轴承室环境温度

续 表

末端因素九	非驱动端轴承室环境温度低

（2）试验润滑脂对非驱动端轴承的影响

选取2DVG002ZV更换油封、锁紧垫片完全锁紧、更换新润滑脂，运行2周，1DVG001ZV切列后直接运行，继续运行1周，对比检查润滑脂及轴承情况。

图15 非驱动端润滑脂对比图

表23 润滑脂检查和轴承异音情况

位号	驱动端轴承		非驱动端轴承	
	润滑脂检查情况	异音情况	润滑脂检查情况	异音情况
1DVG001ZV	淡黄色、粘稠	无	乳化发黄，较稀	有
2DVG002ZV	淡黄色、粘稠	无	有乳化迹象，较稀	无

制表人：××× 校核人：××× 审核人：××× 制表日期：2020-09-04

调查发现：

①运行时间不同，驱动端轴承室内润滑脂无明显变化；

②同一运行时间，非驱动端轴承润滑脂变质，而驱动端轴承润滑脂无变质；

③随着运行时间的加长，非驱动端轴承室内润滑脂乳化程度加剧，导致润滑油膜刚度降低、润滑性能下降，非驱动端轴承运行环境更差，滚动体未得到有效润滑，发生干摩擦产生异音。

确认结果：非驱动端轴承室环境温度低，非驱动端轴承室内润滑脂进水乳化变质，导致非驱动端轴承产生异音。

确认结论	非驱动端轴承室环境温度低对症结影响程度大，此因素为**要因**。				
确认人	×××	确认地点	BX110 W130/W170	确认时间	2020-09-04

通过以上9个末端因素逐一确定，最终确认造成非驱动端轴承磨损的要因有2个，见表24。

表24 要因表

序号	要因
1	锁紧垫片未锁紧
2	非驱动端轴承室环境温度低

制表人：××× 校核人：××× 审核人：××× 制表日期：2020-09-04

八、制定对策

对于以上 2 个要因，小组再次召开会议，采用头脑风暴法，针对两条要因分别制定方案。

要因一：锁紧垫片未锁紧

针对“锁紧垫片未锁紧”这一要因，小组制定方案为：锁紧垫片全部锁紧。

要因二：非驱动端轴承室环境温度低

因 DVG 下游负荷增大，目前我厂 DVG 系统冷冻水流量调节阀为全开状态，无法通过调节冷冻水流量来提高非驱动端轴承室环境温度。只能采取间接手段，减缓润滑脂乳化变质，提高润滑性能。

针对这一要因，小组对现有的检修方案进行对比，列出两种常用、可靠的方案，并进行对比分析（以单台为例）。

表 25　要因二方案评价表

方案	方案内容	实施方法	评价				方案选择
			风险性	时间性	经济性	运行指标	
方案一	定期更换润滑脂	每月更换 1 次非驱动端轴承润滑脂	不会对设备产生不良影响且技术成熟	每次需工期 8 h，6 个月共需更换 6 次，需 6×8=48 工时	每次润滑脂费用 200 元，人工费用 2×500=1000 元，6 个月共 7200 元	每月需出票 1 次，重复停役会影响机组运行指标	
方案二	在非驱动端轴承室密封面涂抹密封胶	每 6 个月更换 1 次非驱动端轴承及润滑脂，并在密封面涂抹密封胶	不会对设备产生不良影响且技术成熟	每次需工期 8 h，6 个月共需更换 1 次，需 1×8=8 工时	每次润滑脂费用 200 元、密封胶费用 200 元、轴承费用 600 元，人工费用 2×500=1000 元，6 个月共 2000 元	不影响设备运行指标	选用

制表人：××× 　　校核人：××× 　　审核人：××× 　　制表日期：2020-09-07

对比上述两种方案：

方案二在时间性、经济性、运行指标方面优于方案一，在风险方面，方案一与方案二持平。综上所述，对于本要因，小组最终选择方案二为实施方案。

根据“5W1H”原则，小组制定了针对性的处理措施及实施措施后期望能达到的目标值，见表26。

表26 制定对策表

序号	要因	对策	目标	措施	地点	完成时间	责任人
1	锁紧垫片未锁紧	锁紧垫片全部锁紧	(1) 锁紧垫片与轴承100%无碰磨； (2) 锁紧垫片锁紧前后轴承游隙相同。	(1) 修复1DVG001ZV锁紧垫片； (2) 调整轴承游隙，将锁紧垫片与锁紧螺母进行锁紧； (3) 使用防人因失误工具——自检，锁紧垫片完全卡入锁紧螺母中且无变形； (4) 盘动主轴，测量不同位置处轴承安装游隙； (5) 使用防人因失误工具——他检，确认锁紧垫片未因变形接触至轴承； (6) 按上述步骤分别实施2DVG001ZV、1/2DVG002ZV。	W130 W170	2020-09-08	×××
2	非驱动端轴承室环境温度低	在非驱动端轴承室密封面涂抹密封胶	(1) 密封胶覆盖面积100%； (2) 非驱动端轴承座两侧螺栓紧固力矩均为50 N·m。	(1) 将1DVG001ZV非驱动端轴承座清理干净； (2) 在轴承座结合面上均匀涂抹密封胶； (3) 安装另一半轴承座，按50 N·m均匀紧固两侧螺栓； (4) 按上述步骤分别实施2DVG001ZV、1/2DVG002ZV。	W130 W170	2020-09-08	×××

制表人：×××　　校核人：×××　　审核人：×××　　制表日期：2020-09-07

九、对策实施

9.1 对策1

9.1.1 调整方法

（1）修复1DVG001ZV锁紧垫片

对变形舌板进行敲击，使之与未发生变形舌板状态保持一致，同时锁紧垫片内圈无弯曲变形。

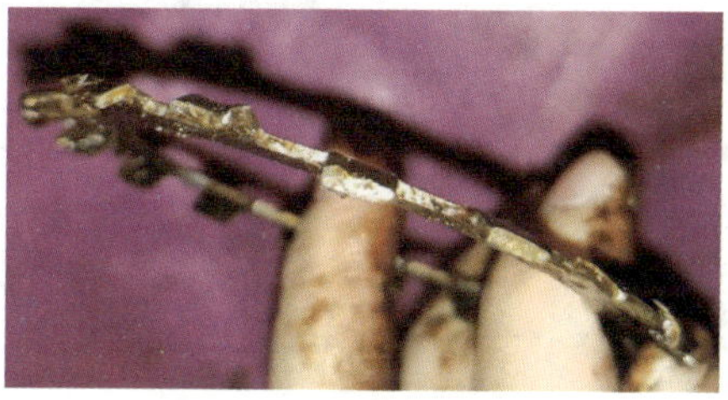

图16 锁紧垫片修复图

（2）调整轴承游隙，将锁紧垫片与锁紧螺母进行锁紧

将对应舌板扣入螺母预留槽，检查无变形。

图17 锁紧垫片安装图

（3）使用防人因失误工具——自检，锁紧垫片完全卡入锁紧螺母中且无变形

确认轴承紧定套锁紧螺母已可靠锁紧。

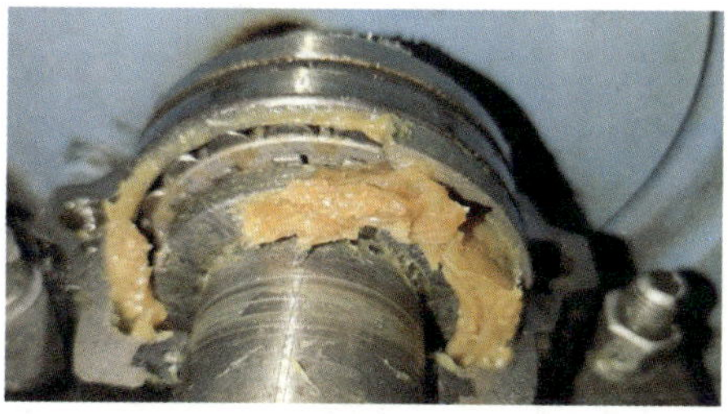

图18 锁紧垫片自检图

（4）盘动主轴，测量不同位置处轴承安装游隙

未锁紧与锁紧状态下的轴承安装游隙应保持一致。

表 27　轴承游隙表

风机位号	驱动端轴承游隙/mm		非驱动端轴承游隙/mm	
	未锁紧	锁紧后	未锁紧	锁紧后
1DVG001ZV	0.03	**0.03**	0.04	**0.04**

制表人：×××　　校核人：×××　　审核人：×××　　制表日期：2020-09-11

（5）使用防人因失误工具——他检，确认锁紧垫片未因变形接触至轴承

图 19　锁紧垫片他检图

（6）按上述步骤分别实施 2DVG001ZV、1/2DVG002ZV

按步骤分别进行其他 3 台风机的对策 1 实施工作。

4 台风机锁紧垫片与轴承碰磨情况如表 28 所示。

表 28　锁紧垫片检查情况表

风机位号	驱动端	非驱动端
1DVG001ZV	100%无碰磨	100%无碰磨
1DVG002ZV	100%无碰磨	100%无碰磨
2DVG001ZV	100%无碰磨	100%无碰磨
2DVG002ZV	100%无碰磨	100%无碰磨

制表人：×××　　校核人：×××　　审核人：×××　　制表日期：2020-09-11

4 台风机轴承游隙测量值，见表 29。

表 29　轴承游隙表

风机位号	驱动端轴承游隙/mm		非驱动端轴承游隙/mm	
	未锁紧	锁紧后	未锁紧	锁紧后
1DVG001ZV	0.03	**0.03**	0.04	**0.04**
1DVG002ZV	0.04	**0.04**	0.04	**0.04**
2DVG001ZV	0.04	**0.04**	0.03	**0.03**
2DVG002ZV	0.04	**0.04**	0.04	**0.04**

制表人：×××　　校核人：×××　　审核人：×××　　制表日期：2020-09-11

9.1.2　对策目标检查

经检查，4 台风机锁紧垫片与轴承 100%无碰磨，锁紧垫片锁紧前后轴承游隙相同，对策 1 实施目标达成。

9.2　对策 2

9.2.1　调整方法

（1）将 1DVG001ZV 非驱动端轴承座清理干净

图 20　轴承座清理图

（2）在轴承座结合面上均匀涂抹密封胶

在轴承座结合面上均匀涂抹一层薄薄的密封胶。

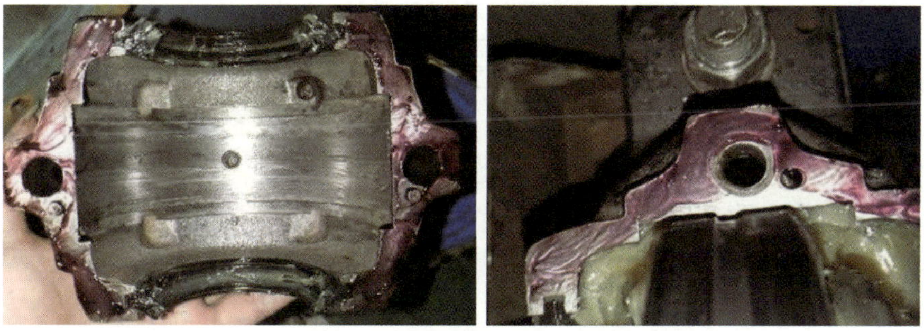

图 21　轴承座密封胶涂抹图

表 30　密封胶覆盖面积检查表

位置	1DVG001ZV
电机侧	100%涂抹
风机侧	100%涂抹

制表人：××× 　校核人：××× 　审核人：××× 　制表日期：2020-09-11

（3）安装另一半轴承座，按 50 N · m 均匀紧固两侧螺栓

图 22　轴承座螺栓安装图

表 31　非驱动端轴承座紧固力矩表

位置	1DVG001ZV
电机侧	50 N·m
风机侧	50 N·m

制表人：××× 　校核人：××× 　审核人：××× 　制表日期：2020-09-11

（4）按上述步骤分别实施 2DVG001ZV、1/2DVG002ZV

按步骤分别进行其余 3 台风机的对策 2 实施工作。

经检查，密封胶覆盖面积及螺栓紧固力矩见表 32。

表 32　非驱动端轴承座紧固力矩表

位置	1DVG001ZV		1DVG002ZV		2DVG001ZV		2DVG002ZV	
	覆盖面积	力矩	覆盖面积	力矩	覆盖面积	力矩	覆盖面积	力矩
电机侧	100%	50 N·m	100%	50 N·m	100%	50 N·m	100%	50 N·m
风机侧	100%	50 N·m	100%	50 N·m	100%	50 N·m	100%	50 N·m

制表人：××× 　校核人：××× 　审核人：××× 　制表日期：2020-09-11

9.2.2　对策目标

经检查，4 台风机非驱动端轴承座密封胶覆盖面积均为 100%，两侧螺栓紧固力矩均为 50 N·m，对策 2 实施目标达成。

十、效果检查

10.1　活动目标检查

小组成员在效果检查期结束后，对 2020 年 10—12 月期间，DVG 风机故障次数进行统计，统计结果见表 33。

表 33　2020 年 10—12 月 DVG 风机故障次数

时间	2020-10	2020-11	2020-12	合计
故障次数	0	1	1	2
月平均故障次数（次/月）	1			

制表人：×××　　校核人：×××　　审核人：×××　　制表日期：2020-12-16

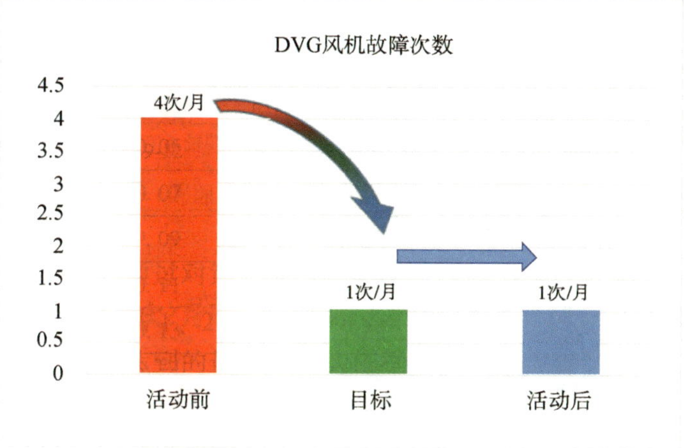

图 23　活动目标对比图

制图人：×××　　校核人：×××　　审核人：×××　　制图日期：2020-12-16

通过本次 QC 小组活动，在确定要因并实施相应的对策后，小组完成了“减少 DVG 风机故障次数为 1 次/月”的设定目标。

10.2　问题症结检查

小组成员在效果检查期结束后，对 2020 年 10—12 月期间，DVG 风机故障次数进行统计，共发生 2 次异音故障，将活动前、活动后的异音情况进行对比分析，统计见表 34。

表 34　活动前后 DVG 风机异音来源对照表

序号	活动前（2020-05—2020-07）			活动后（2020-10—2020-12）		
	异音来源	次数	占比	异音来源	次数	占比
1	非驱动端轴承有异音	10	90.9%	非驱动端轴承有异音	1	50%
2	皮带罩壳有异音	1	9.1%	皮带罩壳有异音	1	50%
3	合计	11	100%	合计	2	100%

制表人：×××　　校核人：×××　　审核人：×××　　制表日期：2020-12-16

根据调查结果绘制饼状图：

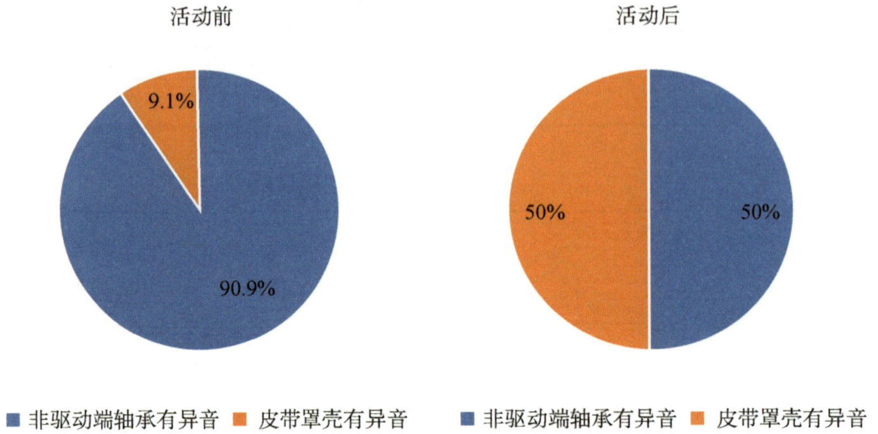

图 24　活动前后异音来源对照图

制图人：×××　　校核人：×××　　审核人：×××　　制图日期：2020-12-16

由此可见，对策实施后，“非驱动端轴承有异音”故障次数由活动前的 10 次下降至 1 次，症结解决率达到了 90%，已不再是 DVG 风机故障次数多的主要症结。

综合上述分析：本次 QC 小组活动是成功的。

10.3　经济效益

① QC 活动前成本

活动前，DVG 风机检修共产生 30 人工日，消耗轴承 7 个、润滑脂 10 桶。其中，人工费用 500 元/人工日，轴承备件费用 600 元/个，润滑脂费用 200 元/桶。

活动前成本＝30×500+7×600+10×200＝21 200 元。

② QC 活动后成本

活动后，DVG 风机检修共产生 4 人工日，消耗轴承 1 个、润滑脂 2 桶、密封胶 1 支，其中密封胶 200 元/支。

活动后成本＝4×500+1×600+2×200+1×200＝3200 元。

③ QC 活动中成本

活动中检修费用：DVG 风机检修共产生 16 人工日，消耗轴承 2 个、油封 4 套、润滑脂 8 桶、密封胶 4 支。其中油封备件 200 元/套。

活动中检修费用＝16×500+2×600+4×200+8×200+4×200＝12 400 元。

活动中其他费用：活动过程中产生会务费 12×50 元，办公用品费用 100 元，人员加班费 24×25 元，合计 1300 元。

活动中成本＝活动中检修费用+活动中其他费用＝12 400+1300＝13 700 元。

④ 活动总经济效益

故，活动期间经济效益＝活动前成本 － 活动后成本 － 活动中成本＝21 200 元－3200 元－13 700＝4300 元。

经济效益确认书

“核风”QC 小组在 2020 年 8 月—2021 年 4 月开展的《减少 DVG 风机故障次数》QC 小组活动课题，实现了课题预定目标，经测算，活动使海南核电有限公司节省了检修与设备费用。本次小组活动通过对比活动实施前后投入的人力、备件和其他费用分析，最终小组活动经济效益=活动前成本 - 活动后成本 - 活动中成本，具体效益分析如下：

序号	类型	名称	单位	综合单价（元/个）	QC 小组活动前		QC 小组活动过程中		QC 小组活动后		经济效益		备注
					投入数量	合价（元）	投入数量	合价（元）	投入数量	合价（元）	投入偏差	合价（元）	
1	NA	NA	NA	①	②	③=①×②	④	⑤=①×④	⑥	⑦=①×⑥	⑧=②-④-⑥	⑨=⑧×①	
2	人力/物力	检修人员	人工日	500	30	15 000	16	8 000	4	2 000	10	5 000	
3		其他费用	元	1 300	0	0	1	1 300	0	0	-1	-1 300	
4	备件/材料	轴承	个	600	7	4 200	2	1 200	1	600	4	2 400	
5		润滑脂	桶	200	10	2 000	8	1 600	2	400	0	0	
6		密封胶	支	200	0	0	4	800	1	200	-5	-1 000	
7		油封	套	200	0	0	4	800	0	0	-4	-800	
8	成本		元	NA	活动前成本		活动中成本		活动后成本		活动经济效益		
					NA	21 200	NA	13 700	NA	3 200	NA	4 300	
9	小组活动经济效益=活动前费用 - 活动后费用 - 活动中费用												

本次 QC 小组的活动经济效益：

小组活动经济效益=活动前成本-活动后成本-活动中成本=21200-3200-13700=4300 元。

海南核电有限公司财务处

2021 年 4 月 20 日

图 25 活动经济效益

10.4 社会效益

（1）通过此次 QC 小组活动，将本厂 DVG 风机故障次数降至 1 次/月，大大提高了 DVG 系统风机的可靠性，为机组安全稳定运行、厂房的核安全提供了有力支持。

（2）减轻了维修人员在人力、物力上的消耗，同时保证了厂内操纵员对机组状态的正确判断，从根本上减轻了本厂的各项管理成本。小组所提供的经验反馈对今后机组通风系统的检修有重要的指导意义，小组的成果值得推广和应用。

（3）小组活动过程中发现的设备可提升项，已反馈至新建机组-小堆和扩建机组-3、4 号机组通风系统设计及通风设备选型中，从设计阶段提升了小堆和 3、4 号机组通风系统可靠性。

十一、制定巩固措施

11.1 巩固措施

为巩固本次课题的成果，本小组针对对策表中实施证明有效的措施，制定如下巩固措施。

表 35 巩固措施表

序号	要因	巩固措施	落实人	时间
1	锁紧垫片未锁紧	升版 DVG 风机预维大纲，在风机年度检查中增加锁紧垫片的检查内容	×××	2021-01-08
		升版风机检修规程《HNX-XXX-TPMAPM-0040 皮带传动离心风机轴承及皮带检查》，增加确认“锁紧垫片未因变形接触至轴承”的内容	×××	2021-01-20
2	非驱动端轴承室环境温度低	升版 DVG 风机预维大纲，增加轴承清洗检查的预维项目	×××	2021-01-08
		升版风机检修规程《HNX-XXX-TPMAPM-0040 皮带传动离心风机轴承及皮带检查》，增加“在非驱动端轴承座均匀涂抹密封胶”的内容	×××	2021-01-20

制表人：××× 校核人：××× 审核人：××× 制表日期：2020-12-22

巩固措施落实情况如图 26 所示。

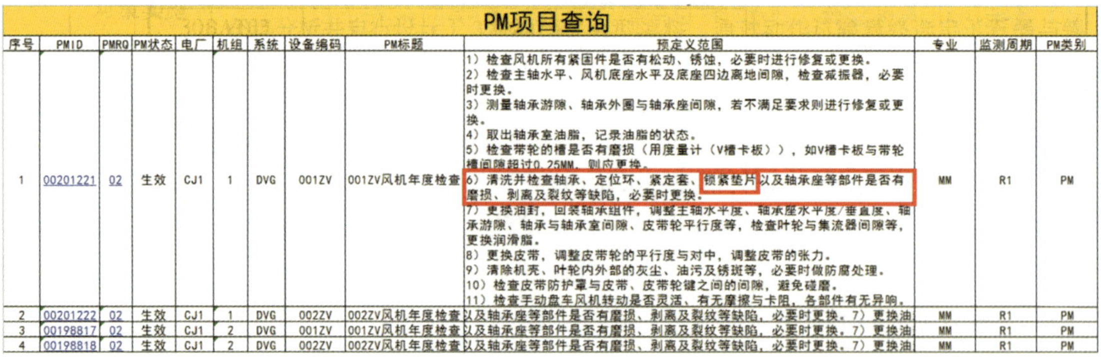

PM项目查询

序号	PMID	PMRQ	PM状态	电厂	机组	系统	设备编码	PM标题	预定义范围	专业	监测周期	PM类别
1	00201221	02	生效	CJ1	1	DVG	001ZV	001ZV风机年度检查	1）检查风机所有紧固件是否有松动、锈蚀，必要时进行修复或更换。 2）检查主轴水平、风机底座水平及底座四边离地间隙，检查减振器，必要时更换。 3）测量轴承游隙、轴承外圈与轴承座间隙，若不满足要求则进行修复或更换。 4）取出轴承室油脂，记录油脂的状态。 5）检查带轮的槽是否有磨损（用度量计（V槽卡板）），如V槽卡板与带轮槽间隙超过0.25MM，则应更换。 6）清洗并检查轴承、定位环、紧定套、锁紧垫片以及轴承座等部件是否有磨损、剥离及裂纹等缺陷，必要时更换。 7）更换油封，回装轴承组件，调整主轴水平度、轴承座水平度/垂直度、轴承游隙、轴承与轴承室间隙、皮带轮平行度等，检查叶轮与集流器间隙等，更换润滑脂。 8）更换皮带，调整皮带轮的平行度与对中，调整皮带的张力。 9）清除机壳、叶轮内外部的灰尘、油污及锈斑等，必要时做防腐处理。 10）检查皮带防护罩与皮带、皮带轮键之间的间隙，避免碰磨。 11）检查手动盘车风机转动是否灵活、有无摩擦与卡阻，各部件有无异响。	MM	R1	PM
2	00201222	02	生效	CJ1	1	DVG	002ZV	002ZV风机年度检查	以及轴承座等部件是否有磨损、剥离及裂纹等缺陷，必要时更换。7）更换油	MM	R1	PM
3	00198817	02	生效	CJ1	2	DVG	001ZV	001ZV风机年度检查	以及轴承座等部件是否有磨损、剥离及裂纹等缺陷，必要时更换。7）更换油	MM	R1	PM
4	00198818	02	生效	CJ1	2	DVG	002ZV	002ZV风机年度检查	以及轴承座等部件是否有磨损、剥离及裂纹等缺陷，必要时更换。7）更换油	MM	R1	PM

图 26 DVG 风机年度检查 PM 内容

PM项目查询

序号	PMID	PMRQ	PM状态	电厂	PMID机组	PMID系统	PMID设备编	PM标题	预定义范围	专业	监测周期	PM类别
15	00201221	03	生效	CJ1	1	DVG	001ZV	001ZV风机轴承清洗检查	1）检查风	MM	M6	PM
18	00201222	03	生效	CJ1	1	DVG	002ZV	001ZV风机轴承清洗检查	1）检查风	MM	M6	PM
17	00198818	03	生效	CJ1	2	DVG	002ZV	001ZV风机轴承清洗检查	1）检查风	MM	M6	PM
14	00198817	03	生效	CJ1	2	DVG	001ZV	001ZV风机轴承清洗检查	1）检查风	MM	M6	PM

图 27　DVG 风机轴承清洗检查 PM

中核集团 CNNC　海南核电有限公司 Hainan Nuclear Power Co., Ltd.　维修规程

HNPC-ID 数字签名专用

皮带传动离心风机轴承及皮带检查

标准编码：HNX-XXX-TPMAPM-0040　个性编码：HN-M-MM-X-XXX-XZV-006　版次：006　正文页数：16　附件页数：5

编写		校核		审核/部门会签			领导会签	
姓名	日期	姓名	日期	部门代码	姓名	日期	姓名	日期
李坚	2021/01/09	曹鹏	2021/01/09	MT	叶　进	2021/01/09		
				EQ	姚肖方	2021/01/09		

批准实施：王有勇　　生效日期：2021/01/16

规程使用级别：U1[√]　U2[ ]　U3[ ]　　设备分级：CC1[ ]　CC2[ ]　NC[ ]　RTM[ ]

维修工作分级：M1[ ]　M2[ ]　M3[ ]　M4[ ]　　质量级别：QSR[ ]　QR[√]　NQR[ ]

下次审查升版时间：　2026 年 3 月

分发范围：　维修处 设备管理处

编制部门：　维修处

此文件知识产权属海南核电有限公司，未经许可，外单位不得复制或有其它侵权行为。

HNPC　皮带传动离心风机轴承及皮带检查　版次:006　页：11/17　HNX-XXX-TPMAPM-0040

□ 测量轴承游隙是否在标准游隙之内，否则应调整间隙或更换备件。

注：免维护轴承及因现场条件实际无法实施测量的轴承，反馈班组负责人确认后则不用测量和调整游隙

□ （防人因失误工具提示——自检、他检）检查并确认轴承紧定套锁紧螺母已可靠锁紧，锁紧垫片未因变形接触至轴承。（如有）

□ 用百分表测量转轴与轴承外圈平面的垂直度（转轴与轴承外圈的同心度），中心偏差不大于 0.1mm，并记录（如可测量）。

□ 检查轴承与轴承座之间是否有摩擦磨损痕迹，并用压铅法或抬轴法测量轴承外圈与轴承室间隙，在表 1 中进行核对，如有异常，则进行更换处理。

注：免维护轴承不测量轴承与轴承室间隙

□ 检查风机减震器，如果发现开裂老化则进行更换。（如有）

□ 检查风机叶轮及进口集流器的间隙是否均匀，必要时将其调整（无法检查集流器的，对风机转子进行盘车检查，无异常即可）。

6.3 装配及调整

□ 把轴承内部填满润滑脂，具体操作时需要把润滑脂从轴承的一侧端面挤入，直至从另一端面挤出，两个端面用润滑脂抹平。

□ 给每个轴承室添加适量润滑脂，一般轴承的下轴承座内填满约 20%—40%的下轴承座高度即可，对于运行时轴承温度较高的轴承，下轴承座的润滑脂的填充高度在轴承外圈至最下方滚珠顶部之间（见下图），并进行记录。

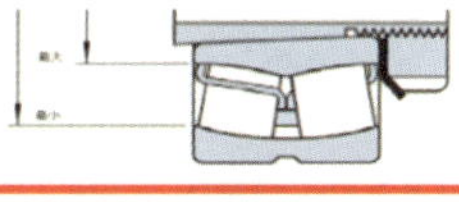

□ 在非驱动端轴承座涂抹密封胶，且涂抹均匀（如需要）。

□ 装配轴承座上盖，按照表 3 “螺栓拧紧力矩表” 均匀上紧。

□ 通知仪控配合回装风机轴承温度传感器和振动传感器(如有)。

□ 疏通加脂器接管（如有），若发现老化则进行更换。

□ 安装风机进风口防护罩或进出口软连接螺栓(如有)。

图 28　风机轴承及皮带检查规程

11.2　巩固效果

小组在巩固期结束后，对巩固期内 DVG 风机故障次数进行统计，如表 36 所示。

表 36　巩固期内 DVG 风机故障次数统计表

项目	2021-01	2021-02	2021-03	合计
故障次数（次）	0	1	0	1
月平均故障次数（次/月）	1			

制表人：×××　　校核人：×××　　审核人：×××　　制表日期：2021-03-26

由此可见，三个月内 DVG 风机共发生故障 1 次，平均月故障次数 1 次/月。据此，可

作巩固期目标对比图，如图 29 所示。

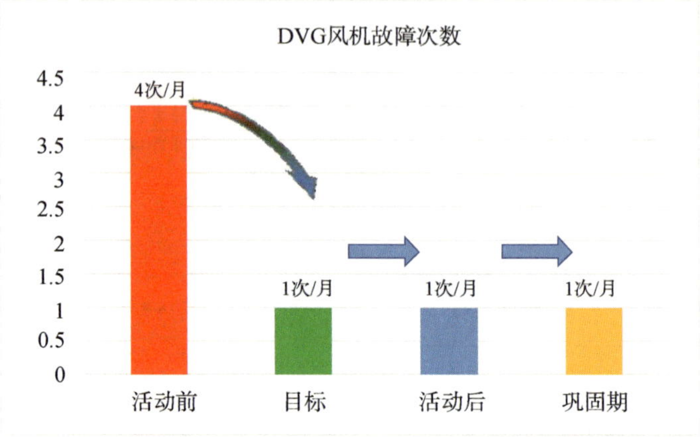

图 29　活动巩固期 DVG 风机故障次数对比图

制图人：××× 　　校核人：××× 　　审核人：××× 　　制图日期：2021-03-26

由图可见，巩固期期间，DVG 风机月平均故障次数为 1 次/月，本次 QC 小组的成果保持在稳定状态，未出现反弹。

十二、总结和下一步打算

12.1　总结

通过本次 QC 小组活动，小组成功地运用 QC 理论解决了我厂“DVG 风机故障次数多”这一问题，提高了 DVG 风机运行的可靠性，提高了辅助给水泵房通风系统的运行可靠性。小组成员也在完成本次活动后，提高了技术水平和动手能力、提升了分析和解决类似问题的能力、增加了对离心皮带传动风机运行及维护经验、调动了组员积极参与活动的热情。

小组从专业技术、管理方法、小组成员综合素质三个方面进行了总结，并制定了相应的提升措施，具体总结内容如下。

12.1.1　专业技术

① 小组成员对 DVG 风机的工作原理、故障模式有了深入的掌握；

② 小组对类似离心皮带传动风机的故障处理能力得到了进一步提高；

③ 不足：小组对处理特殊运行环境下风机的故障诊断能力还有进一步的提升空间。

12.1.2　管理方法

小组成员能够熟练使用 PDCA 循环的管理方法解决实际问题，提升了解决问题的能力，管理方法总结如表 37 所示。

表 37　管理方法总结

项目	活动步骤	工具与方法	总结
活动程序和管理方法	现状调查	调查表、饼分图	小组采用了分层剖析的方法，对现状进行了客观、全面的分析，明确了现状，准确的找到了课题的症结是“非驱动端轴承有异音”，为后续的目标设定和原因分析提供了坚实的依据。
	设定目标	柱状图	小组调研了国内其他核电厂相关情况、本电厂达到的最好水平，统计了近年来小组成员参与 QC 小组活动的症结解决程度，进行了目标数据计算，做到了目标设定的量化分析。
	原因分析	鱼刺图、头脑风暴法	针对症结，小组成员运用头脑风暴法，从人、机、料、法、环 5 个方面进行分析，将每一条原因逐层分析到末端，并绘制鱼刺图，明确各个环节和症结的因果关系。例如：针对非驱动端轴承磨损，小组不仅从非驱动端轴承配合间隙偏大方面分析，同时也考虑到了轴承未固定到位的情况。
	要因确认	调查分析、现场测量、试验	小组首先识别并排除了小组能力范围以外的原因，对其余 9 个末端因素，小组综合运用调查分析、现场测量、试验 3 种判定方式来确认要因，确认过程中依据末端因素对症结的影响程度进行判定。但因风机不具备多次重复试验的条件，存在部分要因确认方法比较单一的问题。
	对策实施	头脑风暴法	在制定对策时，要因二因现场条件限制，无法直接改变非驱动端轴承室环境温度，采取间接手段制定对策，并通过对 2 种方案的综合对比，更客观的选择了方案。对策实施时，严格按照对策表逐条实施对策，并与对策目标进行比较，确认对策效果。
	巩固措施	调查表	小组主要从设备可靠性提升和现场实施方面，将对策表中实施有效的措施纳入预防性维修大纲与维修规程文件中，为日后的设备预维和检修提供依据，同时对巩固期风机缺陷情况进行了持续跟踪，活动效果得到了很好的保持。

制表人：×××　　校核人：×××　　审核人：×××　　制表日期：2021-03-29

12.1.3　小组成员综合素质

通过此次 QC 小组活动，小组进行了自我评价，评价结果如表 38 所示。

表 38　小组自我评分表

序号	项目	活动前		活动后		活动提升
		总分	平均分	总分	平均分	
1	质量意识	39	3.9	44	4.4	0.5
2	团队精神	41	4.1	45	4.5	0.4

续 表

序号	项目	活动前		活动后		活动提升
		总分	平均分	总分	平均分	
3	动手能力	32	3.2	40	4.0	0.8
4	工作态度	42	4.2	48	4.8	0.6
5	发现问题	36	3.6	42	4.2	0.6
6	改进意识	33	3.3	47	4.7	1.4

制表人：××× 校核人：××× 审核人：××× 制表日期：2021-03-29

注：各项目满分为 5 分。

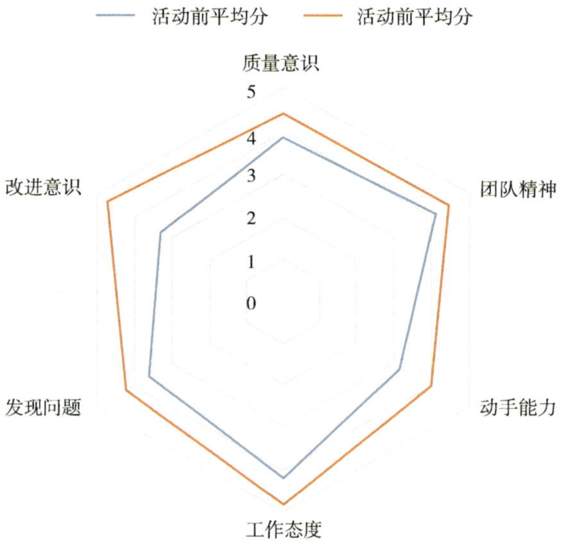

图 30 活动前后小组自我评价雷达图

制图人：××× 校核人：××× 审核人：××× 制图日期：2021-03-29

从雷达图中可以看出小组成员在质量意识、团队精神、改进意识等方面均有了显著提高，但动手能力和发现问题能力还有进一步提升空间。

12.1.4 提升措施

针对小组成员在专业技术、管理方法、小组成员综合素质等方面存在的不足，制定了相应措施并落实到人，详见表 39。

表 39 提升措施表

序号	不足		改进措施	预期目标	完成时间	责任人
1	技术方面	小组对处理特殊运行环境下风机的故障诊断能力还有进一步的提升空间	（1）组织 1 次同行电厂风机维护与检修经验交流；（2）组织 1 次风机厂家技术交流，了解风机预维新技术	完成 1 篇风机相关技术报告	2021-12-31	×××

续 表

序号	不足		改进措施	预期目标	完成时间	责任人
2	管理方面	部分要因确认方法单一	开展2次质量管理小组活动准则的学习培训，深入学习各类图表及QC工具方法使用	开展QC小组基础知识测试，80分以上合格	2022-04-30	×××
3	综合素质方面	动手能力与发现问题能力需进一步提升	每季度组织1次学习沙龙，分享检修经验与需协调问题	完成1次风机设备检修技能比武活动	2022-04-30	×××

制表人：××× 校核人：××× 审核人：××× 制表日期：2021-03-29

12.2 下一步打算

“核风”QC小组致力于解决现场的通风设备缺陷，保证现场通风系统正常运行。通过本次QC小组活动，激发了小组成员对质量管理的热情，开拓了质量管理思路，小组成员将总结经验、继续跟踪并解决实际生产问题。经初步调查，拟选择《减少9DWT002ZV风机故障次数》作为下次QC活动的课题。

12.2.1 重要性

DWT系统保证地面排水槽间通风换气，并维持配电室间的微负压。9DWT002ZV风机故障将会导致DWT系统停运，增加检修与巡检人员被辐射的风险。机组运行要求：9DWT002ZV风机故障次数≤1次/月。

12.2.2 目前现状

统计2021年2—4月期间9DWT002ZV风机故障次数。见表40。

表40 9DWT002ZV风机故障次数统计表

项目	2021-02	2021-03	2021-04	合计
故障次数	3	2	4	9
月平均	3			

制表人：××× 校核人：××× 审核人：××× 制表日期：2021-04-20

根据上表，9DWT002ZV风机3个月内总故障次数达9次，平均达到了3次/月，为生产运行带来隐患。

12.2.3 选择课题

拟选择《减少9DWT002ZV风机故障次数》作为下次QC小组活动的课题。

专家点评：秦山核电　周雪梅　李娟

1. 总体评价

本课题为自定目标的问题解决型课题，小组针对现场辅助给水泵房通风系统的风机故障次数较多，增加了设备检修的人力、物力成本等问题，通过对锁紧垫片全部锁紧、在非驱动端轴承室密封面涂抹密封胶等方式降低了通风系统的故障次数，活动成果较为显著。

小组能遵循 PDCA 的程序开展活动，文本逻辑关系紧密，能运用全面质量管理的理论和方法工具，以数据和事实为依据，用科学的方法分析与解决问题，工具使用适宜。

2. 成果亮点

（1）活动效果明显。该 QC 小组一方面通过对锁紧垫片锁紧前后轴承游隙进行控制，解决了锁紧垫片未锁紧的问题。另一方面，通过对在非驱动端轴承室密封面涂抹密封胶，调整非驱动端轴承座两侧螺栓紧固力矩的措施，使 DVG 风机故障次数明显减少，达到 1 次/月的活动目标。

（2）活动程序规范。该成果遵循 PDCA 循环，按照问题解决型（自定目标）课题活动要求，从选择课题、现状调查到总结和下一步打算等 10 个步骤对整个 QC 活动过程进行了阐述，活动程序较为规范。如在制定对策环节，锁紧垫片和非驱动端轴承室密封面涂抹密封胶的措施都非常具体，实施时可操作性强，数据很充分；另外在进行经济效益的计算时实事求是，并得到了公司财务的盖章认可。

（3）巩固措施得力。为保持 QC 成果的有效性和持续性，小组对实施有效的措施纳入了相应的程序，升版了风机检修规程《HNX-XXX-TPMAPM-0040 皮带传动离心风机轴承及皮带检查》，明确轴承定期润滑的 PM 项目。在巩固期，对 2021 年 1—3 月内 DVG 风机共发生故障的情况进行了跟踪检查，活动效果一直稳定于良好的水平。

3. 改进建议

（1）小组对往年参与的 QC 小组活动症结解决程度进行统计，小组分析认为能将症结解决 90%，这种方式不是很科学，建议根据组织曾经达到的最好水平，来计算症结解决的程度。

（2）要因确认中，判断末端因素非驱动端轴承更换周期偏长、非驱动端轴承型号使用错误、非驱动端轴承座间隙偏大对症结的影响程度时，均与“驱动端轴承是否有异音”与非驱动端轴承进行对比，这两者所在部位不一致，功能和所承受的力也不一致，不具备可比性条件。

（3）对策 1 对 4 台风机锁紧垫片与轴承碰磨情况进行了检查，内容中包含了对驱动端和驱动端轴承游隙的检查，但文本中解决的问题是非驱动端轴承，建议只保留非驱动端轴承相关的内容描述。

课题七

降低油浸式变压器月缺陷次数

一、小组概况

表1 小组概况表

小组名称	维修二处电气星火 QC 小组	组长	章勇	人数	10
所在部门	江苏核电有限公司　维修二处				
成立日期	2019-01	注册日期	2020-03		
注册号	2020-QC-045-SMB	活动时间	2020-03—2021-02		
人均 TQM	90 学时	出勤率	100%		
课题名称	降低油浸式变压器月缺陷次数	课题类型	问题解决型		
小组成员简介					
序号	姓名	性别	职称	学历	小组分工
1	章　勇	男	工程师	本科	方案策划、组织实施
2	×××	男	工程师	本科	课题指导、资料审查
3	×××	男	助理工程师	本科	成果发布
4	×××	男	高级工程师	本科	现场实施、组织协调
5	×××	女	高级工程师	研究生	课题指导、报告审核
6	×××	男	助理工程师	本科	现场实施、数据采集
7	×××	男	助理工程师	本科	现场实施、数据采集
8	×××	男	助理工程师	本科	现场实施、数据采集
9	×××	女	助理工程师	本科	成果发布
10	×××	男	助理工程师	本科	现场实施、数据采集

制表人：×××　　　　制表日期：2020-03-24

二、选择课题

2.1 课题背景

名词解释：

油浸式变压器——变压器的铁芯、绕组及其绝缘材料浸泡在绝缘油中，利用绝缘油作为变压器的绝缘介质和冷却介质，目前，我国 35 kV 及以上电力系统多采用油浸式变压器。

呼吸器——变压器呼吸器也叫变压器吸湿器，其作用为吸附空气中进入油枕胶囊或隔膜中的潮气，以免变压器受潮，保证变压器油的绝缘强度。

3、4 号机组油浸式变压器共计 12 台，作为电网与电站厂用电系统之间的电力枢纽，是田湾核电站重要电气设备之一，其安全稳定运行对于电站具有重要意义。

3、4 号机组运行期间油浸式变压器缺陷次数较多，不利于机组安全稳定运行，同时维修人员为了处理缺陷耗费大量人力和物力。因此，降低油浸式变压器平均每月缺陷次数，对油浸式变压器安全稳定运行有着重要的作用。油浸式变压器主要包括电气系统、冷却系统、保护系统、油位补偿系统，各个系统中包括铁心、绕组、冷却风机、潜油泵、呼吸器、瓦斯继电器、油流继电器等设备。

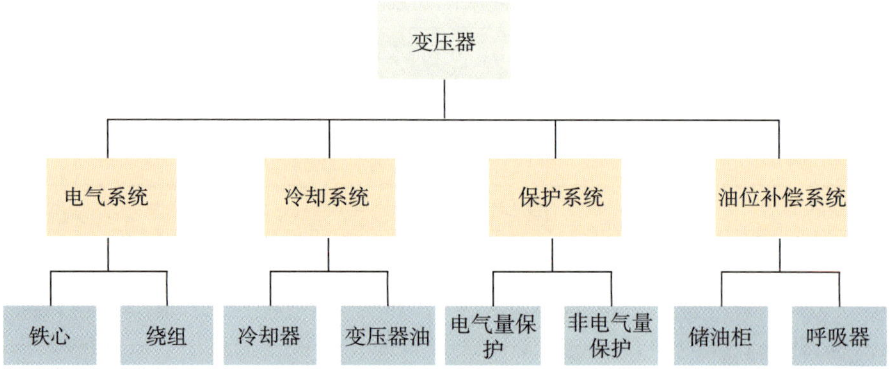

图 1　油浸式变压器结构示意图

2.2　课题选择

部门要求	保证油浸式变压器安全运行，将油浸式变压器平均每月缺陷次数降低至 25 次以内。
实际现状	田湾核电站 3、4 号机组 2019 年 12 月至 2020 年 2 月期间油浸式变压器平均每月缺陷次数为 42 次。
选择课题	降低油浸式变压器月缺陷次数

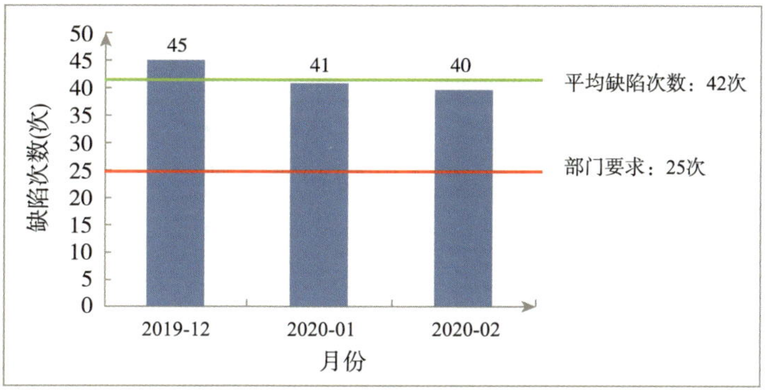

图 2　课题选择

三、现状调查

3.1　调查对象

小组成员调查公司 SAP 管理系统和维修记录，统计了 3、4 号机组 2019 年 12 月—2020 年 2 月期间油浸式变压器缺陷情况，其中包括冷却风机缺陷、潜油泵缺陷、呼吸器缺陷等缺陷类型，共累计缺陷次数为 126 次。

3.2　调查一：变压器类型

田湾核电厂 3、4 号机组油浸式变压器分为主变压器、厂用变压器、厂用备用变压器三种设备类型，小组成员为了分析规格型号的变压器对缺陷次数的影响，分别统计了不同类型变压器的缺陷次数，统计情况如表 2 所示。

表 2　不同变压器类型每月缺陷次数统计表

月份 变压器类型	2019-12	2020-01	2020-02	缺陷次数（次）
主变压器	13	15	12	40
厂用变压器	15	14	13	42
厂用备用变压器	17	12	15	44

制表人：×××　　制表时间：2020-04-07

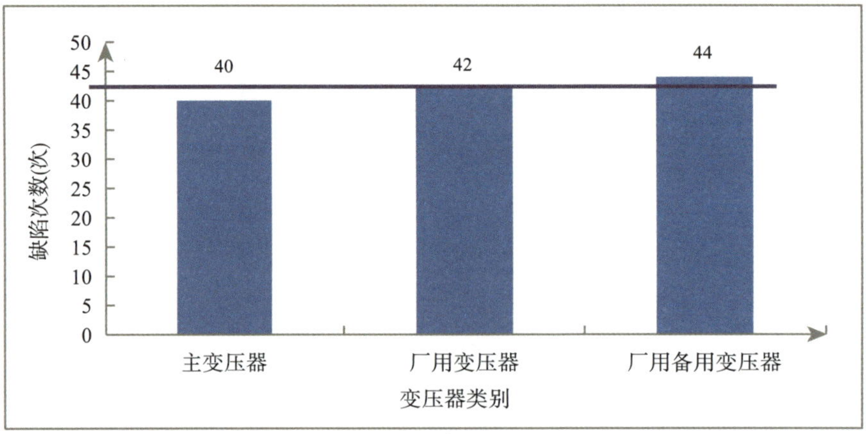

图 3　不同类型变压器缺陷次数柱状图

结论：通过分析上述图表可知，不同类型的油浸式变压器缺陷次数基本无差别，不同类型的油浸式变压器对缺陷次数基本无影响。

3.3　调查二：缺陷类型

小组成员对油浸式变压器的缺陷类型统计分析如表 3 所示。

表 3　不同类型缺陷统计表

缺陷类型	缺陷次数	占比	累计占比
呼吸器缺陷	93	73.8%	73.8%
潜油泵缺陷	13	10.3%	84.1%
冷却风机缺陷	9	7.2%	91.3%
保护系统缺陷	7	5.5%	96.8%
其他缺陷	4	3.2%	100%
总计	126	100%	—

制表人：×××　　制表时间：2020-04-10

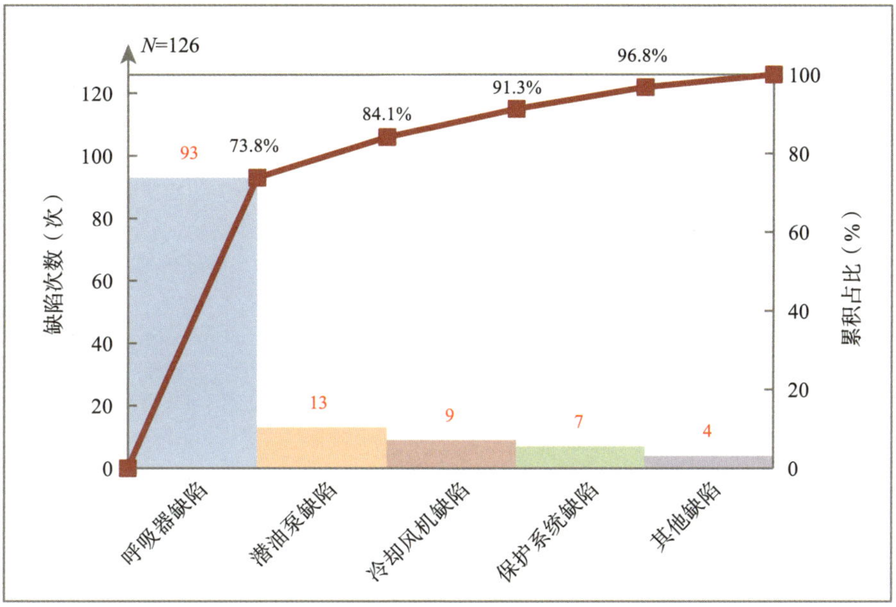

图 4　缺陷类型排列图

结论：通过分析上述图表可知，呼吸器缺陷次数最多，占缺陷总次数的 73.8%，呼吸器缺陷次数多是油浸式变压器缺陷次数多的主要问题。

3.4　调查三：呼吸器缺陷分类

小组成员进一步对呼吸器缺陷分类统计分析如下。

表 4　呼吸器缺陷分类统计表

呼吸器缺陷分类	缺陷次数	占比	累计占比
硅胶颗粒变色次数多	68	73.1%	73.1%
油杯油位超过限值	10	10.8%	83.9%
呼吸器渗油	7	7.5%	91.4%
蝶形锁紧螺栓损坏	5	5.4%	96.8%
其他缺陷	3	3.2%	100%
合计	93	100%	—

制表人：×××　　　　制表时间：2020-04-13

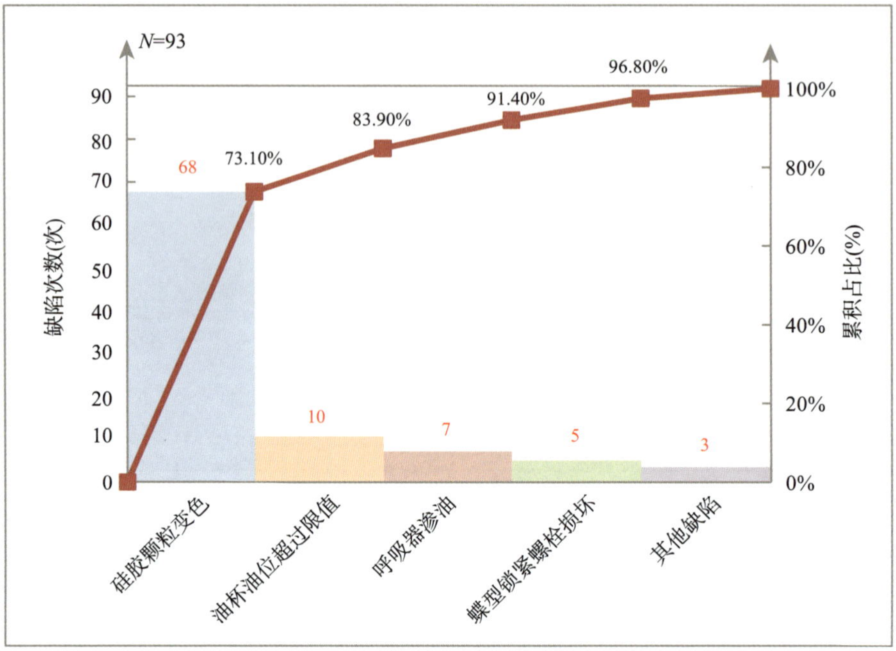

图 5 呼吸器缺陷分类排列图

结论：从图 5 可知，硅胶颗粒变色次数最多，因此，硅胶颗粒变色次数多是本课题的症结。

目标值测算：

田湾核电厂 1、2 号机组的油浸式变压器结构、数量、用途与 3、4 号机组大致相同，具有可比性，小组成员统计了田湾核电站 1、2 号机组 2019 年 12 月—2020 年 2 月期间油浸式硅胶颗粒变色次数。

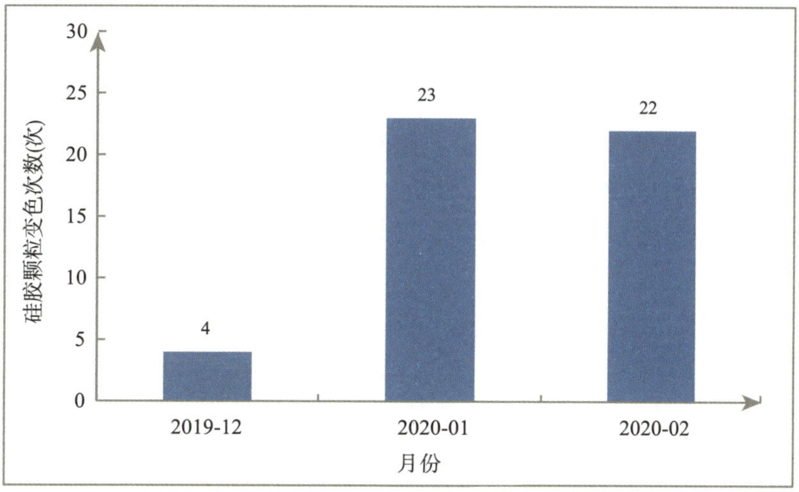

图 6 1、2 号机组硅胶颗粒变色次数统计表

从上图可知，田湾核电站 1、2 号机组 2019 年 12 月油浸式变压器硅胶颗粒变色次数仅有 4 次，小组成员以组织达到的最优次数为依据，预计解决症结的程度计算如下：

100%－［4÷（68÷3）］%＝82.4%

经过小组讨论分析，小组决定挑战田湾 1、2 号机组曾经达到的最好水平，一致认为小组有能力解决症结的 83.0%，课题目标计算如下：

［126－（68×83%）］÷3＝23 次

因此，油浸式变压器平均每月缺陷次数可以减少为 23 次，可以满足部门要求。

四、设定目标

经小组充分讨论，一致决定将油浸式变压器平均每月缺陷次数目标设定为 23 次。

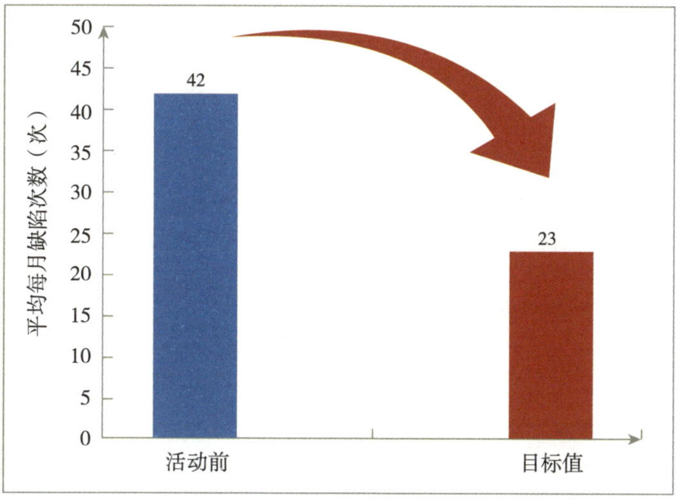

图 7 目标效果示意图

五、原因分析

2020年4月26日，小组成员运用“头脑风暴法”，从硅胶颗粒变色次数多这一问题症结入手，从“5M1E”六个角度进行了分析，在排除了小组能力范围以外的末端原因后，最终确定了6条末端原因，并绘制成树图，详见下图：

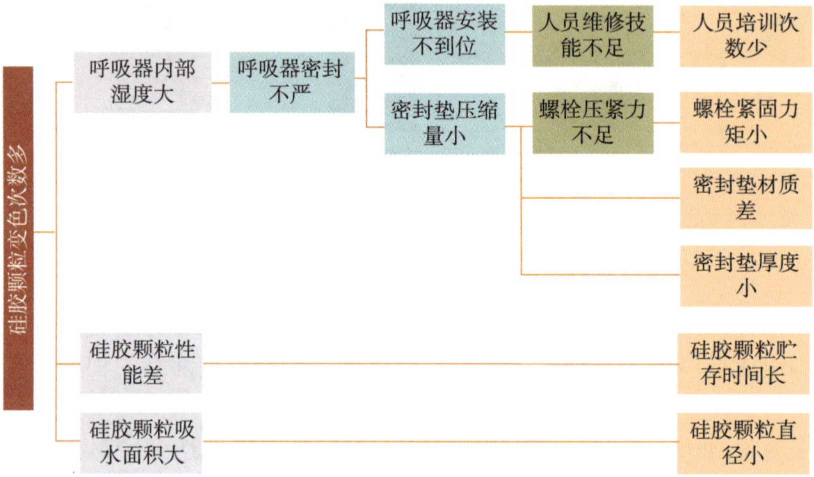

图8　树图

6个末端原因分别为：

1. 人员培训次数少；
2. 螺栓紧固力矩小；
3. 硅胶颗粒贮存时间长；
4. 硅胶颗粒直径小；
5. 密封垫材质差；
6. 密封垫厚度小。

六、确定主要原因

针对以上6条末端原因，小组成员采取调查分析、现场试验、现场测量方法逐条确认，确认过程及结果如下。

要因确认一

末端原因	人员培训次数少
确认内容	1. 调查人员培训记录； 2. 人员培训次数少对症结的影响程度。

续 表

末端原因	人员培训次数少
确认方法	调查分析、现场试验
确认过程	小组成员查阅了维修人员的培训记录，考核成绩合格视为有效培训，具体人员信息如表 5。

表 5 人员培训记录

序号	姓名	培训次数	是否合格	序号	姓名	培训次数	是否合格
1	×××	7	是	5	×××	5	是
2	×××	4	是	6	×××	11	是
3	×××	12	是	7	×××	8	是
4	×××	4	是	8	×××	3	是

制表人：××× 制表时间：2020-05-01

症结影响程度分析

2020 年 5 月 2 日，小组成员将培训次数分为小于等于 5 次、5 次至 10 次、大于 10 次三个培训次数段，分别从 3 个培训次数段中随机选取 1 人担任工作负责人，每位工作负责人负责 1 台变压器，工作时间为 3 个月，工作期间若硅胶颗粒出现变色现象应立即更换，记录各位工作人员所负责的变压器在 3 个月内硅胶颗粒变色次数。详细统计情况见表 6。

表 6 不同培训次数工作负责人的硅胶颗粒变色次数统计表

培训次数/硅胶颗粒变色次数 工作负责人	培训次数（次）	硅胶颗粒变色次数（次）
×××	4	6
×××	8	5
×××	11	6

制表人：××× 制表时间：2020-08-02

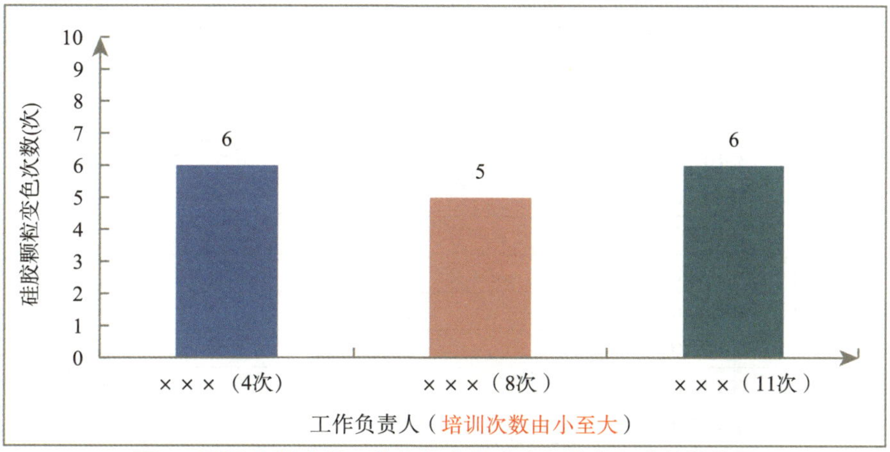

图 9 不同培训次数工作负责人的硅胶颗粒变色次数柱状图

续 表

<table>
<tr><td>末端原因</td><td colspan="3">人员培训次数少</td></tr>
<tr><td>症结影响程度分析</td><td colspan="3">
图 10 现场更换硅胶颗粒
由上图表可知，硅胶颗粒变色次数不随着维修人员培训次数增加而减少，因此，小组成员一致认为人员培训次数少对硅胶颗粒变色次数影响程度小。</td></tr>
<tr><td>确认人员</td><td>×××</td><td>确认时间</td><td>2020-08-02</td></tr>
<tr><td>结论</td><td colspan="3">人员培训次数少是非要因</td></tr>
</table>

要因确认二

<table>
<tr><td>末端原因</td><td>螺栓紧固力矩小</td></tr>
<tr><td>确认内容</td><td>1. 调查维修程序中螺栓紧固力矩范围；
2. 螺栓紧固力矩小对症结的影响程度。</td></tr>
<tr><td>确认方法</td><td>调查分析、现场试验</td></tr>
<tr><td>确认过程</td><td>维修程序中规定螺栓紧固力矩范围为 20~40 N·m，小组成员利用检修窗口对所有油浸式变压器呼吸器力矩进行校验，螺栓紧固力矩均满足程序要求。详细统计情况见表 7。
表 7 呼吸器维修记录
<table>
<tr><td colspan="3">呼吸器螺栓力矩紧固表</td></tr>
<tr><td>KKS 码</td><td>螺栓力矩实际紧固值（N·m）</td><td>力矩标准（N·m）</td></tr>
<tr><td>30BAT01</td><td>21</td><td rowspan="12">20~40</td></tr>
<tr><td>30BAT02</td><td>24</td></tr>
<tr><td>30BAT03</td><td>22</td></tr>
<tr><td>30BBT01</td><td>21</td></tr>
<tr><td>30BBT02</td><td>32</td></tr>
<tr><td>30BCT03</td><td>21</td></tr>
<tr><td>40BAT01</td><td>23</td></tr>
<tr><td>40BAT02</td><td>22</td></tr>
<tr><td>40BAT03</td><td>21</td></tr>
<tr><td>40BBT01</td><td>34</td></tr>
<tr><td>40BBT02</td><td>23</td></tr>
<tr><td>40BCT03</td><td>22</td></tr>
</table></td></tr>
</table>

续　表

末端原因	螺栓紧固力矩小

症结影响程度分析

为了验证螺栓紧固力矩大小对症结的影响程度，小组成员安排同一工作负责人，分别使用 20 N · m、30 N · m、40 N · m 三种力矩紧固 3 台变压器，工作时间为 3 个月，工作期间若硅胶颗粒出现变色现象应立即更换，记录不同螺栓紧固力矩的变压器在 3 个月内硅胶颗粒变色次数，详见表 8。

表 8　不同螺栓紧固力矩的硅胶颗粒变色次数统计表

序号	力矩（N · m）	硅胶颗粒变色次数（次）
1	20 N · m	6
2	30 N · m	5
3	40 N · m	6

制表人：×××　　　　制表时间：2020-08-04

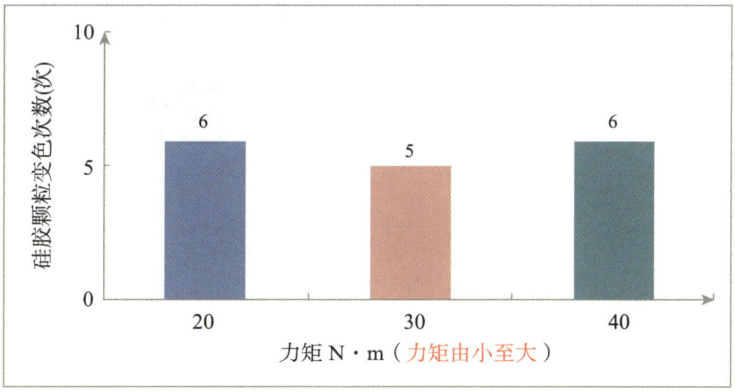

图 11　不同螺栓紧固力矩的硅胶颗粒变色次数柱状图

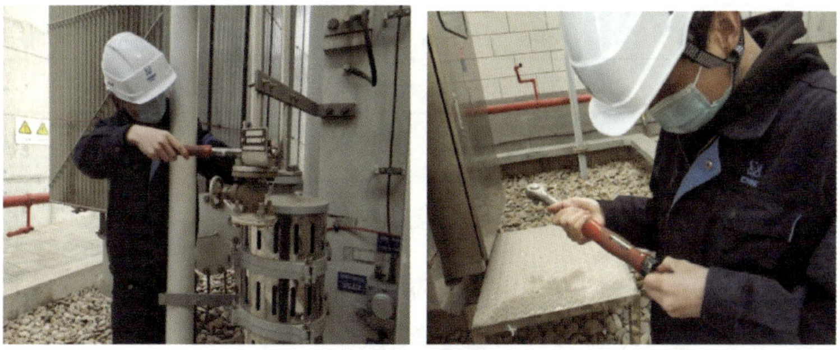

图 12　校验螺栓力矩

由上述图表可知，硅胶颗粒变色次数不随螺栓紧固力矩增加而减少，因此，小组成员一致认为螺栓紧固力矩小对硅胶颗粒变色次数影响小。

确认人员	×××	确认时间	2020-08-04
结论	螺栓紧固力矩小是非要因		

要因确认三

<table>
<tr><td>末端原因</td><td>硅胶颗粒贮存时间长</td></tr>
<tr><td>确认内容</td><td>1. 调查耗材库房中硅胶颗粒的保质期和生产日期；
2. 硅胶颗粒贮存时间长对症结的影响程度。</td></tr>
<tr><td>确认方法</td><td>调查分析、现场试验</td></tr>
<tr><td>确认过程</td><td>小组成员调查耗材库房台账，发现硅胶颗粒保质期为 24 个月，目前库房中共有 A、B 两批次，生产日期分别为 2018 年 7 月和 2020 年 4 月，所使用的硅胶颗粒都在有效期内。
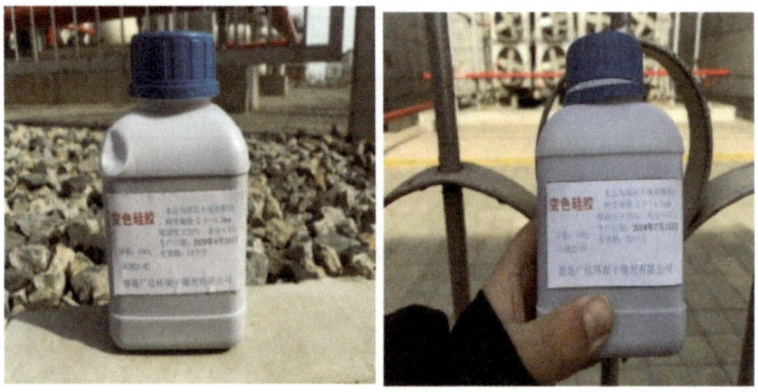

图 13　不同批次硅胶颗粒</td></tr>
<tr><td>症结影响程度分析</td><td>2020 年 6 月 5 日，小组成员利用缺陷处理窗口，安排同一工作负责人，在 2 台相同运行状况的变压器上，分别使用两种不同生产日期的硅胶颗粒，工作时间为 3 个月，工作期间若硅胶颗粒出现变色现象应立即更换，记录使用不同生产日期的硅胶颗粒在 3 个月内变色次数，详见表 9。
表 9　不同硅胶颗粒贮存时间的硅胶颗粒变色次数统计表
<table>
<tr><th>批次</th><th>生产日期</th><th>贮存时间（月）</th><th>硅胶颗粒变色次数（次）</th></tr>
<tr><td>A</td><td>2018-07</td><td>23</td><td>6</td></tr>
<tr><td>B</td><td>2020-04</td><td>2</td><td>5</td></tr>
</table>
制表人：×××　　　　制表时间：2020-08-05
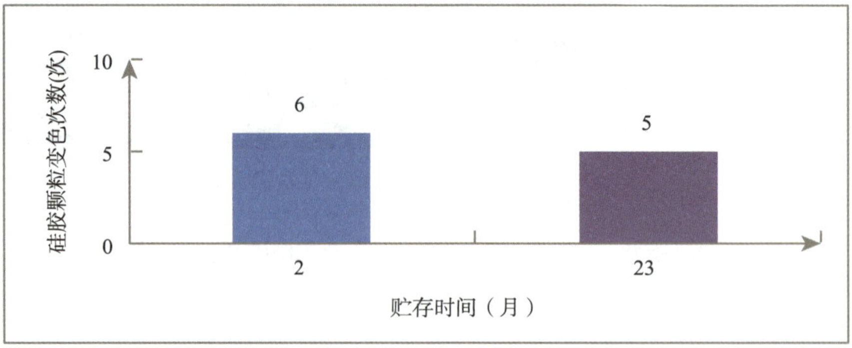

图 14　不同硅胶颗粒贮存时间的硅胶颗粒变色次数柱形图</td></tr>
</table>

续 表

末端原因	硅胶颗粒贮存时间长		
症结影响程度分析	由上图表可知，不同贮存时间的硅胶颗粒的变色次数基本无差别，因此，小组一致认为硅胶颗粒贮存时间长对硅胶颗粒变色次数影响小。		
确认人员	×××	确认时间	2020-08-05
结论	硅胶颗粒贮存时间长是非要因		

要因确认四

末端原因	硅胶颗粒直径小
确认内容	1. 调查耗材库房中硅胶颗粒直径范围； 2. 硅胶颗粒直接对症结的影响程度。
确认方法	调查分析，现场试验
确认过程	小组成员调查耗材库房中硅胶颗粒，其直径标准在 3～5 mm，每瓶选取 10 颗硅胶颗粒进行测量，发现测量硅胶颗粒均满足直径标准。  图 15　现场测量硅胶颗粒直径
症结影响程度分析	小组成员利用缺陷处理窗口，分别选取直径为 3 mm、4 mm、5 mm 的硅胶颗粒，安排同一工作负责人，分别将 3 种直径的硅胶颗粒更换到 3 台变压器上，工作时间为 3 个月，工作期间若硅胶颗粒出现变色现象应立即更换，记录使用不同直径的硅胶颗粒在 3 个月内变色次数，详见表 10。 表 10　不同直径硅胶颗粒的硅胶颗粒变色次数统计表 （见下表） 制表人：×××　　制表时间：2020-08-06

序号	硅胶颗粒直径（mm）	硅胶颗粒变色次数（次）
1	3	6
2	4	6
3	5	5

续 表

末端原因	硅胶颗粒直径小		
症结影响程度分析	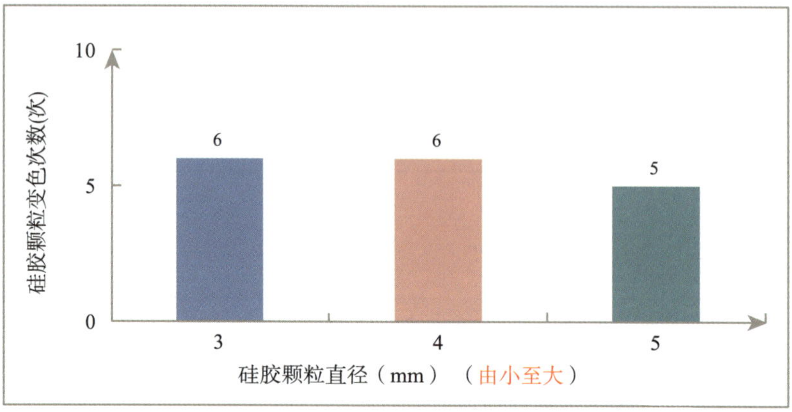 图 16　不同直径硅胶颗粒的硅胶颗粒变色次数柱状图 由上图表可知，硅胶颗粒变色次数不随着硅胶颗粒直径增加而减小。因此，小组成员一致认为硅胶颗粒直径小对症结影响小。		
确认人员	×××	确认时间	2020-08-06
结论	硅胶颗粒直径小是非要因		

要因确认五

末端原因	密封垫厚度小
确认内容	1. 调查密封垫厚度； 2. 密封垫厚度小对症结的影响。
确认方法	现场测量、现场试验
确认过程	经过调查呼吸器密封垫的出厂报告，密封垫厚度标准为 4.5±0.1 mm，经现场实测，发现呼吸器密封垫厚度均在厂家要求的标准范围内。 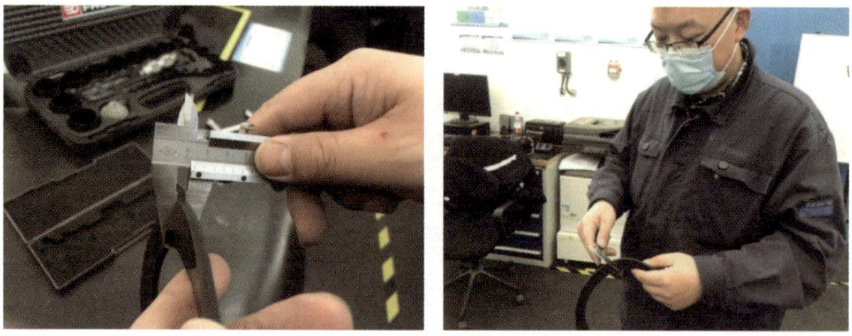 图 17　测量密封垫厚度

续 表

末端原因	密封垫厚度小

症结影响程度分析

为了验证密封垫厚度小对症结的影响程度，小组成员决定采用厚度不同的密封垫现场使用，密封垫厚度分别为 4.5 mm、5.0 mm、5.5 mm、6.0 mm。利用厂用变压器更换硅胶颗粒窗口，安排同一工作负责人，分别将 4 种不同厚度的密封垫安装到 4 台变压器上，工作时间为 3 个月，工作期间若硅胶颗粒出现变色现象应立即更换，记录使用不同生产日期的硅胶颗粒在 3 个月内变色次数，详见表 11。

表 11　不同密封垫厚度的硅胶颗粒变色次数统计表

序号	密封垫厚度（mm）	硅胶颗粒变色次数（次）
1	4. 5	6
2	5. 0	4
3	5. 5	1
4	6. 0	0

制表人：×××　　　　制表时间：2020-08-07

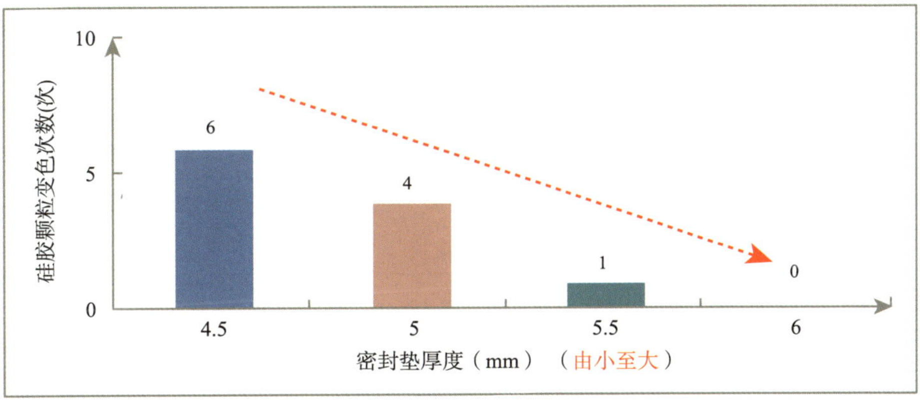

图 18　不同密封垫厚度的硅胶颗粒变色次数柱状图

通过上图表知，随着密封垫厚度的增加，硅胶颗粒变色次数有明显的下降，小组一致认为密封垫厚度小对症结影响大。

确认人员	×××	确认时间	2020-08-07
结论	密封垫厚度小是要因		

要因确认六

末端原因	密封垫材质差
确认内容	1. 密封垫材质调查分析； 2. 密封垫材质差对症结的影响程度。
确认方法	调查分析，现场试验

续 表

<table>
<tr><td>末端原因</td><td colspan="3">密封垫材质差</td></tr>
<tr><td>确认过程</td><td colspan="3">厂家运维手册中推荐使用的橡胶材质为三元乙丙橡胶（EPDM）和丁腈橡胶（NBR）。通过调查 3、4 号机组密封垫的出厂报告发现其材质主要成分为丁腈橡胶（NBR）其耐油、耐高温、耐老化性能中等。为了验证密封垫材质对症结的影响程度，小组成员制作了一批材质为三元乙丙橡胶（EPDM）的相同规格密封垫，其耐油、耐高温、耐老化性能均优于原来的三元乙丙橡胶材质。

图 19　三元乙丙橡胶

图 20　丁腈橡胶</td></tr>
<tr><td>症结影响程度分析</td><td colspan="3">小组成员利用厂用备用变压器更换硅胶颗粒窗口，安排同一工作负责人，将 2 种不同材质的密封垫更换到运行状况相同的主变压器上，工作时间为 3 个月，工作期间若硅胶颗粒出现变色现象应立即更换，记录使用不同生产日期的硅胶颗粒在 3 个月内变色次数，详见表 12。
表 12　不同密封垫材质的硅胶颗粒变色次数统计表
<table>
<tr><th>序号</th><th>密封垫材质</th><th>硅胶颗粒变色次数（次）</th></tr>
<tr><td>1</td><td>三元乙丙橡胶</td><td>6</td></tr>
<tr><td>2</td><td>丁腈橡胶</td><td>5</td></tr>
</table>
制表人：×××　　制表时间：2020-08-09
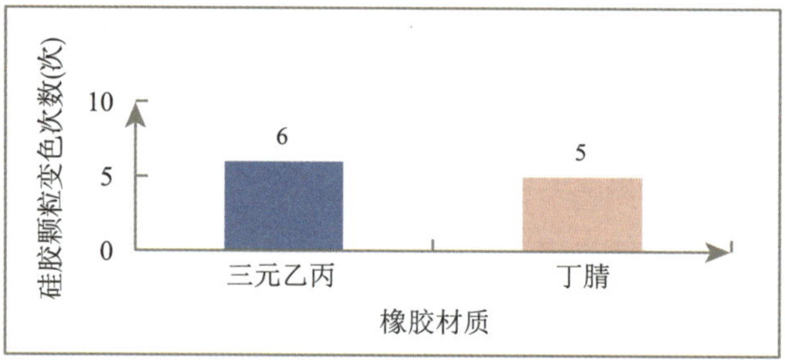

图 21　不同材质密封垫的颜色变化次数柱状图
由上图表可知，密封垫材质改变，硅胶颗粒变色次数基本无变化。因此，小组成员一致认为密封垫材质差对症结影响小。</td></tr>
<tr><td>确认人员</td><td>×××</td><td>确认时间</td><td>2020-08-09</td></tr>
<tr><td>结论</td><td colspan="3">密封垫材质差是非要因</td></tr>
</table>

通过对以上 6 条末端原因对症结的影响程度大小的分析，小组一致认为密封垫厚度小是硅胶颗粒变色次数多的要因。

七、制定对策

确定要因后，小组按照 5W1H 原则制定了对策表。

表 13 对策表

要因	对策	目标	措施	地点	完成日期	责任人
密封垫厚度小	增加呼吸器密封垫厚度	密封垫厚度为 6±0. 1 mm	1. 绘制密封垫图纸	高压实验室	2020-08-10	×××
			2. 按照图纸加工新型密封垫	高压实验室	2020-08-14	×××
			3. 编制呼吸器密封垫安装作业指导方案	高压实验室	2020-08-20	×××
			4. 将新型密封垫应用于现场设备中	检修现场	2020-08-30	×××

制表人：××× 制表日期：2020-08-09

八、对策实施

8. 1 实施对策

步骤一：绘制密封垫图纸					
实施人	×××	地点	高压实验室	时间	2020-08-10

我们测量密封垫原有尺寸，并结合呼吸器密封位置沟槽的尺寸，新密封垫的尺寸为 6±0. 1 mm，并绘制了新的密封垫设计图，详见图 22。

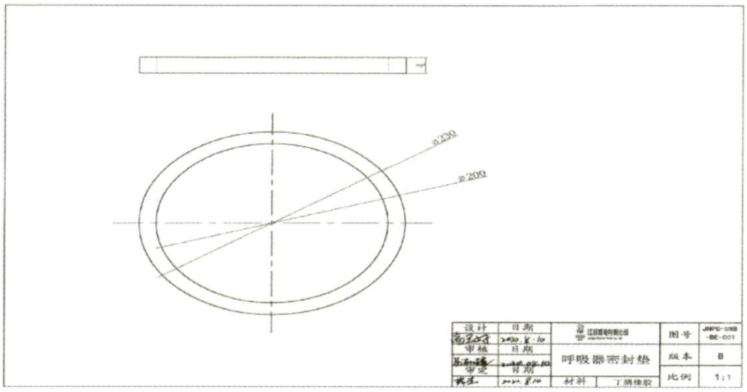

图 22 新密封垫设计图

步骤二：按照图纸加工新型密封垫					
实施人	×××	地点	高压实验室	时间	2020-08-12

小组成员按照绘制生效的图纸使用橡胶板在实验室制作密封垫，如图 23 所示。

图 23　加工新型密封垫

制作完成后抽出 10 个制作的密封垫对其厚度进行复测，检验是否满足对策目标要求，详见表 14。

表 14　密封垫尺寸复测统计表

序号	1	2	3	4	5	6	7	8	9	10
厚度（mm）	6.05	6.01	5.96	5.98	6.01	5.94	6.05	6.02	6.03	6.01

制表人：×××　　　　制表时间：2020-08-13

由上表可知，新制作的密封的厚度均在标准范围 6±0.1 mm 内，满足对策实施目标要求。

步骤三：编制呼吸器密封垫安装作业指导方案					
实施人	×××	地点	高压实验室	时间	2020-08-18

小组成员编制了《呼吸器密封垫安装作业指导方案》，其中明确了呼吸器密封垫的安装方法和注意事项。

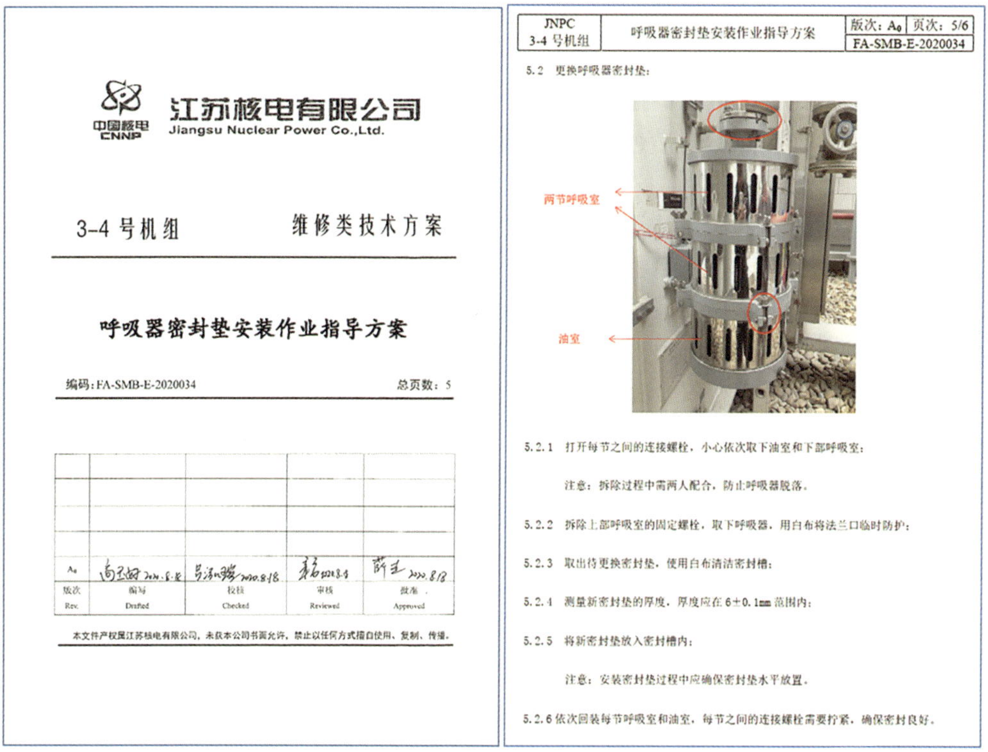

江苏核电有限公司
Jiangsu Nuclear Power Co.,Ltd.

3-4 号机组　　维修类技术方案

呼吸器密封垫安装作业指导方案

编码：FA-SMB-E-2020034　　总页数：5

A_0				
版次 Rev.	编写 Drafted	校核 Checked	审核 Reviewed	批准 Approved

本文件产权属江苏核电有限公司，未获本公司书面允许，禁止以任何方式擅自使用、复制、传播。

JNPC 3-4 号机组	呼吸器密封垫安装作业指导方案	版次：A_0　页次：5/6 FA-SMB-E-2020034

5.2　更换呼吸器密封垫：

5.2.1　打开每节之间的连接螺栓，小心依次取下油室和下部呼吸室；

注意：拆除过程中需两人配合，防止呼吸器脱落。

5.2.2　拆除上部呼吸室的固定螺栓，取下呼吸器，用白布将法兰口临时防护；

5.2.3　取出待更换密封垫，使用白布清洁密封槽；

5.2.4　测量新密封垫的厚度，厚度应在 6±0.1mm 范围内；

5.2.5　将新密封垫放入密封槽内；

注意：安装密封垫过程中应确保密封垫水平放置。

5.2.6 依次回装每节呼吸室和油室，每节之间的连接螺栓需要拧紧，确保密封良好。

图 24　密封垫安装作业指导方案

步骤四：将新型密封垫应用于现场设备中					
实施人	×××	地点	检修现场	时间	2020-08-28

图 25　现场应用新型密封垫

8.2　对策实施结果影响验证

对策实施完成后，小组成员通过现场试验等方式，分析验证了对策实施的结果在安全、质量、管理、成本等方面是否存在负面影响。

1. 安全

（1）油浸式变压器呼吸器内有变压器矿物油，其燃点相对较低，若呼吸器漏油会存在一定的火灾风险。因此，在新型密封垫安装在现场设备后，小组成员每天巡检，统计发现采用新型密封垫的变压器呼吸器的渗油次数为 0；

（2）使用新型密封垫后，变压器各项运行参数均正常，未影响变压器的安全运行。

因此，本对策的实施在安全方面无影响！

2. 管理

新型密封垫与原备件相比，仅增加了厚度，按照公司管理程序要求，无需发起备件替代流程，仅需更新原有的备件数据库，未增加新的管理需求和流程。

因此，**本对策的实施在管理方面无影响！**

3. 成本

（1）单个新型密封垫的价格仅为 110 元，与原密封垫基本无区别，未增加备件采购成本；

（2）新型密封垫应用于现场后，经过现场验证，发现呼吸器缺陷仅 1 次，比同期比较少，这在一定程度上减少了缺陷处理所需的人工、物资费用，基本达到了降低成本的预期效果。

因此，该对策的实施**在成本方面无影响！**

综上所述，本对策的实施在安全、管理、成本等方面**无影响，**此对策实施有效。

九、效果检查

9.1　目标检查

对策实施后，小组对 2020 年 9 月—2020 年 11 月共 3 个月油浸式变压器缺陷次数进行了统计分析，具体数据统计如表 15 所示。

表 15　对策实施后变压器缺陷次数统计表

时间	2020-09	2020-10	2020-11	平均缺陷次数（次）
缺陷次数（次）	17	20	20	19

制表人：××× 制表时间：2020-11-30

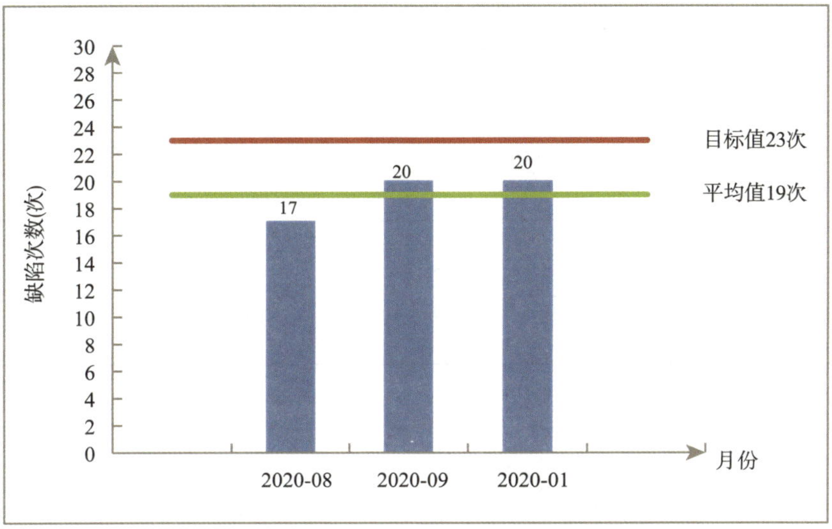

图 26 对策实施后变压器缺陷次数柱状图

由上图表可直观地看出，2020 年 9 月—2020 年 11 月变压器缺陷次数最多为 20 次，平均缺陷次数减少到 19 次。

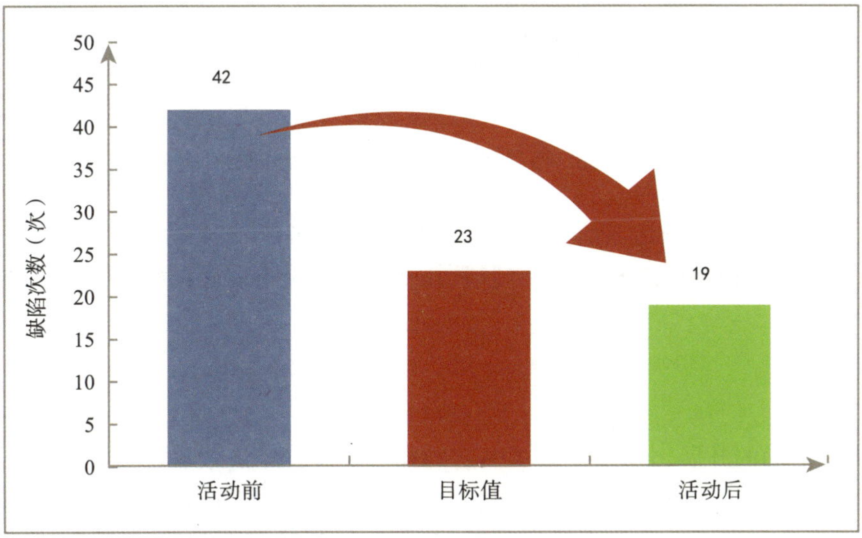

图 27 目标效果检查对比图

结论：变压器的每月平均缺陷次数由活动前的 42 次缩短到了活动后的 19 次，小于目标值 23 次，本次 QC 活动达到了课题目标值，也成功达到了部门要求的目标值 25 次。

9.2 症结检查

为检查症结解决程度，小组调查了 2020 年 9 月—2020 年 11 月呼吸器硅胶颗粒变色次数，发现呼吸器硅胶颗粒变色次数由活动前的 68 次减小到了活动后的 6 次，数据统计如表 16 所示。

表 16　活动后呼吸器缺陷次数统计表

缺陷类型	活动后缺陷次数（次）	所占比例
油杯油位超过限值	12	36.4%
呼吸器渗油	8	24.2%
硅胶颗粒变色次数多	6	18.2%
蝶形锁紧螺栓损坏	5	15.2%
其他缺陷	2	6%
合计	33	100%

制表人：×××　　　　制表时间：2020-11-30

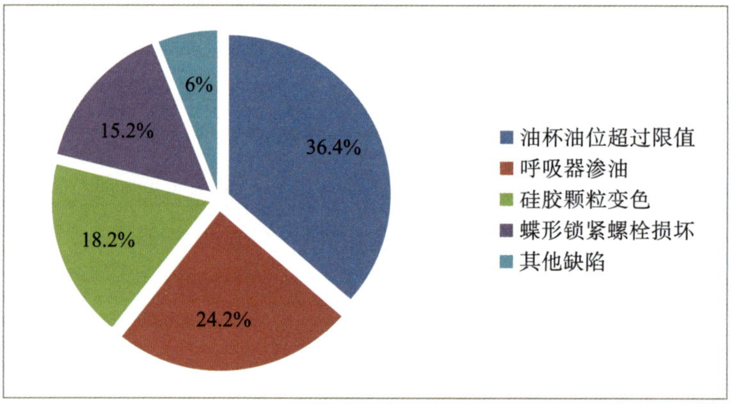

图 28　活动后呼吸器缺陷次数饼分图

结论：从上述图表可知，活动后的 2020 年 9 月—2020 年 11 月硅胶颗粒变色缺陷为 6 次，仅占呼吸器缺陷总数的 18.2%，硅胶颗粒变色已不是本课题的症结所在，本课题症结成功解决！

9.3　效益检查

通过本次活动的开展，小组创造了一定的经济效益，经济效益计算如下：

（1）2020 年 9 月—2020 年 11 月期间，平均每月油浸式变压器呼吸器硅胶颗粒变色缺陷减少了 20 次，每次更换硅胶颗粒需硅胶 10 瓶，每瓶硅胶颗粒单价 56 元，活动期间可为公司创造经济效益 $S_1=10\times56\times20\times3=33\ 600$ 元。

（2）小组成员需要对 3、4 号机组所有油浸式变压器呼吸器进行密封圈更换，现场共有 18 个呼吸器，每个密封圈的成本为 110 元，所以总成本花费 $S_2=100\times18=1980$（元）。

总收益为 $S_1=S=S_1-S_2=33\ 600-1980=31\ 620$（元）

填写人	×××	处室	维修二处	电话	0518-82205082
小组名称	维修二处电气星火 QC 小组				
课题名称	降低油浸式变压器缺陷次数				
总收益	2020 年 9 月到 2020 年 11 月期间，平均每月油浸式变压器呼吸器硅胶颗粒变色缺陷减少了 20 次，每次更换硅胶颗粒需硅胶 10 瓶，每瓶硅胶颗粒单价 56 元，活动期间可为公司创造经济效益 S1=10×56×20×3=33 600 元。				
投入的总费用	小组成员需要对 3、4 号机组所有油浸式变压器呼吸器进行密封圈更换，现场共有 18 个呼吸器，每个密封圈的成本为 110 元，所以总成本花费 S2=110×18=1980（元）。				
实际经济效益	实际创造的总经济效益为：S=S1-S2=33 600-1980=31 620（元）				
本处室意见：（签字）：[illegible] 日期：2021年 2月23 日					
财务处意见：同意. （签字）：[illegible] 日期：2021年 02月23 日					

图 29 经济效益确认表

十、制定巩固措施

10.1 巩固措施

小组成员将新编制的呼吸器安装指导方案中相关措施列入相关管理程序中，进行标准化，并报公司审批以巩固活动效果。

表 17 巩固措施实施表

序号	巩固措施	标准化形式	程序编码	程序名称	负责人	完成日期
1	将呼吸器密封垫安装指导方案纳入维修程序中	升版程序	PRE-Y-BAT00-002	变压器呼吸器检查维护程序	×××	2020-12-04

制表人：××× 制表时间：2020-12-05

10.2 巩固期效果检查

小组对 2020 年 12 月—2021 年 2 月的 3、4 号机组油浸式变压器缺陷次数进行统计，并汇总了活动前、效果检查及巩固期的油浸式变压器缺陷次数，进行活动前后的对比，具体情况如表 18 所示。

表 18 油浸式变压器缺陷次数统计表

阶段	时间	缺陷次数
活动前	2019-12	41
	2020-01	42
	2020-02	42
效果检查	2020-09	17
	2020-10	20
	2020-11	20
巩固期	2020-12	18
	2021-01	19
	2021-02	19

制表人：××× 制表时间：2021-02-20

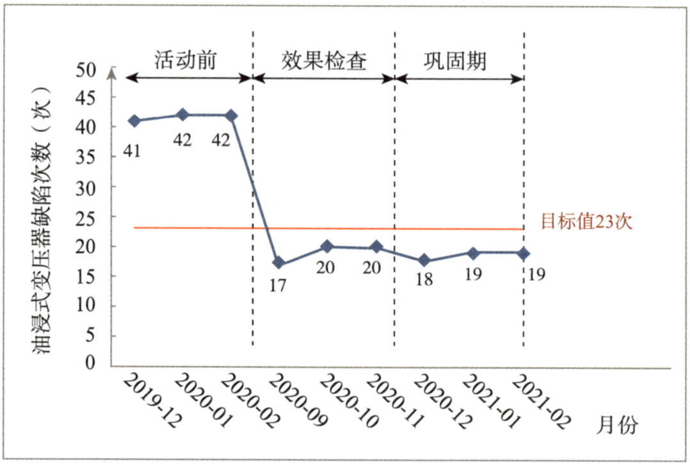

图 30 巩固期内油浸式变压器缺陷次数折线图

结论：从上图可直观看出，在巩固期内油浸式变压器每月最大缺陷 19 次，低于目标值 23 次，因此，我们小组一致认为 QC 小组的巩固措施是长期有效的。

十一、总结和下一步打算

11.1 总结

小组成员对本次课题的全过程进行了详细总结，总结主要从专业技术、管理方法、小组成员综合素质等方面进行，主要内容如下：

1. 专业技术

本课题是针对油浸式变压器缺陷次数多的问题来开展活动，涉及油浸式变压器的专业知识，包括油浸式变压器设备结构特点及其缺陷处理的专业知识。通过本次活动的开展，对于变压器结构及维修知识比较欠缺的成员也深入了解油浸式变压器本体结构、呼吸器原理等专业知识，拓宽了小组成员专业视野。此外，在活动过程中制作了新型密封垫试用，提高了小组成员的动手能力，为今后 QC 活动提供了丰富的技术储备。

2. 管理方法

小组严格按照 PDCA 循环程序开展此次课题活动，使整个 QC 活动环环相扣，拥有严密的逻辑性、科学性，在现状调查阶段收集具有客观性、全面性、时效性、可比性的数据，分层剖析现状，最终确定症结，确定了改进方向和程度。针对症结从人、机、料、法、环、测等方面全面分析，最终通过调查分析、现场测量及试验等方法成功地找到了主要原因。然后按照 5W1H 原则制定了对策表，最终成功解决了变压器缺陷次数多的问题。在整个过程中，小组全员对质量管理理论有了新的认识，在管理能力方面均拥有了显著提升。

3. 小组成员综合素质

小组大部分成员已多次参与过 QC 小组活动，但部分小组成员是第一次接触 QC 工具方法，通过全过程的参与，小组成员在各方面能力上均有了大幅度提升，如吕泓瑄对变压器呼吸器原理、CAD 绘图方面的能力有了本质的飞跃；薛杰对文本的撰写更加细腻，更加精益求精，力求科学严谨；严皓翔在 PPT 制作水平上升到了更高的层次；于霄对排列图、关联图、5W1H 等知识有了更加深入的理解。因此，小组成员的综合素质得到了明显提高。

小组成员的自我评价情况见表 19。

表 19 自我评价表

活动阶段	QC 工具	优点	不足	努力方向
选题	折线图	选择现场设备运行中频繁出现问题；活动计划安排有序	课题选择不够新颖	贯彻小、实、活、新原则
现状调查及设定目标	柱状图 排列图 饼状图	逐级分层调查，找出症结所在；设定目标合理，论据充分	—	注重数据收集的全面性

续 表

活动阶段	QC 工具	优点	不足	努力方向
原因分析	关联图 5M1E 头脑风暴	原因分析全面到位，末端因素确认准确，全员参与，充分头脑风暴	小组部分成员 QC 工具使用不到位	加强 QC 工具使用培训
要因确认	柱状图 折线图 调查表	要因确认详细，有明确的确认标准；要因对症结的影响程度量化清晰	—	QC 方法与技术分析的进一步结合
制定对策及对策实施	5W1H	对策实施过程详细，试验验证后进行现场实际应用	没有可选方案对比	加强对策方案的比较，提高创新意识
效果检查	柱状图 折线图 饼状图	实现并超越了活动目标，症结检查前后呼应	—	注重经济效益检查的准确性
巩固措施	折线图	程序标准化，活动期前后对比清晰	巩固期稍短	加强巩固期效果检查

制表人：×××　　　　制表日期：2021-02-21

11.2 下一步打算

在机组检修期间，QC 小组发现主变压器的电气试验时间太长，每次完成整个试验项目大约需要 72 h，占用整个主变压器检修时间的 80%以上，影响检修效率。因此，本小组下一个活动课题为《缩短主变压器电气试验时间》。

专家点评：福清核电　雷雅云

1. 总体评价

该课题类型为自定义目标的问题解决型课题，维修二处“电气星火”QC 小组严格遵循 PDCA 活动程序，按照自定义目标的问题解决型课题活动要求，从选择课题、现状调查、设定目标、原因分析、确定主要原因、制定对策、对策实施、效果检查、巩固措施、总结及今后打算这 10 个步骤对整个 QC 活动过程进行了阐述，并注重用数据和事实说话，方法得当、成果突出，通过小组 QC 活动，有效降低了油浸式变压器月缺陷次数。

2. 成果亮点

（1）小组从 5M1E 方面针对症结进行分析，原因分析末端，能够直接采取措施。

（2）小组注意用数据说话，在确定主要原因中，每条末端因素确认的试验均设置 2~3 个对照组，对比时间均为 3 个月。活动现状调查、效果检查和巩固期调查时间区间保持一致，对比清晰，数据翔实，依据充分，具有说服力。

（3）小组对策有效，活动效果明显。对策目标明确且能够测量，制定的 4 项措施具体可操作，实施后能够很好地达成对策目标。通过活动后，变压器的每月平均缺陷次数由活动前的 42 次缩短到了活动后的 19 次，低于设定的目标 25 次，效果明显。

（4）小组活动程序规范，按照自定目标课题活动要求，对整个 QC 活动过程进行了阐述，并正确应用排列图、关联图等统计工具进行分析统计，活动总结充分，能够从各阶段活动的优点和不足进行充分总结，为小组的努力方向提供依据。

3. 改进建议

（1）文本中多个图表缺少制图人、制表人及相应的日期等信息，如图 6：1、2 号机组硅胶颗粒变色次数统计表、图 7：目标效果示意图、图 8：树图、图 29：目标效果检查对比图等。

（2）原因分析中末端因素“密封垫材质差”，“材质差”的描述未量化，无法进行量化的比较和判断。

（3）对策实施中表 14 密封垫尺寸复测统计表为对策目标检查内容，应放在对策表中措施逐条实施完成之后。

（4）9. 3 对经济效益进行了计算，建议财务部门盖章确认。

课题八

提高汽轮发电机组基础水泥垫块预制的一次验收合格率

一、小组概况

小组成员见表1。

表1 QC小组概况表

小组名称		奋进者QC小组			成立时间	2020-05-17
课题名称		提高汽轮发电机组基础水泥垫块预制的一次验收合格率			课题类型	问题解决型
课题号		XNPC-QC-2021-032			小组注册号	2020-QC-008-CMB
所在部门		工程管理处			人均TQM学时	8 h
活动时间		2021-06-01—2022-02-28			活动次数	11次
小组成员简介						
序号	姓名	年龄	角色	学历	职务（职称）	分工项目
1	谢　阅	35	组长	本科	科员/工程师	原因分析、制定对策
2	×××	24	组员	本科	科员/助理工程师	设定目标、对策实施
3	×××	35	组员	本科	科长/高级工程师	技术指导、原因分析
4	×××	36	组员	本科	副科长/高级工程师	要因确认、活动指导
5	×××	25	组员	本科	科员/助理工程师	现状调查、要因确认
6	×××	35	组员	本科	科员/高级工程师	要因确认、效果检查
小组历年获奖情况： 2021年度福建省质量管理小组成果特等奖。						

制表人：×××　　　　时间：2022-02-28

二、选择课题

2.1　名词解释

基础水泥垫块预制的一次验收合格率：基础水泥垫块预制施工完成后，监理人员第一次验收就合格的水泥垫块数量，与施工完成的总的水泥垫块数量的比值。

2.2　选题背景

霞浦核电 1 号机组汽轮发电机组基础设计为水泥垫块支撑，汽轮机组台板直接坐落在数块水泥垫块上。霞浦核电现场水泥垫块开始预制施工后，发现其一次验收合格率较低，仅为 67%，这导致现场水泥垫块每次浇筑后都要进行大量返工，施工工期延长，对后续汽轮发电机本体安装工作造成了较大影响。

图 1　汽轮发电机组基础水泥垫块示意图

2.3 选题理由

工程要求 ➡ 汽轮发电机组基础水泥垫块预制的一次验收合格率≥80%。

表2 基础水泥垫块预制的一次验收合格率统计表

统计批次	水泥垫块总数	合格数	不合格数	一次验收合格率
2021-06-07	32个	19个	13个	59.38%
2021-06-15	70个	52个	18个	74.29%
2021-06-23	90个	57个	33个	63.33%
合计	192个	128个	64个	66.67%

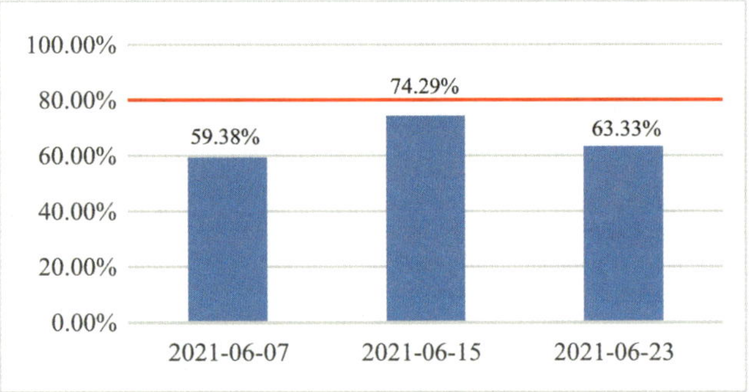

图2 基础水泥垫块预制的一次验收合格率统计

现状问题 ➡ 从以上图表看出，截至目前施工完成的汽轮发电机组基础水泥垫块预制的一次验收合格率较低，对后续汽轮机安装工作有重大影响，给核电厂安全稳定运行带来隐患。

选择课题 ➡ 提高汽轮发电机组基础水泥垫块预制的一次验收合格率

制图人：×××　　制图日期：2021-06-24

三、现状调查

QC小组通过对汽轮发电机组施工完成后的基础水泥垫块预制的一次验收合格率按照施工顺序分为三个批次进行了统计，截至06-23，施工完成的水泥垫块共计192个，其中验收合格128个，不合格64个，汽轮发电机组基础水泥垫块预制的一次验收合格率仅为66.67%。

3.1　调查一：按照施工区域分层

小组成员按照基础水泥垫块预制不合格的水泥垫块在不同区域的分布，对截至06-23施工完成的不合格水泥垫块统计数据进行了分层分析，具体如下。

表3　三种不同施工区域类型的水泥垫块不合格率统计表

施工区域	不合格频数（个）	累计频数（个）	频率	累计频率
2号低压缸区域	28	28	43.75%	43.75%
发电机区域	20	48	31.25%	75.00%
1号低压缸区域	16	64	25.00%	100%
合计	64	64	100%	100%

制表人：×××　　制表日期：2021-06-24

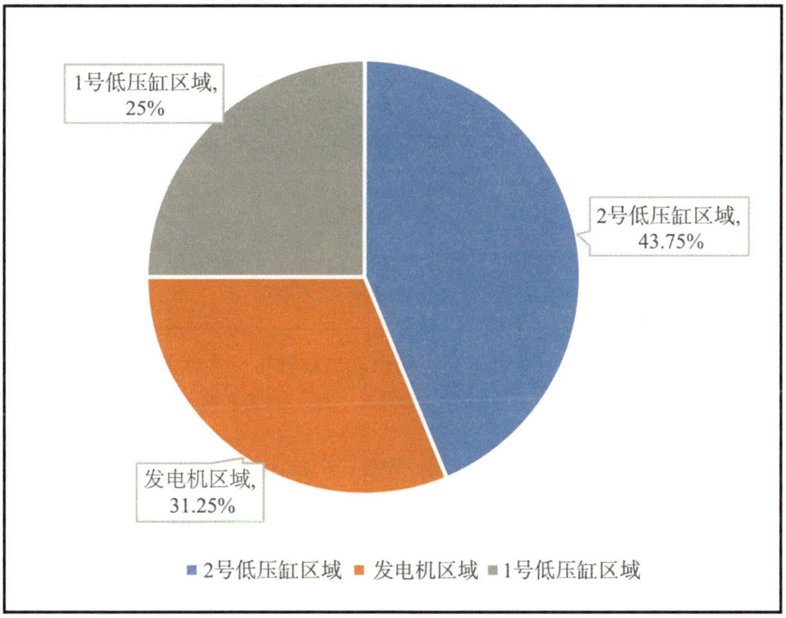

图3　三种不同施工区域类型的水泥垫块不合格率饼状图

制图人：×××　　制图日期：2021-06-24

从以上图表可以看出，不同区域类型的基础水泥垫块预制的不合格率虽然有差别，但差距不明显，因此，**从区域类型的角度来分析无法判断出主要症结**。

3.2　调查二：按照缺陷类型分层

3.2.1　第一层症结分析

汽轮发电机组基础水泥垫块缺陷产生的部位主要分布在上表面、侧面和下表面3个部位，小组成员统计了64个验收不合格的水泥垫块在不同部位产生缺陷的数量和频率，具体如表4所示。

表 4　64 个验收不合格的水泥垫块部位分布统计表

产生部位	不合格频数（个）	累计频数（个）	频率	累计频率
上表面	50	50	78.13%	78.13%
下表面	9	59	14.06%	92.19%
侧面	5	64	7.81%	100%
合计	64	64	100%	100%

制表人：×××　　　　制表日期：2021-06-24

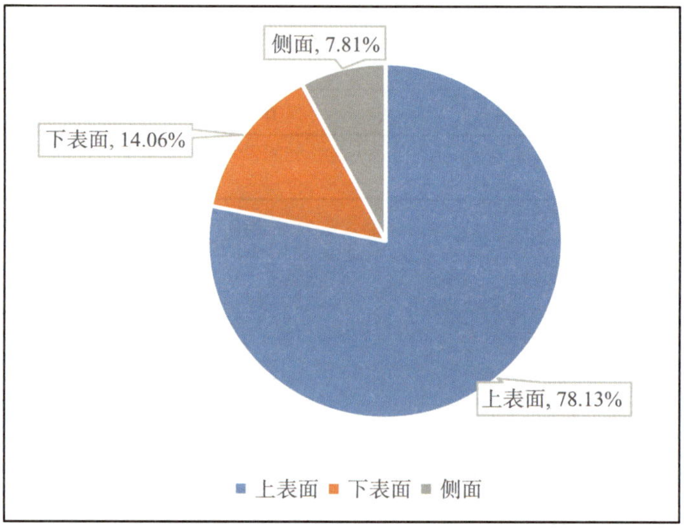

图 4　64 个验收不合格的水泥垫块部位分布饼状图

制图人：×××　　　　制图日期：2021-06-24

小结：从以上图表可以看出，缺陷分布在上表面的数量为 50 个，占偏差总数的 78.13%（50/64），水泥垫块上表面缺陷是导致基础水泥垫块预制一次验收合格率低的主要问题。

3.2.2　第二层症结分析

小组调查发现，汽轮发电机组水泥垫块上表面的缺陷类型有气孔、麻面、缺肉、裂纹及其他类型，每一个不合格的水泥垫块上表面可能存在一种或多种缺陷类型，经统计，50 个上表面不合格的水泥垫块共有 61 个缺陷，各缺陷的频数和频率统计具体如表 5 所示。

表 5　50 个汽轮发电机组水泥垫块上表面缺陷类型统计表

上表面缺陷类型	缺陷频数（个）	累计频数（个）	缺陷频率	累计频率
气孔	39	39	63.93%	63.93%
缺肉	9	48	14.75%	78.68%
麻面	7	55	11.48%	90.16%
裂纹	5	60	8.20%	98.36%

续　表

上表面缺陷类型	缺陷频数（个）	累计频数（个）	缺陷频率	累计频率
其他	1	61	1.64%	100%
合计	61	61	100%	100%

制表人：×××　　　　制表日期：2021-06-24

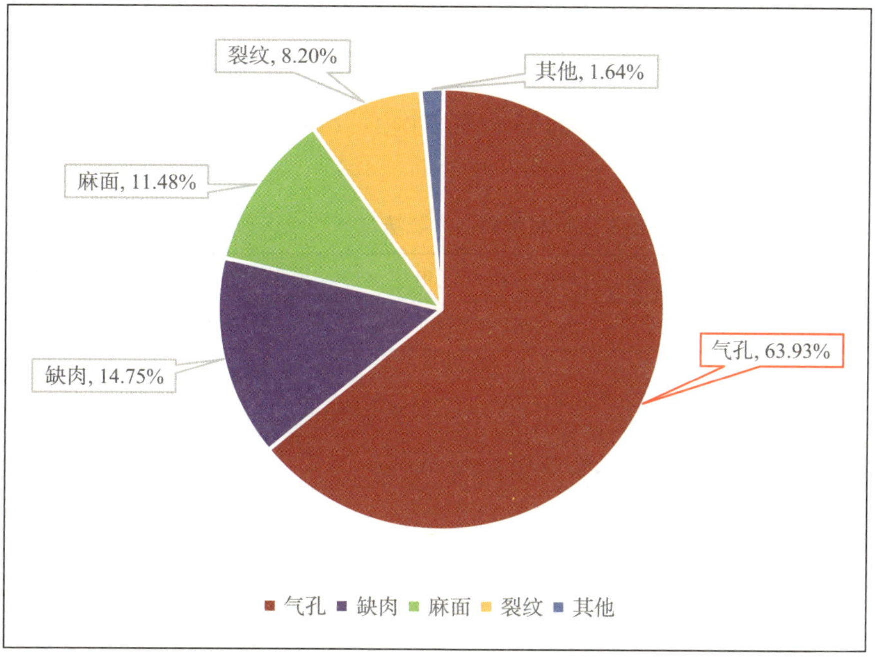

图 5　52 个汽轮发电机组水泥垫块上表面缺陷类型饼分图

制图人：×××　　　　制图日期：2021-06-24

小结：从以上图表可以看出，水泥垫块上表面气孔缺陷数量为 39 个，占缺陷总数的 63.93%（39/61），是导致水泥垫块上表面存在缺陷的主要问题。

结论：从以上图表我们可以判断：**水泥垫块上表面气孔缺陷**是导致汽轮发电机组基础水泥垫块一次验收合格率低的**症结**。

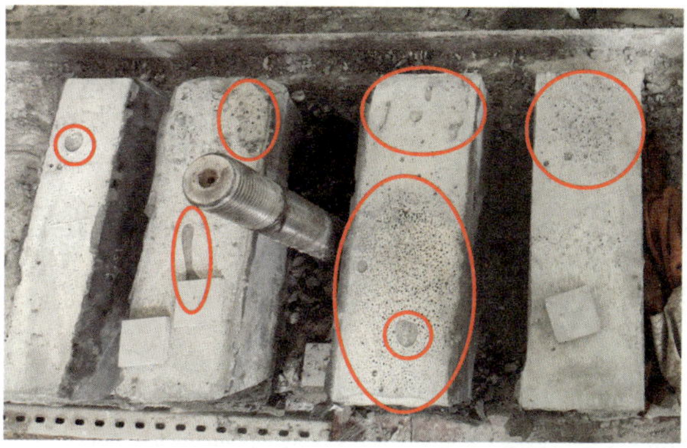

图 6　水泥垫块上表面气孔缺陷示意图

四、设定目标

4.1 目标设定依据

4.1.1 与兄弟电厂对比

小组通过调查，找到三个电厂的汽轮发电机组与霞浦核电1号机组型号类似，且同样采用水泥垫块基础形式，小组调查收集了这三个电厂汽轮发电机组基础水泥垫块预制的一次验收合格率情况。

表6 各电厂汽轮发电机组基础水泥垫块预制的一次验收合格率统计表

电厂	舟山六横浙能电厂	北仑发电厂一期	嘉兴电厂二期
水泥垫块预制一次验收合格率	81.47%	81.34%	81.61%

制表人：××× 制表日期：2021-06-26

由上表可知，三个电厂的汽轮发电机组基础水泥垫块预制一次验收合格率均在81%以上。

4.1.2 历史对比

表7 不同批次施工完成的水泥垫块上表面气孔问题垫块占比统计表

统计批次	垫块总数	一次验收合格率	上表面问题垫块累计占比	上表面气孔缺陷问题垫块占比
2021-06-07	32个	59.38%	84.62%	61.54%
2021-06-15	70个	74.29%	72.22%	33.33%
2021-06-23	90个	63.33%	78.79%	83.33%

制表人：××× 制表日期：2021-06-26

由上表可得，2022年6月15日统计批次的水泥垫块上表面气孔缺陷问题垫块占比最小，仅为33.33%。小组认为如果能够将水泥垫块上表面气孔缺陷问题占比保持在历史最好数据，则本课题的症结能够解决：（80%－74.29%）÷［（1－74.29%）×72.22%×33.33%］=92.25%

4.1.3 目标值测算

若课题的解决程度为92.25%，则汽轮发电机组基础水泥垫块预制的一次验收合格率为：

水泥垫块预制一次验收合格率（活动后）=水泥垫块预制一次验收合格率（活动前）+一次验收不合格率（活动前）×第一层占比×主要症结占比×问题解决程度=66.67%+（1−66.67%）×78.13%×63.93%×92.25%=82.03%

4.2　目标设定

综上所述，小组将活动目标定为：**将汽轮发电机组基础水泥垫块预制的一次验收合格率由66.67%提升至81%！**

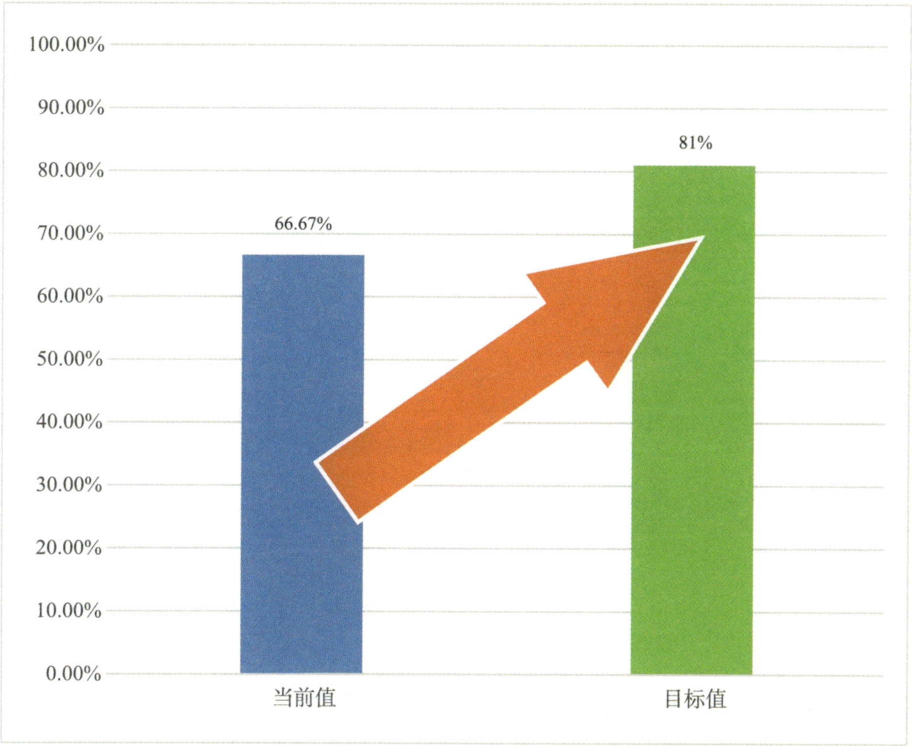

图7　汽轮发电机组基础水泥垫块预制的一次验收合格率目标图

制图人：×××　　　　时间：2021-06-26

五、原因分析

小组召开会议，应用头脑风暴法进行多次讨论，对主要症结“**水泥垫块上表面气孔缺陷**”的可能原因进行了分析，并整理成树图，共找出了7个末端因素。

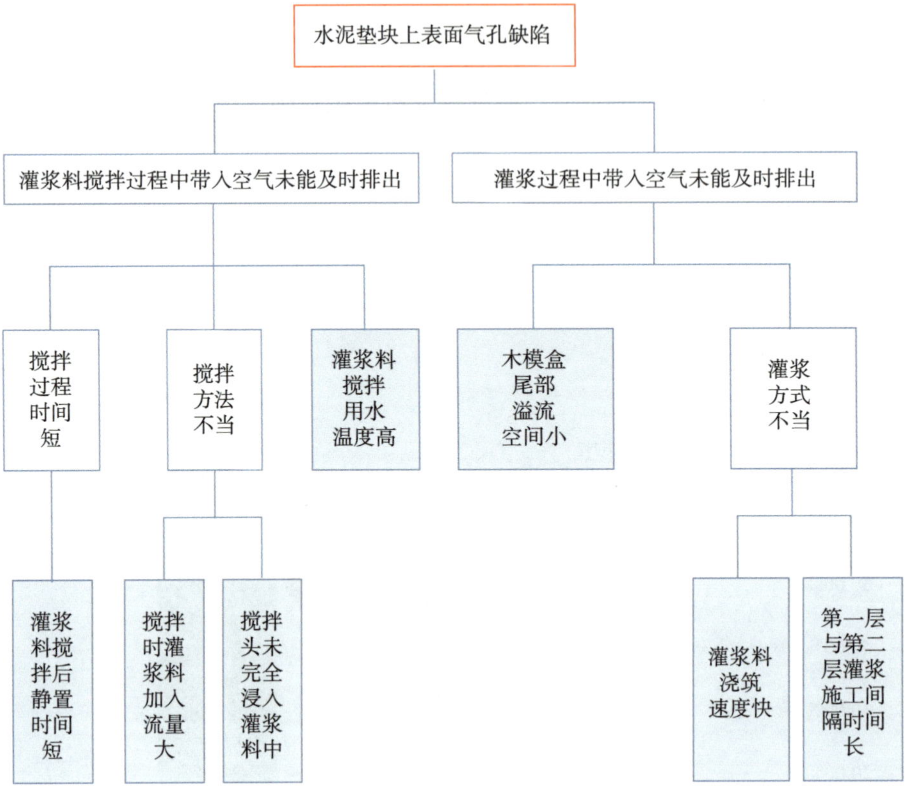

图 8　原因分析树图

制图人：×××　　　　制图日期：2021-06-30

如图 8 所示，小组归纳总结的**末端因素有以下 7 个**：

表 8　末端因素总结表

序号	末端因素
1	灌浆料搅拌后静置时间短
2	搅拌时灌浆料加入流量大
3	搅拌头未完全浸入灌浆料中
4	灌浆料搅拌用水温度高
5	木模盒尾部溢流空间小
6	灌浆料浇筑速度快
7	第一层与第二层灌浆施工间隔时间长

制表人：×××　　　　制表日期：2021-06-30

六、确定主要原因

小组成员针对 7 个末端因素逐一进行确认。

末端因素一	灌浆料搅拌后静置时间短	确认方法	试验
确认依据	判断“灌浆料搅拌后静置时间短”对水泥垫块上表面气孔缺陷的影响程度。		

确认过程

由于搅拌后需静置一定时间，从而让搅拌时带入的空气自动排出；若该静置时间过短，将可能造成空气无法排净而滞留在灌浆料中。小组调查了解到，现场灌浆料搅拌后静置时间集中在 30 s 到 40 s 之间。

小组通过试验，在其他条件相同的情况下，取 40 个垫块平均分为 4 组，灌浆料搅拌后的静置时间按照 30 s、40 s、50 s、60 s 进行分组，对其上表面气孔缺陷问题垫块占比进行分析，详见以下图表所示：

表 9　4 组灌浆料搅拌后不同静置时间下的上表面气孔缺陷问题垫块占比统计表

序号	1	2	3	4
静置时间（s）	30	40	50	60
灌浆完成的垫块总数（个）	10	10	10	10
上表面气孔缺陷问题垫块（个）	5	4	5	4
上表面气孔缺陷问题垫块占比	50%	40%	50%	40%

制表人：×××　　　　制表日期：2021-07-15

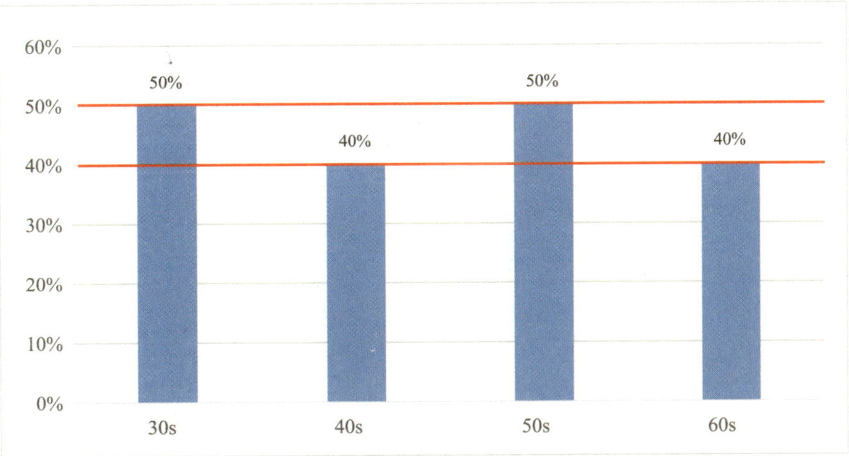

图 9　4 组灌浆料搅拌后不同静置时间下的上表面气孔缺陷问题垫块占比统计图

制图人：×××　　　　制图日期：2021-07-15

由以上图表可以得出，在灌浆料搅拌后的静置时间不同的情况下，其上表面气孔缺陷问题垫块占比差值均≤10%，差别不大。

验证结果	**对水泥垫块上表面气孔缺陷的影响程度不大，不是要因。**				
结论	非要因	确认人	×××	确认时间	2021-07-15

末端因素二	搅拌时灌浆料加入流量大	确认方法	试验
确认依据	判断“搅拌时灌浆料加入流量大”对水泥垫块上表面气孔缺陷的影响程度。		

确认过程

由于搅拌时灌浆料加入流量过大可能引起气流从而使得空气带入灌浆料中，且不能及时排出。小组调查了解到，现场搅拌时灌浆料加入流量集中在0.8桶/分钟到1桶/分钟之间（一个桶的容量大小为12 L）。

小组通过试验，在其他条件相同的情况下，取40个垫块平均分为4组，搅拌时灌浆料加入流量大小按照0.3桶/分钟、0.5桶/分钟、0.8桶/分钟、1桶/分钟进行分组，对其上表面气孔缺陷问题垫块占比进行分析，详见以下图表所示：

表10　4组搅拌时灌浆料加入流量不同情况下的上表面气孔缺陷问题垫块占比统计表

序号	1	2	3	4
灌浆料加入流量（桶/分钟）	0. 3	0. 5	0. 8	1
灌浆完成的垫块总数（个）	10	10	10	10
上表面气孔缺陷问题垫块（个）	3	2	3	5
上表面气孔缺陷问题垫块占比	30%	20%	40%	50%

制表人：×××　　　　制表日期：2021-07-15

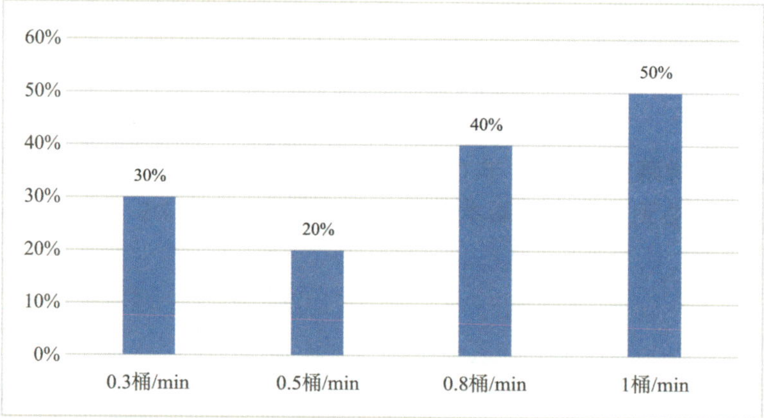

图10　4组搅拌时灌浆料加入流量不同情况下的上表面气孔缺陷问题垫块占比统计图

制图人：×××　　　　制图日期：2021-07-15

由以上图表可知，搅拌时灌浆料加入流量不同时，其上表面气孔缺陷问题垫块占比总体趋势为随着流量的增大而增大，且差别明显，当灌浆料加入流量为0.5桶/分钟时，其上表面气孔缺陷问题垫块占比最小。

验证结果	**对水泥垫块上表面气孔缺陷的影响程度大，是要因。**				
结论	要因	确认人	×××	确认时间	2021-07-15

末端因素三	搅拌头未完全浸入灌浆料中	确认方法	调查分析
确认依据	判断“搅拌头未完全浸入灌浆料中”对水泥垫块上表面气孔缺陷的影响程度。		

确认过程

由于灌浆料搅拌过程中需要将搅拌头完全浸入灌浆料中，以避免搅拌时带入空气。小组调查了解到，现场进行灌浆料搅拌时存在搅拌头未完全浸入灌浆料的情况。

小组通过抽取5组灌浆完成后的垫块气孔缺陷问题占比相近的数据记录，对其在灌浆料搅拌时搅拌头是否露出灌浆料进行调查分析，详见以下图表所示：

表11　5组搅拌时搅拌头是否露出灌浆料的上表面气孔缺陷问题垫块占比统计表

序号	1	2	3	4	5
搅拌头是否露出灌浆料	是	是	是	否	否
灌浆完成的垫块总数（个）	9	8	7	6	5
上表面气孔缺陷问题垫块（个）	4	4	3	3	2
上表面气孔缺陷问题垫块占比	44.44%	50%	42.86%	50%	40%

制表人：×××　　　　制表日期：2021-07-15

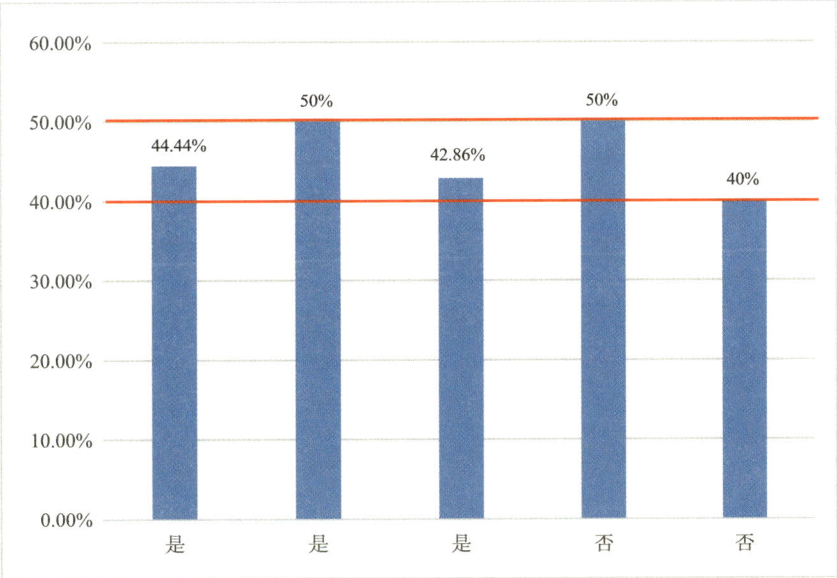

图11　5组搅拌时搅拌头是否露出灌浆料的上表面气孔缺陷问题垫块占比统计图

制图人：×××　　　　制图日期：2021-07-15

由以上图表可知，在灌浆料进行搅拌时搅拌头露出灌浆料和未露出灌浆料的两种情况下，其气孔缺陷问题垫块占比差值均≤10%，差别不大。

验证结果	**对水泥垫块上表面气孔缺陷的影响程度不大，不是要因。**				
结论	非要因	确认人	×××	确认时间	2021-07-15

末端因素四	灌浆料搅拌用水温度高	确认方法	现场测量
确认依据	判断“灌浆料搅拌用水温度高”对水泥垫块上表面气孔缺陷的影响程度。		

确认过程

因现场汽轮发电机组水泥垫块施工时间集中在6—7月，气温相对较高。小组调查了解到，现场进行灌浆料搅拌时采用常温状态下的纯净水，同时也尝试采用冰块冷却后的纯净水进行灌浆料搅拌。

小组通过现场对灌浆料搅拌用水温度进行测量记录，抽取其中5组数据，对其上表面气孔缺陷问题垫块占比进行分析，详见以下图表所示：

表12　5组灌浆料搅拌用水温度不同情况下的上表面气孔缺陷问题垫块占比统计表

序号	1	2	3	4	5
灌浆料搅拌用水温度（℃）	5	7	28	30	33
灌浆完成的垫块总数（个）	6	7	8	6	9
上表面气孔缺陷问题垫块（个）	3	3	4	3	4
上表面气孔缺陷问题垫块占比	50%	42.86%	50%	50%	44.44%

制表人：×××　　　　制表日期：2021-07-15

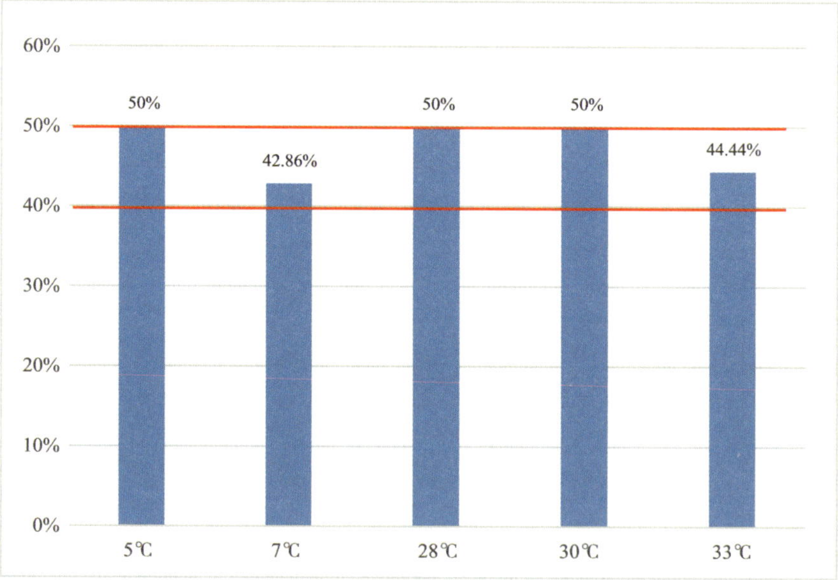

图12　5组灌浆料搅拌用水温度不同情况下的上表面气孔缺陷问题垫块占比统计图

制图人：×××　　　　制图日期：2021-07-15

由以上图表可以得出，在灌浆料搅拌用水温度不同的情况下，其上表面气孔缺陷问题垫块占比差值均≤10%，差别不大。

验证结果	**对水泥垫块上表面气孔缺陷的影响程度不大，不是要因。**				
结论	非要因	确认人	×××	确认时间	2021-07-15

末端因素五	木模盒尾部溢流空间小	确认方法	调查分析
确认依据	判断“木模盒尾部溢流空间小”对水泥垫块上表面气孔缺陷的影响程度。		

确认过程

小组调查了解到，现场施工采用的木模盒分为带溢出口模盒（尾部溢流空间大）及带槽溢流口模盒（尾部溢流空间小）两种。

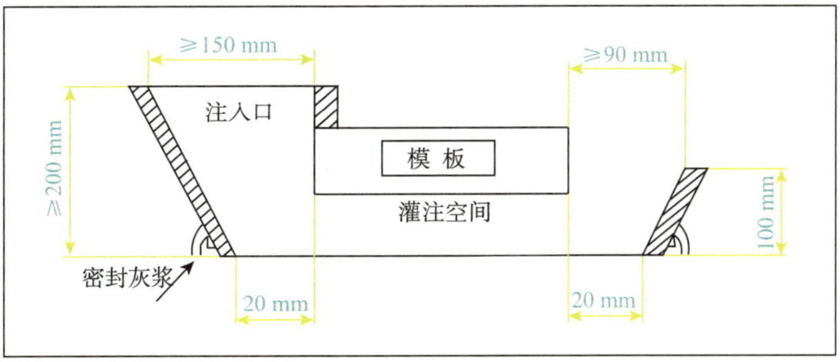

带溢出口模盒（尾部溢流空间大）

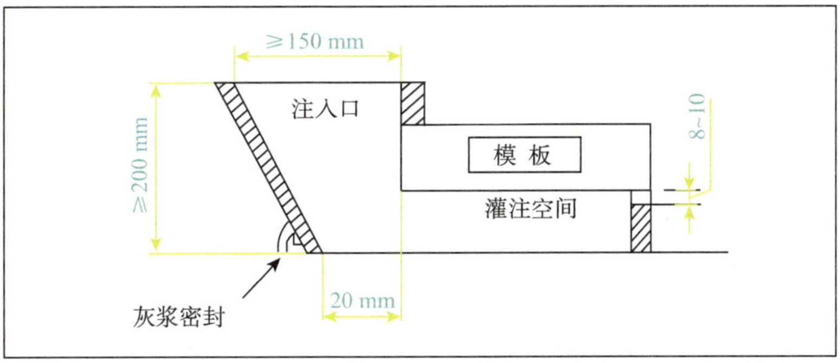

带槽溢流口模盒（尾部溢流空间小）

小组通过各抽取 2 组带溢出口模盒及 2 组带槽溢流口模盒灌浆完成的水泥垫块验收记录，对其上表面气孔问题垫块占比进行分析，详见以下图表所示：

表 13　4 组木模盒尾部溢流空间不同情况的上表面气孔缺陷问题垫块占比统计表

序号	1	2	3	4
木模盒尾部溢流空间类型	大	大	小	小
灌浆完成的垫块总数（个）	9	8	7	8
上表面气孔缺陷问题垫块（个）	4	3	3	3
上表面气孔缺陷问题垫块占比	44. 44%	37. 5%	42. 86%	37. 5%

制表人：×××　　　　制表日期：2021-07-15

续 表

<table>
<tr><td>末端因素五</td><td colspan="2">木模盒尾部溢流空间小</td><td colspan="2">确认方法</td><td>调查分析</td></tr>
<tr><td>确认过程</td><td colspan="5">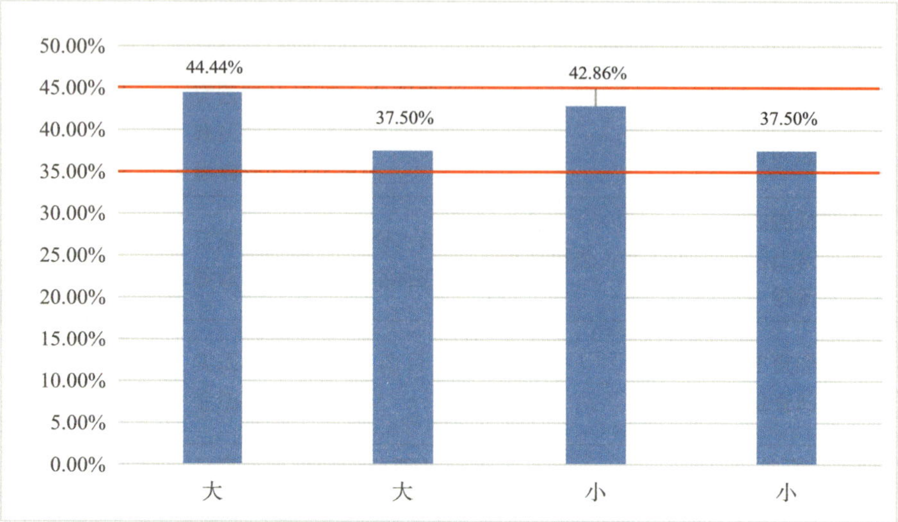

图 13　4 组木模盒尾部溢流空间不同情况的上表面气孔缺陷问题垫块占比统计图
制图人：×××　　制图日期：2021-07-15

通过以上图表可以看出，在采用带溢出口木模盒（尾部溢流空间大）和带槽溢流口木模盒（尾部溢流空间小）的两种情况下，其上表面气孔缺陷问题垫块占比差值均≤10%，差别不大。</td></tr>
<tr><td>验证结果</td><td colspan="5">对水泥垫块上表面气孔缺陷的影响程度不大，不是要因。</td></tr>
<tr><td>结论</td><td>非要因</td><td>确认人</td><td>×××</td><td>确认时间</td><td>2021-07-15</td></tr>
</table>

<table>
<tr><td>末端因素六</td><td>灌浆料浇筑速度快</td><td>确认方法</td><td>试验</td></tr>
<tr><td>确认依据</td><td colspan="3">判断“灌浆料浇筑速度快”对水泥垫块上表面气孔缺陷的影响程度。</td></tr>
<tr><td>确认过程</td><td colspan="3">灌浆料浇筑速度过快时，可能影响灌浆料的流动性，从而有可能带入空气。小组调查了解到，现场施工时的灌浆料浇筑速度为 400 cm^3/min（一个桶的容量大小为 12 L=12 000 cm^3，1 桶灌浆料浇筑完成时间为 30 min）。
小组通过试验，在其他条件相同的情况下，取 40 个垫块平均分为 4 组，灌浆料浇筑速度大小按照 240 cm^3/min、320 cm^3/min、400 cm^3/min、480 cm^3/min 进行分组，对其上表面气孔缺陷问题垫块占比进行分析，详见以下图表所示：</td></tr>
</table>

续　表

<table>
<tr><td>末端因素六</td><td colspan="2">灌浆料浇筑速度快</td><td colspan="2">确认方法</td><td>试验</td></tr>
<tr><td>确认过程</td><td colspan="5">

表 14　4 组灌浆料浇筑速度不同情况下的上表面气孔缺陷问题垫块占比统计表

<table>
<tr><th>序号</th><th>1</th><th>2</th><th>3</th><th>4</th></tr>
<tr><td>浇筑速度（cm³/min）</td><td>240</td><td>320</td><td>400</td><td>480</td></tr>
<tr><td>灌浆完成的垫块总数（个）</td><td>10</td><td>10</td><td>10</td><td>10</td></tr>
<tr><td>上表面气孔缺陷问题垫块（个）</td><td>3</td><td>2</td><td>4</td><td>5</td></tr>
<tr><td>上表面气孔缺陷问题垫块占比</td><td>30%</td><td>20%</td><td>40%</td><td>50%</td></tr>
</table>

制表人：×××　　制表日期：2021-07-15

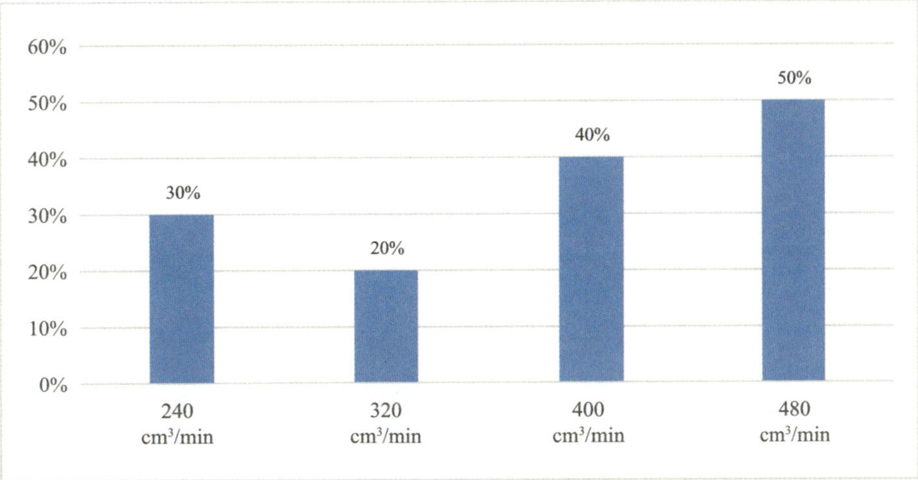

图 14　4 组灌浆料浇筑速度不同情况下的上表面气孔缺陷问题垫块占比统计图

制图人：×××　　制图日期：2021-07-15

由以上图表可知，灌浆料浇筑速度不同时，其上表面气孔缺陷问题垫块占比总体趋势为随着速度的增快而增大，且差别明显，当灌浆料浇筑速度为 320 cm³/min 时，其上表面气孔缺陷问题垫块占比最小。

</td></tr>
<tr><td>验证结果</td><td colspan="5">对水泥垫块上表面气孔缺陷的影响程度大，是要因。</td></tr>
<tr><td>结论</td><td>非要因</td><td>确认人</td><td>×××</td><td>确认时间</td><td>2021-07-15</td></tr>
</table>

末端因素七	第一层与第二层灌浆施工间隔时间长	确认方法	试验
确认依据	判断“第一层与第二层灌浆施工间隔时间长”对水泥垫块上表面气孔缺陷的影响程度。		

确认过程

每一个垫块灌浆时分为两层进行灌浆，第一层灌浆完成后需间隔一定时间再进行第二层灌浆施工，从而让灌浆时带入的空气自动排出。小组调查了解到，现场完成第一层灌浆施工后，间隔 30 min 后进行第二层灌浆施工。

小组通过试验，在其他条件相同的情况下，取 40 个垫块平均分为 5 组，第一层与第二层灌浆施工间隔时间按照 10 min、20 min、30 min、40 min 进行分组，对其上表面气孔缺陷问题垫块占比进行分析，详见以下图表所示：

表 15　4 组两层灌浆施工间隔时间不同情况下的上表面气孔缺陷问题垫块占比统计表

序号	1	2	3	4
两层灌浆施工间隔时间（min）	10	20	30	40
灌浆完成的垫块总数（个）	10	10	10	10
上表面气孔缺陷问题垫块（个）	4	5	5	4
上表面气孔缺陷问题垫块占比	40%	50%	50%	40%

制表人：×××　　　　制表日期：2021-07-15

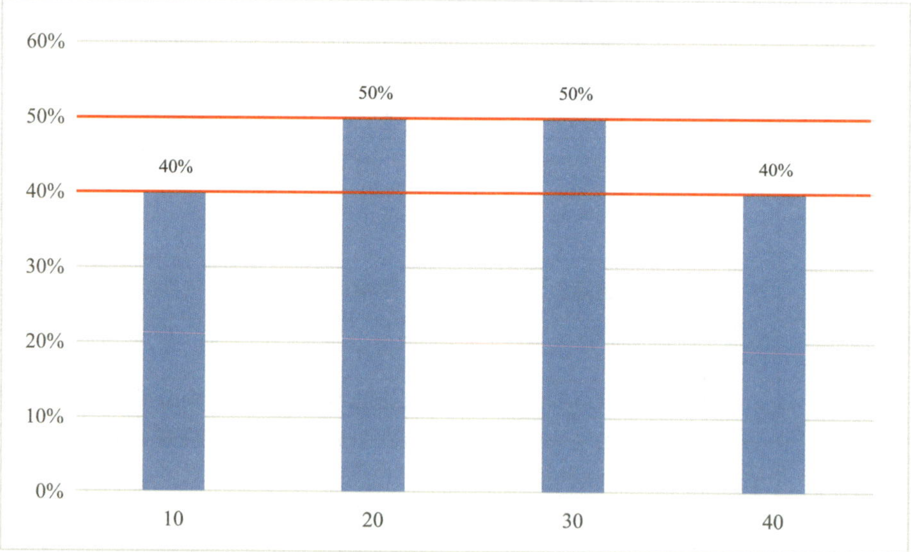

图 15　4 组两层灌浆施工间隔时间不同情况下的上表面气孔缺陷问题垫块占比统计图

制图人：×××　　　　制图日期：2021-07-15

从以上图表可以看出，在第一层与第二层灌浆施工间隔时间不同的情况下，其上表面气孔缺陷问题垫块占比差值均≤10%，差别不大。

验证结果	**对水泥垫块上表面气孔缺陷的影响程度不大，不是要因。**				
结论	非要因	确认人	×××	确认时间	2021-07-15

确认主要原因

经过小组成员逐条确认后，导致水泥垫块上表面气孔缺陷的主要因素有：

1 • 搅拌时灌浆料加入流量大

2 • 灌浆料浇筑速度快

七、制定对策

经过小组讨论，小组成员制定了以下对策表：

表 16　对策表

序号	要因	对策	目标	措施	负责人	实施地点	完成时间
1	搅拌时灌浆料加入流量大	减小搅拌时灌浆料的加入流量	搅拌过程中灌浆料加入流量控制在 0.5 桶/分钟	1. 确定灌浆料搅拌时用的搅拌桶大小；2. 确定灌浆料加入流量大小；3. 将一次性加料方式改为连续性加料方式。	×××	常规岛汽轮机运转层	2021-08-25
2	灌浆料浇筑速度快	减慢灌浆料浇筑速度	灌浆过程中灌浆料浇筑速度控制在 320 cm^3/min	1. 确定灌浆料浇筑速度大小；2. 设计灌浆料浇筑引流装置；3. 制作灌浆料浇筑引流装置。	×××	常规岛汽轮机运转层	2021-08-25

制表人：×××　　　　制表日期：2020-07-19

八、对策实施

对策实施一	减小搅拌时灌浆料的加入流量
实施过程	**1. 确定灌浆料搅拌时用的搅拌桶大小** 小组通过讨论认为搅拌时应使得每一个桶正好可加入一包灌浆料及相对应的水量进行搅拌，最终确定搅拌桶大小为 12 L（=12 000 cm^3）；

续 表

<table>
<tr><td>对策实施一</td><td>减小搅拌时灌浆料的加入流量</td></tr>
<tr><td>实施过程</td><td>

图 16 标准桶示意图

2. 确定灌浆料加入流量大小

根据前期确定“搅拌时灌浆料加入流量”因素对水泥垫块上表面气孔缺陷的影响程度结果，可以得出搅拌时灌浆料加入流量大小为 0.5 桶/分钟时，水泥垫块上表面气孔缺陷问题垫块占比最小。最终小组确定搅拌时灌浆料加入流量大小为 0.5 桶/分钟。

3. 将灌浆料搅拌时的一次性加料方式改为连续性加料方式

小组通过讨论认为现场实际操作时采用一次性加料方式难以实现对加料流量大小的控制，最终确定将其改为连续性加料方式，小流量平稳加入灌浆料，从而实现对灌浆料加入流量大小的控制。

图 17 搅拌过程连续性加料示意图

</td></tr>
<tr><td>对策实施
目标检查</td><td>2021 年 7 月 20 日—8 月 25 日，霞浦核电 1 号机组汽轮发电机组水泥垫块灌浆料的搅拌按照对策实施工作，其中未施工垫块高压缸区域共 47 个，低压缸区域共 45 个，发电机区域共 8 个，期间现场严格按照要求执行，控制灌浆料加入流量为 0.5 桶/分钟，执行情况详见下表所示：</td></tr>
</table>

续　表

<table>
<tr><td>对策实施一</td><td>减小搅拌时灌浆料的加入流量</td></tr>
<tr><td>对策实施
目标检查</td><td>

表 17　搅拌过程中灌浆料加入流量执行情况统计表

<table>
<tr><th>水泥垫块类别</th><th>水泥垫块数量</th><th>灌浆料加入流量（平均）</th></tr>
<tr><td>高压缸区域</td><td>47 个</td><td>0.5 桶/分钟</td></tr>
<tr><td>低压缸区域</td><td>45 个</td><td>0.5 桶/分钟</td></tr>
<tr><td>发电机区域</td><td>8 个</td><td>0.5 桶/分钟</td></tr>
<tr><td>合计</td><td>100 个</td><td>0.5 桶/分钟</td></tr>
</table>

制表人：×××　　制表日期：2021-08-25

由上表可知，2021 年 7 月 20 日—8 月 25 日期间，现场未灌浆的 100 个汽轮发电机组水泥垫块灌浆料搅拌均按对策要求进行实施，将灌浆料加入流量控制在 0.5 桶/分钟，执行率 100%。
</td></tr>
<tr><td>结论</td><td>通过减小搅拌时灌浆料的加入流量，将灌浆料加入流量控制在 0.5 桶/分钟，对策实施有效。</td></tr>
</table>

<table>
<tr><td>对策实施二</td><td>减慢灌浆料浇筑速度</td></tr>
<tr><td>实施过程</td><td>

1. 确定灌浆料浇筑速度大小

根据前期确定“灌浆料浇筑速度快”因素对水泥垫块上表面气孔缺陷的影响程度结果，可以得出灌浆料浇筑速度为 320 cm^3/min 时，水泥垫块上表面气孔缺陷问题垫块占比最小。最终小组确定灌浆料浇筑速度为 320 cm^3/min（一桶为 12 L = 12 000 cm^3，即一桶灌浆料连续浇筑完成的时间为 12 000÷320 = 37.5 min）。

2. 设计灌浆料浇筑引流装置

小组通过讨论认为仅采取倒桶进行灌浆料浇筑的方式，难以实现对浇筑速度的控制，应设计制作一种专用装置进行浇筑引流，该装置采用阶梯形式，降低流动速度的同时可动态排出灌浆料中空气。

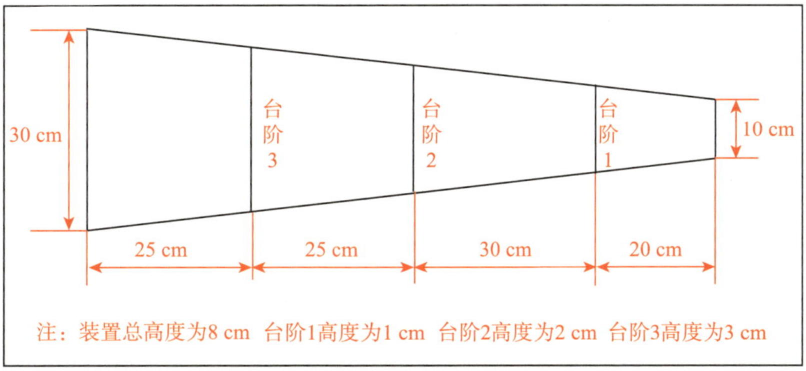

图 18　灌浆料浇筑引流装置设计示意图
</td></tr>
</table>

续 表

<table>
<tr><td>对策实施二</td><td>减慢灌浆料浇筑速度</td></tr>
<tr><td>实施过程</td><td>

3. 制作灌浆料浇筑引流装置

施工班组在专业人员的指导下，选取采用与木模盒同样的材料，根据设计示意图进行灌浆料浇筑引流装置的制作，在灌浆料浇筑时采用该引流装置，从而实现对灌浆料浇筑速度的控制。

图 19　制作灌浆料浇筑引流装置

</td></tr>
<tr><td>对策实施
目标检查</td><td>

2021 年 7 月 20 日—8 月 25 日，霞浦核电 1 号机组汽轮发电机组水泥垫块的灌浆料浇筑按照对策实施工作，其中未施工垫块高压缸区域共 47 个，低压缸区域共 45 个，发电机区域共 8 个，期间现场严格按照要求执行，执行情况详见下表所示：

表 18　灌浆过程中灌浆料浇筑速度执行情况统计表

<table>
<tr><th>水泥垫块类别</th><th>水泥垫块数量数量</th><th>灌浆速度（平均）</th></tr>
<tr><td>高压缸区域</td><td>47 个</td><td>320 cm^3/min</td></tr>
<tr><td>低压缸区域</td><td>45 个</td><td>320 cm^3/min</td></tr>
<tr><td>发电机区域</td><td>8 个</td><td>320 cm^3/min</td></tr>
<tr><td>合计</td><td>100 个</td><td>320 cm^3/min</td></tr>
</table>

制表人：×××　　　　制表日期：2021-08-25

由上表可知，2021 年 7 月 20 日—8 月 25 日期间，现场未灌浆的 100 个汽轮发电机组水泥垫块灌浆料搅拌均按对策要求实施，将灌浆料浇筑速度控制在 320 cm^3/min，执行率 100%。

</td></tr>
<tr><td>结论</td><td>通过减慢灌浆料浇筑速度，将灌浆料浇筑速度控制在 320 cm^3/min，<u>对策实施有效。</u></td></tr>
</table>

九、效果检查

水泥垫块施工前应确保台板水平标高等数据全部符合设计要求，施工过程中注意对台板进行防护，且尽量避免碰到台板，确保施工过程可控，以利于对策实施后效果检查的准确性。

9.1　实施效果确认

在所有对策实施完成后，小组对2021年7月20日—8月25日期间灌浆完成的100个基础水泥垫块预制的一次验收合格率进行了统计，详见下表所示。活动完成后，汽轮发电机组基础水泥垫块预制的一次验收合格率从活动前的66.67%提高到活动后的82.68%，本次活动通过PDCA循环，达到并超过了预期目标！

表19　对策实施后汽轮发电机组基础水泥垫块预制的一次验收合格率统计

统计批次	检验的水泥垫块总数	合格的水泥垫块数量	一次验收合格率
2021-08-27	40个	33个	82.5%
2021-09-04	45个	37个	82.22%
2021-09-12	30个	25个	83.33%
平均值	—	—	82.68%

制表人：××× 　　　　制表日期：2021-09-12

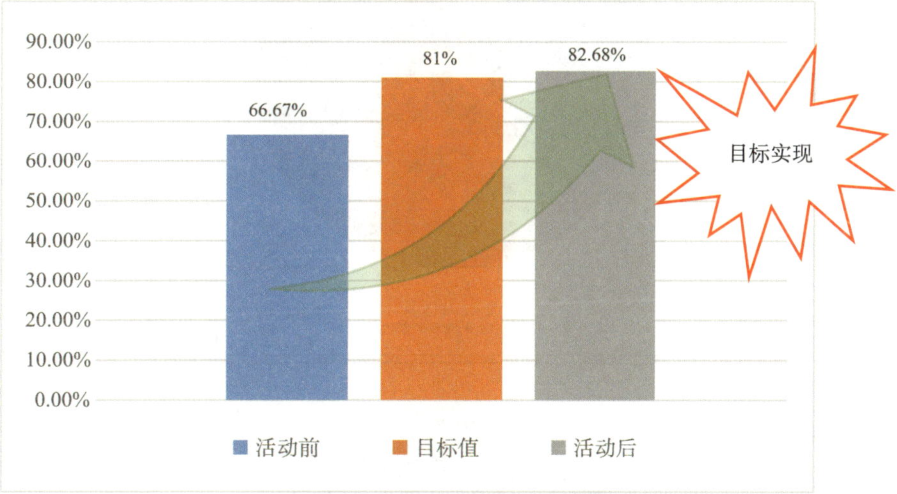

图20　活动前后目标对比效果图

制图人：××× 　　　　制图日期：2021-09-12

可以看到活动完成后，汽轮发电机组基础水泥垫块预制的一次验收合格率从活动前的66.67%提升到活动后的82.68%，通过本次QC小组活动，成功实现了活动目标！

9.2　症结的改善程度

为了分析主要问题的改善程度，小组对2021年7月20日—8月25日期间灌浆完成的100个水泥垫块的上表面缺陷进行了统计，因为存在垫块返工，实际上这100个垫块在此期间共进行了115次灌浆施工，即水泥垫块总数按照115个来计算，其中不合格水泥垫块有20个，不合格水泥垫块中有各类上表面缺陷23个，如表20所示。

表 20　活动后汽轮发电机组水泥垫块上表面缺陷统计表

上表面缺陷类型	缺陷频数（个）	累计频数（个）	缺陷频率	累计频率
缺肉	10	10	43.48%	43.48%
气孔	8	18	34.78%	78.26%
麻面	3	21	13.04%	91.30%
裂纹	1	22	4.35%	95.65%
其他	1	23	4.35%	100%
合计	23	23	100%	100%

制表人：×××　　　　制表日期 2021-09-13

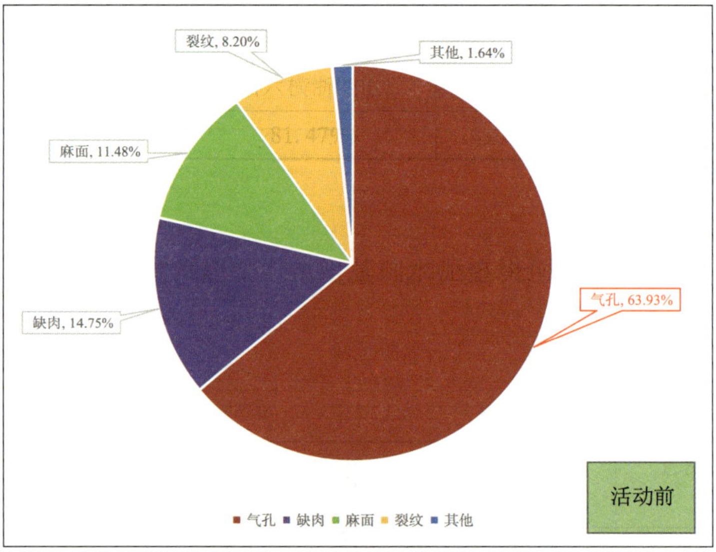

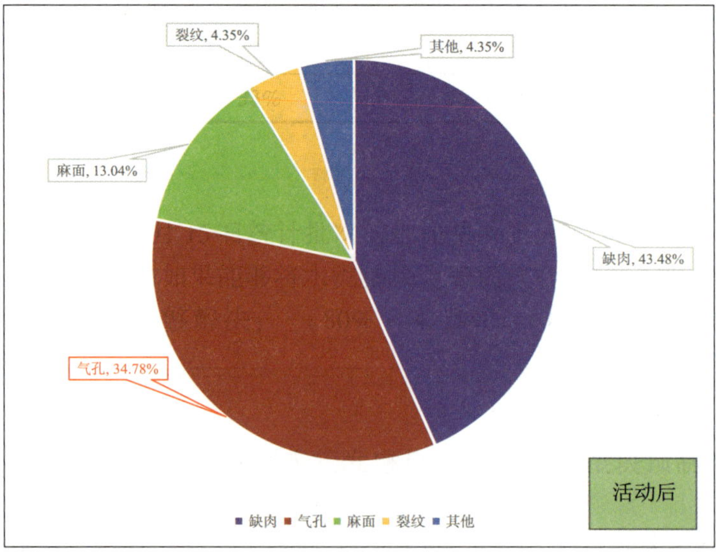

图 21　活动前后汽轮发电机组水泥垫块上表面缺陷占比对比饼分图

制图人：×××　　　　制图日期：2021-09-13

通过活动前后汽轮发电机组水泥垫块上表面气孔缺陷数量占比饼分图对比，可以发现在活动后汽轮发电机组水泥垫块上表面气孔缺陷数量占比明显下降，由63.93%下降到活动后的34.78%，不再是导致汽轮发电机组基础水泥垫块预制一次验收合格率低的主要问题。

图22　按照对策实施完成灌浆的水泥垫块示意图

结论：活动后，水泥垫块上表面气孔缺陷问题，不再是主要症结。

十、制定巩固措施

10.1　巩固措施标准化

通过本次QC小组活动，我们摸索制定出了一系列质量控制措施和方法，经过验证是可行的，为了巩固和推广本次QC活动成果，小组制定了2项措施，将活动成果标准化、规范化，如表21所示。

表21　巩固措施表

序号	对策表有效措施	巩固措施	组织过程	巩固内容
1	对策一的措施：确定灌浆料加入流量大小，将一次性加料方式改为连续性加料方式。	要求厂家升版施工指导方案，将搅拌时小流量平稳加入灌浆料及灌浆料加入流量大小在方案中进行明确。	2021年9月30日升版完成《汽轮机设备二次灌浆要求》	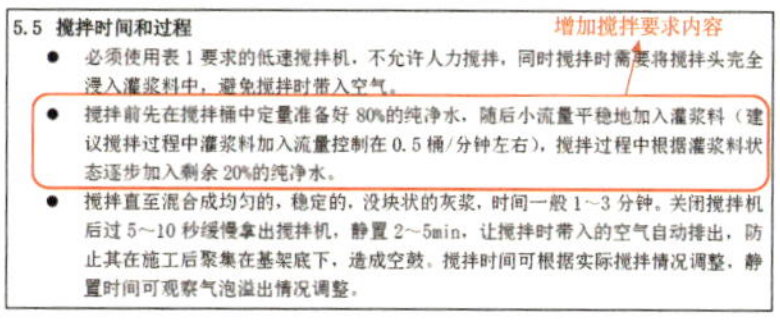 5.5 搅拌时间和过程 增加搅拌要求内容 ● 必须使用表1要求的低速搅拌机，不允许人力搅拌，同时搅拌时需要将搅拌头完全浸入灌浆料中，避免搅拌时带入空气。 ● 搅拌前先在搅拌桶中定量准备好80%的纯净水，随后小流量平稳地加入灌浆料（建议搅拌过程中灌浆料加入流量控制在0.5桶/分钟左右），搅拌过程中根据灌浆料状态逐步加入剩余20%的纯净水。 ● 搅拌直至混合成均匀的，稳定的，没块状的灰浆，时间一般1～3分钟。关闭搅拌机后过5～10秒缓慢拿出搅拌机，静置2～5min，让搅拌时带入的空气自动排出，防止其在施工后聚集在基架底下，造成空鼓。搅拌时间可根据实际搅拌情况调整，静置时间可观察气泡溢出情况调整。 详见图23
2	对策二的措施：确定灌浆料浇筑速度大小，设计制作灌浆料浇筑引流装置。	要求厂家升版施工指导方案，将增加采用灌浆引流装置及浇筑速度大小在方案中进行明确。	2021年9月30日升版完成《汽轮机设备二次灌浆要求》	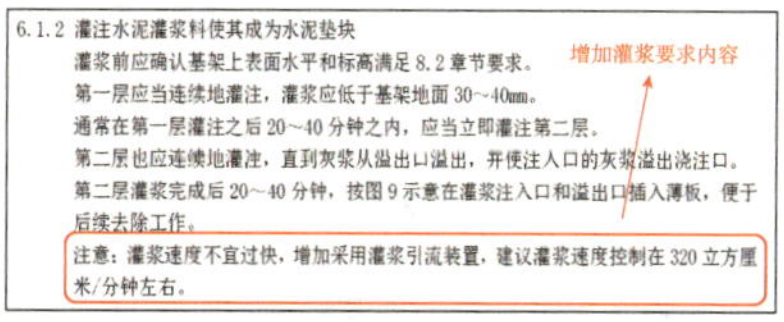 6.1.2 灌注水泥灌浆料使其成为水泥垫块 增加灌浆要求内容 灌浆前应确认基架上表面水平和标高满足8.2章节要求。 第一层应当连续地灌注，灌浆应低于基架地面30~40mm。 通常在第一层灌注之后20～40分钟之内，应当立即灌注第二层。 第二层也应连续地灌注，直到灰浆从溢出口溢出，并使注入口的灰浆溢出浇注口。 第二层灌浆完成后20～40分钟，按图9示意在灌浆注入口和溢出口插入薄板，便于后续去除工作。 注意：灌浆速度不宜过快，增加采用灌浆引流装置，建议灌浆速度控制在320立方厘米/分钟左右。 详见图24

制表人：×××　　　　制表日期：2021-09-30

5.5 搅拌时间和过程

增加搅拌要求内容

- 必须使用表 1 要求的低速搅拌机，不允许人力搅拌，同时搅拌时需要将搅拌头完全浸入灌浆料中，避免搅拌时带入空气。
- 搅拌前先在搅拌桶中定量准备好 80%的纯净水，随后小流量平稳地加入灌浆料（建议搅拌过程中灌浆料加入流量控制在 0.5 桶/分钟左右），搅拌过程中根据灌浆料状态逐步加入剩余 20%的纯净水。
- 搅拌直至混合成均匀的，稳定的，没块状的灰浆，时间一般 1～3 分钟。关闭搅拌机后过 5～10 秒缓慢拿出搅拌机，静置 2～5min，让搅拌时带入的空气自动排出，防止其在施工后聚集在基架底下，造成空鼓。搅拌时间可根据实际搅拌情况调整，静置时间可观察气泡溢出情况调整。

图 23　升版完成方案，增加搅拌要求内容

6.1.2 灌注水泥灌浆料使其成为水泥垫块

增加灌浆要求内容

灌浆前应确认基架上表面水平和标高满足 8.2 章节要求。

第一层应当连续地灌注，灌浆应低于基架地面 30～40mm。

通常在第一层灌注之后 20～40 分钟之内，应当立即灌注第二层。

第二层也应连续地灌注，直到灰浆从溢出口溢出，并使注入口的灰浆溢出浇注口。

第二层灌浆完成后 20～40 分钟，按图 9 示意在灌浆注入口和溢出口插入薄板，便于后续去除工作。

注意：灌浆速度不宜过快，增加采用灌浆引流装置，建议灌浆速度控制在 320 立方厘米/分钟左右。

图 24　升版完成方案，增加灌浆要求内容

China Fast Reactor 600

600MW 示范快堆工程

DOC. NO. X P 1 P 4 0 B 5 2 A G 1 0 1 0 0 0 M N 0 0 0 7 / 1

TITLE

标题

汽轮机设备二次灌浆要求

Issued by 东方汽轮机	Internal identification number 内部编码 NA

共 15 页

本文件产权属东方电气集团下属东方汽轮机有限公司所有，未经许可，不得以任何方式外传。

This document is the property of Dong Fang Turbine Co., Ltd. /DEC, no part of this document may be reproduced by any means, nor transmitted without the written permission of DTC.

东方汽轮机				文件修改记录 Document Modification Record
版本 Rev.	日期 Date	章节 Chapter	页码 Page	修改依据及内容 Modification cause and Content
A	2020.12.04	所有	所有	首次发布
B	2021.09.30	所有	所有	根据现场意见调整要求和描述：在 5.5 中增加搅拌要求内容；在 6.1.2 中增加灌浆要求内容

图 25　安装方案完成修改完善升版

十一、总结和下一步打算

11.1 总结

通过本次 QC 小组活动，小组成员成功地运用了 QC 小组活动方法，提高了汽轮发电机组基础水泥垫块预制的一次验收合格率。小组成员总结如下。

11.1.1 合理化建议

表 22　合理化建议汇总表

序号	建议	提出人	是否被采纳
1	由于汽轮发电机组须保证基础水泥垫块预制满足要求，对水泥垫块质量要求高，在对策实施过程中应持续加强技术交底和经验反馈工作，并加强水泥垫块质量验收工作。	刘朋奇	是
2	水泥垫块施工前应确保台板水平标高等数据全部符合设计要求，施工过程中注意对台板进行防护，且尽量避免碰到台板，确保施工过程可控，以利于对策实施后效果检查的准确性。	谢阅	是

制表人：×××　　　　制表日期：2022-02-25

11.1.2 专业技术、管理方法、综合素质总结

表 23　专业技术、管理方法、综合素质总结表

分类	提高点	不足点	改进措施
专业技术	1. 小组的专业技术知识和专业能力都有了很大的提高，更加熟练地掌握现场问题的处理方法，提高了工作效率； 2. 小组通过查找症结“对症下药”，从技术上减少了垫块上表面气孔缺陷问题产生的可能，取得明显成果。	小组的逻辑分析能力尚需提升	组织对 QC 管理方法尤其是头脑风暴法等逻辑分析方法进行学习掌握。
管理方法	1. 小组严格按照 PDCA 程序展开 QC 活动，在开拓思路的同时也增强了严谨性； 2. 小组在本次 QC 小组活动中，应用了排列图、关联图、饼分图、柱状图等工具，大部分成员能够熟练掌握 QC 知识和统计工具。	小组新成员在 QC 统计工具应用上比较单一	由经验丰富的成员向新成员传授 QC 统计工具的应用，并模拟演练，以此进行学习掌握。
综合素质	1. 小组分析问题、解决问题的能力有了进一步的提高，不仅提高了 QC 知识水平，还增加了解决现场实际问题的信心； 2. 小组的质量意识和质量管理水平有了显著的提升。	小组的动手能力有待进一步提升	多下现场观察学习，与施工班组师傅多交流学习施工中的技巧和方法。

制表人：×××　　　　制表日期：2022-02-25

11.2 下一步打算

通过此次 QC 活动，小组成员的积极性被调动了起来，激发了小组成员的质量管理热情。霞浦核电工程 1 号机组汽轮发电机组本体安装已经开始，下一步我们将以“提高汽轮发电机组汽轮机通流部件间隙的一次验收合格率”作为 2022 年 QC 小组的课题。

专家点评：辽宁核电　李春华

1. 总体评价

该课题类型为问题解决型，奋进者小组结合现场水泥垫块浇筑后需要进行大量返工造成人力和成本的浪费，选择了“提高汽轮发电机组基础水泥垫块预制的一次验收合格率”为活动课题，通过分层调查和数据分析，小组成员找到了问题症结“水泥垫块上表面气孔缺陷”，并结合历史最优水平及对症结解决程度的估算设定了课题目标，经过小组努力，解决了基础水泥垫块预制合格率低的问题，实现了课题目标。小组能够严格遵循 PDCA 活动程序，注重用数据和事实说话，思路清楚、流程规范、方法得当、成果突出，通过小组 QC 活动，汽轮发电机组基础水泥垫块预制的一次验收合格率得到了有效的提升。

2. 成果亮点

（1）活动程序规范。该成果能够遵循 PDCA 循环，按照问题解决型（自定目标）课题活动要求，从选择课题、现状调查、设定目标、原因分析、要因确认、制定对策、对策实施、效果检查、巩固措施、总结及今后打算这 10 个步骤对整个 QC 活动过程进行了阐述，活动程序较为规范。

（2）活动效果明显。小组通过采取减小搅拌时灌浆料的加入流量和减慢灌浆料浇筑速度，使汽轮发电机组基础水泥垫块预制的一次验收合格率明显提高，超过了预期目标，活动效果明显。

（3）活动过程翔实，数据充分。现状调查时按照施工区域收集 1 号低压缸区域、2 号低压缸区域和发电机区域的基础水泥垫块预制不合格频数，对不合格品发生的部位、不合格类型等数据进行分析，找到问题的症结；在对策实施阶段中每个对策实施结束后收集数据以验证该对策的实施效果；在所有对策实施结束后再次收集数据以验证小组活动的整体效果；各环节均能够充分收集数据，来佐证每个活动步骤的充分性和有效性。

3. 改进建议

（1）现状调查找出了水泥垫块上表面气孔缺陷是导致汽轮发电机组基础水泥垫块一次验收合格率低的症结，为目标设定提供依据，但文本中 4.1 目标设定依据的相关内容，建议放在现状调查环节。

（2）要因确认中，如对灌浆料搅拌后静置时间短、搅拌时灌浆料加入流量大等末端因素进行确认时，均以末端因素对上表面气孔缺陷问题垫块占比的多少来进行判断，问题的占比并不能体现其影响程度，无法判断是否为要因。

（3）对策表的对策二对于确定灌浆料浇筑速度大小及制作灌浆料浇筑引流装置的措施简单，不便于后续的实施。

课题九

提高 9ASG 除氧器启动成功率

一、课题背景

福清核电 1、2 机组 9ASG 除氧器（辅助给水系统除氧器）装置，功能是向核电厂 ASG（辅助给水系统）水箱和 REA（反应堆硼和水补给系统）水箱提供含氧量合格的除盐水。

主要系统流程：

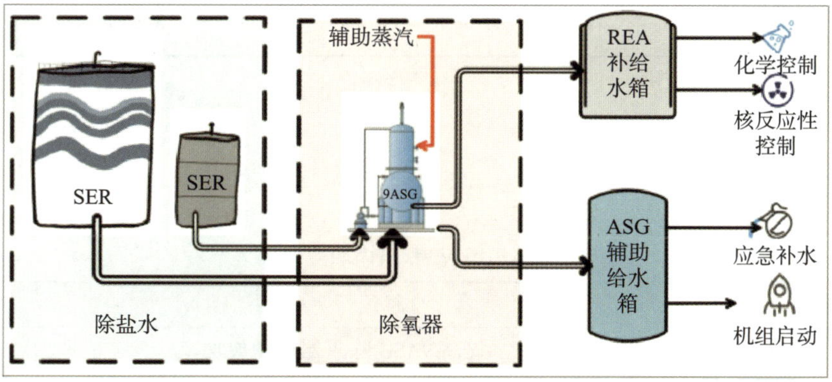

在紧急情况下，如果无法可靠地生产足量除氧水，可能使 ASG 辅助给水箱液位不满足技术规范要求导致机组出现非计划 IO（设备不可用）事件。硼和水补给系统缺乏足量的除盐除氧水也会影响一回路硼化/稀释等反应性操作。目前除氧器装置（9ASG 除氧器）启动成功率太低，急需找出原因，制定对策，提高 9ASG 除氧器启动成功率，为机组提供足量除氧水，保证机组安全稳定运行。

二、活动计划

表 1　QC 小组活动计划表

阶段	步骤	负责人	时间（2020-02-01—2021-03-31）													
			2	3	4	5	6	7	8	9	10	11	12	1	2	3
P	1.选择课题	马伟奇														
	2.现状调查	渝　江														
	3.设定目标	熊兴华														
	4.原因分析	雷亚云														
	5.确定主要原因	於　豪														
	6.制定对策	刘　翔														
D	7.对策实施	刘建忠														
C	8.效果检查	马伟奇														
A	9.制定巩固措施	刘航瑜														
	10.总结和下一步打算	喻　江														

注：计划进度 - - - - -➤　　实际进度 ——➤

制表人：×××　　　　制表时间：2020-02-01

三、小组概况

表 2　小组概况表/组内职责情况表

小组名称	“卓越运行”QC 小组						
活动课题	提高 9ASG 除氧器启动成功率						
注册时间	2020-02-01			注册编号	FQNP-2020-060-060		
课题类型	问题解决型			活动时间	2020-02-01—2021-03-31		
小组成员简介							
序号	姓名	性别	年龄	职称	学历	组内分工	主要职责
1	马伟奇	男	30	工程师	本科	组长	全面负责、统筹管理
2	×××	男	31	工程师	本科	组员	制定对策、巩固措施
3	×××	男	33	工程师	本科	组员	实施对策、效果检查
4	×××	女	29	工程师	本科	组员	数据统计、原因分析
5	×××	男	36	高级工程师	本科	组员	组织协调、要因确认
6	×××	男	27	助理工程师	本科	组员	原因分析、要因确认
7	×××	男	27	助理工程师	本科	组员	现状调查、原因分析
8	×××	男	27	助理工程师	本科	组员	要因确认、数据统计

制表人：×××　　　　制表时间：2020-02-01

四、选择课题

根据2020年3—5月的数据统计，福清核电9ASG除氧器启动成功率平均值仅为28.18%，无法确保机组安全稳定运行。

上级要求 ➡ 9ASG除氧器启动成功率达到70%

现状问题 ➡

表3　9ASG除氧器系统2020年3—5月启动成功率统计情况

时间	总次数	成功次数	启动成功率（%）
2020-03	75	22	29.33
2020-03	74	19	25.68
2020-03	71	21	29.58

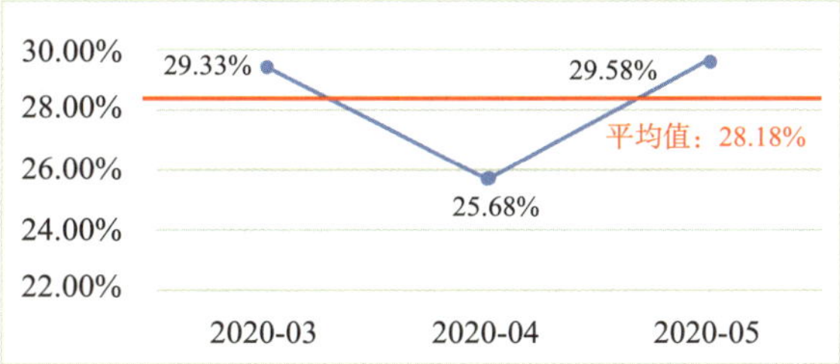

9ASG除氧器启动成功率折线图

以上图表看出，9ASG除氧器启动成功率平均28.18%，需采取有效措施提高启动成功率。

选定课题 ➡ 提高9ASG除氧器启动成功率

五、现状调查

调查1：统计系统工艺流程失败数据

小组对2020年3—5月220次除氧器启动情况进行统计，62次成功，发现有158次失败。

小组将158次启动失败数据按照系统工艺流程进行分类，统计如表4所示。

表 4　系统工艺流程数据统计表

系统工艺流程	次数	占比
除氧器故障	148	93.67%
输出设备故障	8	5.06%
输入设备故障	2	1.27%
总计	158	100%

制表人：××× 　　制表时间：2020-06-01

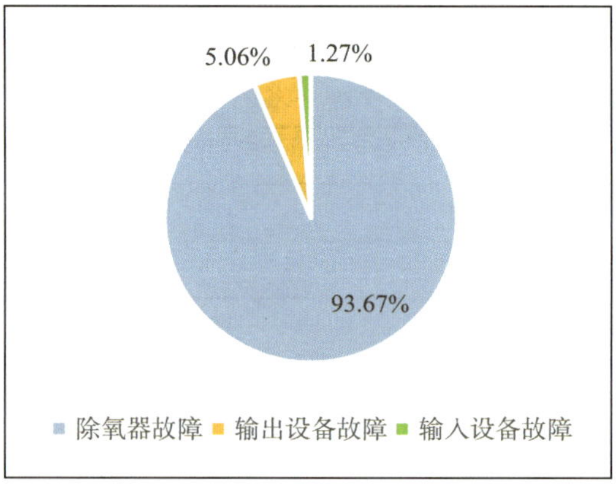

图 1　系统工艺流程数据饼分图

制图人：××× 　　制图时间：2020-06-01

结论 1：从系统工艺流程失败数据分析可看出，启动失败主要集中在除氧器故障。

调查 2：统计除氧器故障的信号类型

小组对除氧器故障的信号类型数据进行统计，如表 5 所示。

表 5　除氧器故障信号类型统计表

信号类型	频数（次）	频率（%）	累计频率（%）
液位信号异常	114	77.03%	77.03%
压力信号异常	20	13.51%	90.54%
流量信号异常	8	5.41%	95.95%
阀门信号异常	3	2.03%	98.80%
给水泵信号异常	2	1.35%	99.40%
温度信号异常	1	0.68%	100.00%
合计	148	100.00%	—

制表人：××× 　　制表时间：2020-06-01

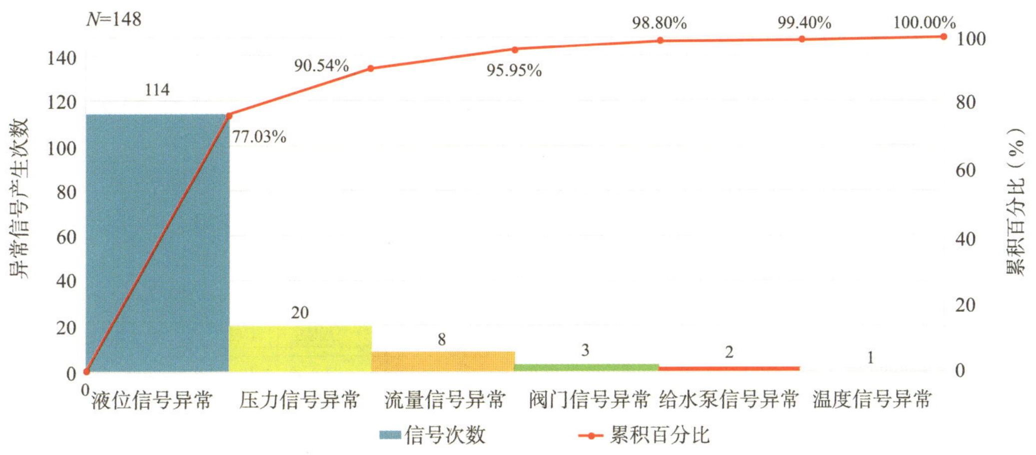

图 2　信号异常类型排列图

制图人：×××　　　　制图时间：2020-06-02

结论 2：从除氧器故障的信号异常类型排列图可看出，导致 9ASG 除氧器启动成功率低的主要症结是：液位信号异常。

六、设定目标

6.1　横向比较

小组向同行电厂进行调研，发现福清核电三厂同类型设备启动成功率高于 M310 机组，统计结果如表 6 所示。

表 6　同行电厂数据统计表

同行电厂	福清核电二厂	福清核电三厂	海南核电	江苏核电
启动成功率	30%	80%	35%	25%

制表人：×××　　　　制表时间：2020-04-30

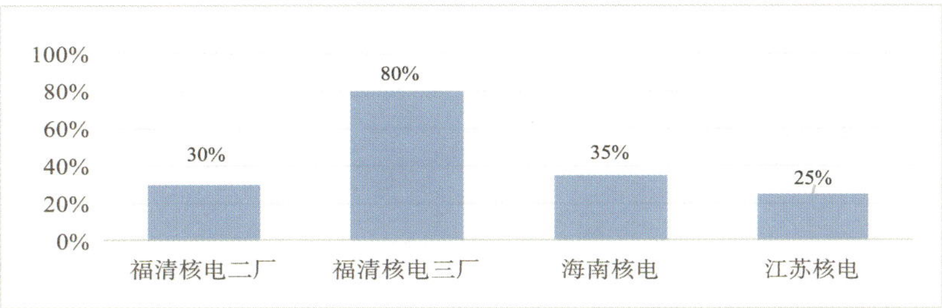

图 3　同行电厂数据柱状图

制图人：×××　　　　制图时间：2020-04-30

福清核电三厂除氧器启动成功率为 80%，为小组设定目标提供参考。

6.2 测算依据

结合调查，小组进行充分讨论达成共识，通过努力可解决液位信号异常问题的90%。经测算：

9ASG 除氧器启动成功率＝现状调查阶段启动成功率＋液位信号异常症结×90%＝28.18%＋（1−28.18%）×93.67%×77.03%×90%＝74.98%

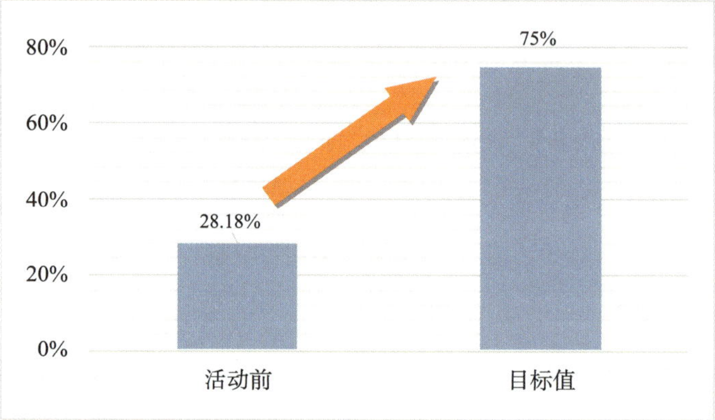

图4　活动目标设定柱状图

制图人：×××　　　　制图时间：2020-06-15

小组活动目标：将9ASG 除氧器启动成功率提高至75%以上。

七、原因分析

小组成员通过收集设备与现场资料，利用“头脑风暴法”进行讨论和原因分析，得出8个末端原因。

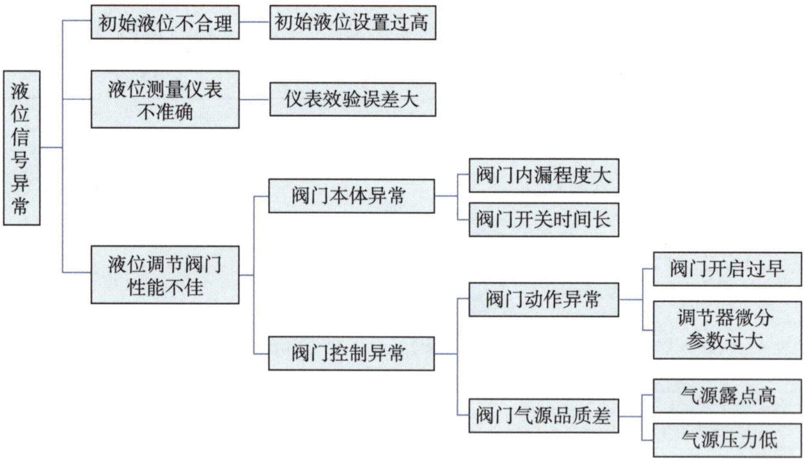

图5　液位信号异常原因分析树图

制图人：×××　　　　制图时间：2020-07-15

末端原因：

1）初始液位设置过高；

2）仪表校验误差大；

3）阀门内漏程度大；

4）阀门开关时间长；

5）阀门开启过早；

6）调节器微分参数过大；

7）气源露点高；

8）气源压力低。

八、确认主要原因

为确定主要原因，小组成员深入分析讨论，制定要因确认计划表，并由专人负责，对末端原因进行逐条确认。

表7　要因确认计划表

序号	末端原因	确认方法	确认依据	确认人	确认时间
1	初始液位设置过高	调查分析	初始液位≤130不会对症结产生影响	×××	2020-07-25
2	仪表校验误差大	现场测量	仪表校验误差<0.5%不会对症结产生影响	×××	2020-07-26
3	阀门内漏程度大	试验	阀门内漏开度<0.6%不会对症结产生影响	×××	2020-07-24
4	阀门开关时间长	现场测量	阀门开关时间<10 s不会对症结产生影响	×××	2020-07-27
5	阀门开启过早	试验	阀门延时120 s开启不会对症结产生影响	×××	2020-07-25
6	调节器微分参数过大	调查分析	微分参数<5不会对症结产生影响	×××	2020-07-27
7	气源露点高	现场测量	气源露点<-15 ℃不会对症结产生影响	×××	2020-07-19
8	气源压力低	试验	气源压力>0.32 MPa不会对症结产生影响	×××	2020-07-20

制表人：×××　　　　制表时间：2020-07-17

（1）末端原因 1 确认：初始液位设置过高

确认内容	初始液位设置过高		
确认方法	调查分析	确认时间	2020-07-25
确认人	×××	确认地点	1MX
确认依据	初始液位≤130 mm 不会对症结产生影响		

确认过程

小组成员针对不同初始液位分别试验，对是否导致液位信号异常统计如下：

试验	1	2	3	4	5	6
液位（mm）	135	130	125	120	115	110
是否导致液位信号异常	否	否	否	否	否	否

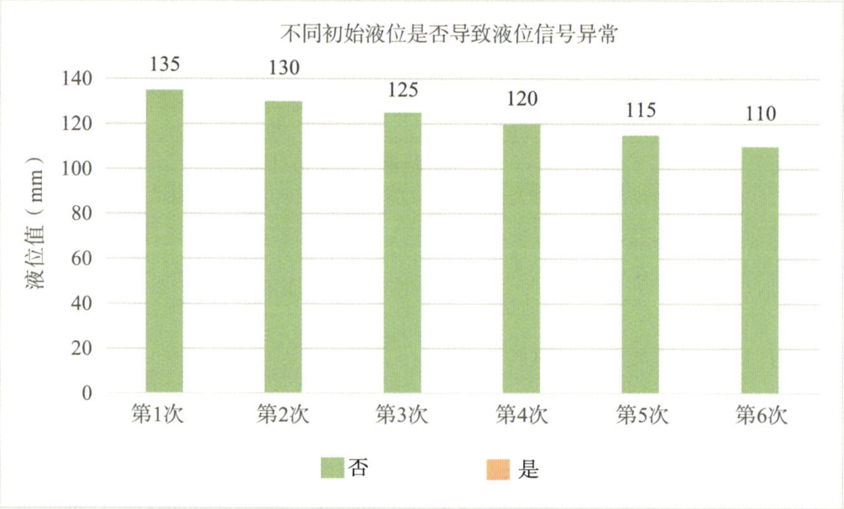

通过试验数据可知，初始液位≤135，均不会导致液位信号异常，同时我们的标准9ASG 除氧器启动操作票《FQ9-ASG-C-002 9ASG 除氧器制水到 REA 水箱运行操作票》和《FQ9-ASG-C-001 9ASG 除氧器制水到 ASG 水箱运行操作票》可知：9ASG 除氧器启动前初始液位控制在 130 mm 以下，可知及时超过标准一些，也不会导致液位信号异常。

小组成员针对 20 次初始液位数据进行调查分析，统计如下：

试验	1	2	3	4	5	6	7	8	9	10
液位（mm）	120	125	121	120	115	118	123	124	126	122
试验	11	12	13	14	15	16	17	18	19	20
液位（mm）	123	121	115	119	113	114	112	121	124	119

续　表

确认内容	初始液位设置过高
确认过程	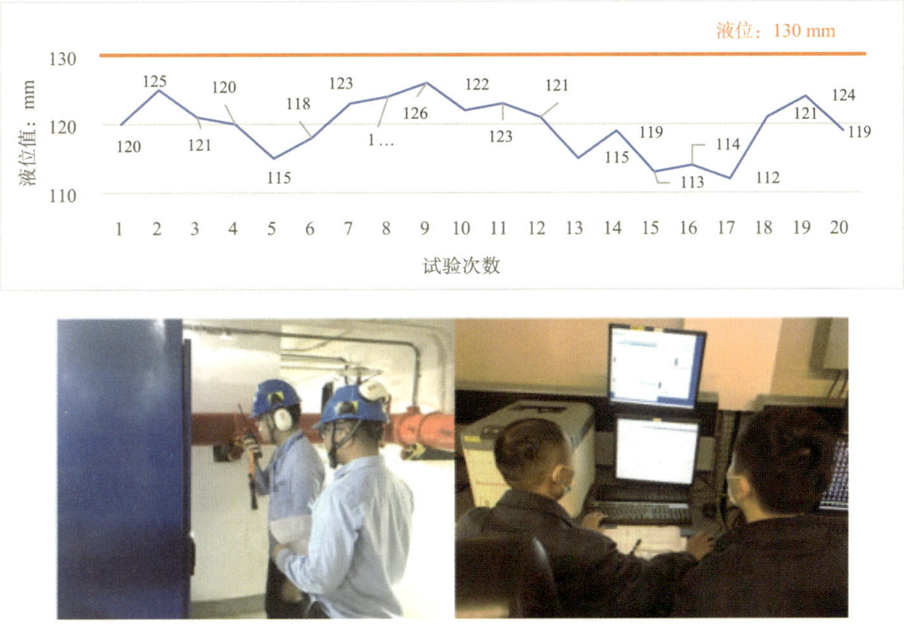
确认结论	根据调查数据可知，初始液位均小于130 mm，不会导致液位信号异常，可知初始液位设置过高对液位信号异常的影响程度小，由此判断初始液位设置过高是非要因。

（2）末端原因2确认：仪表校验误差大

确认内容	仪表校验误差大		
确认方法	现场测量	确认时间	2020-07-26
确认人	×××	确认地点	1MX
确认依据	仪表校验误差<0.5%不会对症结产生影响		
确认过程	小组对不同仪表校验误差进行试验，看是否导致液位信号异常，统计如下：		

试验	1	2	3	4	5	6	7
误差值（%）	0.6	0.55	0.5	0.45	0.4	0.35	0.3
是否导致液位信号异常	否	否	否	否	否	否	否

续　表

确认内容	仪表校验误差大
确认过程	见下

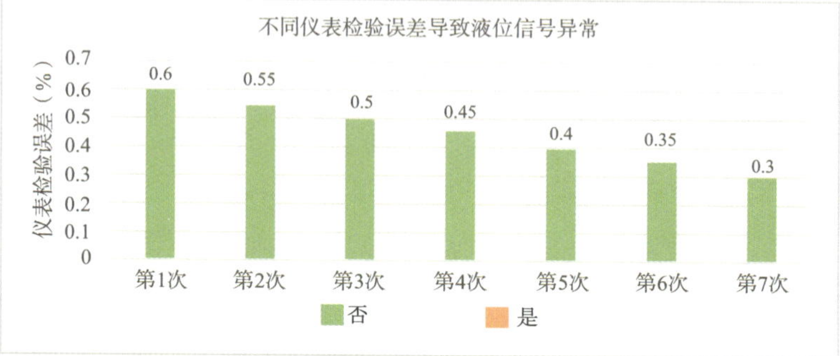

通过试验数据可知，仪表校验误差小于 0. 6% 不会导致液位信号异常，我们标准仪表校验误差小于 0. 5%，可知即使超过标准一些，也不会导致液位信号异常。

小组对当前仪表 9ASG003MN 误差值进行 10 次试验，统计如下：

试验	1	2	3	4	5	6	7	8	9	10
误差值（%）	0. 42	0. 17	0. 38	0. 17	0. 17	0. 35	0. 26	0. 17	0. 18	0. 4

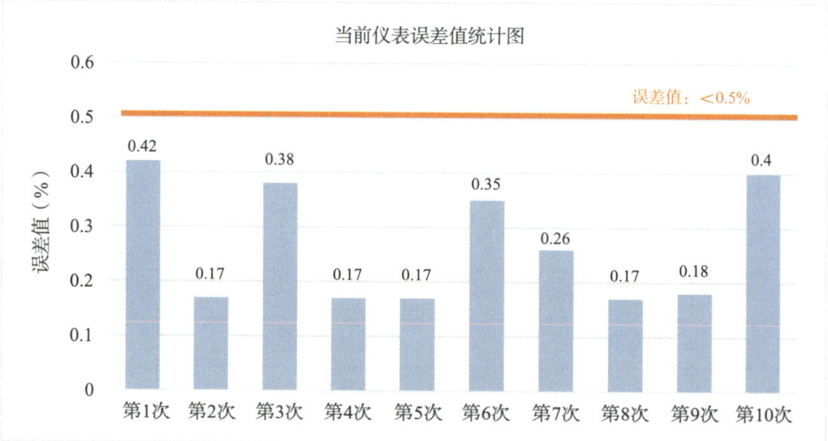

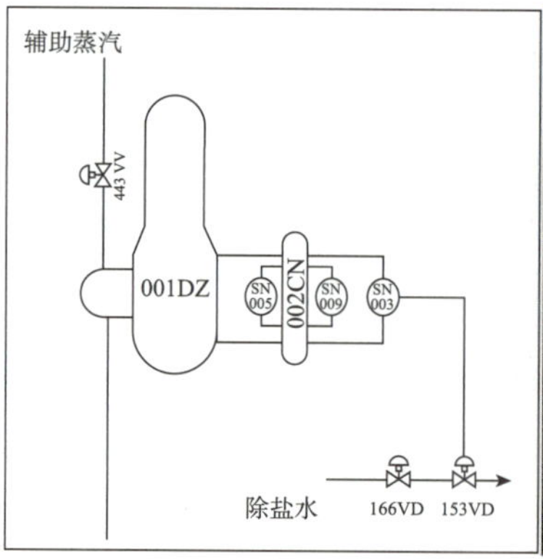

续　表

确认内容	仪表校验误差大
确认结论	根据测量数据可知，当前仪表误差小于0.5%，不会导致液位信号异常，可知仪表校验误差大对液位信号异常的影响程度小，由此判断仪表校验误差大是非要因。

（3）末端原因3确认：阀门内漏程度大

确认内容	阀门内漏程度大		
确认方法	试验	确认时间	2020-07-24
确认人	×××	确认地点	1MX
确认依据	阀门内漏程度<0.6%不会对症结产生影响		

确认过程：

小组对阀门不同内漏程度进行试验，并把不同内漏程度是否导致液位信号异常进行统计汇总如下：

内漏开度（%）	0.2	0.3	0.4	0.5	0.6	0.7	0.8	0.9	1
是否导致液位信号异常	否	否	否	否	是	是	是	是	是

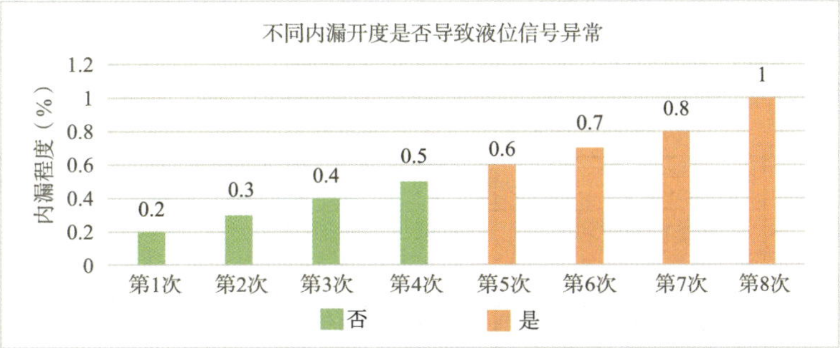

通过试验数据可知，阀门内漏程度<0.6%，不会导致液位信号异常。

小组对当前阀门内漏程度进行了8次试验，统计如下：

试验	1	2	3	4	5	6	7	8
内漏程度（%）	0.86	0.84	0.83	0.85	0.87	0.81	0.83	0.84

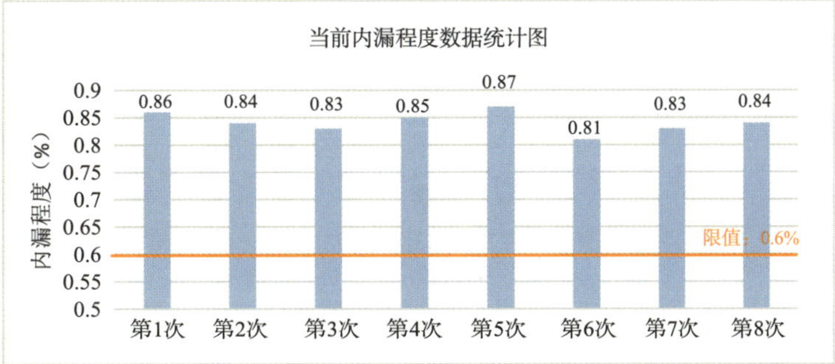

续 表

确认内容	阀门内漏程度大
确认过程	 
确认结论	根据试验数据可知，当前阀门内漏程度>0.6%，会导致液位信号异常，可知阀门内漏程度大对液位信号异常的影响程度大，由此判断阀门内漏程度大是要因。

（4）末端原因 4 确认：阀门开关时间长

确认内容	阀门开关时间长		
确认方法	现场测量	确认时间	2020-07-27
确认人	×××	确认地点	1MX
确认依据	阀门开关时间<10 s 不会对症结产生影响		
确认过程	小组对不同开关时间情况下是否导致液位信号异常进行试验分析，统计如下表：		

试验	1	2	3	4	5	6	7	8	9	10	11
开关时间（s）	0	1	2	3	4	5	6	7	8	9	10
是否导致液位信号异常	否	否	否	否	否	否	否	否	否	否	否

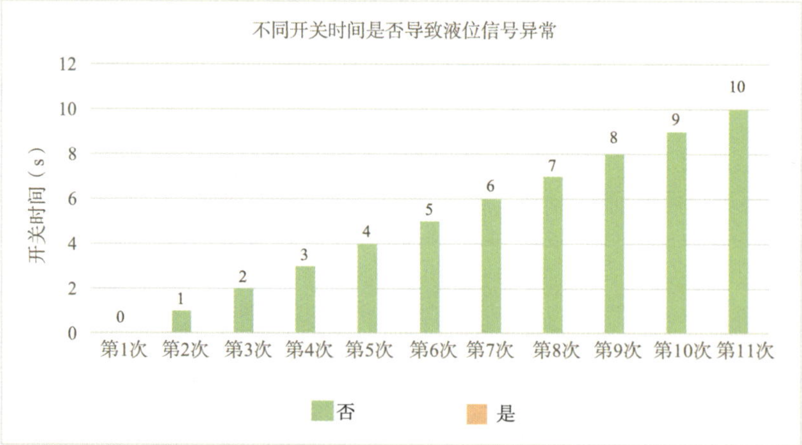

续　表

<table>
<tr><td>确认内容</td><td>阀门开关时间长</td></tr>
<tr><td>确认过程</td><td>
通过试验数据可知，阀门开关时间<10 s，不会导致液位信号异常。
小组对当前阀门开关时间进行 10 次试验，收集到的数据如下表：
<table>
<tr><td>试验</td><td>1</td><td>2</td><td>3</td><td>4</td><td>5</td><td>6</td><td>7</td><td>8</td><td>9</td><td>10</td></tr>
<tr><td>开启时间（s）</td><td>4.2</td><td>4.1</td><td>4.1</td><td>5.4</td><td>4.1</td><td>4.2</td><td>4.1</td><td>5.2</td><td>4.7</td><td>5.2</td></tr>
<tr><td>关闭时间（s）</td><td>7.2</td><td>7.3</td><td>7.5</td><td>8.1</td><td>7.2</td><td>7.5</td><td>8.3</td><td>7.6</td><td>7.7</td><td>7.4</td></tr>
</table>
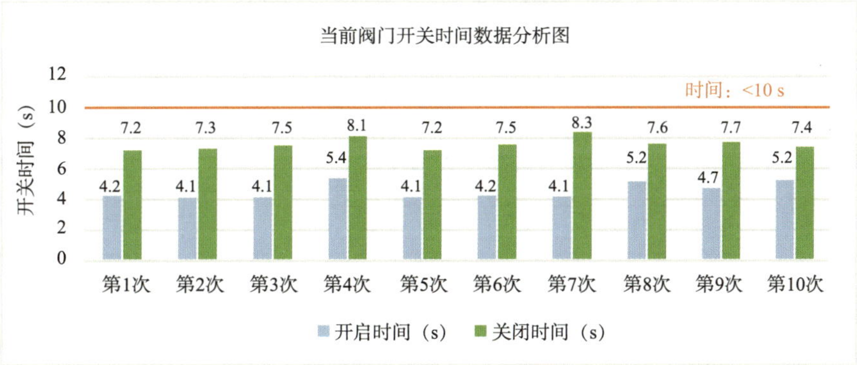

</td></tr>
<tr><td>确认结论</td><td>通过测量数据可知，液位调节阀开启最长时间 5.4 s，关闭最长时间 8.3 s，均<10 s，不会导致液位信号异常，可知阀门开关时间长对液位信号异常的影响程度小，由此判断阀门开关时间长是非要因。</td></tr>
</table>

（5）末端原因 5 确认：阀门开启过早

<table>
<tr><td>确认内容</td><td colspan="3">阀门开启过早</td></tr>
<tr><td>确认方法</td><td>试验</td><td>确认时间</td><td>2020-07-25</td></tr>
<tr><td>确认人</td><td>×××</td><td>确认地点</td><td>1MX</td></tr>
<tr><td>确认依据</td><td colspan="3">阀门延时 120 s 开启不会对症结产生影响</td></tr>
<tr><td>确认过程</td><td colspan="3">
小组对阀门在不同的延时开启时间情况下是否导致液位信号异常，统计如下表：
<table>
<tr><td>延时时间（s）</td><td>0</td><td>20</td><td>40</td><td>80</td><td>120</td><td>130</td><td>150</td><td>160</td></tr>
<tr><td>是否导致液位信号异常</td><td>是</td><td>是</td><td>是</td><td>是</td><td>否</td><td>否</td><td>否</td><td>否</td></tr>
</table>
</td></tr>
</table>

续 表

<table>
<tr><td>确认内容</td><td>阀门开启过早</td></tr>
<tr><td>确认过程</td><td>
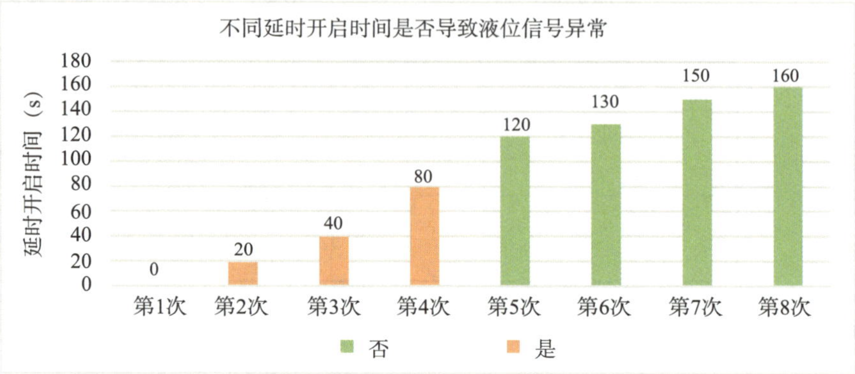

通过试验数据可知，阀门延时时间<120 s，会导致液位信号异常。
小组对当前阀门延时开启的时间进行了 10 次试验，得出以下结果：
<table>
<tr><td>试验</td><td>1</td><td>2</td><td>3</td><td>4</td><td>5</td><td>6</td><td>7</td><td>8</td><td>9</td><td>10</td></tr>
<tr><td>延时时间（s）</td><td>3</td><td>2</td><td>3</td><td>1</td><td>2</td><td>4</td><td>3</td><td>2</td><td>1</td><td>3</td></tr>
</table>
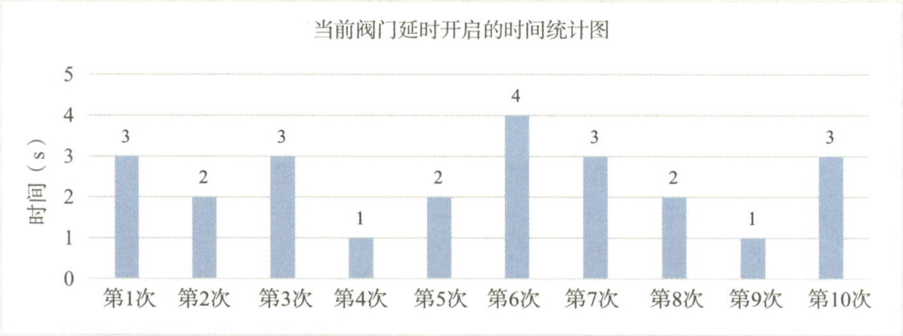

</td></tr>
<tr><td>确认结论</td><td>通过试验数据可知，当前阀门延时开启时间最大值为 4 s，会导致液位信号异常，可知阀门开启过早对液位信号异常的影响程度大，由此判断阀门开启过早是要因。</td></tr>
</table>

（6）末端原因 6 确认：调节器微分参数过大

确认内容	调节器微分参数过大		
确认方法	调查分析	确认时间	2020-07-27
确认人	×××	确认地点	中控室
确认依据	调节器微分参数<5 不会对症结产生影响		
确认过程	（见下）		

确认过程：

小组对调节器不同微分参数下是否导致液位信号异常进行试验，统计如下：

微分参数	0	2	4	6	8	10
是否导致液位信号异常	否	否	否	否	否	否

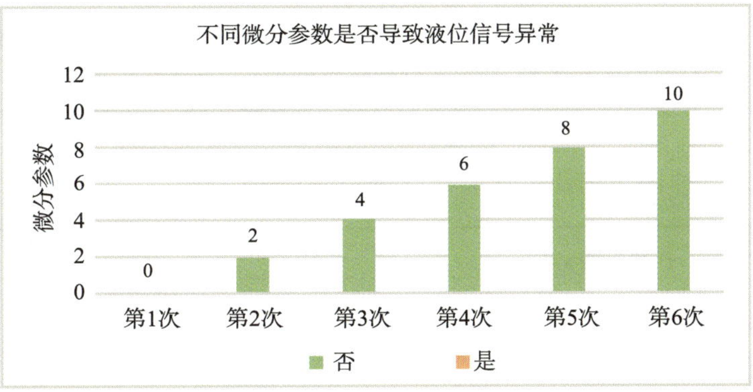

通过数据可知，调节器微分参数<10 不会对症结产生影响，同时又查到我们的标准手册要求调节器微分参数<5，可知即是超过标准一些，也不会对症结产生影响。

小组对当前调节器微分参数进行试统计，结果如下：

试验	1	2	3	4	5	6	7	8	9	10
微分参数	2	1	4	3	2	1	4	3	2	2

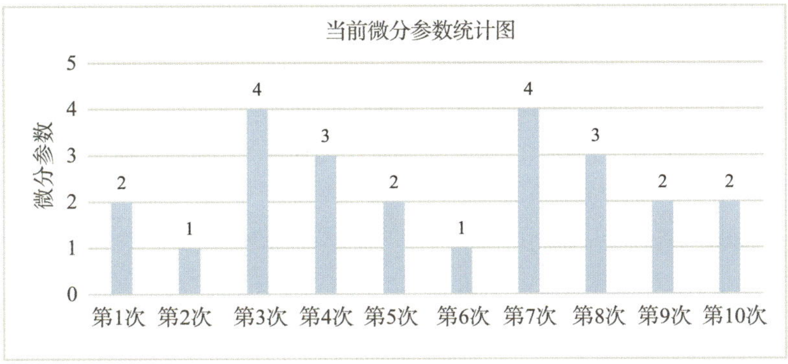

续　表

确认内容	调节器微分参数过大
确认过程	 
确认结论	通过调查数据可知，当前微分参数小于5，不会导致液位信号异常，可知调节器微分参数过大对液位信号异常的影响程度小，由此判断调节器微分参数过大是非要因。

（7）末端原因7确认：气源露点高

<table>
<tr><td>确认内容</td><td colspan="3">气源露点高</td></tr>
<tr><td>确认方法</td><td>现场测量</td><td>确认时间</td><td>2020-07-19</td></tr>
<tr><td>确认人</td><td>×××</td><td>确认地点</td><td>1MX</td></tr>
<tr><td>确认依据</td><td colspan="3">气源露点<-15 ℃不会对症结产生影响</td></tr>
<tr><td>确认过程</td><td colspan="3">小组对不同气源露点进行试验，看是否导致液位信号异常，统计如下表：
<table>
<tr><td>气源露点（℃）</td><td>-70</td><td>-60</td><td>-50</td><td>-40</td><td>-35</td><td>-30</td><td>-25</td><td>-20</td><td>-15</td></tr>
<tr><td>是否导致液位信号异常</td><td>否</td><td>否</td><td>否</td><td>否</td><td>否</td><td>否</td><td>否</td><td>否</td><td>否</td></tr>
</table>
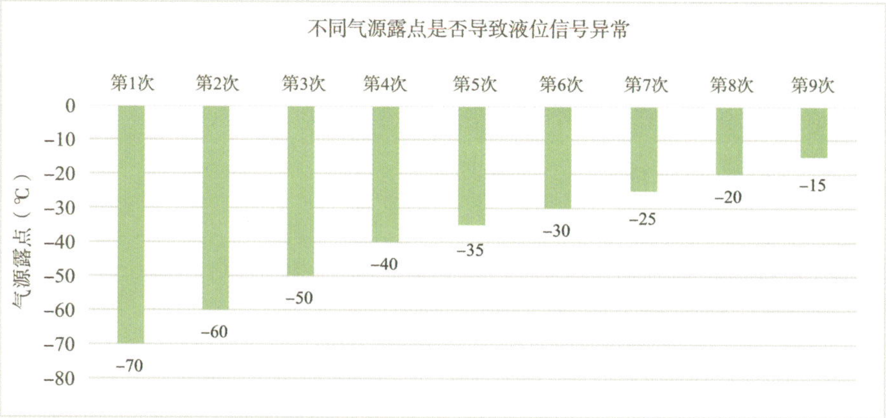

通过试验数据可知，气源露点<-15 ℃，不会导致液位信号异常。</td></tr>
</table>

续 表

<table>
<tr><td>确认内容</td><td>气源露点高</td></tr>
<tr><td>确认过程</td><td>
小组对当前气源露点进行 10 次试验进行分析，结果如下表：

<table>
<tr><td>试验</td><td>1</td><td>2</td><td>3</td><td>4</td><td>5</td></tr>
<tr><td>调查值（℃）</td><td>-67. 5</td><td>-65</td><td>-68. 5</td><td>-65</td><td>-60. 5</td></tr>
<tr><td>试验</td><td>6</td><td>7</td><td>8</td><td>9</td><td>10</td></tr>
<tr><td>调查值（℃）</td><td>-69. 5</td><td>-69. 5</td><td>-71. 5</td><td>-66</td><td>-74</td></tr>
</table>

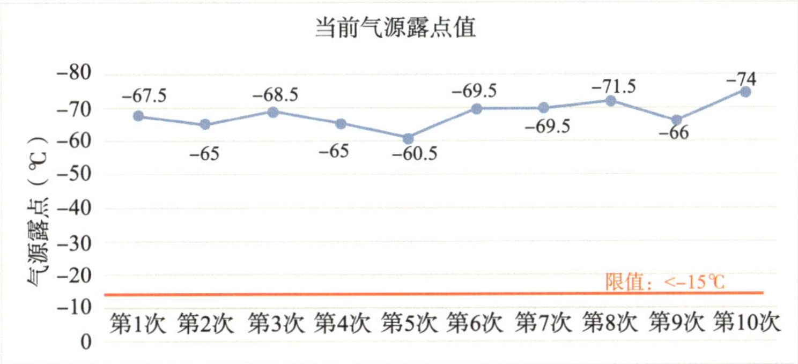

</td></tr>
<tr><td>确认结果</td><td>根据测量数据可知，当前气源露点均小于-15 ℃，不会导致液位信号异常，可知气源露点高对液位信号异常的影响程度小，由此判断气源露点高是非要因。</td></tr>
</table>

（8）末端原因 8 确认：气源压力低

确认内容	气源压力低		
确认方法	试验	确认时间	2020-07-20
确认人	×××	确认地点	1MX
确认依据	气源压力>0. 32 MPa 不会对症结产生影响		

续 表

确认内容	气源压力低

确认过程

小组对不同气源压力下是否导致液位信号异常进行试验，统计分析如下：

次数	1	2	3	4	5	6	7	8
压力示数（MPa）	0.28	0.29	0.30	0.31	0.32	0.33	0.34	0.35
是否导致液位信号异常	是	是	是	是	否	否	否	否

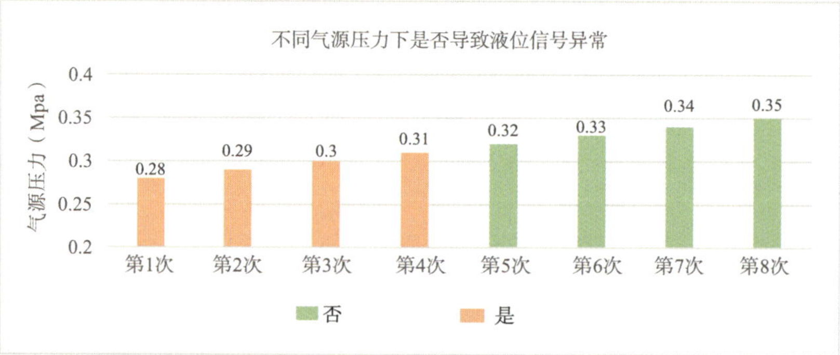

通过试验数据可知，气源压力>0.32 MPa，不会导致液位信号异常。

小组对当前气源压力进行10次试验进行分析，结果如下表：

试验	1	2	3	4	5	6	7	8	9	10
气源压力（MPa）	0.28	0.29	0.28	0.3	0.28	0.3	0.29	0.28	0.29	0.3

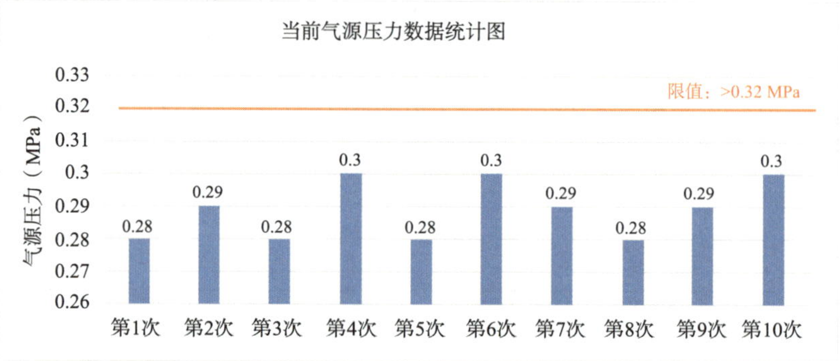

续　表

确认内容	气源压力低
确认结论	通过数据可知，当前气源压力值均小于0.32 MPa，会导致液位信号异常，可知气源压力低对液位信号异常的影响程度大，由此判断气源压力低是要因。

通过上述对末端原因的分析，得出3个主要原因：

1）阀门内漏程度大；

2）阀门开启过早；

3）气源压力低。

九、制定对策

表8　对策表

序号	要因	对策	目标	措施	负责人	地点	完成时间
1	阀门内漏程度大	减少阀门内漏程度	阀门内漏程度<0.6%	1）提出工作申请单 2）阀门解体 3）执行机构膜片清洗 4）更换填料 5）阀芯阀座研磨 6）阀门回装 7）阀门预防性维修	×××	1号机常规岛厂房	2020-09-20
2	阀门开启过早	延长阀门开启时间	阀门延时≥120 s开启	1）提出逻辑修改单 2）关联阀门增加延时120 s开启逻辑 3）修改操作票	×××	1号机常规岛厂房	2020-09-30
3	气源压力低	增大气源压力	调节减压阀后最大输出压力≥0.32 MPa	1）转动压力调节旋钮 2）增大减压阀输出气压压力 3）增加巡检要求	×××	1号机常规岛厂房	2020-09-15

制表人：×××　　　　制表时间：2020-08-15

十、对策实施

实施一：针对“阀门内漏程度大”主要采取如下措施

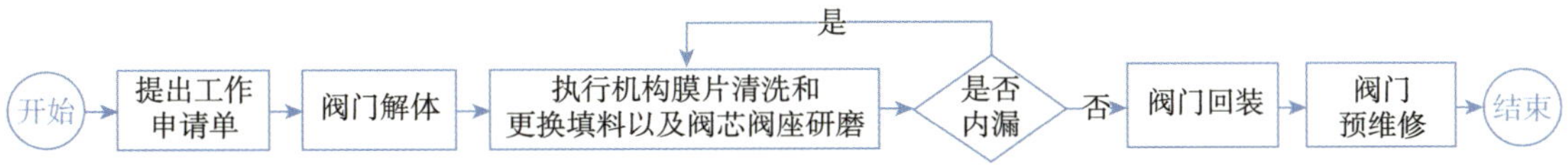

对于阀门内漏程度大问题，首先需要提出工作申请单，批准后进行阀门解体，主要内漏问题的处理方式是膜片清洗、填料更换、阀芯阀座研磨，维修完成后对阀门进行回装，进一步完善，增加阀门预维修流程。详细过程如下：

步骤 1：提出工作申请单

在缺陷审批流程中提出内漏处理需求的流程单，需要把设备名称、设备位置、设备问题、发生时间描述清楚后提交审批即可。

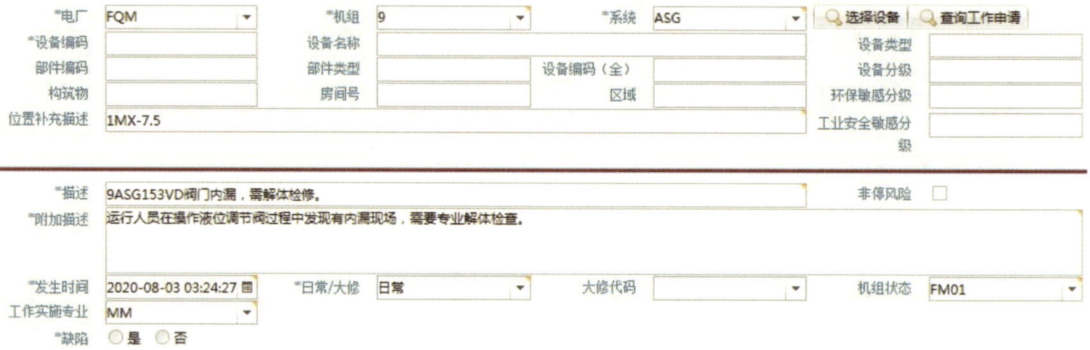

步骤 2：阀门解体

缺陷流程审批单审核完成后，对阀门进行解体，将膜片机构和填料区域以及阀芯阀座连接处螺栓进行拆除工作。

步骤 3：执行机构膜片清洗

阀门解体后需要对执行机构的膜片进行清洗工作。

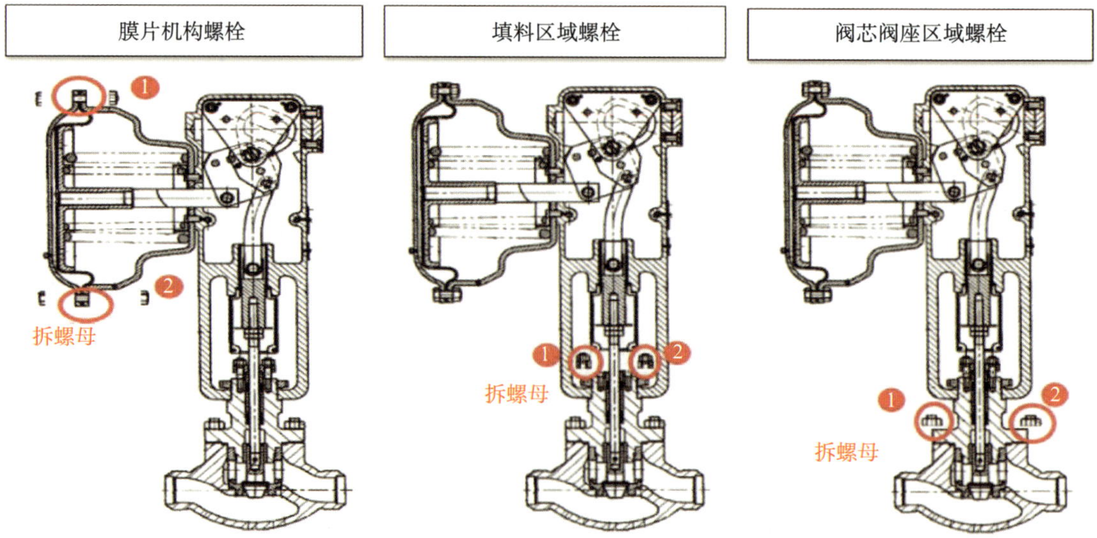

执行机构膜片清洗

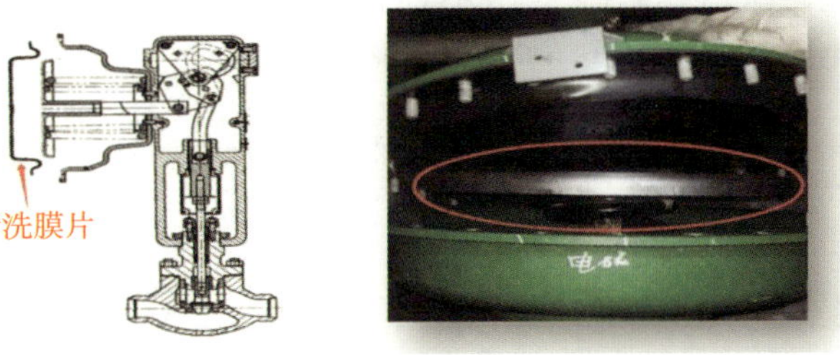

步骤 4：填料更换

对阀门内的填料进行更换工作。

更换填料

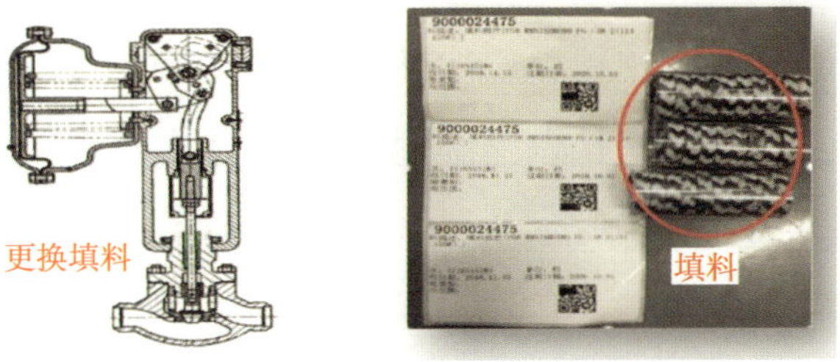

步骤 5：阀芯阀座研磨

对锈蚀的阀芯阀座进行研磨打亮。

阀芯阀座研磨

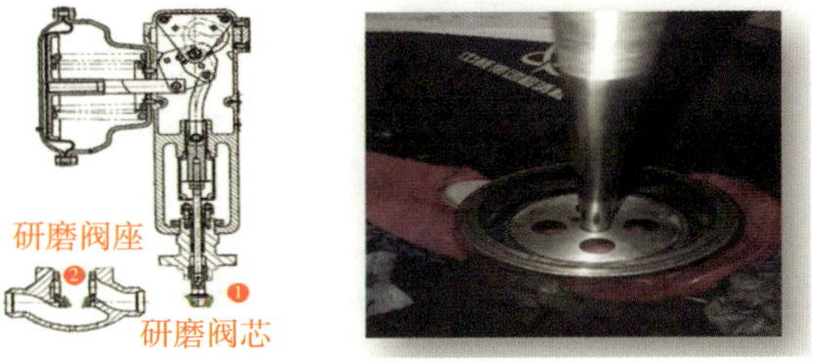

步骤 6：阀门回装

阀门检修完工后，对阀门进行回装，将膜片机构和填料区域以及阀芯阀座连接处螺栓进行回装工作。

阀门回装工作

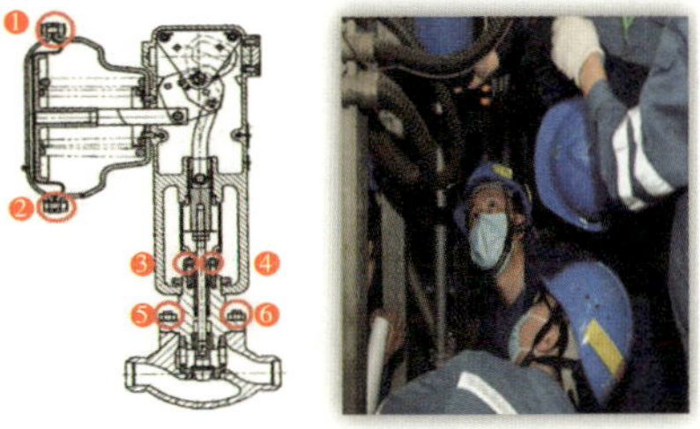

步骤 7：阀门预维修

为了完善阀门检修流程，编制《9ASG153VD 液位调节阀预防性维修规程》，增加预防性维修要求，要求每次 9ASG 全停后进行预防性维修。

9ASG153VD 液位调节阀预防性维修规程					
序号	内容	周期	序号	内容	周期
1	执行机构膜片清洗	18 个月	3	阀芯研磨	18 个月
2	更换填料	18 个月	4	阀座研磨	18 个月

实施小结：

实施后对阀门进行 10 次试验，统计阀门内漏程度，汇总如下：

表 9　阀门内漏程度数据调查表

试验	1	2	3	4	5	6	7	8	9	10
阀门内漏程度（%）	0. 3	0. 4	0. 3	0. 3	0. 2	0. 4	0. 3	0. 3	0. 2	0. 3

制表人：×××　　　　制表时间：2020-09-30

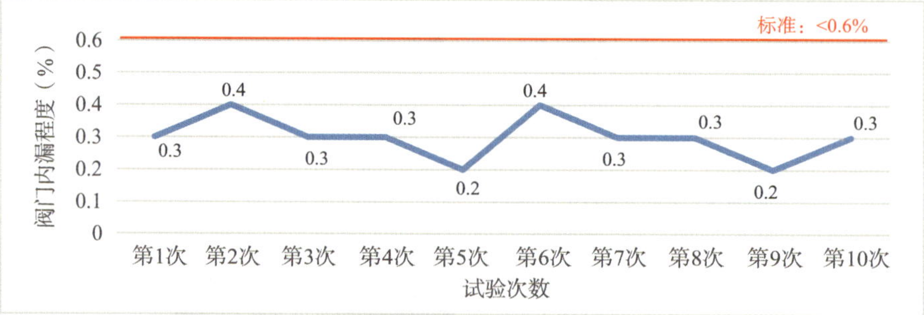

图 6　阀门内漏程度与目标对比图

制图人：×××　　　　制图时间：2020-09-30

结论：通过 10 次试验，可知阀门内漏程度均小于 0. 6%，目标达成，对策实施成功。

实施二：针对“阀门开启过早”主要采取如下措施

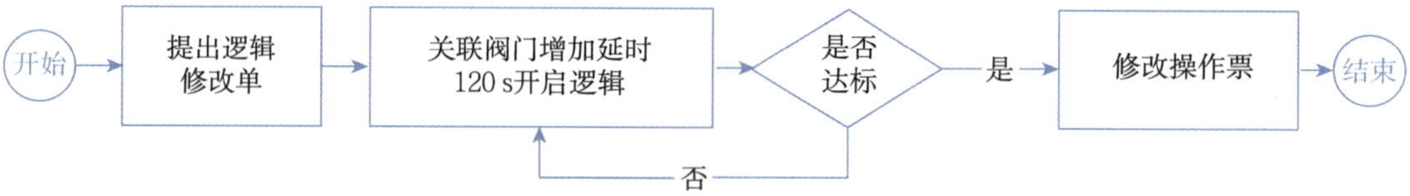

对于阀门开启过早处理过程，首先提出逻辑修改单，审批结束后，对阀门增加延时逻辑，达标后提出操作票修改，便于后续人员操作使用。详细过程如下：

步骤 1：提出逻辑修改单

在逻辑修改工作申请单中提出逻辑修改的需求，主要内容包括现场设备问题以及变更的原因，同时描述清楚变更的措施、变更风险的评估事项，最后提交运行工程师审核。

逻辑修改单主要内容			
1	2	3	4
现场问题及变更原因	变更措施描述	变更风险评估	运行工程师审核

步骤 2：关联阀门增加延时 120 s 开启逻辑

因液位调节阀逻辑十分复杂，通过在关联阀门 9ASG166VD 上增加延时开启逻辑可以达到同样的效果，在 9ASG005PO 或 9ASG006PO 启动信号和关联阀门动作信号之间，增加延时 120 s 的逻辑。

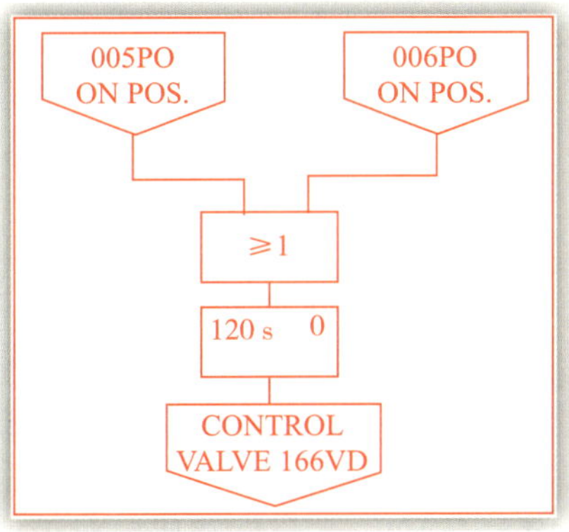

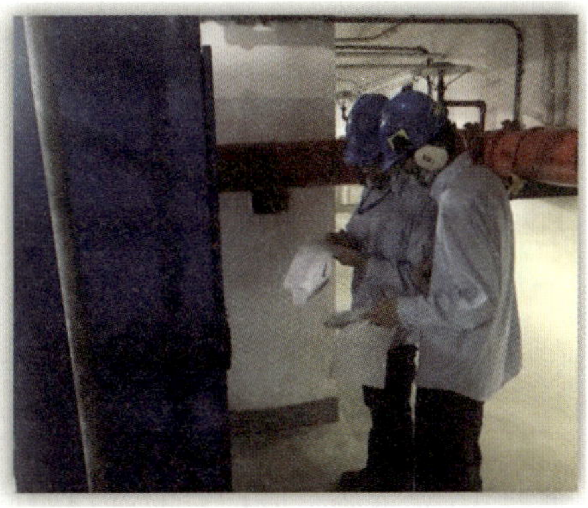

步骤 3：修改操作票

延时逻辑验证没有问题后，将运行人员使用的操作票进行内容修改，在操作票第 39 步，将手动操作描述为已实现自动逻辑，不用进行对液位调节阀的操作。

FQNPC	9ASG 除氧器制水到 REA 水箱	编码：FQ9-ASG-C-002		
		版本：001	版次：38	页：9/14

步骤	执行	操·作·内·容	操作位置	备····注
37		**1号常规岛岗位执行：** 在 9ASG801AR 上用 9ASG801TL 启动除氧器	1MX0 米	
38		**1号常规岛岗位执行：** 约 5~6s 后，按下 9ASG801TO 启动 9ASG005PO	1MX0 米	
39		**1号常规岛岗位执行：** 确认 9ASG166VD 开启 **注意：将 9ASG153VD 手动开至 17%开度以上，否则 9ASG166VD 无法全开**（9ASG166VD 已实现自动逻辑，液位调节阀不用操作）	1MX0 米	

实施小结：

实施后对阀门进行 10 次试验，统计阀门延时开启时间，汇总如下：

表 10　阀门延时开启时间数据表

试验	1	2	3	4	5
阀门延时开启时间（s）	120. 8	120. 5	120. 6	120. 2	120. 5

续 表

试验	1	2	3	4	5
试验	6	7	8	9	10
阀门延时开启时间（s）	120. 4	120. 9	120. 2	120. 5	120. 8

制表人：×××　　　　制表时间：2020-09-30

图 7　阀门延时开启时间试验值与目标对比图

制图人：×××　　　　制图时间：2020-09-30

结论：通过 10 次试验，阀门延时开启时间均大于 120 s，目标达成，对策实施成功。

实施三：针对“气源压力低”主要采取如下措施

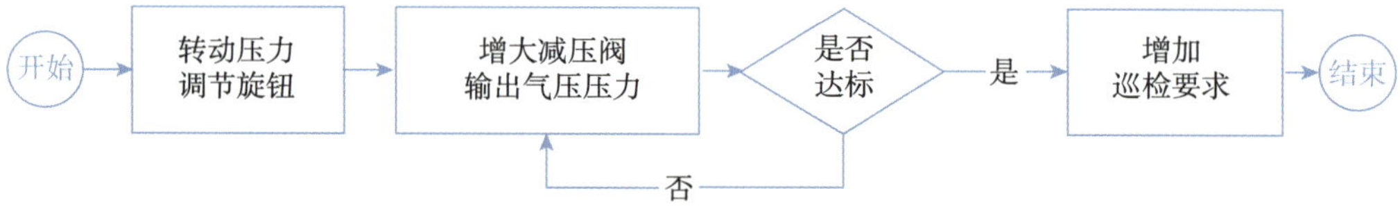

对于气源压力低处理方法是首先转动调节按钮，确定调大的方向，随后进行减压阀输出压力增大的调节工作，达标后在运行人员常规岛岗位巡检表上增加气源压力巡检查看的条目，详细过程如下：

步骤 1：转动压力调节旋钮

小组成员左右转动压力调节旋钮，发现顺时针转动此旋钮，可以增大过滤减压器的输出气压。逆时针转动黑色旋钮，可以减小过滤减压器的输出气压。

步骤 2：增大减压阀输出气压压力

按照增大减压阀输出气压的方法，小组进行顺时针操作，将阀门调节到对应的压力值。

步骤 3：增加巡检要求

巡检名称	站点名称	设备名称	设备位置	单位	最小值	最大值	短指令
-7.5 及-11.00 m	9ASG153VD 气源压力检查		MX920	MPa	0.32	0.34	加强巡检，注意查看气源压力值

在常规岛岗位巡检表中增加对 9ASG153VD 气源压力检查的要求，压力正常范围 0.32~0.34 MPa 之间。

实施小结：

实施后对气源压力进行 10 次试验，数据汇总如下：

表 11　气源压力数据调查表

试验	1	2	3	4	5	6	7	8	9	10
气源压力（MPa）	0.33	0.32	0.34	0.32	0.33	0.32	0.34	0.33	0.32	0.33

制表人：×××　　　　制表时间：2020-09-30

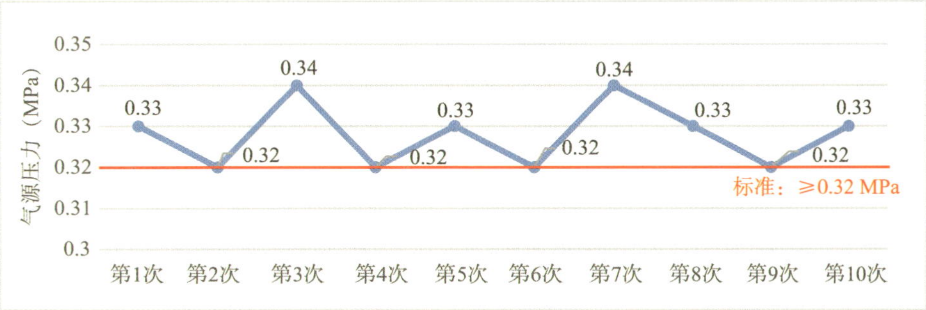

图 8　气源压力数据与目标对比图

制图人：×××　　　　制图时间：2020-09-30

结论：通过 10 次试验，气源压力均≥0.32 MPa，目标达成，对策实施成功。

十一、效果检查

目标检查

小组对2020年10—12月共试验60次（非大修时期），检查小组设定课题目标是否完成，检查结果如下表：

表12　10—12月启动成功率调查表

月份	10月	11月	12月	总计
成功次数	15	17	16	48
失败次数	4	4	4	12
启动成功率	78.95%	80.95%	80.00%	80%

制表人：××× 制表时间：2020-12-30）

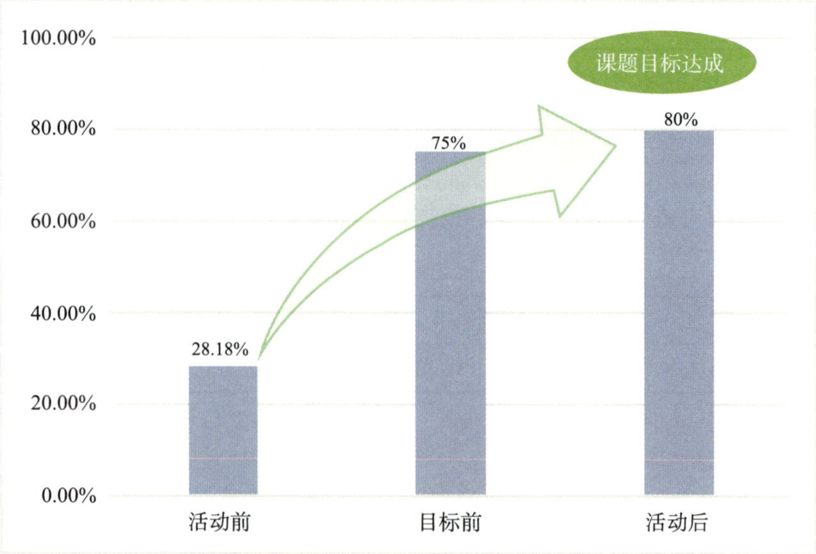

图9　活动前后启动成功率与目标值对比图

制图人：××× 制图时间：2020-12-30

9ASG除氧器启动成功率有效提高至75%以上，课题目标达成。

症结改善程度

表 14　实施前除氧器故障信号类型统计表

信号类型	频数（次）	频率（%）	累计频率（%）
液位信号异常	114	77.03%	77.03%
压力信号异常	20	13.51%	90.54%
流量信号异常	8	5.41%	95.95%
阀门信号异常	3	2.03%	98.80%
给水泵信号异常	2	1.35%	99.40%
温度信号异常	1	0.68%	100.00%
合计	148	100.00%	

制表人：×××　　　　制表时间：2020-06-01

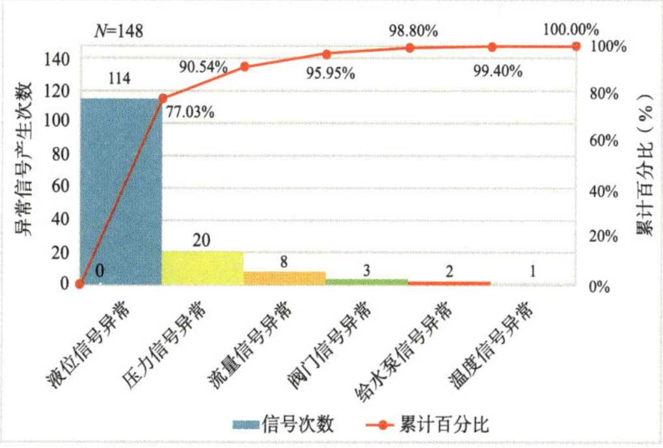

图 11　实施前症结检查排列图

制图人：×××　　　　制图时间：2020-06-01

表 13　实施后除氧器故障信号类型统计表

信号类型	频数（次）	频率（%）	累计频率（%）
压力信号异常	4	33.33%	33.33%
流量信号异常	3	25.00%	58.33%
液位信号异常	2	16.67%	75.00%
阀门信号异常	1	8.33%	98.80%
给水泵信号异常	1	8.33%	99.40%
温度信号异常	1	8.33%	100.00%
总计	12	100.00%	

制表人：×××　　　　制表时间：2020-12-30

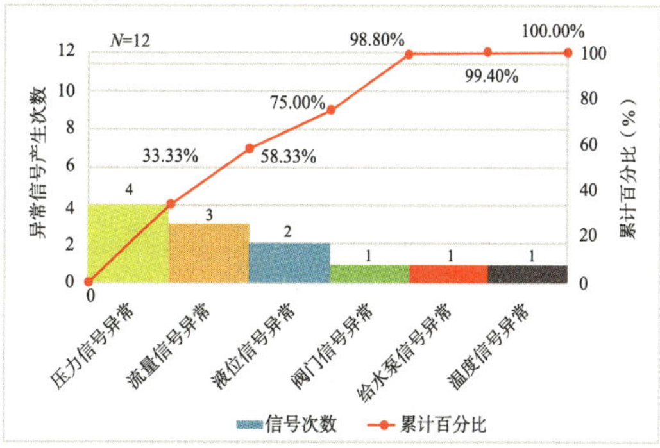

图 10　实施后症结检查排列图

制图人：×××　　　　制图时间：2020-12-30

小组成员对 2020 年 10—12 月 9ASG 除氧器启动失败信号进行统计、分析，可以看出，液位信号异常不再是主要症结。

管理效益

1）为设备快速启动提供有效方法。

2）打破中国核电以及中广核各 M310 机组电厂 9ASG 除氧器无法快速启动的观念，为各电厂优化 9ASG 除氧器启动方式提供良好实践。

经济效益

整个 QC 活动过程中产生效益：产生经济效益共计 48 127.8 元。

项目	依据	测算公式	总计
工时	启动 9ASG 除氧器原来需两人协作，需耗时约 4.5 h，现在该工作可控制在 1 h 内完成，对策实施后约启动 60 次，每人工资每小时约 114.59 元。	实施后节省工时＝（4.5－1）小时×2 人×60 次×114.59 元＝48 127.8 元	48 127.8 元

QC 小组活动成果效益认证书

单位：福建福清核电有限公司

QC 小组名称	“卓越运行”QC 小组
课题名称	提高 9ASG 除氧器启动成功率

技术、管理效果认证：

本次 QC 活动，小组严格按照 PDCA 步骤进行参数试验、对策实施方案详细，成功将 9ASG 除氧器启动成功率提高，提升了小组成员的专业技术水平和解决问题能力。

小组成员通过学习，掌握了最新中国质量协会团体标准以及质量管理工具，比如此次 QC 中确定主要原因的标准和工具雷达图等，极大的提升了小组成员的管理能力。

9ASG 除氧器启动成功率的提高，增加了大家对解决问题的信心，以及在紧急情况下，快速提供可靠地生产足量除氧水，使得 1/2ASG001BA 液位避免不满足技术规范要求导致机组出现非计划 IO（设备不可用）事件。福清核电二厂、海南核电、江苏核电同样存在相关问题，具有推广价值和社会价值。

认证部门（盖章）

2021 年 7 月 8 日

经济效益认证：

人力成本：

原来本工作需要 4-5 小时完成，按照 4.5 小时计算，现在操作可控制在 1 小时内，本项工作由 2 名现场值班员操作，效果检查期 3 个月启动 60 次（3 天 2 次），经咨询财务处可知现场值班员工资每小时平均 115 元，实施后节省成本＝人数*工资/小时*节省时间/次*效果检查期启动次数=2*114.59*（4.5-1）小时*60 次=48127.8 元

认证部门（盖章）

2021 年 7 月 12 日

社会效益认证：

福清核电 1、2 号机组未发生停机停堆事件，WANO 综合指数满分，获“金牌机组”称号，领跑中国核电连续稳定运行天数前两名；

通过活动，大大提高启动成功率，并将本小组方案推广到福清核电二厂、宁德核电、岭澳核电。

认证部门（盖章）

2021 年 7 月 12 日

社会效益

1）福清核电 1、2 号机组未发生停机停堆事件，WANO 综合指数满分，获“金牌机组”称号，领跑中国核电连续稳定运行天数**前两名；**

2）通过活动，大大提高 9ASG 除氧器启动成功率，并将本小组方案推广到福清核电二厂、海南核电、宁德核电。

十二、制定巩固措施

2021 年 1—3 月作为巩固期，在巩固期内小组成员对 9ASG 除氧器启动成功率进行统计、分析，3 个月 9ASG 除氧器启动成功率分别为 80.95%、78.95%、78.95%，有效实现成功率在 75%以上。

表 15　2021 年 1—3 月启动成功率调查表

月份	1 月	2 月	3 月	总计
成功次数	17	15	15	47
失败次数	4	4	4	12
启动成功率	80.95%	78.95%	78.95%	79.66%

制图人：×××　　　　　　　　　　　　　　　　　　　　　　制图时间：2021-03-31

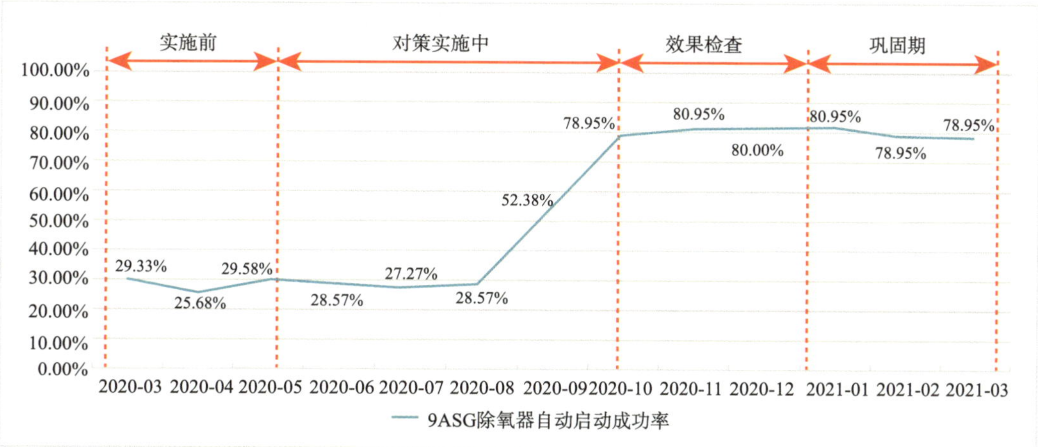

图 12　活动前后对比图

制图人：×××　　　　　　　　　　　　　　　　　　　　　　制图时间：2021-03-31

本次 QC 小组活动中制定了一系列 9ASG 除氧器启动的巩固措施和方法：

表 16 巩固措施表

序号	巩固措施	作用	落实人
1	编制《9ASG153VD 液位调节阀预防性维修规程》升版到《辅助给水系统预防性维修大纲》中	便于维修人员及时获取预防性维修信息，在系统全停期间进行阀门预防性维修工作	×××
2	修改《9ASG 除氧器制水到 REA 水箱运行操作票》操作票升版到《运行一处常规岛初级岗位培训教材》和《运行一处常规岛中级岗位培训教材》教材	保证现场值班员学习对本系统指导性文件内容处于最新状态，指导运行人员学习	×××
3	修改《常规岛岗位巡检本》参数升版到《FQ1-MIS-TPOPNR-0002 1 号机常规岛岗位巡检规程》规程中	保证最新巡检参数得到落实，供各个运行值现场岗位巡检使用	×××

制表人：××× 制表时间：2021-03-31

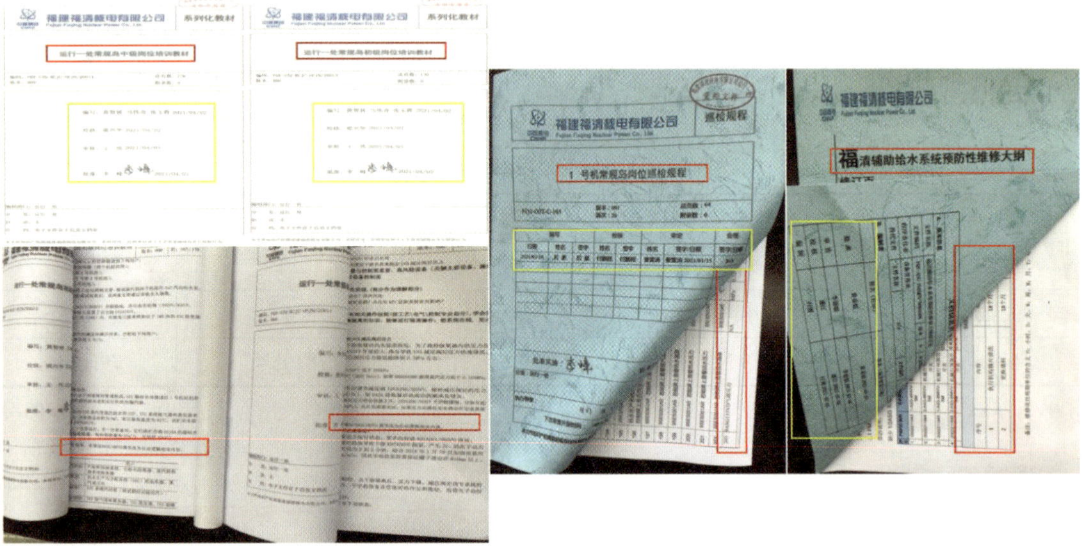

十三、总结和下一步打算

通过本次 QC 小组活动，提高了福清核电 9ASG 除氧器系统启动成功率，提高了机组安全稳定运行，达到预期设定目标。活动总结如下：

专业技术

1）找出解决 9ASG 除氧器启动失败的原因，提高解决现场长期存在缺陷的能力，处理阀门内漏、逻辑信号等方面问题的能力也得以提升。

2）完善 9ASG 除氧器启动工作流程，为机组解决长期存在的缺陷，避免过多人工干预增加人因失误风险。

管理技术

1）活动步骤更加熟悉：小组通过开展活动对问题解决型课题活动程序更加熟悉，解决问题能力得到全面提升。小组从 10 个活动步骤入手，分析优点、不足以及今后努力方向，并针对专业技术和管理方法进行总结，如表 17。

表 17　小组活动总结表

<table>
<tr><th>活动内容</th><th>优点</th><th>不足</th><th>今后努力方向</th><th>专业技术</th><th>管理方法</th></tr>
<tr><td>选择课题</td><td>选题贴近机组符合上级要求</td><td>—</td><td>聚焦机组亟待解决问题</td><td rowspan="9">1. 找出解决 9ASG 除氧器启动失败的原因，提高解决现场长期存在缺陷的能力，处理阀门内漏、逻辑信号等方面问题的能力也得以提升。

2. 完善 9ASG 除氧器启动工作流程，为机组解决长期存在的缺陷，避免过多人工干预增加人因失误风险。</td><td rowspan="9">1. 活动步骤更加熟悉：小组通过开展活动对问题解决型课题活动程序更加熟悉，解决问题能力得到全面提升。

2. 形成以事实和数据为基础的工作方式：通过小组活动，团队形成了以数据和事实为基础的工作方式。

3. QC 工具应用更加熟练：小组成员熟练掌握树图、排列图、直方图等 QC 活动工具。</td></tr>
<tr><td>现状调查</td><td>数据记录翔实</td><td>数据未专门存档，查找困难</td><td>深入挖掘数据并分层</td></tr>
<tr><td>设定目标</td><td>根据数据以及能力设定目标</td><td>—</td><td>进一步学习测算方法</td></tr>
<tr><td>原因分析</td><td>逐层分析到末端原因</td><td>统计工具运用不够熟练</td><td>加强对鱼骨图关联图的学习</td></tr>
<tr><td>确定主要原因</td><td>依据数据和事实确定</td><td>工具使用较少</td><td>加强工具使用学习</td></tr>
<tr><td>制定对策</td><td>对策翔实清晰易懂</td><td>—</td><td>提出不同对策并比较选择</td></tr>
<tr><td>对策实施</td><td>逐条实施并确认效果</td><td>负面影响未全面评估</td><td>全面分析可能的负面影响</td></tr>
<tr><td>效果检查</td><td>确认实施效果并跟踪</td><td>—</td><td>持续追踪与改进</td></tr>
<tr><td>制定巩固措施</td><td>措施固化到标准中</td><td>—</td><td>将做法推广至同行电厂</td></tr>
</table>

制表人：×××　　　　制表时间：2021-03-31

2）通过小组活动，团队形成了以数据和事实为基础的工作方式。

3）本次 QC 小组活动运用了调查表、排列图、树图、饼分图、柱状图、折线图、雷达图、头脑风暴法等工具和方法，小组成员的 QC 知识和统计工具的运用能力有了较大提高。

综合素质

通过本次 QC 小组活动，小组成员分析问题、解决问题的能力进一步提高，质量意识显著提升。同时小组成员还提高了 QC 知识水平以及解决现场实际问题的信心。小组成员自我评价结果如下：

表 18　QC 小组成员自我评价表

<table>
<tr><th>序号</th><th>项目</th><th>活动前（分）</th><th colspan="2">活动后（分）</th></tr>
<tr><td>1</td><td>质量意识</td><td>2</td><td colspan="2">4</td></tr>
<tr><td>2</td><td>QC 知识</td><td>2</td><td colspan="2">5</td></tr>
<tr><td colspan="2">3</td><td>团队精神</td><td>3</td><td>5</td></tr>
<tr><td colspan="2">4</td><td>解决问题信心</td><td>2</td><td>4</td></tr>
<tr><td colspan="2">5</td><td>个人能力</td><td>3</td><td>4</td></tr>
</table>

制表人：×××　　　　制表时间：2021-03-31

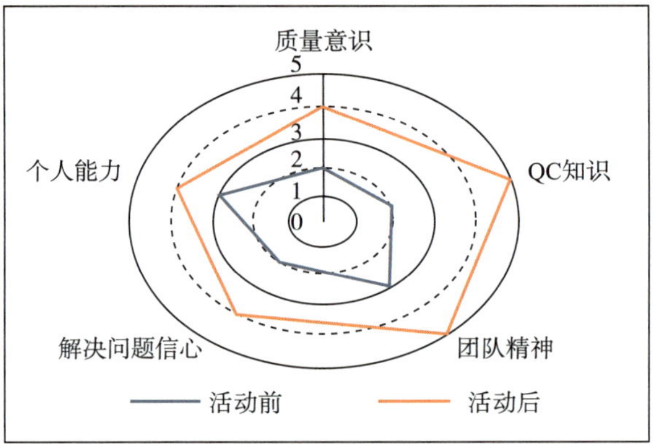

图 13　QC 小组成员自我评价雷达图

制图人：×××　　　　制图时间：2021-03-31

合理化建议

表 19　合理化建议表

序号	建议内容	建议人	是否采纳
1	提出关联阀门延时 120 s 的逻辑修改单	×××	是

制表人：×××　　　　制表时间：2021-03-31

下一步小组 QC 课题：《降低核电厂应急柴油机故障率》。

专家点评：三门核电　黄义忠

1. 总体评价

该课题类型为问题解决型，卓越运行 QC 小组严格遵循 PDCA 活动程序，注重用数据和事实说话，思路清楚、流程规范、方法得当、成果突出，通过小组 QC 活动，有效提高了福清核电 1、2 机组 9ASG 除氧器启动成功率。

2. 成果亮点

（1）活动效果明显，小组通过采取减少阀门内漏程度、延长阀门开启时间、增大气源压力等对策，有效提高了1、2机组9ASG除氧器启动成功率，超过了预期目标，活动效果明显。

（2）活动程序规范。该成果遵循PDCA循环，按照问题解决型（自定目标）课题活动要求开展活动，如选题理由明确、用数据说明，所选课题应与上级方针目标相结合，是本小组现场急需解决的问题；课题名称简洁明确，直接针对所存在的问题，活动程序较为规范。

（3）对策目标可量化、可检查，小组能够按照对策表逐条实施，并与对策目标进行比较，确认对策效果。

3. 改进建议

（1）9ASG除氧器启动成功率的概念没有交代清楚，建议增加启动成功率的名词解释。

（2）现状调查1实际上对9ASG除氧器启动不成功的原因在进行调查，在此环节原因与现状混淆；现状调查2阀门、给水泵信号异常与液位、压力、流量信号异常的分类不在同一维度，且流量的大小对液位有影响，两者有关联关系。

（3）6.1/6.2设定目标的内容，应放在现状调查之后；“小组进行充分讨论达成共识，通过努力可解决液位信号异常问题的90%”，症结解决90%的来源不明，建议小组根据组织曾经达到的最好水平，来预测症结解决的程度，最终进行目标值的测算。

（4）原因分析中“液位调节阀门性能不佳”与现状调查中“阀门信号异常”，所描述的阀门是否为同一阀门，文本中描述不清楚；阀门本体异常和阀门开关时间长因果关系颠倒；阀门动作异常和阀门开启过早因果关系不强。

（5）要因确认环节。本成果中的要因确认中，每条要因的确认依据有明确的标准，这与2020版质量管理小组活动准则不符，建议删除确认依据中标准相关的内容。

（6）巩固措施表中建议将巩固措施内容、纳入标准文件、文件编号等分开列出，另外增加完成日期。

课题十

降低 SDA 系统还原剂加药设备月故障次数

一、活动背景

YA 厂房 SDA 系统（除盐水生产系统）的功能是处理来自淡水厂生水系统的水，并向常规岛、核岛提供符合水质和水量要求的除盐水。一种是 pH = 7±0. 5 的除盐水，一种是 pH = 9±0. 2 的除盐水。其中加药设备在 SDA 系统制水过程中进行化学加药，以保证最终出水水质满足 pH 值要求。SDA 系统中加药设备包括 3 台还原剂计量泵以及泵进出口管道、3 个 Y 型过滤器用于过滤掉进入还原剂计量泵的杂质、两个还原剂溶液箱以及附属管道。如还原剂加药设备频繁发生故障，致使还原剂无法按时按量投加，将导致 SDA 系统出水水质不满足要求，影响机组正常运行。

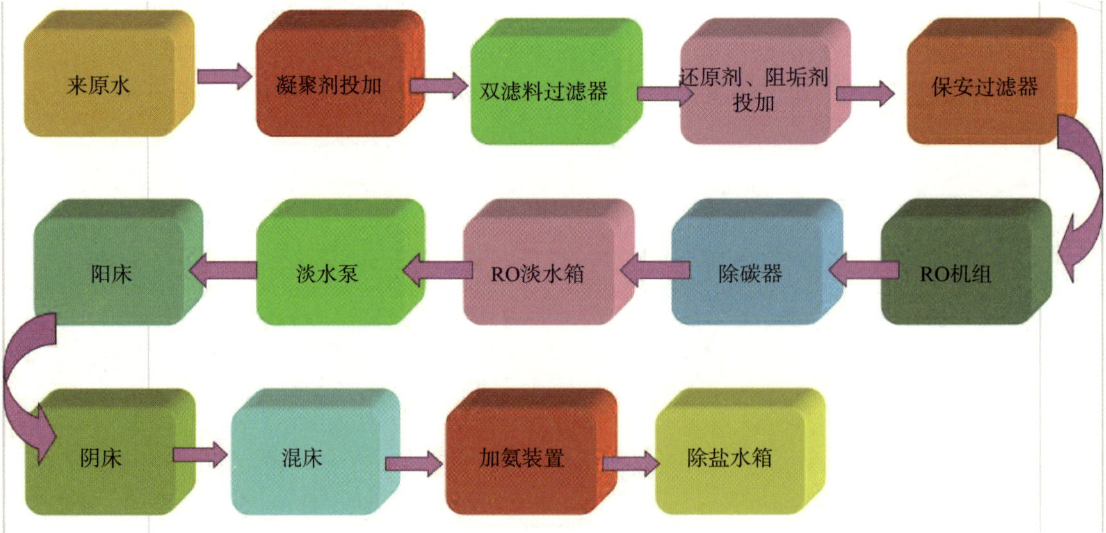

图 1　SDA 系统流程图

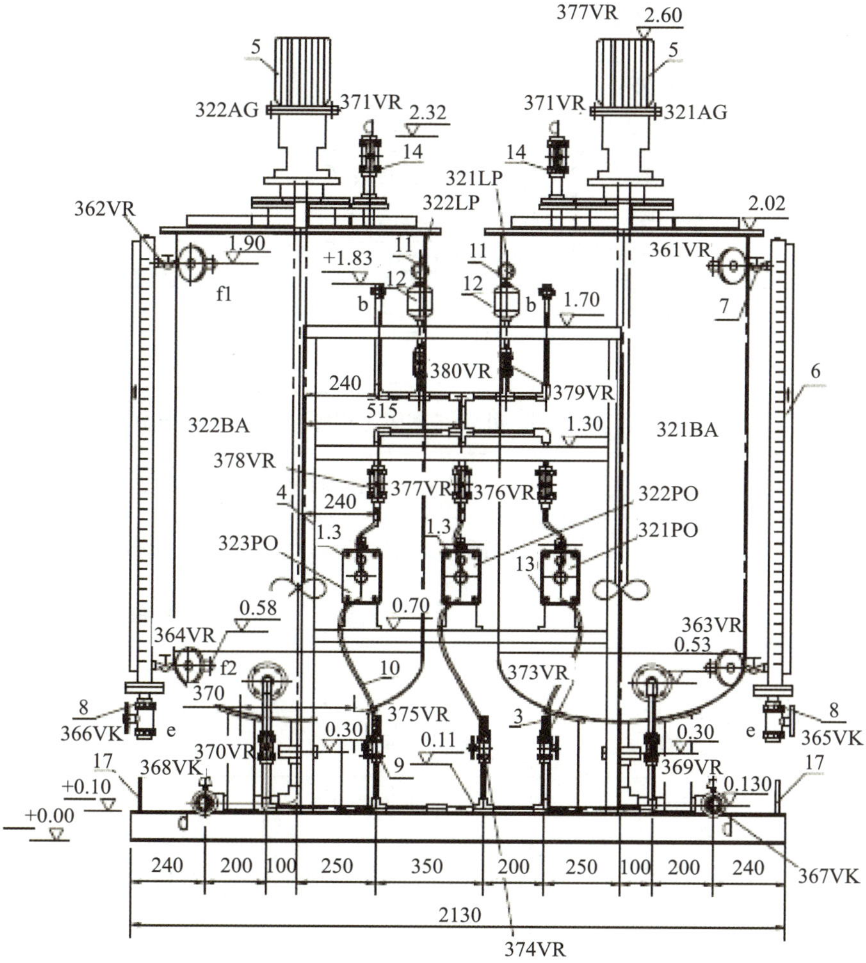
377VR
2.60
5
5
322AG
371VR
2.32
371VR
321AG
14
14
321LP
322LP
362VR
2.02
1.90
11
11
361VR
+1.83
12
12
f1
b
b
1.70
7
380VR
240
379VR
6
515
322BA
1.30
321BA
378VR
377VR
376VR
322PO
4
240
1.3
1.3
321PO
323PO
13
0.58
0.70
363VR
364VR
0.53
f2
10
373VR
370
375VR
8
3
8
366VK
e
0.30
e
365VK
0.30
370VR
0.11
17
368VK
9
369VR
17
+0.10
0.130
+0.00
d
d
240
200
100
250
350
200
250
100
200
240
367VK
2130
374VR

图2　加药装置设备图

二、小组简介

表 1　QC 小组简介

小组名称	“核心数据” QC 小组	课题名称	降低 SDA 系统还原剂加药设备月故障次数
课题类型	问题解决型	出勤率	100%
成立日期	2014-10	注册号	HNPC-QC-2020-025
活动时间	2019-01—2020-09	TQM 教育时间	48 h
组长	周晨曦	推进者	黄金勇
小组成员简介			
姓名	文化程度	职务（职称）	小组分工
周晨曦	本科	科员（工程师）	总体协调、方案制定等
×××	本科	处长（高级工程师）	调查分析、分析实施等
×××	本科	副科长（工程师）	方案制定、调查分析等
×××	本科	科员（助理工程师）	调查分析、分析实施等
×××	本科	科员（工程师）	方案制定、调查分析等
×××	本科	科员（工程师）	PPT 编制、数据整理等
×××	本科	科员（助理工程师）	技术支持、方案制定等
×××	本科	科员（助理工程师）	技术支持、分析实施等
×××	本科	科员（助理工程师）	数据整理、活动记录等
×××	本科	科员（助理工程师）	总结打算、活动记录等

制表人：×××　　校核人：×××　　审批人：×××　　制表时间：2019-01-01

三、选择课题

小组成员统计了 2018 年 7—12 月近 6 个月期间还原剂加药设备的故障工单，共计发生 72 项故障，如表 2 所示。

表 2　SDA 系统加药设备故障情况调查表

项目 时间	故障情况											当月故障次数总计	月故障次数
2018-07	日期	1	2	3	4	5	6	7	8	9	10	11	13	12
	故障次数		1		1		1	1			1			
	日期	12	13	14	15	16	17	18	19	20	21	22		
	故障次数	1			1			1			1			
	日期	23	24	25	26	27	28	29	30	31				
	故障次数		1	1			1			1				
2018-08	日期	1	2	3	4	5	6	7	8	9	10	11	16	
	故障次数	1		1		1		1		1	1			
	日期	12	13	14	15	16	17	18	19	20	21	22		
	故障次数	1	1		1		1	1		1	1			
	日期	23	24	25	26	27	28	29	30	31				
	故障次数		1	1		1								
2018-09	日期	1	2	3	4	5	6	7	8	9	10	11	9	
	故障次数			1		1								
	日期	12	13	14	15	16	17	18	19	20	21	22		
	故障次数			1		1		1			1			
	日期	23	24	25	26	27	28	29	30					
	故障次数		1			1			1					
2018-10	日期	1	2	3	4	5	6	7	8	9	10	11	10	
	故障次数		1		1	1		1			1			
	日期	12	13	14	15	16	17	18	19	20	21	22		
	故障次数			1					1					
	日期	23	24	25	26	27	28	29	30	31				
	故障次数				1	1		1						
2018-11	日期	1	2	3	4	5	6	7	8	9	10	11	13	
	故障次数		1		1		1		1		1	1		
	日期	12	13	14	15	16	17	18	19	20	21	22		
	故障次数	1	1		1		1		1					
	日期	23	24	25	26	27	28	29	30					
	故障次数			1			1							
2018-12	日期	1	2	3	4	5	6	7	8	9	10	11	11	
	故障次数				1	1					1			
	日期	12	13	14	15	16	17	18	19	20	21	22		
	故障次数	1		1	1		1	1				1		
	日期	23	24	25	26	27	28	29	30	31				
	故障次数			1				1						

制表人：×××　　校核人：×××　　审批人：×××　　制表时间：2019-01-01

图 3　课题选择

制表人：××× 校核人：××× 审批人：××× 制表时间：2019-01-01

小组从重要性、目前的现状等方面进行分析，决定选择《降低 SDA 系统还原剂加药设备月故障次数》作为本次 QC 小组课题。

四、现状调查

4.1　现状调查一

小组成员对 2018 年 7—12 月加药设备的 72 次故障进行调查分析，发现故障分为机械故障、电气故障和仪控故障 3 类：

表 3　2018 年 7—12 月还原剂加药设备故障统计故障统计

序号	工单编号	故障描述	专业
1	312119	OP-3：0SDA322PO 出力不足	机械
2	309870	OP-3：制水过程中 ORP 值异常上涨，就地查看泵无出力，怀疑 321BA 出口管路堵塞	机械
3	306956	OP-4：YA 制水间还原剂 322BA 罐子出口法兰堵塞，不能出水	机械
4	76434	OP-4：还原剂计量泵 0SDA321PO 启动后无流量	机械
5	351840	OP-4：YA 厂房还原剂泵 0SDA321PO，0SDA323PO 功率调节无效果，0SDA322PO 出力不足	机械

续　表

序号	工单编号	故障描述	专业
6	313938	OP 技术：0SDA 系统 1#还原剂计量泵出口渗漏	机械
7	338670	OP-6：0SDA321PO 入口软管脱落，还原剂泄漏	机械
8	342572	OP-4：0SDA321PO 还原剂泵不出力	机械
9	129725	OP-3：0SDA321PO 在正常启动时，就地出现间歇性运行，间隔 1～2 min。不能正常连续运行	机械
10	323437	OP-6：0SDA321PO 出口管道药水渗出，结垢严重，标牌无法识别	机械
11	224385	OP-6：制水期间发现 0SDA321PO 无出力	电气
12	228858	人因失误陷阱 OP-1：日常巡检发现 0SDA321PO 基本无出力，急需处理	电气
13	229312	OP-4：0SDA321、322PO 还原计量泵均不出力，需更换隔膜	电气
14	178610	OP 技术：0SDA321PO 出力不足（明显低于同类 322PO 和 323PO），建议对泵的性能进行检查	机械
15	184148	OP 技术：0SDA321PO 出力不足（明显低于同类 322PO 和 323PO），需要对泵的性能进行检查	机械
16	219843	OP-2：YA 制水时发现还原剂加药泵 0SDA321PO 运行时不出力	机械
17	405864	OP-3：发现 0SDA321PO 进气	机械
18	404945	OP-6：0SDA321PO 泵运行无出力	电气
19	408857	OP-4：0SDA321/322PO 泵处理不足需排气	机械
20	192279	OP-3：0SDA321PO 入口管线破裂需要更换	机械
21	386950	OP-2：制水时发现，0SDA321PO 进口软管脱落	机械
22	76430	OP-4：还原剂计量泵 0SDA 出口软管与 PVC 管连接处泄漏	机械
23	144417	OP-2：0SDA322PO 启动后不出力，无法正常工作	机械
24	114840	OP-4：YA 制水发现 1#防渗透装置入口 ORP 值偏高，就地发现 322PO 还原剂计量泵出力不足	机械
25	404946	OP-6：0SDA322PO 泵出口软管与管道连接处有介质外漏	机械
26	409425	OP-4：0SDA322PO 损坏无备件需要与 0SDA311PO 互换	电气
27	409504	OP-1：YA 制水时 ORP 氧化还原电位居高不下（347），还原剂加药罐液位缓慢上涨，建议查原因并处理。	机械
28	408812	OP-2：0SDA322PO 出力不足	机械
29	193130	OP-5：SDA 制水过程中，还原剂泵 0SDA322PO 没有自动启动，切换到 0SDA323PO 后存在同样问题	机械
30	205312	OP-3：0SDA322PO 启动后，泵无力	机械
31	344150	OP-1：制水期间发现 0SDA323PO 出力太小，已出现多次这种情况	机械

续 表

序号	工单编号	故障描述	专业
32	122492	OP-1：制水时发现0SDA323PO还原剂加药泵出口软管脱落	机械
33	306658	OP-3：0SDA321BA至0SDA381FI之间管道堵塞	机械
34	409426	OP-4：0SDA323PO出力不足，需更换隔膜	电气
35	305473	0SDA321BA至0SDA381FI管道堵塞，需拆开管道清理	机械
36	252964	OP-4：与0SDA366VK连接的下游管道脱落（有介质流过时将直接喷在地上）	机械
37	114851	OP-4：1#还原剂计量泵入口手动隔离阀373VR阀门损坏，无法操作	机械
38	321516	OP-2：制水过程中发现0SDA373VR与管道连接处漏还原剂	机械
39	96969	OP-1：现场发现0SDA374VR阀门无操作手柄	机械
40	409126	OP-2：0SDA376VR堵塞	机械
41	379016	OP-6 0SDA381FI过滤器堵塞	机械
42	301732	OP-6：0SDA381FI过滤器堵塞需要清理	机械
43	82359	OP-6：0SDA321AG还原剂搅拌泵的搅拌叶片脱落，如果要新配制还原剂，则无法对还原剂溶液进行搅拌	机械
44	152999	OP-1：0SDA321AG搅拌器扇叶脱落，无法使用	机械
45	351295	OP-2：搅拌器的下部叶轮脱落，导致无法对还原剂配药	机械
46	46680	OP-2：YA制水过程中现场发现进入0SDA322AG的水管—362D25-CPVC破裂冒水，若不及时处理，会影响后续制水	机械
47	358019	OP-技术：2号还原剂搅拌器0SDA322AG的叶轮脱落	机械
48	82370	OP-6：0SDA321MN还原剂溶液箱321BA控制室显示和就地显示不一致，就地0.85M，控制屏上显示0.3M	仪控
49	42512	OP-3：正常运行时0SDA103MG示数异常	电气
50	364088	OP-1：0SDA103MG故障，读数显示1MV	仪控
51	129730	OP-3：1#反渗透入口在线ORP表103MG就地显示70MV，读数过低，怀疑显示不准，建议重新较表	仪控
52	157810	OP-3：启动两台满功率还原剂泵与一台50功率还原剂泵0SDA103MG的读数才为196，怀疑读数有问题，请仪控校表	仪控
53	349054	OP-4：0SDA103MG示数不准，需要处理	仪控
54	01196970	0SDA318FI Y型过滤器清洗	机械
55	01358834	0SDA318/351/381FI过滤器清洗	机械
56	01289053	YA加药间Y型过滤器0SDA351/318/381FI清洗	机械
57	01236774	YA加药间Y型过滤器0SDA351/318/381FI清洗	机械
58	01345071	3#还原剂计量泵0SDA323PO不出力，检查入口管线	机械

续　表

序号	工单编号	故障描述	专业
59	01536215	0SDA323PO 泵出口螺纹漏水，需对螺纹口进行处理	机械
60	01409516	3#还原剂计量泵 0SDA323PO 调节旋钮脱落丢失，需维修更换处理	电气
61	01233540	OP-4：3#还原剂计量泵 0SDA323PO 运行不出力，导致制水时的 ORP 值无法在正常的范围内	机械
62	01522806	3#还原剂计量泵 0SDA323PO 泵无出力，需排气	机械
63	01504990	0SDA323PO3#还原剂计量泵入口管线脱落泵体和周围设备布满析出的药品，泵出力不足，需检查处理	机械
64	01377843	3#还原剂计量泵 0SDA323PO 运行无出力，需排气	机械
65	01522750	1#还原剂计量泵 0SDA321PO，启动几秒后就地空开跳闸，电气测得绝缘很低，需检查处理	电气
66	01526336	1#还原剂计量泵 0SDA321PO 泵本体结晶比较多，需查漏并清理结晶	机械
67	01389497	1#还原剂计量泵 0SDA321PO 出口软管脱落，计量泵出力不足，需回装	机械
68	01446488	0SDA321PO 出口软管脱落，导致计量泵出力不足，需回装	机械
69	01518088	0SDA321PO 出口软管脱落，计量泵出力不足，需回装	机械
70	01233539	OP-4：1#还原剂计量泵 0SDA321PO 不出力，导致制水时 ORP 值偏高	机械
71	01347033	0SDA321PO 泵出口管线脱落，计量泵不出力，需重新缠生料带回装及更换接头管箍	机械
72	01490309	0SDA321MO 出口软管脱落，导致计量泵出力不足，需回装	机械

统计人：×××　　校核人：×××　　审批人：×××　　统计时间：2019-01-01

小组对机电仪三种故障类型进行统计：

表 4　故障类型统计表

序号	故障类型	故障次数	故障占比	累计次数	累计百分比
1	机械故障	58	80.56%	58	80.56%
2	电气故障	9	12.50%	67	93.06%
3	仪控故障	5	6.94%	72	100%

编制人：×××　　校核人：×××　　审批人：×××　2019-01-01

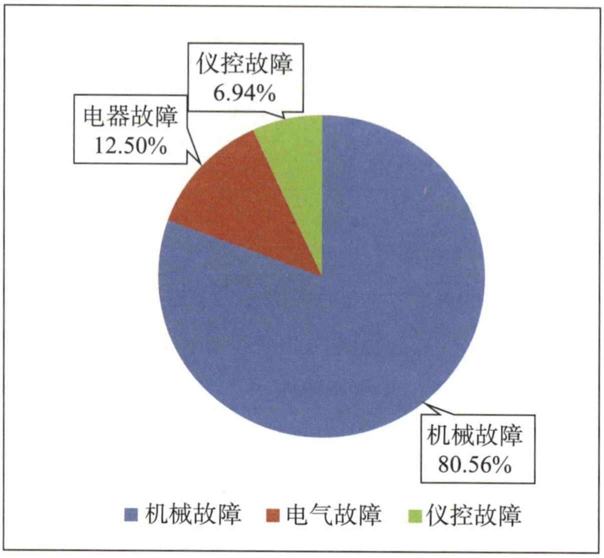

图 4 故障类型统计图

编制人：××× 校核人：××× 审批人：××× 2019-01-01

机械故障发生 58 次，占比 80. 56%，明显多于电气故障和仪控故障。

加药装置机械类设备较多，小组成员对占比高的机械故障进行分类统计：

表 5 机械故障分类统计表

序号	故障类型	故障次数	故障占比	累计次数	累计百分比
1	还原剂计量泵出力小	43	74. 14%	43	74. 14%
2	还原剂加药罐搅拌器叶轮脱落	7	12. 07%	50	86. 21%
3	还原剂加药设备附属阀门故障	4	6. 9%	54	96. 11%

编制人：××× 校核人：××× 审批人：××× 2019-01-02

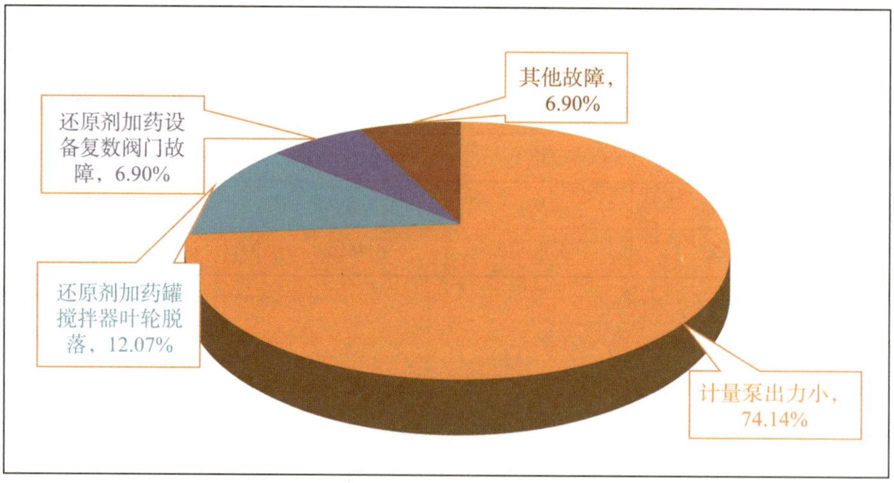

图 5 机械故障分类统计表

编制人：××× 校核人：××× 审批人：××× 2019-01-03

其中还原剂计量泵出力小占比 74.14%，远高于另外 3 类故障。

综上所述，还原剂计量泵出力小是 SDA 系统还原剂加药设备月故障次数高的**症结**。

4.2　现状调查二

小组调查了国内同行的另外两家电厂，其 SDA 系统加药设备均为同类型设备，这两家电厂故障率统计如表 6 所示。

表 6　同行电厂故障率统计

序号	对比项目	秦山二厂	福清	海南核电
1	统计区间	2018-07—2018-12	2018-07—2018-12	2018-07—2018-12
2	SDA 系统加药设备月故障次数	5.6 次/月	6 次/月	12 次/月

制表人：×××　　　　校核人：×××　　　　审批人：×××　2019-01-10

其中秦山二厂的 SDA 系统加药设备月故障次数 5.6 次/月，故小组认为我厂将月故障次数降低为 6 次/月是可行的。

4.3　现状调查三

小组也曾经处理过类似的加药计量泵故障的经验，经统计，常规岛 SIR 系统（化学加药系统）加药计量泵在 2017 年 12 月—2018 年 11 月时曾发生故障 21 次，统计如表 7 所示。

表 7　SIR 系统加药计量泵故障情况

序号	工单编号	故障描述	工单状态
1	01480295	凝结水加氨计量泵 1SIR007PO 泵液压油箱排油孔渗油，需拆除检查	已完成
2	01557601	9SIR002PO 启动后无出力，解体检查	已完成
3	01557600	9SIR001PO 启动后无出力，解体检查	已完成
4	01761860	MM 自提：加氨计量泵 9SIR013PO 底部漏油，需解体检查	未完成
5	01761861	MM 自提：加联氨计量泵 9SIR014PO 底部漏油，需解体检查	未完成
6	01592312	2SIR002PO 下方有油迹，清理油迹	已完成
7	01592315	2SIR004PO 下方有油迹，泵头螺栓紧固，清理油迹	已完成
8	01592319	2SIR009PO 下方有油迹，泵头螺栓紧固，清理油迹	已完成
9	01362931	蒸汽转换系统加氨计量泵 2SIR004PO 漏油，需清理	已完成
10	01286054	凝结水加氨计量泵 1SIR007PO 无出力，需检查隔膜及进出口止回阀	已完成
11	01286054	1SIR007PO 解体检查，需拆除 1SIR007FI 滤网堵头排介质	已完成
12	01295546	凝结水加氨计量泵 1SIR007PO 上橡胶管接口处漏油	已完成
13	01272005	1SIR001PO 泵无出力，需清理滤网	已完成

续 表

序号	工单编号	故障描述	工单状态
14	01272034	凝结水加氨计量泵 1SIR007PO 无出力，需清理滤网	已完成
15	01272034	1SIR007PO 无出力，需拆除 1SIR007FI 滤网堵头排介质	已完成
16	01272005	1SIR001PO 泵无出力，需拆除 1SIR001FI 滤网堵头排介质	已完成
17	01263173	OP-6：1SIR001PO 泵无出力，启泵核实	已完成
18	01263175	OP-6：凝结水加氨/联氨计量泵 1SIR007PO 无出力，启泵核实	未完成
19	01390278	凝结水加氨计量泵 2SIR007PO 放油孔堵头及电机与齿轮箱连接处漏油，需紧固	已完成
20	01571317	2SIR003PO 冲程调节旋钮渗油，更换密封组件	已完成
21	01571316	1SIR002PO 冲程调节杆渗油，需更换密封圈	已完成

制表人：××× 校核人：××× 审批人：××× 2019-01-12

我厂 SIR 系统近一年内的 21 次故障中，小组共处理完成 18 次，剩 3 次故障未处理掉，故小组处理类似的加药计量泵故障能力为 18/21＝85.7%，本次课题的症结也是还原剂计量泵故障，如果解决本课题故障症结的 85.7%，那么 SDA 系统加药设备月故障次数将降低至 12×（1−85.7%×74.14%×80.56%）次/月≈5.85 次/月。

考虑到其他偶发因素小组无法预料，小组认为有能力将 SDA 系统还原剂加药设备月故障次数将降低至 6 次/月。

4.4 现状调查四

小组统计了我厂 2018 年 1—6 月的加药设备故障次数，如表 8。

表 8 我厂 2018 年 1—6 月加药设备故障次数

时间	2018-01	2018-02	2018-03	2018-04	2018-05	2018-06
故障次数	8	8	7	⑥	7	9

制表人：××× 校核人：××× 审批人：××× 2019-01-12

我厂 2018 年 4 月故障次数为 6 次，为历史最好水平，小组认为通过对症结的处理，可以达到 2018 年 4 月的 6 次水平。

五、设定目标

通过前期现状调查的横向纵向对比以及小组自身能力分析，本次课题目标设定为 6 次/月。

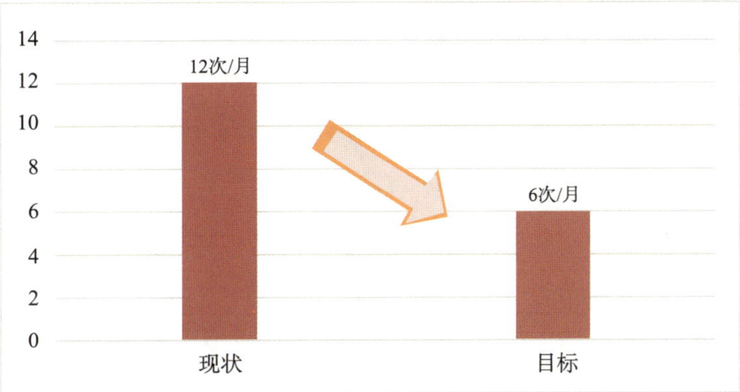

图 6　目标设定

制图人：×××　　校核人：×××　　审核人：×××　2019-01-12

六、原因分析

小组成员针对还原剂计量泵出力小故障，召开头脑风暴会议进行原因分析，从人、机、料、法、环五个方面进行了充分的分析。

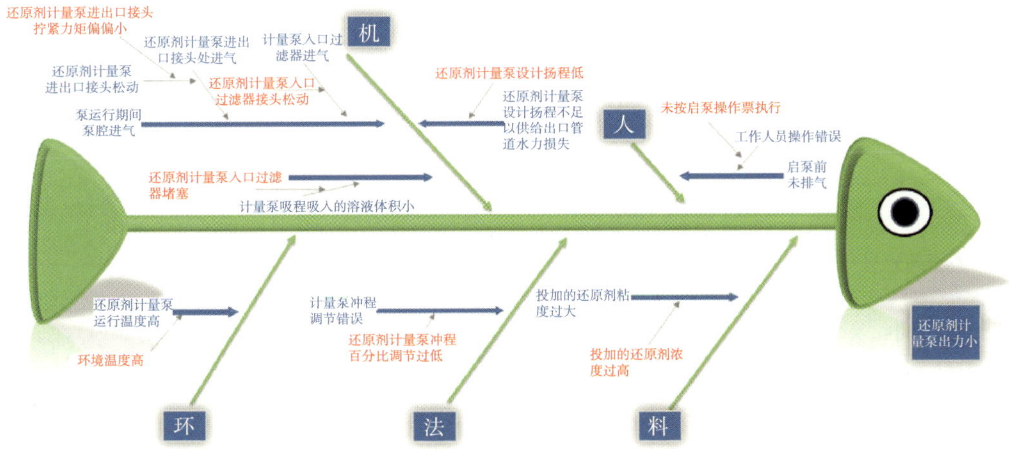

图 7　原因分析鱼骨图

制图人：×××　　校核人：×××　　审核人：×××　2019-02-01

通过原因分析，小组共找出 8 条末端因素，分别为：

1. 未按启泵操作票执行；
2. 还原剂计量泵设计扬程低；
3. 还原剂计量泵入口过滤器接头松动；
4. 还原剂计量泵进出口接头拧紧力矩值偏小；
5. 还原剂计量泵入口过滤器堵塞；
6. 投加的还原剂浓度过高；

7. 还原剂计量泵冲程百分比调节过低；
8. 环境温度高。

七、要因确认

针对原因分析“鱼骨图”产生的9条末端因素，小组制定了要因确认计划表，如下：

表9　要因确认计划表

序号	末端因素	确认内容	判定方式	责任人	确定时间	地点
1	未按启泵操作票执行	分析未按启泵操作票执行对症结的影响	调查分析	×××	2019-02-10	YA厂房中控室
2	还原剂计量泵设计扬程低	分析该型号还原剂计量泵扬程对症结的影响	调查分析	×××	2019-02-13	YA厂房
3	还原剂计量泵入口过滤器接头松动	试验验证还原剂计量泵接头松动情况对症结的影响	现场试验	×××	2019-02-15	YA厂房
4	还原剂计量泵进出口接头拧紧力矩值偏小	试验验证还原剂计量泵进出口接头拧紧力矩值对症结的影响	现场试验	×××	2019-02-20	YA厂房
5	还原剂计量泵入口过滤器堵塞	试验验证还原剂计量泵入口过滤器堵塞情况对症结的影响	现场试验	×××	2019-03-07	YA厂房
6	投加的还原剂浓度过高	通过使用不同浓度的还原剂投加至系统，验证对症结的影响	现场试验	×××	2019-03-30	YA厂房
7	还原剂计量泵冲程百分比调节过低	通过调节不同冲程，验证对症结的影响	现场试验	×××	2019-03-30	YA厂房
8	环境温度高	通过调查不同月份的系统环境温度，验证对症结的影响	调查分析	×××	2019-05-01	BX210

制表人：×××　　校核人：×××　　审核人：×××　　制表时间：2019-02-10

为找到要因，QC小组成员进行了充分分析，对造成症结的末端因素进行了确认。

7.1　未按启泵操作票执行

末端因素一	确认内容
未按启泵操作票执行	分析未按启泵操作票执行对症结的影响

确认过程

在还原剂配制时，罐体液位低时导致管道内进气，完成溶液配制后在启泵前需要对泵进出口管道排气，如未按启泵操作票操作加药系统管线相关阀门，将导致泵体内气无法排除，直接导致计量泵出力小，计量泵出力小于0.35 MPa为出力小。

小组通过抽取7—12月6次操作票执行情况，验证是否出现还原剂计量泵出力小故障。

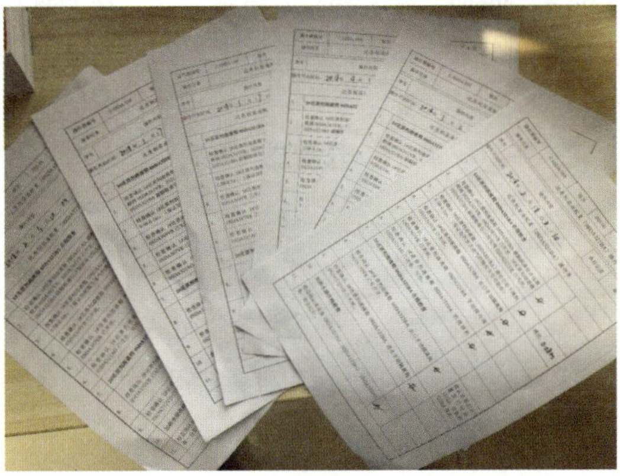

图8　启泵操作票执行记录图

表10　启泵操作票执行情况统计表

序号	日期	是否按操作票执行	还原剂计量泵出力情况
1	2018-07-17	是	0.23 MPa
2	2018-08-03	是	0.25 MPa
3	2018-08-18	否	0.24 MPa
4	2018-09-02	是	0.26 MPa
5	2018-09-17	是	0.25 MPa
6	2018-10-01	否	0.26 MPa

制表人：×××　　校核人：×××　　审核人：×××　　制表时间：2019-02-12

通过上表可以得出：调查6次操作票执行情况，其中有4次是按操作票执行，2次未按操作票执行，均出现还原剂计量泵出力不足的情况。

结论：未按操作票执行，对还原剂计量泵出力小症结影响小，该末端因素为非要因。

确认人：×××　　确认时间：2019-02-10　　确认地点：YA中控室（操作票归档房间）

7.2 还原剂计量泵设计扬程低

末端因素二	确认内容
还原剂计量泵设计扬程低	分析该型号还原剂计量泵扬程对症结的影响

确认过程

如果计量泵选型错误，导致计量泵设计扬程低，不满足实际现场需求，将直接导致计量泵不出力。

调查一：

小组查询计量泵型号为 B926-398TI，经查询运行维修手册，该型号的计量泵对应的扬程为 6.9 Bar，减去出口管道垂直高度 2.3 m 的水力损失，仍满足计量泵出口压力 3.5 Bar 的需求。故从设计角度，该型号计量泵的扬程满足要求。

表 11　计量泵选型表

B1、B7、B9系列选型表（0-26.5L/Hr，0-10.3BarG）

型号	泵头材料代码Y				流量（L/h）		出口压力Bar G	进、出口尺寸
	Acrylic	PVC	PVDF	316SS	最小	最大		
B116-Y、B716-Y*、B916-Y*	490TI	398TI	392TI	297	0.046	6.1	10.3	PE.375"O.D.
B126-Y、B726-Y*、B926-Y*	490TI	398TI	392TI	297	0.048	9.5	6.9	PE.375"O.D.
B136-Y、B736-Y*、B936-Y*	460TI	368TI	362TI	277	0.085	17.0	3.5	PE.375"O.D.
B146-Y、B746-Y*、B946-Y*	410TI	318TI	312TI	217	0.133	26.5	2.07	PE.5"O.D.

B1：手动调节流量；B7：自动调节流量（4~20mA）；B9：自动调节

调查二：

阻垢剂加药系统与还原剂加药系统为同型号电磁计量泵，且安装高度一致，阻垢剂计量泵的出力情况可与还原剂计量泵出力情况形成对比。现场对阻垢剂加药系统进行调查。

续　表

末端因素二	确认内容

图 9　加药系统现场图

小组调查了 2018 年 7—12 月关于阻垢剂计量泵出力小的工单，统计如下：

表 12　2018 年 7—12 月阻垢剂计量泵出力情况

日期	2018-07	2018-08	2018-09	2018-10	2018-11	2018-12
阻垢剂计量泵出力情况	0. 35 MPa	0. 36 MPa	0. 36 MPa	0. 35 MPa	0. 36 MPa	0. 36 MPa

结论：计量泵的扬程满足设计出口压力要求，且接至同一母管的同型号阻垢剂计量泵连续六个月没有出现出力小故障，故还原剂计量泵选型错误对“还原剂计量泵出力小”症结影响小，是非要因。

确认人：×××　　确认时间：2019-02-13　　确认地点：YA 厂房

7.3 还原剂计量泵入口过滤器接头松动

末端因素三	确认内容
还原剂计量泵入口过滤器接头松动	试验验证还原剂计量泵接头松动情况对症结的影响
确认过程	

调查一：

泵入口过滤器接头松动时可能导致泵腔进气，若泵腔进气，将直接导致计量泵出力小。而过滤器接头松动程度越高，进气的概率越大。该类型的过滤器接头共有 8 扣螺纹，由于其结构问题，安装时不能使用力矩扳手对其拧紧，而是通过管钳把紧。小组通过模拟试验计量泵入口过滤器接头松动程度对计量泵出力的影响，判断还原剂泵入口过滤器接头松动对症结“计量泵出力小”的影响。逐扣松动过滤器螺纹，并保持十五分钟，观察计量泵出力情况可验证螺纹松动的扣数对计量泵出力的影响。

图 10　松动泵入口过滤器

通过现场测试，螺纹松动扣数对计量泵出力情况的影响如下：

表 13　螺纹松动扣数对计量泵出力情况影响

螺纹松动扣数	一扣螺纹	两扣螺纹	三扣螺纹	四扣螺纹	五扣螺纹	六扣螺纹
计量泵出口压力	0.35 MPa	0.35 MPa	0.35 MPa	0.35 MPa	0.35 MPa	0.33 MPa

制表人：××× 校核人：××× 审核人：××× 制表时间：2019-02-14

调查二：

现场查验还原剂计量泵入口过滤器接头松动情况，发现接头未出现一扣松动。

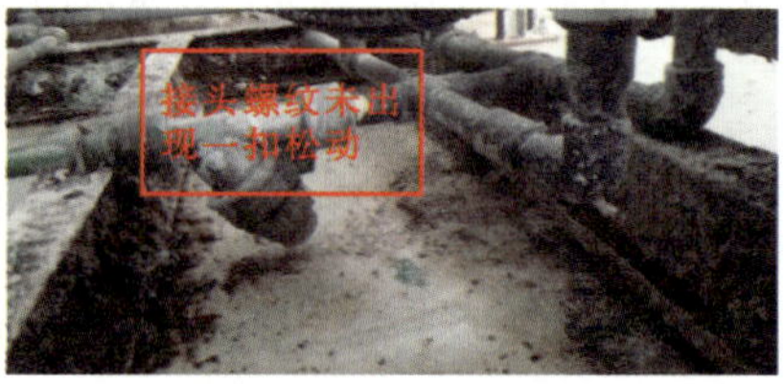

图 11　接头未松动图

结论：过滤器接头螺纹松动在 5 扣以内对症结“还原剂计量泵出力小”无影响，而现场查验过滤器接头未松动一扣，故该末端因素为非要因。

确认人：××× 确认时间：2019-02-15 确认地点：YA 厂房

7.4　还原剂计量泵进出口接头拧紧力矩值偏小

末端因素四	确认内容
还原剂计量泵进出口接头拧紧力矩值偏小	试验验证还原剂计量泵进出口接头拧紧力矩值对症结的影响
确认过程	

调查一：

还原剂计量泵的进出口接头用于压紧计量泵的进出口软管，在还原剂启泵时，泵振动较大，该接头若紧固不好将容易在泵振动下出现松动，进出口接头拧紧力矩值偏小将直接导致泵进出口软管松动，致使泵腔进气，进而导致计量泵出力小。

图 12　泵出口软管接头

调查二：

对还原剂计量泵进出口接头力矩值进行了模拟试验，观察还原剂计量泵出力情况，试验结果如下：

表 14　还原剂计量泵出力情况统计表

序号	还原剂计量泵进出口接头力矩值（N·m）	还原剂计量泵出口压力（MPa）
1	10	0.23 MPa
2	15	0.23 MPa
3	20	0.24 MPa
4	22	0.24 MPa
5	24	0.25 MPa
6	26	0.25 MPa
7	28	0.26 MPa
8	30	0.26 MPa
9	32	0.27 MPa
10	34	0.27 MPa
11	36	0.28 MPa
12	38	0.28 MPa
13	40	0.28 MPa
14	45	0.28 MPa
15	50	0.28 MPa

制表人：×××　　校核人：×××　　审核人：×××　　制表时间：2019-02-20

续 表

<table>
<tr><th>末端因素四</th><th>确认内容</th></tr>
<tr><td colspan="2">

当力矩值在10~34 N·m之间变化时，还原剂计量泵出力变化大，而当力矩值大于36 N·m时，还原剂计量泵出口压力值趋于平衡，而对现场计量泵进出口接头拧紧力矩进行复测，测得结果如下：

表15 计量泵测试结果统计表

接头编号	1#计量泵入口接头	2#计量泵入口接头	3#计量泵入口接头	1#计量泵出口接头	2#计量泵出口接头	3#计量泵出口接头
拧紧力矩	20 N·m	18 N·m	17 N·m	18 N·m	19 N·m	21 N·m

结论：计量泵出入口接头拧紧力矩值偏小，对症结“还原剂计量泵出力小”影响大，是要因。

</td></tr>
</table>

确认人：××× 确认时间：2019-02-20 确认地点：YA厂房

7.5 还原剂计量泵入口过滤器堵塞

<table>
<tr><th>末端因素五</th><th>确认方法</th></tr>
<tr><td>还原剂泵入口过滤器堵塞</td><td>试验验证还原剂计量泵入口过滤器堵塞情况对症结的影响</td></tr>
<tr><td colspan="2">确认过程</td></tr>
<tr><td colspan="2">

调查一：

经查询运行维修手册，还原剂计量泵入口单向阀每次吸程开启的时间不变，根据流量计算公式 Q（流量）$=V$（体积）$/T$（时间），故计量泵入口单向阀每次吸入的还原剂流量越大，吸入的还原剂溶液越多。正常情况下，吸程吸入的还原剂溶液越多，则每次排程出口单向阀排出的溶液越多，计量泵出力越大。反之，出力越小。

因此，当计量泵入口过滤器发生堵塞时，堵塞越严重，计量泵吸程吸入的溶液体积越小，导致计量泵出力越小。

调查二：

小组成员将还原剂计量泵入口过滤器滤网拆除，检查滤网堵塞情况，见下图。

图13 拆下的泵入口过滤器滤网

</td></tr>
</table>

续　表

末端因素五	确认方法
拆除的 Y 型过滤器的滤网网孔堵塞严重，小组判断过滤器堵塞已严重影响计量泵出力。 调查三： 为验证过滤器堵塞对计量部出力小的影响，小组在 1#阻垢剂计量泵入口进行试验：目前 1#阻垢剂计量泵正在运行，出口压力为 0.36 MPa，出力正常，停泵后将 1#阻垢剂计量泵入口滤网拆除，安装还原剂计量泵入口滤网，后启泵，泵出口压力下降为 0.25 MPa，阻垢剂计量泵出口压力变小。 结论：计量泵入口过滤器堵塞，导致泵吸程流量变小，对症结“还原剂计量泵出力小”影响大，是要因。	

确认人：×××　　　　确认时间：2019-03-07　　　　确认地点：YA 厂房

7.6　投加的还原剂浓度过高

末端因素六	确认内容
投加的还原剂浓度过高	通过使用不同浓度的还原剂投加至系统，验证对症结的影响
确认过程	

调查一：

小组调取了近期还原剂投加的记录表，发现多数时间投加的还原剂袋数为 2 袋，根据溶液箱容积换算为浓度为每次投加量等于 9.05%，有少数时间投加的还原剂袋数为 4 袋，换算为浓度为每次投加量等于 18.1%。

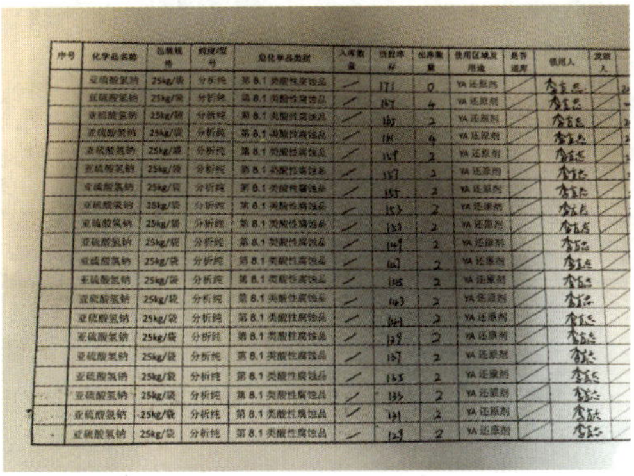

序号	化学品名称	包装规格	纯度/型号	危化学品类别	入库数量	当前库存	出库数量	使用区域及用途	是否退库	领用人	发放人
	亚硫酸氢钠	25kg/袋	分析纯	第 8.1 类酸性腐蚀品	/	171	0	YA 还原剂	/	[illegible]	/
	亚硫酸氢钠	25kg/袋	分析纯	第 8.1 类酸性腐蚀品	/	167	4	YA 还原剂	/	[illegible]	/
	亚硫酸氢钠	25kg/袋	分析纯	第 8.1 类酸性腐蚀品	/	165	2	YA 还原剂	/	[illegible]	/
	亚硫酸氢钠	25kg/袋	分析纯	第 8.1 类酸性腐蚀品	/	161	4	YA 还原剂	/	[illegible]	/
	亚硫酸氢钠	25kg/袋	分析纯	第 8.1 类酸性腐蚀品	/	159	2	YA 还原剂	/	[illegible]	/
	亚硫酸氢钠	25kg/袋	分析纯	第 8.1 类酸性腐蚀品	/	157	2	YA 还原剂	/	[illegible]	/
	亚硫酸氢钠	25kg/袋	分析纯	第 8.1 类酸性腐蚀品	/	155	2	YA 还原剂	/	[illegible]	/
	亚硫酸氢钠	25kg/袋	分析纯	第 8.1 类酸性腐蚀品	/	153	2	YA 还原剂	/	[illegible]	/
	亚硫酸氢钠	25kg/袋	分析纯	第 8.1 类酸性腐蚀品	/	151	2	YA 还原剂	/	[illegible]	/
	亚硫酸氢钠	25kg/袋	分析纯	第 8.1 类酸性腐蚀品	/	149	2	YA 还原剂	/	[illegible]	/
	亚硫酸氢钠	25kg/袋	分析纯	第 8.1 类酸性腐蚀品	/	147	2	YA 还原剂	/	[illegible]	/
	亚硫酸氢钠	25kg/袋	分析纯	第 8.1 类酸性腐蚀品	/	145	2	YA 还原剂	/	[illegible]	/
	亚硫酸氢钠	25kg/袋	分析纯	第 8.1 类酸性腐蚀品	/	143	2	YA 还原剂	/	[illegible]	/
	亚硫酸氢钠	25kg/袋	分析纯	第 8.1 类酸性腐蚀品	/	141	2	YA 还原剂	/	[illegible]	/
	亚硫酸氢钠	25kg/袋	分析纯	第 8.1 类酸性腐蚀品	/	139	2	YA 还原剂	/	[illegible]	/
	亚硫酸氢钠	25kg/袋	分析纯	第 8.1 类酸性腐蚀品	/	137	2	YA 还原剂	/	[illegible]	/
	亚硫酸氢钠	25kg/袋	分析纯	第 8.1 类酸性腐蚀品	/	135	2	YA 还原剂	/	[illegible]	/
	亚硫酸氢钠	25kg/袋	分析纯	第 8.1 类酸性腐蚀品	/	133	2	YA 还原剂	/	[illegible]	/
	亚硫酸氢钠	25kg/袋	分析纯	第 8.1 类酸性腐蚀品	/	131	2	YA 还原剂	/	[illegible]	/
	亚硫酸氢钠	25kg/袋	分析纯	第 8.1 类酸性腐蚀品	/	129	2	YA 还原剂	/	[illegible]	/

图 14　还原剂加药情况

调查二：

在其他条件不变的情况下，小组投加不同浓度的还原剂进入溶液箱，测试目前正常运行的 1#还原剂计量泵出力情况，绘制成浓度/泵出口压力趋势线，统计如下：

表 16　浓度/泵出口压力趋势表

还原剂溶液浓度	9.05%	18.1%	27.15%	36.2%	45.25%	54.3%
计量泵出口压力	0.35 MPa	0.35 MPa	0.35 MPa	0.35 MPa	0.35 MPa	0.35 MPa

制表人：×××　　　　校核人：×××　　　　审核人：×××　　　　制表时间：2019-03-30

续 表

<table>
<tr><th>末端因素六</th><th>确认内容</th></tr>
<tr><td colspan="2">结论：根据趋势线可知，还原剂浓度在 9.05%～54.3%范围内变化时，计量泵出力保持不变，我厂投加的还原剂浓度在 9.05%～18.1%之间变化，故判定还原剂投加浓度对“还原剂计量泵出力小”症结影响小，是非要因。</td></tr>
</table>

确认人：×××　　　　确认时间：2019-03-30　　　　确认地点：YA 厂房

7.7 还原剂计量泵冲程百分比调节过低

<table>
<tr><th>末端因素七</th><th>确认方法</th></tr>
<tr><td>还原剂计量泵冲程百分比调节过低</td><td>通过调节不同冲程，验证对症结的影响</td></tr>
<tr><td colspan="2">确认过程</td></tr>
<tr><td colspan="2">当计量泵冲程调节过小时，将导致计量泵吸程吸入和排程排出的溶液少，直接导致计量泵出力不足。小组测试目前出力较小的 2#还原剂计量泵的冲程调节情况，2#还原剂计量泵出口压力为 0.3 MPa，冲程调节在 70%。</td></tr>
</table>

图 15　冲程调节及压力表显示

在其他条件不变的情况下，调节改变 2#还原剂计量泵冲程，冲程改变对计量泵出力的影响统计如下表：

表 17　计量泵冲程对出口压力影响

计量泵冲程百分比	70%	75%	80%	85%	90%	95%
还原剂计量泵出口压力	3.0 MPa	3.0 MPa	3.1 MPa	3.1 MPa	3.1 MPa	3.1 MPa

制表人：×××　　校核人：×××　　审核人：×××　　制表时间：2019-03-30

结论：根据统计表，随着计量泵冲程百分比的增加，2#还原剂计量泵出口压力变化小，即对症结“还原剂计量泵出力小”故障影响小，判断该条末端因素为非要因。

确认人：×××　　　　确认时间：2019-04-15　　　　确认地点：YA 厂房

7.8　环境温度高

末端因素八	确认方法
环境温度高	通过调查不同月份的系统环境温度，验证对症结的影响
确认过程	

该型号计量泵由电磁脉冲信号驱动计量泵推杆往复动作，推动隔膜舒张和收缩来达到输送流体的功能。根据运行维修手册，该计量泵电磁脉冲信号建议工作温度为 5 ℃-35 ℃，而海南天气炎热，环境温度超过 35 ℃的时间较多，小组通过验证 35 ℃以上温度下同型号阻垢剂计量泵的出力情况，判断环境温度是否对症结"计量泵出力小"造成影响。

针对 1#阻垢剂计量泵，小组调查了其在高于 35 ℃温度下启泵后出力情况，统计如下表：

表 18　环境温度对计量泵出口压力影响

起泵时间	2019-03-01	2019-03-08	2019-03-12	2019-03-15	2019-03-21	2019-03-23
环境温度	35 ℃	37 ℃	38 ℃	36 ℃	35 ℃	35 ℃
阻垢剂计量泵出口压力	3.5 MPa	3.6 MPa	3.6 MPa	3.7 MPa	3.5 MPa	3.6 MPa

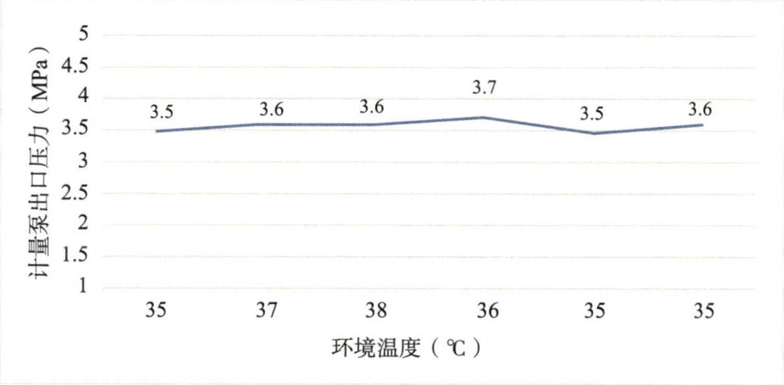

图 16　环境温度/阻垢剂计量泵出口压力趋势线

结论：根据趋势线可知，环境温度的变化对"还原剂计量泵出力小"症结影响小，是非要因。

确认人：××× 　　确认时间：2019-03-30 　　确认地点：YA 厂房

小组通过对 8 条末端因素的逐一确认，最后找出两条要因，分别是：

1. 还原剂计量泵进出口接头拧紧力矩值偏小；
2. 还原剂计量泵入口过滤器堵塞。

八、制定对策

针对两大要因，小组成员讨论了对策可行的方案并择优使用，对策选择如下：

8.1 还原剂计量泵进出口接头拧紧力矩值偏小

针对泵进出口接头拧紧力矩值偏小问题，小组认为有两种方案可以选择。

方案一是接头重新紧固，该方案可直接解决接头松动问题，但由于接头纯螺纹结构的限制，螺纹紧固无法保持长期有效，长时间后，仍然会出现接头松动的问题，要因无法得到根本解决。

方案二是设计安装螺纹加宝塔式接头，将接头改为螺纹式加宝塔式结构，该方法合理可行，且根据小组故障处理经验，宝塔式结构的接头可长时间保持紧固。

从长远着想，小组决定将**设计安装螺纹加宝塔式新型接头**方案作为解决泵进出口接头拧紧力矩值偏小的唯一可执行方案。

方案一	接头重新紧固	工作风险：接头紧固时损坏风险 具体措施： 1. 申请工作许可证并现场实施 2. 实施效果验证 可靠性：易出现接头重复松动，问题不能根本解决。 费用估算：400 元（人工费用）/次，若问题不能根本解决，将重复产生费用 耗时：2 h
方案二	设计安装螺纹加宝塔式新型接头	工作风险：机加的接头与泵进出口接头螺纹不匹配 具体措施： 1. 绘制机加图纸，重新加工新接头 2. 申请工作许可证并安装新接头 3. 实施效果验证 预计效果：加工稳固的接头，能根本上解决“泵进出口接头拧紧力矩值偏小”问题。 费用估算：1350 元（人工费用、材料费用） 耗时：2 h

8.2 还原剂计量泵入口过滤器堵塞

针对泵入口过滤器堵塞问题，小组也提出两种解决方案，即入口过滤器清洗和入口过滤器更换。

方案一	入口过滤器清洗	工作风险：使用化学品清洗，存在清洗不干净且化学品腐蚀的人身伤害风险。 具体措施： 1. 申请工作许可证并现场实施 2. 实施效果验证 可靠性：由于泵入口过滤器堵塞严重，根据小组以往清洗类似过滤器经验，清洗效果不佳，不能达到过滤器滤网完全疏通，在回装后容易造成二次堵塞。 费用估算：400 元（人工费用）/次，若问题不能根本解决，将重复产生费用。 耗时：2 h/次，若问题不能根本解决，将重复耗时。
方案二	扩大入口过滤器滤芯网孔	工作风险： 1. 备件不匹配风险； 2. 存在大颗粒杂质引入系统的风险，需设计部门计算详细规格。 具体措施： 1. 变更申请获得设计部门同意； 2. 获取新型过滤器； 3. 安装新型过滤器； 4. 实施效果验证。 预计效果：能根本上解决“计量泵入口过滤器堵塞”问题。 费用估算：1400 元（人工费用、备件费用） 耗时：1 d

图 18　日常期间清洗后的过滤器滤网

如果在杂质不影响计量泵性能的范围内，适当扩大计量泵网孔，这样可以过滤较大杂质，则既可保证计量泵正常出力，又可确保系统不引入新的大颗粒杂质。于是经小组讨论，决定将方案二：过滤器滤网网孔扩大，由原来的 200 目扩大为 100 目，作为可实施的对策，并报设计部门批准。

根据“5W1H”的原则，并结合上文制定的方案分析，小组制定如下对策表：

表 19　对策表

序号	要因	对策 What	目标 Why	措施 How	地点 Where	时间 When	负责人 Who
1	泵进出口接头拧紧力矩值偏小	设计安装螺纹加宝塔式新型接头	泵进出口接头拧紧力矩为 50 N · m	1. 提出变更申请，获得设计部门同意； 2. 绘制机加图纸，重新设计加工螺纹加宝塔式新型接头； 3. 申请工作许可证并安装新接头	YA 厂房	2019-05-25	×××
2	泵入口过滤器堵塞	扩大入口过滤器滤芯网孔	还原剂计量泵入口滤芯的过滤规格为 100 目	1. 变更申请获得设计部门同意； 2. 获取新型过滤器； 3. 安装新型过滤器	YA 厂房	2019-05-28	×××

制表人：×××　　校核人：×××　　审核人：×××　　时间：2019-04-20

九、对策实施

根据上述对策表所确定的对策实施内容，小组展开具体对策实施，实施过程如下：

9.1　对策实施一：设计安装螺纹加宝塔式新型接头

9.1.1　提出变更申请，获得设计部门同意

对策制定后，小组立即投入变更流程中，首先提出变更申请，与设计部门召开会议后确定变更内容，设计部门同意本变更申请。

海南核电有限公司 Hainan Nuclear Power Co., Ltd. 中核集团 CNNC	永久变更申请单		第 1/1 页
变更申请（ECR）名称：将除盐水厂房 SDA 系统加药间还原剂计量泵进出口接头更换为宝塔头形式			
ECR 文档编号：HN1-SDA-RCCMER-018680001			
变更类型：一般变更		设备位号：	0SDA302PO
主要专业：机械		所在厂房：	1YA0m
优先级：优先 2 级		机组号：	0
SPV 相关：是☐　否☒			

描述：

本技改申请将 0SDA 系统还原剂计量泵进出口接头更换为宝塔头形式，以解决计量泵出力小问题。

现场技术情况（背景资料附后）：

0SDA 系统还原剂计量泵位于 1YA 厂房 0m，是 YA 厂房系统运行的重要加药设备，该

图 19　永久变更申请单

9.1.2　绘制机加图纸，重新设计加工螺纹加宝塔式新型接头

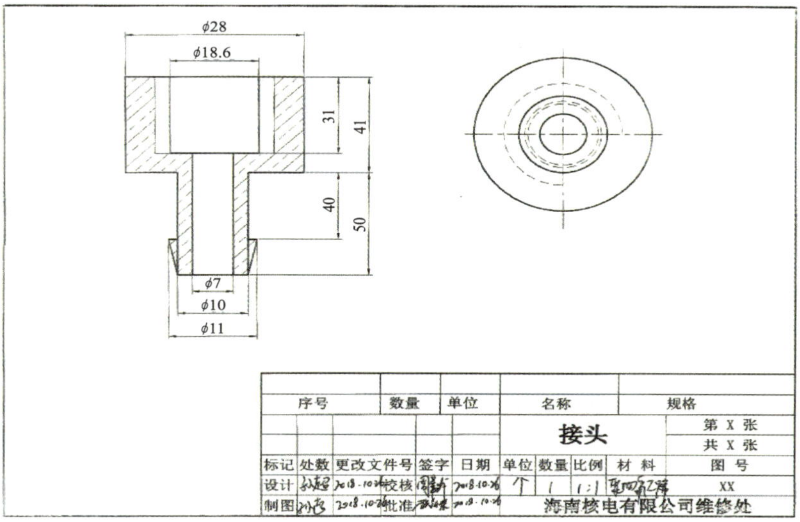

图 20　新接头机加图纸

制图人：××× 　　校核人：××× 　　审核人：××× 　　时间：2019-04-26

9.1.3　申请工作许可证并安装新接头

图纸绘制完毕后，机加车间根据图纸加工 6 个新型接头，小组同步申请工单，更换新型接头。

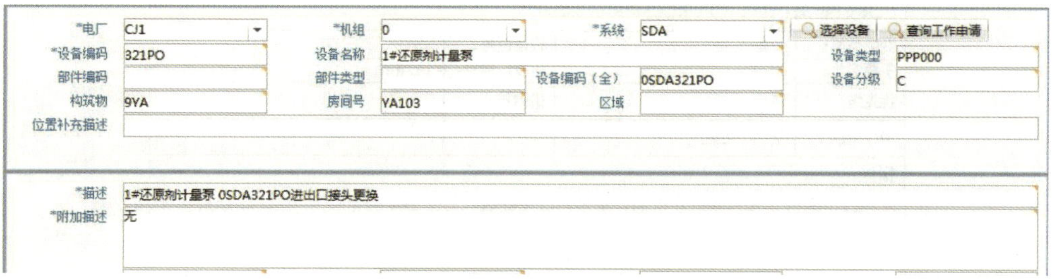

图 21　更换接头工作申请

申请人：××× 　　校核人：××× 　　审核人：××× 　　时间：2019-04-27

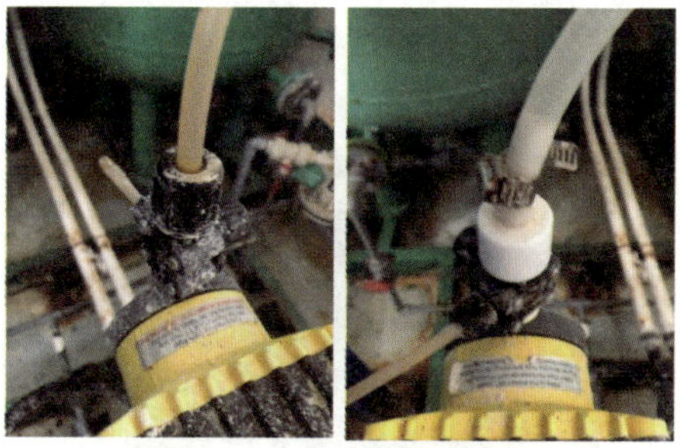

更换前　　更换后

图 22　接头更换前后对比图

申请人：××× 　　校核人：××× 　　审核人：××× 　　时间：2019-04-27

经小组确认，6个泵进出口接头均更换为新型螺纹加宝塔式新型接头，随后归还工作票经再次测试，计量泵进出口接头拧紧力矩为50 N·m。

表20　计量泵测试统计表

接头编号	1#计量泵入口接头	2#计量泵入口接头	3#计量泵入口接头	1#计量泵出口接头	2#计量泵出口接头	3#计量泵出口接头
拧紧力矩	50 N·m	50 N·m	50 N·m	50 N·m	50 N·m	50 N·m

对策一实施成功！

9.2　对策实施二：扩大入口过滤器滤芯网孔

9.2.1　变更申请征得设计部门同意

对策制定后，小组立即投入变更流程中，首先提出变更申请，与设计部门召开会议后确定变更内容，设计部门同意本变更申请，建议将过滤器滤网网孔扩大一倍，由原来的200目扩大为100目，并同意按消缺处理。

中核集团 CNNC 海南核电有限公司 Hainan Nuclear Power Co., Ltd.	永久变更申请单		第 1/1 页
变更申请（ECR）名称：将除盐水厂房 SDA 系统加药间还原剂计量泵入口过滤器滤芯由 200 目更换为 100 目			
ECR 文档编号：HN1-SDA-RCCMER-018680001			
变更类型：	一般变更	设备位号：	0SDA302PO
主要专业：	机械	所在厂房：	1YA0m
优先级：	优先 2 级	机组号：	0
SPV 相关：	是☐　否☒		

描述：

本技改申请将 0SDA 系统还原剂计量泵入口过滤器滤芯由 200 目更换为 100 目，以解决计量泵出力小问题。

现场技术情况（背景资料附后）：

0SDA 系统还原剂计量泵位于 1YA 厂房 0m，是 YA 厂房系统运行的重要加药设备，近期这几台计量泵出力小，经原因排查为入口过滤器堵塞。经讨论，认为在不影响系统水质的情况下，适当扩大滤芯过滤能力，可以解决计量泵出力小问题。

图23　永久变更申请单

9.2.2　获取新型过滤器

设计部门同意该变更后，小组根据 Y 型过滤器型号在 SAP 系统搜索对应滤芯，发现库存内正好有滤芯规格为 100 目的过滤器，于是小组立即将过滤器领用出来，领出 Y 型过滤器后，拆除新的过滤器检查滤网未发现损坏，可用于现场更换。

物料描述	语言	物料	版本编号	工厂
HDEHP-KEL-F色层粉[60~100目]	ZH	9000300980		3060
HDEHP-KEL-F色层粉[60~100目]	ZH	9000300980		3061
MNO2源[100目 200G 活度：<30000BQ]	ZH	9000165646		3070
SR-90制样树脂,[60-100目的HDEHP-KEL-F色层粉,聚三氟氯乙烯	ZH	929BQ0047		3010
SR-90制样树脂,[60-100目的HDEHP-KEL-F色层粉,聚三氟氯乙烯	ZH	929BQ0047		3030
Y型管道过滤器[DN50 公称压力1.6MPA 100目 内螺纹连接]	ZH	9000191126		3010
Y型过滤器\SRYA PN10 DN25 100目 M 20#+PTFE	ZH	9000194557		3060
Y型过滤器\SRYA PN10 DN25 100目 M 20#+PTFE	ZH	9000194557		3061
Y型过滤器滤网[DN250 长度280MM 直径185MM 100目]	ZH	9000290198		3080
白刚玉静电植砂\100目	ZH	9000108396		3010
白刚玉静电植砂\100目	ZH	9000108396		3011
白刚玉静电植砂\100目	ZH	9000108396		3020
白刚玉静电植砂\100目	ZH	9000108396		3030
白刚玉静电植砂\100目	ZH	962TQ2780		3010
白刚玉静电植砂\100目	ZH	962TQ2780		3011
白刚玉静电植砂\100目	ZH	962TQ2780		3020
白刚玉静电植砂\100目	ZH	962TQ2780		3030
标准检验筛[直径：20CM 总高：5CM 网面到晒口：4CM 100目]	ZH	9000446551		3070
标准筛\Φ200×50 100目 304	ZH	9001003697		3050
标准筛\Φ200×50 100目 304	ZH	9001003697		3060
不锈钢筛网[100目]	ZH	9000057942		3080
不锈钢筛网[100目]	ZH	9000057942		3081
不锈钢丝布[100目]	ZH	9000275203		3060
不锈钢丝布[100目]	ZH	9000275203		3061
不锈钢丝网 Φ1200/Φ800 78/100目	ZH	SDDA1001		3010
萃淋树脂（色层粉)[60~100目 500G]	ZH	9000149003		3070
萃淋树脂（色层粉)[60~100目 500G]	ZH	9000149003		3071

图 24　库存滤网清单

图 25　获取的新 Y 型过滤器

核实人：×××　　　　校核人：×××　　　　审核人：×××　　　　时间：2019-04-28

9.2.3 安装新过滤器

备件领出后，QC 小组人员取得工作许可证后到现场拆除原入口过滤器，并更换了新的 Y 型过滤器备件。

图 26 拆除旧的 Y 型过滤器

滤芯更换完成后，小组再次到现场确定，计量泵入口过滤器滤芯的目数为 100 目。

对策二实施成功！

十、效果检查

10.1 对目标值的检查

对策实施结束后，本小组对 2019 年 6 月—2019 年 11 月，还原剂加药设备月故障次数再次进行统计：该六个月内系统共发生故障 35 次，平均月故障次数 5.8 次≈6 次。

项目 时间	故障情况												当月故障次数总计	月故障次数
2019-06	日期	1	2	3	4	5	6	7	8	9	10	11	6	5.83
	故障次数		1				1							
	日期	12	13	14	15	16	17	18	19	20	21	22		
	故障次数	1									1			
	日期	23	24	25	26	27	28	29	30	31				
	故障次数		1							1				
2019-07	日期	1	2	3	4	5	6	7	8	9	10	11	5	
	故障次数	1												
	日期	12	13	14	15	16	17	18	19	20	21	22		
	故障次数	1					1							
	日期	23	24	25	26	27	28							
	故障次数		1			1								
2019-08	日期	1	2	3	4	5	6	7	8	9	10	11	6	
	故障次数					1								
	日期	12	13	14	15	16	17	18	19	20	21	22		
	故障次数			1				1			1			
	日期	23	24	25	26	27	28	29	30	31				
	故障次数					1				1				
2019-09	日期	1	2	3	4	5	6	7	8	9	10	11	6	
	故障次数		1		1						1			
	日期	12	13	14	15	16	17	18	19	20	21	22		
	故障次数			1					1					
	日期	23	24	25	26	27	28	29	30					
	故障次数					1								
2019-10	日期	1	2	3	4	5	6	7	8	9	10	11	6	
	故障次数		1				1				1			
	日期	12	13	14	15	16	17	18	19	20	21	22		
	故障次数		1						1					
	日期	23	24	25	26	27	28	29	30	31				
	故障次数			1			1							
2019-11	日期	1	2	3	4	5	6	7	8	9	10	11	6	
	故障次数					1								
	日期	12	13	14	15	16	17	18	19	20	21	22		
	故障次数	1			1							1		
	日期	23	24	25	26	27	28	29	30					
	故障次数			1				1						

图 27　活动后故障次数

根据该时间段的故障次数及月平均次数，作活动目标对比确认图。

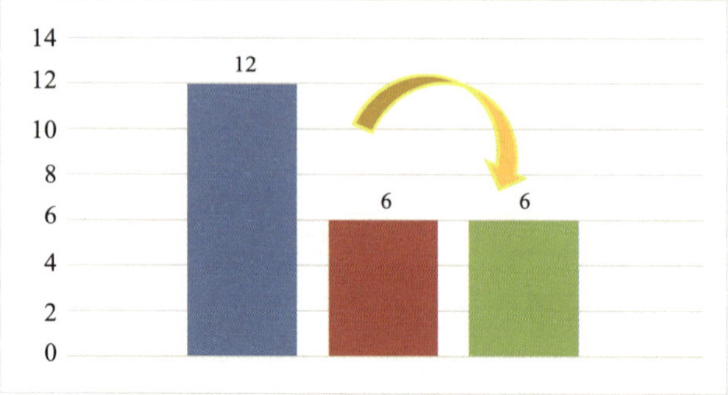

图 28　活动目标对比确认图

制图人：×××　　校核人：×××　　审核人：×××　　时间：2019-12-31

根据活动目标对比确认图，本小组已将还原剂加药设备故障次数降至 6 次/月，“降低 SDA 系统还原剂加药设备月故障次数至 6 次/月” 这一目标实现！

10.2　对症结的检查

活动实施结束后，通过效果检查，小组再次统计了还原剂加药设备的机械故障类型，发现在检查阶段计量泵出力小故障共发生 6 次，共解决故障症结的 86.04%，达到小组的预定症结解决目标，而且还原剂计量泵出力小目前已不是 SDA 系统还原剂加药设备月故障次数高的症结。

表 21　活动结束后症结检查

序号	故障类型	故障次数
1	还原剂加药罐搅拌器叶轮脱落	7
2	还原剂计量泵出力小	6
3	还原剂加药设备附属阀门故障	4
4	其他故障	4

10.3　社会效益

通过本次故障处理，SDA 系统还原剂加药设备月故障次数下降，系统稳定性得到有效提高，提高了机组可靠性。

十一、巩固措施

11.1　将新设计的接头纳入设计改进文件库

小组对绘制成功的机加图纸进行了归档，并将新设计的接头纳入设计改进文件库。

海南核电有限公司 HaiNan Nuclear Power Co.,Ltd. 变更改造设计方案

项目名称：除盐水厂房还原剂计量泵接头换型 项目编号：EC-2019-XSDA-008
HN 编码：HN-JD301-2019-XSDA-008 正文/附件 页
机 组：1、2 系统：SDA EAM 号： 版次：01

除盐水厂房还原剂计量泵接头换型

文件编号：EC-2019-XSDA-001-D-01

编制部门：维修处
编 制： 日期：
校 核： 日期：
审 定： 日期：
批 准： 日期：

变更改造设计方案

一、概述

YA 厂房还原剂计量泵的进出口接头用于压紧计量泵的进出口软管，在还原剂启泵时，泵振动较大，该接头若紧固不好将容易在泵振动下出现松动，进出口接头拧紧力矩值偏小将直接导致泵进出口软管松动，致使泵腔进气，进而导致计量泵出力小。

基于以上原因，拟对 SDA 系统进行改造，更换带宝塔头式接头，调整拧紧力矩至 50NM。

二、设计要求

2.1 技术指标、功能

系统设计时最大化地实现自动控制功能，尽可能的减少现场操作。药品贮存输送系统设备设计时考虑手动加自动配制，可以实现手动卸药、手动输送，输送系统计量泵自动停泵等功能。

系统中的设备如阀门、泵选型时要求安全可靠、技术先进、性能优良。

系统改造后，能满足 1、2 号机组 SDA 系统药品溶液储存以及加药需求，最大程度降低配制药品溶液所引起的风险。

其他详细要求见采购技术规格书。

2.2 设计准则和安全准则

JB2932-1999《水处理设备：技术条件》

《火力发电厂汽水管道零件及部件典型设计手册》2000 版

DL/T 543-2009《电厂用水处理设备验收导则》

GB/T 50087-2013《工业企业噪声控制设计规范》

GB 19517-2009《国家电气设备安全技术规范》

GB 7251.8-2005《低压成套开关设备和控制设备智能型成套设备通用技术要求》

DL/T 641-2015《电站阀门电动执行机构》

GB/T 14976-2012《流体输送用不锈钢无缝钢管》

GB/T 7782-2008《计量泵》

GB 18613-2012《中小型三相异步电动机能效限定值及能效等级》

DL/T 5072-2007《火力发电厂保温油漆设计规程》

CNPE-MSW-2030-205A《设备和管道的常用颜色》

图 29 设计文件纳入设计改进文件库

11.2 存档设计文件，将扩大后的网孔型号纳入采购标准

针对实施成功的对策二，更换新过滤器成功后，小组对设计文件进行存档，并在物资采购管理系统中添加新型号过滤器，以便后续按新型号采购。

海南核电有限公司 HaiNan Nuclear Power Co.,Ltd. 变更改造设计方案

项目名称：除盐水厂房还原剂计量泵入口过滤器换型 项目编号：EC-2019-XSDA-009
正文/附件 页
HN 编码：HN-JD301-2019-XSDA-009 EAM 号： 版次：01

除盐水厂房还原剂计量泵入口过滤器换型

文件编号：EC-2019-XSDA-001-D-02

编制部门：维修处
编 制： 日期：
校 核： 日期：
审 定： 日期：
批 准： 日期：

变更改造设计方案

一、概述

YA 厂房还原剂计量泵的入口过滤器频繁堵塞，当计量泵入口过滤器发生堵塞时，堵塞越严重，计量泵吸程吸入的溶液体积越小，导致计量泵出力越小。原因是过滤器滤网孔较小造成堵塞。

基于以上原因，拟对 SDA 系统进行改造，将还原剂计量泵入口过滤器由原来的 200 目更换为 100 目。

二、设计要求

2.1 技术指标、功能

系统设计时最大化地实现自动控制功能，尽可能的减少现场操作。药品贮存输送系统设备设计时考虑手动加自动配制，可以实现手动卸药、手动输送，输送系统计量泵自动停泵等功能。

系统中的设备如阀门、泵选型时要求安全可靠、技术先进、性能优良。

系统改造后，能满足 1、2 号机组 SDA 系统药品溶液储存以及加药需求，最大程度降低配制药品溶液所引起的风险。

其他详细要求见采购技术规格书。

2.2 设计准则和安全准则

JB2932-1999《水处理设备：技术条件》

《火力发电厂汽水管道零件及部件典型设计手册》2000 版

DL/T 543-2009《电厂用水处理设备验收导则》

GB/T 50087-2013《工业企业噪声控制设计规范》

GB 19517-2009《国家电气设备安全技术规范》

GB 7251.8-2005《低压成套开关设备和控制设备智能型成套设备通用技术要求》

DL/T 641-2015《电站阀门电动执行机构》

GB/T 14976-2012《流体输送用不锈钢无缝钢管》

GB/T 7782-2008《计量泵》

GB 18613-2012《中小型三相异步电动机能效限定值及能效等级》

DL/T 5072-2007《火力发电厂保温油漆设计规程》

CNPE-MSW-2030-205A《设备和管道的常用颜色》

图 30 还原剂计量泵入口过滤器换型设计文件

11.3 巩固期效果检查

按照新的预防性维修数据库开展预维工作，QC 小组在 2020 年 1—6 月进行了巩固期效果检查，如下表所示，在此期间共发生故障次数 33 次，故障率 5.5 次/月，小于目标值 6 次/月，系统故障率处于稳定状态。

表 22　2020 年 1—6 月 SDA 系统加药设备故障统计

项目 时间	故障情况												当月故障次数总计	月故障次数
2020-01	日期	1	2	3	4	5	6	7	8	9	10	11	6	5.5
	故障次数		1				1							
	日期	12	13	14	15	16	17	18	19	20	21	22		
	故障次数	1									1			
	日期	23	24	25	26	27	28	29	30	31				
	故障次数		1							1				
2020-02	日期	1	2	3	4	5	6	7	8	9	10	11	5	
	故障次数	1												
	日期	12	13	14	15	16	17	18	19	20	21	22		
	故障次数	1					1							
	日期	23	24	25	26	27	28							
	故障次数		1	1		1								
2020-03	日期	1	2	3	4	5	6	7	8	9	10	11	5	
	故障次数					1								
	日期	12	13	14	15	16	17	18	19	20	21	22		
	故障次数			1							1			
	日期	23	24	25	26	27	28	29	30	31				
	故障次数					1				1				
2020-04	日期	1	2	3	4	5	6	7	8	9	10	11	6	
	故障次数		1		1						1			
	日期	12	13	14	15	16	17	18	19	20	21	22		
	故障次数			1					1					
	日期	23	24	25	26	27	28	29	30					
	故障次数					1								
2020-05	日期	1	2	3	4	5	6	7	8	9	10	11	5	
	故障次数		1				1							
	日期	12	13	14	15	16	17	18	19	20	21	22		
	故障次数		1						1					
	日期	23	24	25	26	27	28	29	30	31				
	故障次数						1							
2020-06	日期	1	2	3	4	5	6	7	8	9	10	11	6	
	故障次数					1								
	日期	12	13	14	15	16	17	18	19	20	21	22		
	故障次数	1			1							1		
	日期	23	24	25	26	27	28	29	30					
	故障次数			1				1						

制表人：×××　　校核人：×××　　审核人：×××　　制表时间：2020-06-30

十二、总结及今后打算

12.1　专业技术

1）小组故障处理能力提高

通过本次 QC 活动，小组针对 YA 厂房 SDA 系统加药设备月故障次数高的问题，准确的找出了问题的症结，并针对原因分析中找出的要因制定对策，绘制机加图纸，加工新接头，更换新备件，成功解决了还原剂加药设备月故障次数高的问题，小组故障处理能力得到大大提高。

2）小组团队协作能力提高

本次 QC 活动中，需要集中讨论问题时，小组成员运用头脑风暴法各抒己见，在原因分析中将所有可能的末端因素总结出来，在对策制定时，又将所有可行的对策制定出来。需要分工合作时，小组中每个人各司其职，工作有条不紊的开展。

3）小组在本次 QC 活动中暴露出的不足

组内部分新员工动手能力不强，在拆装 Y 型过滤器时，拆装工具运用不熟练；

12.2　管理方法

表 23　总结

项目		总结
活动程序和方法经验总结	调查现状	本次 QC 小组的现状调查采用了分层剖析的方法，对现状分析更加具有逻辑性，调查得也更加透彻，准确地找到了课题的症结是“还原剂计量泵出力小”，为后续的原因分析提供了坚实的依据。
	设定目标	本次活动的目标设定，小组统计往年解决症结的能力，根据症结解决的能力设定目标；同时也调查了国内其他核电厂的相关情况，做到了目标设定的有理有据。
	原因分析	针对症结，组员运用头脑风暴法进行了分析，分析过程中不再拘泥于设备本身，而是能从各个方面着手考虑，明确各个环节和症结的因果关系。例如：计量泵入口过滤器堵塞，小组从泵吸入液体积变小出发，最后查出计量泵入口过滤器堵塞。
	要因确认	通过本次活动，学会了运用现场检查，测量，对比试验，用数据说话，通过分析其影响程度的方法来进行确认，但同时存在要因确认方法比较单一的问题。
	对策实施	以前在对策实施时不会去思考尽可能多的方案。本次活动中，学会了通过做试验，根据试验数据来对方案进行评估的方法，在极大程度上摒弃了主观选取。
	巩固措施	本次活动巩固措施主要从标准方面开展，将已有的成果转化为文件，为日后的检修维护提供依据，同时对巩固期系统缺陷情况进行了持续跟踪调查，调查发现症结消除后，活动效果得到了很好的延续。

12.3 综合素质

本次 QC 小组活动完全是自发成立自发组织自主开展的，全部利用小组成员业余时间和精力，在大家 QC 知识不足和局势紧迫的不利条件下，积极性充分被调动，知识储备不足就自己找资料自学，专业技能欠缺就主动联系生产厂家钻研系统，这些充分体现了大家的主人翁意识和高度的集体责任感。通过此次 QC 活动激发了小组成员和身边同事的质量管理热情。通过本次活动，对 QC 活动的程序更加熟练。但小组人员在设备知识和技能操作水平上仍有欠缺，需要进一步提升。

12.4 提升措施

针对小组成员在技术、管理、人员素质提升等方面存在的不足，提出了相应措施并落实到人，详见下表。

表 24 制定提升措施

不足方面	改进措施	预期目标	完成时间	负责人
针对技术上的不足	开阔眼界，利用最前沿的技术提出更加有效的改进方案	通过网络、讲座等途径掌握前沿先进技术，完成 1 篇相关技术报告	2021-12	×××
针对管理上的不足	增加 QC 项目的学习培训，增强小组成员质量管理活动水平	深入学习各类图表及 QC 工具方法使用，每年至少开展该类专项培训 2 次	2022-06	×××
针对小组成员素质提升上的不足	加强对设备的深入学习，提高个人实操能力水平	每月组织开展 1 次“每人一课”讲学活动；每年至少开展 2 次技能比武活动	2022-06	×××

制表人：××× 校核人：××× 审核人：××× 制表时间：2020-07-11

12.5 下一步打算

本次活动有效降低了海南核电 SDA 系统加药设备月故障次数，下一阶段小组将重点探索反应堆压力容器开关盖时控制棒脱联扣工作时间问题。“核心数据” QC 小组下一阶段的活动课题是：缩短控制棒脱扣时间。

专家点评：中核武汉 姜淑雄

1. 总体评价

该课题类型为问题解决型，“核心数据” QC 小组严格遵循 PDCA 活动程序，注重用数据和事实说话，思路清楚、流程规范、方法得当、成果突出，通过小组 QC 活动，SDA 系统还原剂加药设备月故障次数得到了有效的整治。

2. 成果亮点

(1) 活动效果明显。“核心数据”QC 小组通过采取“设计安装螺纹加宝塔式新型接头、扩大入口过滤器滤芯网孔”以上两条措施，使 SDA 系统还原剂加药设备月故障次数明显减少，超过了预期目标，活动效果明显。

(2) 活动程序规范。该成果遵循 PDCA 循环，按照问题解决型课题活动要求，从选择课题、现状调查、设定目标等 10 个步骤对整个 QC 活动过程进行了阐述，各各环节紧密相扣。

(3) 对策实施过程中对对策目标完成情况进行检查，确保了实施的有效性。能够将对策实施过程中有效的措施纳入了相应的标准，课题活动目标得到了巩固。

3. 改进建议

(1) 现状调查一，小组成员对 2018 年 7-12 月加药设备的 72 次故障进行调查分析，发现故障分为机械故障、电气故障和仪控故障 3 类，没有必要在文本中对 72 次故障进行详细描述，现状调查三同上。

(2) 原因分析中人方面的原因“未按启泵操作票执行”，属于违规操作，后续要因确认虽然不是主要原因，但还是要进行后续的整改。

(3) 本成果针对“还原剂计量泵进出口接头拧紧力矩值偏小”“还原剂计量泵入口过滤器堵塞”两个主要原因均进行了对策的评价和选择，但缺少数据进行科学分析，都是从可靠性、经济性、可靠性等方面主观描述，建议使用客观的方法进行对策方案的评价和选择，有数据充分说明选择的必要性。

(4) 效果检查中图 27 活动目标对比确认图，建议增加活动前、活动后及目标值的描述；症结的改善程度，建议增加与现状调查表 5 各项数据进行对比的内容，最好是以图表形式描述，更直观地显示活动后症结的改善程度。

课题十一

提高项目竣工文件归档合格率

一、小组概况

中核霞浦核电有限公司信息文档处文档科于2019年5月6日成立了霞核文档飞鸽QC小组，取名“飞鸽”，源自于古代“飞鸽传书”，寓意霞浦核电文档人员致力于为工程及时、精准地发送文件，持续提升文件收发服务质量及保管档案质量。小组成员见表1。

表1　QC小组概况表

小组名称		霞核文档飞鸽QC小组			成立时间	2019-05
课题名称		提高项目竣工文件归档合格率				
课题号		XNPC-QC-2020-007			小组注册号	2019-QC-006-IAB
活动时间		2020-03—2021-04			课题类型	问题解决型
小组成员简介						
序号	姓名	年龄	角色	学历	职务（职称）	分工项目
1	史为乐	34	组长	本科	馆　员	全面组织、整体筹划
2	×××	44	组员	本科	副研究馆员	活动记录、方案制定
3	×××	45	组员	博士	副研究馆员	资源协调、数据收集
4	×××	33	组员	本科	馆　员	原因分析、对策实施
5	×××	48	组员	本科	馆　员	现状调查、要因确认
6	×××	23	组员	本科	助理馆员	资料收集、PPT制作
7	×××	36	组员	本科	助理馆员	现状调查、要因确认
8	×××	31	组员	本科	监理单位文档主管	原因分析、对策实施
9	×××	34	组员	本科	施工单位文档主管	原因分析、要因确认
格言		立足文档，高效服务！				

制表人：×××　　　　时间：2020-03-01

小组现有 1 人获得连云港市 QC 诊断师资格，1 人获得福建省质协颁发的《质量管理小组活动推进》证书，4 人曾参加过 QC 小组活动的开展和发布。该 QC 小组曾荣获 2020 年全国 QC 小组发表赛示范奖、福建省 2020 年度质量管理小组成果一等奖。

小组由业主单位文档人员、监理单位及主要施工单位文档骨干组成，小组主要成员所在科室文档科主要承担示范快堆项目文档管理，包括霞浦核电文档体系的建立和完善、工程文件的收发、竣工文件归档等工作，以实现向工程建设提供优质文档服务、向生产运行提供完整文档资源、保障工程项目顺利通过国家验收的目的。

二、选择课题

2.1　名词解释

项目竣工文件：是指在项目建设全过程中形成的具有保存价值的文字、图表、音像、实物等形式的文件材料。

项目竣工文件归档合格率：产生项目竣工文件的责任方按照组卷规则将文件整理成案卷后，提交归档审核时经审查质量合格的案卷数量与提交归档案卷总量的比率。

计算公式为：

$$\text{项目竣工文件归档合格率}=\frac{\text{项目竣工文件归档合格数量}}{\text{项目竣工文件提交归档总量}}\times 100\%$$

2.2　选题背景

随着霞浦核电项目的不断推进，各类项目竣工文件陆续提交归档，包括建安竣工文件、设备竣工文件、商务合同文件、文书文件、综合类文件等。公司文档部门在对公司内部部门和承包商提交归档的项目竣工文件审查过程中发现，部分项目竣工文件的质量存在很多问题，出现了应归档文件不符合相关标准的情况，导致项目竣工文件因为案卷质量问题无法完成归档，后续将影响到整体项目档案竣工验收工作。鉴于项目竣工文件数量大、构成复杂，单台核电机组在 4 万卷左右，因此，提高项目竣工文件归档合格率对保障本核电项目档案顺利通过国家竣工验收具有重大意义！

图 1　完成组卷归档的项目竣工文件案卷档案

制图人：×××　　　　　　　　时间：2020-03-09

2.3 选题理由

工作要求 ➡

按照程序规定，项目竣工文件案卷质量应满足完整性、准确性、系统性、有效性和规范性，经审核合格后归档，归档合格率应≥85%。

当前项目竣工文件归档实际状况 ➡

小组通过调查，统计了2019年8—12月期间项目竣工文件的归档合格情况，如下表所示：

表2 归档合格情况调查表

时间	8月	9月	10月	11月	12月	合计
归档合格（卷）	449	263	237	395	586	1930
归档不合格（卷）	172	194	93	288	436	1183
提交归档总量（卷）	621	457	330	683	1022	3113
归档合格率=项目竣工文件归档合格数量/项目竣工文件提交归档总量×100%=1930/3113×100%=62%						

制表人：×××　　制表时间：2020-03-18

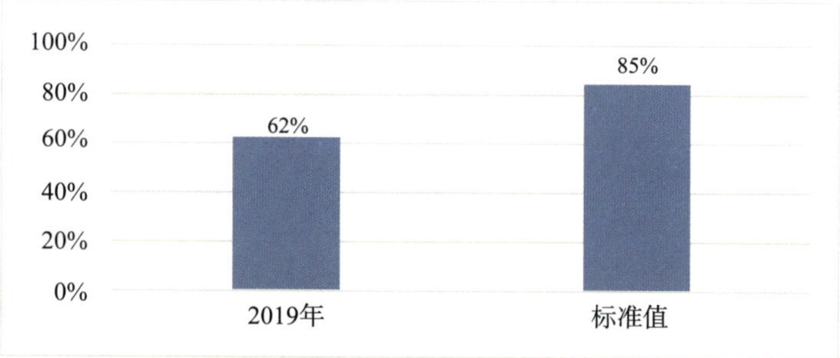

图2 现状与程序标准对比柱状图

制图人：×××　　制图时间：2020-03-18

课题选择 ➡

提高项目竣工文件归档合格率

三、活动计划

QC 小组于 2020 年 3 月 6 日制定了活动计划：

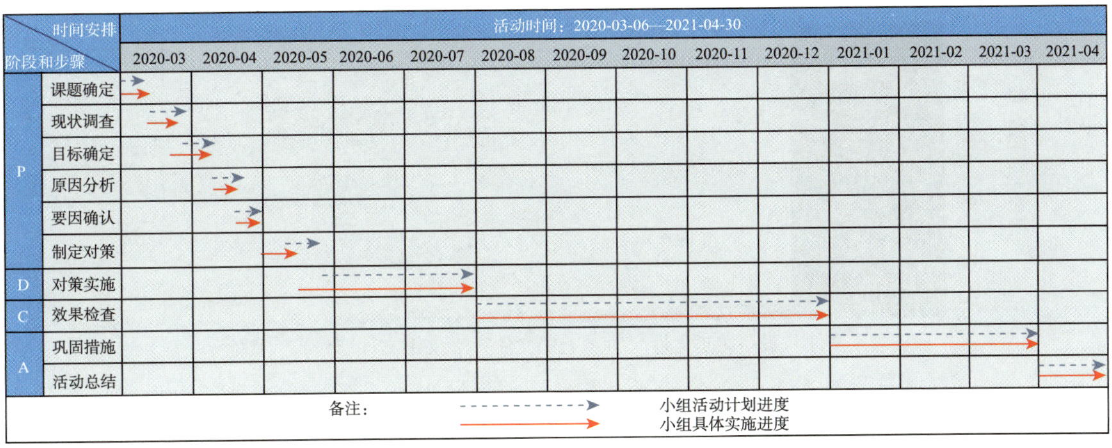

图 3　QC 小组活动进度计划

制图人：×××　　　　时间：2020-03-06

四、现状调查

4.1　现状调查一

在霞浦核电，项目竣工文件根据管理需要，分为以下种类加以控制管理：项目前期文件、设计文件、设备竣工文件、建安竣工文件、调试竣工文件、商务合同文件、文书文件、综合类文件。现阶段，霞浦核电处于工程项目土建和安装施工阶段，部分文件已完成归档或尚未产生。

小组对 2019 年 8—12 月归档不合格的 1183 卷项目竣工文件进行分类统计，如表 3 所示。

表 3　归档不合格案卷种类统计表

项目竣工文件归档不合格种类	不合格案卷（卷）	累计案卷（卷）	百分比	累计比率
建安竣工文件	1017	1017	85.97%	85.97%
设备竣工文件	66	1083	5.58%	91.55%
商务合同文件	49	1132	4.14%	95.69%
文书文件	38	1170	3.21%	98.90%
其他	13	1183	1.10%	100.00%
合计	1183	1183	100%	100%

制表人：×××

时间：2020-03-19

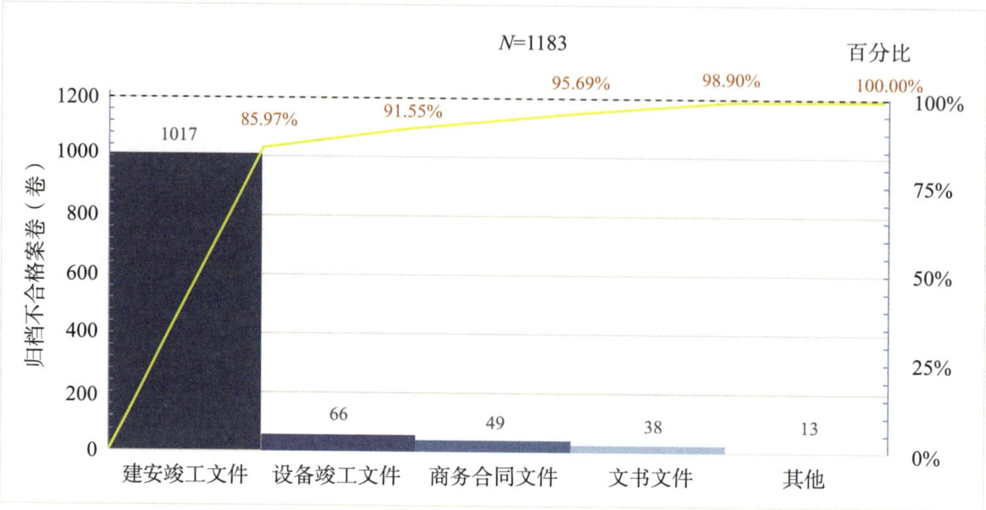

图 4　归档不合格案卷种类排列图

制图人：×××

时间：2020-03-19

结论一：归档不合格的建安竣工文件占不合格的项目竣工文件的 85.97%，是重点关注对象。

4.2　现状调查二

小组继续对建安竣工文件归档不合格案卷进行调查，按照国家档案行业标准《建设项目档案管理规范》（DA/T 28—2018）规定，建安竣工文件归档相关的质量特性如下图：

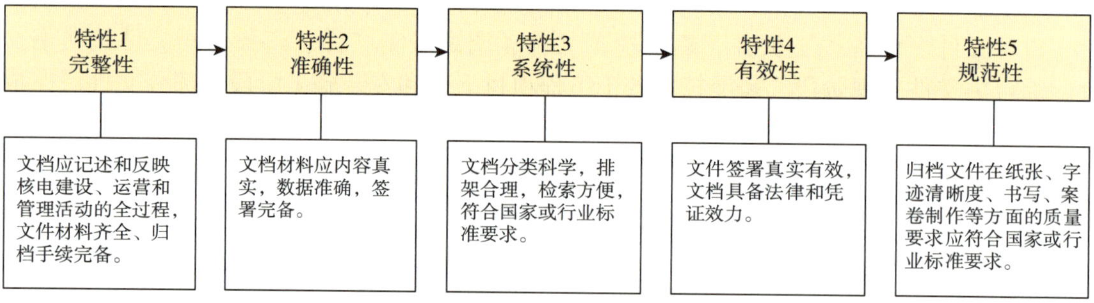

图 5　建安竣工文件归档质量特性图

制图人：×××

时间：2020-03-20

结合建设项目档案的五个质量特性，小组对归档不合格的 1017 卷建安竣工文件分布在每个质量特性的情况进行了分析统计，如表 4 所示。

表 4 建安竣工文件不合格案卷类型统计表

建安竣工文件归档不合格类型	不合格案卷（卷）	累计案卷（卷）	频率	累计频率
案卷制作不规范	855	855	84.07%	84.07%
文件内容不准确	87	942	8.55%	92.63%
文件不具备有效性	33	975	3.24%	95.87%
归档范围不完整	21	996	2.06%	97.94%
案卷划分不系统	12	1008	1.18%	99.11%
其他	9	1017	0.88%	100.00%
合计	1017	1017	100%	100%

制表人：××× 时间：2020-03-20

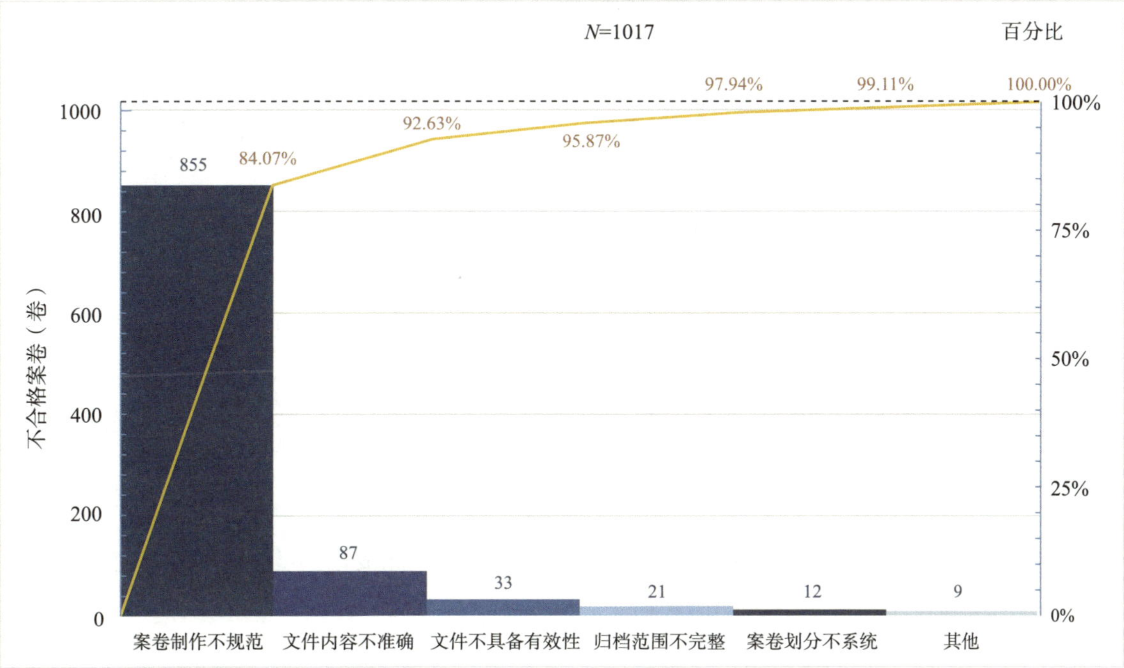

图 6 建安竣工文件不合格案卷类型排列图

制图人：××× 时间：2020-03-20

结论：案卷制作不规范占归档不合格建安竣工文件的 84.07%，是项目竣工文件归档不合格的症结！

五、设定目标

5.1 目标设定依据

5.1.1 小组成员能力

小组上一课题“提高设备随箱文件分发及时率”活动症结解决程度为95.75%，小组认为本次课题活动症结解决程度达到95%是可能的。

5.1.2 同行水平

小组成员对国内同行三个核电项目在土建安装阶段同时期的项目竣工文件归档合格率进行了调查，结果见表5。

表5 国内同行核电项目同期的竣工文件归档合格率调查统计表

电厂	同行A电厂	同行B电厂	同行C电厂
项目竣工文件归档合格率	85.2%	87.8%	86.8%

制表人：××× 时间：2020-03-21

从上表可知，同行3个项目同期最好水平为87.8%。

5.1.3 目标理论值测算

根据小组往年QC课题能解决症结95%以上的能力，小组分析认为如果能将症结解决95%，则活动后归档合格率为：62%+（1-62%）×85.97%×84.07%×95%=88.09%，高于同行同期最好水平87.8%。

5.2 目标设定值

通过上述分析讨论，小组成员最终一致决定将活动目标值设定为：将项目竣工文件归档合格率由62%提升至88%，如图7所示。

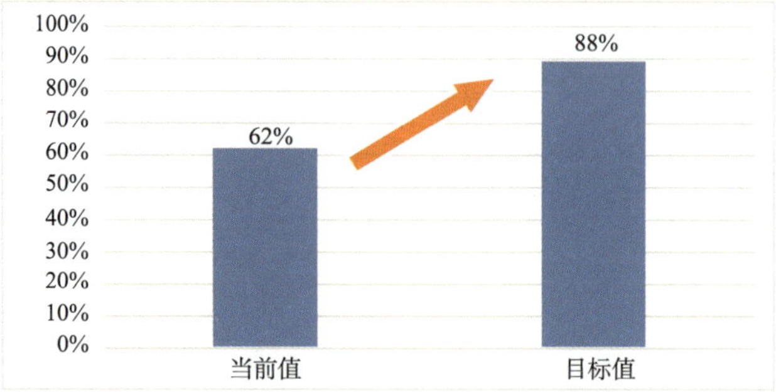

图7 项目竣工文件归档合格率目标图

制图人：××× 时间：2020-04-07

六、原因分析

小组成员组织会议讨论，结合前期调查获取的信息，针对主要症结“案卷制作不规范”，从“人员、制度、环境、流程、内容及考核”几个影响角度，通过头脑风暴法进行分析梳理，经过小组成员反复讨论，最终找出了7条末端因素，绘制了系统图：

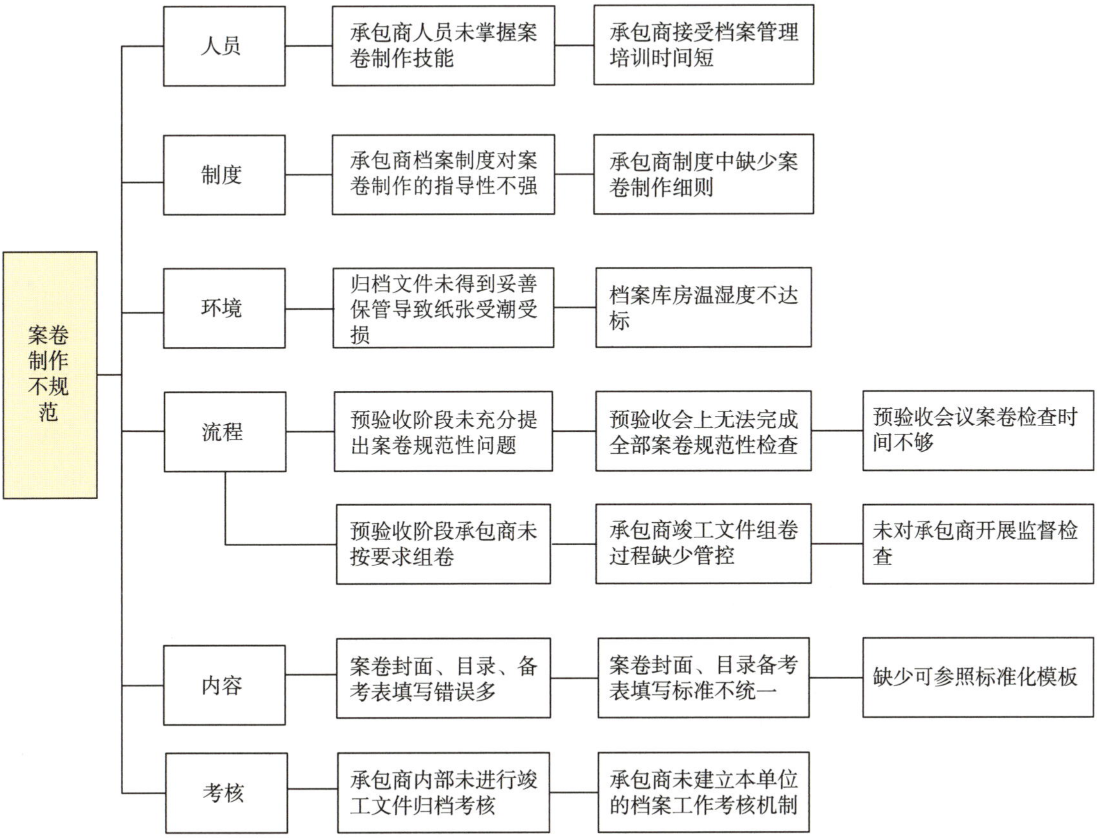

图8　原因分析系统图

制图人：×××　　　　时间：2020-04-11

七、确定要因

小组针对原因分析系统图中的7项末端因素制定了要因确认计划表：

表 6　要因确认计划表

序号	末端因素	确认内容	确认方法	负责人	地点	时间
1	承包商接受档案管理培训时间短	承包商接受档案管理培训时间短对案卷制作不规范的影响程度	调查分析、试验	×××	现场办公点	2020-04-16
2	承包商制度中缺少案卷制作细则	承包商制度中缺少规范的组卷操作实施细则对案卷制作不规范的影响程度	调查分析	×××	海悦办公点	2020-04-23
3	档案库房温湿度不达标	档案库房温湿度不达标对纸张受潮受损的影响程度	调查分析	×××	现场办公点	2020-04-26
4	预验收会议案卷检查时间不够	预验收会议案卷检查时间不够对案卷制作不规范的影响程度	调查分析	×××	现场办公点	2020-04-26
5	未对承包商开展监督检查	未对承包商开展监督检查对完成组卷的影响程度	调查分析	×××	海悦办公点	2020-04-28
6	缺少可参照标准化模板	缺少可参照标准化模板对案卷制作不规范的影响程度	试验	×××	现场办公点	2020-04-28
7	承包商未建立本单位的档案工作考核机制	承包商未建立本单位的档案工作考核机制对案卷制作不规范的影响程度	调查分析	×××	现场办公点	2020-04-28

制表人：×××　　　　时间：2020-04-15

小组成员根据计划分工，采取调查分析、试验等方法，对各末端因素进行逐条确认，并编制了要因确认表。具体确认情况如下：

要因确认一

末端因素	承包商接受档案管理培训时间短
确认内容	承包商接受档案管理培训时间短对案卷制作不规范的影响程度
确认方法	调查分析、试验

续　表

<table>
<tr><td>末端因素</td><td>承包商接受档案管理培训时间短</td></tr>
<tr><td>确认过程</td><td>

小组成员查询了五家主要建安承包商共计 24 名从事归档工作的文档人员接受档案管理的培训记录，统计这些人员的培训时长，接着让这些人员对 20 卷文件进行整理组卷操作测试，统计规范案卷数量，如下表：

表 7　承包商文档人员培训调查及组卷测试表

<table>
<tr><th>承包商</th><th>人员序号</th><th>2020 年度接受培训时长（h）</th><th>规范案卷数</th></tr>
<tr><td rowspan="4">中核咨询（监理）</td><td>1</td><td>5</td><td>15</td></tr>
<tr><td>2</td><td>5</td><td>16</td></tr>
<tr><td>3</td><td>3</td><td>15</td></tr>
<tr><td>4</td><td>2</td><td>17</td></tr>
<tr><td rowspan="5">中核华兴（土建）</td><td>5</td><td>8</td><td>17</td></tr>
<tr><td>6</td><td>8</td><td>15</td></tr>
<tr><td>7</td><td>8</td><td>15</td></tr>
<tr><td>8</td><td>10</td><td>17</td></tr>
<tr><td>9</td><td>2</td><td>16</td></tr>
<tr><td rowspan="8">二三公司（核岛安装）</td><td>10</td><td>7</td><td>14</td></tr>
<tr><td>11</td><td>10</td><td>16</td></tr>
<tr><td>12</td><td>10</td><td>14</td></tr>
<tr><td>13</td><td>8</td><td>15</td></tr>
<tr><td>14</td><td>2</td><td>16</td></tr>
<tr><td>15</td><td>5</td><td>17</td></tr>
<tr><td>16</td><td>7</td><td>15</td></tr>
<tr><td>17</td><td>6</td><td>16</td></tr>
<tr><td rowspan="5">五公司（常规岛安装）</td><td>18</td><td>4</td><td>17</td></tr>
<tr><td>19</td><td>4</td><td>14</td></tr>
<tr><td>20</td><td>9</td><td>16</td></tr>
<tr><td>21</td><td>6</td><td>14</td></tr>
<tr><td>22</td><td>9</td><td>15</td></tr>
<tr><td rowspan="2">中核机械（正负挖）</td><td>23</td><td>1</td><td>15</td></tr>
<tr><td>24</td><td>7</td><td>17</td></tr>
</table>

制表人：×××　　　　时间：2020-04-16

小组成员根据表 7 承包商文档人员培训时长与其对 20 卷文件进行整理组卷操作测试的案卷规范数量绘制了散布图，具体如下：

</td></tr>
</table>

续 表

<table>
<tr><td>末端因素</td><td colspan="3">承包商接受档案管理培训时间短</td></tr>
<tr><td>确认过程</td><td colspan="3">
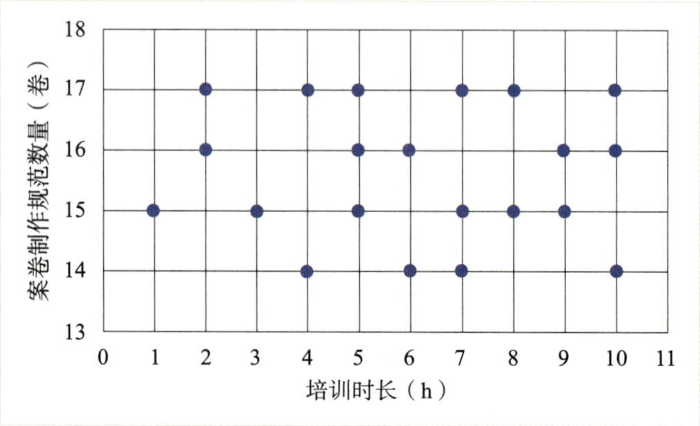

图 9　培训时长与案卷制作规范数量散布图

制图人：×××　　时间：2020-04-16

从上图发现，接受培训时长与承包商人员制作的规范性案卷不相关，说明承包商接受档案管理培训时长对案卷制作不规范影响程度小。</td></tr>
<tr><td>确认地点</td><td>现场办公点</td><td>确认时间</td><td>2020-04-15</td></tr>
<tr><td>结论</td><td colspan="3">非要因</td></tr>
</table>

要因确认二

<table>
<tr><td>末端因素</td><td>承包商制度中缺少案卷制作细则</td></tr>
<tr><td>确认内容</td><td>承包商档案制度中缺少规范的组卷操作实施细则对案卷制作不规范的影响程度</td></tr>
<tr><td>确认方法</td><td>调查分析</td></tr>
<tr><td>确认过程</td><td>
小组对现场主要承包商的文档管理制度进行了查阅，检查其是否具有组卷操作条款，并评估组卷操作条款是否符合国家及业主相关标准规范，见下表：

表 8　承包商文档制度调查统计表

<table>
<tr><td>监理及承包商</td><td>档案管理程序数量</td><td>是否有组卷操作条款</td><td>组卷操作条款是否规范</td></tr>
<tr><td>中核咨询（监理）</td><td>1</td><td>无</td><td>—</td></tr>
<tr><td>中核华兴（土建）</td><td>1</td><td>有</td><td>是</td></tr>
<tr><td>二三公司（核岛安装）</td><td>1</td><td>有</td><td>是</td></tr>
<tr><td>五公司（常规岛安装）</td><td>1</td><td>有</td><td>是</td></tr>
<tr><td>中核机械（正负挖）</td><td>1</td><td>无</td><td>—</td></tr>
</table>

制表人：×××　　时间：2020-04-23
</td></tr>
</table>

续　表

<table>
<tr><td>末端因素</td><td colspan="3">承包商制度中缺少案卷制作细则</td></tr>
<tr><td>确认过程</td><td colspan="3">

小组对上表中承包商 2019 年 8—12 月提交归档的规范性案卷进行了统计：

表 9　承包商规范性案卷调查统计表

<table>
<tr><th>监理及承包商</th><th>提交归档总量</th><th>规范性案卷数量</th><th>百分比</th></tr>
<tr><td>中核咨询（监理）</td><td>93</td><td>56</td><td>60.02%</td></tr>
<tr><td>中核华兴（土建）</td><td>159</td><td>98</td><td>61.64%</td></tr>
<tr><td>二三公司（核岛安装）</td><td>126</td><td>79</td><td>62.7%</td></tr>
<tr><td>五公司（常规岛安装）</td><td>74</td><td>45</td><td>60.81%</td></tr>
<tr><td>中核机械（正负挖）</td><td>59</td><td>36</td><td>61.02%</td></tr>
</table>

制表人：×××　　时间：2020-04-23

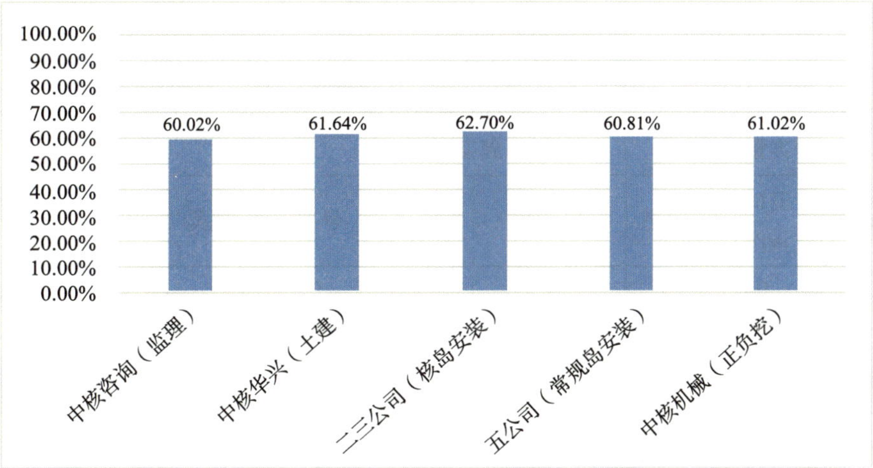

图 10　规范案卷柱状图

制图人：×××　　时间：2020-04-23

从上图可知，各家单位提交的规范案卷差异不大，进一步调查得知，未制定组卷操作规定的单位参照业主归档管理程序进行组卷。因此，承包商档案制度中缺少规范的组卷操作实施细则对症结影响程度小。

</td></tr>
<tr><td>确认地点</td><td>海悦办公点</td><td>确认时间</td><td>2020-04-26</td></tr>
<tr><td>结论</td><td colspan="3">非要因</td></tr>
</table>

要因确认三

末端因素	档案库房温湿度不达标
确认内容	档案库房温湿度不达标对案卷制作不规范的影响程度

续 表

<table>
<tr><td>末端因素</td><td colspan="4">档案库房温湿度不达标</td></tr>
<tr><td>确认方法</td><td colspan="4">调查分析</td></tr>
<tr><td>确认过程</td><td colspan="4">根据法规标准，档案库房温度应保持在 14 ℃～24 ℃、湿度应保持在 45%～60%的范围内。
小组对现场主要承包商的档案室进行了实地查验，查询了这些单位的温湿度登记表，统计了这些单位 2020 年 1—3 月档案库房温湿度不达标的天数，见下表：
表 10　承包商档案库房温湿度情况调查表
<table><tr><td>承包商</td><td>温湿度不达标天数</td></tr><tr><td>中核咨询（监理）</td><td>21</td></tr><tr><td>中核华兴（土建）</td><td>5</td></tr><tr><td>二三公司（核岛安装）</td><td>6</td></tr><tr><td>五公司（常规岛安装）</td><td>15</td></tr><tr><td>中核机械（正负挖）</td><td>26</td></tr></table>制表人：×××　　时间：2020-04-26
小组随机抽取承包商档案库房的各 10 卷建安竣工文件查验纸张及字迹是否有因受潮影响案卷规范性的情况，如下表：
表 11　案卷规范性情况调查表
<table><tr><td>承包商</td><td>纸张及字迹受潮文件数量（卷）</td><td>纸张及字迹不规范案卷数量（卷）</td></tr><tr><td>中核咨询（监理）</td><td>0</td><td>0</td></tr><tr><td>中核华兴（土建）</td><td>0</td><td>0</td></tr><tr><td>二三公司（核岛安装）</td><td>0</td><td>0</td></tr><tr><td>五公司（常规岛安装）</td><td>0</td><td>0</td></tr><tr><td>中核机械（正负挖）</td><td>1</td><td>1</td></tr></table>制表人：×××　　时间：2020-04-26
从上表可知，承包商档案库房温湿度不达标导致纸张字迹受潮的文件数量极少，对案卷制作不规范的影响程度小。</td></tr>
<tr><td>确认地点</td><td colspan="2">现场办公点</td><td>确认时间</td><td>2020-04-26</td></tr>
<tr><td>结论</td><td colspan="4">非要因</td></tr>
</table>

要因确认四

<table>
<tr><td>末端因素</td><td>预验收会议案卷检查时间不够</td></tr>
<tr><td>确认内容</td><td>预验收会议案卷检查时间不够对案卷制作不规范的影响程度</td></tr>
<tr><td>确认方法</td><td>调查分析</td></tr>
<tr><td>确认过程</td><td>
小组抽取了 8 个已完成预验收的工程子项，调查了每个子项的预验收会议上检查竣工文件的时间及完成检查的案卷数量，见下表：
表 12　预验收案卷检查情况统计表
<table>
<tr><th>项目</th><th>预验收会议检查文件时间（h）</th><th>竣工文件案卷数量</th><th>预验收会议上检查案卷数量</th></tr>
<tr><td>示范快堆核岛负挖工程交工文件</td><td>1</td><td>14</td><td>14</td></tr>
<tr><td>示范快堆搅拌站建安工程交工文件</td><td>2</td><td>35</td><td>21</td></tr>
<tr><td>示范快堆土石方工程（Ⅰ标段）交工文件</td><td>2</td><td>50</td><td>21</td></tr>
<tr><td>示范快堆施工生活营地供电施工项目交工文件</td><td>1</td><td>7</td><td>7</td></tr>
<tr><td>示范快堆进场道路养护、边坡治理及场地硬化项目交工文件</td><td>1</td><td>11</td><td>11</td></tr>
<tr><td>示范快堆临时办公大棚交工文件</td><td>2</td><td>30</td><td>21</td></tr>
<tr><td>示范快堆核岛安装施工工程 95USU 重大件仓库交工文件</td><td>2</td><td>31</td><td>21</td></tr>
<tr><td>示范快堆霞浦县长春镇武曲至长门公路拓宽改造工程</td><td>2</td><td>41</td><td>21</td></tr>
</table>
制表人：×××　　　　时间：2020-04-26
从上表可见，对于案卷数量较多的竣工文件，预验收会议检查文件的时间是无法对整个工程子项的竣工文件案卷完成检查的，从而也无法对案卷规范性进行全面深入的检查。
小组统计了这 8 个工程子项在预验收阶段完成及未完成检查的案卷总数，以及竣工验收后提交的竣工文件规范性案卷数量，并对规范性案卷占比进行了比较：
表 13　预验收完成及未完成检查的规范案卷统计对比表
<table>
<tr><th>分类</th><th>案卷总数</th><th>规范性案卷数量</th><th>规范性案卷占比</th></tr>
<tr><td>已完成检查</td><td>137</td><td>131</td><td>95.6%</td></tr>
<tr><td>未完成检查</td><td>82</td><td>43</td><td>52.4%</td></tr>
</table>
制表人：×××　　　　时间：2020-04-26
</td></tr>
</table>

续 表

<table>
<tr><td>末端因素</td><td colspan="3">预验收会议案卷检查时间不够</td></tr>
<tr><td>确认过程</td><td colspan="3">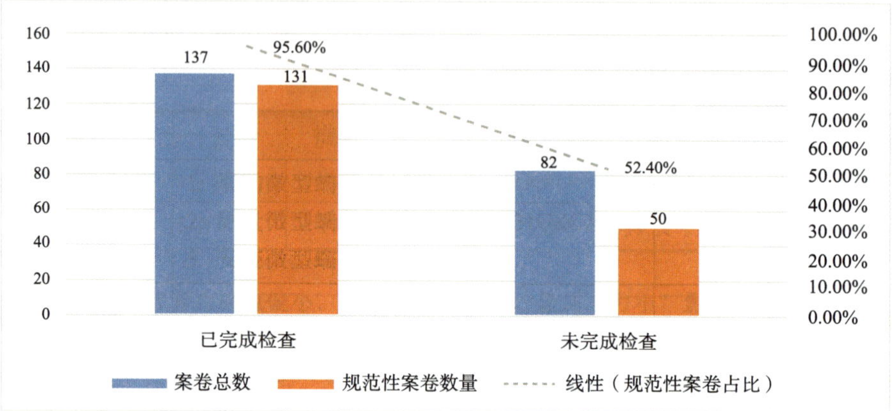

图 11　预验收完成及未完成检查的规范案卷对比图
制图人：×××　　时间：2020-04-26

由上表及图可见，预验收会议完成检查的建安竣工文件，后期提交的规范性案卷远远高于未完成检查的规范性案卷，因此预验收会议案卷检查时间不够对症结影响程度大。</td></tr>
<tr><td>确认地点</td><td>海悦办公点</td><td>确认时间</td><td>2020-04-26</td></tr>
<tr><td>结论</td><td colspan="3">要因</td></tr>
</table>

要因确认五

<table>
<tr><td>末端因素</td><td>未对承包商开展监督检查</td></tr>
<tr><td>确认内容</td><td>未对承包商开展监督检查对案卷制作不规范的影响程度</td></tr>
<tr><td>确认方法</td><td>调查分析</td></tr>
<tr><td>确认过程</td><td>小组各统计了3个已开展文档监督检查项目的规范性案卷占比和3个未开展文档监督检查项目的规范性案卷占比，结果如下：

表 14　预验收阶段完成及未完成组卷的规范案卷对比表
<table>
<tr><th>类别</th><th>项目</th><th>案卷总数</th><th>规范性案卷数量</th><th>规范性案卷占比</th></tr>
<tr><td rowspan="3">已开展监督检查</td><td>负挖子项</td><td>63</td><td>48</td><td>76.2%</td></tr>
<tr><td>土石方子项</td><td>42</td><td>33</td><td>78.6%</td></tr>
<tr><td>搅拌站子项</td><td>35</td><td>26</td><td>74.3%</td></tr>
<tr><td rowspan="3">未开展监督检查</td><td>进场道路子项</td><td>34</td><td>5</td><td>14.7%</td></tr>
<tr><td>保卫厅子项</td><td>15</td><td>2</td><td>13.3%</td></tr>
<tr><td>用水保障子项</td><td>22</td><td>4</td><td>18.2%</td></tr>
</table>
制表人：×××　　时间：2020-04-28</td></tr>
</table>

续　表

<table>
<tr><td>末端因素</td><td colspan="3">未对承包商开展监督检查</td></tr>
<tr><td>确认过程</td><td colspan="3">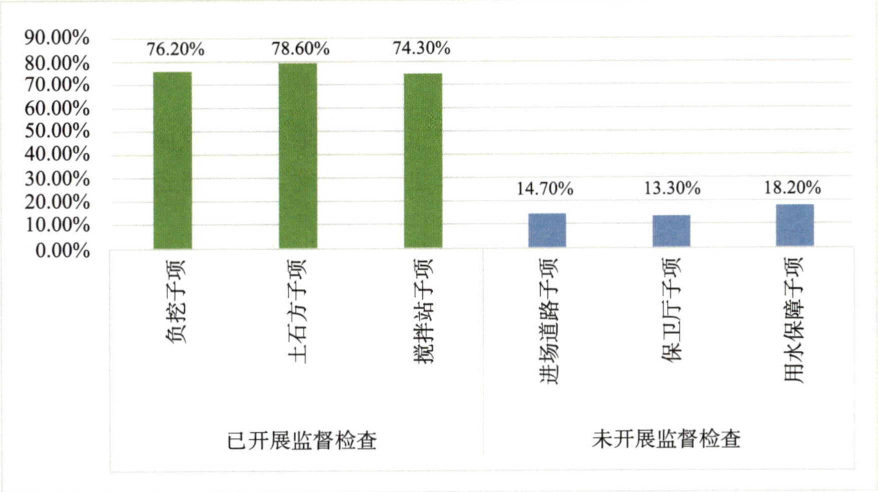
图 12　组卷完成率对比图
制图人：×××　　时间：2020-04-28
从对比图可看出，已开展监督检查的规范性案卷占比明显高于未开展监督检查的规范性案卷占比，因此，未对承包商开展监督检查对症结影响程度大。</td></tr>
<tr><td>确认地点</td><td>现场办公点</td><td>确认时间</td><td>2020-04-28</td></tr>
<tr><td>结论</td><td colspan="3">要因</td></tr>
</table>

要因确认六

<table>
<tr><td>末端因素</td><td>缺少可参照标准化模板</td></tr>
<tr><td>确认内容</td><td>缺少可参照标准化模板对案卷制作不规范的影响程度</td></tr>
<tr><td>确认方法</td><td>试验</td></tr>
<tr><td>确认过程</td><td>小组安排 10 人分成两组，每组各 5 人，给一组提供已合格案卷作为参照模板制作案卷；另一组未提供参照模板，自行结合档案管理制度中的组卷要求进行案卷制作，各制作案卷 20 卷，试验结果如下：
表 15　案卷制作试验表
<table><tr><td>小组类别</td><td>组卷数量（卷）</td><td>规范案卷数量（卷）</td></tr><tr><td>有参照模板</td><td>20</td><td>16</td></tr><tr><td>无参照模板</td><td>20</td><td>9</td></tr></table>制表人：×××　　时间：2020-04-28</td></tr>
</table>

续 表

末端因素	缺少可参照标准化模板		
确认过程	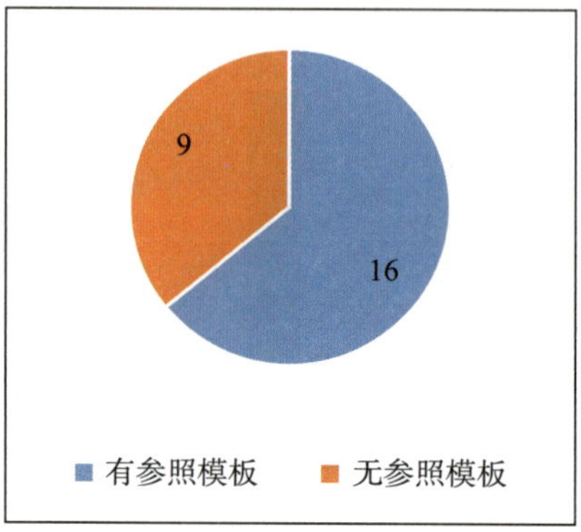 图 13　规范案卷数量对比图 制图人：×××　　时间：2020-04-28 从上图可见，有参照模板时制作的规范案卷远远大于无参照模板时，因此，缺少可参照标准化模板对症结影响程度大。		
确认地点	现场办公点	确认时间	2020-04-28
结论	要因		

要因确认七

末端因素	承包商未建立本单位的档案工作考核机制
确认内容	承包商未建立本单位的档案工作考核机制对案卷制作不规范的影响程度
确认方法	调查分析
确认过程	小组调查了五家主要建安承包商归档工作考核机制建立及落实情况，如下表：

表 16　承包商归档考核情况调查表

单位名称	是否建立归档工作考核机制	是否对竣工文件归档工作进行考核	考核频率
中核咨询（监理）	否	否	—
中核华兴（土建）	是	是	年度
二三公司（核岛）	是	是	年度
五公司（常规岛）	是	是	年度
中核机械	否	否	—

制表人：×××　　时间：2020-04-28

接着，小组统计了这些单位 2019 年 8—12 月提交的案卷规范性情况，如下表：

续　表

<table>
<tr><td>末端因素</td><td colspan="4">承包商未建立本单位的档案工作考核机制</td></tr>
<tr><td>确认过程</td><td colspan="4">
表 17　承包商规范案卷调查统计表
<table>
<tr><th>单位名称</th><th>提交案卷总数（卷）</th><th>规范性案卷数量（卷）</th><th>规范性案卷占比</th></tr>
<tr><td>中核咨询（监理）</td><td>93</td><td>56</td><td>60.02%</td></tr>
<tr><td>中核华兴（土建）</td><td>159</td><td>98</td><td>61.64%</td></tr>
<tr><td>二三公司（核岛）</td><td>126</td><td>79</td><td>62.7%</td></tr>
<tr><td>五公司（常规岛）</td><td>74</td><td>45</td><td>60.81%</td></tr>
<tr><td>中核机械</td><td>59</td><td>36</td><td>61.02%</td></tr>
</table>
制表人：×××　　　　时间：2020-04-28
从上表可见，各单位提交的规范案卷差异不大，说明承包商未建立本单位的档案工作考核机制对症结影响程度小。
</td></tr>
<tr><td>确认地点</td><td>现场办公点</td><td>确认时间</td><td colspan="2">2020-04-15</td></tr>
<tr><td>结论</td><td colspan="4">非要因</td></tr>
</table>

综上，经过对 7 条末端因素逐条确认，共找到 3 条要因，分别是：

要因一：预验收会议案卷检查时间不够

要因二：未对承包商开展监督检查

要因三：缺少可参照标准化模板

八、制定对策

针对以上分析确认的要因，小组成员根据“5W1H”原则讨论并制定对策如下表：

表 18　对策实施表

要因	对策	目标	措施	地点	完成时间	责任人
预验收会议案卷检查时间不够	预验收前开展竣工文件联合审查会	预验收前交工子项竣工文件案卷检查率达到 100%	1. 竣工文件审查流程中，在预验收之前增加联合审查环节； 2. 联合审查会上由监理单位文档人员、业主工程部门人员、业主文档人员对交工子项的建安竣工文件进行检查，重点检查案卷制作规范性； 3. 对发现问题开具整改单，监理单位跟踪施工单位完成整改后方可召开预验收会。	施工现场	2020-07-31	×××

续 表

要因	对策	目标	措施	地点	完成时间	责任人
未对承包商开展监督检查	对建安承包商组卷情况开展专项监督指导	确保建安承包商预验收前100%完成竣工文件整理组卷	1. 业主组建文档检查小组，不定期对主要建安承包商案卷制作质量和进度开展文档专项监督和指导； 2. 开具问题单，提出整改建议并指导、跟踪，直至问题关闭。	施工现场	2020-07-31	×××
缺少可参照标准化模板	业主制作案卷标准模板及组卷实操视频	承包商参照模板组卷后封面、目录及备考表合规的案卷占比≥88%	1. 制作建安竣工文件案卷参照模板； 2. 拍摄组卷实操视频； 3. 发送给建安承包商，要求参照此模板进行组卷。	海悦办公点	2020-07-31	×××

制表人：×××　　　　时间：2020-05-18

九、实施对策

实施对策一：预验收前开展竣工文件联合审查会

具体实施：实施流程图如下：

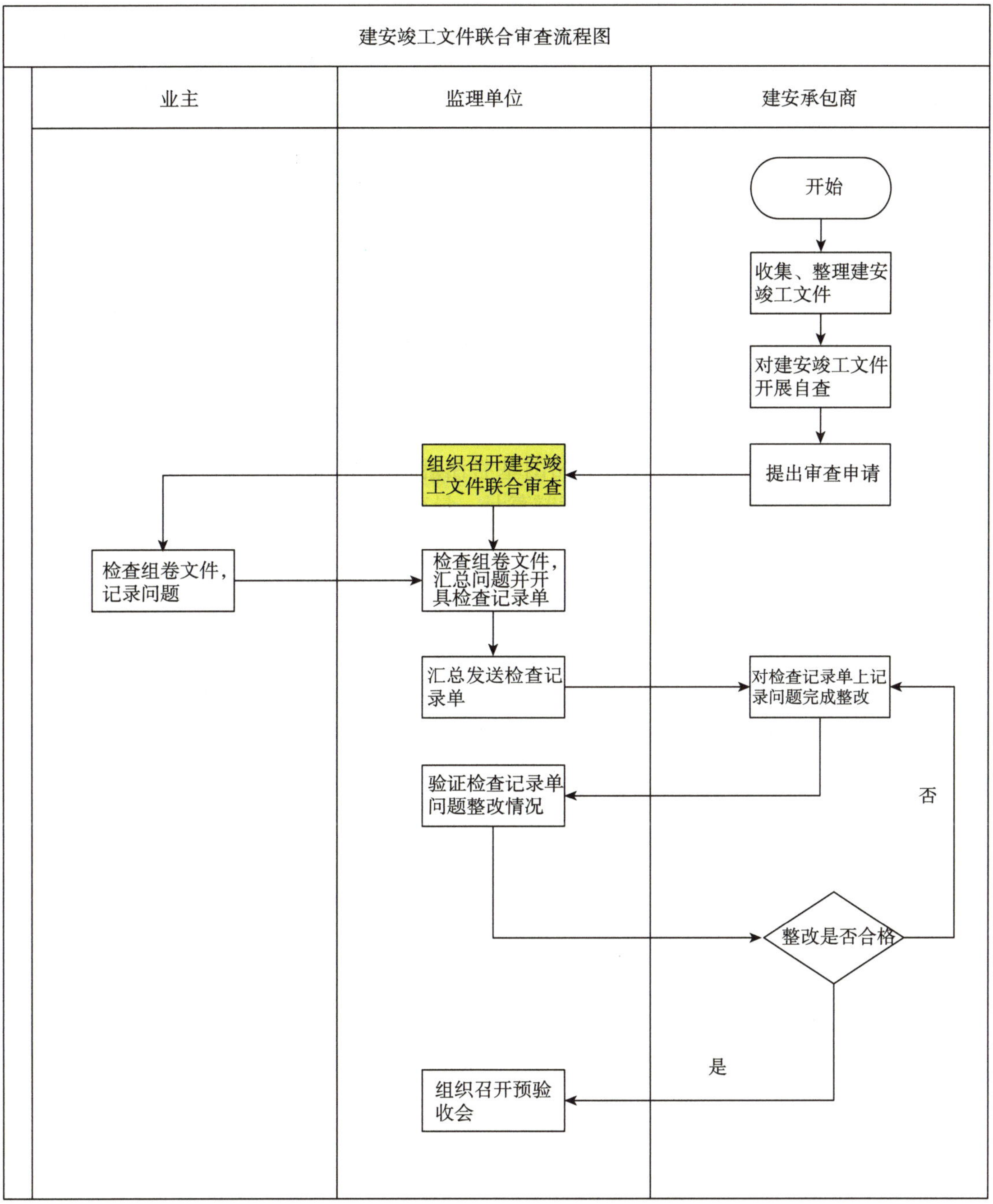

图 14　建安竣工文件联合审查流程图

制图人：×××　　　　时间：2020-06-04

从流程图中可以看出，在预验收前，监理需组织召开建安竣工文件联合审查，检查文件收集、整理及组卷情况并汇总发送检查记录单，建安承包商必须对检查记录单上的问题完成整改，且经验证整改合格后，监理单位方可组织召开预验收会。

检查记录单样式如下：

交工资料检查记录单

编号：

项目名称	示范快堆临时办公大棚建安项目交工文件	立卷单位	中国核工业二四建设有限公司	交接单号/档案号	438-CF-H190-BGDP-001~029
审查单位	XNPC/IAB	审查人/日期	孙国群 2020-03-10	整改人/日期	2020.05.29
		复核人/日期	2020.6.23	关闭人/日期	2020.6.23

序号	审查意见	整改回复	复核情况	关闭情况
1	共性问题：页码不规范：页号应为 1,2……，而不是 001,002；有些页面打码位置不正确，页码应打在文件资料框外；所有的横向文件页号都应该打码在竖向的右下角，背面的在左下角。以后的文件交工资料中应注意整改。	已反馈。	已整改完毕	已关闭
2	438-CF-H190-BGDP-001：封面起止日期有误；卷内目录中序号 2 中签署目录封面缺少总页数。	已按要求整改完毕。	已复核	2020.6.23
3	438-CF-H190-BGDP-004：卷内目录中序号 18 中 54、55 页应该算一页，与电子版不符；序号 19 中设计变更执行、抄送项缺少内容。	已按要求整改完毕	2020.6.23	
4	438-CF-H190-BGDP-005：卷内目录中序号 24 中日期有误，请修改。	已按要求整改完毕		
5	438-CF-H190-BGDP-006：封面起止日期有误；卷内目录中序号 6、7、8、21 中日期格式有误，序号 25 中从 157 页至 172 页背面内容资料全部倒置打印，请重新正确打印。	已按要求整改完毕。		
6	438-CF-H190-BGDP-016：封面起止日期有误；卷内目录中序号 6 中 46 页-54 页复印件模糊不清，请重新提供清晰可阅读的；序号 8 中 85 页复印件模糊不清，请重新提供清晰可阅读的；序号 9 中第 111、112 页重复页。	已按要求整改完毕。		

图 15　建安竣工文件检查记录单

制图人：×××　　　　时间：2020-06-24

小组统计了 2020 年 6—7 月完成组卷并开展了联合审查的工程子项在预验收前完成检查的案卷数量，结果如下：

表 19　采用联合审查归档项目在预验收阶段案卷检查统计表

序号	工程子项名称	是否开展联合审查	竣工文件案卷数（卷）	完成检查的案卷数（卷）
1	示范快堆施工及生活用水保障和维修项目	是	10	10
2	示范快堆临时办公大棚建安项目	是	29	29
3	示范快堆核岛安装施工工程 95USU 重大件仓库	是	31	31

制表人：×××　　　　时间：2020-07-30

实施结果：对建安竣工文件开展联合审查后，预验收前交工子项竣工文件的案卷检查率达到 100%，该对策实施成功！

实施对策二：对建安承包商组卷情况开展专项监督指导

具体实施：2020 年 6 月，QC 小组人员对现场主要承包商开展文档专项监督，在检查承包商组卷中的竣工文件时，发现各家单位在规范性上均存在问题，检查小组开具了问题单并给出整改建议，各家单位及时进行了整改，详见表 20。

表 20　文档监督检查发现文件规范性问题统计表

单位名称	文件编写格式有误	文件杠改不规范	文件签署不完备	竣工图编制不规范	整改完成时间
中核咨询（监理）	25	12	23	/	2020-07-31
中核华兴	16	17	12	36	2020-07-31
二三公司	19	20	24	27	2020-07-31
五公司	27	26	11	26	2020-07-31
中核机械	32	13	10	21	2020-07-31
合计	119	88	80	110	

制表人：×××　　时间：2020-06-15

图 16　QC 小组人员对承包商进行文档专项监督检查

制图人：×××　　时间：2020-06-15

小组复核了各家单位完成整改后的建安竣工文件，并统计 2020 年 7 月前交工的工程子项在申请预验收前完成组卷的情况，见表 21。

表 21　预验收前完成组卷情况调查表

工程子项名称	应组卷案卷总数（卷）	预验收前完成组卷的案卷数（卷）	完成组卷的案卷占比
示范快堆施工及生活用水保障和维修项目	10	10	100%
示范快堆临时办公大棚建安项目	29	29	100%
示范快堆核岛安装施工工程 95USU 重大件仓库	31	31	100%

制表人：×××　　时间：2020-07-31

实施结果：业主通过文档专项监督检查，发现承包商在竣工文件组卷过程中的问题，并指导承包商完成整改，强化了建安竣工文件组卷过程控制。从上表看出，业主对建安承包商组卷情况开展专项监督和指导，建安承包商在预验收前都能 100%完成竣工文件的整理组卷，该对策实施成功！

实施对策三：业主制作案卷标准模板及组卷实操视频

具体实施：业主制作案卷标准模板及组卷实操视频，发送给承包商作为竣工文件组卷时的参照模板。

档案封面

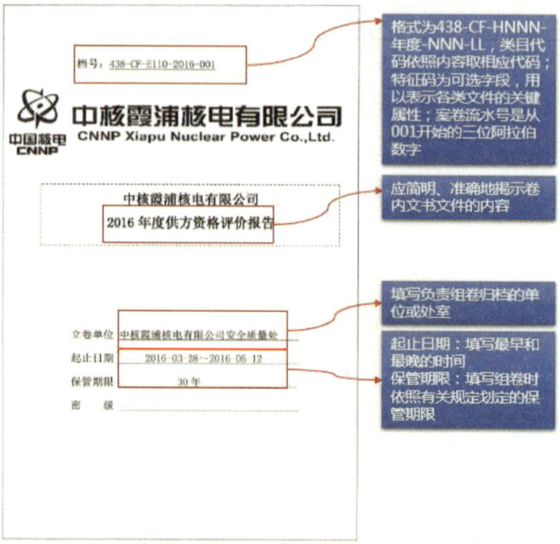

设备、建安文件卷内目录

档案卷内备考表

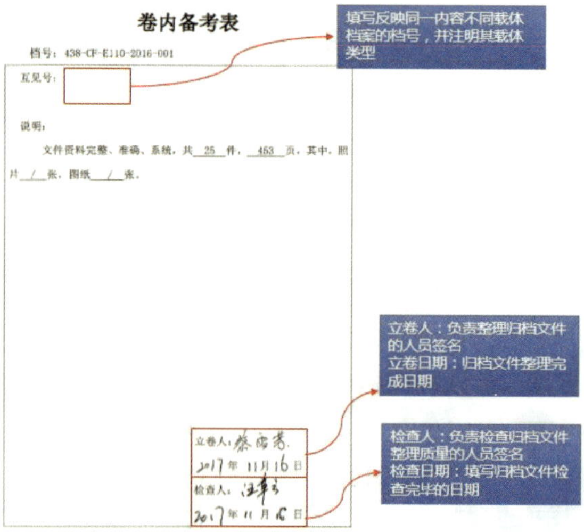

图 17 案卷制作模板

制图人：×××　　　　时间：2020-06-05

承包商根据业主提供的案卷参照模板及组卷实操视频对竣工文件进行整理组卷，小组统计了参照标准化模板后建安竣工文件的封面、目录及备考表合规的案卷数量，并计算占比：

表 22　参照标准化模板后合规案卷统计表

工程子项名称	案卷总数（卷）	封面、目录及备考表合规案卷数（卷）	规范案卷占比
示范快堆进场道路养护、边坡治理及场地硬化项目交工文件	11	10	90.9%
示范快堆土石方工程（Ⅰ标段）监理交工文件	31	28	90.3%
示范快堆常规岛汽轮机厂房负挖工程交工文件	18	16	88.9%

制表人：×××　　　　时间：2020-07-31

实施结果：通过制作建安竣工文件案卷标准模板及组卷实操视频，重点解决了各单位在案卷封面、目录及备考表填写混乱方面的问题，提高了组卷规范性。从上表可以看出，参照标准化模板后，建安竣工文件的封面、目录及备考表的合规案卷占比>目标值 88%，该对策实施成功！

十、效果检查

10.1　检查目标

措施实施后，小组对 2020 年 8—12 月提交归档的项目竣工文件归档合格率情况进行了统计，并与现状调查时的数据进行比较，见表 23。

表 23　项目竣工文件归档合格率对比表

类别＼时间	2019-08—12	2020-08—12
归档合格（卷）	1930	2866
归档审核不合格（卷）	1183	379
提交归档总量（卷）	3113	3245
归档合格率	62%	88.32%

制表人：×××　　　　时间：2020-12-29

通过数据表可算出 2020 年 8—12 月：

$$\text{项目竣工文件归档合格率}=\frac{2866}{3245}\times 100\%=88.32\%$$

对实施对策前后项目竣工文件归档合格率进行对比：

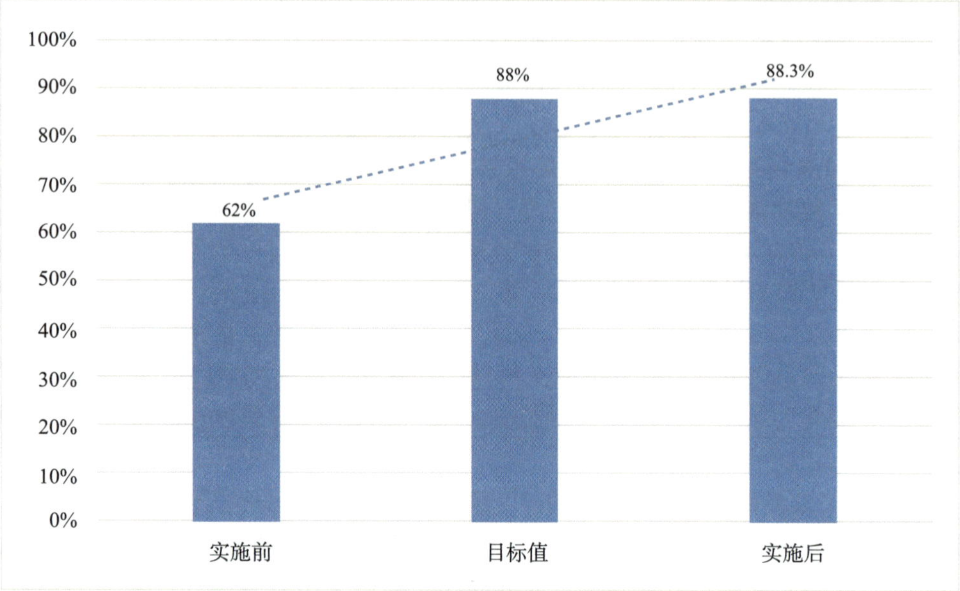

图 18 实施效果对比图

制图人：×××　　时间：2020-12-29

结论：由上可知，小组通过对策实施提高了项目竣工文件归档合格率，从活动前的62%提升到了88.32%，达到了小组设定的88%的目标！

10.2 检查症结

小组对活动前后建安竣工文件归档不合格案卷进行了统计和对比，如表24所示，结合数据表绘制了活动前后排列图：

表 24 活动前后归档不合格案卷对比表

活动前（2019-08—12）			活动后（2020-08—12）		
种类	不合格卷数	百分比	种类	不合格卷数	百分比
案卷制作不规范	855	84.07%	案卷制作不规范	9	4.81%
归档范围不完整	87	8.55%	归档范围不完整	94	50.27%
文件内容不准确	33	3.24%	文件内容不准确	41	21.93%
文件不具备有效性	21	2.06%	文件不具备有效性	25	13.37%
案卷划分不系统	12	1.18%	案卷划分不系统	14	7.49%
其他	9	0.88%	其他	4	2.14%
总计	1017	100%	总计	187	100%

制表人：×××　　时间：2020-12-29

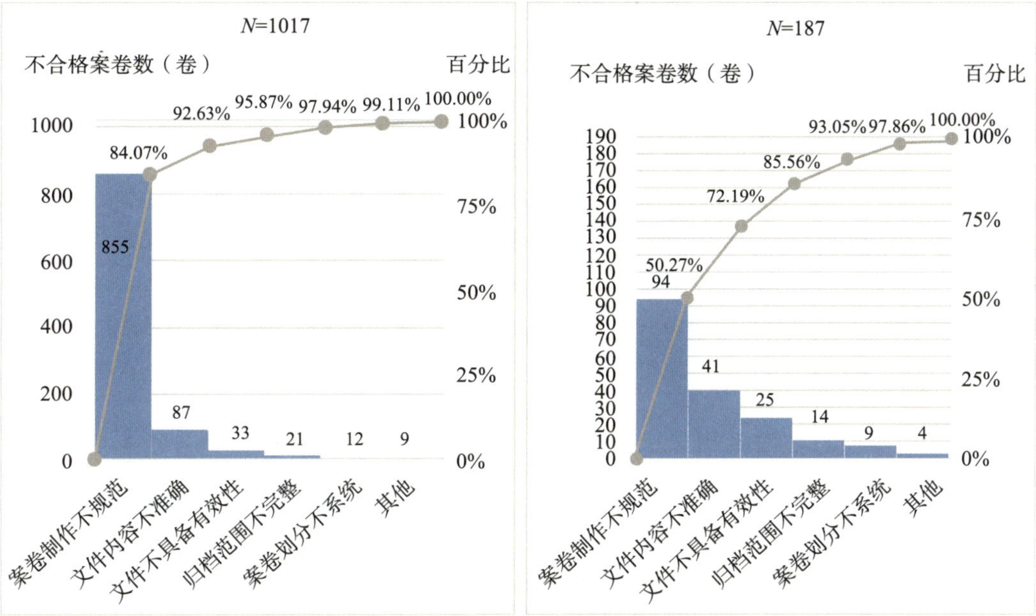

图 19　活动前后竣工文件归档不合格排列图

制图人：×××　　　　时间：2020-12-29

结论：对策实施后，案卷制作不规范由活动前的 84.07%降至活动后的 4.81%，症结消除率达到了 95.19%，说明它已不再是导致项目竣工文件归档不合格的主要症结！

十一、巩固措施

1. 本次 QC 小组活动取得了预期效果，针对每条要因提出的对策及整改措施卓有成效，为此制定如下巩固措施：

（1）将联合审查制度纳入公司管理程序 DM-XP-3102《建安竣工文件整理与管理》。

已发布

建安竣工文件整理与管理

Construction and Installation Status As-Built Records Arrangement and Management

DM-XP-3102

Rev.B

中核霞浦核电有限公司
CNNP Xiapu Nuclear Power Co.,Ltd.

图 20　程序 DM-XP-250《档案监督指导管理》

制图人：×××　　　　时间：2021-01-25

（2）程序中对文档监督检查具体操作规则进行详细规定：

03	建安竣工文件联合审查	监理公司组织开展联合审查，霞浦核电工程管理处、安全质量处、信息文档处及监理公司的专业工程师、文档人员共同组成审查组，施工单位负责提供场地，并派人陪同检查，发现问题应填写《建安竣工文件检查记录单》。 审查组将审查意见反馈到监理工程师，由监理工程师汇总发出整改通知单给各参建单位进行整改，整改完成并经复核后可提交建安竣工文件预验收申请。	监理工程师/监理公司 项目（文档）负责人/霞浦核电	时限：竣工文件预验收前完成 平台：现场操作 控制点：C02

图 21　公司程序《建安竣工文件整理与管理》流程中增加了联合审查环节

制图人：×××　　　　　　　　　　　　　时间：2021-01-25

2. 将文档专项监督检查相关操作流程形成管理程序 DM-XP-250《档案监督指导管理》。

档案监督指导管理
Archiving Supervision & Guidance
DM-XP-250
Rev.A
中核霞浦核电有限公司
CNNP Xiapu Nuclear Power Co.,Ltd.
本文件知识产权为中核霞浦核电有限公司所有，未经书面许可，不得以任何方式采用、复制、外传或转让。

图 22　程序 DM-XP-250《档案监督指导管理》

制图人：×××　　　　　　　　时间：2021-01-25

程序中对文档监督检查具体操作规则进行详细规定：

6.4.3 发送文档监督通知

1) 信息文档处组织的文档监督，监督负责人应提前将《文档监督检查通知》（格式见附录 8.3）发送被监督方。

2) 监督检查通知内容应包括检查内容、检查日期、检查负责人、参加人员、检查基本要求等信息。受检查方收到通知后应通知相关人员做好相应的准备，并指定接口人员配合监督活动。

3) 信息文档处通过参加公司质保监查、质保监督、工程监督开展的文档监督活动，可不发送《文档监督检查通知》。

6.4.4 准备文档监督提问单

文档监督人员在接到所分配的任务后应熟悉所监督领域的相关文件，如被监查单位的职责分工、职责范围内文件类型、管理程序、工作流程等，收集该处室（单位）近期文件递交、工作文件管理、声像档案管理、组卷归档中出现的问题，选取合适的样本依据，编制《文档监督检查提问单》（见附录 8.4）。

6.4.5 监督过程

1) 召开文档监督前会议，由监督方和被监督方共同参加。监督前会议主要是明确监督目的、内容及人员分工，听取被监督方文档整体情况汇报等。

图 23　文档监督检查具体操作规则

制图人：×××　　　　　　　　　　　　　时间：2021-01-25

3. 针对案卷制作不规范，小组实施了以下固化措施：

（1）建安竣工文件案卷模板作为岗位规范《建安竣工文件岗位标准化管理手册》的附件。

图 24　建安竣工文件对应的案卷模板

制图人：×××　　时间：2021-01-27

（2）通过公司 ECM 系统发布岗位规范《建安竣工文件岗位标准化管理手册》：

中核霞浦核电有限公司
CNNP Xiapu Nuclear Power Co.,Ltd.
中核集团 CNNC

记录报告

建安竣工文件岗位标准化管理手册

编码：XP-1AB-BF-2021-0005　版次：A　总页数：20

本文件产权属中核霞浦核电有限公司，未获本公司书面允许，禁止以任何方式擅自使用、复制、传播。

图 25　标准化管理手册封面

制图人：×××　　时间：2021-01-27

（3）微信群、拷贝等方式告知建安承包商文档人员拷贝组卷实操视频。

4. 巩固期跟踪

2021 年 1—3 月为本次 QC 活动的措施巩固阶段。2021 年 3 月，小组成员对 2021 年 1—3 月项目竣工文件归档合格率进行了统计，见表 25。

表 25　2021 年 1—3 月项目竣工文件归档统计表

提交归档总量（单位：卷）	归档合格数量（单位：卷）	归档审核不合格数量（单位：卷）
152	138	14

制表人：×××　　时间：2021-03-29

通过上表可算出：

$$项目竣工文件归档合格率=\frac{138}{152}\times100\%=90.8\%$$

对比对策实施前后及巩固期的项目竣工文件归档合格率：

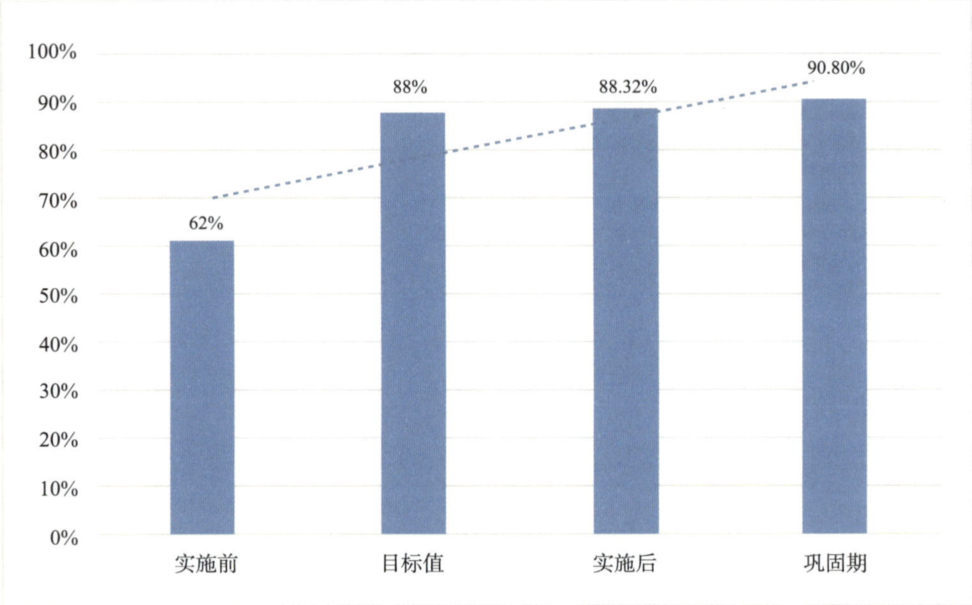

图 26 归档合格率对比图

制图人：××× 时间：2021-03-29

从上图可以看出，巩固期项目竣工文件归档合格率不仅达到了小组设定的 88% 的目标，且稳中有升，证明巩固措施有效！

十二、总结和下一步打算

12.1 总结

本次 QC 活动，小组从项目竣工文件的质量特性入手，对归档合格率情况进行了调查，对存在的问题进行梳理，对数据进行整理、分类、统计，经过深入地分析准确找到项目竣工文件归档合格率低的症结，并采用 5W1H 原则建立对策表依据实施。在对策实施过程中，小组根据 PDCA 原则，逐条完成对策措施并取得满意效果，最终有效提升了归档合格率，对保障后续项目档案顺利通过国家竣工验收具有重大意义！此次活动受益良多，总结如下：

表 26 专业技术、管理方法、成员素质总结表

分类	特点及优势	不足之处	提升措施
小组专业技术提升	1. 小组具有主动解决问题的主观能动性和积极性，通过本次 QC 活动，小组成员在理论水平和动手能力上都有显著提高。深入了解了项目竣工文件的分类、整理组卷及移交归档的全工作流程，提升了小组成员整体的专业技术水平；小组成员更加熟练地掌握了竣工文件的审查要点及对常见问题的处理措施，提高了竣工文件归档效率； 2. 在逻辑分析能力上有了很大的提升，小组成员能在工作中挖掘出平时视而不见的种种问题并加以分析解决，极大地提升了日常工作效率； 3. 推广应用范围，针对增加建安竣工文件审查流程，加强过程控制的措施，将处理思路和方案进行推广，对设备竣工文件具有参考性和借鉴意义	小组成员对核电专业知识、工程项目等方面知识的掌握有所欠缺，接下来需要进一步的学习和提高	小组成员应拓宽知识面，不要局限在文档管理领域，应通过参加公司专业培训、自学等方式提高对核电专业知识及工程项目专业知识的获取
小组管理方法提升	1. 通过本次 QC 活动，提升了小组的管理技术水平。活动中，根据小组成员的工作范畴进行了合理分工，大家相互配合、群策群力，团队精神大幅提高； 2. QC 小组活动起到了较好的“传帮带”作用。经验丰富的老员工向新参加工作的新员工传授知识技能，有效提高了新员工的各方面能力； 3. 激发了小组人员小组成员工作的积极性和创造性，培养了精益求精的态度，促进了工作质量的持续改进	要因确认方法及图表使用比较单一	增加 QC 项目的学习培训，深入学习 QC 活动新规范新标准，熟练掌握各类图表及 QC 工具方法使用
小组成员综合素质提升	通过本次 QC 活动，不仅学习了解熟悉了 PDCA 质量改进的方法和技能，小组成员应用质量工具分析问题、解决问题能力以及组织能力、协调沟通能力、执行力、决策能力等“通用能力”得到了全面的提升	小组成员的创新能力有待提高	对工作多复盘、多总结，针对下一阶段的 QC 课题研究每位组员应提出建设性意见

制表人：×××　　　　时间：2021-04-02

图 27　小组活动照片

12.2　下一步打算

本次活动实施过程中发现了一些问题，小组成员打算在后续工作中加以改进提升：

（1）通常文档人员会在工程子项交工阶段才进行归档审查工作，本次活动中其中两条对策是关于文档人员提前介入检查，效果较好，后续应从前端介入，加强对项目竣工文件的过程管控，比如开工会阶段进行文档培训指导、增加文档专项监督检查频次，从而确保竣工文件的合规性，避免后期整改。

（2）活动后，归档范围不完整成为导致的项目竣工文件归档不合格的主要问题，应进一步分析原因并消除问题，有效提升竣工文件归档质量。

（3）在实际工作中，更广泛地开展 QC 活动。针对霞浦核电项目工程信函量巨大，当前承包商提交的信函收文存在较多不合格直接影响到施工工期的情况，下阶段小组计划开展“提高工程信函收文提交合格率”的课题研究。

专家点评：海南核电　朱鹏

1. 总体评价

该课题类型为问题解决型，霞核文档飞鸽 QC 小组针对 2019 年 8—12 月项目竣工文件归档合格情况，通过分层分析，找到“案卷制作不规范”为症结，运用系统图对症结进行原因分析，找到 7 条末端因素，并最终确认了 3 条要因。经过对策的制定和实施，最终完成了小组的活动目标。小组活动流程规范、思路清晰，成果突出，项目竣工文件归档合格率有了显著的提高。

2. 成果亮点

（1）活动程序规范。该成果遵循 PDCA 循环，按照问题解决型（自定目标）课题活动要求，从选择课题、现状调查、设定目标、原因分析、要因确认、制定对策、对策实施、效果检查、巩固措施、总结及今后打算这 10 个步骤对整个 QC 活动过程进行了阐述，活动程序较为规范。

（2）活动效果明显，活动实施后，项目竣工文件归档合格率从 62%提高到 88.32%，症结案卷制作不规范由活动前的 84.07% 降至活动后的 4.81%，症结消除率达到了 95.19%，通过巩固期的验证，课题活动目标得到了较好的巩固和维持。

（3）要因确认环节规范。在对 7 条末端因素进行确认时，能够逐项细致的分析，整改确认过程能够充分使用图表和数据，通过现场调查、试验等手段，找到了影响症结的要因。

（4）对策制定科学有效。小组针对最佳方案，制定了对策表，形成 3 条对策，对策制定过程清楚，目标可测量、检查，措施具体到位，便于实施。

3. 改进建议

（1）现在调查数据考虑不全面。对于项目竣工文件的归档，前期归档不合格的文件返工是否累计到后面总量统计应进行说明，若不统计则应考虑设置一次合格率作为活动目标。一份文件也可能存在多种类型的不符合，统计数据未能充分说明。

（2）现状调查找出了案卷制作不规范是是项目竣工文件归档不合格的症结，为目标设定提供依据，但文本中 5.1 目标设定依据的相关内容，建议放在现状调查环节；症结解决的程度“小组分析认为如果能将症结解决 95%”，建议小组根据组织曾经达到的最好水平，来预测症结解决的程度。

（3）要因确认环节个别活动的时间逻辑描述不正确，如要因确认七，表 17、表 18 的制作时间为 4 月 28 日，但要因确认七的确认时间为 4 月 15 日。

（4）个别要因确认的内容没有完全以末端因素对症结的影响程度判断主要原因，如档案库房温湿度不达标、未对承包商开展监督检查。

（5）要因确认一，2020 年 4 月制作的表 7 中统计的是“2020 年度接受培训时长（h）”，统计的周期有误。

（6）对策 2 的目标为“确保建安承包商预验收前 100%完成竣工文件整理组卷”，与对策“对建安承包商组卷情况开展专项监督指导”无直接关系，目标的设定也无数据依据。

课题十二

核电厂放射性碘核素分离装置的研制

一、小组概况

表 1　小组概况表

小组名称	化学处冲锋 QC 小组			成立日期	2012-03
课题名称	核电厂放射性碘核素分离装置的研制			课题类型	创新型课题
课题登记号	2021-QC-028-OPC			注册登记号	2021-QC-028-OPC
活动时间	2021-03—2022-02			人均 TQM 学时	94
小组成员情况					
序号	姓名	文化程度	小组分工	职责	业务特长
1	王良明	本科	组长	全面筹划、活动指导	处内放化专业带头人
2	×××	硕士	组员	活动指导、方案制定	国家级 QC 评委
3	×××	本科	组员	数据整理、成果发布	仪器负责人兼优秀演讲人
4	×××	本科	组员	对策实施、数据整理	仪器故障处理工程师
5	×××	本科	组员	方案制定、对策实施	离子色谱仪器负责人
6	×××	本科	组员	活动指导、报告整理	公司 QC 诊断师
7	×××	本科	组员	数据分析、效果检查	公司 QC 诊断师
8	×××	本科	组员	方案制定、数据分析	仪器故障处理工程师
9	×××	本科	组员	对策实施、PPT 制作	仪器负责人兼 PPT 制作能手
10	×××	本科	组员	效果检查、成果发布	公司优秀演讲人

注：放射性碘核素分离装置以下简称为分离装置

二、选择课题

2.1　名词解释

放射性核素：能自发放出射线的核素；

放射性碘：包括^{131}I、^{132}I、^{133}I、^{134}I、^{135}I 等的同位素碘，是核电厂最常用的燃料包壳完整性示踪核素；

γ射线：原子核由激发态跃迁到较低能态时放出的射线，与 X 射线类似，都是波长很短的电磁波，但能量一般大于 X 射线。

2.2　需求分析

放射性碘是核电厂最常用的燃料包壳完整性示踪核素，由放射性碘测量计算得到的燃料可靠性指标（FRI 值）更是世界核电运营者协会（WANO）的一个重要评估指标。放射性碘中的^{131}I 半衰期相对较长（8.02 d），其重要性明显高于其他碘同位素，核电厂对^{131}I 活度有严格的测量频度和限值要求。

随着核安全理念的日益强化，燃料包壳完整性的示踪核素分析要求也越来越高。在 WANO 同行评估中，专家提出需要进一步缩短燃料包壳完整性示踪核素的分析时间，尤其是^{131}I 的分析时间，需要将原有的约 24 h 的分析时间进一步降低。根据 WANO 评估专家的建议，需要将^{131}I 的测量时间降低至 3 h 以内。

小组对当前的测量时间进行了统计，结果均在 26 h 左右，详细数据见表 2。

表 2　^{131}I 测量耗时统计表

班组	×××组	×××组	×××组	×××组	×××组	×××组
时间/h	26	25.5	26.5	25.5	26.5	25.5

相对于其他示踪核素的测量，^{131}I 测量时间过长。小组对^{131}I 分析过程中各环节的时间进行统计分析，具体如下：

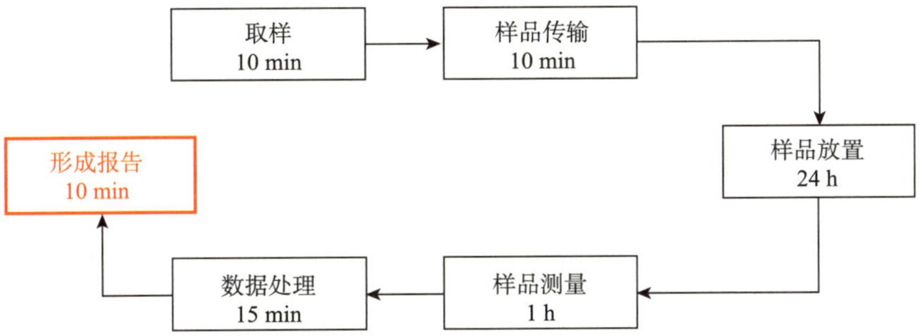

图 1　^{131}I 分析过程

通过对各环节的时间统计发现，样品放置时间为24h，占总分析时间的92%以上，直接影响^{131}I的测量时间。

通过对样品进行直接测量和放置24 h后再进行测量的数据进行统计，发现同一个样品的核素计数对比数据如表3所示。

表3　样品放置前后核素测量计数统计表

序号	特征能量峰/keV	直接测量	放置24 h后测量
1	80	8642	8041
2	233	8048	5862
3	249	2458	1754
4	511	1 778 726	24 894
5	608	2457	1307
6	1260	4581	1286
7	1368.6	85 641	22 451
8	1524.7	289 207	72 414

由上表可以看出，在511 keV、1368.6 keV、1524.7 keV位置的能量峰计数明显高于其他能量峰，且在放置24 h后明显降低，而其他的能量峰无明显变化。小组通过查阅文献，并结合核电厂水化学工况的特点，得出对应的核素分别为^{24}Na、^{42}K、^{18}F，存在形式分别为Na^+、K^+、F^-：

表4　特征峰对应核素

能量峰/keV	核素	存在形式
1368.6	^{24}Na	Na^+
1524.7	^{42}K	K^+
511	^{18}F	F^-

经调查，样品放置24 h的目的是降低高活度干扰核素的影响，而放置时间是根据^{24}Na、^{42}K、^{18}F核素的半衰期来制定的，因为半衰期是核素无法改变的固有性质，想要通过降低放置时间来缩短测量时间是无法实现的。要想完成在短时间内对^{131}I的准确测量，必须要找到一种将^{24}Na、^{42}K、^{18}F等干扰核素与^{131}I快速分离的方法或装置。

综上所述，小组急需研制一种核素分离的方法或装置，快速实现^{131}I与^{42}K、^{24}Na及^{18}F的分离，从而缩短测量时间。

2.3　课题借鉴

小组成员根据核素分离方法的研制难点，对相关技术文献进行了查找，通过万方数据库、中国知网等进行了相关文献的搜索，并对目前核素分离的常用技术进行汇总分析，查找可借鉴之处。

表 5　借鉴原理表

1	文献名称	膜工艺在特殊核素分离中的应用
	可借鉴方法：	半透膜分离法
	8 膜工艺在特殊核素分离中的应用 作者：李斗　许国静　陈子惟　贾紫永　　来源：广州化工　　年(期)：2018(01)　　来源数据库：期刊 摘要：核燃料循环会产生不同种类的放射性核素。依据不同类型、放射性水平及理化性质,每种放射性核素需要特定的处理技术。目前最常用的是PUREX溶剂萃取工艺,产生的萃取液是放射性同位素的丰富来源。膜工艺展示出了能从该种废物中分离和纯化放射性同位素的良好效果,重点介绍了膜工艺在钼、铯、氚、锆、钠、锶、镧系等放射性元素分离纯化中的应用。 发表时间：2018-01-08	
2	文献名称	一种新型介孔硅基树脂材料的制备及其对放射性核素的分离
	可借鉴方法：	树脂吸附分离
	7 一种新型介孔硅基树脂材料的制备及其对放射性核素的分离 作者：段荔　杜丽丽　许启初　　来源：中国化学会第十五届胶体与界面化学会议论文集（第二分会）　　年：2015　　来源数据库：中国会议 摘要：萃淋树脂柱分离法是目前可以实现多个核素同步分离的最有效的方法。本工作利用硅基载体耐酸、耐碱、耐高温、耐辐射以及良好的机械性能等特性~([1]),并结合本实验室合成的对某些核素具有极好选择性吸附功能的硫代膦酸萃取剂~([2]),制备了一种新型介孔硅基支撑的含硫树脂分离材料,并详细研究了其对多个放射性核素的同步分离性能。在本工作中,采用了TEM和SEM等表征手段,观察和分析了介孔SiO_2及其内外表面修饰聚合物和萃取剂后的表面形貌、内部结构和组成元素,并比较了其相应变化,结果(Figure a)显示,本工作合成了一种平均尺寸在500nm左右的多孔二氧化硅粒子,该结构具有大的比表面积和空间特性,这可 下载频次：21　发表时间：2015-07-17	
3	文献名称	用于放射性核素分离的固相萃取技术研究
	可借鉴方法：	化学萃取分离
	3 用于放射性核素分离的固相萃取技术研究 作者：杨素亮　　来源：第二届全国核化学与放射化学青年学术研讨会论文摘要集　　年：2013　　来源数据库：中国会议 发表时间：2013-11-08	

根据文献查找到的三种核素分离方法，小组成员对比了这三种核素分离方法分离原理和应用范围。发现膜分离法可适用于分离阳离子，树脂柱分离法可适用于分离阴离子，小组从理论分析，得出借鉴膜分离法和树脂柱分离法来实现核素的分离是可行的。

小组又结合实验室的现有条件，发现实验室的离子色谱仪就是基于膜分离法和树脂柱分离法来实现分离和分析的，对比需要分离的^{42}K、^{24}Na 和^{18}F 核素存在的形态也都是离子态，因此从实物分析，得出借鉴离子色谱仪的工作流程是可行的。

离子色谱仪系统简图与实物如图 2、图 3 所示。

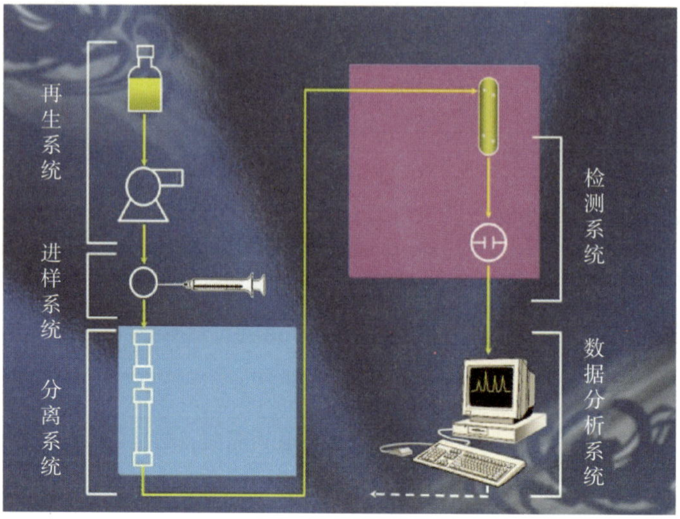

图 2　离子色谱仪分析流程图

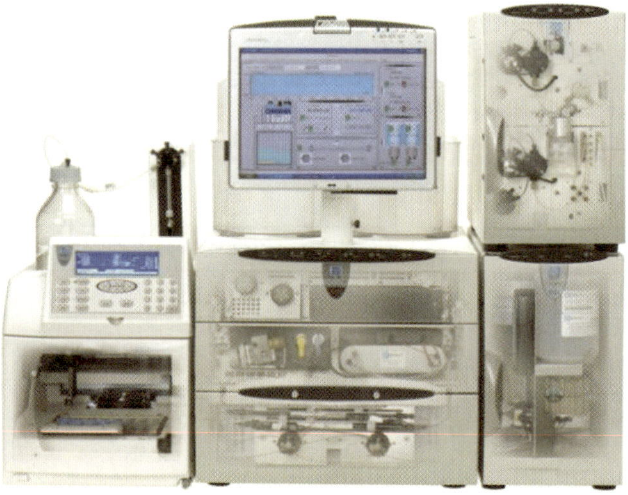

图 3　离子色谱仪实物图

离子色谱仪主要由再生系统、进样系统、分离系统、检测系统及数据分析系统等组成。经小组讨论分析，一致认为需研制的分离装置可以借鉴离子色谱仪的分离和检测系统。

① 阳离子的分离

可以借鉴检测系统中的半透膜分离：样品中的阳离子和阴离子在电场的作用下，受制于半透膜的选择性只允许阳离子或阴离子通过从而实现阴阳离子的分离，下图为在阳离子半透膜下的阴阳离子分离，如图 4 所示。

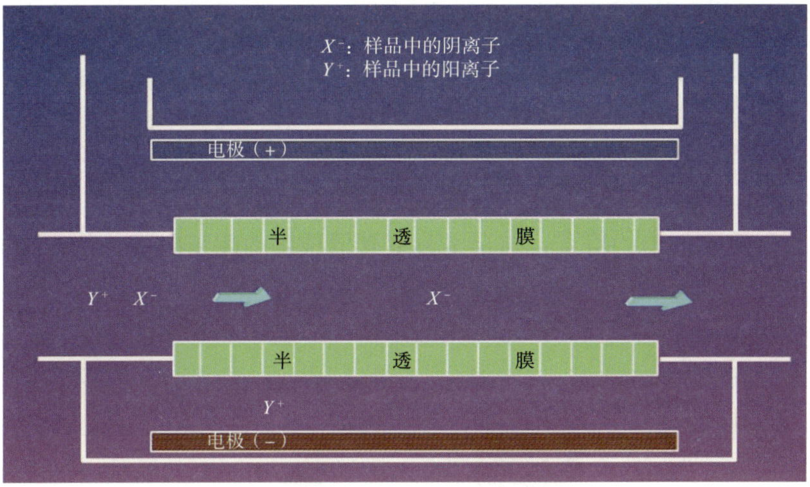

图 4　阳离子分离示意图

② 阴离子的分离

可以借鉴分离系统离子交换分离：样品中的阴离子（F^-）通过分离柱时，由于阴离子与分离柱的吸附交换能力不同，导致不同阴离子通过分离柱的时间不一致，从而实现了阴离子的分离。如图 5 所示。

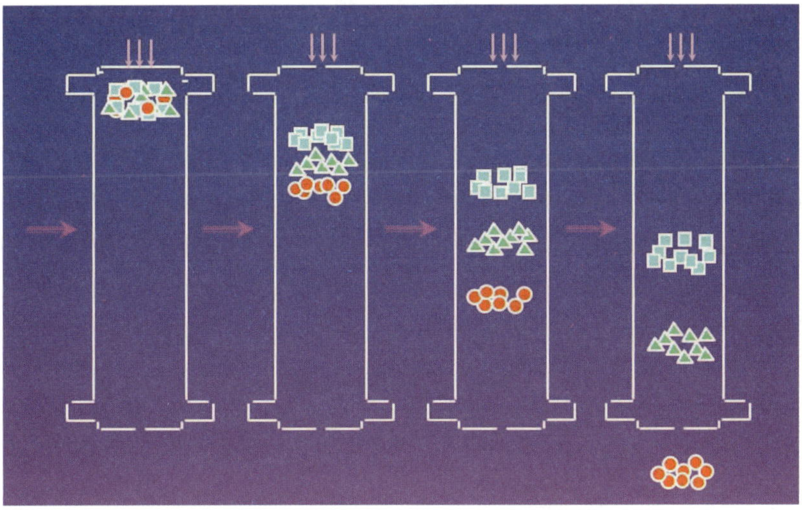

图 5　阴离子（F^-）分离示意图

2.4　课题确认

通过需求分析和课题借鉴，最终小组成员将本次活动的课题选定为：

核电厂放射性碘核素分离装置的研制

三、设定目标及目标可行性论证

3.1 设定目标

根据WANO专家提出的需求，结合实验室其他核素的测量时间，领导要求将^{131}I的分析时间降低到3 h以内，小组认为目标极具挑战。

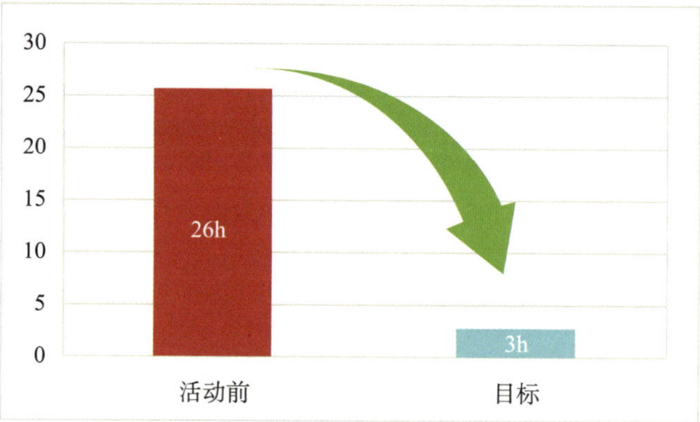

图6 目标图

3.2 目标可行性论证

对标常规分析方法，离子色谱仪和膜处理技术的分离时间一般在1 h左右，根据小组之前的调查结果，^{131}I的分析过程中，取样、样品传输、样品测量、数据处理和形成报告环节时间较短且无法深层次优化，如果能利用样品分离装置将样品放置环节的时间由24 h缩短至1 h，目标即可实现。为论证分离所需要的时间，小组依据借鉴的离子色谱仪与分离主要环节的各项时间数据进行评估预计。

表6 分离时间评估表

序号	环节	离子色谱仪时间	分离装置预计时间	备注
1	设备预热	5 min	5 min	对分离设备进行活化
2	各系统的除盐水冲洗	5 min	5 min	对各系统进行冲洗以去除杂质离子对系统的影响
3	样品以一定的流速通过分离系统	5 min	29 min	离子色谱仪的流速约为0.3 mL/min，定量环中体积为1.5 mL； 分离装置的样品量约需要20 mL，可以适当调至0.7 mL/min流速
4	各系统的除盐水冲洗	5 min	10 min	分离装置需要将各部件内的样品完全冲洗出来，而离子色谱仪需要简单冲洗即可

续　表

序号	环节	离子色谱仪时间	分离装置预计时间	备注
5	合计时间	20 min	49 min	—

通过评估，分离装置预计完成时间为 49 min，为保证有一定裕量，将时间定为 1 h。那么，^{131}I 的分析时间即可缩短为：取样 10 min+样品传输 10 min+样品分离 1 h+样品测量 1 h+数据处理 15 min+形成报告+10 min=2.75 h，目标即可达成。

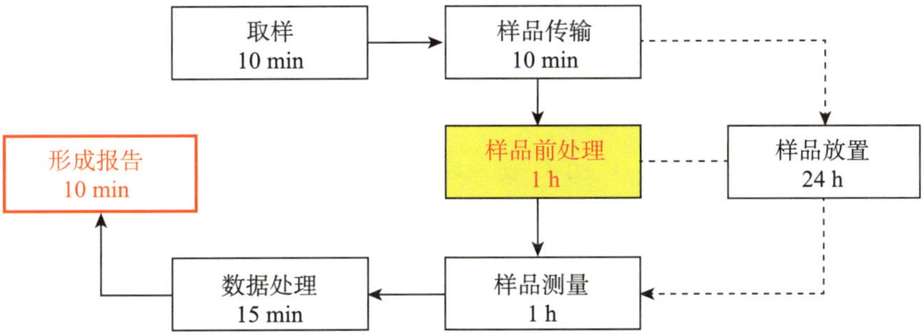

图 7　拟优化后分析过程

综上所示，将分离装置的预计时间定为 1 h。最终，结合分析过程，小组将^{131}I 测量的目标制定为 3 h 是可行的。

四、提出方案并确定最佳方案

4.1　提出方案

小组根据需求分析和课题目标，确定课题的总体方案：

首先，通过借鉴离子色谱仪的检测原理，利用半透膜系统的工作原理，在电场作用下，样品中的阴阳离子进行定向移动，并选择性地通过半透膜，实现阴、阳离子的分离，从而将影响测量结果的 K^+、Na^+ 分离出去。然后，通过借鉴离子色谱仪分析柱的工作原理，利用不同元素的离子吸附-解析能力不同的特点，利用分离柱对 F^- 和 I^- 进行分离。最终完成$^{131}I^-$ 与 K^+、Na^+ 及 F^- 的分离。

小组成员根据借鉴的半透膜和分离柱的流程原理，制作了分离装置的工作流程图，详见图 8。

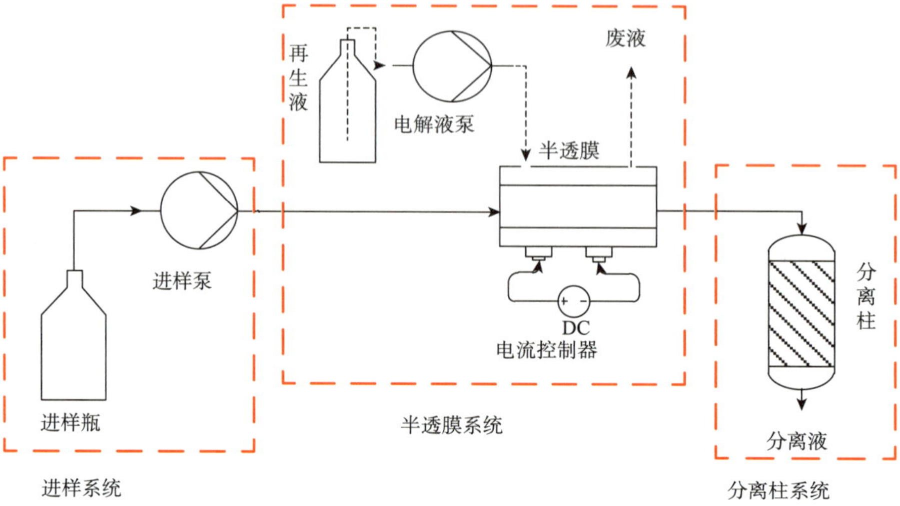

图 8　分离装置流程图

4.2　分级方案

小组成员基于专业技术和现场经验，运用头脑风暴法开展讨论，根据总体方案，制定了分级方案，具体如图 9 所示。

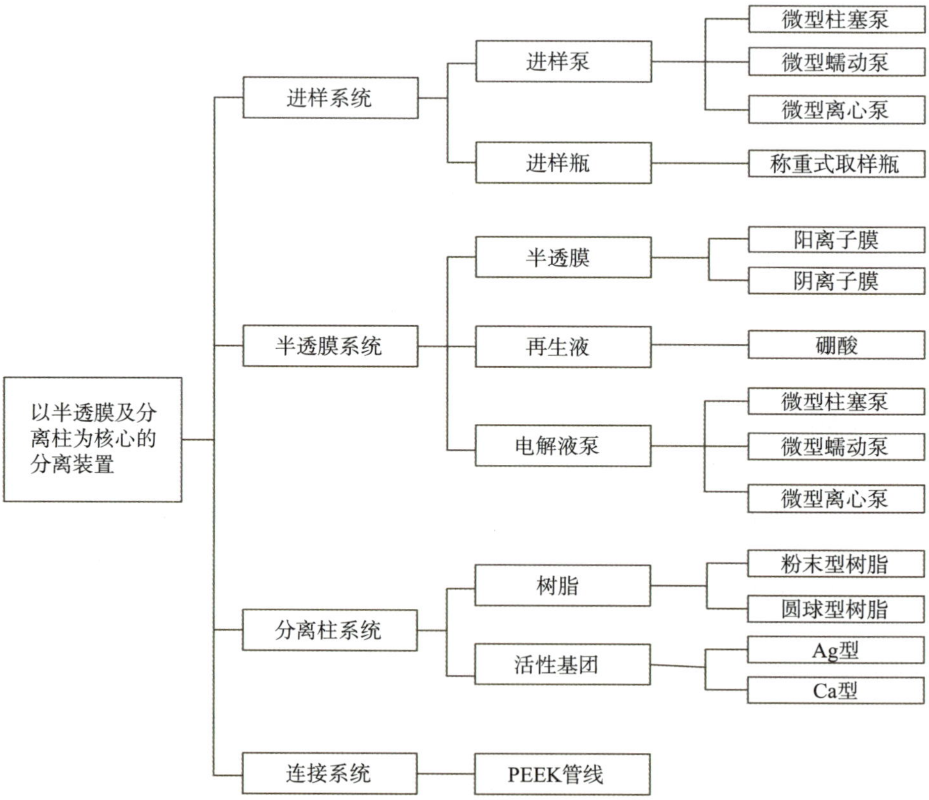

图 9　分级方案

4.3　方案的选择

4.3.1　进样系统的选择

表 7　进样泵的选择

方案需求	出口压力>100 psi；流量误差<3%								
实验条件	将流量调整至 1 mL/min，测试三种泵流量的出口压力，同时称取 5 min 时间段内泵流出的水样质量。								
可选方案	微型蠕动泵			微型柱塞泵			微型离心泵		
	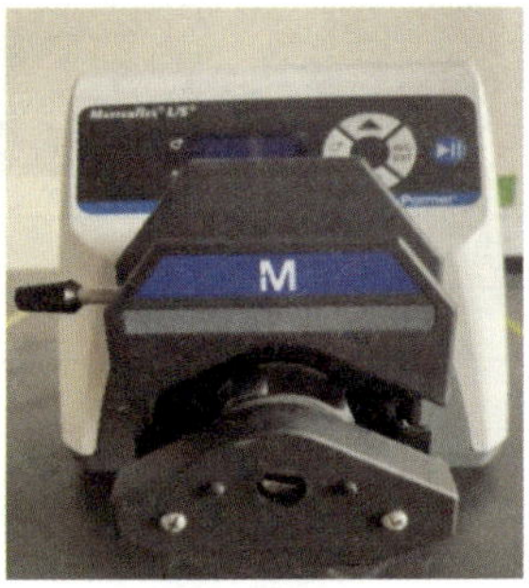			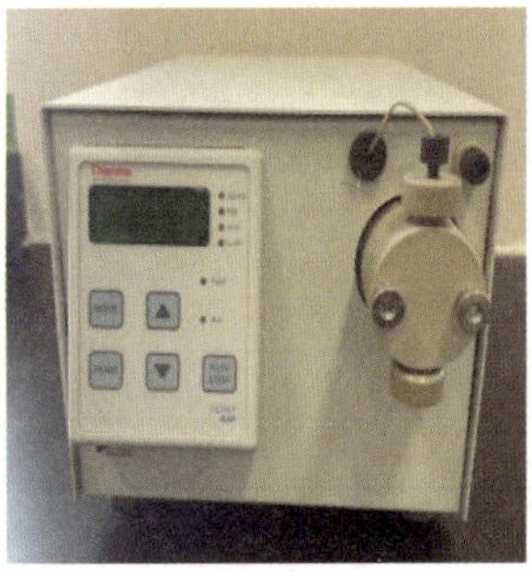					
实验数据	微型蠕动泵压力、流量实验			微型柱塞泵压力、流量实验			微型离心泵压力、流量实验		
	序号	出口压力/psi	误差/%	序号	出口压力/psi	误差/%	序号	出口压力/psi	误差/%
	1	68	3	1	152	1	1	40	2
	2	72	4	2	156	1	2	41	1
	3	69	3	3	154	2	3	46	2
	4	72	2	4	152	1	4	43	3
	5	71	4	5	150	1	5	44	1
	6	78	3	6	159	2	6	46	2
	7	72	2	7	154	2	7	49	2
	8	74	2	8	156	1	8	44	3
	9	73	1	9	154	1	9	44	1
	10	75	4	10	154	2	10	45	2
	平均	72	3	平均	154	1	平均	45	2
综合评价	压力和流量不满足要求，维护简单			压力和流量满足要求，维护复杂			压力不满足要求，流量满足要求，维护复杂		
结论	不采用			采用			不采用		

4.3.2 半透膜系统的选择

4.3.2.1 半透膜的选择

表 8 半透膜的选择

<table>
<tr><td>方案需求</td><td colspan="6">出口电导不超过 5 μs/cm；分离率>98%；使用寿命长</td></tr>
<tr><td>实验条件</td><td colspan="6">分离率实验：在相同条件下，将一回路样品以 0.8 mL/min 的流速分别通过阳离子半透膜和阴离子半透膜，并设置相同的电流值。</td></tr>
<tr><td rowspan="2">可选方案</td><td colspan="3">阳离子半透膜</td><td colspan="3">阴离子半透膜</td></tr>
<tr><td colspan="3">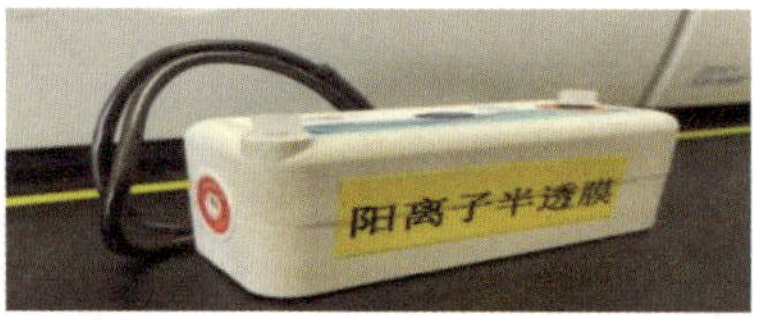</td><td colspan="3">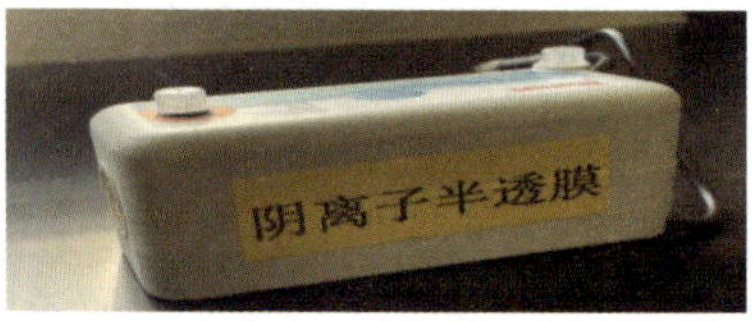</td></tr>
<tr><td rowspan="12">实验数据</td><td>序号</td><td>电导率/（μs/cm）</td><td>分离率/%</td><td>序号</td><td>电导率/（μs/cm）</td><td>分离率/%</td></tr>
<tr><td>1</td><td>4.83</td><td>99.1</td><td>1</td><td>9.05</td><td>99.8</td></tr>
<tr><td>2</td><td>4.79</td><td>99.2</td><td>2</td><td>9.13</td><td>99.4</td></tr>
<tr><td>3</td><td>4.85</td><td>99.8</td><td>3</td><td>9.09</td><td>99.6</td></tr>
<tr><td>4</td><td>4.86</td><td>99.6</td><td>4</td><td>9.10</td><td>99.3</td></tr>
<tr><td>5</td><td>4.78</td><td>99.2</td><td>5</td><td>9.06</td><td>99.7</td></tr>
<tr><td>6</td><td>4.80</td><td>99.6</td><td>6</td><td>9.11</td><td>99.6</td></tr>
<tr><td>7</td><td>4.79</td><td>99.4</td><td>7</td><td>9.09</td><td>99.4</td></tr>
<tr><td>8</td><td>4.82</td><td>99.3</td><td>8</td><td>9.15</td><td>99.3</td></tr>
<tr><td>9</td><td>4.74</td><td>99.8</td><td>9</td><td>9.14</td><td>99.2</td></tr>
<tr><td>10</td><td>4.85</td><td>99.7</td><td>10</td><td>9.11</td><td>99.7</td></tr>
<tr><td>平均</td><td>4.81</td><td>99.5</td><td>平均</td><td>9.10</td><td>99.5</td></tr>
<tr><td>使用寿命</td><td colspan="6">调取两种半透膜在离子色谱仪的使用情况</td></tr>
<tr><td rowspan="12">使用情况</td><td>序号</td><td colspan="2">使用天数/d</td><td>序号</td><td colspan="2">使用天数/d</td></tr>
<tr><td>1</td><td colspan="2">195</td><td>1</td><td colspan="2">124</td></tr>
<tr><td>2</td><td colspan="2">182</td><td>2</td><td colspan="2">104</td></tr>
<tr><td>3</td><td colspan="2">212</td><td>3</td><td colspan="2">105</td></tr>
<tr><td>4</td><td colspan="2">193</td><td>4</td><td colspan="2">114</td></tr>
<tr><td>5</td><td colspan="2">179</td><td>5</td><td colspan="2">126</td></tr>
<tr><td>6</td><td colspan="2">194</td><td>6</td><td colspan="2">110</td></tr>
<tr><td>7</td><td colspan="2">186</td><td>7</td><td colspan="2">103</td></tr>
<tr><td>8</td><td colspan="2">194</td><td>8</td><td colspan="2">112</td></tr>
<tr><td>9</td><td colspan="2">197</td><td>9</td><td colspan="2">109</td></tr>
<tr><td>10</td><td colspan="2">201</td><td>10</td><td colspan="2">125</td></tr>
<tr><td>平均</td><td colspan="2">193</td><td>平均</td><td colspan="2">113</td></tr>
<tr><td>综合评价</td><td colspan="3">出口电导满足要求，分离率>98%；
使用寿命相对较长</td><td colspan="3">出口电导不满足要求，分离率>98%；
使用寿命相对较短</td></tr>
<tr><td>结论</td><td colspan="3">采用</td><td colspan="3">不采用</td></tr>
</table>

4.3.2.2　电解液泵的选择

表 9　电解液泵的选择

方案需求	出口压力>50 psi；流量误差<5%；经济成本低								
实验条件	分离率实验：在相同条件下，将一回路样品以 0.8 mL/min 的流速分别通过阳离子半透膜和阴离子半透膜，并设置相同的电流值。								
可选方案	微型蠕动泵			微型柱塞泵			微型离心泵		
	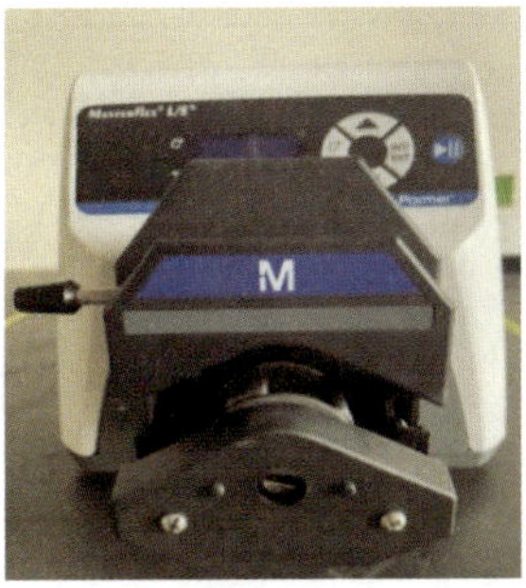			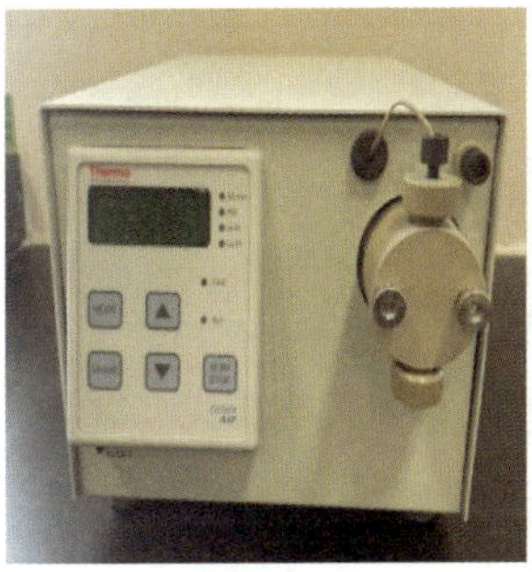					
实验数据	微型蠕动泵压力、流量实验			微型柱塞泵压力、流量实验			微型离心泵压力、流量实验		
	序号	出口压力/psi	误差/%	序号	出口压力/psi	误差/%	序号	出口压力/psi	误差/%
	1	68	3	1	152	1	1	40	2
	2	72	4	2	156	1	2	41	1
	3	69	3	3	154	2	3	46	2
	4	72	2	4	152	1	4	43	3
	5	71	4	5	150	1	5	44	1
	6	78	3	6	159	2	6	46	2
	7	72	2	7	154	2	7	49	2
	8	74	2	8	156	1	8	44	3
	9	73	1	9	154	1	9	44	1
	10	75	4	10	154	2	10	45	2
	平均	72	3	平均	154	1	平均	45	2
经济性	1000 元			2000 元			500 元		
综合评价	压力和流量满足要求，维护简单，成本低			压力和流量满足要求，维护复杂，成本高			压力不满足要求，流量满足要求，成本低		
结论	采用			不采用			不采用		

4.3.3 分离柱系统的选择

小组结合目前实验室现有条件，从树脂类型、活化基团等两方面进行选择，同时从分离效果、交换速度、交换容量、以及占用体积等方面进行综合考虑与选择。

4.3.3.1 树脂类型的选择

表 10 树脂类型的选择

方案需求	树脂柱交换容量>15 mmol，柱长不超过 10 cm	
可选方案	粉末型树脂	圆球型树脂
	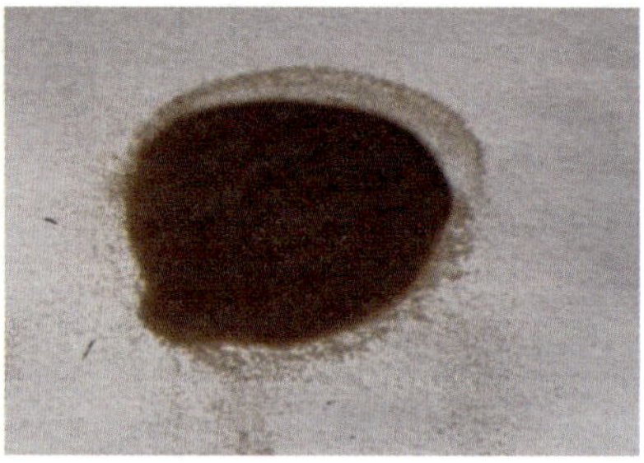	
物理特性	单位交换容量约为 3 mmol/mL， 根据 15 mmol 计算需要体积约 5 mL。	单位交换容量约为 1 mmol/mL， 根据 15 mmol 计算需要体积约 15 mL。
树脂柱长度	常规树脂柱截面为 1 cm^2， 根据所需体积计算柱长为 5 cm	常规树脂柱截面为 1 cm^2， 根据所需体积计算柱长为 15 cm
综合评价	在满足交换容量下，所需的柱长满足要求。	在满足交换容量下，所需的柱长不满足要求。
结论	采用	不采用

4.3.3.2 活化基团的选择

表 11 活化基团的选择

方案需求	测量时间不超过 1 h	
实验条件	银型分离柱的样品为固定的圆柱形态，钙型分离柱的样品为液体可按马林杯形式，利用仪器对两种不同形态的样品测量，以确定其对测量时间的影响。	
可选方案	银型基团	钙型基团
	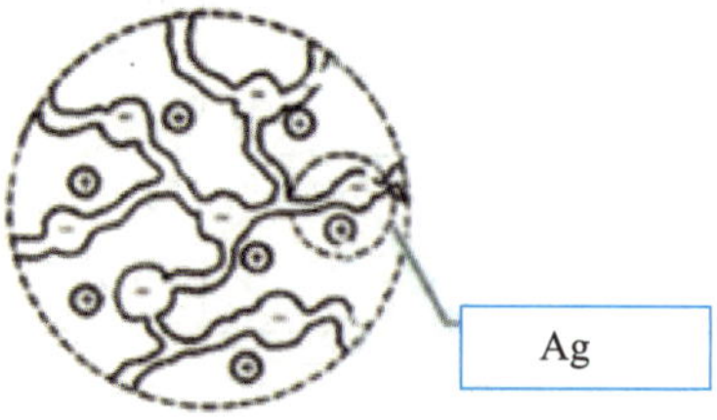	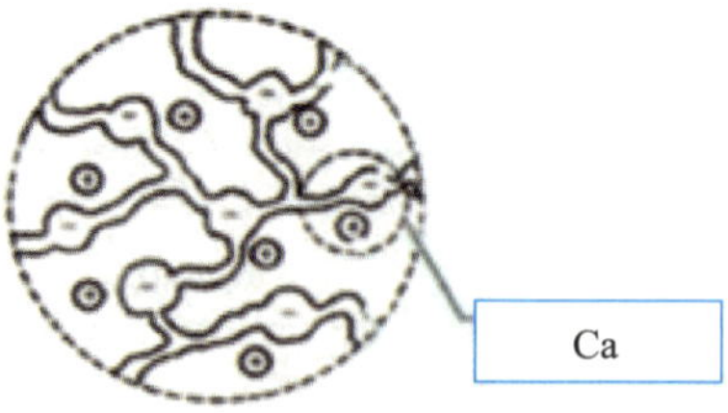

续　表

方案需求	测量时间不超过 1 h					
实验数据	圆柱形态对测量时间的影响			马林杯形态对测量时间的影响		
	序号	测量时间/min	^{131}I 活度/Bq/L	序号	测量时间/min	^{131}I 活度/Bq/L
	1	40	未检出	1	40	未检出
	2	50	未检出	2	50	3.38×10^2
	3	60	未检出	3	60	3.27×10^2
	4	70	未检出	4	70	3.29×10^2
	5	80	3.28×10^2	5	80	3.38×10^2
	6	90	3.34×10^2	6	90	3.31×10^2
实验结论	圆柱形态测量角度较小约 π/2，测量时间需延长至 2 h，而马林杯形态为 4π，所需的测量时间 1 h 即可。					
综合评价	样品测量效率低，需延长测量时间至 2 h			样品测量效率高，测量时间 1 h 即可		
结论	不采用			采用		

4.4　确定最佳方案

经过以上选择过程，小组确定了最佳方案，并制作了最佳方案树图。

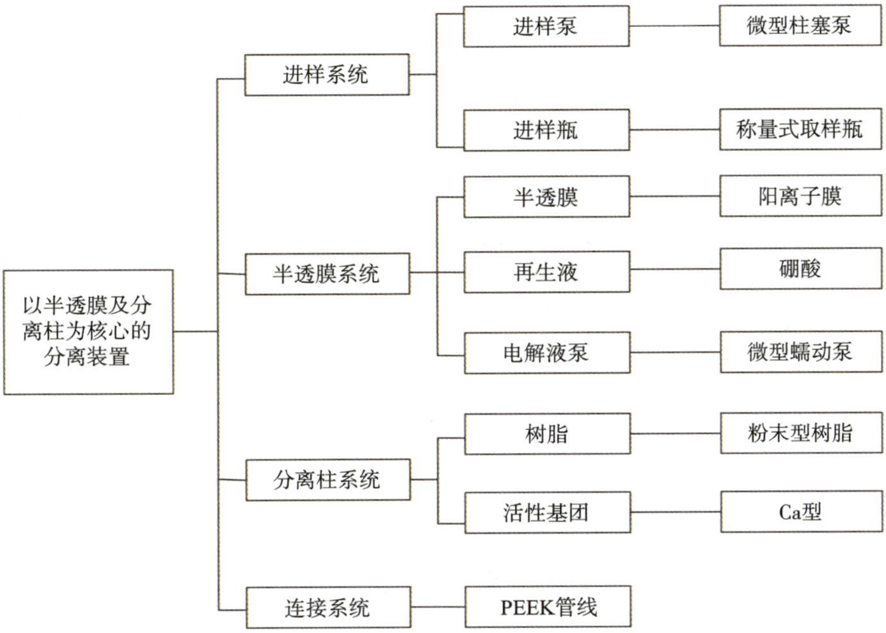

图 10　最佳方案

五、制定对策

小组针对最佳方案，制定了对策表。

表 12 对策表

序号	对策	目标	措施	地点	负责人	完成日期
1	安装柱塞泵	1. 流速控制在 0.7~1.0 mL/min 2. 流量误差<1%	1. 采购微型蠕动泵 2. 测量微型蠕动泵流量 3. 安装微型蠕动泵	31UKC20233	×××	2021-08-02
2	安装称量式取样瓶	取样瓶最大体积>30 mL	1. 选择合适规格取样瓶 2. 对取样瓶进行固定安装	31UKC20231	×××	2021-08-15
3	安装阳离子膜	出口电导不超过 5 μs/cm	1. 查阅更换下来的半透膜出口电导率 2. 选择出口电导率不超过 5 μs/cm 的半透膜 3. 安装半透膜及配套设备	31UKC20332	×××	2021-08-30
4	确定硼酸溶液	废液 pH 在 4~10 之间	1. 配制系列不同浓度的再生液 2. 通过实验确定最佳的硼酸溶度	31UKC20330	×××	2021-09-04
5	安装蠕动泵	1. 流速控制在 0.6~1.4 mL/min 2. 流量误差<5%	1. 采购微型蠕动泵 2. 将微型蠕动泵安装在再生液和阳离子膜之间 3. 对微型蠕动泵进行调试	31UKC20232	×××	2021-09-13
6	装填粉末型树脂	1. 树脂柱流速 0.7~1 mL/min 2. 树脂柱压差不超过 100 psi	1. 采购粉末型树脂 2. 填装树脂 3. 测试树脂柱性能	31UKC20233	×××	2021-09-18
7	活性基团转型为钙型	转型率超过 99%	1. 选择转型液 2. 以一定流速进行转型 3. 利用浓度变化计算转型率	31UKC20231	×××	2021-09-26
8	安装 PEEK 管线	管径 1.0 mm 无泄漏	选择目标管径的管线 利用管线对各部件进行连接 检查泄漏情况	31UKC20231	×××	2021-10-12
9	整装调试	1. 分离率>98% 2. 调试成功率 100%	1. 对样品进行测试实验 2. 通过调整管线、流速、电流等因素，保证效果最优	31UKC20232	×××	2021-10-20

六、实施对策

6.1 安装进样泵

小组选取了实验室中一闲置的柱塞泵，作为进样泵。通过称量固定时间内排出的样品质量，对进样泵的流速及误差进行了实验确认，见表 13。

表 13 流速实验表

项目 \ 试验编号	1	2	3	4	5	6
显示流速/（mL/min）	0.75	0.80	0.85	0.90	0.95	1.00
运行 5 min 后样品质量/g	3.76	4.01	4.24	4.52	4.78	5.03
实际流速/（mL/min）	0.752	0.802	0.848	0.904	0.956	1.006
误差/%	0.27	0.25	0.24	0.44	0.63	0.60

通过实验发现流量可以稳定控制在 0.75~1.0 mL/min，且流量最大误差为 0.60%。其中 0.85 mL/min 的流速小，误差最小，最终确定进样泵流速为 0.85 mL/min。再对进样泵进行安装。

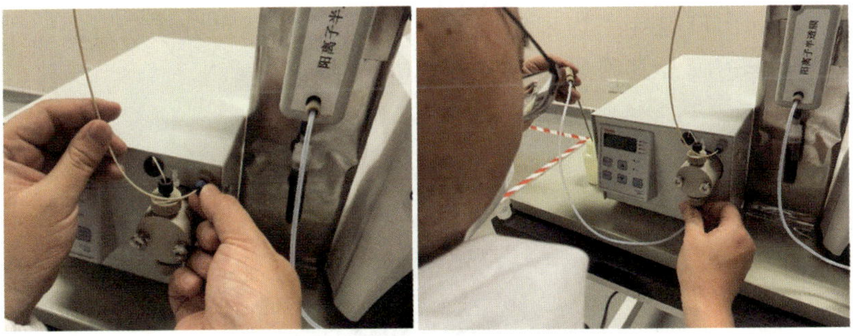

图 11 进样泵安装图

对策目标检查：根据流量和误差检查，进样泵流量控制在 0.85 mL/min 时，误差为 0.24%，满足流量与误差的要求，目标完成！

6.2 安装称量式取样瓶

小组根据计划处理的 20 mL 样品，结合实验现有的取样瓶规格，选取了 60 mL 的取样瓶作为进样瓶，并从工具间中领用。为防止在后续操作过程中可能导致的进样瓶倾倒，小组又将进样瓶进行了固定。

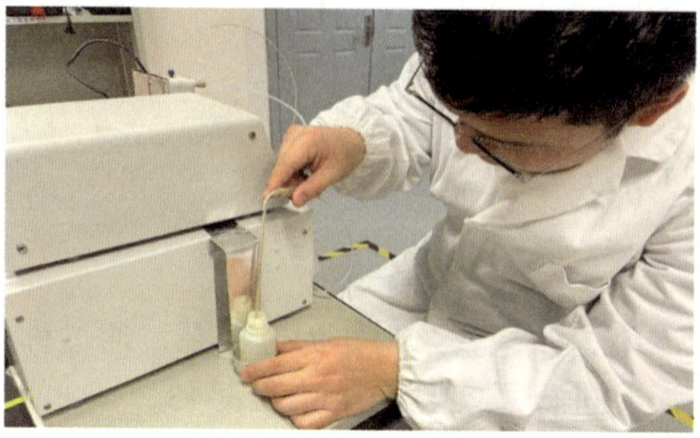

图 12　进样瓶安装图

对策目标检查：进样瓶最大体积为 60 mL，满足超过 30 mL 的要求，目标完成！

6.3　安装阳离子膜

小组成员将淘汰下来的阳离子半透膜进行筛选，并调取淘汰下的阳离子半透膜最后一次使用的出口电导。

表 14　出口电导数据表

序号	1	2	3	4	5	6	7	8	9	10
电导率/（μs/cm）	4.3	4.0	3.8	4.2	4.3	4.5	4.2	4.1	3.7	3.9

所有的半透膜的出口电导率均未超过了 5 μs/cm，均满足分离装置的使用要求。

小组对阳离子半透膜及其附属电流控制器进行了安装：

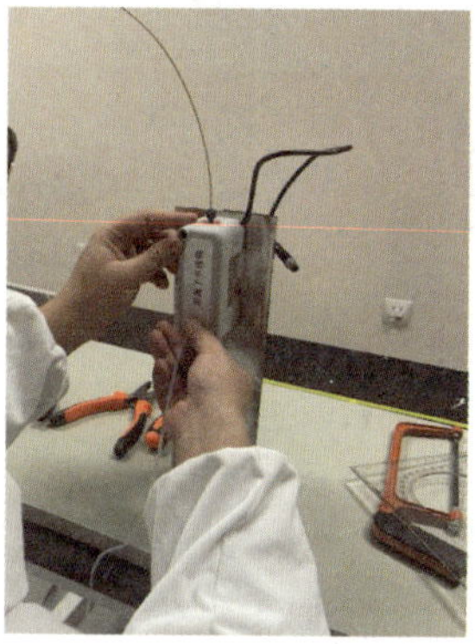

图 13　安装半透膜图

对策目标检查：阳离子半透膜出口电导率均满足目标要求，目标完成。

6.4　安装电解液泵

小组选取了实验室中一闲置的微型蠕动泵，作为电解液泵。通过称量固定时间内排出的样品质量，对进样泵的流速及误差进行了实验确认，数据见表 15。

表 15　电解液泵流速实验表

序号	1	2	3	4	5
显示流速/（mL/min）	0.6	0.8	1	1.2	1.4
运行 5 min 后样品质量/g	3.03	4.13	5.02	6.21	7.32
实际流速/（mL/min）	0.606	0.826	1.004	1.242	1.464
误差/%	1.00	3.25	0.40	3.50	4.57

通过实验发现流量可以稳定控制在 0.75～1.0 mL/min，且流量最大误差为 4.57%。

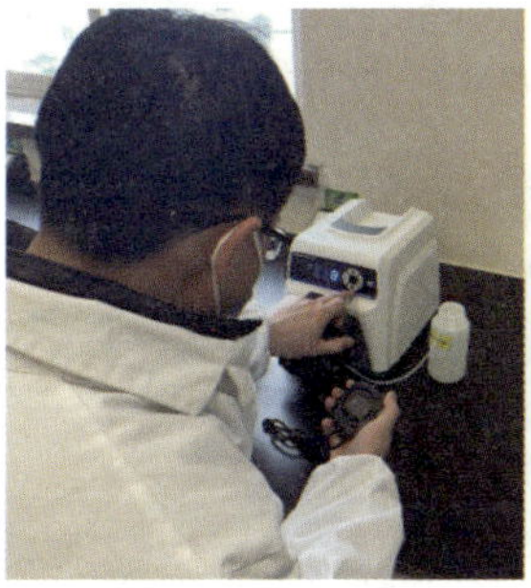

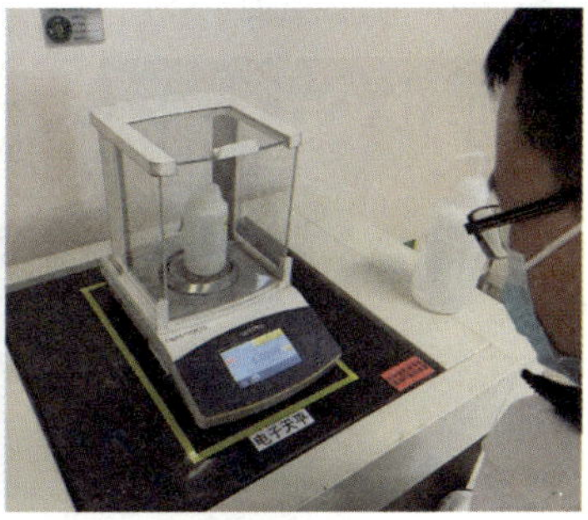

图 14　微型蠕动泵测试图

在确认泵的误差后，小组又进行了微型蠕动泵的安装。

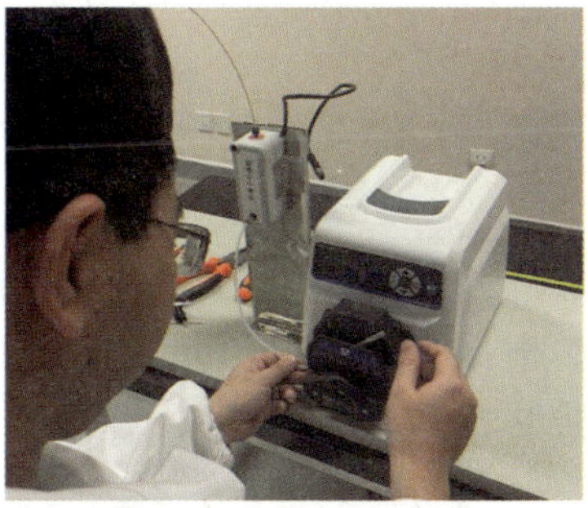

图 15　微型蠕动泵安装图

对策目标检查：根据流量和误差检查，电解液泵流量可以稳定控制在 0.6～1.4 mL/min，且最大误差为 4.57%，满足流量与误差的要求，目标完成！

6.5　确定硼酸溶液

通过测量阳离子半透膜的废液，发现其 pH 值约为 14，为满足排放要求，需要配置一定浓度硼酸溶液进行中和。小组通过配制不同浓度的硼酸溶液作为再生液，进行废液的 pH 调整实验。

表 16　配制硼酸浓度表

序号	1	2	3	4	5
硼酸/（g/L）	1	2	3	4	5
废液 pH	11.2	9.8	9.3	8.8	8.2

通过实验可以发现，随硼酸浓度的提升，废液 pH 逐渐趋于中性，在硼酸浓度为 4 g/L 时，pH 下降至<9，满足环境排放的 6~9 的要求，同时为保守决策，采用硼酸为 5 g/L 的溶液作为再生液。

小组将配置的确定比例的硼酸溶液加入至再生瓶中：

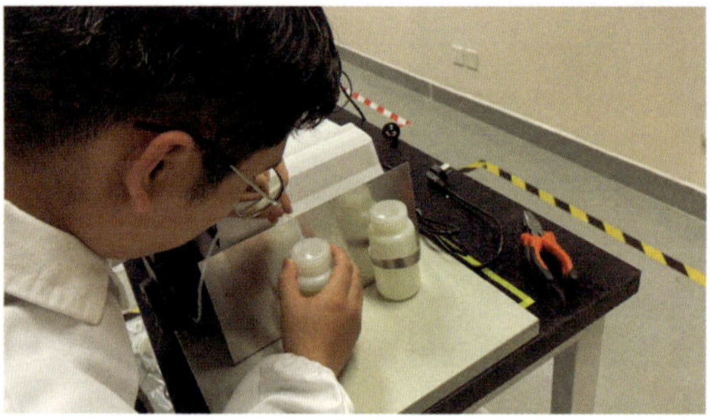

图 16　加入硼酸溶液图

对策目标检查：通过配制 5 g/L 的硼酸溶液，阳离子半透膜的废液 pH 为 8.2，满足 pH 6~9 的目标，目标完成！

6.6　装填粉末型树脂

小组对粉末型树脂进行了采购，根据树脂的使用说明，对树脂利用高纯水进行了冲洗，和浸泡，并填装成树脂柱。根据半透膜的流量控制为 0.75~1 mL/min 通过注射器进行树脂的流速和压差实验，数据见表 17。

表 17　流速与压差表

序号	1	2	3	4	5	6
流速/（mL/min）	0.74	0.81	0.86	0.91	0.96	1.1
最大压差/psi	45	49	51	53	58	62

通过实验发现其流速与压差成正相关，且流速为 1.1 mL/min 时，压差最大为 62 psi。为控制分离时间，同考虑压差，将流量定为 0.8 mL/min

对策目标检查：将粉末型树脂装填成树脂柱后，通过流速与压差实验，流速控制在 0.8 mL/min 时，压差为：49 psi。流速与压差均满足要求，目标完成！

6.7 活性基团转化为钙型

小组成员根据实验现有试剂，对无水氯化钙固体进行溶解，配制成 1 mol/L 的氯化钙溶液。

将装成树脂柱的树脂以约为 2 mL/min 的流速进行转型，并每隔 5 min 对树脂柱出口收集并测量钙浓度：

表 18 转型实验表

时间（min）	0	5	10	15	20	25	30	35	40	45	50	55	60
浓度（mol/L）	1	0	0	0	0	0	0.04	0.2	0.31	0.51	0.86	0.99	0.98
消耗体积（V）	0	12.1	12.2	12	11.9	11.6	11.7	11.3	11	10.8	10.5	10.2	9.8

通过实验发现，在 55 min 完成树脂活性基团的转型。并通过实验获得的树脂出口浓度、原液浓度及树脂给出的工作交换容量，计算转型率为：

$$\text{转型率}=\frac{\sum_i V_i\times C-\sum_i C_{i\text{出口}}\times V_i}{\text{工作交换容量}\times\sum_i V_i}$$

通过公式计算转型率为 99.52%。

对策目标检查：利用氯化钙溶液对氢型粉末型树脂进行转型，通过试验数据计算得到转型率为 99.52，大于 98%，目标完成！

6.8 安装 PEEK 管线

小组选择目前离子色谱常用的 1.0 mm 的 PEEK 管线作为分离装置的连接系统，并利用对应的转接头和密封垫圈对各部件进行连接密封。

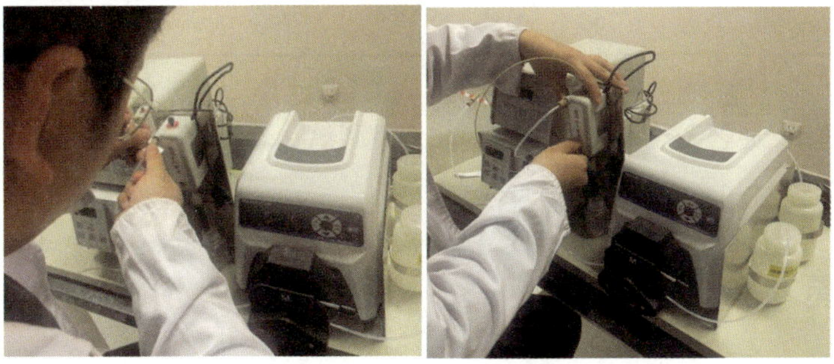

图 17 管线连接图

对策目标检查：管线管径 1.0 mm，小组成员用检漏装置进行检查，发现连接部分未发生泄漏，目标完成！

6.9 整组调试

小组成员对各项部件进行调整安装，最终实物图如图 18 所示。

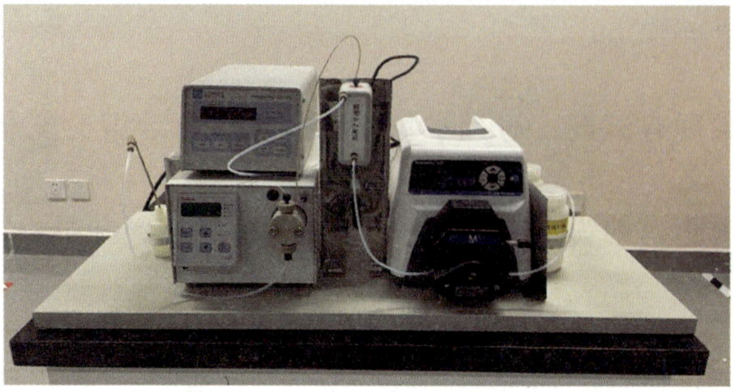

图 18　分离装置最终图

对安装完成的分离装置进行多次试验，以确定其分离率及调试成功率。

表 19　分离率及调试数据表

序号	分离率/%	调试成功率/%
1	99.2	100
2	99.0	100
3	98.1	100
4	99.2	100
5	99.0	100
6	98.4	100
7	98.6	100
8	99.3	100
9	98.7	100
10	99.6	100
平均	**99.0**	**100**

对策目标检查：通过对分离装置的整体安装调试，实现分离率大于 98%，调试成功率为 100%，满足要求，目标完成！

七、效果检查

小组采用分离装置代替样品分析后，对 ^{131}I 的分析时间进行多次统计。

表 20　利用分离装置分析时间统计表

项目	取样/min	样品传递/min	样品分离/min	样品测量/min	数据处理/min	形成报告/min	合计/h
1	10	10	54	60	13	9	2.6

续　表

项目	取样/min	样品传递/min	样品分离/min	样品测量/min	数据处理/min	形成报告/min	合计/h
2	11	10	59	60	15	10	2.8
3	10	9	55	60	15	9	2.6
4	9	11	53	60	16	11	2.7
5	10	10	56	60	17	10	2.7
6	11	10	58	60	15	9	2.7
7	10	11	52	60	16	10	2.7
8	10	10	57	60	17	10	2.7
9	10	9	56	60	18	11	2.7
10	11	11	55	60	15	10	2.7
平均时间	**10.2**	**10.1**	**55.5**	**60**	**15.7**	**9.9**	**2.7**

经过统计，采用分离装置分析后，^{131}I 的平均分析时间降低至 2.7 h，低于 3 h，目标完成！

八、标准化

8.1　成果推广及应用评价

鉴于分离装置能大幅缩短放射性碘的测量时间，对燃料组件密封性诊断时间缩短 95% 以上，对燃料的监督、辐射防护和机组安全都有着重要的意义，小组通过公司专家对成果的推广应用进行了评价，情况如下。

表 21　成果推广应用评价表

序号	评价类型	评价标准	评价意见
1	推广范围	在公司 1-6 号机组全面推广，以及可全面推广至核电同行范围使用。	可推广
2	应用条件	整套装置成品能直接投入使用，使用便利性较强。	应用便利
3	使用满意度	装置可靠性高，分离效果好，分离时间稳定在预期目标内。	满意度高

8.2　标准化文件编写

为今后放射性核素分离装置在制造、装配、验收、测量等流程能够实现标准化，小组成员将分离装置的技术标准、流程图、工艺要求总结归纳，形成了标准化文件，详见表 22。

表 22　放射性核素分离装置标准化文件表

序号	文件类型	标准文件名称
1	作业指导书	《一回路放射性核素分离装置技术报告》
2	技术程序	《放射性碘分离装置操作程序》
3	技术程序	《放射性碘分离装置操作卡》

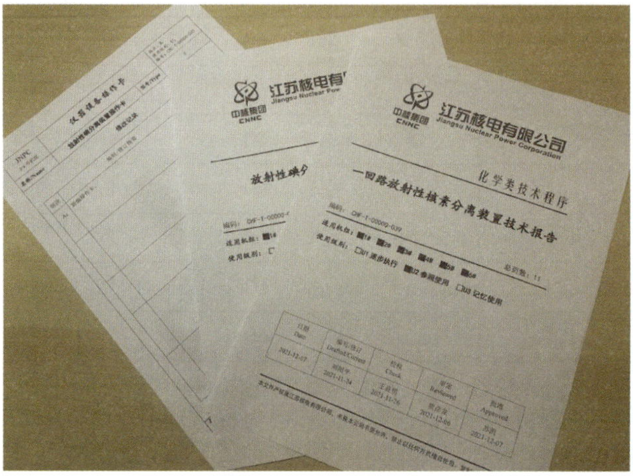

图 19　标准文件图

九、总结及下一步打算

9.1　总结

表 23　QC 活动总结表

序号	项目	自我评价	
		活动前	活动后
1	专业技术	小组成员在测量分析、仪器操作、工具运用等技术领域各有所长。	通过集中讨论、互相学习，小组成员的技术短板得到了有效改善，尤其是放化专业相关的理论知识水平以及高纯锗GAMMA谱仪和离子色谱仪分析原理和操作水平都得到了明显改善。
2	管理方法	小组成员执行力强，在组长的带领下，能够按照分工，较好地完成各自的工作任务。	活动中，运用头脑风暴法开展讨论、制定对策，相关责任人切实发挥了引导作用，团队协作、统筹规划能力以及人员的精细化管理水平得到了有效提升。

续 表

<table>
<tr><th rowspan="2">序号</th><th rowspan="2">项目</th><th colspan="2">自我评价</th></tr>
<tr><th>活动前</th><th>活动后</th></tr>
<tr><td rowspan="3">3</td><td rowspan="3">综合素质</td><td>① 了解创新型活动课题的程序，人员具有创新意识和创新能力。</td><td>这是小组完成的第一个创新型课题。通过本次活动，小组成员深刻理解了创新型活动程序，人员的创新意识和创新能力进一步加强。</td></tr>
<tr><td>② 凭借已有的知识和技能解决问题。</td><td>能够充分总结经验，利用 QC 的活动程序了解顾客和相关方的需求，并找出解决办法。</td></tr>
<tr><td>③ 对异常数据敏感，能够运用专业知识对异常数据给出评价，并及时处理。</td><td>能够有效利用异常数据开展趋势分析，增加了预判能力，有助于持续优化工作流程。</td></tr>
<tr><td rowspan="3">4</td><td rowspan="3">存在的不足</td><td colspan="2">① 活动计划需要进一步优化。在成果报告整理阶段，时间紧、任务重，加班加点完成，影响了成果报告的精细化水平。</td></tr>
<tr><td colspan="2">② 小组成员动手能力不足，在实验装置的组装过程中，出现了返工现象。</td></tr>
<tr><td colspan="2">③ 小组成员的创新意识有待进一步加强。第一次开展创新型课题，对活动程序的理解程度存在不足。</td></tr>
</table>

9.2 下一步打算

本次活动，我们发现使用高纯锗 GAMMA 谱仪测量多道能量射线的核素时出现不同程度的偏小现象。2022 年，小组将根据这一问题，以《提高放射性核素测量准确度》作为课题开展活动，优化课题成果，提高分析结果的准确性。

专家点评：海南核电 彭虹

1. 总体评价

该课题类型为创新型，化学处冲锋小组针对现有技术无法满足顾客的需求，运用新思维，严格遵循 PDCA 活动程序，开展活动。通过广泛借鉴，明确了课题，依据借鉴的数据进行目标可行性论证，通过现场试验，用事实和数据对每一个方案进行逐一的评价和选择，最终形成最佳方案，将方案分解选定的可实施的具体方案，逐项纳入对策表，经制定对策表及实施，最终完成了小组的活动目标。小组整个活动过程数据充分，逻辑性强，是一个较好的“小、实、活、新”的成果。

2. 成果亮点

（1）活动程序思路清晰，问题分析透彻到位。小组针对需求，通过广泛借鉴，查找到的三种核素分离方法，小组成员对比了这三种核素分离方法分离原理和应用范围，发现膜分离法可适用于分离阳离子，树脂柱分离法可适用于分离阴离子，小组从理论和实物分析，得出借鉴离子色谱仪的工作流程的可行性。同时，通过调查分析和理论测算等，为实现课题活动目标提供了充分的依据。

（2）小组成员根据借鉴的半透膜和分离柱的流程原理，制作了分离装置的工作流程图，提出方案并确定最佳方案的过程采用数据、事实说话，通过现场试验和综合分析等手段，对分级方案进行了逐一确认，并形成了最佳方案。

（3）对策制定科学有效。小组针对最佳方案，制定了对策表，形成 9 条对策，对策制定过程清楚，目标可测量、检查，措施具体到位。

（4）对策实施过程中对每项对策的实施效果及对策目标完成情况进行跟踪检查，确保了实施的有效性。并把对策实施过程中有效的措施纳入了相应的标准，课题活动目标得到了较好的巩固和维持。

（5）活动效果明显。采用分离装置分析后^{131}I 的平均分析时间降低 2.7 h，超过了预期目标，活动效果明显。小组评价该成果具有推广应用价值，小组成员将分离装置的技术标准、流程图、工艺要求总结归纳，形成了标准化文件。

3. 改进建议

（1）分级方案选择中的重要参数应在满足条件的基础上，优中选优，如分级方案 1 “进样系统的选择”，其中“出口压力>100 psi，流量误差<3%”，经过对比，“微型蠕动泵压力和流量均不满足要求；微型离心泵的压力不满足要求，流量满足要求，只有微型柱塞泵压力和流量都满足要求”该分级方案不具有可比性。

（2）“半透膜的选择”和“电解液泵的选择”建议“方案需求”中的“使用寿命长”和“经济成本低”能量化。

（3）最佳方案的选择中柱塞泵的出口压力>100 psi；流量误差<3%，但对策表中的目标又变为“流速控制在 0.7~1.0 mL/min，流量误差<1%”，数据前后不一致。

（4）建议 8.2“标准化文件编写”增加标准文件名称的编码。

课题十三

离线集成便携式棒位探测器测试装置的研制

一、前言

被誉为“国之光荣”的秦山核电为践行国家“一带一路”战略部署，与巴基斯坦恰希玛核电站签署了众多对外服务工作合同。根据我公司与巴基斯坦恰希玛 C1 核电厂签署的《关于在 C1 核电厂第十三次换料大修中将堆顶 37 根棒位探测器及堆顶电缆全部进行更换》技术服务合同相关要求，需要在 5 天内完成反应堆厂房内新棒位探测器的更换工作。该工作作为公司重大项目，为树立良好的对外品牌，结合我公司 30 万机组棒位探测器性能现状和大修计划要求，通过调研，确认现有测试平台无法满足需求，针对需求研制了一款可离线集成式棒位探测器测试装置。

1.1 控制棒位置指示系统测试原理

控制棒位置指示系统简称棒位系统，它是专门探测、处理、指示控制棒在反应堆中位置的系统，以满足运行人员对整个反应堆中反应性更好的控制，它对核电厂的运行至关重要。具体系统测试原理图如图 1 所示。

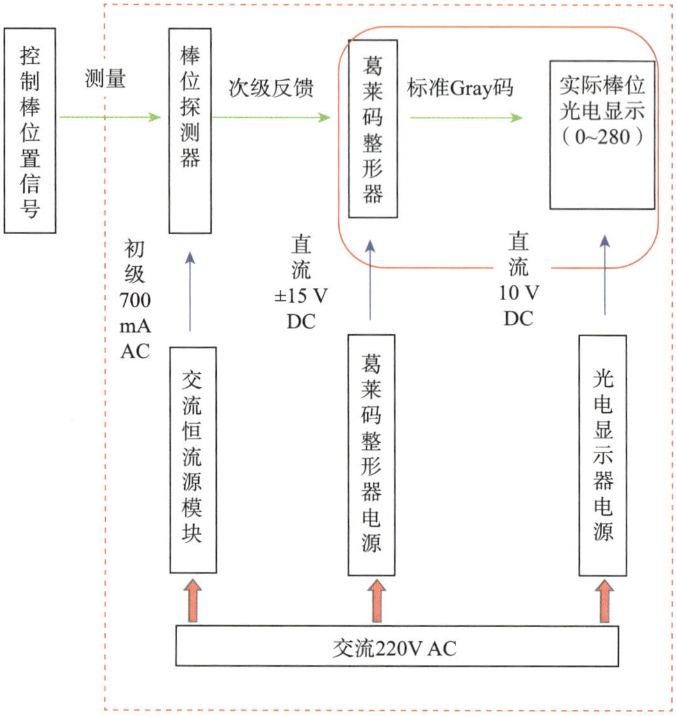

图 1　棒位系统测试原理图

制图人：×××　　　　　　　　　　　　　　　　　　　　时间：2019-03-04

1.2　棒位探测器简介

棒位探测器作为棒位系统的最重要的系统，它就好比人类的眼睛探测外界环境一样，主要是探测控制棒在反应堆中位置的装置。平常主要在核反应堆堆芯顶盖上探测控制的棒位，并将控制棒位置信号传送至主控进行显示，由于它长期工作在高温、高辐照的工作环境下，其中部件容易老化，一旦坏掉无法进行更换，按照技术规格书，需要机组降功率甚至停堆。这样会降低整个电厂的运行业绩与收益。因此，该装置的更换工作必须要提前进行功能测试。

图 2　棒位探测器整体外观图

拍照人：×××　　　　　　　　　　　　　　　　　　　　时间：2019-03-07

二、小组及课题简介

表 1　小组及课题简介

参与部门	秦山核电维修一处仪控科自控一班				
小组名称	自控一班“创新驱动”QC 小组				
QC 课题	离线集成便携式棒位探测器测试装置的研制				
课题类型	创新型				
小组成立时间	2018-03-15		小组注册号	CNNP-QS-2019-082	
课题注册时间	2019-03-01		课题注册号	CNNP-QS-2019-082	
小组人数	10 人		出勤率	100%	
活动次数	14 次		培训时数	30 小时/人	
活动时间	2019-03—2019-12				
小组成员简介					
姓名	性别	年龄	职称	小组职务	组内分工
严斌鹏	男	27	助理工程师	组长	组织策划
×××	男	35	高级工程师	副组长	技术指导
×××	男	55	高级技师	组员	技术指导
×××	女	28	助理工程师	组员	活动实施
×××	男	40	高级工程师	组员	技术监督
×××	女	42	高级技师	组员	活动实施
×××	男	44	高级工程师	组员	活动指导
×××	男	55	高级技师	组员	活动指导
×××	男	45	高级工程师	组员	活动实施
×××	男	43	高级技师	组员	活动实施

制表人：×××　　　　时间：2019-12-30

三、选择课题

3. 1　课题来源

3. 1. 1　外部需求

根据我公司与巴方签订的技术服务合同（合同号：C1-RFO-12. 03）第四章第二条规定，需要在 20 天之内 RX（核反应堆厂房）厂房内完成所有合同规定的工作，其中 37 根新棒位探测器更换工作只给了 5 天时间（考虑加班 12 小时/天，共计 3600 min），平均用时为 97. 3 min/根。

ARTICLE - 3: Scope of Contract 合同范围

3.1 The Contractor shall design, develop, replace and commission the RPDs, Connectors and Cables of RPDs and CRDM as per Project Plan (Scope of Work-Annexure-2), through the Project Team.

承包商应通过项目团队，按照项目计划（工作附件 2）进行设计、开发、更换和调试 RPDs、CRDM 和 RPD 的连接器和电缆。

3.2 The Contractor shall provide the deliverables (as Annexure-5) to Owner as per project schedule.

承包商应按项目进度向业主提供交付物(参见附件 5)。

ARTICLE - 4: Time of Performance 时效规定

4.1 Notice to Proceed **执行通知**

Once Contract is awarded to Contractor, the Owner shall issue Notice to Proceed,fifteen (15) calendar days prior to actual commencement of the work. The Contractor shall promptly prepare to commence the work and thereafter shall diligently execute the work till completion and acceptance in accordance with the Works Schedule as defined in clause 4.2.

一旦合同授予承包商，业主应在工作开始前 15 个日历天发出通知。承包商应立即准备开始工作，并应按照第 4.2 条所规定的工作时间表，勤勉地执行工作直至竣工验收。

The contractor shall issue the Commencement of Work Notice to the Owner that the work has been commenced within fifteen (15) calendar days after receiving the Notice to Proceed.

承包商应在收到通知后的十五(15)个日历天内，向业主发出工作通知的开始通知。

4.2 Work Schedule **工作计划**

The time period for performance of the works in RX building shall be20 days during RFO. Tentative works schedule is given in Project Schedule at Annexure- 4.

大修期间在核岛厂房（RX）的工作时间 20 天。暂定工作时间表在附录- 4 中给出。

4.3 Extension in Time Period **超期**

If work is not completed within due time then extension in time of performance may be granted with reasons.Any change in project duration would require approval of competent signing authorities.

Techuical Service Coutract between CNNO & CNPGS 2018

ANNEXURE – 4:　Project Schedule 项目进度

Regarding the service items provided by CNPGS, after contract is signed, CNNO is required to organize personnel to complete the design, manufacturing, commissioning, testing, and site implementation.
关于 CNPGS 提供的服务项目，合同签订后，CNNO 需要组织人员完成设计、制造、调试、测试和现场实施。

Main Milestone 主要里程碑

Sr. No.	Project	Schedule	Remarks
1	Supply of spares and tools at Site, Preparation of flexible cables along with connectors 准备柔性电缆与连接器在现场提供备件和工具。	D_0 the contract approved 合同批准 D_1 preparation(4months)准备（4个月） D_2 RPDs,conectors,cables and tools purchase (6 months)探测器备件、连接器、电缆及工器具采购（6个月） D_3 transportation (2months)运输（2个月） D_4 Preparation before Implementation(2weeks on site) 实施钱准备（2周在现场）	Shipping transportation 3 Months before RFO; 大修前3个月开始海运
2	Disassembling of RPDs,CRDMs, cables and connectors and assembling the new RPDs, connectors and cables 拆卸棒位探测器、磁轭线圈、电缆和连接器，并装配新的棒位探测器、磁轭线圈、连接器和电缆。	D_5 Implementation in RX building(20 days) .And Disassembling of RPDs,CRDMs, cables and connectors for 15 days assembling the new RPDs, connectors and cables in 5 days(According to the RFO -13 schedule)现场反应堆厂房实施（20天）,其中拆卸棒位探测器、磁轭线圈、电缆和连接器制作总共15天时间，新棒位探测器、磁轭线圈、连接器和电缆总共5天时间（根据第13次大修计划） D_6 Adjust the balance of RPV head by the owner	During RFO 大修期间

Page 30 of 37

图 3　合同规定我方必须在 5 天内完成更换工作

制图人：×××　　　　时间：2019-03-02

3.1.2 棒位探测更换情况介绍

由于巴方此前从未有过棒位探测器更换工作，考虑到巴方核电机组跟我公司 30 万机组机型、厂房布局完全一致，小组成员对秦山核电机组近年来的更换情况作了统计如表 2 所示。

表 2　近年来大修中更换备件耗时统计

<table>
<tr><th>项目</th><th>近年来备件更换情况</th><th>结论</th></tr>
<tr><td>棒位探测器更换</td><td>小组统计了 117、118、119 大修中对所有棒位探测器更换时长。
<table>
<tr><td>大修</td><td>117</td><td>118</td><td>119</td></tr>
<tr><td>个数</td><td>1</td><td>3</td><td>2</td></tr>
<tr><td>总时长（min）</td><td>130</td><td>360</td><td>220</td></tr>
<tr><td>平均时长（min）</td><td>130</td><td>120</td><td>110</td></tr>
<tr><td>单根平均时长（min）</td><td colspan="3">120</td></tr>
</table>
由上表可知，近年来，更换一根棒位探测器平均用时为 120 min，时间过长，无法满足我们的需求。</td><td>棒位探测器更换时间过长，影响其他专业大修进度。</td></tr>
<tr><td>各环节平均时长</td><td>现阶段备件的更换需要 5 个环节，棒位探测器由于出厂前无法进行功能测试，因此，在更换备件前，需要将其运输至检修间，搭建测试平台对其进行功能测试。

棒位探测器测试机柜
由于功能测试，需要备件二次运输，具体更换一根棒位探测器的各环节平均最短时间占比如下：
<table>
<tr><th>序号</th><th>工作内容</th><th>平均用时（min）</th><th>占总用时百分比（%）</th></tr>
<tr><td>1</td><td>备件出库</td><td>20</td><td>17.0</td></tr>
<tr><td>2</td><td>备件运输</td><td>10</td><td>8.3</td></tr>
<tr><td>3</td><td>备件功能检测</td><td>40</td><td>33.3</td></tr>
<tr><td>4</td><td>备件二次运输</td><td>10</td><td>8.3</td></tr>
<tr><td>5</td><td>备件吊装</td><td>40</td><td>33.3</td></tr>
<tr><td>6</td><td>总计</td><td>20</td><td>100</td></tr>
</table></td><td>功能测试+二次运输占更换总时间的 41.6%，占用了大量时间。（其他环节受距离、车速、环吊等影响无法改变）</td></tr>
</table>

续　表

<table>
<tr><th>项目</th><th>近年来备件更换情况</th><th>结论</th></tr>
<tr><td></td><td>
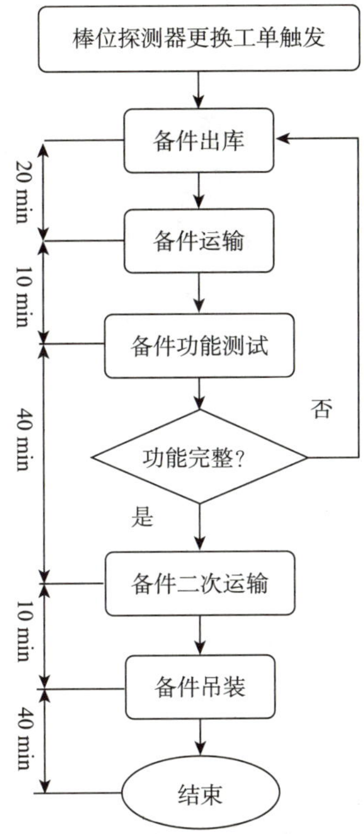

</td><td></td></tr>
<tr><td>总结</td><td>当前棒位探测器更换工序及设备时间过长，无法满足巴方及我方需求，需要缩短更换备件的平均时长，通过调查，发现由于功能测试的原因导致整体更换时间变长。</td><td>需研制一款功能测试装置</td></tr>
</table>

制表人：×××　　　　时间：2019-03-04

3.1.3　创新思路介绍

为了减少功能测试时间，缩短总体更换时长，小组分析了整个棒位探测器的更换工作流程，该工作更换耗时长的主要症结在于需要将新棒位探测器运送至检修间，借用棒控棒位试验柜搭建平台测进行功能测试，测试完成后再运送到现场让吊装人员进行吊运安装，而并不是直接在备件出库之后直接运送到现场。如果能够有一款装置能够在出库之前就将所有的测试完成，这样可节省搭建平台与运输时间。

顺着这个思路，小组有人员提出了自己的思路：

由于核电的特殊性，棒控棒位属于非标产品，每个压水堆堆型的核电厂的棒位探测器结构、功能都不一样，目前市场上肯定没有能够适用于我们自身的装备。

棒控棒位试验机柜是将控制棒控制系统与棒位系统进行整合，结合成了包含了棒控棒位系统中所有功能的验证与实现的机柜，但是该试验机柜庞大、笨重、不便于移动，工作时还受供电限制。

如果能够像乐高的电子积木一样，根据自身的需要随意搭配组合。我们就能够将该试验柜中的棒位系统的相关功能能够剥离出来，重新进行组合，设计一款集成度高、可离线、易便携的功能测试装置，就可解决目前我们所面临的问题。而乐高的发明借鉴了 Triz 分割、组合发明原理。

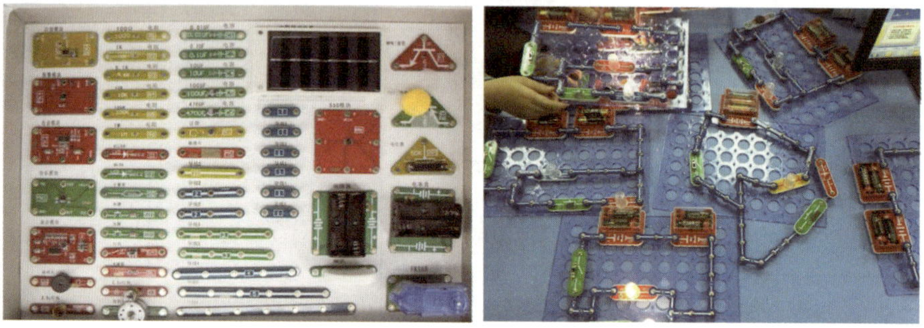

图 4　乐高电子积木

制图人：×××　　　　时间：2019-03-05

同样，借鉴 Triz 分割、组合发明原理，将原来的棒控棒位试验柜中的棒位系统测试部分分割出来，重新对棒位系统测试部件重新进行设计与组合，形成新的可离线、集成度高、易便携的测试装置，可解决目前面临的问题。

对棒控棒位试验机柜进行分割，如图 5 所示。

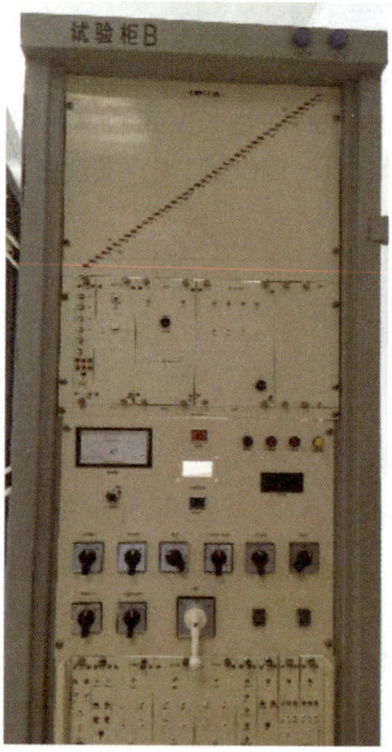

图 5　棒控棒位系统试验柜

制图人：×××　　　　时间：2019-03-05

表 3 分割比较

	部件	分割	备注
棒控棒位系统机柜	硬件	棒控提升机箱	棒控相关
		棒控保持机箱	棒控相关
		棒控传递机箱	棒控相关
		棒控吸收回路板	棒控相关
		棒控交流 380 V 电源机箱	棒控相关
		棒控直流 24 V 机箱	棒控相关
		棒控棒位直流±15 V 机箱	棒控棒位相关
		棒位恒流源交流 700 mA 机箱	棒位相关
		棒位光点显示直流 10 V 电源机箱	棒位相关
		葛莱码卡件	棒位相关
		棒位光点显示器	棒位相关
		棒控选择开关及显示报警灯	棒控相关
	软件	落棒报警	棒控棒位相关
		组失步报警	棒控棒位相关
		棒失步报警	棒控棒位相关
		给定棒位处理	棒位相关
		失步校正	棒控棒位相关
		棒控紧急故障报警	棒控相关
		棒位装置故障报警	棒位相关

制表人：×××　　　　时间：2019-03-06

通过对棒控棒位系统试验机柜进行分割，并确认了棒位探测器实测棒位功能验证中的最关键的部件，统计如表 4 所示。

表 4 关键部件一览表

棒控棒位直流±15 V 机箱	棒控棒位相关
棒位恒流源交流 700 mA 机箱	棒位相关
棒位光点显示直流 10 V 电源机箱	棒位相关
葛莱码卡件	棒位相关
棒位光点显示器	棒位相关

制表人：×××　　　　时间：2019-03-06

如果能将这些部分重新进行整合并且对其进行重新组装，结合我们现场实际需求，可形成一个新的测试装置。

3.2 确定课题

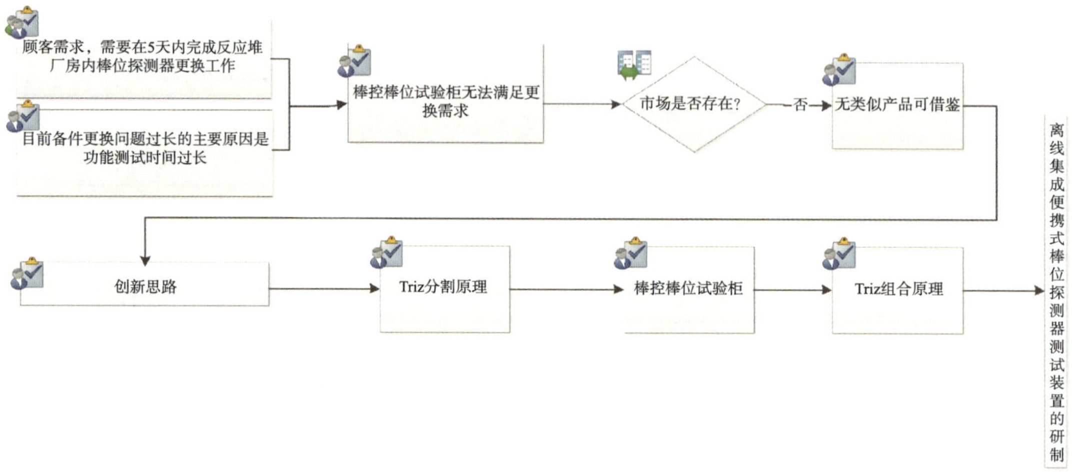

图 6 课题确定流程图

制图人：×××　　　　时间：2019-03-09

综上所述：确定本次 QC 小组课题为

离线集成便携式棒位探测器测试装置的研制

四、设定目标及目标可行性分析

4.1 设定目标

根据合同中巴方的要求，将本次课题的目标值与我公司与巴方签订的客户需求保持一致，合同要求在 5 天之内完成，考虑到加班时长，一天至多工作 12 h，总共 37 根棒位探测器，则有，更换一根棒位探测器平均用时为：

$$目标值=5\times12\times60\div37\approx97.3\ \text{min/根}$$

由第三章内容中可知，小组通过对近些年棒位探测器更换时长进行调查统计、研究发现，目前更换一根备件平均时长为 120 min。

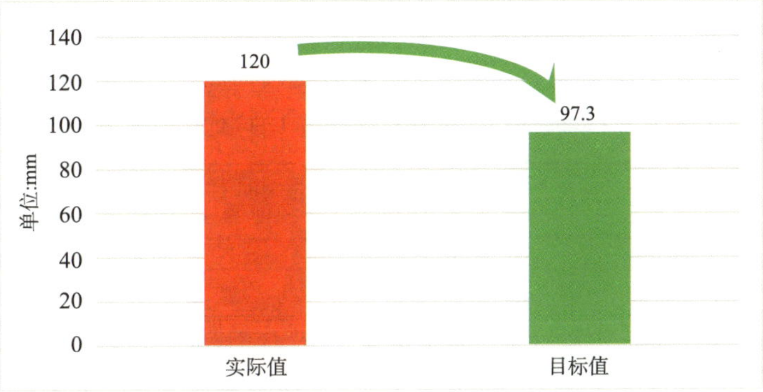

图 7　目标值确定

制图人：×××　　　　时间：2019-03-18

4.2　目标可行性论证

针对以上设定的目标，小组人员对该目标进行可行性论证如下：

表 5　目标可行性论证

<table>
<tr><th>项目</th><th>近年来备件更换情况</th><th>结论</th></tr>
<tr><td>使用测试装置</td><td>其他环节受距离、车速、环吊等外部因素小组无法改变，而引入测试装置，功能测试可在备件领取前进行测试，由于使用了测试装置，不再需要搭建测试平台，同时也免去了接线等工作，小组在检修间对该部分进行试验，试验结果如下：
<table>
<tr><th>试验项目</th><th>搭建测试平台及棒位探测器搬运用时（min）</th><th>接线（min）</th></tr>
<tr><td>过程</td><td>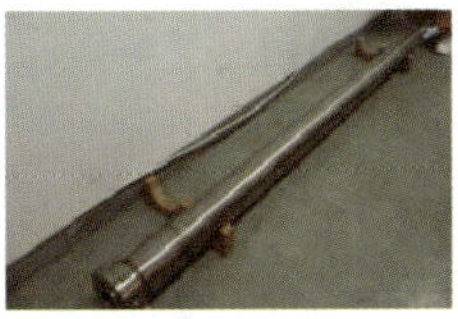

</td><td>

</td></tr>
<tr><td>用时（min）</td><td>14.7</td><td>6.0</td></tr>
</table></td><td>使用测试装置可以使工作流程发生改变，方便了棒位探测测器的更换工作，通过试验的方法确认了此前在功能测试中使用传统的方法时搭建测试平台所用的时间。</td></tr>
</table>

续 表

<table>
<tr><th>项目</th><th>近年来备件更换情况</th><th>结论</th></tr>
<tr><td>使用测试装置</td><td>
由于避免了二次运输 10 min，因此，各环节时间统计如下：
<table>
<tr><th>序号</th><th>工作内容</th><th>平均用时（min）</th><th>占总用时百分比（%）</th></tr>
<tr><td>1</td><td>备件功能测试</td><td>19. 3</td><td>21. 5</td></tr>
<tr><td>2</td><td>备件出库</td><td>20</td><td>22. 3</td></tr>
<tr><td>3</td><td>备件运输</td><td>10</td><td>11. 1</td></tr>
<tr><td>4</td><td>备件吊装</td><td>40</td><td>45. 1</td></tr>
<tr><td>5</td><td>总计</td><td>89. 3</td><td>—</td></tr>
</table>
更换备件用时＝备件功能检测＋备件出库＋备件运输＋备件吊装
＝（40－14. 7－6. 0）＋20＋10＋40＝89. 3 min
使用便携式测试装置后，则目前的工作流程可以如下：
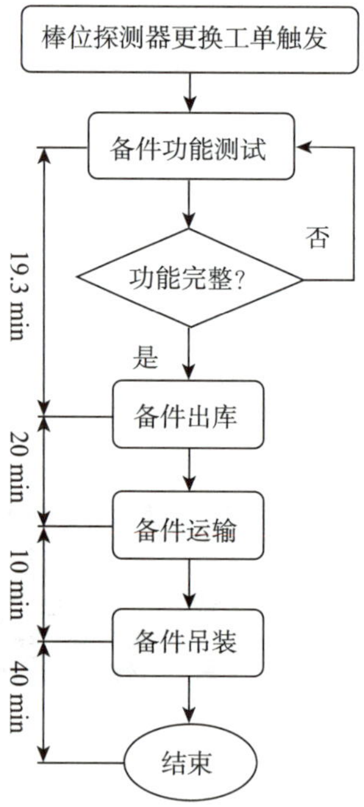

</td><td></td></tr>
<tr><td>总结</td><td colspan="2">小组将课题目标设定为更换一根棒位探测器平均时长从 120 min 缩短至 97. 3 min 作为我们的目标在理论上是可行的。</td></tr>
</table>

制表人：×××　　时间：2019-03-20

五、提出并确定最佳解决方案

5.1　提出方案

借鉴 Triz 分割发明原理以及组合发明原理，结合我们自身需要的功能，设备箱以及专用连接线，小组提出以下方案。

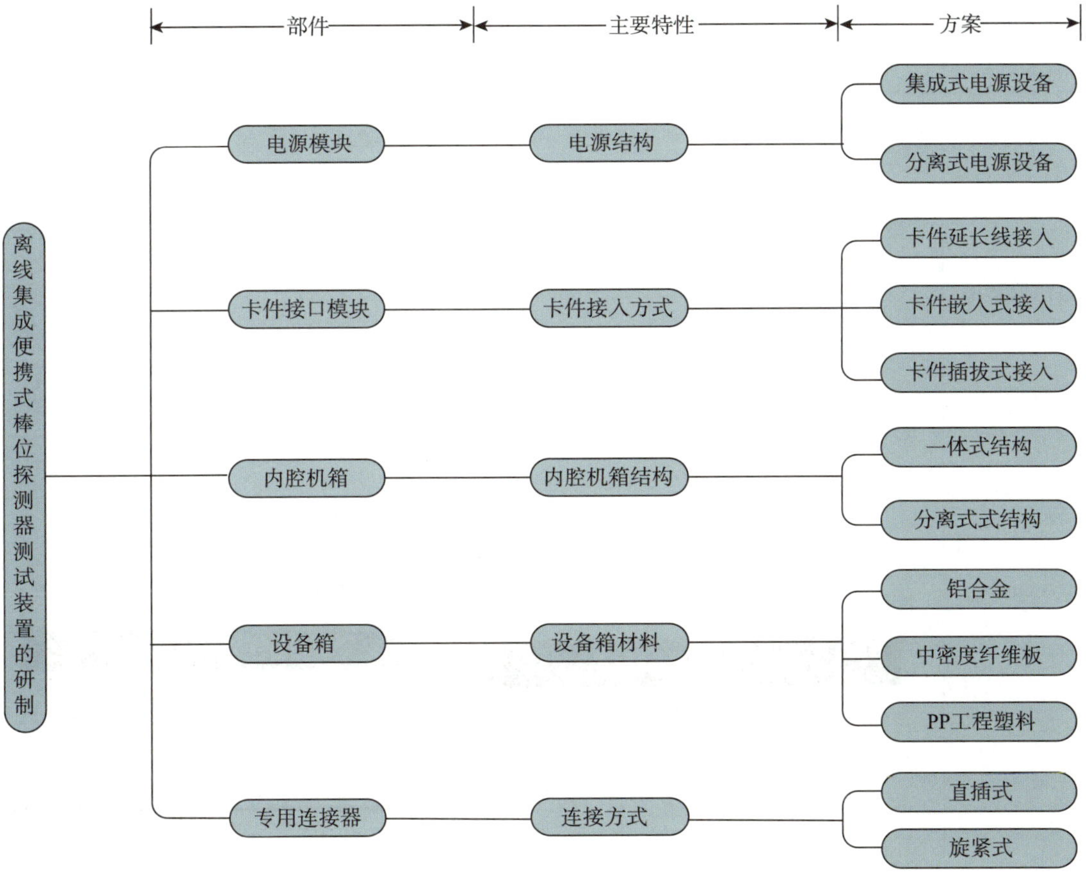

图 8　方案选择树图

制表人：×××　　　　时间：2019-04-11

5.2 确定最佳方案

5.2.1 电源模块方案选择

表 6 电源方案选择表

<table>
<tr><td colspan="3">电源方案选择</td></tr>
<tr><td>方案目标</td><td colspan="2">仿真电源误差<±5%</td></tr>
<tr><td>确认方法</td><td colspan="2">软件仿真：使用软件对不同方案进行仿真及误差计算</td></tr>
<tr><td>方案类别</td><td>方案 1</td><td>方案 2</td></tr>
<tr><td>方案名称</td><td>集成电源设计</td><td>分离式电源设计</td></tr>
<tr><td>电源原理图</td><td>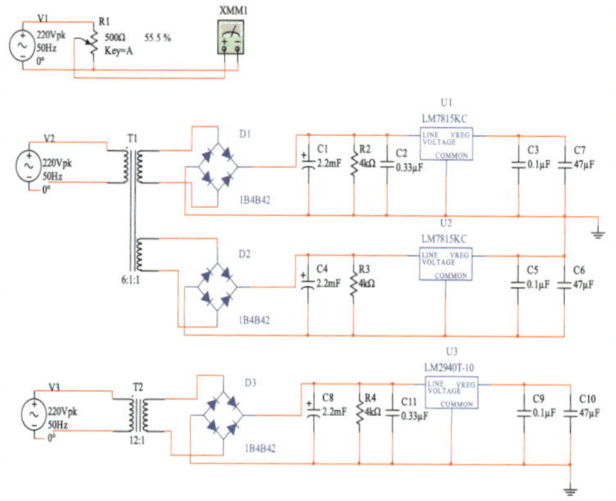</td><td>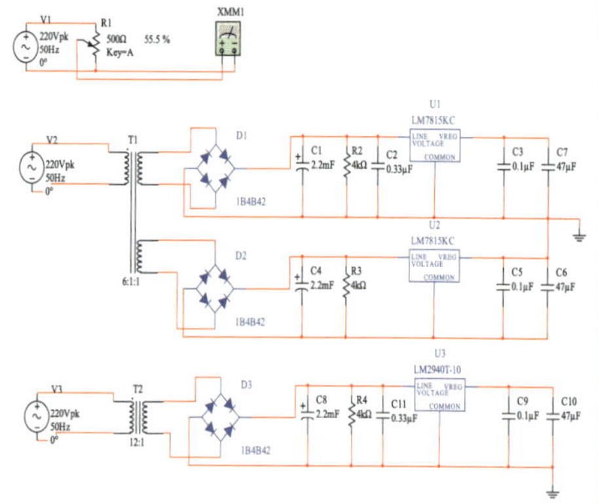</td></tr>
<tr><td>输出标准</td><td colspan="2">三类电源输出标准：AC 700 mA、DC ±15 V、DC 10 V</td></tr>
<tr><td>仿真试验</td><td>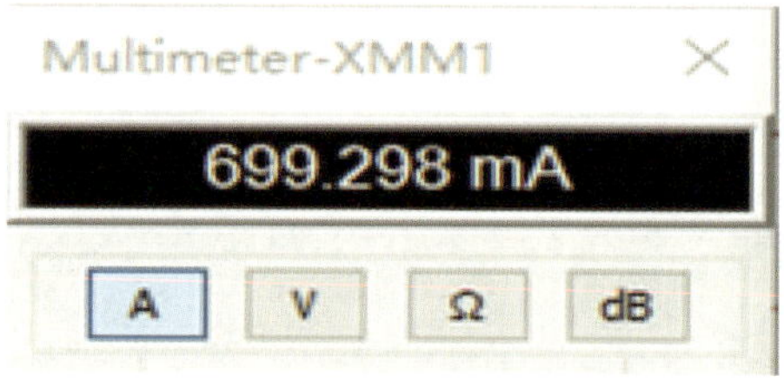

方案 1 恒流源仿真显示值
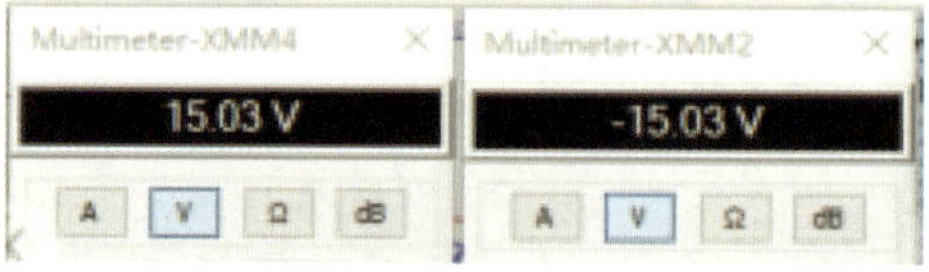

方案 1 葛莱码整形器电源仿真值显示
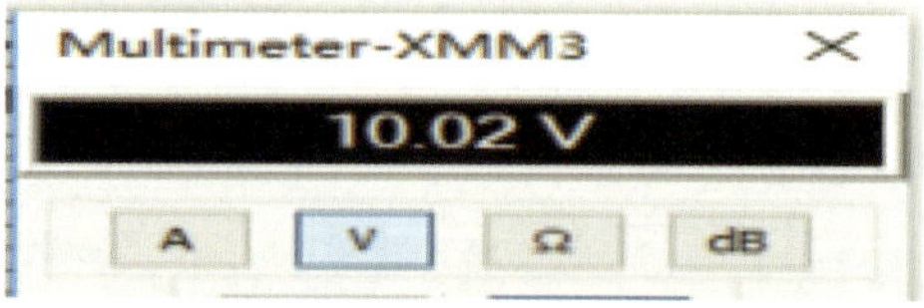

方案 1 光点显示器电源仿真值显示</td><td>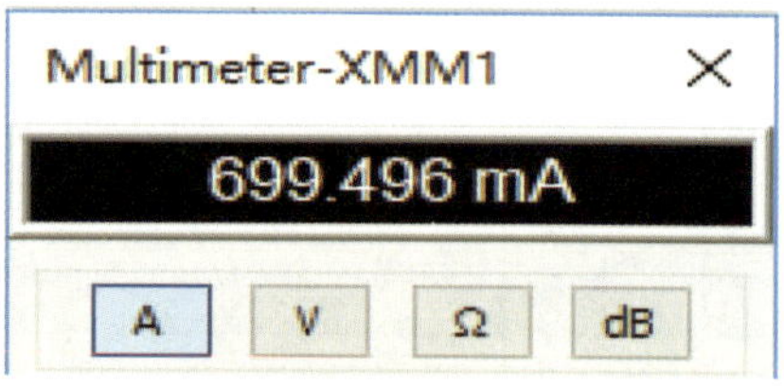

方案 2 恒流源仿真显示值
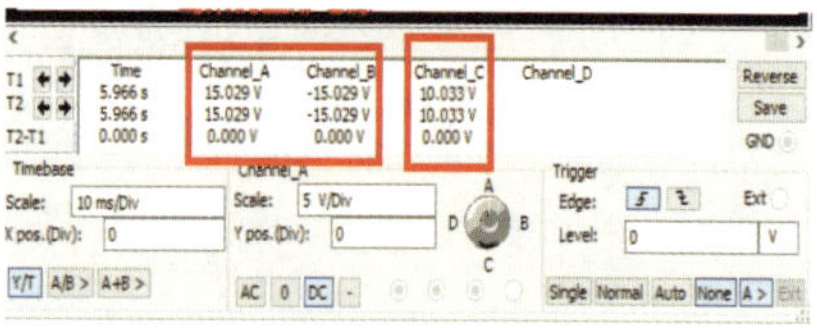

方案 2 葛莱码整形器电源及光点显示器实时仿真值显示
仿真结果如下：
<table>
<tr><td>类别</td><td>AC700（mA）</td><td>DC15（V）</td><td>DC−15（V）</td><td>DC10（V）</td></tr>
<tr><td>测量值</td><td>699. 496</td><td>15. 03</td><td>−15. 03</td><td>10. 03</td></tr>
<tr><td>绝对误差值（%）</td><td>0. 07</td><td>0. 2</td><td>0. 2</td><td>0. 3</td></tr>
</table></td></tr>
</table>

续　表

<table>
<tr><th colspan="6">电源方案选择</th></tr>
<tr><td colspan="2">仿真试验</td><td colspan="2">
仿真结果如下：
<table>
<tr><td>类别</td><td>AC700（mA）</td><td>DC15（V）</td><td>DC-15（V）</td><td>DC10（V）</td></tr>
<tr><td>测量值</td><td>699. 298</td><td>15. 03</td><td>-15. 03</td><td>10. 02</td></tr>
<tr><td>绝对误差值（%）</td><td>0. 1</td><td>0. 2</td><td>0. 2</td><td>0. 2</td></tr>
</table>
用料比较：
<table>
<tr><td>变压器</td><td>电桥</td><td>低压芯片</td><td>电容</td><td>电阻</td></tr>
<tr><td>1</td><td>2</td><td>2</td><td>8</td><td>3</td></tr>
</table>
</td><td colspan="2">
用料比较：
<table>
<tr><td>变压器</td><td>电桥</td><td>低压芯片</td><td>电容</td><td>电阻</td></tr>
<tr><td>2</td><td>3</td><td>3</td><td>11</td><td>4</td></tr>
</table>
</td></tr>
<tr><td rowspan="2">条件比较</td><td>类别</td><td>电源误差</td><td>用料（个）</td><td>电源误差</td><td>用料（个）</td></tr>
<tr><td>电源方案</td><td>0. 1%</td><td>16</td><td>0. 07%</td><td>23</td></tr>
<tr><td colspan="2">与目标值比较</td><td>0. 1% <5%</td><td>16<20</td><td>0. 07%<5%</td><td>23>20</td></tr>
<tr><td colspan="2">结论</td><td colspan="2">该方案更好</td><td colspan="2">该方案一般</td></tr>
<tr><td colspan="2">选定方案</td><td colspan="2">选　√</td><td colspan="2">不选　×</td></tr>
</table>

制表人：×××　　　　时间：2019-04-10

5. 2. 2　卡件接入方式选择

表 7　卡件接入方案选择

<table>
<tr><th colspan="4">卡件接入方案选择</th></tr>
<tr><td>方案指标</td><td colspan="3">各方案新旧卡件绝缘电阻要求在 15 s 内与 60 s 内最大误差在±20 MΩ 以内，维修故障点越少越好。</td></tr>
<tr><td>确认方法</td><td colspan="3">原理分析：绘制不同方案布局，确认方案不同的之处。
现场调查试验：分析现有的卡件接入方案，考虑后期的维护可操作性，通过测试对比分析出每种方案的优点及缺点。</td></tr>
<tr><td>方案类别</td><td>方案 1</td><td>方案 2</td><td>方案 3</td></tr>
<tr><td>方案名称</td><td>卡件延长线接入</td><td>卡件嵌入式</td><td>卡件可插拔式</td></tr>
<tr><td>调查说明</td><td colspan="3">在秦一厂经验反馈系统中查到近 4 年内葛莱码卡件及光点显示卡件故障数统计：
<table>
<tr><td>葛莱码卡件故障数（个）</td><td>光点显示异常数（个）</td></tr>
<tr><td>1</td><td>7</td></tr>
</table>
说明葛莱码卡件跟光点显示卡件有一定的故障率。</td></tr>
</table>

续 表

卡件接入方案选择

方案原理图

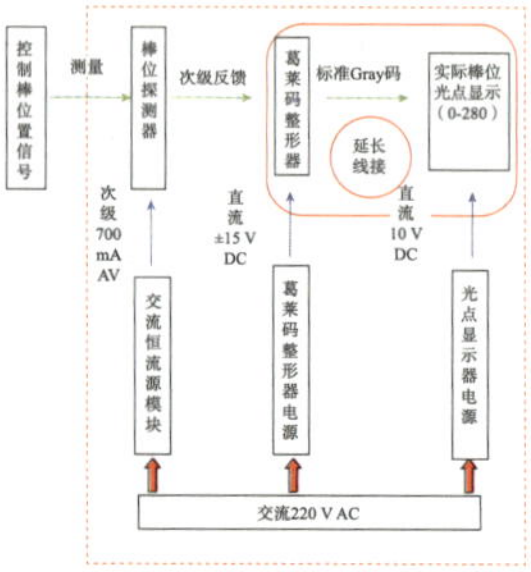

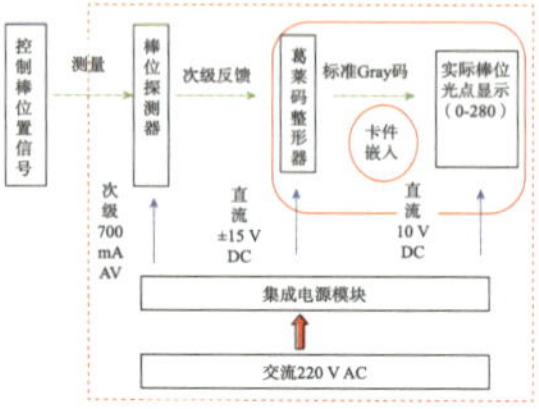

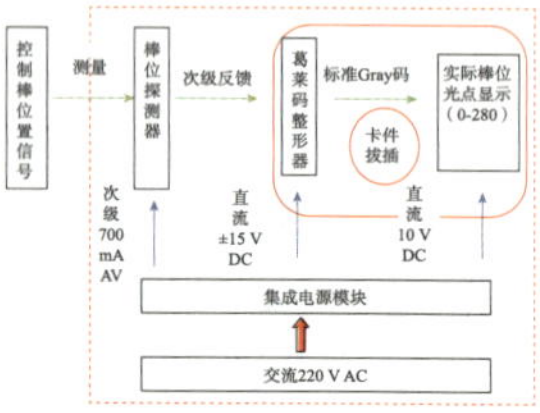

主要部件影响部件及试验

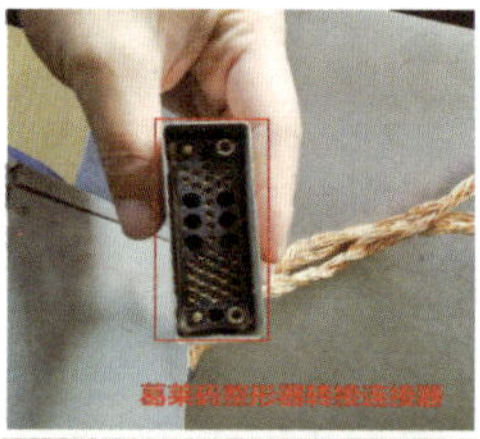

1. 延长线故障点统计

卡件延长线	维修数量
葛莱码整形	9 个
光点显示器	8 个

2. 线作绝缘出测试，如下：延长线老化会影响测试信号，因此对老旧延长

在 500 V 电压档测量

卡件延长线	新线（MΩ）	旧线（MΩ）
葛莱码整形	15 s 内达到了 200	60 s 内上升至 180
光点显示器	15 s 内达到了 250	60 s 内上升至 240
最大误差：20 MΩ		

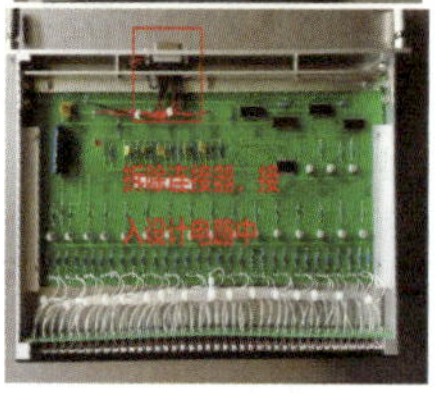

1. 卡件的故障及卡件引脚的数量直接影响后期的维护。葛莱码卡件引脚统计如下：

信号线	电源线
18 个	8 个

2. 由于卡件嵌入电路板中，因此，该设计信号抗干扰能力强。嵌入式设计

在 500 V 电压档测量

卡件延长线	新嵌入式卡件（MΩ）	旧嵌入式 卡件（MΩ）
葛莱码整形	15 s 内达到了 250	60 s 内上升至 250
光点显示器	15 s 内达到了 200	60 s 内上升至 190
最大误差：10 MΩ		

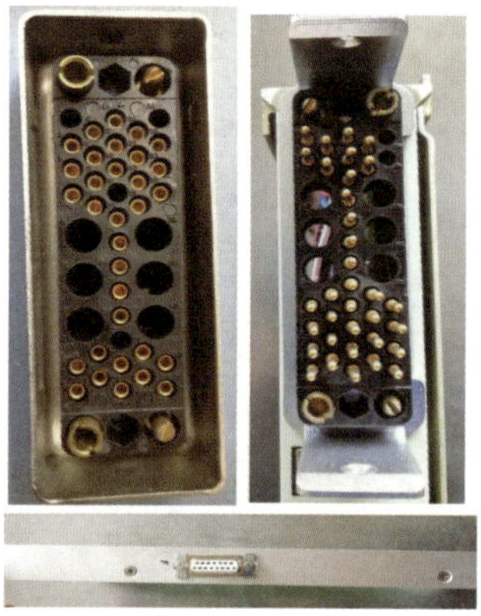

1. 现场使用的都是卡件可以热插拔的设计，因此，卡件的热插拔对于后期的维修与维护一样重大。同样，可插拔方案考虑的引脚为：

信号线	电源线
9 个	3 个

2. NIM 针脚之间存在一定的误差，会有较强的抗干扰性能。

卡件延长线	新插拔式卡件（MΩ）	旧插拔式卡件（MΩ）
葛莱码整形	15 s 内达达到了 215	60 s 内上升至 200
光点显示器	15 s 内达到了 200	60 s 内上升至 200
最大误差：−15 MΩ		

续　表

<table>
<tr><td colspan="4">卡件接入方案选择</td></tr>
<tr><td>可维护性</td>
<td>故障维修点统计：<table><tr><td>卡件延长线</td><td>维修数量</td></tr><tr><td>葛莱码整形</td><td>9 个</td></tr><tr><td>光点显示器</td><td>8 个</td></tr></table></td>
<td>故障维修点统计：<table><tr><td>卡件嵌入</td><td>维修数量</td></tr><tr><td>葛莱码整形</td><td>18 个</td></tr><tr><td>光点显示器</td><td>8 个</td></tr></table></td>
<td>故障维修点统计：<table><tr><td>卡件嵌入</td><td>维修数量</td></tr><tr><td>葛莱码整形</td><td>9 个</td></tr><tr><td>光点显示器</td><td>3 个</td></tr></table></td></tr>
<tr><td>目标比较</td><td>1. 故障维修点 17 个
2. 最大误差：20 MΩ</td><td>1. 故障维修点 26 个
2. 最大误差：10 MΩ</td><td>1. 故障维修点 12 个
2. 最大误差：-15 MΩ</td></tr>
<tr><td>结论</td><td>较好</td><td>好</td><td>最佳</td></tr>
<tr><td>选定方案</td><td>不选　×</td><td>不选　×</td><td>选　√</td></tr>
</table>

制表人：×××　　　　时间：2019-04-12

5.2.3　内腔机箱结构选择

表 8　内腔机箱设计方案选择

<table>
<tr><td colspan="3">内腔机箱结构选择</td></tr>
<tr><td>方案指标</td><td colspan="2">平均操作用时<2.0 min</td></tr>
<tr><td>确认方法</td><td colspan="2">结构设计：通过对不同内腔机箱进行设计，确认内腔机箱结构。
模拟操作试验：根据不同的设计结构选择不同的人员进行模拟操作，确定出用时最短的方案。</td></tr>
<tr><td>方案类别</td><td>方案 1</td><td>方案 2</td></tr>
<tr><td>方案名称</td><td>一体式</td><td>分离式</td></tr>
<tr><td>内腔布局结构</td><td>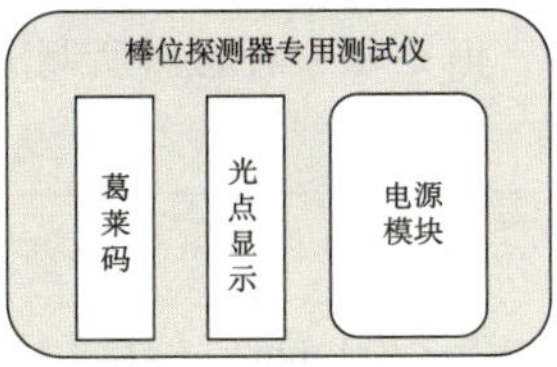
</td><td>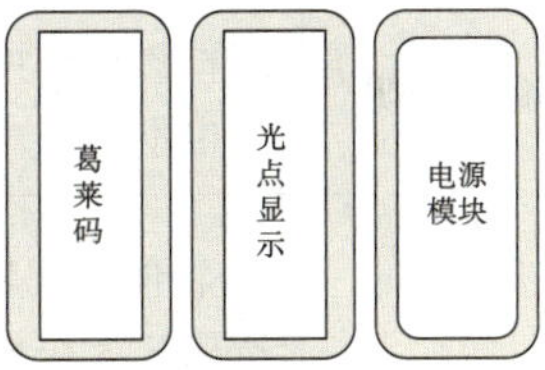
</td></tr>
<tr><td>说明</td><td colspan="2">1. 一体式所有模块设计在一起，组成一个整体结构。
2. 分离式要求三个独立模块，使用时将三块连接在一起。</td></tr>
<tr><td>相关试验</td>
<td>模拟一体式使用效率：选择不同的人模拟插拔两块卡件的速度。<table><tr><td>姓名</td><td>操作次数</td><td>总用时（min）</td><td>平均用时（min）</td></tr><tr><td>严斌鹏</td><td>10</td><td>9</td><td rowspan="3">1.2</td></tr><tr><td>陈奕然</td><td>10</td><td>12</td></tr><tr><td>张　强</td><td>10</td><td>15</td></tr></table></td>
<td>模拟分体式使用效率：选择不同的人模拟插拔三块卡件速度。<table><tr><td>姓名</td><td>操作次数</td><td>总用时（min）</td><td>平均用时（min）</td></tr><tr><td>严斌鹏</td><td>15</td><td>9</td><td rowspan="3">1.73</td></tr><tr><td>陈奕然</td><td>10</td><td>17</td></tr><tr><td>张　强</td><td>10</td><td>20</td></tr></table></td></tr>
</table>

续 表

内腔机箱结构选择		
目标比较	1. 2 min<2. 0 min	1. 73 min<2. 0 min
结论	好	较好
选定方案	选 √	不选 ×

制表人：××× 时间：2019-04-23

5. 2. 4 设备箱箱体材料选择

表 9 材料选择方案

<table>
<tr><th colspan="4">设备箱材料选择</th></tr>
<tr><td>方案指标</td><td colspan="3">相同体积，重量<3. 5 kg
放 30 kg 重物，观察变形情况，确认防震性；淋水静置 10 min 记录湿度纸湿度<50%；取三种材料放置在 75%浓度酸溶液看腐蚀变化；将三种材料放入 10 N · m 的电场验电后观察带电情况。</td></tr>
<tr><td>确认方法</td><td colspan="3">现场试验：在现场将不同材料进行特性分析及试验。</td></tr>
<tr><td>方案类别</td><td>方案 1</td><td>方案 2</td><td>方案 3</td></tr>
<tr><td>方案材料</td><td>铝合金</td><td>中密度纤维板</td><td>PP 工程塑料</td></tr>
<tr><td>不同材料拉杆式箱体展示</td><td>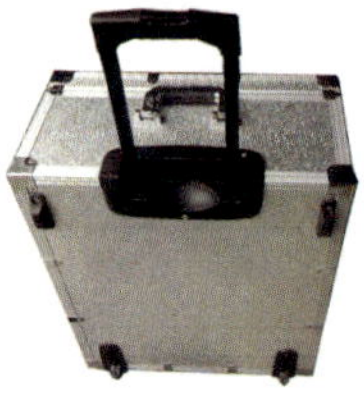</td><td>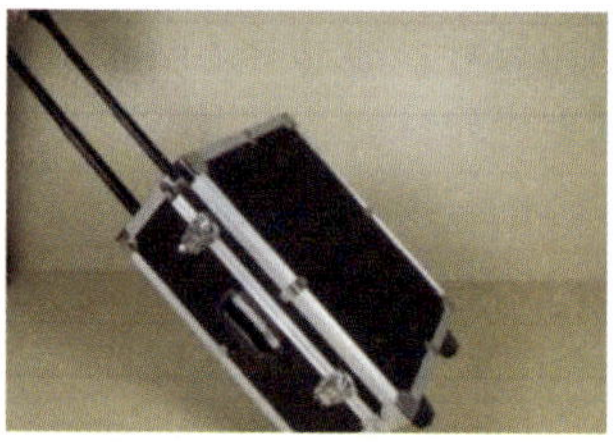</td><td></td></tr>
<tr><td>不同箱体说明</td><td colspan="3">三种材料都可以制作成设备箱，但是每一种材料所制成的箱体用途不同，使用环境也不同。</td></tr>
<tr><td>相关试验</td><td colspan="3">1. 轻便性比较。
选取长大小相等（460 mm×330 mm×200 mm）（21 寸行李箱）的铝合金、纤维板、PP 工程塑料箱子进行称重，沉重结果如下。
<table>
<tr><th>类别</th><th>铝合金</th><th>纤维板</th><th>PP 工程塑料</th></tr>
<tr><td>重量</td><td>2. 1 kg</td><td>5. 0 kg</td><td>3. 2 kg</td></tr>
</table>
2. 抗震性比较
寻找三个不同类型材料的箱子，相同尺寸的箱子，在箱子上放 30 kg 的重物，看箱子变形直线度是否有所变化。
结果如下：
<table>
<tr><th>类别</th><th>铝合金</th><th>纤维板</th><th>PP 工程塑料</th></tr>
<tr><td>变形情况（%）</td><td>90</td><td>100</td><td>95</td></tr>
</table></td></tr>
</table>

续　表

设备箱材料选择

相关试验

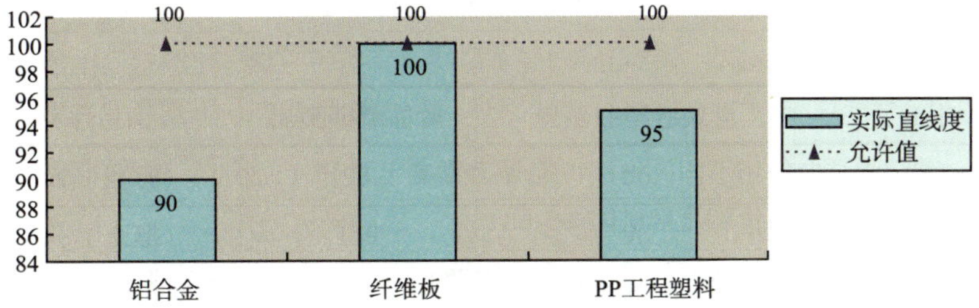

变形统计直方图

3. 防水性比较

在三个箱子上面进行淋水，在箱子里面放上湿度计纸，放置 10 min 进行比较：

类别	铝合金	纤维板	PP 工程塑料
湿度	65%	70%	45%

4. 耐腐蚀性检测

取 3 种不同材料各 1 kg，并将其放入浓度为 75% 的硫酸中酸性放置 10 min 进行比较重量比较，统计如下：

类别	铝合金	纤维板	PP 工程塑料
剩余重量（kg）	0. 5	1	1
评价	明显腐蚀	无明显腐蚀	无明显腐蚀

5. 电磁感应性能

在三种材料周围加强 10 N · m 的交变电场，然后使用静电测试仪进行验电，看是否存在静电。

类别	铝合金	纤维板	PP 工程塑料
感应电压（kV）	4. 23	0. 01	0. 10
评价	轻微的静电感应	无静电感应	无静电感应

条件比较	类别	铝合金	低密度纤维板	PP 工程塑料
条件比较	轻便性	较轻	重	轻
	抗震性	好	一般	较好
	防水性	较好	一般	好
	耐腐蚀性	一般	好	好
	电磁感应	好	好	好
选定方案		不选　×	不选　×	选　√

制表人：×××　　　　时间：2019-04-27

5.2.5 连接器选择

棒位探测器初级线圈的供电及次级线圈反馈回来的信号需要使用导线进行传输，导线一端使用与棒位探测器连接器成套的连接器，另一端需要选择其他连接器，方便集成。

表 10　连接器选择

<table>
<tr><th colspan="3">连接器选择</th></tr>
<tr><td>方案指标</td><td colspan="2">使用不同的力模拟受外力影响无脱开（>20 N）
铜针脚接触电阻≤5 mΩ</td></tr>
<tr><td>确认方法</td><td colspan="2">模拟拉伸：通过对不同类型的连接器进行拉力试验，查看其牢固性。
现场测量：通过对不同使用连接器进行接触电阻测量。</td></tr>
<tr><td>方案类别</td><td>方案 1</td><td>方案 2</td></tr>
<tr><td>方案名称</td><td>直接插拔式</td><td>带有旋紧螺母式</td></tr>
<tr><td>连接器选型</td><td>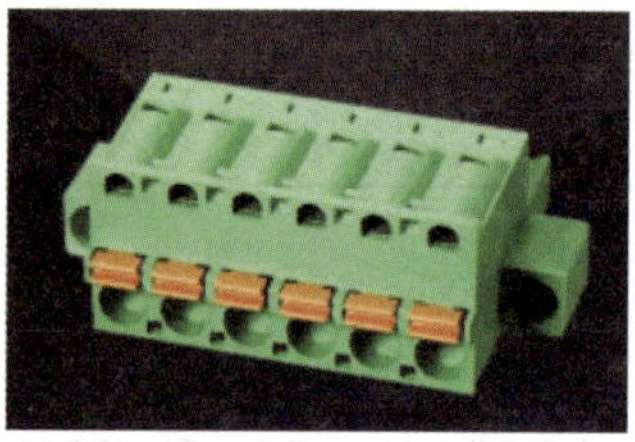</td><td></td></tr>
<tr><td>说明</td><td colspan="2">连接器的使用应该方便可靠。</td></tr>
<tr><td>相关比较试验</td>
<td>1. 连接器可靠性测试
使用直插式的连接器进行插拔试验
<table>
<tr><td>序号</td><td>拉力</td><td>10 N</td><td>20 N</td><td>30 N</td></tr>
<tr><td>1</td><td>结果</td><td>无</td><td>开</td><td>开</td></tr>
<tr><td colspan="5">试验人：×××　　地点：检修间
试验时间：2019-04-26</td></tr>
</table>
2. 接触电阻
使用三个端子测量该连接器的接触电阻
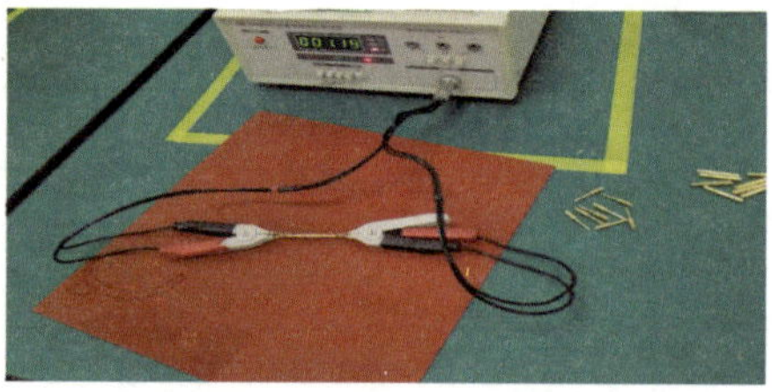
<table>
<tr><td>序号</td><td>端子</td><td>1</td><td>2</td><td>3</td><td>平均</td></tr>
<tr><td>1</td><td>电阻（mΩ）</td><td>10</td><td>11</td><td>11.9</td><td>11</td></tr>
<tr><td colspan="6">试验人：×××　　地点：检修间
试验时间：2019-04-26</td></tr>
</table>
</td>
<td>1. 连接器可靠性测试
使用锁紧式的连接器进行插拔试验
<table>
<tr><td>序号</td><td>拉力</td><td>10 N</td><td>20 N</td><td>30 N</td></tr>
<tr><td>1</td><td>结果</td><td>无</td><td>开</td><td>开</td></tr>
<tr><td colspan="5">试验人：×××　　地点：检修间
试验时间：2019-04-26</td></tr>
</table>
2. 接触电阻
使用锁紧式连接器端子测量接触电阻
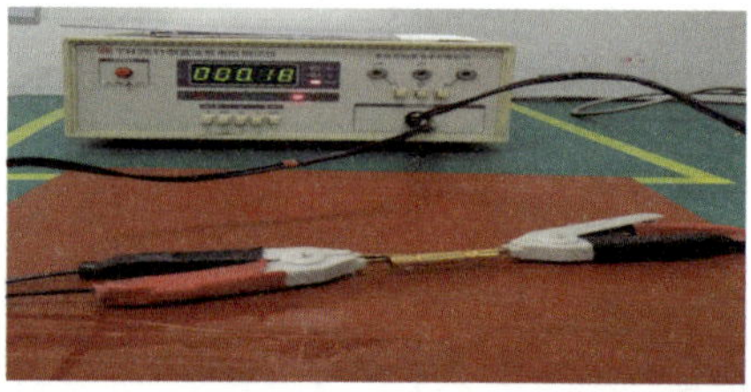
<table>
<tr><td>序号</td><td>端子</td><td>1</td><td>2</td><td>3</td><td>平均</td></tr>
<tr><td>1</td><td>电阻（mΩ）</td><td>0.17</td><td>0.20</td><td>0.18</td><td>0.18</td></tr>
<tr><td colspan="6">试验人：×××　　地点：检修间
试验时间：2019-04-26</td></tr>
</table>
</td></tr>
</table>

续　表

连接器选择		
目标比较	在 20 N 的时候，连接线已脱开。平均接触电阻为 11>5 mΩ	在 20 N 及以上，连接线无脱开现象。平均接触电阻为 0. 18<5 mΩ
结论	直插式接触电阻较大，可靠性低	旋紧式接触电阻较小，可靠性高
选定方案	不选　×	选　√

制表人：×××　　　　时间：2019-04-28

5. 2. 6　确定最佳方案

根据以上调查、测量、试验等结果确定最佳方案如图 9 所示。

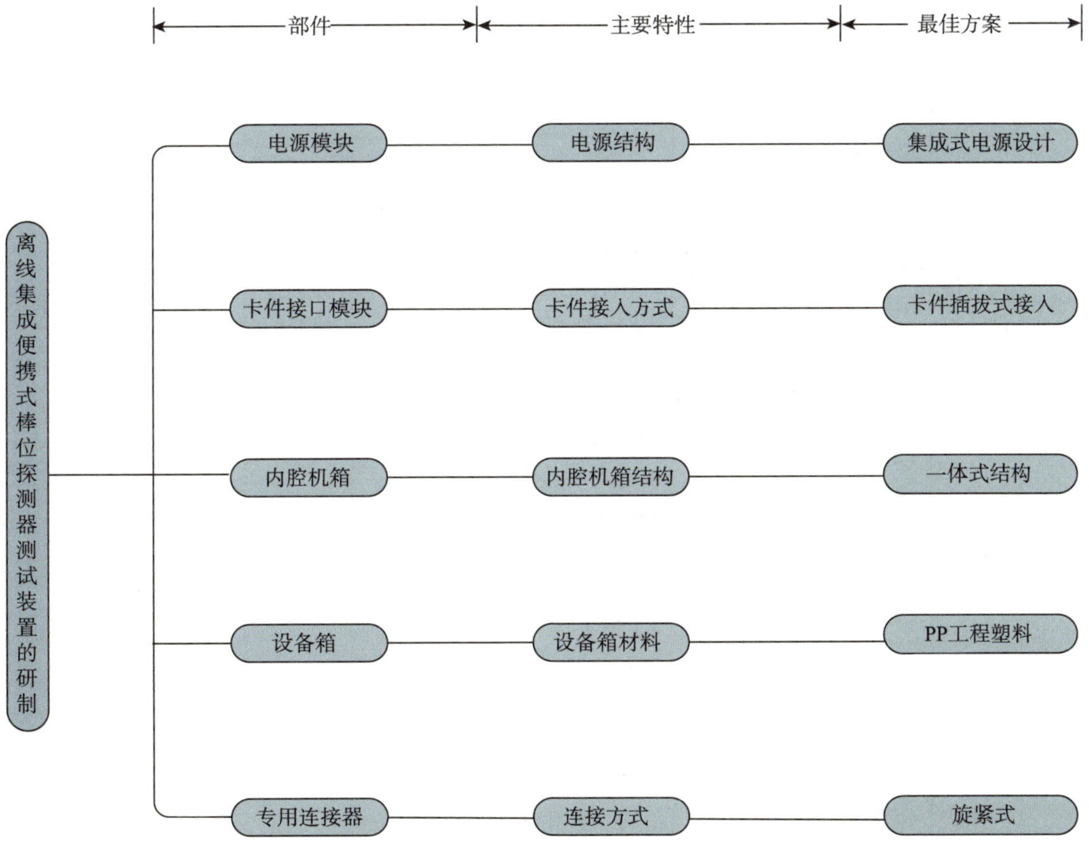

图 9　最佳方案树图

制表人：×××　　　　时间：2019-04-30

六、制定对策

表 11 运用“5W1H”制定对策表

序号	对策	目标	措施	地点	负责人	时间
1	集成电源设计	（1）DC ±15 V 电源电压输出误差≤±5%。 （2）DC 10 V 电源电压输出误差≤±5%。	（1）电源电路设计。 （2）电源模块电路板模拟制作。 （3）电源模块电路测试。	办公室检修间	×××	2019-05-03
2	可插拔式卡件设计与制作	（1）设计电路板尺寸应该为 2 个卡件接口，一个 220 V 电源接口，1 个与棒位探测器连接接口，1 个电源指示灯。 （2）购买 3 个不同类型的固定连接器。 （3）6 类电子元器件。 （4）焊接引脚 > 95% 满足要求。	（1）电源模块与卡件连接器供电及信号传输设计。 （2）集成电源模块与卡件连接器接口 PCB 电路设计。 （3）IEC 连接器，FN283-4-06/Q14P1CXXHR220E 电源指示灯、L77SDAH15SOL2R-M8、15 孔连接、L77SD-AH15SOL2RM。 （4）购买变压器、电容、电阻、低压电源芯片、整流器、指示灯等电子元器件。 （5）将加工好的 PCB 电路板进行焊接。 （6）焊接完成后对焊接点进行 VT 检查。 （7）对于焊接元器件进行 VT 检查。	办公室检修间	×××	2019-05-15
3	一体式结构内腔机箱设计与制作	根据 PCB 电路板大小，确定内腔机箱尺寸大小。 （1）设计内腔机箱尺寸误差<±10%。 （2）内腔机箱应该有 2 个卡件孔，1 个开关孔，1 个指示灯孔，1 个电源插口孔。	（1）用 AutoCAD 2019 绘制图纸。 （2）使用 Solidworks 建立模型。 （3）根据 PCB 电路板实际尺寸，设计内腔机箱尺寸大小。 （4）购买原材料。 （5）内腔机箱加工与制作。	办公室检修间	×××	2019-05-08

续 表

序号	对策	目标	措施	地点	负责人	时间
4	PP 塑料设备箱尺寸设计与选型	(1) 设备箱内部尺寸大小应该在内腔机箱尺寸的<±3%。 (2) 设备箱外尺寸应该在设计尺寸 ± 3%以内。	(1) 在网上进行 PP 工程塑料箱体选型与购买。 (2) 给购买回来的机箱内使用防震材料进行粘连。根据内腔机箱尺寸，考虑壁厚，选择设备箱尺寸。 (3) 设计设备箱尺寸应该为内腔机箱长+10 mm。 (4) 设计设备箱尺寸应该为内腔机箱宽+10 mm。 (5) 设计设备箱尺寸应该为内腔机箱高+10 mm。	办公室	×××	2019-06-10
5	旋紧式连接器选型与制作	(1) 连接器接线至少 10 孔。 (2) 铜合金插针接触电阻 Φ1.0≤10 mΩ。 (3) 连接器两端 均为 9 针脚，一侧可连接至测试装置，一侧连接棒位探测器。	(1) 在网络上挑选满足条件的成品并进行购买。 (2) 对购买回来的连接器针脚压接。 (3) 制作棒位探测器侧连接器。	办公室 检修间	×××	2019-06-21
6	组装调试及工厂测试	(1) 设备箱大小 98%满足内腔机箱尺寸。 (2) 卡件布局尺寸 95%满足插拔要求。 (3) 电源口绝缘电阻 ≥100 MΩ。 (4) 耐压测试漏电流 <10 mA。 (5) 通电测试 47 个指示灯 100%无异常。 (6) 可以测量棒位探测器功能完整性。测量时间缩短 50%。 (7) 确保人身、装置、设备安全可靠。	(1) 按设计图组装各模块及部件。 (2) 在 220 V 电源输入端和地之间加 500 V 直流电压，持续 1 min，测量绝缘电阻值。 (3) 在 220 V 电源输入端和地之间加 500 V 交流电压，持续 1 min，泄漏电流低于 10 mA，测试过程中无放电，飞弧等情况。 (4) 从组装到完成一根棒位探测器的时间小 40 min。 (5) 测量完成后，检查设备及被测设备看是否存在异常。 (6) 测试装置有安全检测证书。 (7) 棒位探测器有测试报告。	工具间 工厂	×××	2019-07-30

制表人：××× 时间：2019-05-03

七、按对策实施

实施一：集成电源模块电路设计

×××在 2019 年 5 月 3 日绘制电源模块仿真图如表 12 所示。

表 12　集成电源模块对策实施表

<table>
<tr><th>步骤</th><th>采取措施</th><th colspan="2">实施结果</th></tr>
<tr><td>集成电源设计</td><td>使用 Multisim 软件进行电路设计</td><td colspan="2">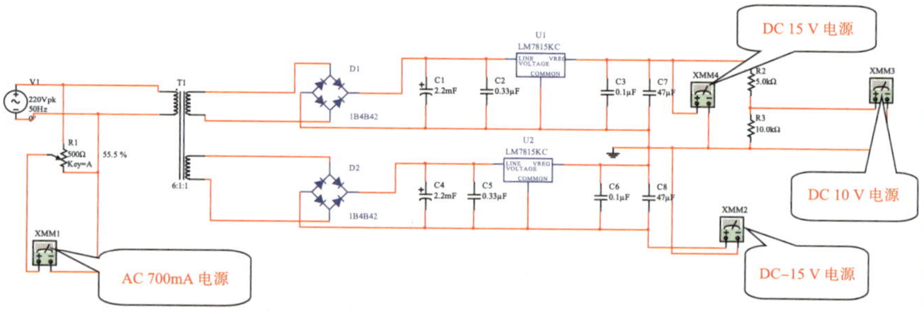
</td></tr>
<tr><td>电源模块电路板制作</td><td>根据电路原理图制作简易电路板</td><td colspan="2">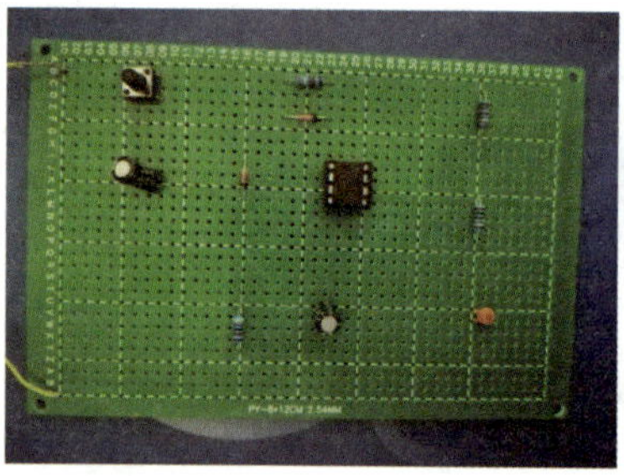 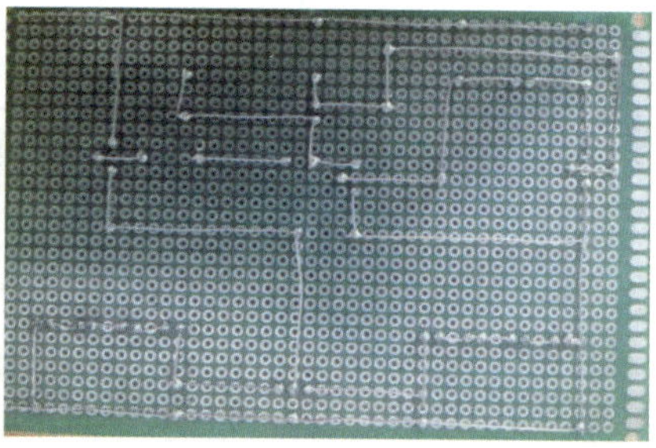</td></tr>
<tr><td>简易模块电路测试</td><td>使用万用表对简易电路板进行测量</td><td colspan="2">
<table>
<tr><th>电源</th><th>第一次测量</th><th>第二次测量</th><th>第三次测量</th><th>最大相对误差</th></tr>
<tr><td>AC 700 mA</td><td>698. 45 mA</td><td>699. 23 mA</td><td>702. 33 mA</td><td>0. 05%</td></tr>
<tr><td>DC 15 V</td><td>15. 38</td><td>14. 98</td><td>15. 55</td><td>3. 7%</td></tr>
<tr><td>-DC 15 V</td><td>-15. 24</td><td>-15. 36</td><td>-15. 45</td><td>3%</td></tr>
<tr><td>DC 10 V</td><td>10. 05</td><td>10. 02</td><td>10. 03</td><td>0. 5%</td></tr>
</table></td></tr>
<tr><td rowspan="2">对策目标对比</td><td colspan="2">对策目标</td><td>效果检查</td></tr>
<tr><td colspan="2">（1）交流电源输出误差小于±5%。
（2）DC ±15 V 电源电压输出误差≤±5%。
（3）DC 10 V 电源电压输出误差≤±5%。</td><td>集成电源模块的电路设计输出最大误差为 3. 7%<5%的设定误差，因此，目标达成！</td></tr>
</table>

时间：2019-05-03　　　　地点：办公室、检修间

负责人：×××　　　　制表人：×××

实施二：可插拔式卡件电路设计制作

表 13　可插拔式卡件电路设计实施表

步骤	采取措施	实施结果
可插拔式电路设计	使用 CAD 软件绘制电路图	将集成电源设计方案与卡件接口设计在一个电路板上，以下为设计电路，该图主要有 2 个卡件借口、1 个 220 V 电源接口、1 个指示灯。 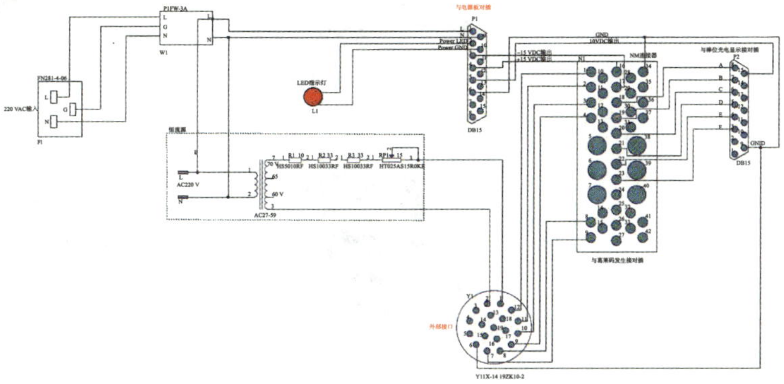
根据电路原理图制作 PCB 图	使用 AD 软件进行 PCB 电路板制作	PCB 电路是根据集成电源及卡件插拔电路两部分绘制的。 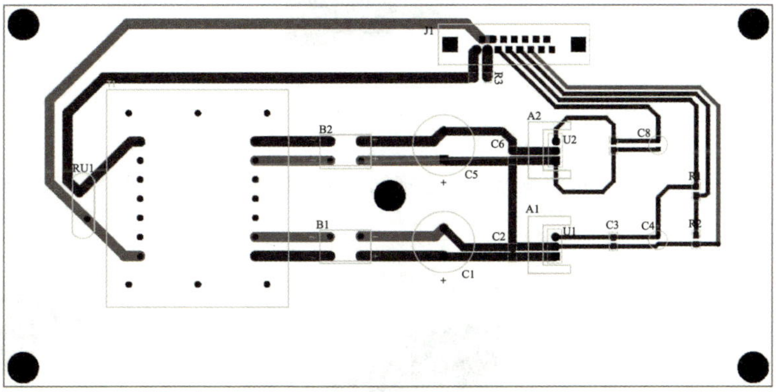
制作电装图	生成器件装配图	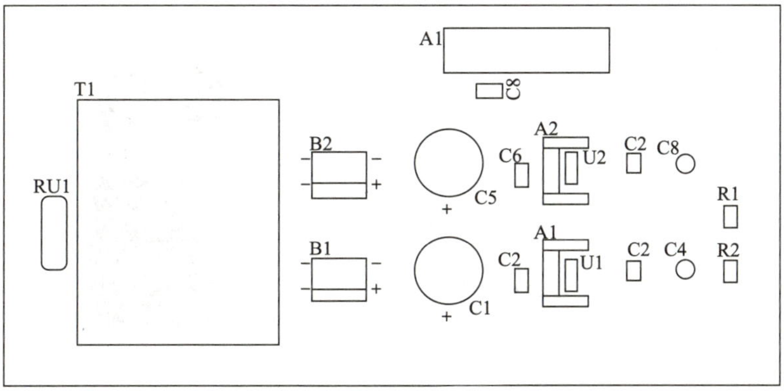

续 表

步骤	采取措施	实施结果
购买各类电子元器件	在网络上进行购买需要的电子元器件	购买变压器、电容、电阻、低压电源芯片、整流器、指示灯等，如下：  PE5424E-M变压器  桥式整流器  电解电容  V275LA20AP类贴片电阻  低压稳压器  电源指示灯 按照电路设计原理同，需要购买的电子元器件种类为 5 种。
购买各类电子元器件	网上进行挑选各类连接器	 交流220 V电源连接器  光点显示器连接器 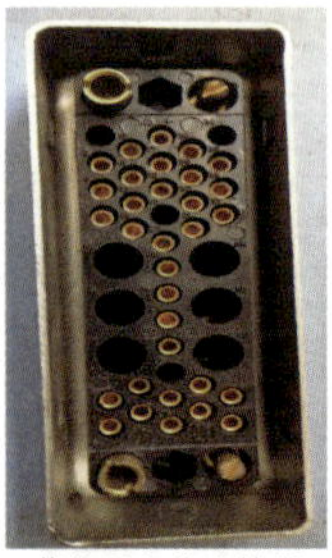 葛莱码卡件连接器 共有 3 类固定连接器。

续 表

<table>
<tr><th>步骤</th><th>采取措施</th><th colspan="2">实施结果</th></tr>
<tr><td>制作集成电路板</td><td>根据 PCB 电路板加工的电路板及电装图进行元件焊接</td><td colspan="2">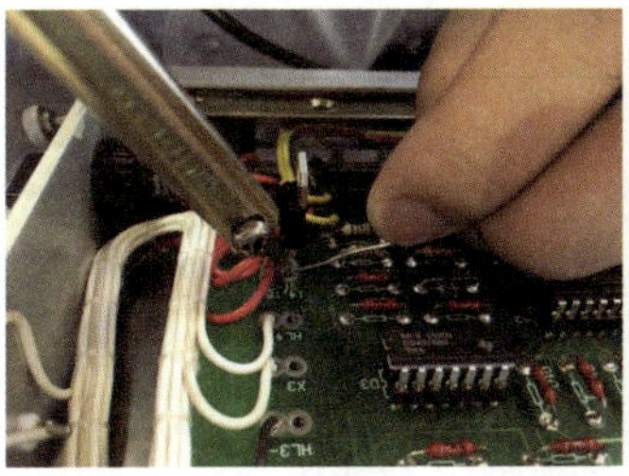 
<table>
<tr><th>检查项目</th><th>引脚总数量</th><th>引脚平整数</th><th>引脚不合格数</th><th>合格率</th></tr>
<tr><td>焊接电路板</td><td>104</td><td>103</td><td>1</td><td>99%</td></tr>
</table></td></tr>
<tr><td rowspan="2">对策目标对比</td><td colspan="2">对策目标</td><td>效果检查</td></tr>
<tr><td colspan="2">（1）设计电路板尺寸应该为 2 个卡件接口，一个 220 V 电源接口，1 个与棒位探测器连接接口，1 个电源指示灯。
（2）焊接引脚>95%满足要求。</td><td>从电路图可以看出，上述集成电路设计有 2 个卡件借口、1 个 220 V 电源接口、1 个指示灯、1 个集成电路；99% 电路焊接满足目标值，目标达成！</td></tr>
</table>

时间：2019-05-15　　地点：办公室、检修间

负责人：×××　　制表人：×××

实施三：内腔机箱尺寸布局设计与制作

5 月 8 日 黄程完成内腔机箱尺寸布局设计及制作如下：

表 14　内腔机箱尺寸及布局对策实施表

<table>
<tr><th>步骤</th><th>措施</th><th>实施结果</th></tr>
<tr><td>卡件布局及尺寸计算</td><td>测量卡件大小及 PCB 电路板大小</td><td>1. 卡件布局
分别测量葛莱码、光点显示器尺寸，通过此种布局方案得出最小箱体尺寸结果见表 18。
<table>
<tr><th>序号</th><th>卡件</th><th>长（mm）</th><th>宽（mm）</th><th>高（mm）</th></tr>
<tr><td>1</td><td>PCB 电路板</td><td>400</td><td>240</td><td>10</td></tr>
<tr><td>2</td><td>葛莱码</td><td>250</td><td>30</td><td>150</td></tr>
<tr><td>3</td><td>光点显示器</td><td>350</td><td>20</td><td>200</td></tr>
<tr><td colspan="5">试验人：×××　　地点：检修间　　测量时间：2019-04-25</td></tr>
</table>
2. 根据该布局确定最小尺寸
箱体长 = 电源板设计尺寸 + 加工尺寸 = 400+100 = 500 mm
箱体宽 = L_{min} 长 + W_{min} 宽 + 加工尺寸 = 250+80+20 = 350 mm
箱体高 = H_{max} + 加工尺寸 = 200+20 = 220 mm
<table>
<tr><th>序号</th><th rowspan="2">机箱最小尺寸</th><th>长（mm）</th><th>宽（mm）</th><th>高（mm）</th></tr>
<tr><td>1</td><td>500</td><td>330</td><td>220</td></tr>
<tr><td colspan="5">试验人：×××　　地点：检修间　　试验时间：2019-04-25</td></tr>
</table></td></tr>
</table>

续 表

<table>
<tr><th>步骤</th><th>措施</th><th>实施结果</th></tr>
<tr><td>设计内腔机箱尺寸及布局</td><td>使用 Auto CAD2019 软件绘制</td><td>
根据 PCB 电路板大小，设计尺寸长为 500×350×220

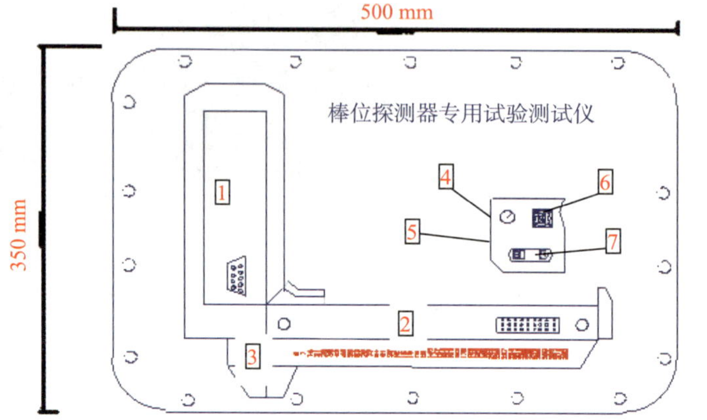

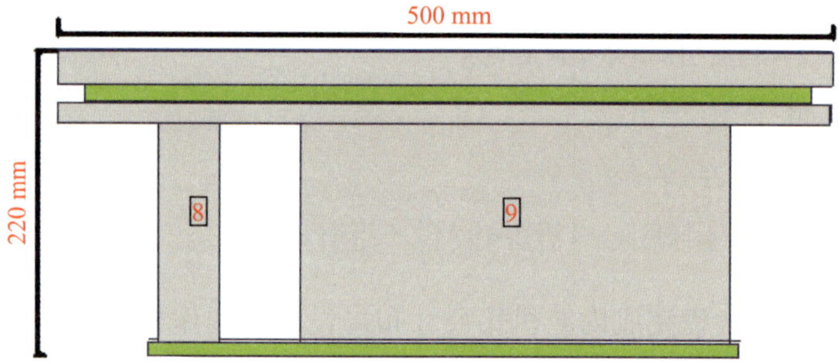

上图中：

<table>
<tr><td>位号</td><td>1 和 8</td><td>2 和 9</td><td>3</td><td>4</td><td>5</td><td>6</td><td>7</td></tr>
<tr><td>名称</td><td>葛莱码卡件槽</td><td>光点显示卡件槽</td><td>光点步数（0-280）</td><td>调节旋钮</td><td>电源指示灯</td><td>220 V 电源转接口</td><td>总开关</td></tr>
</table>

误差计算：$E=(350-330)\div 330\times 100\%=6\%$
</td></tr>
<tr><td>建模</td><td>使用 Solid-works 建模</td><td>
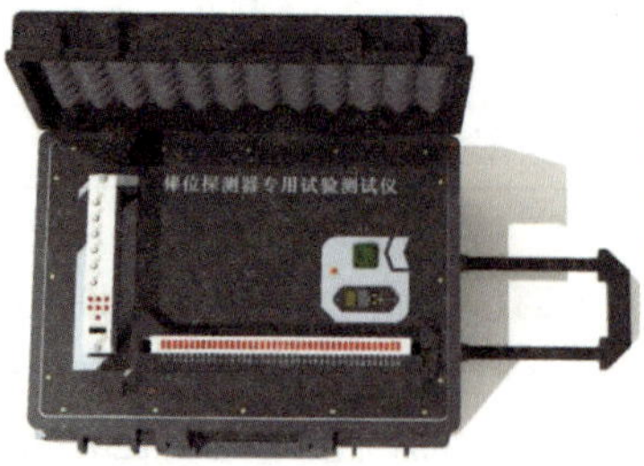

</td></tr>
</table>

续　表

<table>
<tr><th>步骤</th><th>措施</th><th colspan="2">实施结果</th></tr>
<tr><td>购买铝合金材料及支架</td><td>在网络上进行购买</td><td colspan="2">
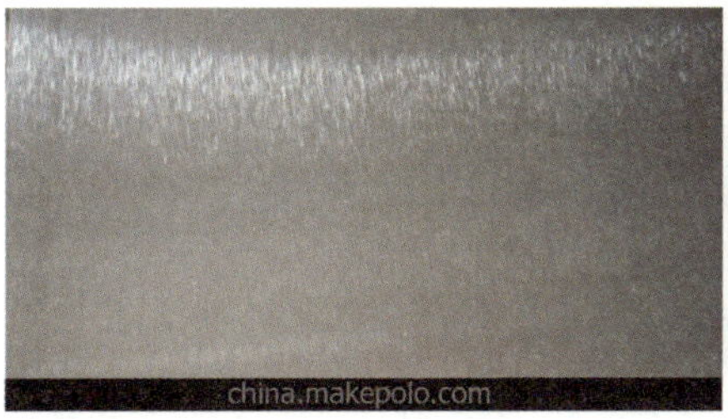

购买铝合金材料尺寸测算：

<table>
<tr><th>类别</th><th>长（mm）</th><th>宽（mm）</th><th>高（mm）</th></tr>
<tr><td>铝合金板</td><td>1000</td><td>700</td><td>3</td></tr>
<tr><td>铝合金支柱</td><td>250</td><td></td><td></td></tr>
</table>
</td></tr>
<tr><td>根据内腔机箱设计图纸加工机箱</td><td>使用铝合金材料进行加工</td><td colspan="2">

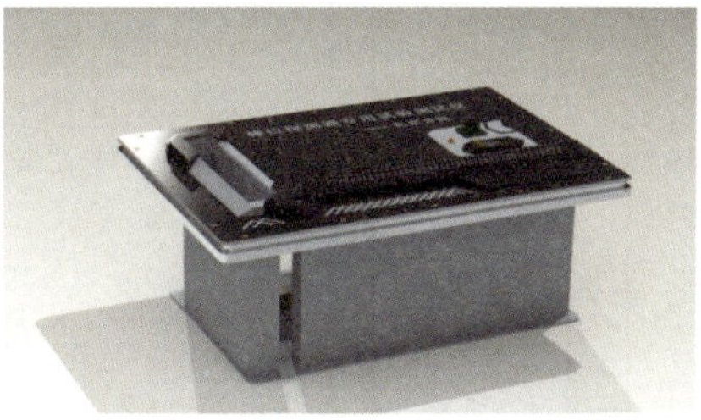

<table>
<tr><th>标准尺寸</th><th>500（mm）</th><th>350（mm）</th><th>220（mm）</th></tr>
<tr><td>测量尺寸</td><td>501</td><td>352</td><td>219</td></tr>
<tr><td>相对误差（%）</td><td>0. 2</td><td>0. 5</td><td>-0. 45</td></tr>
</table>
</td></tr>
<tr><td rowspan="2">对策目标对比</td><td colspan="2">对策目标</td><td>效果检查</td></tr>
<tr><td colspan="2">（1）设计内腔机箱尺寸误差应该为长为 500±10% mm。
（2）设计腔机箱尺寸误差应该为宽 330±10% mm。
（3）设计腔机箱尺寸误差应该为 200±10% mm。</td><td>设定目标为 500×330×200，要求为±10%，由于最大误差为 6%<10%，满足要求，目标达成！</td></tr>
</table>

时间：2019-05-08　　地点：办公室

负责人：×××　　制表人：×××

实施四：设备箱尺寸设计与选型

6 月 10 日陈奕然根据内腔机箱尺寸大小，选择机箱为 PELICAN 标准中型箱 IM2620，具体照片如表 15 所示。

表 15 设备箱选型对策实施表

<table>
<tr><th>步骤</th><th>措施</th><th>实施结果</th></tr>
<tr><td>绘制箱体大小</td><td>绘制设备箱箱体大小</td><td>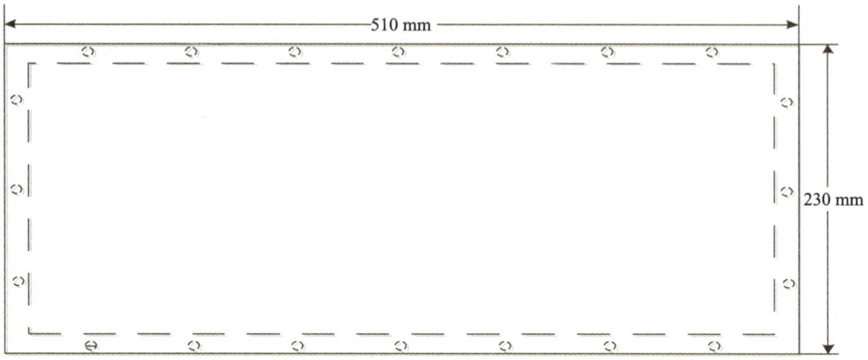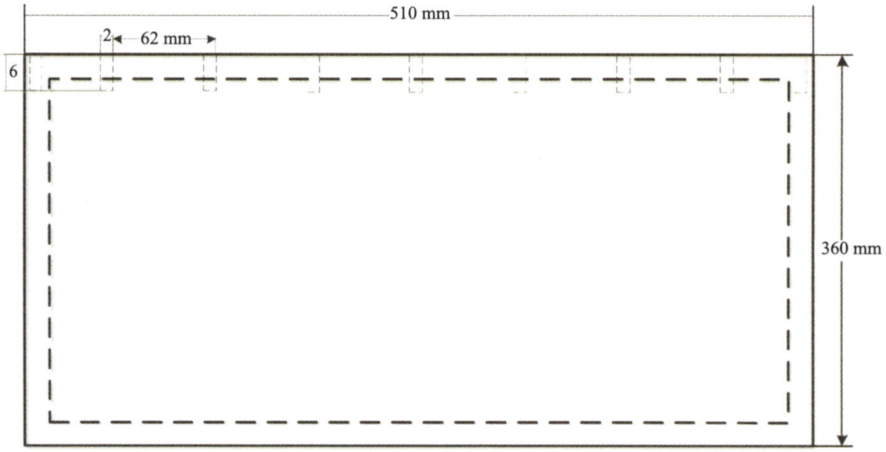</td></tr>
<tr><td>根据内腔机箱设大小挑选合适的设备箱</td><td>在网络上挑选PP 工程塑料拉杆箱体</td><td>根据内腔机箱尺寸大小，选择可以将其放置在内部的拉杆箱体，最后，在网络上找到了一款 PELICAN 标准中型箱，如下所示：

该机箱具体规格如下表所示：
<table><tr><th>型号</th><th>内尺寸</th><th>外尺寸</th><th>箱盖/箱体深度</th><th>防尘防水等级</th><th>可选颜色</th></tr><tr><td>IM2620</td><td>505×355×224</td><td>515×365×234</td><td>51/203</td><td>IP67</td><td>黑色/军绿色</td></tr></table></td></tr>
</table>

续　表

步骤	措施	实施结果
		由上表可知内尺寸为 508×355×254

内腔尺寸	501（mm）	352（mm）	219（mm）
选型尺寸	508	355	224
相对误差（%）	1.4	0.85	2.8%

由上表可知外尺寸为 515×3565×234

外尺寸	510（mm）	360（mm）	230（mm）
选型尺寸	515	365	234
相对误差（%）	2.9	1.38	1.74

	对策目标	效果检查
对策目标对比	设备箱长度应该为内腔机箱真实尺寸+10 mm。即 510×360×230 mm。设备箱内部误差<±3%	最大误差为 2.9%<3%，满足要求，目标达成！

时间：2019-06-10　　　　地点：检修间

负责人：×××　　　　制表人：×××

实施五：旋紧式连接器选型及接线制作

6 月 21 日刘芳芳在网络上进行连接器的选择，本次选择的连接器为 Y11X-1419TJ2。

表 16　旋紧式连接器选型及制作对策实施表

步骤	措施	实施结果
连接线连接器选型	在网络上挑选旋紧式连接器	根据目标，在网络上挑选旋紧式连接器，最终选择 Y11X-1419TJ2 如下所示：

该机箱具体性能参数如下表所示：

插针直径（mm）	Φ0.8	Φ1.0		Φ1.5	
工作电流（A）	3	5		10	
材料	铝合金	铜合金	铁合金	铜合金	铁合金
接触电阻（mΩ）	≤6	≤5	≤15	≤3	≤10

由上表可知铜材料针脚 Φ1.0 接触电阻≤5 mΩ，孔数为 19

续　表

<table>
<tr><th>步骤</th><th>措施</th><th colspan="2">实施结果</th></tr>
<tr><td>棒位探测器专用连接器购买</td><td>定制棒位探测器专用连接器</td><td colspan="2">
棒位探测器专用连接器</td></tr>
<tr><td>旋紧式连接器插针制作</td><td>使用压线钳压接插针</td><td colspan="2">
连接测试装置侧为 19 针</td></tr>
<tr><td>棒位探测器侧连接器制作</td><td>使用压线工具压接</td><td colspan="2">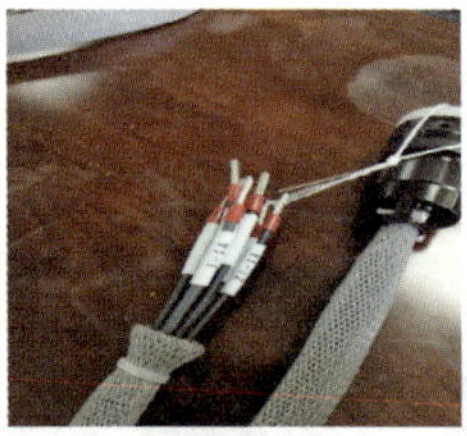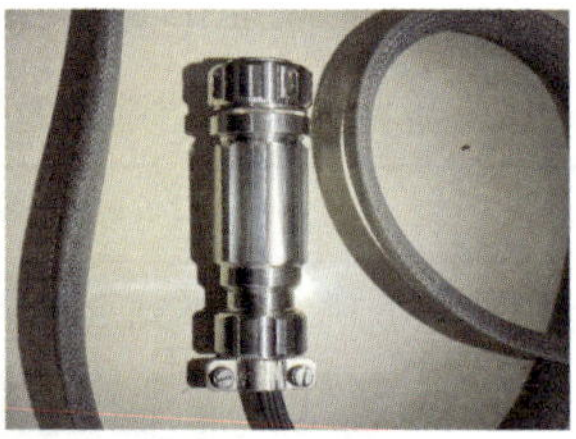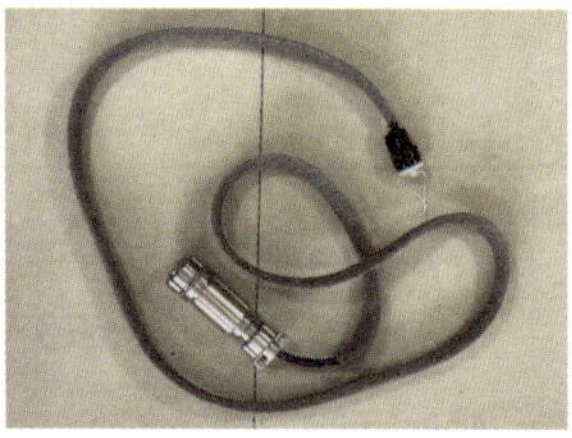
连接棒位探测器侧为 9 针</td></tr>
<tr><td rowspan="2">对策目标对比</td><td colspan="2">对策目标</td><td>效果检查</td></tr>
<tr><td colspan="2">（1）连接器接线至少 10 孔。
（2）铜合金插针接触电阻 $\Phi 1.0 \leq 10\ \text{m}\Omega$。
（3）连接器两端连接至测试装置一侧为 19 针，连接棒位探测器一侧为 9 针。</td><td>所选连接器为 19 孔，所选连接器接触电阻 $\Phi 1.0 \leq 5 < 10\ \text{m}\Omega$ 制作一侧为 19 孔，一侧为 9 孔。符合设定，目标达成！</td></tr>
</table>

时间：2019-06-21　　　　地点：办公室、检修间

负责人：×××　　　　制表人：×××

实施六：组装调试及工厂测试

2019 年 7 月 30 日，在完成所有的模块后，小组人员对所有模块进行组装与调试，如下图所示。

表 17　组装调试对策实施表

步骤	措施	实施结果
各部件组装	在检修间组装各部件	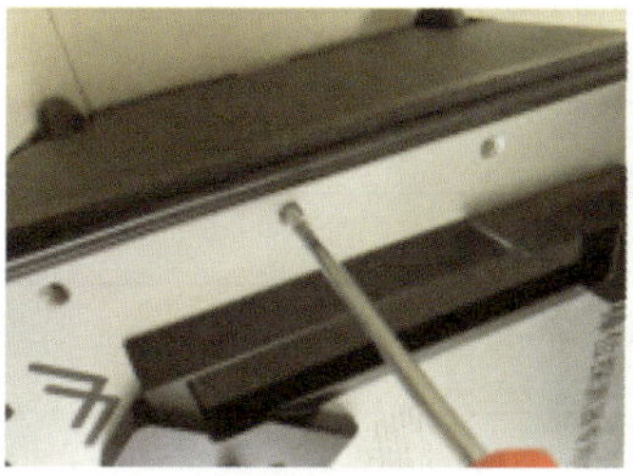 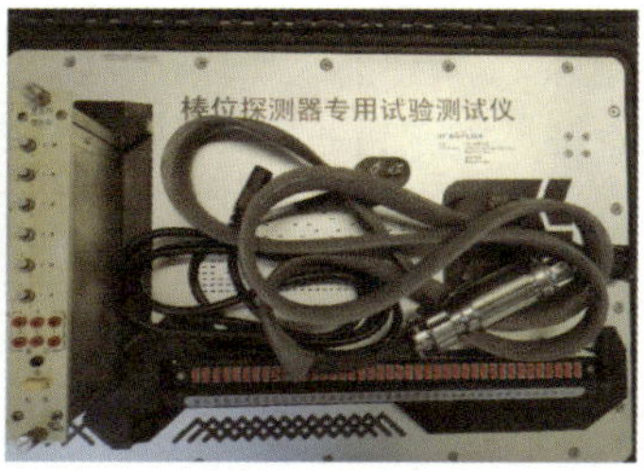 对集成电源模块电路板、卡件、内腔机箱及设备箱进行组装，尺寸均合格。
直流绝缘电阻测量	在 220 V 电源输入端和地之间加 500 V 直流电压，持续 1 min，测量绝缘电阻值	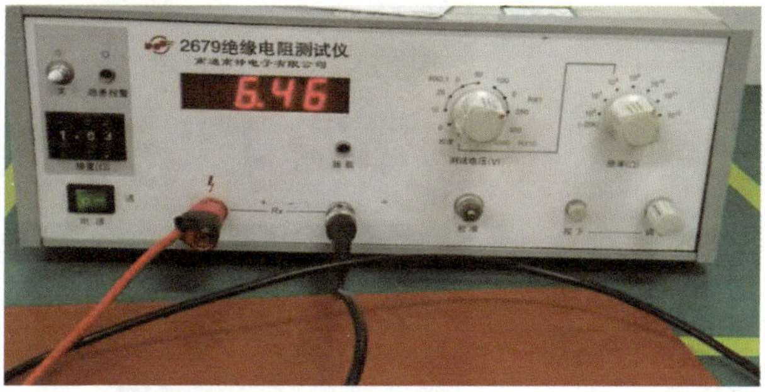 测量统计，在绝缘电阻仪下测量 1 min，结果为 646 MΩ>100 MΩ
交流耐压测试	在 220 V 电源输入端和地之间加 500 V 交流电压，持续 1 min，泄漏电流低于 10 mA	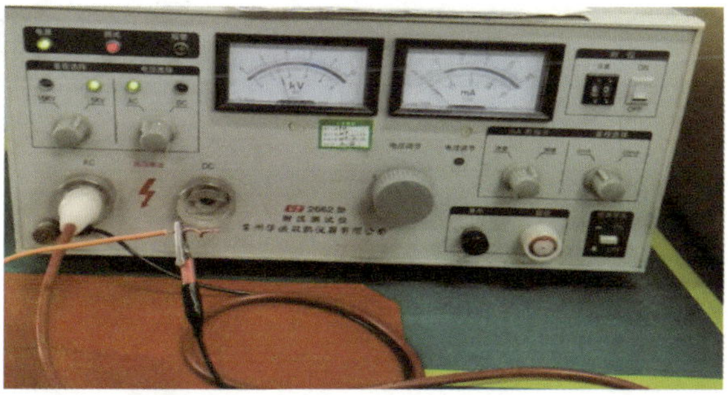 由上图可知，500 V 耐压测试 1 min，漏电流为 0. 20 mA<10 mA
通电测试	对组装好的装置进行上电验证	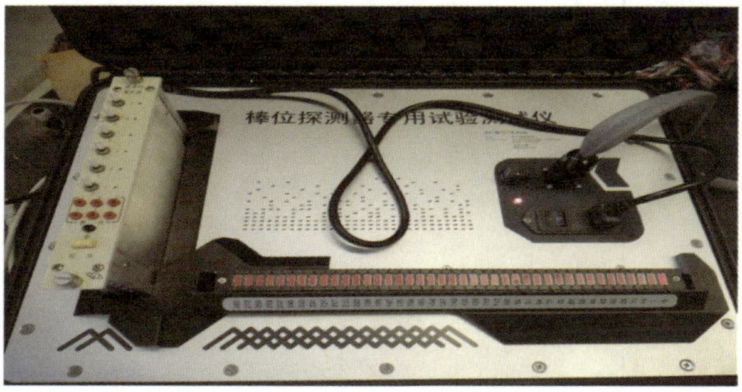

续 表

<table>
<tr><th>步骤</th><th>措施</th><th>实施结果</th></tr>
<tr><td>试</td><td></td><td>
<table>
<tr><th>指示灯</th><th>葛莱码卡件</th><th>光电显示器</th><th>电源指示灯</th></tr>
<tr><td>数量</td><td>6</td><td>40</td><td>1</td></tr>
<tr><td>结果</td><td>亮</td><td>亮</td><td>亮</td></tr>
</table>
通电后，47 个指示灯都亮。</td></tr>
<tr><td>棒位探测器功能测试</td><td>连接测试装置与棒位探测器，模拟控制棒驱动轴动作时，检查光点是否存在异常跳跃</td><td>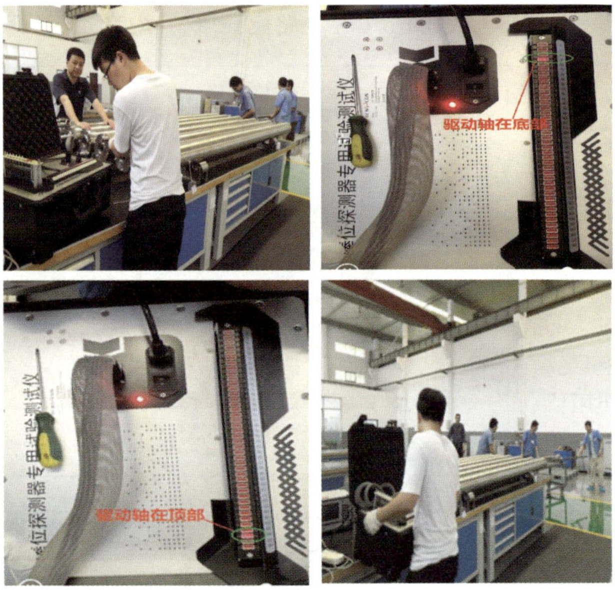
</td></tr>
<tr><td>设备安全性评估</td><td>各类出厂验收报告及产品合格证</td><td>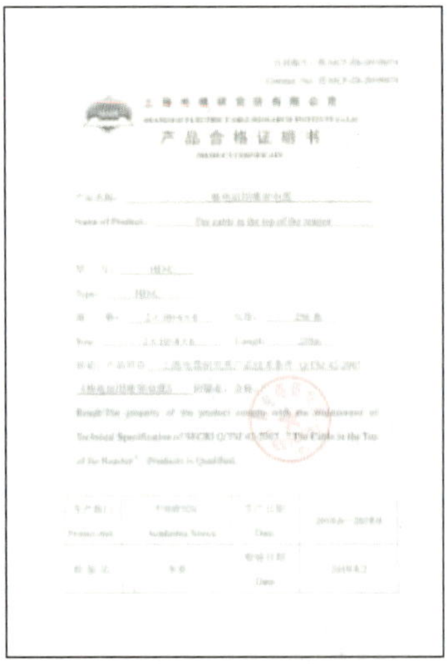
棒位探测器产品合格报告
产品合格
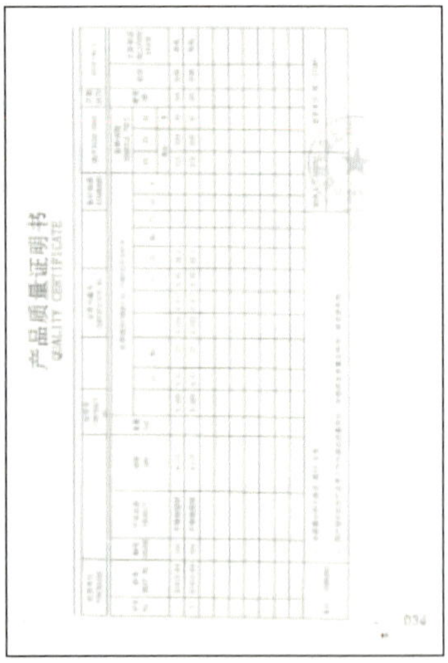
测试装置品合格证
装置安全</td></tr>
</table>

续　表

<table>
<tr><th>步骤</th><th>措施</th><th colspan="2">实施结果</th></tr>
<tr><td rowspan="5">对 37 组棒位探测器时间统计</td><td rowspan="5">记录 37 组棒位探测器测试总时间</td><td>测试项目</td><td>时间（min）</td></tr>
<tr><td>测试总耗时</td><td>251</td></tr>
<tr><td>测试最长时间</td><td>10</td></tr>
<tr><td>测试最短时间</td><td>6</td></tr>
<tr><td>平均用时</td><td>6.8</td></tr>
<tr><td rowspan="2">对策目标对比</td><td colspan="2">对策目标</td><td>效果检查</td></tr>
<tr><td colspan="2">（1）尺寸 100%合格。
（2）电源对地绝缘电阻≥100 MΩ。
（3）耐压测试漏电流<10 mA。
（4）47 个指示灯 100%亮。
（5）可以测量棒位探测器功能完整性。测量时间缩短 50%。</td><td>根据测试结果，尺寸合格，各项电气性能指标合格，说明设备安全；确认所有棒位探测器功能正常，测试一根棒位探测器平均位 6.8 min，远小于 40 min。测量时间缩短了 83%>50%目标达成！</td></tr>
</table>

时间：2019-07-30　　　　地点：检修间、工厂

负责人：×××　　　　制表人：×××

八、效果检查

8.1　目标检查

8.1.1　巴方大修效果检查

2019 年 9 月 20 日，C1 核电厂 RFO-13 次大修开始，对全部棒位探测器进行更换，将功能测试时间提前在核反应堆厂房外完成，最后提前一天完成更换工作，仅用 4.2 天，平均用时：81.7 min/根，统计如表 18 所示。

表 18　C1 核电厂第 13 次大修 37 根备件更换及各环节所用时间统计表

各环节用时	棒位探测器						平均用时（min）
	第 1 组（6 根）	第 2 组（6 根）	第 3 组（6 根）	第 4 组（6 根）	第 5 组（6 根）	第 6 组（7 根）	
功能测试（min）	42.6	42.0	45.0	43.8	41.4	49.7	7.2
备件出库（min）	120.6	117.6	117.0	127.2	133.8	135.1	20.4

续 表

各环节用时	棒位探测器						平均用时（min）
	第 1 组（6 根）	第 2 组（6 根）	第 3 组（6 根）	第 4 组（6 根）	第 5 组（6 根）	第 6 组（7 根）	
备件运输（min）	74. 4	72. 4	67. 2	75. 6	75. 6	80. 5	12. 1
备件吊装（min）	258	255. 0	264. 8	246. 0	240. 0	289. 1	42. 0
总计（min）	**495. 0**	**189. 0**	**474. 0**	**462. 6**	**490. 8**	**554. 4**	**81. 7**
结论	在巴基斯坦 C1 核电厂棒位探测器更换工作提前完成，平均用时为 81. 7 min/根，满足巴方需求。						

制表人：××× 时间：2019-09-20

综上所述：巴基斯坦核电厂棒位探测器更换工作平均用时满足要求，效果检查测量值进行前后对比如下：

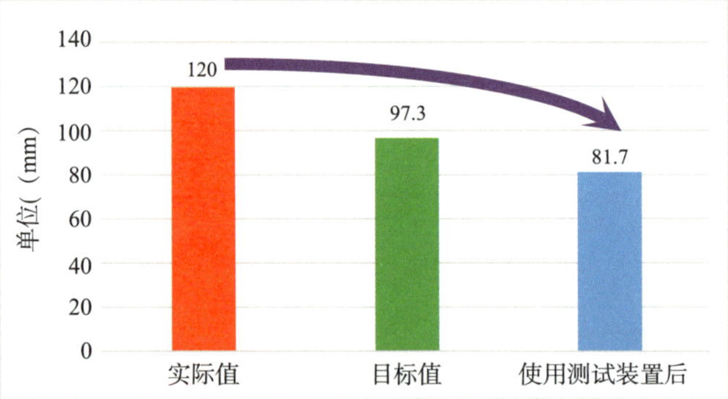

图 10　效果检查对比图

制作人：××× 时间：2019-10-30

8. 2　各专业工作人员用时检查

大修之后，大修总结会上对巴服务及本公司各专业人员在完成棒位探测器更换工作后进行访谈分析与调查，其他专业人员用时如表 19 所示。

表 19　各部需求满意度调查表

专业	需求内容	使用工具前提前用时（min）	使用工具后提前用时（min）	整体提前（min）	顾客满意度（%）
大修计划	大修整体工期	180	265	85	99. 4
吊装人员	顶盖吊装	140	233	93	99. 8

续　表

专业	需求内容	使用工具前提前用时（min）	使用工具后提前用时（min）	整体提前（min）	顾客满意度（%）
运行人员	并网发电	1313	1401	98	99.1
巴方人员	须在5天内完成更换工作	—	3023	1152	99.9
结论：大修总结会上经访谈各专业人员，由于棒位探测器更换时间整体缩短，使得各专业后续其他工作顺利开展，效果显著，整体上改善了整体用时，整体满足所有专业需求；对巴技术服务工作中，中方圆满完成更换工作，得到巴方人员一致好评，满意度极高！					

时间：2019-11-15　　　　地点：32#办公楼　　　　制表人：×××

8.3　取得的效益

表20　效益分析表

效益	效益分析	结论
安全效益	1）设备本身100%安全。 2）避免二次搬运、运输，提高人身、设备安全。 3）减少更换时间，降低人员受辐照的时间，减少集体当量剂量。	自身有保障，施工安全有保障。
经济效益	由于棒位探测器功能测试正常，意味着避免了再次更换棒位探测器的风险，全力保证大修工作如期进行，间接经济效益更加明显。	该装置的使用，缩短了大修时间，降低了机组退模式的风险，间接效益无法估量。
社会效益	1）在巴基斯坦恰希玛1#核电厂37组棒位探测器更换项目中，该装置得到了广泛使用，其便捷、便携性得到了巴方人员的一致好评，提高了公司知名度，树立良好的对外服务品牌形象。 2）项目验收书如下 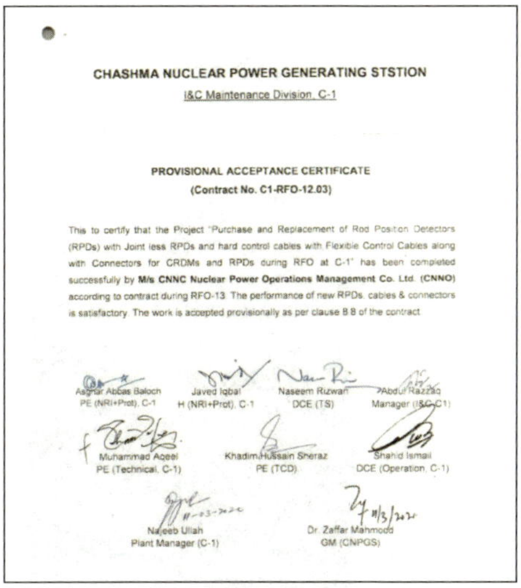 CHASHMA NUCLEAR POWER GENERATING STSTION I&C Maintenance Division, C-1 PROVISIONAL ACCEPTANCE CERTIFICATE (Contract No. C1-RFO-12.03) This to certify that the Project "Purchase and Replacement of Rod Position Detectors (RPDs) with Joint less RPDs and hard control cables with Flexible Control Cables along with Connectors for CRDMs and RPDs during RFO at C-1" has been completed successfully by **M/s CNNC Nuclear Power Operations Management Co. Ltd. (CNNO)** according to contract during RFO-13. The performance of new RPDs, cables & connectors is satisfactory. The work is accepted provisionally as per clause 8.8 of the contract. Asghar Abbas Baloch, PE (NRI+Prot), C-1 Javed Iqbal, H (NRI+Prot), C-1 Naseem Rizwan, DCE (TS) Abdul Razzaq, Manager (I&C C1) Muhammad Aqeel, PE (Technical, C-1) Khadim Hussain Sheraz, PE (TCD) Shahid Ismail, DCE (Operation, C-1) Najeeb Ullah, Plant Manager (C-1) 11-03-2020 Dr. Zaffar Mahmood, GM (CNPGS) 11/3/2020	树立良好的对外服务品牌。

时间：2019-12-17　　　　地点：办公室　　　　制表人：×××

九、标准化

9.1 成果应用价值评估

压水堆核电厂随着运行堆年的增加，棒位探测器性能下降成为必然，因此棒位探测器的更换趋势会日益增多，而本装置棒位探测器信号处理卡件全部使用与机组运行期间一致的卡件，只需要更换不同的卡件，可完成其他压水堆核电厂棒位探测器功能测试工作。经统计分析，目前国内及“一带一路”上对外服务的压水堆核电厂数量统计如表 21 所示。

表 21　成果应用价值评估表

序号	国内外市场（压水堆）	数量（座）	每座压水堆棒位探测器数量（根）
1	中国投用	45	37-69 不等
2	巴基斯坦	4	
3	中国在建	38	
4	巴基斯坦在建	2	
总计		89	3293-6141
可推广应用的价值		1. 离线集成便携的设计思维。 2. 棒位探测器离线功能测试装置本身。	
结论：目前国内外压水堆核电厂棒位探测器数量接近 6141 根，出现故障或者老化的数量会很多，该装置无论是在设计思路还是该装置的应用上都具有很大的价值，加上该装置设计简单，可复制性强，相信在后续核电厂棒位探测器更换工作中会发挥其巨大的作用。			

时间：2019-12-18　　　　地点：办公室　　　　制表人：×××

9.2 成果标准化

表 22　成果标准化统计表

标准名称	标准成果	成果展示
标准文件归档	(1)《棒位探测器试验设备设计方案》(M-2019BJYK0020-001)	 

续　表

标准名称	标准成果	成果展示
标准文件归档	(2)《棒位探测器专用试验设备技术规格书》(M-2019BJYK0020-002)	
	(3)《棒位探测器专用试验设备电源板电路图》(M-2019BJYK0020-003)	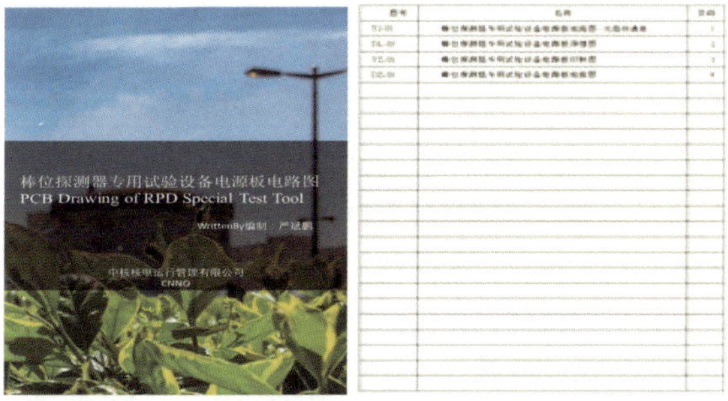
	(4)《棒位探测器专用试验设备接线图》(M-2019BJYK0020-004)	
产品说明书	编写《离线集成便携式便携式棒位探测器测试装置》产品说明书	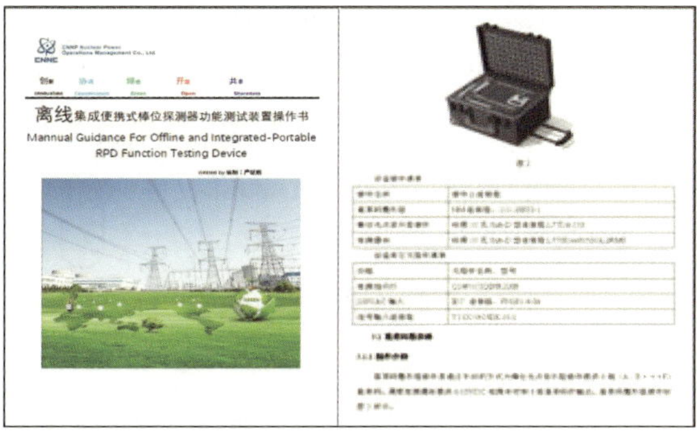

时间：2019-12-20　　地点：办公室　　制表人：×××

十、总结和下一步打算

10.1 总结

10.1.1 技术总结

通过本次创新型 QC 小组活动，小组通过创新活动做出棒位指示系统最小化系统，不仅解决棒位探测器出厂及更换时时无法测试其功能的痛点，而且还提高了棒位探测器更换工作的效率，降低了人身、设备受损害的风险。为压水堆核电厂的安全稳定运行保驾护航，并对本次专业技术方面做出如下总结。

表 23 技术总结表

<table>
<tr><th></th><th>亮点</th><th>不足</th></tr>
<tr><td>专业技术</td><td>1. 使用了 Triz 分割发明原理。
2. 使用了 Triz 组合发明原理。
3. 对仿真技术的应用。
4. 对集成电路的综合应用。
5. 采用离线式装置对在线无法检测的设备进行功能测试。
6. 能够将系统最小化并通过一个普通旅行箱的大小进行装载，大大降低了搬运成本，保证了人身、设备安全。</td><td>1. 设备的电源在使用过程中存在波动现象。
2. 葛莱码卡件及光点显示卡件集成度较低。
3. 连接线的抗干扰能力较弱。</td></tr>
<tr><td>专利申请</td><td>对该装置申请了实用新型专利。

专利申请技术交底书
<table><tr><td>拟申请专利名称</td><td>一种核电站棒位探测器专用试验测试仪</td></tr><tr><td>拟申请专利类型</td><td>□发明专利■实用新型专利□外观设计专利</td></tr><tr><td>申请部门名称</td><td></td></tr><tr><td>技术联系人
及联系方式</td><td>姓名 电话:
邮箱:</td></tr><tr><td colspan="2">内容摘要：
1、所属技术领域：
本发明涉及核电站反应堆控制系统技术领域，尤其涉及一种用于核电站反应堆控制系统棒位探测器使用的新型专用试验测试仪。

2、背景介绍：(即现有技术的现状、不足和本发明的目的)
反应堆棒控棒位系统主要由棒控系统和棒位系统两部分构成。棒控系统通过控制棒在堆芯的移动改变堆芯反应性的大小，从而完成反应堆的功率控制；棒位系统用来实现控制棒位置的测量、比较。
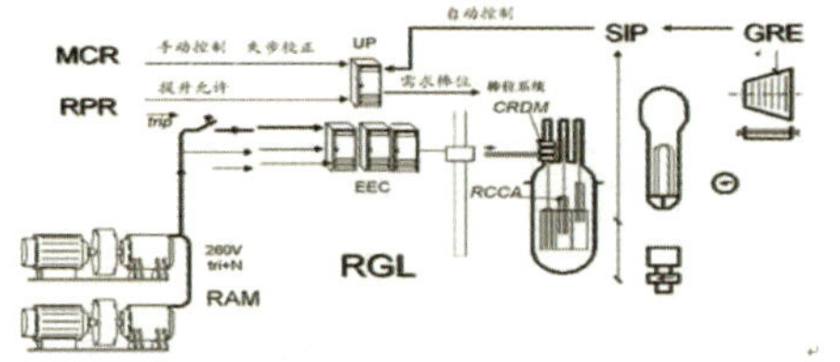
系统示意图
棒位探测器是棒位系统的重要组成部分，负责为棒位测量机柜提供控制棒在堆芯中的位置信号；棒位探测器提供的棒位信号经过处理后转化为对应的棒位格莱码信号，一方面送棒位处理机柜进行比较、处理（异常时给出报警信号），另一方面经光电隔离送主控室进行棒位显示；准确可靠的棒位测量是反应堆安全稳定运行的重要保证，棒位探测器出厂前需要进行全面的测试验证，确保其各项功能和</td></tr></table></td><td>专利申请能力不足，无相关经验。</td></tr>
</table>

制表人：××× 制表时间：2019-12-20

10.1.2 管理方法总结

表 24　管理方法总结表

项目		优点	不足	努力的方向
活动程序和方法经验总结	**课题选择**	小组成员全员参与，通过查新，运用“头脑风暴”，确定最终选题。	有些描述不够准确或者冗长。	多借鉴、交流、学习其他优秀成果，扩大选题广度。
	目标设定	目标是通过调查、测算出来的，且合乎成员期望值。	保守决策。	加强数据收集、处理能力，使目标更加明确化。
	可行性分析	能够从各方面出发去考虑小组活动的可行性。	分析过程缺乏部分数据。	加强对其他统计方法的学习，增加丰富性。
	制定对策	按照“5W1H”原则制定对策，选择出来的方案可以都有量化的目标。	对策实施太多； 目标量化繁杂。	小组成员集思广益，提出多种解决方案。
	对策实施	对策实施严谨、对比试验效果显著。	有些对策实施后有其他后果考虑不到位。	加强系统的学习，整体上把握。
	效果检查	优化更换流程，使得工作效率提高。	检查项目较少，需改进。	选择更多的效果检查方案。
	标准化	形成一些标准化的文件，同时，为后面的更深层次的改造工作提供了很多的方法与参考资料。	该设备只能在国内外 30 万机组同类型压水核电厂使用。	后续应该开发其他机组棒位探测器专用装置； 将成果与其他压水堆电厂分享。

制表人：×××　　　　制表时间：2019-12-20

10.1.3 小组成员综合素质总结

表 25　成员综合素质总结表

人员	总结
×××	以前在测试棒位探测器的时候，对测试装置内部的结构和原理只是有一个大致的概念，但通过这次 QC 活动的展开，在选取不同方案的过程中，我对测试装置的理解更加深入了，特别是卡件的集成性和软件开发方面，这对我以后都会受益匪浅。
×××	对于维修人员来说，在工作中多想办法多钻研，在考虑外部需求的前提下，把技术运用到实际工作中，比如这次 QC 活动，我们通过广泛借鉴等方式，对棒位探测器进行了创新，效果也得到了验证。
×××	在选择卡件接入方案时，要重点关注是否会增加故障点，也要考虑后期的维护可操作性，延长线接入、卡件嵌入式和卡件可插拔式都有各自的优劣式，但本次创新点主要关注可便携和可靠性，因此支持热插拔是最优的选择。

续 表

人员	总结
×××	通过本次 QC 活动，对棒位探测器功能测试装置内部结构和原理有了更深入的认识，以后在使用的过程中遇到问题，也可以及时解决。
×××	虽然 QC 活动开展花费了大量的时间，但是确实大大提高了棒位探测器更换工作的效率。
×××	我在指导该 QC 活动流程的过程当中也同时学习了仪控专业的知识，扩展了我对于仪控专业的认识。
×××	通过本次 QC 活动，对于电路设计我有了更深入的了解。
×××	便携式压水堆棒位探测器功能测试装置的研制提高了棒位探测器更换的效率，同时人员操作也更简单，失误的风险也降低了，更能保证设备的安全。
×××	我对压水堆棒位探测器及其测试方法有了更深入的认识。
×××	对创新型 QC 的整体活动有了新的认识。
×××	掌握了使用软件进行仿真的方法，可以运用于其他项目的试验方案中。

制表人：××× 制表时间：2019-12-20

通过本次活动，小组成员通过按照创新型课题进行 PDCA 小组活动，通过对“5M1E”分析，得出课题的可行性；利用 QC 小组的优势，充分利用“头脑风暴”等工具确定本次小组方案；通过“5W1H”的原则制定对策表等等。对 QC 活动的程序更加熟练，掌握了 QC 七大活动方法，增强了质量改进意识，增强了团队凝聚力、提高了分析问题、解决问题的能力，同时，提高了工作效率，激发了成员创新能力，未来可期。

10.2 下一步打算

10.2.1 针对小组存在不足的打算

为了解决本次小组在各方面存在的不足与短板，让自身能力、专业技术、综合管理能力等各方面也能够形成 PDCA 闭环管理，小组特制定以下打算：

表 26 成员综合素质总结表

不足	下一步改进打算
专业技术	1. 针对电源稳定性问题，还需要做进一步的优化，尤其是在电源扰动、电源报警、电源等各个角度出发，需求突破点。 2. 针对卡件集成度问题。目前卡件集成度较低，需要对葛莱码卡件及光点显示卡件做进一步集成研究。 3. 专用连接线抗干扰问题。由于棒位探测器工作在很复杂的环境下，对于抗干扰技术问题需要尤其注意，这在后续要着重改进研究。
管理方法	1. 多参与 QC 相关培训，对 QC 小组中常用工具进行系统培训。 2. 多发布成功，与其他行业人员进行经验交流，汲取好的管理方法。 3. 及时关注 QC 活动导则及专家解读。

续　表

不足	下一步改进打算
小组成员综合素质	1. 小组成员不仅要学好自身专业技术。 2. 参加各类仿真软件、程序编写软件的培训。 3. 对于申请专利，要参加培训，提高创新成果转化能力。 4. 编写创新技术管理论文，提升自己的能力。

制表人：×××　　　　制表时间：2019-12-20

10.2.2　针对下一次课题的打算

通过将 QC 小组的活动方法与工具应用到更多的项目中去，为核电机组的稳定、安全、高效的运行保驾护航。自控一班 QC 活动小组针对目前班组效率比较低的棒控系统磁轭线圈参数测量工作反复、耗时长、人数多的问题，做出了以下调查与打算：

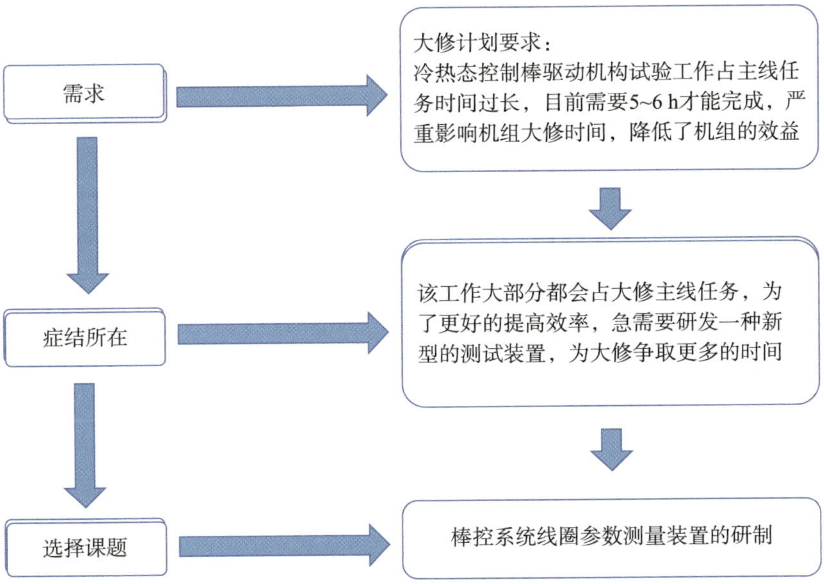

图 11　小组下一步打算

制图人：×××　　　　2019-12-27

专家点评：福清核电　雷雅云

1. 总体评价

该课题类型为创新型，自控一班“创新驱动”QC 小组严格遵循 PDCA 活动程序，注重用数据和事实说话，方法得当、成果突出，通过小组 QC 活动，研制出离线集成便携式棒位探测器测试装置，有效降低了棒位探测器更换工作时间。

2. 成果亮点

（1）小组遵循 PDCA 循环，按照创新型课题程序开展活动。在选择课题阶段，根据巴方要求测算新棒位探测器更换平均用时为 97.3 min/根，而近年来平均每根棒位探测器用时为 120 min，不满足需求。调查发现是功能测试制约时间，故现场需求研发一套离线集成便携式棒位探测器测试装置。整个 QC 活动过程规范衔接，逻辑严谨，思路清晰。

（2）小组充分应用 QC 小组工具，能够通过现场调查、仿真试验等方法，结合数据和事实，比较选择出最佳方案。如：通过调查数据和仿真试验得出故障维修点和最大误差等量化的数据，在可维护性方面进行比较，从而选择出最佳的卡件接入方式。而选择设备箱材料时，通过在轻便、抗震、防水性、耐腐蚀、电磁感应性能等方面全面比较，确定了 PP 工程塑料。

（3）小组对策有效，活动效果明显。小组通过制定可量化和可测量的对策目标，通过采取多条措施，成功研制了离线集成便携式棒位探测器测试装置，成功将棒位探测器更换时间降低至 81.7 min，超过了预期目标，活动效果明显。

3. 改进建议

（1）选择课题：根据外部巴方的需求，通过乐高电子积木的思路，但缺少借鉴的具体内容，未能够根据借鉴内容提出本课题的创新点。

（2）设定目标及目标可行性论证：仅仅借鉴了乐高电子积木的思路，缺少借鉴的相关数据，借鉴 Triz 分割、组合发明原理没有进行推演，也未能作为支持目标可行的依据。

（3）提出方案并确定最佳方案：总体方案和分级方案未充分考虑装置在功能上的选择，如“测试功能”，仅在结构上提出方案的比较和选择。

（4）标准化：没有说明是哪一方对成果的应用价值进行了评价，对有推广价值的成果进行标准化，建议在表 22 中增加完成人及完成时间等信息。

（5）没有针对成果的创新特色进行总结。

课题十四

节能型电机带载试验平台的研制

一、项目简介

海南核电双机组总共有1500余台电动机。自投运以来平均每年进行解体电机台数约为170台（其中55 kW电动机59台，160 kW的电动机29台）。根据《GB/T 25738—2010核电厂电动机调试技术导则》，解体检修后的电机需做**2 h带载试验**且试验结果合格后，解体检修后的电机才可正常投用。

二、小组概况

“创新工场”QC小组成立于2018年8月，旨在响应公司创新发展战略，积极培训青年员工创新意识。小组成员主要由海南核电维修处电机班成员组成，小组概况详见表1。

表1 “创新工场”QC小组概况表

小组名称	“创新工场“QC小组			注册编号	HNPC-QC-2019-001	
课题名称	节能型电机带载试验平台的研制			课题类型	创新型	
组建时间	2018-06-03			注册时间	2018-08-01	
活动时间	2018-08—2019-04					
活动总次数	12	TQM教育时间	48 h	出勤率	100%	
小组成员简介						
姓名	性别	年龄	文化程度	职务/职称	组内分工	
羊昆儿	男	26	本科	助理工程师	组长	策划组织
×××	男	25	本科	助理工程师	组员	总图设计/安装调试
×××	男	31	本科	工程师	组员	技术指导
×××	男	23	本科	助理工程师	组员	现场实施/安装调试
×××	男	23	专科	助理工程师	组员	成果发布/现场实施
×××	男	31	专科	技师	组员	现场实施
×××	男	25	专科	技师	组员	现场实施
×××	男	23	专科	技师	组员	现场实施
×××	男	50	本科	高级工程师	组员	技术指导

制表人：××× 校核人：××× 制表日期：2019-04-02

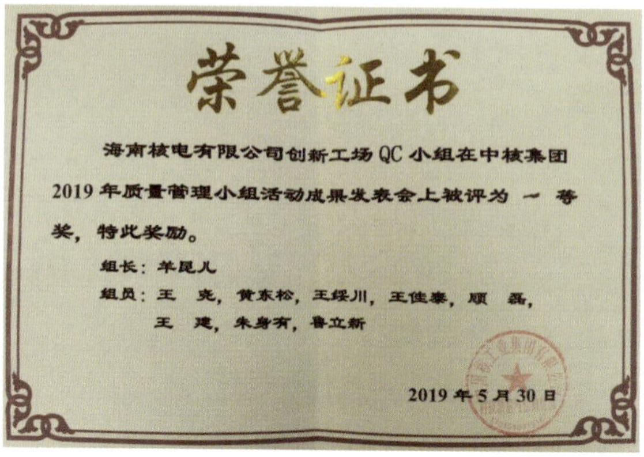
荣誉证书

海南核电有限公司创新工场QC小组在中核集团2019年质量管理小组活动成果发表会上被评为一等奖，特此奖励。

组长：羊昆儿

组员：王克，黄东松，王绥川，王佳泰，顾磊，王建，朱身有，鲁立新

2019年5月30日

图1　获奖证书

三、选择课题

3.1　课题理由及需求

（1）根据电厂设备维修管理程序要求，电机解体检修后，均需要进行带载试验，而电能消耗主要发生在工况（正常投运时的工作状况）2 h带载试验过程中。电机2 h带载试验过程中会产生大量的能量，并以机械能和热能形式消耗掉。电机的负荷主要有泵、压缩机、风叶等。考虑到55 kW、160 kW两种电机作为我厂主要的耗能电机，我们分别进行现场跟踪并记录统计了38台55 kW、160 kW电机带载试验的能量消耗情况（见表2），带载试验2 h总耗能6532 kW·h。

表2　55 kW、160 kW能量消耗统计表

功率等级	解体台数	带载输入功率（kW）	工况2 h总耗能（kW·h）
55 kW	20	48.5	1817
160 kW	18	137.6	4715
合计	38	—	6532

制表人：×××　　校核人：×××　　制表日期：2018-08-03

（2）我厂对电机解体检修后的试验方法有两种：

方法一：将解体检修后的电机运回原厂房进行电机带载试验，在带载试验过程中会产生大量的能量消耗。又因为厂房系统结构无法改变，而且涉及的系统多、且复杂，无法经过简易的改进而起到节能的作用。这种方法带载试验节能效果为0%。

方法二：AF检修大厅的简易试验装置可进行电机空载试验，但是无法进行电机带载试验。简易试验装置由电机试运转控制箱（内含：1个断路器（200 A）、1个接触器（5~1000 A）、1个热继电器（100 A）、2个端子接口）和带螺纹小铁板块底座（1500 mm×1500 mm×20 mm）构成。

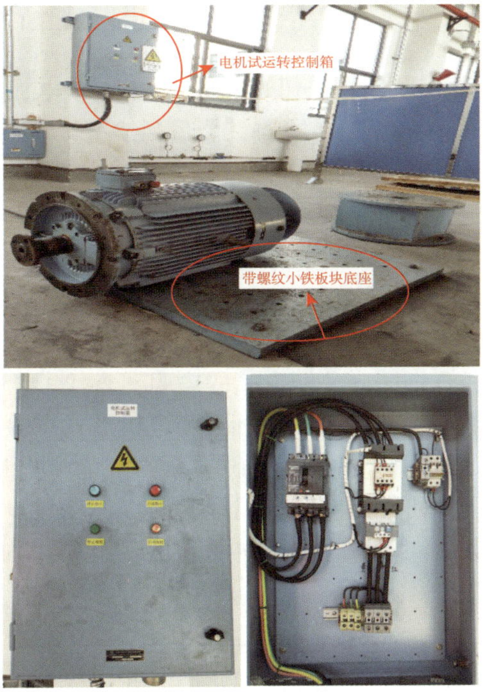

图 2 简易空载试验装置

利用厂区资源，通过改进简易试验装置的接线方式、采用变频降压启动，虽能减小启动电流，延长电机的使用寿命，但仍然无法进行带载试验，也没起到节能的效果。这种方法带载试验节能效果也为 0%。

（3）我厂每年进行两次大修，每次大修都有较多的电机解体检修项目，解体后的带载试验都会消耗大量电能，通过以上的两种试验方式都无法达到节能的效果，而且电机解体项目是周期性工作，长此以往，消耗掉的电能越来越多。

实际需求：如何减少电机在带载试验过程中的电能消耗？

3.2 资料查询及借鉴

QC 小组通过走访国内核电厂、西安西玛电机厂、南阳防爆电机厂、深圳环宇通维修电机厂。并通过在中国知网、万方数据、维普数据库、国家科技图书馆文献中心、超星数学图书馆等网站查阅。

检索词：a：电机带载测试　b：能量回馈　c：电机试验平台　d：变频驱动　e：电功率加载

在走访的电厂和所查国内公开文献中，关于电机节能带载试验的现有技术和研究论文已有如下报道。

（1）天津电气传动设计研究所有限公司开展的《三相异步电机型式试验台与加载系统》。

（2）大连交通大学电气信息学院开展的《能量回馈型异步电机测试系统》（《电机与控制应用》2011 年第 4 期，P57-60 页）。

（3）上海电动工具研究所开展的《能量回馈式节能异步电机对拖试验方案设计》（《电子科技》2016 年第 11 期，P44-50 页）。

（4）天津电气传动设计研究所有限公司开展的《三相异步电机型式试验台电源与加载系统》（《电气传动》2014 年第 44 卷 第 5 期，P75-80 页）。

结合走访电厂的学习和查询国内公开文献的内容，查找了 4 篇相关文献，其中发现天津电气传动设计研究所有限公司开展的《三相异步电机型式试验台电源与加载系统》文献中提到的理论技术及研究成果可以作为我们研制新的节能型电机带载试验平台的理论基础。可借鉴天津电气传动设计研究所有限公司开展的《三相异步电机型式试验台电源与加载系统》中提到的采用电机“对拖方式”、电源和负载组成“内回馈式电功率封闭系统”两种原理。借鉴内容如图 3、图 4 所示。

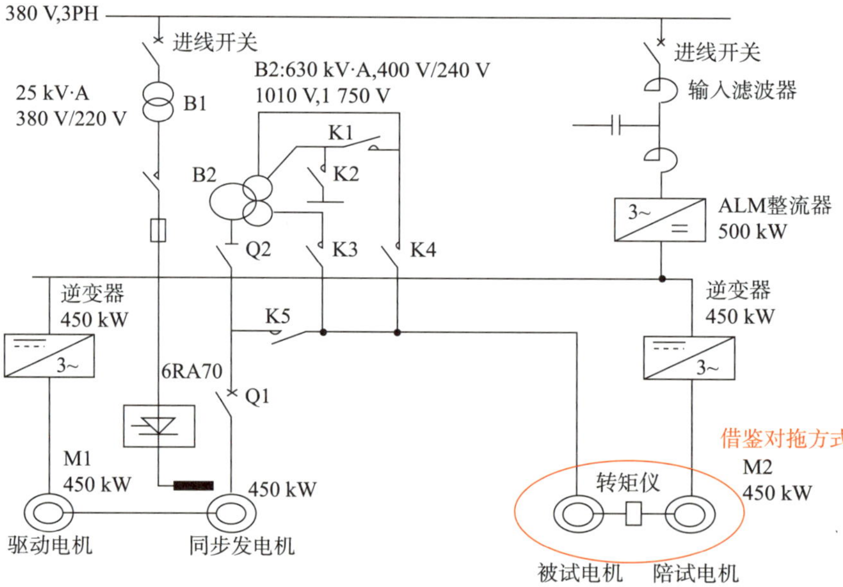

图 3　系统单线图

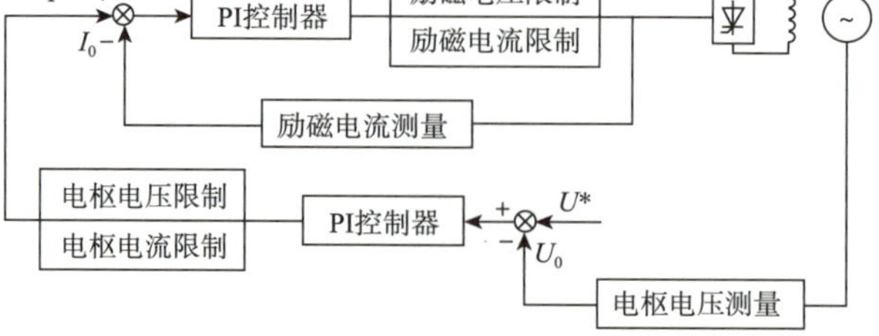

图 4　电压双闭环控制框图

> **节能效果** 由于采用电加载回馈的方案，加载试验时消耗的功率主要为被试和陪试电机的机械损耗，约为试验功率的25%，达到了良好的节能效果。

注：节能效果75%来自《三相异步电机型式试验电源与加载系统》第4.2节

结论：通过查阅资料文献，研制的电机带载试验平台主要借鉴的内容有两点：1. 采用电机“对拖方式”；2. 电源和负载组成“内回馈式电功率封闭系统”；其中**难点**为**实现能量回馈**。

3.3　确定课题

借鉴电机“对拖方式”及电源和负载组成“内回馈式电功率封闭系统”的思路，结合本厂实际情况，小组成员讨论研制一种以对拖方式为基础的节能型电机带载试验平台，因此小组选定课题为：节能型电机带载试验平台的研制。

四、活动计划

为保证QC活动按时保质完成，小组制定了以下活动进度表：

表3　“创新工场”QC小组活动进度表

活动阶段	活动步骤	活动时间（2018-08—2019-04）								
		2018					2019			
		8月	9月	10月	11月	12月	1月	2月	3月	4月
P阶段	选择课题									
	设定目标及可行性分析									
	提出并确定最佳方案									
	制定对策									
D阶段	对策实施									
C阶段	效果检查									
A阶段	标准化									
	总结及打算									

注：计划进度 ---------------　实际进度 ————

制表人：×××　　校核人：×××　　制表日期：2019-04-10

五、设定目标及目标可行性论证

5.1 设定目标

小组成员将此次 QC 小组活动的目标设定为：节能效果提升 80%。

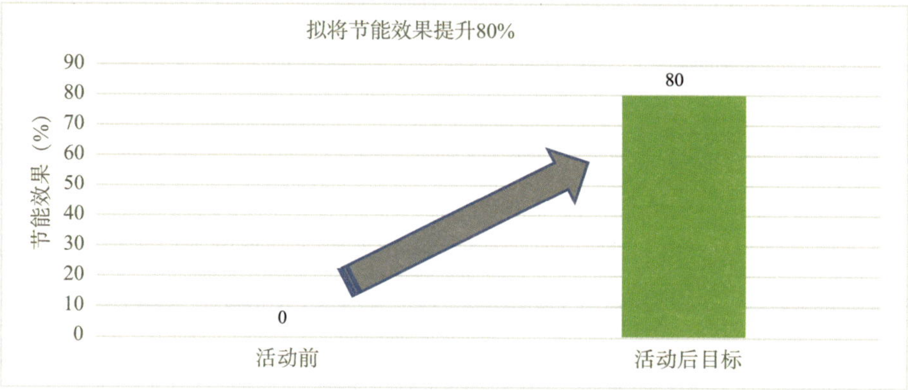

图 5　目标设定图

制表人：×××　　校核人：×××　　制图日期：2018-09-04

5.2 目标可行性论证

（1）目标可行性理论论证

电机运行时，在实现能量反馈后，电机带载试验耗能实际上包含三部分：电机机械损耗、电机短路损耗（绕组通电时线路发热）及相关电气元器件损耗。根据电机能耗标准，机械损耗一般为5%，短路损耗10%，电气元器件损耗一般可控制在1%以内。通过理论计算，能耗一共5%+10%+1%=16%，故节能可达到84%。

（2）参考查新方案可行性对比

小组通过查新分析，对比了查新文献中的三相异步电机型式试验电源与加载系统并作出对比表（表4）。

表 4　参考方案对比表

项目	查新结果	待建试验平台
节能效果	75%	80%
试验范围	5.5~400 kW	5.5~160 kW

制表人：×××　　校核人：×××　　制表日期：2018-09-14

（3）小结

通过以上分析论证，并考虑其他风险因素，小组成员认为将活动目标设定为 80%是可行的。

六、提出方案并确定最佳方案

小组成员通过头脑风暴的方法，以及借鉴查新文献内容中的电机带载试验台系统是通过一组驱动电机与同步发电机对拖，再通过整流模块、逆变模块多次转换，实现电压双闭环控制模式，控制环节包括电压环和电流环。并同时考虑有效性、经济性、安全性、时效性和技术难度等因素，最后为本课题提出了节能型电机带载试验平台总体设计方案：

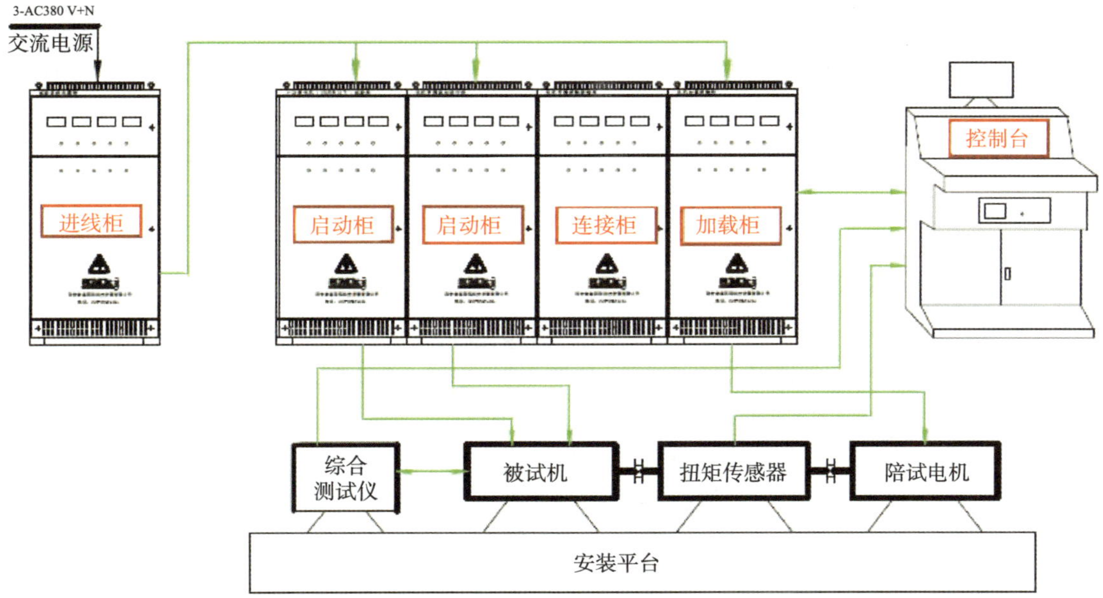

图 6　节能型电机带载试验平台总体设计图

制图人：×××　　校核人：×××　　制图日期：2018-09-28

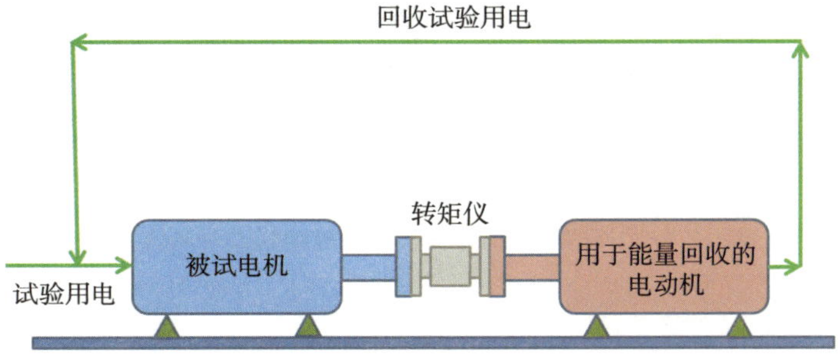

图 7　节能型电机带载试验平台原理示意图

制图人：×××　　校核人：×××　　制图日期：2018-09-28

总体设计方案为：由进线柜接入电源，启动柜控制被试电机，加载柜控制陪试电机，连接柜连接启动柜和加载柜，两电机通过传感器实现对拖，控制台可实现电机的启停、调速、调频、加载等，综合测试仪可实时测量并显示电气参数值。

总体方案借鉴查新的内容有两点：

表 5　方案借鉴点

序号	借鉴点	借鉴内容
1	对拖方式	电动机对拖发电机
2	控制模式	双闭环控制

方案主要包含：被测电机与陪测电机对拖、变频器加载、调速、能量反馈装置、单电压闭环模式。并对方案进行了次级分解。其中，扭矩传感器是能实现加载控制的基本元件，变频器及能量反馈装置直接影响能量反馈及回收利用的效果，两者的安装及调试也是最为复杂的部分。

方案细化分级：

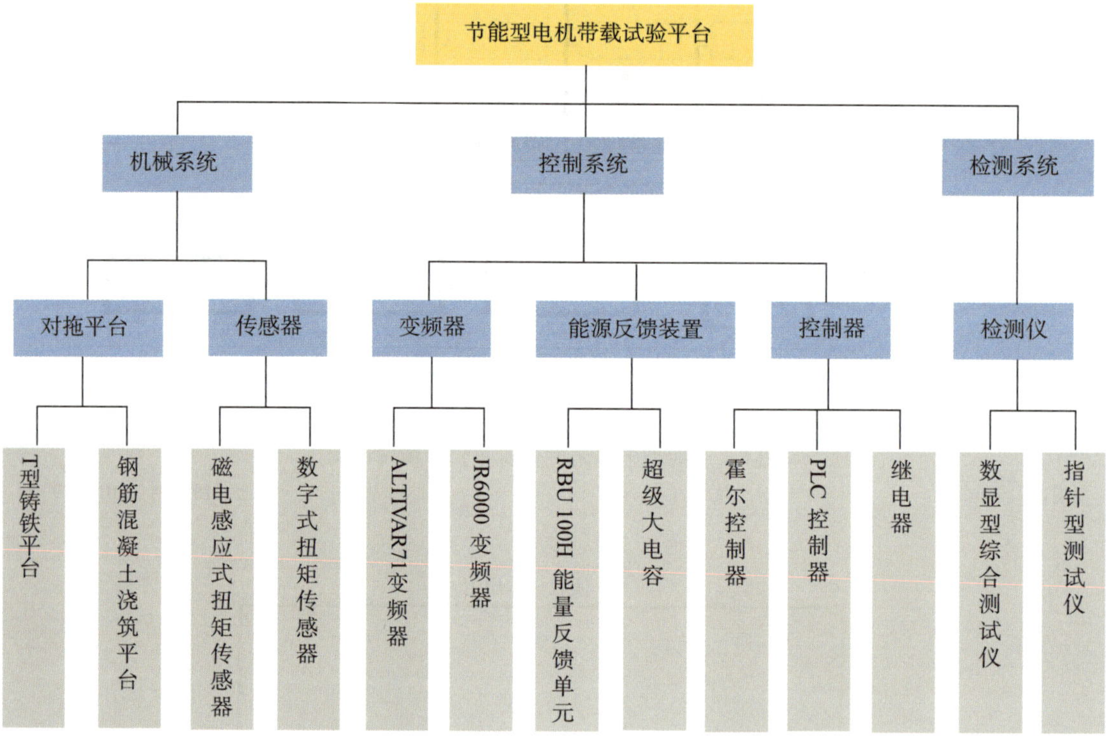

图 8　节能型电机带载试验平台细化方案树图

制图人：×××　　校核人：×××　　制图日期：2018-09-29

6.1　对拖平台选择

表 6　对拖平台选择对比表

对拖平台	实物图	调查分析				选定方案
		工作面硬度	平整度偏差	底座模拟度	特点分析	
T 型高强度铸铁平台 HT200-300		HB170-240	0.2 mm	100%	·工作面硬度、平整度性能优异，满足通用设备机械强度要求 ·就地钢架底座模拟度**100%**	**采用**
钢筋混凝土浇筑平台		HB80-100	1.5 mm	60%	·工作面硬度、平整度满足通用设备机械强度要求 ·就地钢架底座模拟度**60%**	不采用

制表人：×××　　校核人：×××　　制表时间：2018-09-30

6.2　传感器的选择

表 7　传感器选择对比表

传感器	实物图	调查分析				选定方案
		准确度等级	转矩量程	转速量程	特点分析	
磁电感应式扭矩传感器		1.0%	850 N·m	2500 r/min	·实现了转矩信号的非接触传递，检测信号为数字信号 ·准确度等级、转速量程满足转速 2500 r/min 以下的电机要求 ·低转速时由于脉冲波的前后沿较缓，不易比较，因此低速性能不理想	不采用

续 表

传感器	实物图	调查分析				选定方案
		准确度等级	转矩量程	转速量程	特点分析	
数字式扭矩传感器		0.5%	1000 N·m	3000 r/min	·采用了能源与信号的无接触耦合，解决了旋转状态下扭矩（转矩）数值的测量 ·准确度等级、转速量程满足转速 3000 r/min 以下的电机要求 ·高、低转速时脉冲波为方波，前后沿易比较，高、低速性能理想	**采用**

制表人：××× 校核人：××× 制表时间：2018-10-02

6.3 变频器选择

表 8 变频器选择对比表

变频器	实物图	调查分析				选定方案
		调速范围	输出频率	控制方式	特点分析	
Altivar 71 变频器		开环：1∶100 闭环：1∶1000	0~1000 Hz	无速度传感器矢量控制算法	·无速度传感器矢量控制带来更好的低速稳定性，更强的低频带载能力 ·能够实现开环、闭环控制转矩模式调节 ·转换频率最高可达**16 kHz**	**采用**
JR6000 变频器		开环：1∶100	0~400 Hz	基于磁通矢量控制方式	·基于磁通矢量控制，低速、低频带载能量一般 ·能够实现开环控制转矩模式调节，没有闭环控制转矩模式 ·转换频率最高可达**6 kHz**	不采用

制表人：××× 校核人：××× 制表时间：2018-10-03

6.4 能量反馈装置选择

表 9 能量反馈装置选择对比表

能量反馈装置	实物图	调查分析			选定方案
		过载能力	过压能力	特点分析	
RBU 100H-0200 能量回馈单元		150% 额定电流	直流侧 830 V/1250 V	·100%额定转矩，可连续工作 ·长时间不使用时，每年仅需要进行 1 次电容重整	采用
超级大电容		100% 额定电流	交流侧过压为 0 V	·100%额定转矩，可连续工作 ·受制造工业和材料的限制，技术要求高，有电解质泄露风险，每 3 个月需进行 1 次充放电维护	不采用

制表人：××× 校核人：××× 制表时间：2018-10-08

6.5 控制器选择

表 10 控制器选择对比表

控制器	实物图	调查分析				选定方案
		实用性	功耗	经济性	特点分析	
霍尔控制器		无需辅助电路	20~30 VA	3000 元	·无编程 ·满足简单动作的控制要求，不能实现复杂动作	不采用
PLC 控制器	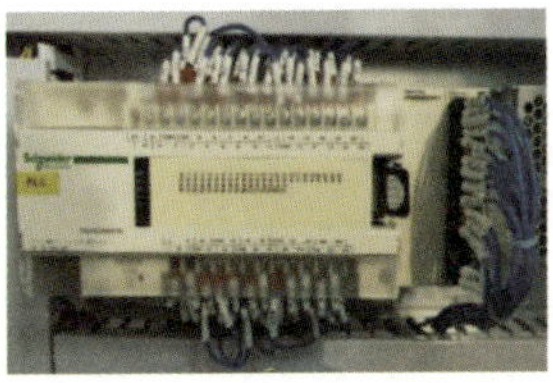	需要辅助系统电路	40~60 VA	2000 元	·可编程 ·满足复杂动作要求及对时间的控制要求，抗干扰能力强	采用

续 表

控制器	实物图	调查分析				选定方案
		实用性	功耗	经济性	特点分析	
继电器	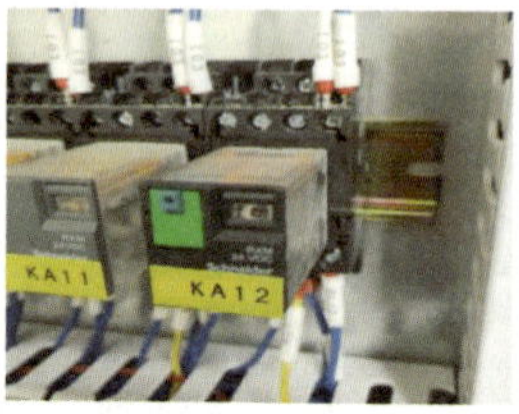	无需辅助电路	20~30 VA	1500 元	· 无编程 · 满足简单的逻辑控制要求，不能实现复杂动作	不采用

制表人：××× 校核人：××× 制表时间：2018-10-09

6.6 检测仪选择

表 11 检测仪选择对比表

检测仪	实物图	调查分析				选定方案
		精准度	能耗	经济性	特点分析	
数显型综合测试仪	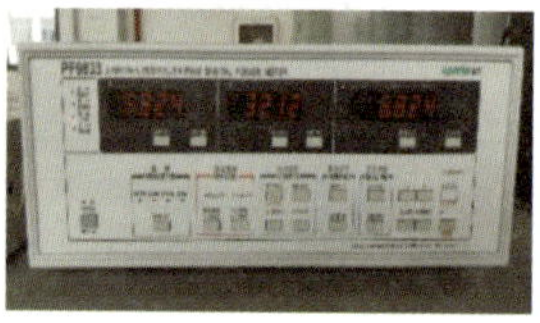	精确度：0.05% 分辨率：1 μΩ	40 VA	6800 元	· 精确度优异，满足通用检测要求 · 测量数据可存储，对测量结果可对比、分析 · 读数直观，不产生读数误差	**采用**
指针型测试仪	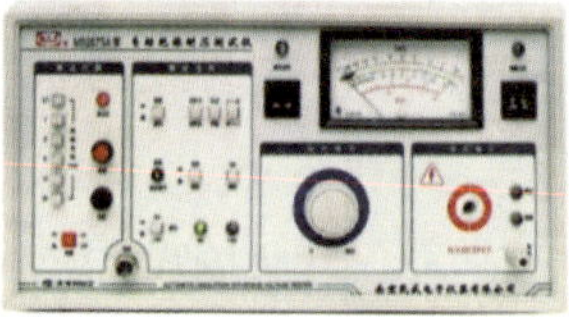	精确度：0.5% 分辨率：2 μΩ	30 VA	6000 元	· 精确度满足通用检测要求 · 测量数据不可存储，无法对测量结果对比、分析 · 读数存在误差	不采用

制表人：××× 校核人：××× 制表时间：2018-10-10

根据以上一系列的分析、对比选择后，小组成员确定了节能型电机带载试验平台的最佳方案：

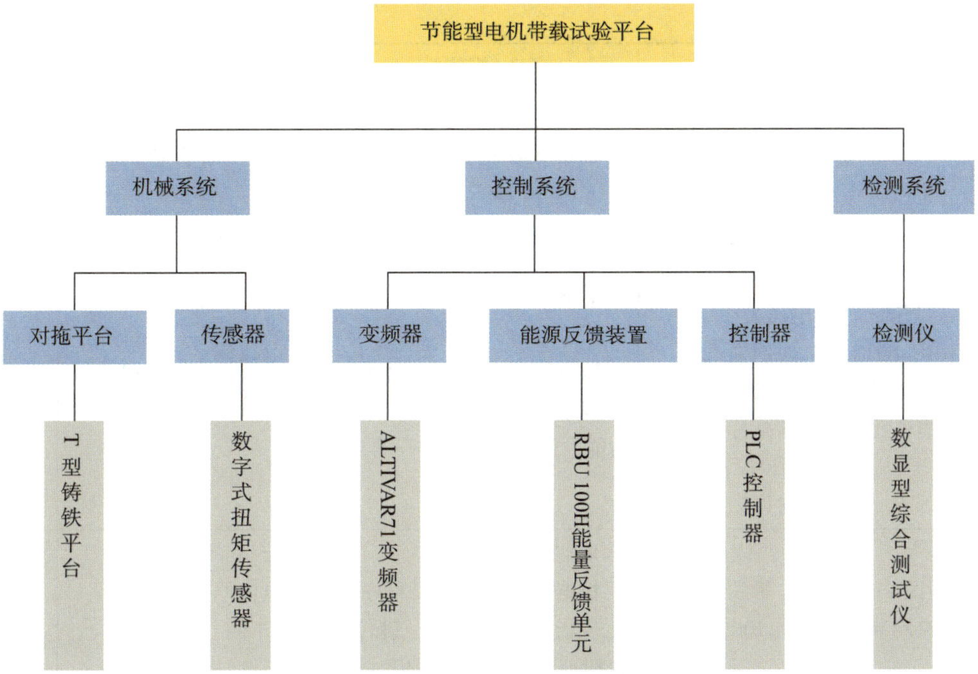

图 9　节能型电机带载试验平台最佳方案树图

制图人：×××　　　　校核：×××　　　　制表日期：2018-10-11

七、制定对策

小组成员根据已经提出的最佳方案进行认真分析讨论，并利用 5W1H 方法对最佳方案的每个部分进行分析，确定了相应的对策和措施及具体实施时间，制定的对策表如下：

表 12　对策表

序号	对策	目标	措施	地点	时间	负责人
1	安装 T 型铸铁平台	工作面硬度达 HB170-240	1. 采购 HT200～300 细颗粒优质灰口铸铁平台 2. 核查理化分析报告单 3. 根据 T 型铸铁平台平面布置图施工安装 4. 现场安装并检验 160 kW 以下电机的地脚固定情况	电仪修车间	2018-11-22	×××
2	安装数字式扭矩传感器	1. 转矩量程：≥1000 N·m 2. 转速量程：≥3000 r/min 3. 准确度等级：≥0.5%	1. 采购数字式扭矩传感器 2. 核查检定报告 3. 现场安装并检验扭矩传感器的运行效果	电仪修车间	2018-11-23	×××

续 表

序号	对策	目标	措施	地点	时间	负责人
3	调试 ALTIVAR71 变频器	变频器频率调节范围 0~50 Hz	1. 采购高性能矢量控制变频器 2. 现场安装并检验变频器频率能在 0~50 Hz 之间调节	电仪修车间	2018-11-26	×××
4	调试 RBU 100H 能量反馈单元	1. 当变频器母线电压减标准母线电压大于 40 V 时回馈开始 2. 当变频器母线电压减标准母线电压小于 10 V 时回馈停止	1. 采购 RBU 100H 能量反馈单元 2. 核查产品合格证 3. 现场安装并检验其能量反馈功能	电仪修车间	2018-12-18	×××
5	调试 PLC 控制器	触发率 100%	1. 采购 PLC 控制器 2. 根据设计要求编写程序 3. 现场安装并检验一键停机功能和不同模式下的启停	电仪修车间	2018-12-19	×××
6	安装数显型综合测试仪	实时采集、分析及 100% 显示电机运转时的电气参数	1. 采购数显型综合测试仪 2. 现场安装并检验不同负载下输出电压、输出电流、输入输出功率、效率、转速、转矩、功率因数、视在功率和无功功率的参数显示	电仪修车间	2018-12-21	×××
7	整机调试	整机运行调试合格率 100%	1. 现场调试电机带载试验平台 2. 查看电机性能测试报告，核查测量数据的正确性	电仪修车间	2019-01-08	×××

制表人：××× 校核：××× 制表日期：2018-10-26

八、对策实施

8.1 安装 T 型铸铁平台

（1）采购 HT200~300 细颗粒优质灰口铸铁平台

从建新铸造采购了三台 T 型槽 HT200 铸铁平台，规格分别为：800×3000×300、740×3000×300、1000×3000×300。

（2）核查理化分析报告单

T 型铸铁平台理化分析报告如下：其工作面硬度为 HB170-240。

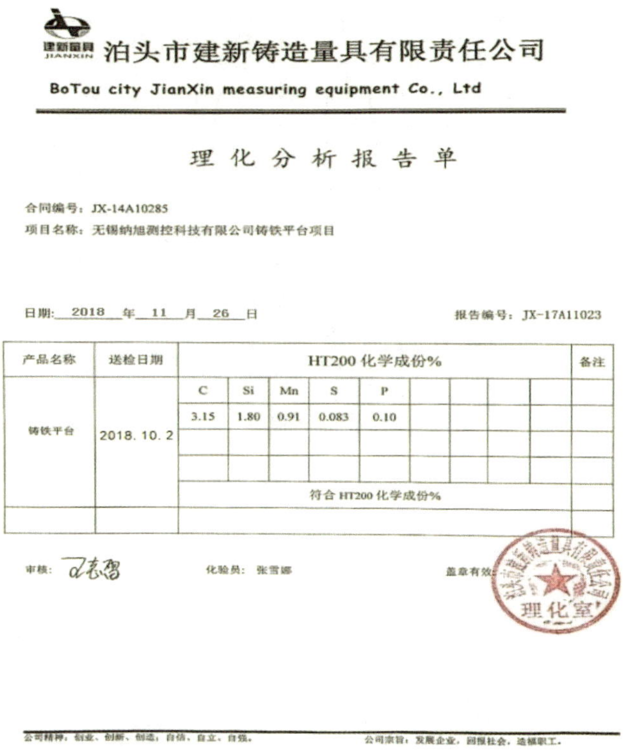

泊头市建新铸造量具有限责任公司

BoTou city JianXin measuring equipment Co., Ltd

理 化 分 析 报 告 单

合同编号：JX-14A10285

项目名称：无锡纳旭测控科技有限公司铸铁平台项目

日期：2018 年 11 月 26 日　　报告编号：JX-17A11023

产品名称	送检日期	HT200 化学成份%									备注
铸铁平台	2018. 10. 2	C	Si	Mn	S	P					
		3.15	1.80	0.91	0.083	0.10					
		符合 HT200 化学成份%									

审核：　　化验员：张雪娜　　盖章有效

理化室

公司精神：创业、创新、创造；自信、自立、自强。　　公司宗旨：发展企业，回报社会，造福职工。

图 10　T 型铸铁平台理化分析报告单

（3）根据 T 型铸铁平台平面布置图施工安装

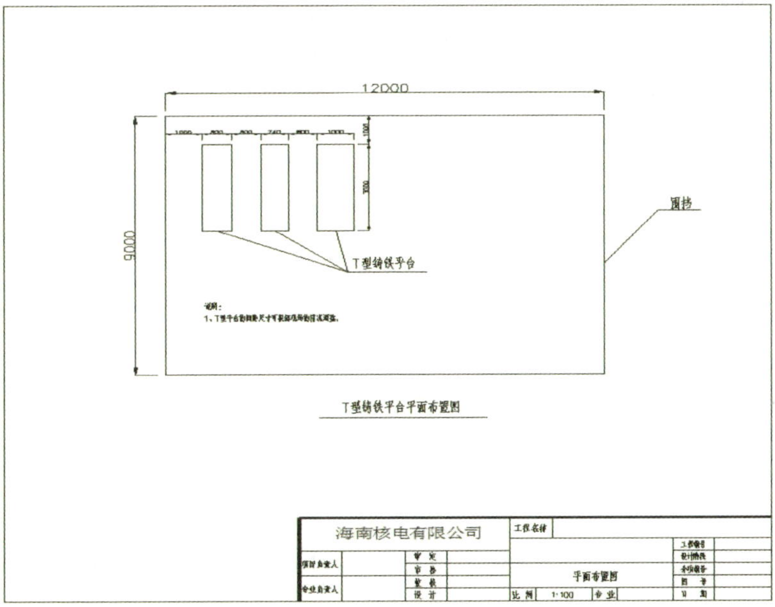

图 11　T 型铸铁平台平面布置设计图

图 12　T 型铸铁平台现场安装图

（4）检验 160 kW 以下电机的地脚固定情况

图 13　55 kW 电机固定测试

图 14　160 kW 电机固定测试

结论：T 型铸铁平台工作面硬度为 HB170-240，并能固定 160 kW 以下电机，达到实施目标。

8.2　安装数字式扭矩传感器

（1）采购数字式扭矩传感器

从北京中航科电测控采购了两台扭矩传感器，规格 JN338-AN 1000 N · m 一台，规格 JN338-AN 2000 N · m 一台。

（2）核查检定报告

数字式扭矩传感器检定报告：转矩量程：1000 N · m，转速量程：3000 r/min，准确度等级：0.5%。经测试，安装后扭矩传感器不仅能准确反映转矩、转速大小，而且有足够灵敏度。

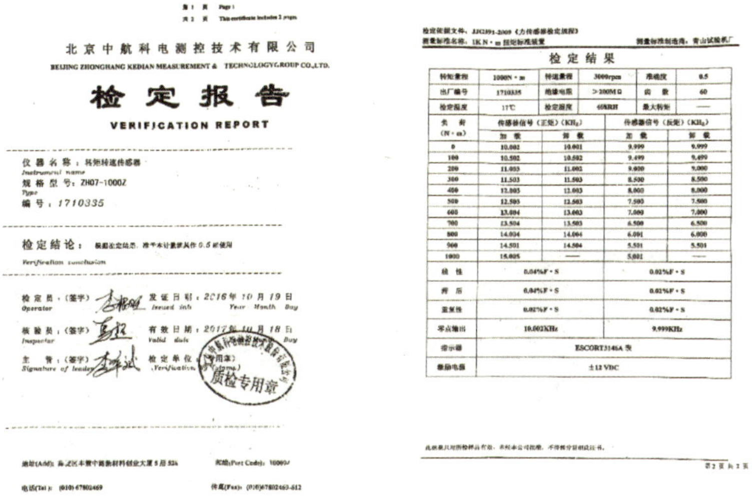

第 1 页 Page 1
共 2 页 This certificate includes 2 pages

北京中航科电测控技术有限公司
BEIJING ZHONGHANG KEDIAN MEASUREMENT & TECHNOLOGY GROUP CO.,LTD.

检定报告
VERIFICATION REPORT

仪器名称：转矩转速传感器
规格型号：ZH07-1000Z
编号：1710335

检定结论：根据检定结果，准予本计量器具作0.5级使用
Verification conclusion

检定员：（签字）　　发证日期：2016年10月19日
Operator　　Issued date　Year Month Day
核验员：（签字）　　有效日期：2017年10月18日
Inspector　　Valid date　Day
主管：（签字）　　检定单位（印章）
Signature of leader　　Verification
质检专用章

地址(Add)：海淀区丰贤中路新材料创业大厦5层526　　邮编(Post Code)：100094
电话(Tel)：(010)67802469　　传真(Fax)：(010)67802469-812

检定依据文件：JJG391-2009《力传感器检定规程》
测量标准名称：1KN·m扭矩标准装置　　测量标准制造商：青山试验机厂

检定结果

转矩量程	1000N·m	转速量程	3000rpm	准确度	0.5
出厂编号	1710335	绝缘电阻	>200MΩ	齿数	60
检定温度	17℃	检定湿度	46%RH	最大转矩	—

负荷（N·m）	传感器信号（正矩）（KHz）		传感器信号（反矩）（KHz）	
	加载	卸载	加载	卸载
0	10.002	10.001	9.999	9.999
100	10.502	10.502	9.499	9.499
200	11.003	11.002	9.000	9.000
300	11.503	11.503	8.500	8.500
400	12.003	12.003	8.000	8.000
500	12.503	12.503	7.500	7.500
600	13.004	13.003	7.000	7.000
700	13.504	13.503	6.500	6.500
800	14.004	14.004	6.001	6.000
900	14.501	14.504	5.501	5.501
1000	15.005	—	5.001	—
线性	0.04%F·S		0.02%F·S	
滞后	0.04%F·S		0.02%F·S	
重复性	0.02%F·S		0.02%F·S	
零点输出	10.002KHz		9.999KHz	
指示器	ESCORT3146A表			
激励电压	±12 VDC			

此结果只对所检样品有效，未经本公司批准，不得部分复制此证书。

第2页 共2页

图 15　扭矩传感器检定报告

（3）现场安装并检验扭矩传感器的运行效果

图 16　1000 N · m 扭矩传感器安装

图 17　2000 N · m 扭矩传感器安装

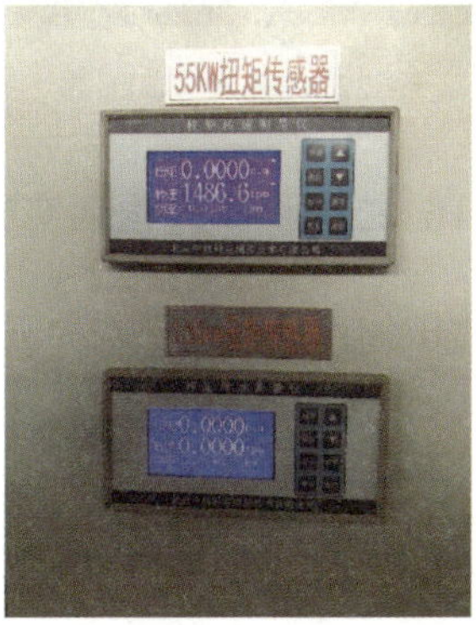

图 18　扭矩传感器显示屏

结论：数字式扭矩传感器转矩量程：1000 N · m，转速量程：3000 r/min，准确度等级：0.5%，达到实施目标。

8.3 调试 ALTIVAR71 变频器

（1）采购高性能矢量控制变频器

从施耐德采购了两台 55 kW 高性能矢量控制变频器 HD580-055G 5050，两台 160 kW 高性能矢量控制变频器 ALTIVAR71；

（2）现场安装并检验变频器频率能在 0~50 Hz 之间调节

图 19　55 kW 高性能矢量控制变频器安装

图 20　160 kW 高性能矢量控制变频器安装

经测试，55 kW 和 160 kW 变频器频率均能在 0~50 Hz 之间调节。

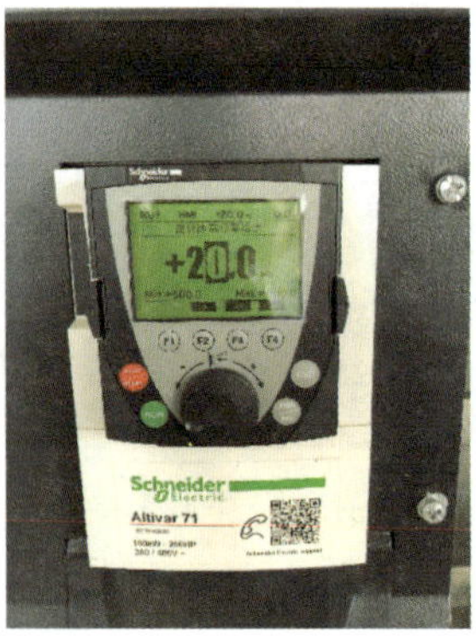

图 21　20 Hz 变频器

图 22　30 Hz 变频器

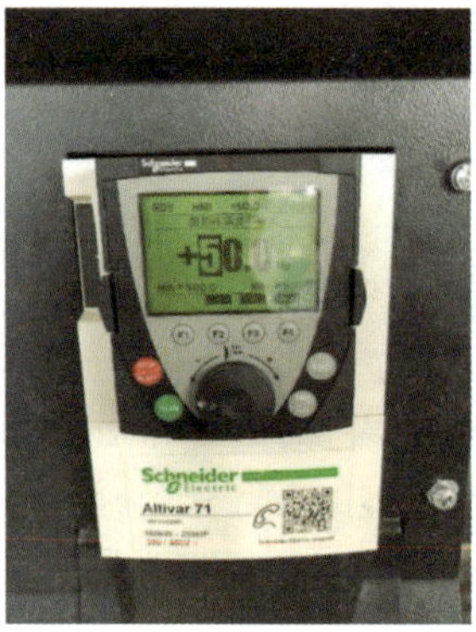

图 23　50 Hz 变频器

结论：变频器频率能在 0~50 Hz 之间调节，达到实施目标。

8.4 调试 RBU 100H 能量反馈单元

（1）采购能量反馈单元

从无锡纳旭采购了一套 200 kW 能量反馈单元 RBU100H-0200；

（2）核查产品合格证

能量反馈单元合格证如下：

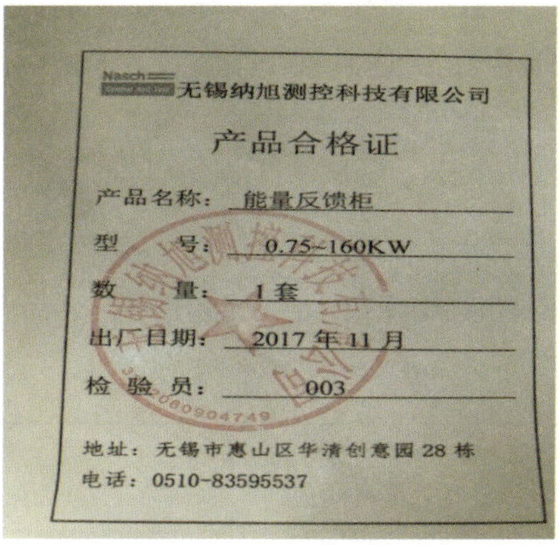
Nasch 无锡纳旭测控科技有限公司

产品合格证

产品名称：能量反馈柜

型　　号：0.75~160KW

数　　量：1套

出厂日期：2017年11月

检 验 员：003

地址：无锡市惠山区华清创意园28栋

电话：0510-83595537

图 24　能量反馈柜产品合格证

（3）现场安装并检验其能量反馈功能

图 25　能量反馈单元

经测试，该套 160 kW 能量反馈单元能实现自动模式下回馈单元检测母线电压，自动执行运行停止，当变频器母线电压减标准母线电压大于 40 V 时回馈开始，当变频器母线电压减标准母线电压小于 10 V 时回馈停止。

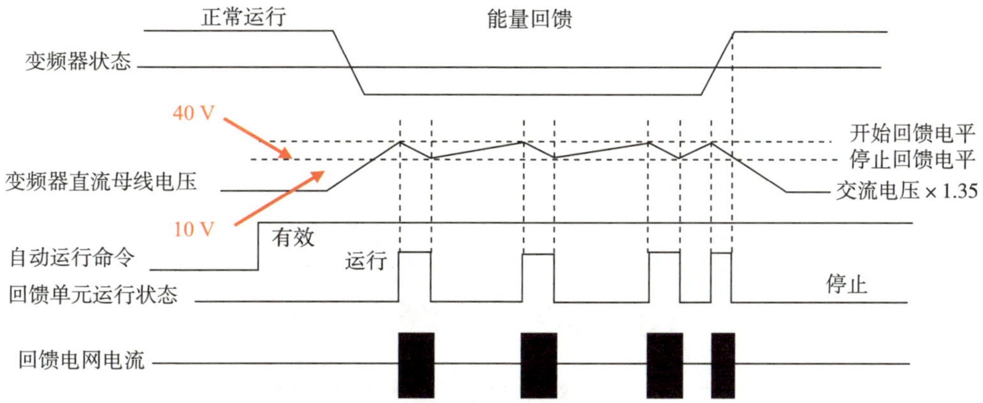

图 26　能量反馈自动模式测试曲线

结论：当变频器母线电压减标准母线电压大于 40 V 时回馈开始，变频器母线电压减标准母线电压小于 10 V 时回馈停止，达到实施目标。

8.5 调试 PLC 控制器

（1）采购 PLC 控制器

从施耐德采购了一套 PLC 控制器 TM218LDA40DRN；

（2）根据设计要求编写程序

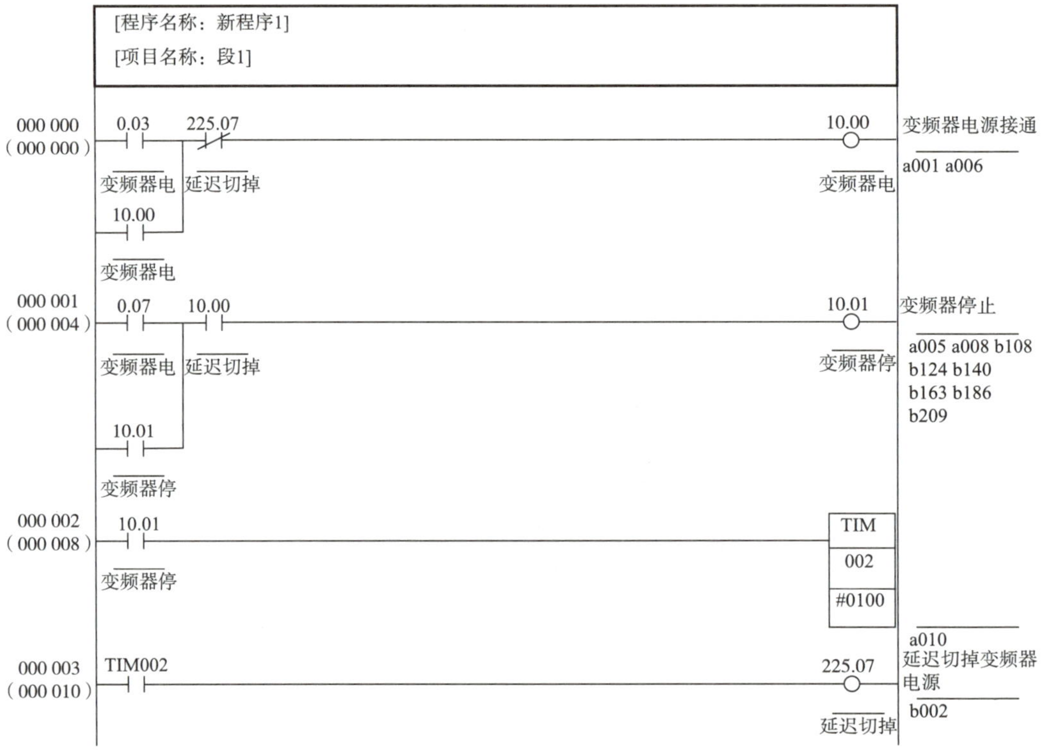

图 27　PLC 程序节选图

（3）现场安装并检验一键停机功能和不同模式下的启停。

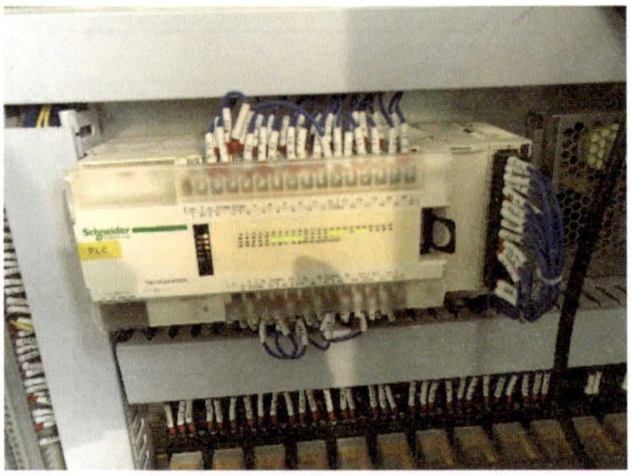

图 28　PLC 控制器安装

经测试，在 PLC 控制器控制下，系统能可靠快速地完成 55 kW、160 kW 电机不同模式下的启停，也能在各种运行状态下实现一键停机。

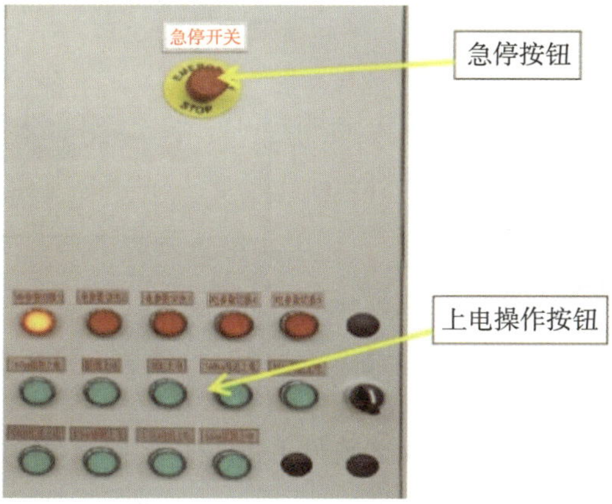

图 29　控制面板

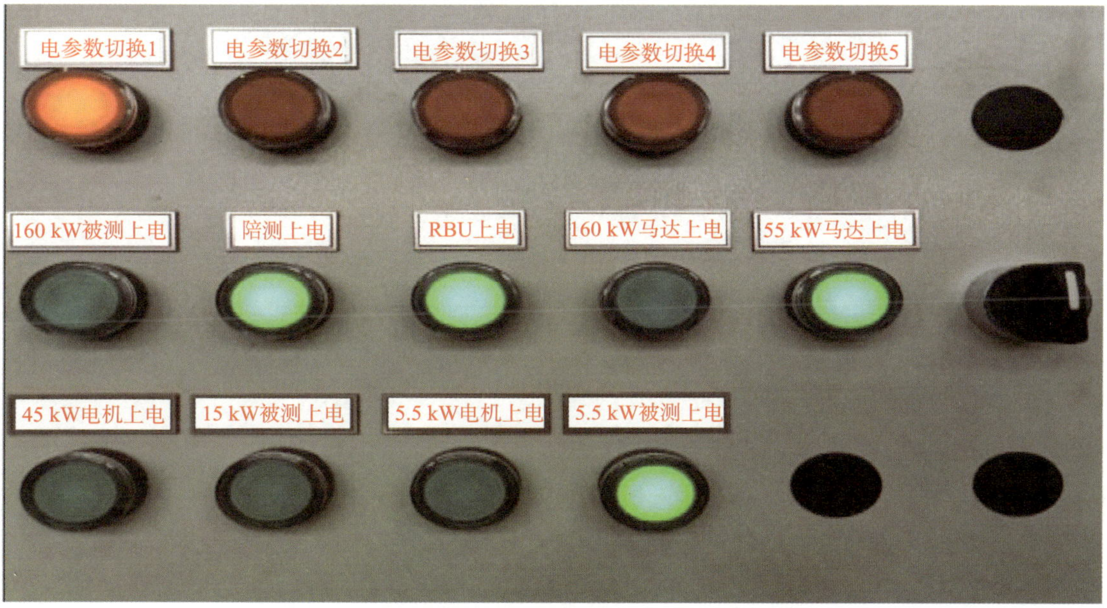

图 30　55 kW 电机测试上电

结论：在控制面板上实现电机不同工作模式的切换触发率达 100%，达到实施目标。

8.6　安装数显型综合测试仪

（1）采购数显型综合测试仪

从常州同惠采购了一套数显型综合测试仪，从佳乐采购了一套电机自动测试软件 Labview；

（2）现场安装并检验不同负载下输出电压、输出电流、输入输出功率、效率、转速、转矩、功率因数、视在功率和无功功率的参数显示。

图 31　Labview 系统界面载入

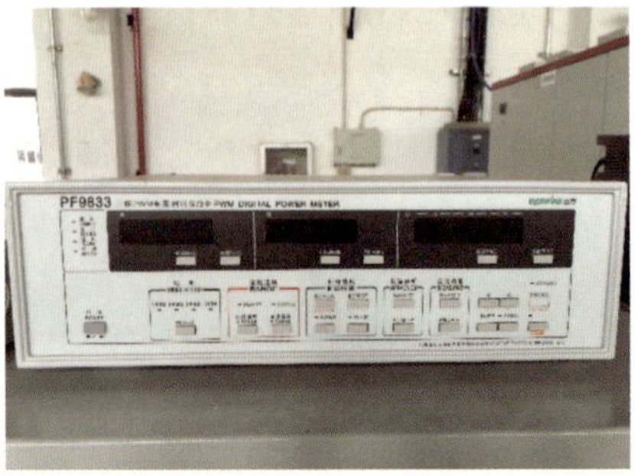

图 32　综合测试仪安装

经测试，数显型综合测试仪能在测试软件 Labview 支持下实时显示出目标参数。

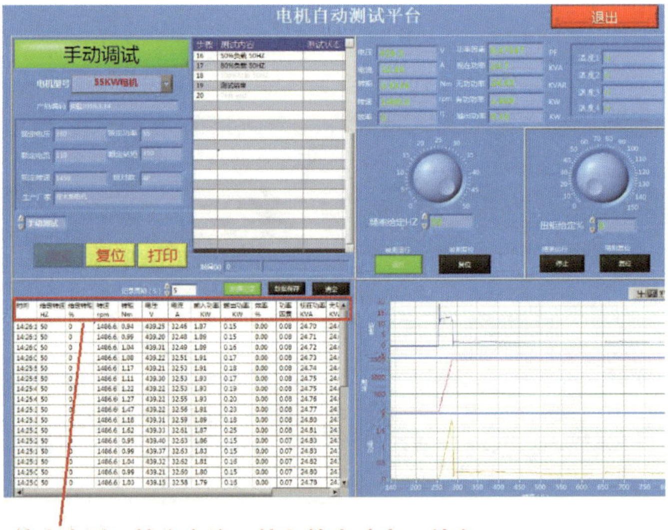

图 33　Labview 系统测试界面

图 34　综合测试仪显示界面

结论：实时采集、分析及显示电机运转时的电气参数，达到实施目标。

8.7　整机调试

（1）现场调试电机带载试验平台

经现场调试，各设备均能正常运转，各项数据均能正常测量。

图 35　整机正常运行

（2）查看电机性能测试报告，核查测量数据的正确性

电机性能测试报告的数据符合设计方案对电机带载试验平台的交流电压、交流电流、直流电阻、温度、振动、频率、转速、转矩等的精度要求，能可靠进行后续的效果检查。

电机性能测试报告

电机参数				报告信息	
电机型号	55kW电机			报告编号	
额定功率	55	额定转速	1450	测试结果	测试通过
额定电压	380	电机转矩	275	测试日期	2019-01-10
额定电流	110	极对数	4P	测试时间	15:50:18
生产商	佳木斯电机			测试人员	王尧
产品编码	ikjuyh				

给定转速	加载	测试数据									
HZ	百分比	转速 (rpm)	转矩 (Nm)	电压 (V)	电流 (A)	输入功率P (kW)	输出功率 (kW)	效率 (%)	功率因数 (PF)	视在功率S (kVA)	无功功率Q (kvar)
30	0	899.84	5.05	339.10	32.90	1.73	0.48	0.00	0.09	19.32	19.25
	10	897.29	65.85	337.81	37.10	7.46	6.19	0.83	0.34	21.71	20.39
	20	895.91	98.30	338.12	41.83	10.55	9.22	0.87	0.43	24.50	22.11
	50	892.99	166.08	338.80	54.61	17.08	15.53	0.91	0.53	32.04	27.12
	100	886.87	300.22	339.49	85.76	30.29	27.88	0.92	0.60	50.43	40.32
40	0	1199.78	5.07	390.70	32.62	2.10	0.64	0.00	0.10	22.08	21.98
	10	1197.22	66.51	389.96	37.27	9.85	8.34	0.85	0.39	25.17	23.16
	20	1195.80	100.19	390.29	42.23	14.12	12.55	0.89	0.49	28.55	24.82
	50	1192.80	169.31	390.48	55.43	22.98	21.15	0.92	0.61	37.49	29.62
	100	1186.49	305.71	390.77	87.39	40.77	37.98	0.93	0.69	59.15	42.84
50	0	1499.74	6.21	436.49	32.40	2.77	0.97	0.00	0.11	24.49	24.33
	10	1497.17	67.57	436.14	37.47	12.51	10.59	0.85	0.44	28.31	25.39
	20	1495.67	102.41	436.37	42.71	18.01	16.04	0.89	0.56	32.28	26.79
	50	1492.61	172.62	436.87	56.31	29.24	26.98	0.92	0.69	42.60	30.99
	100	1484.08	335.36	436.37	95.19	55.80	52.11	0.93	0.78	71.94	45.41

图 36　电机性能测试报告

- 交流电压：10~600 Vac　　精度：0.2%
- 交流电流：0.1~500 A　　精度：0.2%
- 直流电阻：0.005~2000 Ω　　精度：0.2%
- 温度：-20~200 ℃　　精度：±1 ℃
- 振动：0~200 mm/s（速度值）　　精度：±5%
- 频率：45 Hz~60 Hz　　精度：0.1%
- 转速：0~4000 r/min　　精度：0.1%
- 转矩：20 N·m、200 N·m、1000 N·m　　精度：0.2%

图 37　电机电气数据要求

结论：整机调试运行正常，达到实施目标。

九、效果检查

目标效果检查

设备组装调试完成后，小组成员用一台 55 kW 电机备件，与陪测的 55 kW 电机对拖，来检验节能型电机带载试验平台的节能效果。分别做了三次试验，结果如下：

表 13　55 kW 电机带载试验第一次试验报告

电机性能测试报告

电机参数				报告信息	
电机型号	55kW电机			报告编号	
额定功率	55	额定转速	1450	测试结果	测试通过
额定电压	380	电机转矩	340	测试日期	2019-01-11
额定电流	110	极对数	4P	测试时间	17:10:35-19:10:11
生产商	佳木斯电机			测试人员	×××
产品编码	第一次报告				

给定转速	加载	测试数据									
HZ	百分比	转速(rpm)	转矩(Nm)	电压(V)	电流(A)	输入功率P(kW)	输出功率(kW)	效率(%)	功率因数(PF)	系统输入功率(kW)	节能效果%
30	0	901.60	5.61	342.86	31.98	1.69	0.53	0.00	0.09	1.69	0.00
	10	907.38	85.26	341.84	39.08	9.26	8.05	0.87	0.40	1.93	79.16
	20	910.95	139.16	343.22	48.32	14.65	13.18	0.90	0.51	2.84	80.61
	50	913.74	195.56	344.07	60.18	20.44	18.81	0.92	0.57	3.91	80.87
	85	916.21	289.01	344.50	78.71	28.65	26.36	0.92	0.61	5.30	81.50
	100	917.23	331.54	344.64	90.35	33.43	32.77	0.98	0.62	6.03	81.96
40	0	1174.65	5.62	390.28	32.19	2.18	0.69	0.00	0.10	2.18	0.00
	10	1207.56	85.51	393.64	38.44	11.01	9.58	0.87	0.42	2.15	80.47
	20	1211.10	140.36	394.25	48.76	19.31	17.57	0.91	0.58	3.72	80.74
	50	1214.17	202.91	395.16	62.04	28.03	26.06	0.93	0.66	5.21	81.41
	85	1215.41	282.42	394.68	80.30	37.74	35.09	0.93	0.69	6.79	82.01
	100	1217.66	333.17	395.24	94.11	45.69	42.49	0.93	0.71	7.91	82.69
50	0	1376.56	5.25	404.24	33.26	2.33	0.83	0.00	0.10	2.33	0.00
	10	1506.10	86.17	437.41	39.17	15.43	13.58	0.88	0.52	2.90	81.21
	20	1509.01	140.99	437.54	49.00	24.14	22.21	0.92	0.65	4.43	81.65
	50	1512.55	203.93	437.38	62.77	34.71	32.28	0.93	0.73	6.30	81.84
	85.00	1515.13	289.31	436.63	81.35	47.37	44.06	0.93	0.77	8.45	82.16
	100	1519.11	341.09	436.29	98.15	58.59	54.49	0.93	0.79	9.98	82.97

给定频率	加载百分比	转速	转矩	电压	电流	输入功率	系统输入功率	节能效果
50	85	1515.13	289.31	436.63	81.35	47.37	8.45	82.16

制表人：×××　　　　校核人：×××　　　　制表日期：2019-01-18

表 13 为 55 kW 电机带载试验第一次试验报告，其中 50 Hz、85%加载运行为我厂就地设备运行的工况（正常投运时的工作状况），测试报告中工况运行时，电机输入功率为 47.37 kW，但系统输入功率为 8.45 kW，所以节能型电机带载试验平台工况运行时的节能效果为 82.16%。[节能效果计算公式：(47.37−8.45) /47.37×100%＝82.16%]

表 14　55 kW 电机带载试验第二次试验报告

电机性能测试报告

电机参数				报告信息	
电机型号	55kW电机			报告编号	
额定功率	55	额定转速	1450	测试结果	测试通过
额定电压	380	电机转矩	340	测试日期	2019-01-12
额定电流	110	极对数	4P	测试时间	16:49:01-18:49:17
生产商	佳木斯电机			测试人员	×××
产品编码	第二次报告				

给定转速	加载	测试数据									
HZ	百分比	转速 (rpm)	转矩 (Nm)	电压 (V)	电流 (A)	输入功率P (kW)	输出功率 (kW)	效率 (%)	功率因数 (PF)	系统输入功率 (kVA)	节能效果%
30	0	901.59	4.95	342.27	32.08	1.71	0.47	0.00	0.09	1.71	0.00
	10	907.29	83.41	341.44	38.92	9.21	7.92	0.86	0.40	1.93	79.04
	20	910.82	137.56	342.83	48.12	14.57	13.12	0.90	0.51	2.97	79.62
	50	914.01	202.74	343.84	61.80	21.35	19.64	0.92	0.58	4.21	80.28
	85	916.21	289.15	344.13	80.73	29.22	26.88	0.92	0.61	5.56	80.97
	100	917.16	334.68	344.39	94.50	34.95	32.15	0.92	0.62	6.58	81.17
40	0	1201.78	5.12	394.55	31.86	2.18	0.64	0.00	0.10	2.18	0.00
	10	1207.56	84.05	392.86	39.05	12.22	10.76	0.88	0.46	2.51	79.46
	20	1210.99	139.00	393.86	48.56	19.21	17.48	0.91	0.58	3.76	80.43
	50	1214.06	204.11	394.11	62.36	28.09	26.13	0.93	0.66	5.36	80.92
	85	1215.36	282.42	394.68	82.31	38.82	36.11	0.93	0.69	6.97	82.05
	100	1217.58	336.49	394.79	95.10	46.17	42.94	0.93	0.71	7.96	82.76
50	0	1501.43	5.30	440.20	31.64	2.41	0.84	0.00	0.10	2.41	0.00
	10	1506.01	84.79	436.97	38.99	15.05	13.24	0.88	0.51	3.05	79.73
	20	1508.91	139.94	437.19	48.89	24.06	22.14	0.92	0.65	4.53	81.17
	50	1512.57	205.41	437.03	63.22	34.93	32.49	0.93	0.73	6.30	81.96
	85.00	1515.13	289.31	436.97	84.95	49.51	46.04	0.93	0.77	8.84	82.14
	100	1520.67	350.79	436.80	100.87	60.29	56.07	0.93	0.79	10.30	82.91

给定频率	加载百分比	转速	转矩	电压	电流	输入功率	系统输入功率	节能效果
50	85	1515.13	289.31	436.97	84.95	49.51	8.84	82.14

制表人：×××　　　　校核人：×××　　　　制表日期：2019-01-18

表 14 为 55 kW 电机带载试验第二次试验报告，其中 50 Hz、85%加载运行为我厂就地设备运行的工况（正常投运时的工作状况），测试报告中工况运行时，电机输入功率为 49.51 kW，但系统输入功率为 8.84 kW，所以节能型电机带载试验平台工况运行时的节能效果为 82.14%。[节能效果计算公式：(49.51−8.84)/49.51×100%＝82.14%]

表 15　55 kW 电机带载试验第三次试验报告

电机性能测试报告

电机参数				报告信息	
电机型号	55kW电机			报告编号	
额定功率	55	额定转速	1450	测试结果	测试通过
额定电压	380	电机转矩	340	测试日期	2019-01-13
额定电流	110	极对数	4P	测试时间	15:46:01-17:46:17
生产商	佳木斯电机			测试人员	×××
产品编码	第三次报告				

给定转速	加载	测试数据									
HZ	百分比	转速(rpm)	转矩(Nm)	电压(V)	电流(A)	输入功率P(kW)	输出功率(kW)	效率(%)	功率因数(PF)	系统输入功率(kVA)	节能效果%
30	0	901.65	5.85	342.61	32.43	1.73	0.55	0.00	0.09	1.73	0.00
	10	907.68	88.86	341.66	39.95	9.69	8.43	0.87	0.41	2.01	79.26
	20	910.97	136.79	342.65	48.15	14.29	13.00	0.91	0.50	2.85	80.06
	50	913.77	188.52	343.80	58.76	19.59	18.03	0.92	0.56	3.80	80.60
	85	915.89	288.79	343.97	80.69	29.32	26.98	0.92	0.61	5.57	81.00
	100	917.68	310.01	344.28	88.03	32.55	29.94	0.92	0.62	5.94	81.75
40	0	1201.71	5.69	394.93	32.21	2.20	0.72	0.00	0.10	2.20	0.00
	10	1207.96	88.66	393.28	39.99	12.80	11.39	0.89	0.47	2.57	79.92
	20	1211.11	138.14	394.19	48.59	19.24	17.51	0.91	0.58	3.75	80.51
	50	1213.88	191.03	394.59	59.59	26.07	24.24	0.93	0.64	4.81	81.55
	85	1215.44	283.36	394.68	83.01	39.15	36.41	0.93	0.69	7.01	82.09
	100	1218.01	314.08	394.75	89.29	42.73	39.74	0.93	0.70	7.42	82.64
50	0	1501.59	5.74	440.55	31.99	2.44	0.90	0.00	0.10	2.44	0.00
	10	1506.47	88.36	437.19	39.86	15.69	13.97	0.89	0.52	3.10	80.24
	20	1509.24	139.59	437.23	48.99	24.12	22.19	0.92	0.65	4.45	81.55
	50	1512.44	193.72	437.32	60.63	33.07	30.75	0.93	0.72	5.87	82.25
	85.00	1515.25	289.31	436.67	84.95	49.47	46.01	0.93	0.77	8.85	82.11
	100	1519.10	342.06	436.27	98.58	58.10	54.04	0.93	0.78	9.98	82.80

给定频率	加载百分比	转速	转矩	电压	电流	输入功率	系统输入功率	节能效果
50	85	1515. 25	289. 31	436. 67	84. 95	49. 47	8. 85	82. 1 1

制表人：×××　　　　校核人：×××　　　　制表日期：2019-01-18

表 15 为 55 kW 电机带载试验第三次试验报告，其中 50 Hz、85%加载运行为我厂就地设备运行的工况（正常投运时的工作状况），测试报告中工况运行时，电机输入功率为 49. 47 kW，但系统输入功率为 8. 85 kW，所以节能型电机带载试验平台工况运行时的节能效果为 82. 11%。[节能效果计算公式：(49. 47−8. 85) /49. 47×100% = 82. 11%]

小组成员另用一台新的 160 kW 电机备件，与陪测的 160 kW 电机对拖，来检验节能型电机试验平台的可靠性。也分别做了三次带载试验，结果如下：

表 16　160 kW 电机带载试验第一次试验报告

电机性能测试报告

电机参数				报告信息	
电机型号	160kW 电机			报告编号	
额定功率	160	额定转速	1450	测试结果	测试通过
额定电压	380	电机转矩	1018	测试日期	2019-01-14
额定电流	282.4	极对数	4P	测试时间	9:10:45-11:10:07
生产商	佳木斯电机			测试人员	×××
产品编码	第一次报告				

给定转速	加载	测试数据									
HZ	百分比	转速 (rpm)	转矩 (Nm)	电压 (V)	电流 (A)	输入功率P (kW)	输出功率 (kW)	效率 (%)	功率因数 (PF)	系统输入功率 (kW)	节能效果%
30	0	890.14	4.03	341.07	64.70	3.44	0.51	0.00	0.09	3.44	0.00
	10	897.31	171.54	342.15	80.16	19.00	16.53	0.87	0.40	3.93	79.32
	20	901.31	259.98	343.24	93.10	28.23	25.41	0.90	0.51	5.43	80.76
	50	905.74	431.60	344.47	137.31	46.69	42.49	0.91	0.57	8.86	81.02
	85	910.21	719.15	343.97	210.13	76.37	70.26	0.92	0.61	14.06	81.59
	100	914.57	898.50	344.54	249.41	95.26	87.64	0.92	0.64	16.96	82.19
40	0	1192.02	4.69	388.71	68.07	6.87	0.69	0.00	0.15	6.87	0.00
	10	1196.39	183.07	392.00	82.21	27.91	24.84	0.89	0.50	5.46	80.44
	20	1199.02	248.37	393.05	96.88	40.23	36.61	0.91	0.61	7.54	81.26
	50	1204.30	471.25	394.16	142.39	66.10	61.47	0.93	0.68	11.72	82.27
	85	1208.37	729.63	394.71	215.21	102.98	95.78	0.93	0.70	18.03	82.49
	100	1214.90	930.00	395.70	252.90	131.75	121.71	0.93	0.76	22.63	82.87
50	0	1494.07	4.77	404.14	74.39	8.33	0.81	0.00	0.16	8.33	0.00
	10	1499.83	202.63	433.30	89.71	38.38	34.16	0.89	0.57	7.40	80.71
	20	1504.60	365.37	436.28	100.15	47.68	43.86	0.92	0.63	8.96	81.21
	50	1509.81	476.29	436.37	146.27	82.91	77.11	0.93	0.75	15.01	81.90
	85	1514.23	784.21	437.70	226.57	137.41	129.17	0.94	0.80	23.78	82.69
	100	1516.30	967.30	437.81	261.17	160.42	150.79	0.94	0.81	26.30	83.61

给定频率	加载百分比	转速	转矩	电压	电流	输入功率	系统输入功率	节能效果
50	85	1514.23	784.21	437.7	226.57	137.41	23.78	82.69

制表人：×××　　　　校核人：×××　　　　制表日期：2019-01-18

表 16 为 160 kW 电机带载试验第一次试验报告，其中 50 Hz、85%加载运行为我厂就地设备运行的工况（正常投运时的工作状况），测试报告中工况运行时，电机输入功率为 137.41 kW，但系统输入功率为 23.78 kW，所以节能型电机带载试验平台工况运行时的节能效果为 82.69%。[节能效果计算公式：(137.41−23.78) /137.41×100% = 82.69%]

表 17　160 kW 电机带载试验第二次试验报告

电机性能测试报告

电机参数				报告信息	
电机型号	160kW电机			报告编号	
额定功率	160	额定转速	1450	测试结果	测试通过
额定电压	380	电机转矩	1018	测试日期	2019-01-15
额定电流	282.4	极对数	4P	测试时间	14:40:17-16:50:07
生产商	佳木斯电机			测试人员	×××
产品编码	第二次报告				

给定转速	加载	测试数据									
HZ	百分比	转速(rpm)	转矩(Nm)	电压(V)	电流(A)	输入功率P(kW)	输出功率(kW)	效率(%)	功率因数(PF)	系统输入功率(kW)	节能效果%
30	0	891.29	4.11	342.06	65.90	3.51	0.53	0.00	0.09	3.51	0.00
	10	897.38	169.07	342.11	80.13	18.99	16.52	0.87	0.40	3.93	79.30
	20	903.32	258.18	343.22	93.20	28.26	25.43	0.90	0.51	5.64	80.04
	50	906.15	432.20	344.07	137.20	46.63	42.43	0.91	0.57	9.03	80.63
	85	911.75	719.03	344.50	209.36	76.20	70.11	0.92	0.61	14.46	81.02
	100	915.48	898.17	344.64	249.39	95.28	87.65	0.92	0.64	16.80	82.37
40	0	1193.65	4.47	389.18	68.30	6.91	0.69	0.00	0.15	6.91	0.00
	10	1196.56	182.07	392.13	82.02	27.85	24.80	0.89	0.50	5.45	80.43
	20	1198.07	248.56	394.25	95.17	39.64	36.07	0.91	0.61	7.21	81.80
	50	1203.25	470.85	395.16	142.79	66.46	61.80	0.93	0.68	11.96	82.00
	85	1208.56	731.17	395.68	214.19	102.73	95.54	0.93	0.70	17.96	82.51
	100	1214.17	929.00	395.24	253.60	131.94	122.71	0.93	0.76	22.43	83.00
50	0	1496.21	4.67	404.24	74.54	8.35	0.83	0.00	0.16	8.35	0.00
	10	1498.70	203.70	433.21	89.74	38.38	34.16	0.89	0.57	7.61	80.17
	20	1503.14	363.07	437.21	99.36	47.40	43.61	0.92	0.63	8.92	81.18
	50	1507.81	474.19	437.38	146.90	83.46	77.61	0.93	0.75	15.01	82.02
	85	1513.03	784.27	436.63	228.50	138.25	129.95	0.94	0.80	23.98	82.65
	100	1515.83	964.30	436.29	261.37	159.98	150.38	0.94	0.81	25.93	83.79

给定频率	加载百分比	转速	转矩	电压	电流	输入功率	系统输入功率	节能效果
50	85	1513.03	784.27	436.63	228.50	138.25	23.98	82.65

制表人：×××　　　　校核人：×××　　　　制表日期：2019-01-18

表 17 为 160 kW 电机带载试验第二次试验报告，其中 50 Hz、85%加载运行为我厂就地设备运行的工况（正常投运时的工作状况），测试报告中工况运行时，电机输入功率为 138.25 kW，但系统输入功率为 23.98 kW，所以节能型电机带载试验平台工况运行时的节能效果为 82.65%。[节能效果计算公式：（138.25−23.98）/138.25×100%＝82.98%]

表 18　160 kW 电机带载试验第三次试验报告

电机性能测试报告

电机参数				报告信息	
电机型号	160kW电机			报告编号	
额定功率	160	额定转速	1450	测试结果	测试通过
额定电压	380	电机转矩	1018	测试日期	2019-01-16
额定电流	282.4	极对数	4P	测试时间	14:20:17-16:20:47
生产商	佳木斯电机			测试人员	×××
产品编码	第三次报告				

给定转速	加载	测试数据									
HZ	百分比	转速(rpm)	转矩(Nm)	电压(V)	电流(A)	输入功率P(kW)	输出功率(kW)	效率(%)	功率因数(PF)	系统输入功率(kW)	节能效果%
30	0	889.03	4.36	341.46	67.10	3.57	0.53	0.00	0.09	3.57	0.00
	10	895.20	169.78	341.71	80.27	19.00	16.53	0.87	0.40	3.93	79.32
	20	902.31	259.80	343.50	93.00	28.22	25.38	0.90	0.51	5.64	80.01
	50	904.75	433.29	344.27	136.00	46.22	42.06	0.91	0.57	9.03	80.46
	85	910.63	719.84	344.50	210.10	76.47	70.35	0.92	0.61	14.46	81.09
	100	914.04	899.17	344.65	250.19	95.58	87.94	0.92	0.64	16.80	82.43
40	0	1192.13	4.63	389.25	68.01	6.88	0.69	0.00	0.15	6.88	0.00
	10	1194.80	184.01	392.10	82.24	27.93	24.85	0.89	0.50	5.45	80.48
	20	1196.74	249.50	394.20	95.17	39.64	36.07	0.91	0.61	7.21	81.80
	50	1200.20	471.85	395.16	142.79	66.46	61.80	0.93	0.68	11.96	82.00
	85	1207.54	732.06	395.35	215.19	103.15	95.92	0.93	0.70	18.01	82.54
	100	1213.41	929.80	395.24	253.60	131.94	122.71	0.93	0.76	22.39	83.03
50	0	1495.28	4.71	403.52	75.56	8.51	0.83	0.00	0.16	8.51	0.00
	10	1495.70	205.72	433.21	89.74	38.38	34.16	0.89	0.57	7.64	80.09
	20	1502.74	364.14	436.03	99.86	47.51	43.71	0.92	0.63	8.95	81.16
	50	1507.42	474.10	437.38	146.90	83.46	77.61	0.93	0.75	15.01	82.02
	85	1512.13	785.00	436.05	228.83	138.26	129.96	0.94	0.80	24.00	82.64
	100	1513.05	967.10	436.30	261.75	160.22	150.60	0.94	0.81	25.80	83.90

给定频率	加载百分比	转速	转矩	电压	电流	输入功率	系统输入功率	节能效果
50	85	1512.13	785.00	436.05	228.83	138.26	24.00	82.64

制表人：×××　　校核人：×××　　制表日期：2019-01-18

表 18 为 160 kW 电机带载试验第三次试验报告，其中 50 Hz、85%加载运行为我厂就地设备运行的工况（正常投运时的工作状况），测试报告中工况运行时，电机输入功率为 138.26 kW，但系统输入功率为 24.00 kW，所以节能型电机带载试验平台工况运行时的节能效果为 82.64%。[节能效果计算公式：(138.26−24.00)/138.26×100%＝82.64%]

总结：经六次试验统计，被测 55 kW 电机工况（正常投运时的工作状况）运行时，第一次试验节能效果为 82.16%，第二次试验节能效果为 82.14%，第三次试验节能效果为 82.11%。被测 160 kW 电机工况（正常投运时的工作状况）运行时，第一次试验节能效果为 82.69%，第二次试验节能效果为 82.65%，第三次试验节能效果为 82.64%。

表 19　55 kW、160 kW 电机工况运行时各自三次试验结论统计表

试验类型（工况运行）	第 N 次试验/次	节能效果/%	平均值/%
55 kW	1	82. 16	82. 39
	2	82. 14	
	3	82. 11	
160 kW	4	82. 69	
	5	82. 65	
	6	82. 64	

制表人：××× 校核人：××× 制表日期：2019-01-18

根据以上试验数据分析，节能效果均达标。

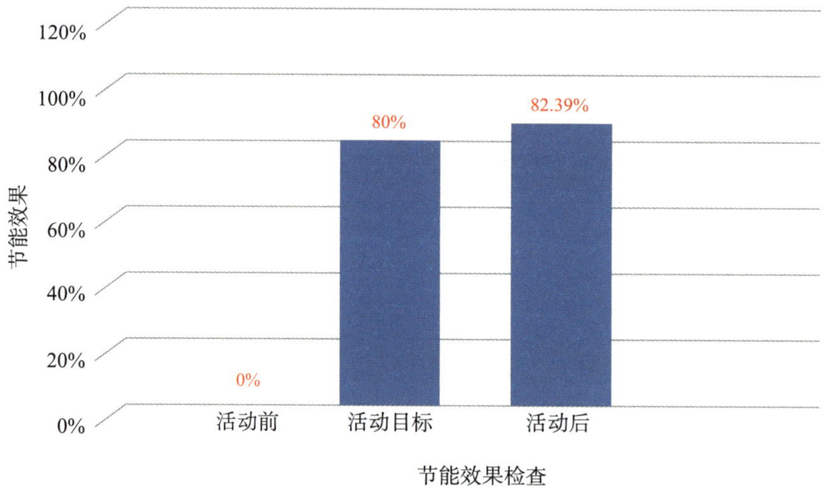

图 38　效果检查

制表人：××× 校核人：××× 制表日期：2019-01-18

1）社会效益

为同行业电厂在电机带载试验节能方面提供了良好借鉴。同时节能型电机带载试验平台的研制填补了电机带载试验上的技术空白。

试验平台研制之前，QC 小组成员每人随机抽取了 10 项电机解体检修项目的工作，统计了检修后“就地”试验（h）前所花费的准备时间，包括取票、还票、工作接口、进出厂房（核岛厂房需更换衣服）等的总时间。

表 20 试验前准备时间表

电机＼项目	工作内容	功率（kW）	试验前准备时间（h）						跟踪人
			取还票	进入厂房	工前会	启机前检查	总计	平均	
2DEL001MO	解体检修	160	1.5	0.2	0.25	0.8	2.75	2.46	×××
2SEN101MO		132	0.7	0.2	0.20	0.5	1.6		×××
2EVC004MO		7.5	1.2	0.5	0.25	1.0	3.0		×××
2EVC001MO		7.5	0.5	0.6	0.25	1.35	2.7		×××
2EVR004MO		75	0.5	0.5	0.25	0.95	2.2		×××
2CVI101MO		110	1.1	0.2	0.25	0.5	2.05		×××
2DVG002MO		18.5	1.2	0.2	0.25	0.6	2.25		×××
2CTE002MO		37	1.0	0.2	0.25	1.35	2.8		×××
2DEL003PO		15	0.7	0.2	0.25	0.55	1.7		×××
2RRM001MO		75	1.5	0.5	0.25	1.25	3.5		×××

制表人：××× 校核人：××× 制表日期：2018-08-13

统计平均每台电机“就地”试验前准备时间为2.46 h。

有了节能型电机带载试验平台后，满足了“就地”试验条件，对节能型电机带载试验平台上的试验前准备时间进行了统计如表21。

表 21 启机前准备时间表

电机＼项目	试验内容	功率（kW）	启机前准备时间（h）					跟踪人
			搬运	接线	工前会	总计	平均	
1DEL001MO	解体检修	160	0.25	0.25	0.25	0.75	0.65	×××
1SEN301MO		18.5	0.20	0.25	0.25	0.75		×××
1EVC003MO		7.5	0.10	0.15	0.25	0.50		×××
1EVC004MO		7.5	0.10	0.15	0.25	0.50		×××
1EVR001MO		75	0.25	0.25	0.30	0.80		×××
1 CVI101MO		110	0.18	0.18	0.25	0.61		×××
1CET101MO		37	0.18	0.15	0.25	0.61		×××
1DEL003PO		15	0.25	0.25	0.25	0.75		×××
1DVL201MO		37	0.25	0.25	0.25	0.75		×××
1DEG002MO		75	0.10	0.15	0.25	0.50		×××

制表人：××× 校核人：××× 制表日期：2019-01-22

经多组试验统计证明，每台解体检修后的电机在节能型带载试验平台上的试验前准备时间平均为0.65 h。相比在厂房“就地”试验（h）前所花费的准备时间2.46 h节省了1.81 h。

十、标准化

为确保节能型电机带载试验平台处于良好运行状态，发挥良好的节能效果，小组采取了一系列标准化。

材料归档

对活动开展过程中的方案设计、活动记录、试验数据进行归档整理，提供后续审阅检查。

表 22　归档内容

序号	项目内容	标准化形式	文件名称	适用对象
1	电机试验平台带载试验操作规程	操作规程	《电机试验平台带载试验操作规程》	班组成员
2	电机带载试验平台系统一次图	测试系统主接线图	《电机带载试验平台系统一次图》	班组成员
3	电机带载试验平台系统二次图	测试系统控制图	《电机带载试验平台系统二次图》	班组成员

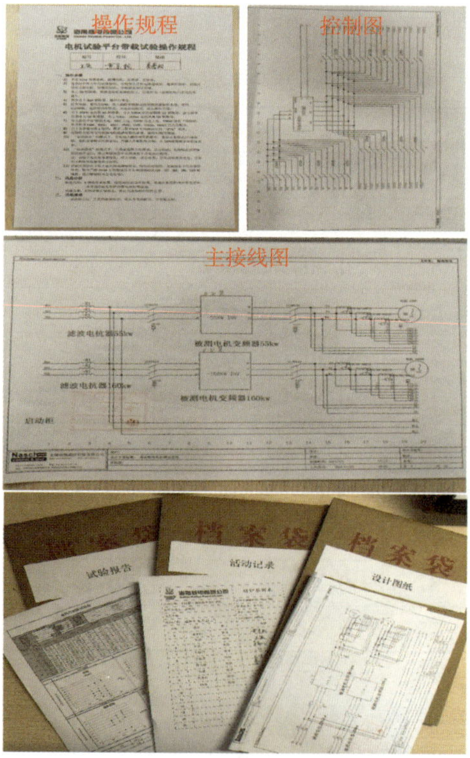

图 39　材料归档

十一、总结和下一步打算

11.1　总结

节能型电机带载试验平台的研制，其主要的创新点有两个。

表 23　试验平台创新点

序号	借鉴点	借鉴内容	创新点
1	对拖方式	电动机对拖发电机	电动机对拖电动机
2	控制模式	双闭环控制	单闭环控制

制表人：×××　　　　校核人：×××　　　　制表日期：2019-04-13

对拖方式：由借鉴的电动机对拖发电机改成电动机对拖电动机；控制模式：由双闭环控制模式改成单闭环控制模式。节能型电机带载试验平台不仅能节约工时、大量电能，还大大地提高了电机检修工作效率，同时可以完整地测量出电机解体检修后的全部性能参数。

1）通过此次QC活动，小组成员申请了专利

国家知识产权局

310015
杭州市拱墅区远洋国际中心1号楼510室-2
杭州中利知识产权代理事务所（普通合伙）　徐晨(0571-85829617)

发文日：2019年01月08日

申请号或专利号：201910013893.6　　发文序号：2019010800920720

专利申请受理通知书

根据专利法第28条及其实施细则第38条、第39条的规定，申请人提出的专利申请已由国家知识产权局受理。现将确定的申请号、申请日、申请人和发明创造名称通知如下：

申请号：201910013893.6
申请日：2019年01月08日
申请人：黄东松
发明创造名称：一种节能型电机带载试验系统

经核实，国家知识产权局确认收到文件如下：
发明专利请求书 每份页数:4页 文件份数:1份
说明书摘要 每份页数:1页 文件份数:1份
实质审查请求书 每份页数:1页 文件份数:1份
专利代理委托书 每份页数:2页 文件份数:1份
说明书附图 每份页数:2页 文件份数:1份
权利要求书 每份页数:2页 文件份数:1份 权利要求项数：8项
说明书 每份页数:5页 文件份数:1份

国家知识产权局

310015
杭州市拱墅区远洋国际中心1号楼510室-2
杭州中利知识产权代理事务所（普通合伙）　徐晨(0571-85829617)

发文日：2019年01月09日

申请号或专利号：201920029802.3　　发文序号：2019010900813460

专利申请受理通知书

根据专利法第28条及其实施细则第38条、第39条的规定，申请人提出的专利申请已由国家知识产权局受理。现将确定的申请号、申请日、申请人和发明创造名称通知如下：

申请号：201920029802.3
申请日：2019年01月08日
申请人：黄东松
发明创造名称：一种节能型电机带载试验系统

经核实，国家知识产权局确认收到文件如下：
说明书摘要 每份页数:1页 文件份数:1份
权利要求书 每份页数:2页 文件份数:1份 权利要求项数：8项
专利代理委托书 每份页数:2页 文件份数:1份
摘要附图 每份页数:1页 文件份数:1份
说明书附图 每份页数:2页 文件份数:1份
说明书 每份页数:5页 文件份数:1份
实用新型专利请求书 每份页数:3页 文件份数:1份

图 40　专利申请

2）能力提升

小组成员熟悉掌握了 PDCA 循环工具及其他科学工具，以实际需求为导向，以客观事实和数据为依据，进行科学判断分析与决策，切实增强了分析问题和解决问题的能力，同时提升了创新、创造能力。小组成员通过积极响应和参与 QC 活动，在专业技术、团队意识、创新精神、质量意识、QC 知识、学习能力等方面都得到了显著提高。

表 24　活动总结表

专业技术	·采用**电机对托电机**模式，首次研制出节能型电机带载试验平台； ·变频器与能量反馈单元组成的**单闭环控制模式**； ·全面测量电机性能参数，提升电机故障诊断技能； ·提高了**电机检修工作效率**，节约工时。			
管理方法	·充分应用 QC 小组活动方法，保证了小组活动的科学性和严谨性； ·对其他领域成果的创新借鉴，开辟了新的解决问题思路； ·以计划为龙头，强调过程管理，定期小组讨论，实现项目的高效、高质量的管理； ·以现实问题为出发点，通过大量测试试验和数据，有针对性的解决问题。			
人员素质	序号	名称	活动前（分数）	活动后（分数）
	1	专业技术	4	5
	2	团队意识	3	4
	3	创新精神	4	5
	4	质量意识	3	4
	5	QC 知识	3	5
	6	学习能力	4	5
不足与改进	小组成员配合度有待提高，同时小组成员安全质量观念有待提高； QC 工具和方法使用不够熟练，需要加强学习。			

制表人：×××　　校核人：×××　　制表日期：2019-04-13

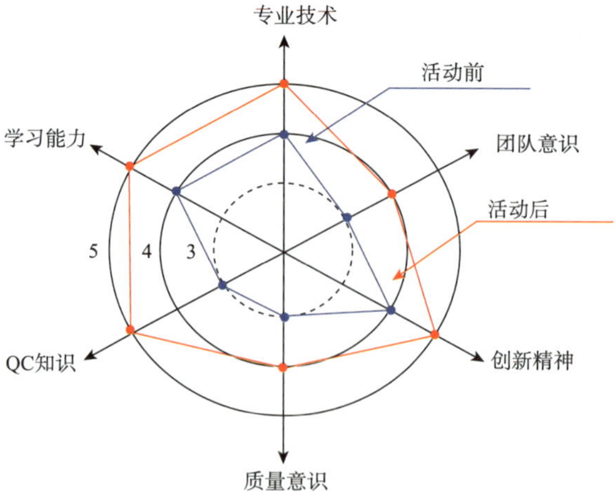

图 41　自我评价雷达图

制图人：×××　　校核人：×××　　制表日期：2019-04-13

11.2　下一步打算

下一步小组成员将继续使用QC工具，针对电机带载试验平台调试过程中遇到的数据稳定性问题，计划在2019—2020年开展课题《提高电机带载试验平台测量数据稳定率》。

专家点评：霞浦核电　江斌

1. 总体评价

该课题类型为创新型，“创新工场”QC小组严格遵循PDCA活动程序，注重用数据和事实说话，思路清楚、流程规范、方法得当、成果突出。小组通过QC活动，研制出了一种节能型电机带载试验平台，降低了能耗，为同行业电厂在电机带载试验节能方面提供了良好借鉴。同时，缩短了电机带载试验前的准备时间，取得了较好的效果。

2. 成果亮点

（1）活动程序规范，总体方案设计、方案分解以及方案比选思路清晰。

（2）活动效果明显，通过电机带载试验平台的建立，电机带载试验节能效果显著，填补了电机带载试验上的技术空白。

3. 改进建议

（1）课题理由及需求描述了程序对电机需进行2 h带载试验的要求，未明确描述对电机节能提出需求的内、外部顾客或相关方以及节能指标的具体要求。对电机解体检修后的试验方法有两种，其中方法二：改进前后的AF检修大厅的简易试验装置无法进行电机带载试验，不符合程序要求的试验方式不应进行体现。

（2）小组活动计划表中的某些活动程序名称不规范，如设定目标及可行性分析应为设定目标及目标可行性论证，提出并确定最佳方案因应为提出方案并确定最佳方案，总结及打算应为总结和下一步打算。

（3）目标可行性论证只列举了待建试验平台的总体节能效果和试验范围，缺少具体电机带载试验的节能样本数据。建议列举通过借鉴电机“对拖方式”及电源和负载组成“内回馈式电功率封闭系统”思路初步搭建的试验平台试验的具体试验数据，以表明目标可行。

（4）提出方案并确定最佳方案中只列出了各零部件和装置本身的参数并进行对比，缺少参数的指标要求，建议增加。

（5）标准化阶段应先进行成果推广应用价值的评价，然后进行相关处置，文本中缺少对成果推广应用价值评价的内容。

课题十五

棒控棒位电缆新型紧固工具研制

一、小组概况

表 1　小组概况表/组内职责情况表

小组名称	华龙棒棒棒						
活动课题	棒控棒位电缆新型紧固工具研制						
注册时间	2019-06-01			注册编号	FQNP-2019-045-045		
课题类型	创新型			活动时间	2019-06-01—2020-04-30		
活动宗旨	运维华龙一号棒控棒位系统，力争行业一级棒！						
小组精神	攻坚克难，精益求精						
小组成员简介							
序号	姓 名	性别	年龄	职称	学历	职务	主要职责
1	林静怡	女	26	助理工程师	本科	组长	全面负责、统筹管理
2	×××	女	25	技术员	本科	副组长	数据收集、分析研制
3	×××	男	30	工程师	硕士研究生	组员	调研论证、方案优选
4	×××	男	30	助理工程师	专科	组员	分析研制、汇总整理
5	×××	男	27	助理工程师	本科	组员	具体实施、标准规划
6	×××	男	26	助理工程师	硕士研究生	组员	具体实施
7	×××	男	24	助理工程师	本科	组员	具体实施
8	×××	男	34	高级工程师	本科	组员	技术支持
9	×××	男	33	工程师	本科	组员	技术支持

制表人：×××　　　　制表时间：2019-06-02

小组制定了 PDCA 活动计划，并按照时间节点完成了任务，如表 2 所示。

表 2　活动计划表

阶段	步骤	时间（2019-06—2020-04）											负责人
		6月	7月	8月	9月	10月	11月	12月	1月	2月	3月	4月	
P	选择课题												×××
	设定目标及可行性分析												×××
	提出并确定最佳方案												××× ×××
	制定对策												×××
D	对策实施												××× ×××
C	效果检查												××× ×××
A	标准化												××× ×××
	总结与打算												×××

注：计划进度 - - -➤　　　　实际进度 ——➤

制表人：×××　　　　制表时间：2020-04-12

二、选择课题

2.1　需求分析

福清核电 5 号机组是中国自主三代核电“华龙一号”全球首堆示范工程，反应堆堆顶采用全新一体化堆顶构件设计，其井字型钢制电缆托盘间隔 25 cm 操作空间狭小，导致无法双手操作，与电缆连接器插座高度差 84 cm，超过正常人臂长，导致工作人员进行底部电缆连接极其困难。屏蔽板（图中黄色钢板）孔洞限制操作空间导致厂家提供的专用工具勾型扳手难以转动无法有效紧固电缆。

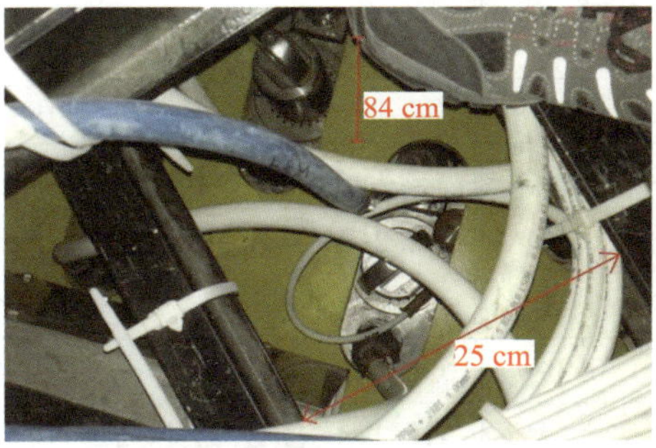

图 1　钢制电缆托盘

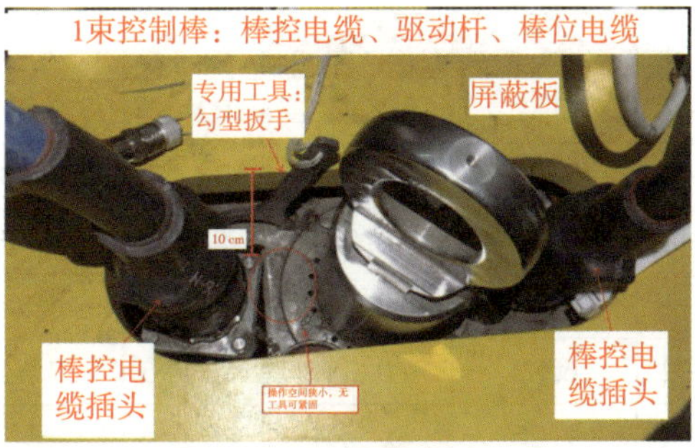

图 2　反应堆堆顶棒控棒位电缆连接器环境

在无合适紧固工具下拆装效率极低，累计拆装时间长达 50 h，严重超出调试要求时间 15 h，制约华龙调试进度；此外，商运后长时间的拆装使得检修人员在辐射环境下暴露时间过长，致使人员接受更大照射剂量，给人身安全造成极大的威胁。为此，小组开展了 QC 活动，研制出一种新型棒控棒位电缆紧固工具，解决了上述问题。

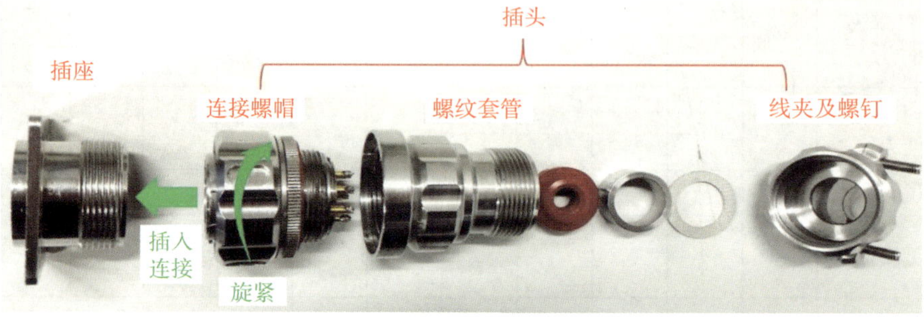

图 3　四川华丰 HSF 系列抗辐射加固连接器模型

小组成员针对 2019 年 6—7 月使用旧工具——勾型扳手进行紧固后，初次检查棒控棒位整体连接性能，如下表所示，其中标红为连接失效。

表 3　初次检查棒控电缆连接问题统计

子组	棒位原边线圈电阻（Ω）	棒控连接电阻 R_C（Ω）	子组	棒位原边线圈电阻（Ω）	棒控连接电阻 R_C（Ω）	子组	棒位原边线圈电阻（Ω）	棒控连接电阻 R_C（Ω）
SA1-1	6.90	0.32	SC2-1	6.83	0.31	N1.1-1	6.83	∞
SA1-2	6.99	0.37	SC2-2	6.95	0.43	N1.1-2	6.96	0.42
SA1-3	7.18	0.32	SC2-3	7.46	0.30	N1.1-3	7.19	0.40
SA1-4	∞	∞	SC2-4	7.45	0.33	N1.1-4	2.31M	∞
SA2-1	∞	0.34	R1-1	∞	1.24M	N1.2-1	7.02	0.43
SA2-2	6.98	0.34	R1-2	1.87M	0.30	N1.2-2	6.79	0.41
SA2-3	7.16	0.34	R1-3	7.48	0.40	N1.2-3	7.31	0.44
SA2-4	7.45	0.37	R1-4	7.37	∞	N1.2-4	7.40	0.42
SA3	6.92	0.33	R2-1	6.94	0.41	G2.1-1	7.11	0.38
SB1-1	∞	2.29M	R2-2	6.92	0.39	G2.1-2	6.95	0.40
SB1-2	6.82	0.44	R2-3	7.47	0.39	G2.1-3	7.31	0.40
SB1-3	7.16	0.35	R2-4	7.33	0.43	G2.1-4	7.35	0.37
SB1-4	7.34	0.26	N2.1-1	1.86M	2.32M	G2.2-1	7.28	0.36
SB2-1	6.87	0.34	N2.1-2	6.78	0.41	G2.2-2	7.32	0.38
SB2-2	6.82	0.34	N2.1-3	7.12	0.39	G2.2-3	7.26	0.39
SB2-3	7.20	2.58M	N2.1-4	∞	2.21M	G2.2-4	1.41M	0.43
SB2-4	∞	0.50	N2.2-1	2.81M	0.23	G1-1	7.34	0.50

续　表

子组	棒位原边线圈电阻（Ω）	棒控连接电阻 R_C（Ω）	子组	棒位原边线圈电阻（Ω）	棒控连接电阻 R_C（Ω）	子组	棒位原边线圈电阻（Ω）	棒控连接电阻 R_C（Ω）
SC1-1	7.01	0.30	N2.2-2	6.75	0.41	G1-2	7.06	0.40
SC1-2	6.95	0.36	N2.2-3	7.24	∞	G1-3	7.26	0.37
SC1-3	7.22	0.29	N2.2-4	∞	1.51M	G1-4	7.23	0.36
SC1-4	1.54M	0.42	连接失效总计：17 束					

制表人：××× 2019-06-26

通过上表可知，传统工具存在紧固不牢靠连接失效问题，61 束棒中有 17 束接触不良连接失效，失效率高达**27.87%**。对失效电缆排查发现这些电缆连接螺帽均**未旋紧**。

同时由于纵深过高空间狭小，导致勾型扳手操作耗时长，流程如图 4 所示。

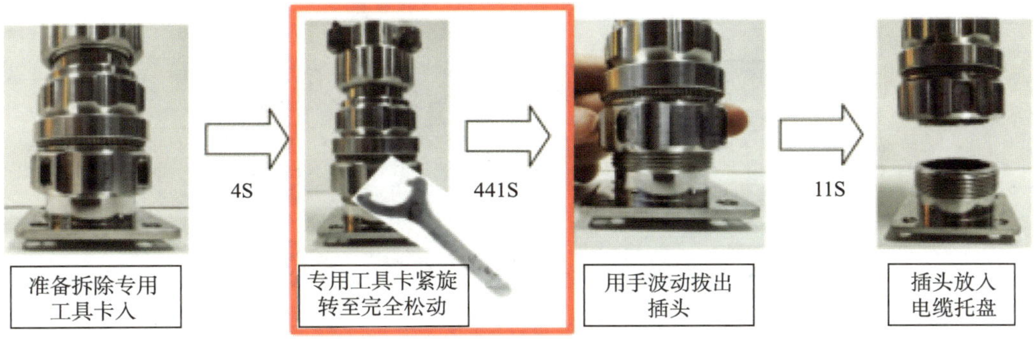

图 4　拆除棒位电缆流程耗时示意图

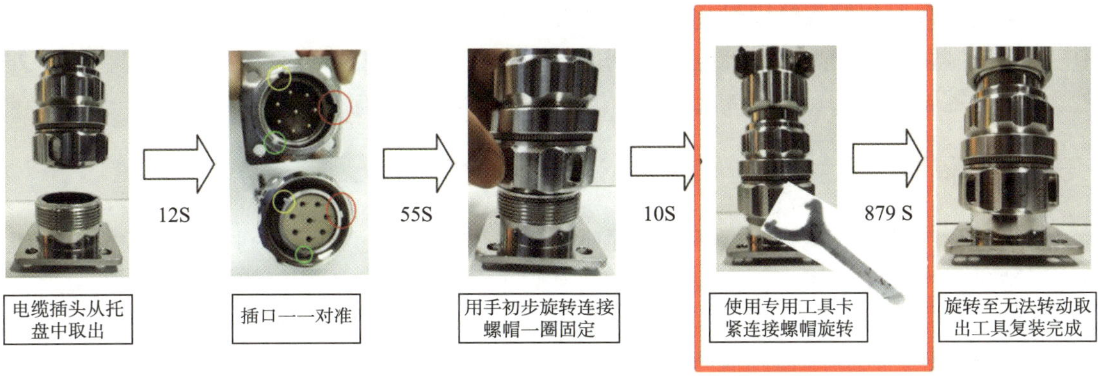

图 5　复装棒位电缆流程耗时示意图

按照调试计划及后期大修需求，每次需拆装 61 束棒（即 61 组棒控棒位电缆）。

表 4　旧工具拆装一组棒控棒位电缆平均时间

项目	拆除棒控	拆除棒位	复装棒控	复装棒位
每一步用时	00: 08: 15	00: 07: 36	00: 17: 43	00: 15: 56
拆装一束棒总用时	**00: 49: 30**			

制表人：×××　　　　制表时间：2019-06-28

对拆装一组棒控棒位电缆所用的时间进行统计，如表所示，经过计算可得，最终拆装 61 束棒耗时高达 50 h 29 min。

通过以上需求分析可知，传统工具勾型扳手存在效率低、紧固不到位连接失效的安全隐患，后期拆装耗时长更影响人员辐射安全、**无法满足现场需求**。

因此需要一种能在纵深过高狭小空间高效率操作的全新紧固工具。

2.2　市场调查

图 6　四川华丰企业集团有限公司主页

小组成员咨询棒控棒位电缆连接器制造商四川华丰企业集团有限公司，该连接器是为核电用户定制设计，产品经设计定型长期应用于各核电站棒控棒位系统上，除勾型扳手外没有其他适配紧固工具。考察同行核电厂及工器具商城，没有找到适配工具。

2.3　广泛借鉴

小组成员对其他行业关类似环境紧固应用进行借鉴，通过中国知网、万方数据库、维普等网站进行专利文献搜索，查找狭小空间紧固工具的可借鉴之处，如表 5 所示。

表 5　初步借鉴查新内容统计

序号	查询渠道	关键词	查新方式	搜索结果
1	中国知网中国学术文献网络出版总库	狭小空间、紧固、工具	网站搜索	山东送变电工程公司《特高压铁塔狭小空间螺栓紧固方法》有相关内容可借鉴
2	维普资讯中文期刊服务平台			未见文献及相关报道
3	万方数字化期刊全文数据库			未见文献及相关报道

制表人：×××　　　　制表时间：2019-07-01

借鉴 1：山东送变电工程公司《特高压铁塔狭小空间螺栓紧固方法》

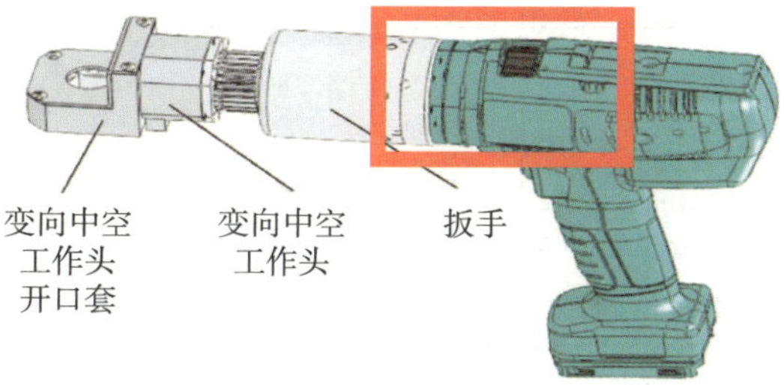

图 7　专用电动扭矩扳手借鉴图

该公司在特高压线路铁塔组立过程中，需要在狭小空间内紧固螺栓螺母。其研制了一种大螺栓专用电动扭矩扳手，如图所示采用立式套筒紧固结构设计，成功转移施力点和操作位置，有效避免狭小空间转矩不足问题，从过去 100～150 颗/h 提升至 1000～1500 颗/h，效率提升 90%。

因此，**立式套筒**的结构值得借鉴。

借鉴 2：M310 核电机组使用同型号电缆连接器的紧固情况

M310 机组福清核电 1、2、4 号机使用相同型号电缆连接器且无空间操作干涉，总耗时 9～11 h。由于核反应堆堆顶存在照射风险，每次拆装后工具要清洁表面辐射污染，作为防异物控制区，工具需手动且结构简单容易清洁，因此无法使用电动工具。

图 8　福清核电 4 号机堆顶棒控棒位电缆情况

借鉴其使用情况及**结构简单便于清洁的手动**形式。

表 6　二次查新内容统计

序号	查询渠道	关键词	查新方式	搜索结果
1	中国知网中国学术文献网络出版总库	套筒、紧固、扳手	网站搜索	新疆油田公司百口泉采油厂《一种专用套筒扳手的研制与应用》有相关内容可借鉴
2	维普资讯中文期刊服务平台			未见文献及相关报道
3	万方数字化期刊全文数据库			未见文献及相关报道

制表人：×××　　　　制表时间：2019-07-03

借鉴 3：新疆油田公司百口泉采油厂《一种专用套筒扳手的研制与应用》

此工具应用在紧固抽油机曲柄销子内部的冕型螺帽，由于受到内部空间限制操作需一人扶扳手一人用榔头砸。该公司研制出一套专用套筒扳手，通过在套筒上打孔插入连接杆使纯手动获得更大力矩如图所示，紧固曲柄销子操作时间平均减少 74.54%。

因此，**打孔增加连接杆**的结构值得借鉴。

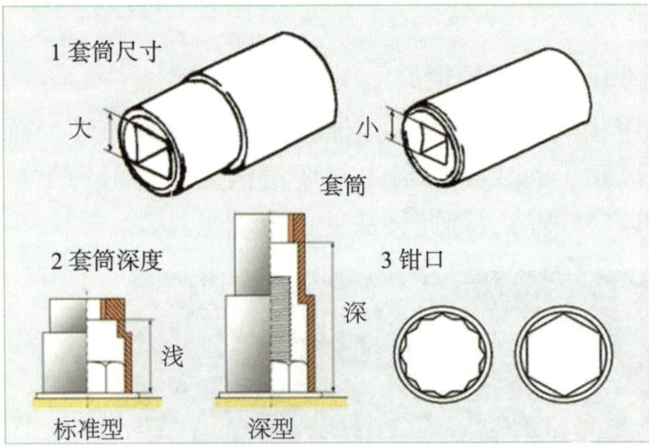

图 9　专用套筒扳手结构图

图 10　专用套筒扳手实物图

查新结论：结合以上借鉴内容，手动、立式套筒结构和打孔增加连接杆方式可以借鉴，但装置的具体结构设计和卡紧电缆插头连接螺帽部分应结合四川华丰厂商设计及现场实际，仍需要小组成员根据实际情况进一步研究。

2.4　确定课题

综合以上分析，小组成员整理如下。

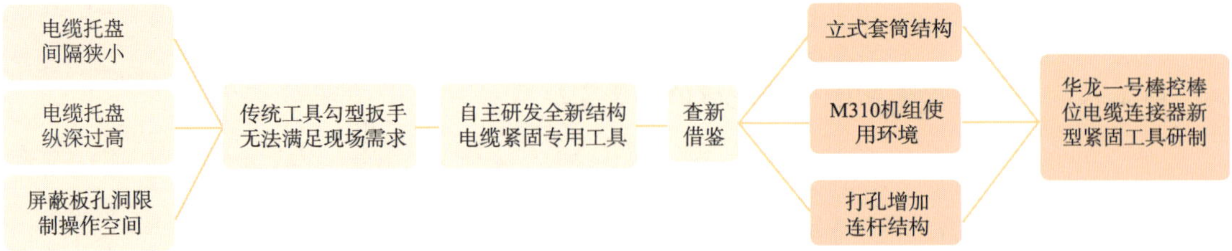

图 11　确定课题

小组确定本次活动课题为**“棒控棒位电缆新型紧固工具研制”**。

三、设定目标及可行性论证

3.1　设定目标

总体目标：研制一种华龙一号棒控棒位电缆连接器新型紧固工具。

量化目标：按照公司调试需求，棒控棒位电缆拆装总时间需控制在 15 h 以内，设定量化目标为拆装所有电缆总耗时由活动前的 50 h 29 min 缩短到 15 h 以内。

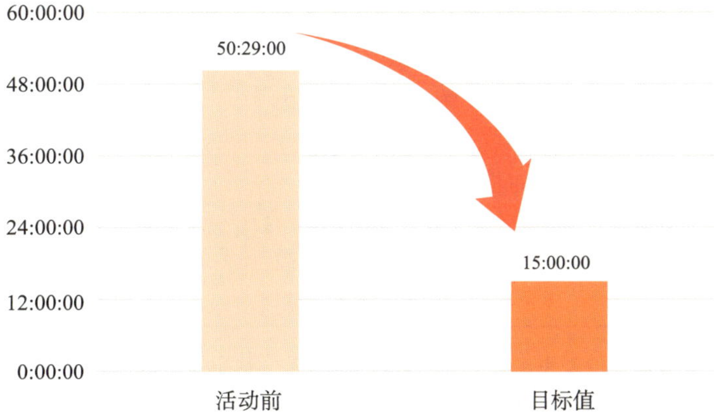

图 12　活动目标值设定

3.2　可行性论证

1）理论分析

图 13　棒控棒位电缆连接器模型

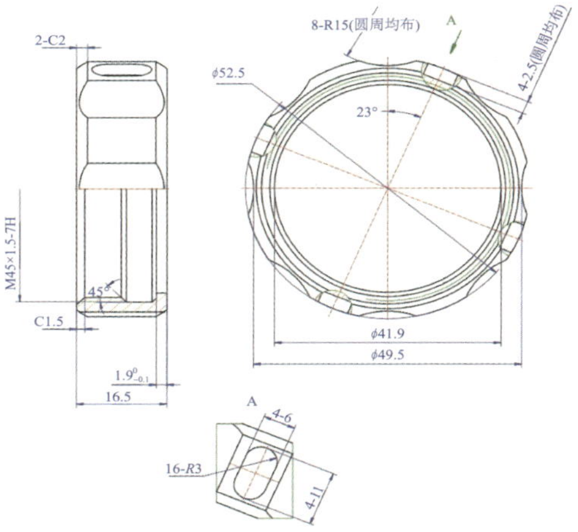

图 14　棒控棒位电缆连接器数据

小组成员经过不懈努力向厂家争取到棒控棒位连接器表面数据并获取到模型，以保证工具能吻合连接螺帽表面和进行工作室模拟实验，使新工具的研发成为可能。

结论 1：新工具的研发是可以实现的。

2）借鉴数据论证

表 7　同型号机组拆装一根棒控棒位电缆耗时统计

<table>
<tr><th>借鉴技术</th><th>技术经验</th><th>结论</th></tr>
<tr><td>山东送变电工程公司《特高压铁塔狭小空间螺栓紧固方法》立式套筒结构</td><td>其使用该结构后，克服狭小空间限制，紧固效率提升 90%用时缩短为过去的十分之一，因此本次由 50 h 29 min 缩短至 15 h 可行。
<table>
<tr><th>类别</th><th>扳手尺寸变化</th><th>扭矩值精度</th><th>紧固效率</th></tr>
<tr><td>变向工作头</td><td>安装后扳手长度增加 75 mm</td><td>±6%</td><td>1000～1500 颗/h，效率高</td></tr>
<tr><td>传统工作头</td><td>安装后扳手长度增加 50 mm</td><td>一般情况：+6%；上方空间狭小：因需要倾斜紧固，精度无法保证；若倾斜也无法紧固，只能用梅花扳手人工紧固，紧固值无法保证</td><td>一般情况：1000～1500 颗/h，效率高；上方空间狭小：因倾斜紧固，需要不断变换紧固位置，效率降低至 500～800 颗/h；若倾斜也无法紧固，需用梅花扳手人工紧固，效率降低至 100～150 颗/h</td></tr>
</table>
</td><td>可行</td></tr>
<tr><td>无空间干涉的 M310 核电机组使用同型号电缆连接器紧固情况</td><td>参考使用相同型号电缆连接器 M310 机组福清核电 1、2、4 号机，其堆顶无屏蔽板，不存在孔洞干涉，电缆托盘与底部插座高度差 15 cm 连接操作方便。在无干涉情况下，记录了一名工作人员进行拆除和复装一根棒控棒位电缆，耗时如下表所示。
<table>
<tr><th>机组</th><th>拆除棒控</th><th>拆除棒位</th><th>复装棒控</th><th>复装棒位</th><th>一束棒用时</th></tr>
<tr><td>福清核电 1 号机</td><td>0: 02: 25</td><td>0: 02: 08</td><td>0: 03: 30</td><td>0: 03: 10</td><td>0: 11: 13</td></tr>
<tr><td>福清核电 2 号机</td><td>0: 02: 03</td><td>0: 02: 00</td><td>0: 03: 12</td><td>0: 02: 48</td><td>0: 10: 03</td></tr>
<tr><td>福清核电 4 号机</td><td>0: 01: 36</td><td>0: 01: 04</td><td>0: 03: 18</td><td>0: 02: 57</td><td>0: 08: 55</td></tr>
</table>
该情况下拆装 61 束棒总用时由图可以看出，各机组总耗时均小于目标值 15 h。
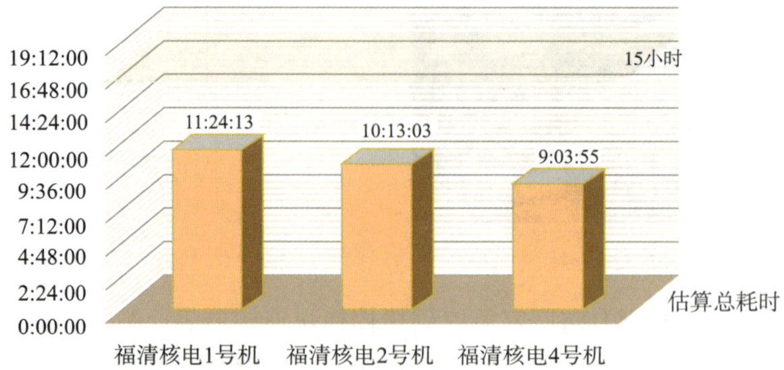

</td><td>可行</td></tr>
</table>

续　表

<table>
<tr><th>借鉴技术</th><th>技术经验</th><th>结论</th></tr>
<tr><td>新疆油田公司百口泉采油厂《一种专用套筒扳手的研制与应用》打孔增加连杆结构</td><td>其使用新结构的专用工具后，五次紧固曲柄销子操作时间平均缩短为过去的25.46%，因此本次由 50 h 29 min 缩短至 15 h 可行。
<table>
<tr><th rowspan="2">时间</th><th rowspan="2">井号</th><th>未使用工具前</th><th>使用专用工具后</th><th rowspan="2">人员对比</th><th rowspan="2">时间对比（min）</th></tr>
<tr><th>操作时间（min）</th><th>操作时间（min）</th></tr>
<tr><td>2014-09-16</td><td>B17100</td><td>11</td><td>2</td><td>减少 1 人</td><td>减少 9</td></tr>
<tr><td>2014-09-17</td><td>B17142</td><td>12</td><td>4</td><td>减少 1 人</td><td>减少 8</td></tr>
<tr><td>2014-09-17</td><td>B17071</td><td>13</td><td>4</td><td>减少 1 人</td><td>减少 9</td></tr>
<tr><td>2014-09-18</td><td>B17057</td><td>12</td><td>3</td><td>减少 1 人</td><td>减少 9</td></tr>
<tr><td>2014-09-18</td><td>B17161</td><td>10</td><td>2</td><td>减少 1 人</td><td>减少 8</td></tr>
</table></td><td>可行</td></tr>
</table>

制表人：×××　　　　制表时间：2019-07-08

结论 2：拆装所有电缆总耗小于 15 h 的目标是可以实现的。

3）资源论证

表 8　资源保障

<table>
<tr><th>序号</th><th>资源保障</th><th>内容</th></tr>
<tr><td>1</td><td>人力资源</td><td>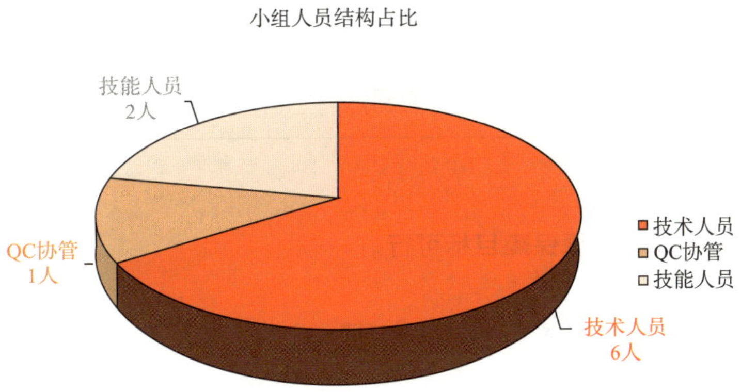

QC 小组拥有专业从事棒控棒位系统调试运维技术人员 6 名，技能人员 2 名，从事 QC 协管 1 名。其中 2 名具有 10 年以上工作经验，曾解决和攻克 10 多项核电运维技术难题，如《国产百万千瓦机组棒控棒位系统设计改进》《国产自主研发“龙鳞”安全级 DCS 平台测试》。</td></tr>
</table>

续 表

序号	资源保障	内容
2	设备可试验	 
		5号机组处于初步调试阶段，反应堆未装料不存在辐射风险，堆顶具备多次现场采集数据试验工具可用性的条件，后期TP5RPC18控制棒驱动机构不带棒步进试验可完全验证负载动作时电缆有效性。
3	设备及场地资源	 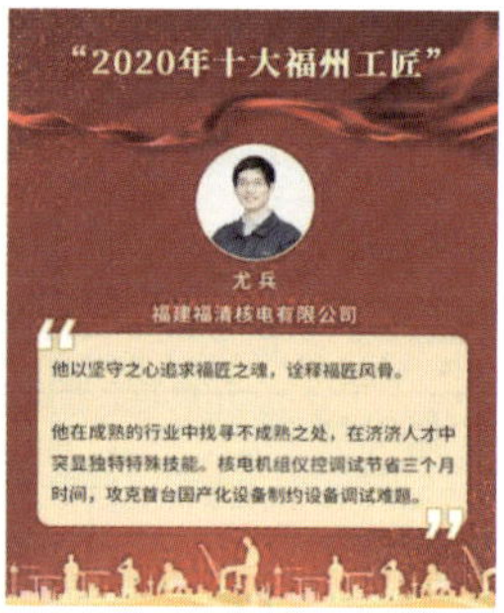
		福清核电“尤兵工作室”作为本厂唯一一间仪控工作室，提供大力技术支持与协调，现场机加工设施材料齐全，充分保障目标实现。

制表人：×××　　　　制表时间：2019-07-18

结论3：综合资源保障目标可行。

四、提出方案并确定最佳方案

4.1 提出方案

根据借鉴结果可知，立式套筒、打孔增加连杆的手动方式可借鉴，同时小组成员根据实际情况采用头脑风暴法讨论，在其基础上进行创新，从操作时间、紧固质量、技术难度等方面进行了深入对比分析，提出了3种技术方案，并使用亲和图整理如下：

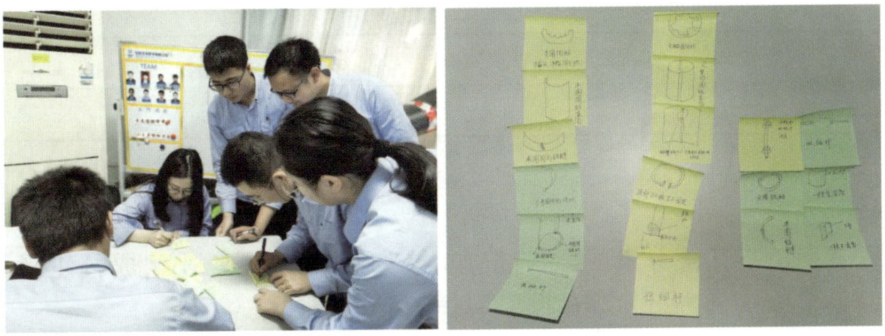

图 15　小组成员头脑风暴

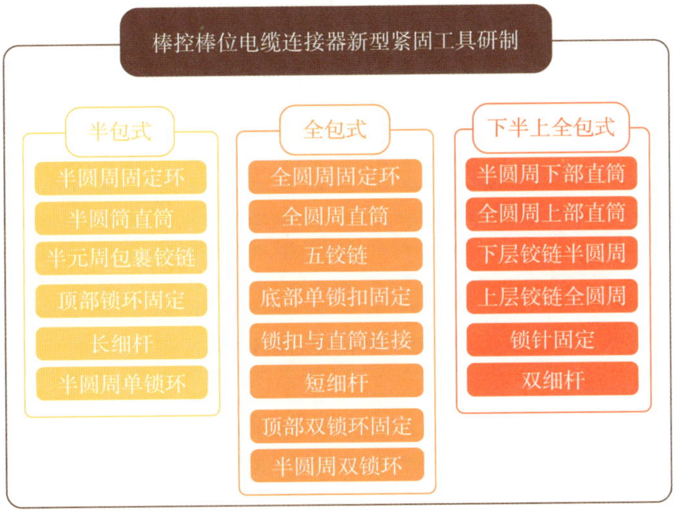

图 16　三种方案对比亲和图

4.2　方案优选

小组成员将从七个方面优选出最佳方案，如下表所示。其中材料统一采用较为轻便的核电厂常用钢材 316L 不锈钢，厚度统一为 5 mm。

表 9　方案选择依据表

基本要求	设计要求
连接失效率	0%
平均一组电缆耗时	≤14 min 45 s
安全性	平均损伤次数低于 1 次
稳定性	平均大幅摇晃次数低于 1 次，脱开次数低于 1 次
便捷性	便捷性评价程度超过 70%
重量	≤3 kg

续　表

基本要求	设计要求
结构难度	结构可通过机加工实现

制表人：××× 　　制表时间：2019-07-24

方案一：半包式方案

半包式方案由以下几部分组成，各部分功能如图 17 所示。小组成员使用 CAD 软件设计并制作了简易实体工具进行模型试验，具体试验过程如表 9 所示。

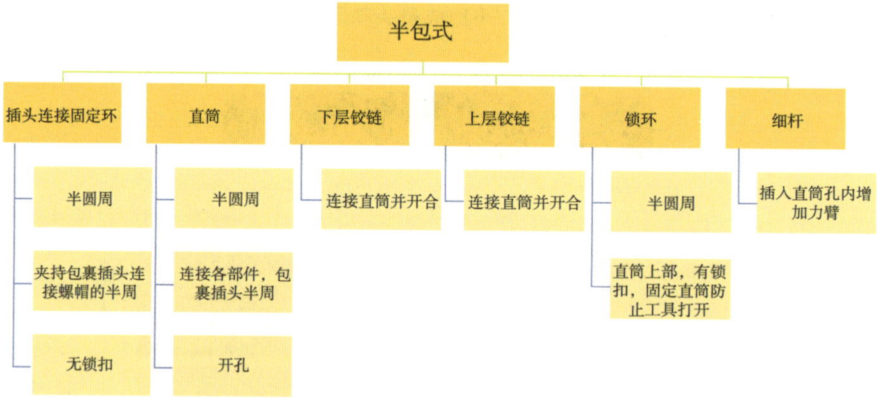

图 17　半包式方案组成

表 10　半包式方案试验结果

试验目的	验证方案是否满足要求
图示	 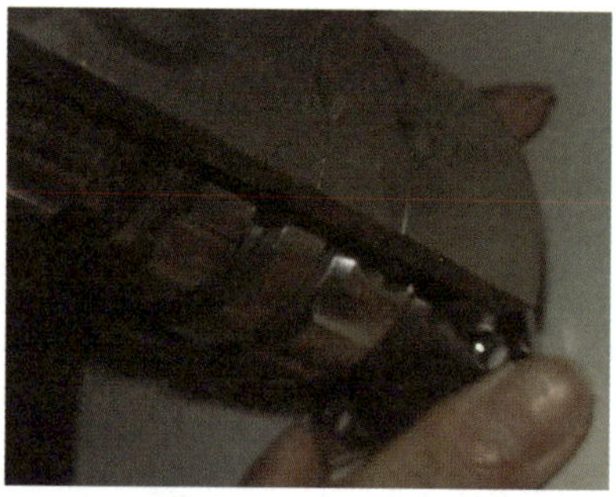
试验过程	1. 将设计图纸进行机加工制作成粗工具 2. 小组成员使用粗工具，在办公室内模拟现场环境，使用棒控电缆棒位电缆连接器模型进行试验并记录耗时 3. 复装后使用万用表测量通断

续　表

<table>
<tr><td>试验目的</td><td>验证方案是否满足要求</td></tr>
<tr><td>每人拆装10组平均用时实验数据</td><td>
<table>
<tr><th>操作成员</th><th>拆除棒控</th><th>拆除棒位</th><th>复装棒控</th><th>复装棒位</th><th>平均一组电缆耗时</th></tr>
<tr><td>×××</td><td>0: 02: 15</td><td>0: 01: 36</td><td>0: 06: 43</td><td>0: 05: 56</td><td>0: 16: 30</td></tr>
<tr><td>×××</td><td>0: 03: 00</td><td>0: 02: 12</td><td>0: 08: 01</td><td>0: 06: 48</td><td>0: 20: 01</td></tr>
<tr><td>×××</td><td>0: 01: 55</td><td>0: 01: 43</td><td>0: 05: 57</td><td>0: 06: 09</td><td>0: 15: 44</td></tr>
<tr><td>×××</td><td>0: 02: 39</td><td>0: 01: 51</td><td>0: 07: 20</td><td>0: 05: 48</td><td>0: 17: 38</td></tr>
</table>
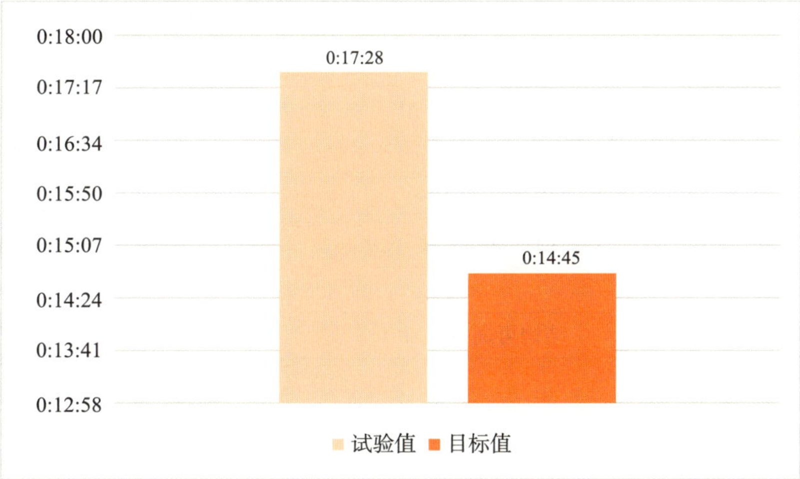

</td></tr>
<tr><td>安全性、稳定性、便捷性及使用过程综合描述</td><td>
<table>
<tr><th rowspan="2">操作成员</th><th>安全性</th><th colspan="2">稳定性</th><th colspan="2">便捷性</th></tr>
<tr><th>划伤孔洞（次）</th><th>脱开（次）</th><th>大幅度摇晃（次）</th><th>转动便捷程度（%）</th><th>开合便捷程度（%）</th></tr>
<tr><td>×××</td><td>0</td><td>12</td><td>3</td><td>70</td><td>70</td></tr>
<tr><td>×××</td><td>0</td><td>7</td><td>1</td><td>40</td><td>60</td></tr>
<tr><td>×××</td><td>1</td><td>7</td><td>6</td><td>80</td><td>80</td></tr>
<tr><td>×××</td><td>0</td><td>8</td><td>3</td><td>80</td><td>50</td></tr>
<tr><td>平均</td><td>0. 25</td><td>8. 50</td><td>3. 25</td><td>67. 50</td><td>65. 00</td></tr>
</table>
×××：工具上部锁环刚性不足，导致工具合上后易脱开
×××：细杆长度相对较长但是力臂依然不足，力量小的工作人员很难复装紧固
×××：拆除比较好使劲，复装时稳固性非常不好，摇晃易造成轴向施力
×××：粗工具初次使用，铰链磨合不足开合困难，多次使用后情况好转
</td></tr>
</table>

续 表

试验目的	验证方案是否满足要求
万用表测通断（√为通）	（见下表）

操作成员	棒控	棒位
×××	√	√
×××	√	√
×××	√	√
×××	√	

评判依据结论		试验结果	是否满足
连接失效率	0%	0%	√
平均一组耗时	≤14 min 45 s	17 min 28 s	×
安全性	平均损伤次数低于 1 次	0. 25	√
稳定性	平均大幅摇晃次数低于 1 次，脱开次数低于 1 次	脱开 8. 5 次、摇晃 3. 25 次	×
便捷性	便捷性评价程度超过 70%	转动 67. 5%、开合 65%	×
重量	≤3 kg	1. 285 kg	√
结构难度	结构可通过机加工实现	可实现	√
试验结论	三项优选条件不满足，不采用。		

制表人：××× 制表时间：2019-08-16

方案二：全包式方案

全包式方案由以下几部分组成，各部分功能如图 18 所示。小组成员使用 CAD 软件设计并制作了简易实体工具进行模型试验，具体试验过程如表 10 所示。

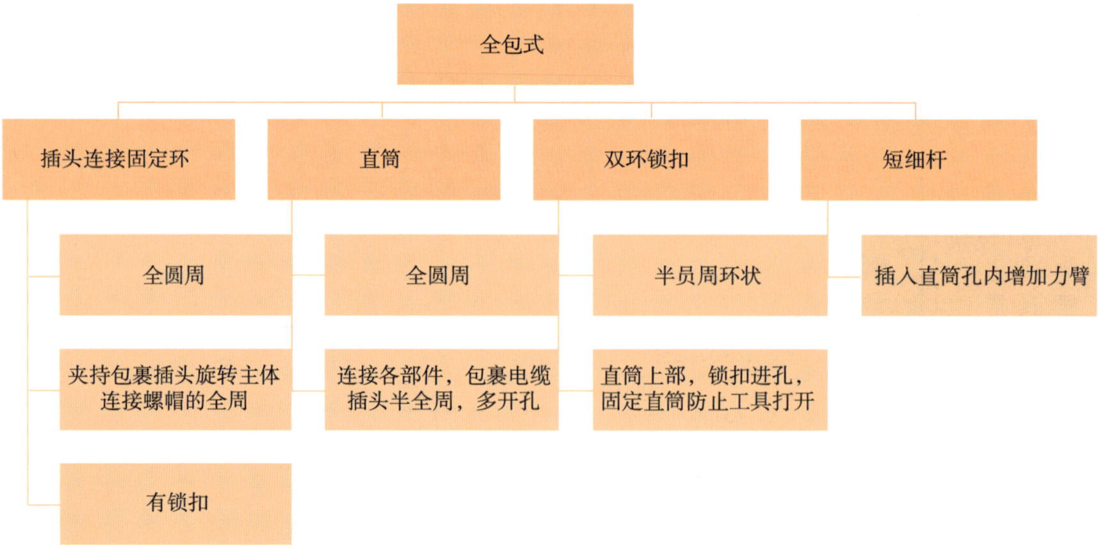

图 18　全包式方案组成

表 11　全包式方案试验结果

<table>
<tr><td>试验目的</td><td>验证方案是否满足要求</td></tr>
<tr><td>图示</td><td>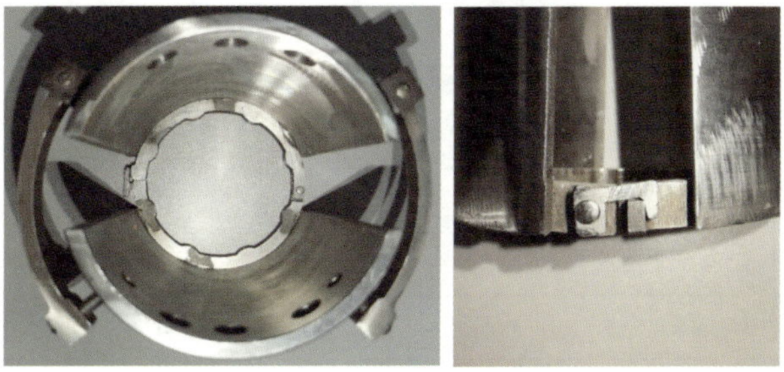</td></tr>
<tr><td>试验过程</td><td>1. 将设计图纸进行机加工制作成粗工具
2. 小组成员使用粗工具，在办公室内模拟现场环境，使用棒控电缆棒位电缆连接器模型进行试验并记录耗时
3. 复装后使用万用表测量通断</td></tr>
<tr><td>每人拆装10组平均用时实验数据</td><td>
<table>
<tr><th>操作成员</th><th>拆除棒控</th><th>拆除棒位</th><th>复装棒控</th><th>复装棒位</th><th>平均一组电缆耗时</th></tr>
<tr><td>×××</td><td>0: 01: 44</td><td>0: 01: 38</td><td>0: 02: 57</td><td>0: 02: 36</td><td>0: 08: 55</td></tr>
<tr><td>×××</td><td>0: 01: 45</td><td>0: 01: 52</td><td>0: 03: 11</td><td>0: 03: 18</td><td>0: 10: 06</td></tr>
<tr><td>×××</td><td>0: 01: 53</td><td>0: 01: 21</td><td>0: 03: 02</td><td>0: 02: 49</td><td>0: 09: 05</td></tr>
<tr><td>×××</td><td>0: 01: 36</td><td>0: 01: 47</td><td>0: 02: 38</td><td>0: 02: 30</td><td>0: 08: 31</td></tr>
</table>
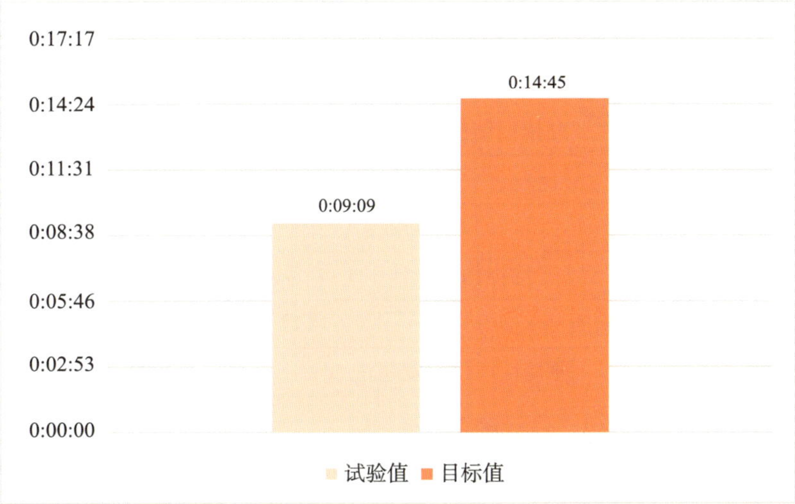

</td></tr>
</table>

续 表

试验目的	验证方案是否满足要求

安全性、稳定性、便捷性及使用过程综合描述

操作成员	安全性	稳定性		便捷性	
	划伤孔洞（次）	脱开（次）	大幅度摇晃（次）	转动便捷程度（%）	开合便捷程度（%）
×××	7	0	0	70	20
×××	5	0	0	40	30
×××	5	0	0	20	20
×××	9	1	0	40	30
平均	6.50	0.25	0.00	42.50	25.00

×××：底部固定环锁扣比较难扣合，双环锁扣比较卡涩
×××：工具过重，使用不便，开合困难
×××：全包固定环合上需要时间比较久平均时长超过 20 s
×××：全包固定环有划伤屏蔽板孔洞风险

万用表测通断（√为通）

操作成员	棒控	棒位
×××	√	√
×××	√	√
×××	√	√
×××	√	

	评判依据结论	试验结果	是否满足
连接失效率	0%	0%	√
平均耗时	≤14 min 45 s	9 min 9 s	√
安全性	平均损伤次数低于 1 次	6.5	×
稳定性	平均大幅摇晃次数低于 1 次，脱开次数低于 1 次	脱开 0.25 次、摇晃 0 次	√
便捷性	便捷性评价程度超过 70%	转动 42.5%、开合 25%	×
重量	≤3 kg	3.154 kg	×
结构难度	结构可通过机加工实现	可实现	√
试验结论	三项优选条件不满足，不采用。		

制表人：×××　　　　制表时间：2019-09-03

方案三：下半上全包式方案

下半上全包式方案由以下几部分组成，各部分功能如图 19 所示。该方案由小组成员

郭唐文在其他成员方案基础上设想得出，使用 CAD 软件设计并制作了简易实体工具进行模型试验，具体试验过程如表 12 所示。

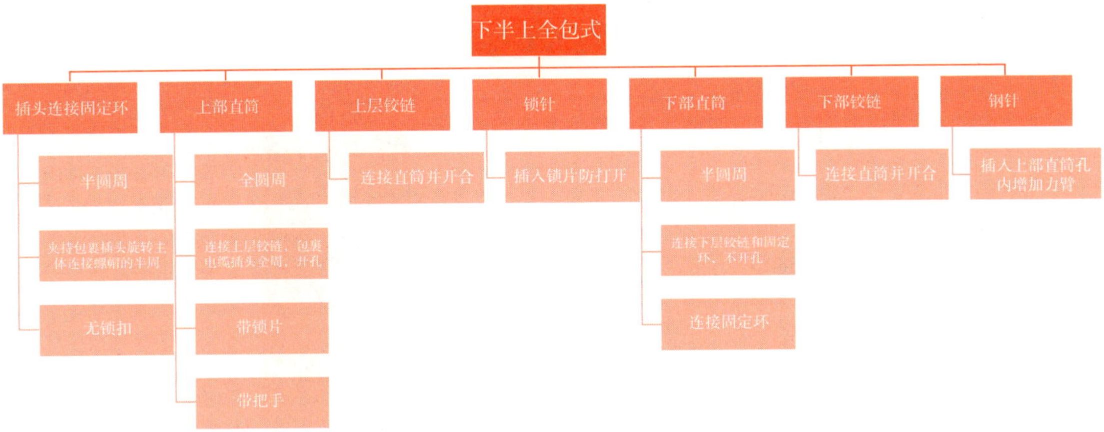

图 19　下半上全包式方案组成

表 12　下半上全包式方案试验结果

<table>
<tr><td>试验目的</td><td>验证方案是否满足要求</td></tr>
<tr><td>图示</td><td></td></tr>
<tr><td>试验过程</td><td>1. 将设计图纸进行机加工制作成粗工具
2. 小组成员使用粗工具，在办公室内模拟现场环境，使用棒控电缆棒位电缆连接器模型进行试验并记录耗时
3. 复装后使用万用表测量通断</td></tr>
<tr><td>每人拆装10组平均用时实验数据</td><td>
<table>
<tr><th>操作成员</th><th>拆除棒控</th><th>拆除棒位</th><th>复装棒控</th><th>复装棒位</th><th>平均一组电缆耗时</th></tr>
<tr><td>×××</td><td>0: 01: 21</td><td>0: 01: 08</td><td>0: 02: 16</td><td>0: 02: 20</td><td>0: 07: 05</td></tr>
<tr><td>×××</td><td>0: 01: 41</td><td>0: 01: 48</td><td>0: 02: 31</td><td>0: 02: 18</td><td>0: 08: 18</td></tr>
<tr><td>×××</td><td>0: 01: 39</td><td>0: 01: 03</td><td>0: 02: 02</td><td>0: 01: 59</td><td>0: 06: 43</td></tr>
<tr><td>×××</td><td>0: 01: 30</td><td>0: 01: 22</td><td>0: 02: 16</td><td>0: 02: 11</td><td>0: 07: 19</td></tr>
</table>
</td></tr>
</table>

续 表

<table>
<tr><td>试验目的</td><td>验证方案是否满足要求</td></tr>
<tr><td>每人拆装10组平均用时实验数据</td><td>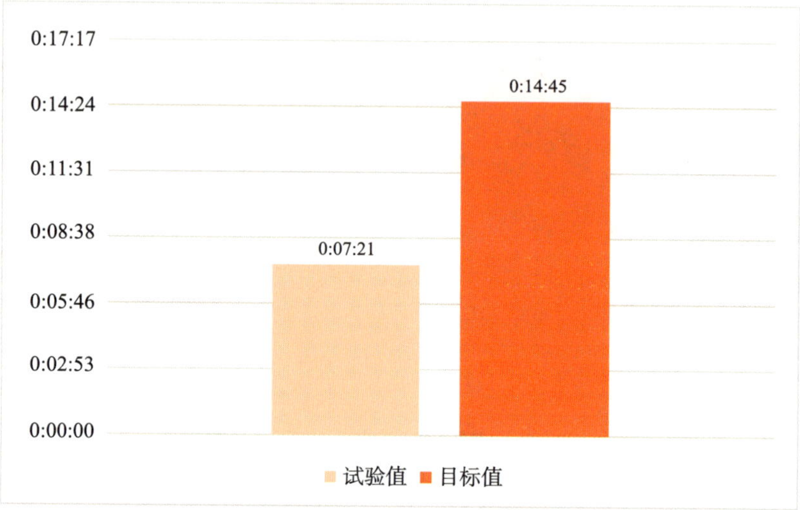
</td></tr>
<tr><td>安全性、稳定性、便捷性及使用过程综合描述</td><td>
<table>
<tr><th rowspan="2">操作成员</th><th>安全性</th><th colspan="2">稳定性</th><th colspan="2">便捷性</th></tr>
<tr><th>划伤孔洞（次）</th><th>脱开（次）</th><th>大幅度摇晃（次）</th><th>转动便捷程度（%）</th><th>开合便捷程度（%）</th></tr>
<tr><td>×××</td><td>0</td><td>0</td><td>1</td><td>90</td><td>90</td></tr>
<tr><td>×××</td><td>0</td><td>1</td><td>0</td><td>80</td><td>90</td></tr>
<tr><td>×××</td><td>0</td><td>0</td><td>1</td><td>85</td><td>95</td></tr>
<tr><td>×××</td><td>0</td><td>0</td><td>0</td><td>90</td><td>95</td></tr>
<tr><td>平均</td><td>0. 00</td><td>0. 25</td><td>0. 50</td><td>86. 25</td><td>92. 50</td></tr>
</table>

×××：这种结构直筒的厚度需要调整，下半部分稳定性不够高
其余成员：使用感良好</td></tr>
<tr><td>万用表测通断（√为通）</td><td>
<table>
<tr><th>操作成员</th><th>棒控</th><th>棒位</th></tr>
<tr><td>×××</td><td>√</td><td>√</td></tr>
<tr><td>×××</td><td>√</td><td>√</td></tr>
<tr><td>×××</td><td>√</td><td>√</td></tr>
<tr><td>×××</td><td>√</td><td>√</td></tr>
</table></td></tr>
</table>

续 表

试验目的	验证方案是否满足要求		
评判依据结论		试验结果	是否满足
连接失效率	0%	0%	√
平均耗时	≤14 min 45 s	7 min 21 s	√
安全性	平均损伤次数低于 1 次	0 次	√
稳定性	平均大幅摇晃次数低于 1 次，脱开次数低于 1 次	摇晃 0.25 次、脱开 0.5 次	√
便捷性	便捷性评价程度超过 70%	转动 86.25%、开合 92.5%	√
重量	≤3 kg	1.836kg	√
结构难度	结构可通过机加工实现	可实现	√
试验结论	满足所有优选条件，采用。		

制表人：××× 制表时间：2019-09-25

根据上述分析，小组将对比结果整理如下：

表 13 方案选择对比

方案	方案一：半包式	方案二：全包式	方案三：下半上全包式
连接失效率	满足√	满足√	满足√
平均一组耗时	不满足×	满足√	满足√
安全性	满足√	不满足×	满足√
稳定性	不满足×	满足√	满足√
便捷性	不满足×	不满足×	满足√
重量	满足√	不满足×	满足√
结构难度	满足√	满足√	满足√
结论	小组选择方案三：下半上全包式方案		

制表人：××× 制表时间：2019-09-27

经过试验分析最终确定新型紧固工具的总体方案为：**下半上全包式方案**。

4.3 最优方案分解

根据选定的方案，小组成员结合试验阶段出现的问题继续头脑风暴，并利用树图对讨论结果进行分类汇总。

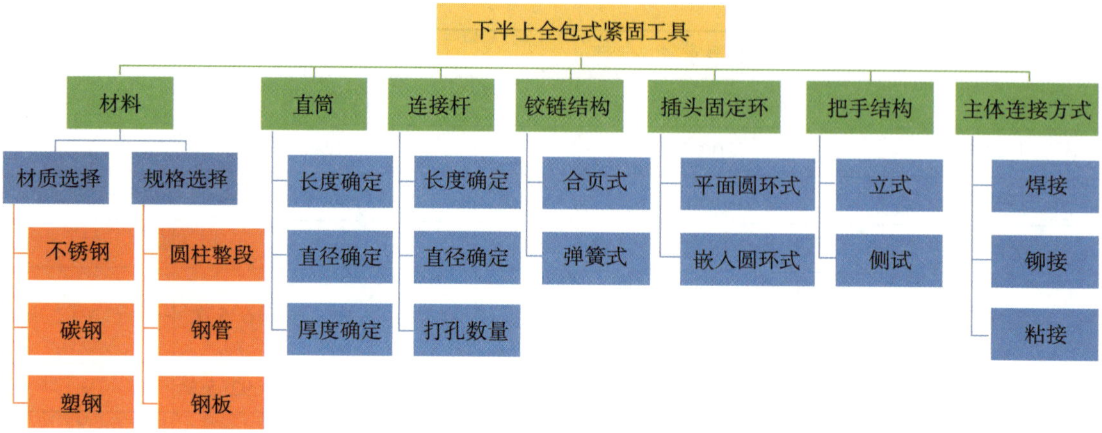

图 20　下半上全包式方案树图

1）整体工具材料

因工具整体由金属组成，因此各部件均选择统一材料。

① 材质选择

表 14　工具材质选择方案对比

选择依据	根据国家标准 GB/T 5325-91 要求，硬度要求为 40 HRC 以上		
选择最佳方案条件	同时满足以下条件： 1. 硬度≥40 HRC 2. 低辐照条件下稳定，耐腐蚀 3. 平均轴向承重≥100 kg		
方案	方案一：316L 不锈钢	方案二：碳钢	方案三：塑钢
图示	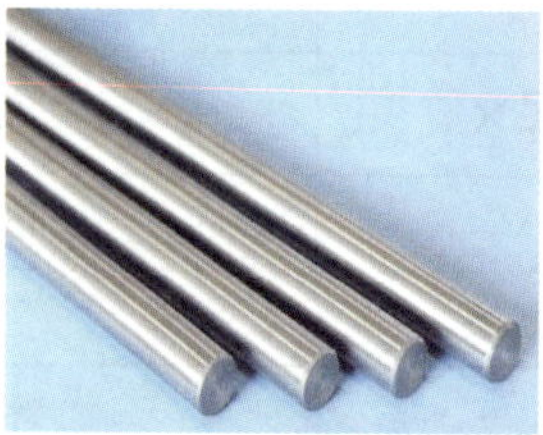		
方案说明	316L 不锈钢，能在一般腐蚀性介质和辐照环境下，具有很高耐腐蚀性的钢种	碳的质量分数小于 2.11%不含其他合金元素的铁碳合金	在 PVC 材质型腔内添加钢材以增强牢固性的材料
硬度（HRC）	50	55	40
平均轴向承重（kg）	110	120	85
辐照腐蚀	耐辐照腐蚀	不耐辐照耐腐蚀	不耐辐照腐蚀

续　表

综合分析	满足三项条件	条件 2 达不到要求	条件 2 和条件 3 达不到要求
选择结果	采用	不采用	不采用

制表人：×××　　　　制表时间：2019-10-9

② 规格选择

表 15　主体材料规格选择方案对比

选择最佳方案条件	1. 按照紧固工具下半上全包式结构，现场能够实现设计结构 2. 使用 SJ-210 表面粗糙度测量仪，*Ra* 小于 3 μm 3. 整体固性韧性好		
方案	方案一：圆柱实心整段钢	方案二：钢管	方案三：钢板
图示			
方案说明	将整段圆柱实心钢切割并车去内部成筒体，再切割为各部分	直接切割为各部分	使用卷板机将钢板卷成筒体，再切割为各部分
实现情况	可实现	钢管厚度不满足要求	外形不匀称，不满足要求
表面	1. 983 μm	0. 174 μm	0. 142 μm
固性韧性	固性韧性好	偏软易变形	固性韧性好
综合分析	满足三项条件	条件 1、3 达不到要求	条件 1 达不到要求
选择结果	采用	不采用	不采用

制表人：×××　　　　制表时间：2019-10-11

2）直筒结构

工具底部插头固定环咬合面参数已根据插头连接螺帽尺寸确定，但是由于插头电缆部分弯曲程度各异，同时现场热缩套管缩紧程度不一导致插头中部比端部连接螺帽略粗，因此主体直筒的长度、外径、厚度受现场环境及相关设备制约，小组成员经讨论分析，计划采用正交试验法制作若干个直筒模型现场操作确定直筒参数。

表 16　直筒正交试验

试验目的	确定直筒的长度、直径、厚度
指标	不干涉插头、各电缆及孔洞程度（%）

续 表

<table>
<tr><td>试验目的</td><td>确定直筒的长度、直径、厚度</td></tr>
<tr><td>因素和
位级选择</td><td>
本次试验需要考察直筒长度、直筒直径、直通厚度 3 个因素，根据现场实际情况及过往操作经验选出以下要考察、比较的条件——位级。
<table>
<tr><th>因素</th><th>A 长度（mm）</th><th>B 直径（mm）</th><th>C 厚度（mm）</th></tr>
<tr><td>位级 1</td><td>200</td><td>85</td><td>4</td></tr>
<tr><td>位级 2</td><td>250</td><td>90</td><td>5</td></tr>
<tr><td>位级 3</td><td>300</td><td>95</td><td>6</td></tr>
</table>
因素 A：主要对自身电缆产生干涉，井字钢电缆托盘至连接器平面深度为 84 cm，同时电缆存在弯曲，长度将影响工具顶端是否会刮蹭到弯曲电缆。
因素 B：本因素将对孔洞，自身电缆及周围电缆产生干涉。
因素 C：本因素对自身电缆及电缆插头中部产生干涉，同时厚度也影响工具工作时是否晃动。
</td></tr>
<tr><td>试验安排</td><td>本次试验共有 3 个因素三个位级，安排了 9 次试验。</td></tr>
<tr><td>试验方案</td><td>
<table>
<tr><th>因素</th><th>A 长度（mm）</th><th>B 直径（mm）</th><th>C 厚度（mm）</th></tr>
<tr><td>1</td><td>200</td><td>85</td><td>4</td></tr>
<tr><td>2</td><td>200</td><td>90</td><td>5</td></tr>
<tr><td>3</td><td>200</td><td>95</td><td>6</td></tr>
<tr><td>4</td><td>250</td><td>85</td><td>5</td></tr>
<tr><td>5</td><td>250</td><td>90</td><td>6</td></tr>
<tr><td>6</td><td>250</td><td>95</td><td>4</td></tr>
<tr><td>7</td><td>300</td><td>85</td><td>6</td></tr>
<tr><td>8</td><td>300</td><td>90</td><td>4</td></tr>
<tr><td>9</td><td>300</td><td>95</td><td>5</td></tr>
</table>
</td></tr>
<tr><td>试验结果</td><td>
<table>
<tr><th>因素</th><th>A 长度（mm）</th><th>B 直径（mm）</th><th>C 厚度（mm）</th><th>不干涉率（%）</th></tr>
<tr><td>1</td><td>200</td><td>85</td><td>4</td><td>50</td></tr>
<tr><td>2</td><td>200</td><td>90</td><td>5</td><td>60</td></tr>
<tr><td>3</td><td>200</td><td>95</td><td>6</td><td>85</td></tr>
<tr><td>4</td><td>250</td><td>85</td><td>5</td><td>90</td></tr>
<tr><td>5</td><td>250</td><td>90</td><td>6</td><td>95</td></tr>
<tr><td>6</td><td>250</td><td>95</td><td>4</td><td>60</td></tr>
<tr><td>7</td><td>300</td><td>85</td><td>6</td><td>85</td></tr>
<tr><td>8</td><td>300</td><td>90</td><td>4</td><td>80</td></tr>
<tr><td>9</td><td>300</td><td>95</td><td>5</td><td>80</td></tr>
<tr><td>K1</td><td>195</td><td>225</td><td>190</td><td>—</td></tr>
<tr><td>K2</td><td>245</td><td>235</td><td>230</td><td>—</td></tr>
</table>
</td></tr>
</table>

续　表

<table>
<tr><td>试验目的</td><td>确定直筒的长度、直径、厚度</td></tr>
<tr><td>试验结果</td><td>
<table>
<tr><th>因素</th><th>A 长度（mm）</th><th>B 直径（mm）</th><th>C 厚度（mm）</th><th>不干涉率（%）</th></tr>
<tr><td>K3</td><td>245</td><td>225</td><td>265</td><td>—</td></tr>
<tr><td>k1</td><td>65</td><td>75</td><td>63. 3</td><td>—</td></tr>
<tr><td>k2</td><td>81. 7</td><td>78. 3</td><td>76. 7</td><td>—</td></tr>
<tr><td>k3</td><td>81. 7</td><td>75</td><td>88. 3</td><td>—</td></tr>
<tr><td>极差 R</td><td>16. 7</td><td>3. 3</td><td>25</td><td>—</td></tr>
</table>
试验结果的最好条件是为第 5 组 A2 B2 C3 组，不干涉率为 95%，因素对不干涉率影响大小依次为 C（厚度）>A（长度）>B（直径），计算最好结果。即其对应最大 K 的组合为 A2 B2 C3 组和 A3 B2 C3 组，对 A3 B2 C3 组进行补充试验，结果如下：
<table>
<tr><th>A 长度（mm）</th><th>B 直径（mm）</th><th>C 厚度（mm）</th><th>不干涉率（%）</th></tr>
<tr><td>300</td><td>90</td><td>6</td><td>90</td></tr>
</table>
A3 B2 C3 组的不干涉率小于 A2 B2 C3 组。
由于厚度相较总体方案模型增加了 1 mm，因此对模型称重为 2. 107 kg，低于 3 kg 满足条件。
</td></tr>
<tr><td>选择结果</td><td>直筒长度 = 250 mm、直筒直径 = 90 mm、直筒厚度 = 6 mm</td></tr>
</table>

制表人：×××　　　　制表时间：2019-10-23

3）打孔增加连接杆结构

连接杆尺寸与打孔数量相互影响，其受现场环境制约，影响工具操作便捷性和紧固效率。同时由于反应堆堆顶作业尽量减少零部件带入，因此采用正交试验法现场确定一对合适长度、直径的连接杆和直筒打孔数量。

表 17　打孔连杆尺寸及数量试验

<table>
<tr><td>试验目的</td><td>确定连接杆长度、直径、和直筒打孔数量</td></tr>
<tr><td>指标</td><td>现场模拟旋转 18 圈用时（越小越好）</td></tr>
<tr><td>因素和位级选择</td><td>
通过分析讨论，确定了本次试验需考察连接杆长度、直径、上部直筒打孔数量 3 个因素，根据实际情况选出以下位级，以现场模拟旋转 18 圈（常规旋紧旋松连接螺帽圈数）耗时为指标。
<table>
<tr><th>因素</th><th>A 长度（mm）</th><th>B 直径（mm）</th><th>C 数量（个）</th></tr>
<tr><td>位级 1</td><td>110</td><td>8</td><td>2</td></tr>
<tr><td>位级 2</td><td>120</td><td>9</td><td>4</td></tr>
<tr><td>位级 3</td><td>130</td><td>10</td><td>6</td></tr>
</table>
因素 A：本因素主要影响工具旋转力，同时电缆存在弯曲，连接杆长度过长易碰触周围电缆，根据现场测量及操作经验，电缆间最小距离约 13 cm。
因素 B：本因素影响操作人员握力、工具旋转力及便捷性，同时要考虑已确定的直筒外径（直筒上打孔直径与连接杆直径对应）。
因素 C：本因素影响插入、转动过程的便捷性，由于为双细杆设计打孔数量为偶数。
</td></tr>
</table>

续 表

<table>
<tr><td>试验目的</td><td>确定连接杆长度、直径、和直筒打孔数量</td></tr>
<tr><td>试验安排</td><td>本次试验共有 3 个因素三个位级，安排了 9 次试验。</td></tr>
<tr><td>试验方案</td><td>
<table>
<tr><th>因素</th><th>A 长度（mm）</th><th>B 直径（mm）</th><th>C 个数（个）</th></tr>
<tr><td>1</td><td>110</td><td>8</td><td>2</td></tr>
<tr><td>2</td><td>110</td><td>9</td><td>4</td></tr>
<tr><td>3</td><td>110</td><td>10</td><td>6</td></tr>
<tr><td>4</td><td>120</td><td>8</td><td>4</td></tr>
<tr><td>5</td><td>120</td><td>9</td><td>6</td></tr>
<tr><td>6</td><td>120</td><td>10</td><td>2</td></tr>
<tr><td>7</td><td>130</td><td>8</td><td>6</td></tr>
<tr><td>8</td><td>130</td><td>9</td><td>2</td></tr>
<tr><td>9</td><td>130</td><td>10</td><td>4</td></tr>
</table>
</td></tr>
<tr><td>试验结果</td><td>
<table>
<tr><th>因素</th><th>A 长度（mm）</th><th>B 直径（mm）</th><th>C 个数（个）</th><th>时间（s）</th></tr>
<tr><td>1</td><td>110</td><td>8</td><td>2</td><td>57</td></tr>
<tr><td>2</td><td>110</td><td>9</td><td>4</td><td>42</td></tr>
<tr><td>3</td><td>110</td><td>10</td><td>6</td><td>32</td></tr>
<tr><td>4</td><td>120</td><td>8</td><td>4</td><td>48</td></tr>
<tr><td>5</td><td>120</td><td>9</td><td>6</td><td>39</td></tr>
<tr><td>6</td><td>120</td><td>10</td><td>2</td><td>58</td></tr>
<tr><td>7</td><td>130</td><td>8</td><td>6</td><td>45</td></tr>
<tr><td>8</td><td>130</td><td>9</td><td>2</td><td>66</td></tr>
<tr><td>9</td><td>130</td><td>10</td><td>4</td><td>54</td></tr>
<tr><td>K1</td><td>131</td><td>150</td><td>181</td><td>—</td></tr>
<tr><td>K2</td><td>145</td><td>147</td><td>144</td><td>—</td></tr>
<tr><td>K3</td><td>165</td><td>144</td><td>116</td><td>—</td></tr>
<tr><td>k1</td><td>43. 7</td><td>50</td><td>60. 3</td><td>—</td></tr>
<tr><td>k2</td><td>48. 3</td><td>49</td><td>48</td><td>—</td></tr>
<tr><td>k3</td><td>55</td><td>48</td><td>38. 7</td><td>—</td></tr>
<tr><td>极差 R</td><td>11. 3</td><td>2</td><td>21. 7</td><td>—</td></tr>
</table>
试验结果的最好条件是为第 5 组 A1 B3 C3 组，所用时间为 32 s，因素对用时影响大小依次为 C（打孔个数）>A（长度）>B（直径）。最大 K 值组合也是 A1 B3 C3 组，因此 9 次试验能够得出结果。
</td></tr>
<tr><td>选择结果</td><td>连接杆长度 = 110 mm、连接杆直径 = 10 mm、打孔数量 6 个</td></tr>
</table>

制表人：×××　　　　制表时间：2019-10-23

4）铰链结构选型

铰链作为连接上下直筒开合工具的重要转动部件，铰链形式的选择如表 18 所示。

表 18　铰链形式选择方案对比

<table>
<tr><td>选择最佳方案条件</td><td colspan="2">1. 制作成适配铰链环模型，小组成员每人依次进行 50 次操作，开合稳定结构松散次数为 0
2. 小组成员针对操作过程出现的现象评估是否适合现场操作</td></tr>
<tr><td>方案</td><td>方案一：合页式</td><td>方案二：弹簧式</td></tr>
<tr><td>图示</td><td>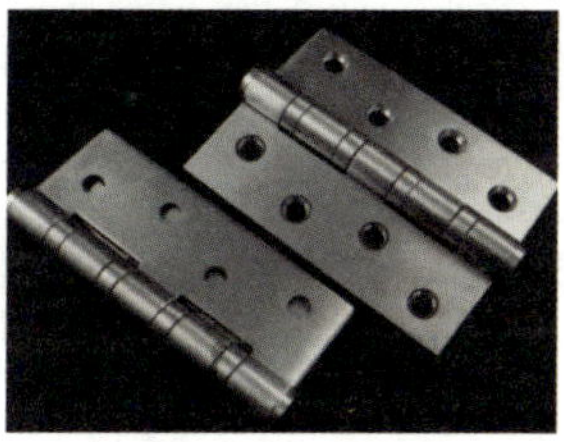</td><td></td></tr>
<tr><td>方案说明</td><td>用来连接两个固体并允许两者之间做相对转动的机械装置，无开合回弹，需用锁片锁针闭合</td><td>利用弹簧实现自动开合回弹的连接两固体转动装置</td></tr>
<tr><td>稳定性</td><td colspan="2"><table>
<tr><td>铰链形式</td><td>×××</td><td>×××</td><td>×××</td><td>×××</td><td>×××</td><td>×××</td><td>×××</td><td>×××</td><td>×××</td></tr>
<tr><td>合页式</td><td>0</td><td>0</td><td>0</td><td>0</td><td>0</td><td>0</td><td>0</td><td>0</td><td>0</td></tr>
<tr><td>弹簧式</td><td>0</td><td>0</td><td>0</td><td>0</td><td>0</td><td>0</td><td>0</td><td>2</td><td>14</td></tr>
</table>
弹簧长时间工作易出现乏性形变导致开合稳定性不够高。</td></tr>
<tr><td>评估推荐结果</td><td colspan="2">大部分组员表示工具有一定重量，使用弹簧式存在误伤使用者手部风险，同时关合弹性在伸入孔洞时也需要使用双手保持开合，增加工作难度。</td></tr>
<tr><td>综合分析</td><td>满足两项条件</td><td>条件 2 达不到要求</td></tr>
<tr><td>选择结果</td><td>采用</td><td>不采用</td></tr>
</table>

制表人：×××　　　　制表时间：2019-11-02

5）插头固定环结构选择

插头固定环为直接接触连接螺帽的部分，其适配程度直接影响工具的使用，固定环结构方案如表 19 所示。

表 19　插头固定环选择方案对比

选择最佳方案条件	1. 现场使用不划伤螺帽 2. 旋转不卡涩	
方案	方案一：平面圆环式	方案二：嵌入圆环式
图示		

续 表

选择最佳方案条件	1. 现场使用不划伤螺帽 2. 旋转不卡涩	
方案说明	通过厂家设计连接螺帽参数及现场实际情况，制作能够紧密咬合螺帽的，内侧咬合纹路整体平面型圆环。固定直筒后现场进行紧固试验	通过厂家设计连接螺帽参数及现场实际情况，制作能够紧密咬合螺帽的，内侧咬合纹路，外侧向内凹陷嵌入孔洞的嵌入型圆环。固定直筒后现场进行紧固试验
现场使用情况	咬合适配，没有划伤连接螺帽 容易卡在孔洞导致无法旋转	咬合适配，没有划伤连接螺帽 旋转正常
综合分析	条件 2 达不到要求	满足两项条件
选择结果	不采用	采用

制表人：×××　　　　制表时间：2019-11-06

6）把手方案选择

表 20　把手方案选择对比

选择最佳方案条件	1. 方便携带 2. 不易干涉电缆 3. 便于安装	
方案	方案一：立式	方案二：侧式
图示	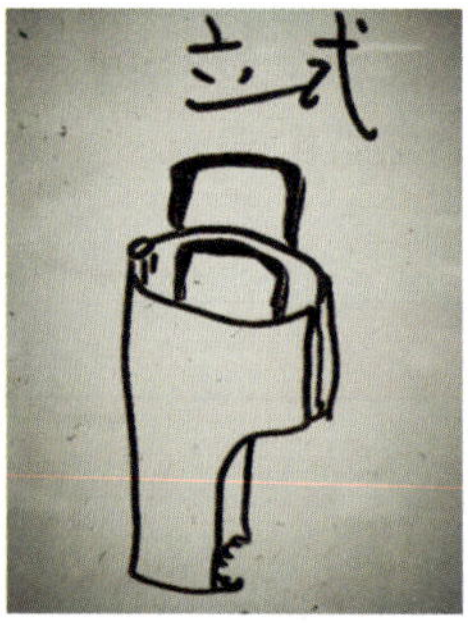	
方案说明	上直筒上部对称安装两个立式把手	上直筒侧面对称安装两个侧式把手
携带评估	携带便捷	携带便捷
操作评估	多次碰触自身电缆及其他电缆	极少碰触电缆
安装评估	与直筒接触面小安装不便	与直筒接触面大安装方便
综合分析	条件 2 和条件 3 达不到要求	满足三项条件
选择结果	不采用	采用

制表人：×××　　　　制表时间：2019-11-08

7）主体连接方式选择

表 21　连接选择方案对比

选择最佳方案条件	1. 稳固性强 2. 对 316L 钢材进行模型连接试验，连接部使用 SJ-210 表面粗糙度测量仪测量，*Ra* 小于 3 μm 3. 低辐照条件下稳定，耐腐蚀		
方案	方案一：焊接	方案二：铆接	方案三：粘接
图示	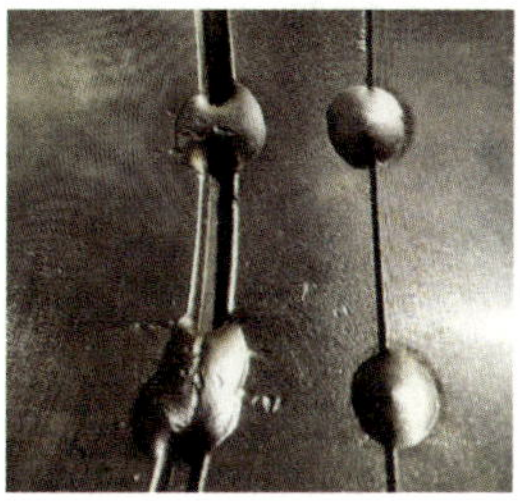	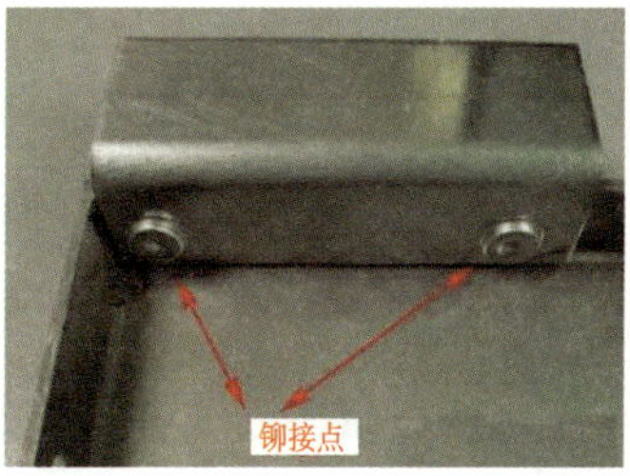	
方案说明	以加热高温方式接合金属	铆钉连接，利用轴向力将铆钉孔内钉杆墩粗并形成钉头使多个零件相连接，活动性好	使用路桥粘钢胶，用于细小创面，可粘用可喷用
稳固性	连接十分牢靠	圆周向大力动作容易松动	较牢靠
表面	0.730 μm	0.473 μm	1.211 μm
辐照腐蚀性能	耐辐照性耐腐蚀性良好	耐辐照性耐腐蚀性良好	无法确定耐辐照性
综合分析	满足三项条件	条件 1 达不到要求	条件 3 达不到要求
选择结果	采用	不采用	不采用

制表人：×××　　　　制表时间：2019-11-09

4.4　最佳方案

根据以上确定了紧固工具的最佳方案，通过树图梳理最佳方案图，并绘制三维图：

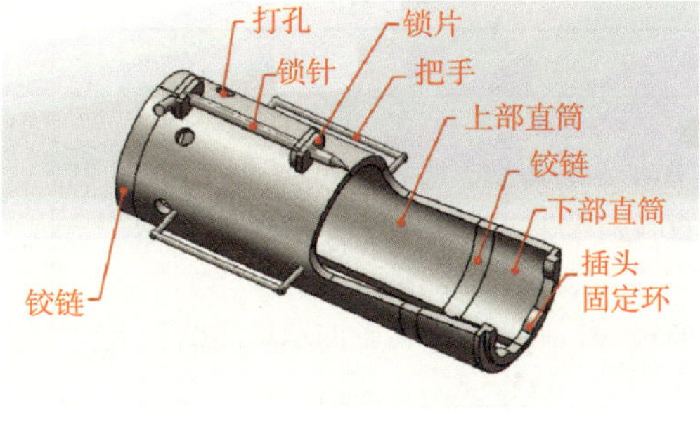

图 21　最佳方案工具三维图

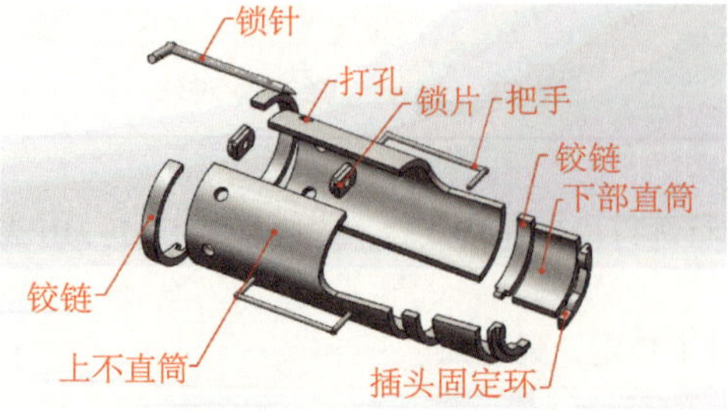

图 22　最佳方案工具三维分解图

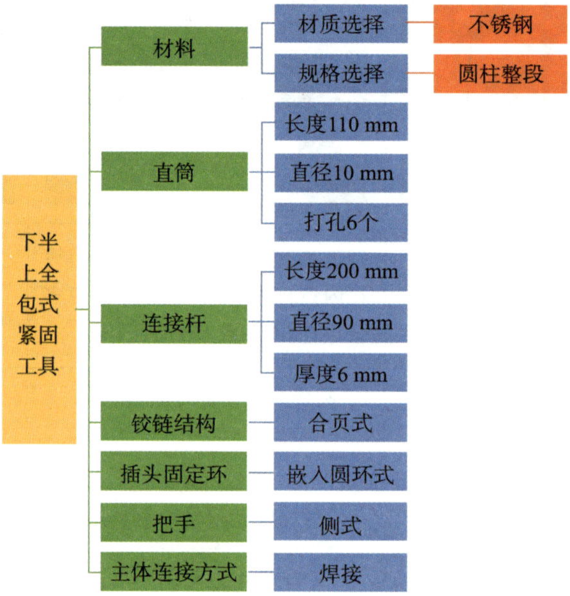

图 23　最佳方案树图

五、制定对策

根据选出的最佳方案，制定 5W1H 对策表，如表 22 所示。

表 22　制定对策表

序号	对策	目标	措施	时间	地点	负责人
1	采购圆柱 316L 不锈钢	1. 硬度≥40 HRC，平均轴向承重≥100 kg 2. 规格为圆柱实心，长度>250 mm，直径>90 mm	1. 选择硬度≥40 HRC 的圆柱实心整段 316L 不锈钢 2. 测量尺寸 3. 平均轴向承重测试	2019-11-21	金具店	×××

续　表

序号	对策	目标	措施	时间	地点	负责人
2	直筒	1. 表面粗糙度 $Ra<3\ \mu m$ 2. 直筒长度 250 mm，直径 90 mm，厚度 6 mm，偏差≤2.5%	1. 绘图设计图纸 2. 加工直筒长度 250 mm，直径 90 mm，厚度 6 mm，加工过程关注表面	2019-11-22	机加工车间	×××
3	连接杆	1. 连接杆穿入 6 孔顺畅 2. 连接杆长度 110 mm，直径 10 mm，偏差≤2.5%	1. 绘图设计图纸 2. 加工连接杆长度 110 mm，直径 10 mm，加工过程关注表面	2019-11-26	机加工车间	×××
4	合页式铰链	1. 开合 50 次无松动 2. 尺寸符合图纸要求，偏差≤2.5%	1. 绘图设计图纸 2. 按图纸加工合页式结构，锁片，锁针 3. 安装测试开合无问题	2019-12-03	机加工车间	×××
5	嵌入圆环式插头固定环	1. 固定环尺寸符合要求，偏差≤2.5% 2. 完全咬合连接螺帽	1. 绘制设计图纸 2. 按图纸要求完成嵌入式结构固定环加工 3. 与模型对比吻合度	2019-12-15	机加工车间	×××
6	侧式把手	1. 表面粗糙度 Ra 小于 $3\ \mu m$ 2. 尺寸偏差≤2.5%	1. 绘图设计图纸 2. 按图纸要求完成加工，加工过程关注表面	2019-12-24	机加工车间	×××
7	主体安装焊接	1. 安装位置正确无误 2. PT 检验无 2 mm 以上线性显示 3. 焊接牢固	1. 按图纸要求完成加工 2. 加工过程关注表面对出现毛刺、变形、裂痕等问题及时修整	2020-01-10	机加工车间	×××
8	整体安装调试	1. 整体开合旋转流畅 2. 单次模型测试时间低于 6 min	1. 按图纸要求完成各部分元器件的组装 2. 模型测试	2020-02-03	办公室	×××

制表人：×××　　　　制表时间：2019-11-21

六、对策实施

6.1 对策1：采购圆柱316L不锈钢

表23 采购圆柱316L不锈钢

<table>
<tr><td>对策目标</td><td colspan="2">1. 硬度≥40 HRC，平均轴向承重≥100 kg
2. 规格为圆柱实心，长度>250 mm，直径>90 mm</td></tr>
<tr><td>实施过程</td><td>1. 选择硬度≥40 HRC的圆柱实心整段316L不锈钢
2. 测量该不锈钢长度直径，能否满足加工需求
3. 平均轴向承重测试
4. 合格即采购材料，同时采供细杆锁针把手锁片原材料</td><td></td></tr>
<tr><td>效果检查</td><td colspan="2"><table>
<tr><td>检查项目</td><td>标准</td><td>测量方法</td><td>实测结果</td></tr>
<tr><td>测量该整段不锈钢长度直径</td><td>长度远>250 mm，直径>90 mm</td><td>卷尺测量</td><td>长度300 mm，直径15 mm，可采购</td></tr>
<tr><td>平均轴向承重测试</td><td>平均轴向承重≥100 kg</td><td>平均轴向承重测距试验</td><td><table>
<tr><td>配重（kg）</td><td>标准值（mm）</td><td>测量值（mm）</td></tr>
<tr><td>100</td><td rowspan="7">150.0</td><td>150.0</td></tr>
<tr><td>125</td><td>150.0</td></tr>
<tr><td>150</td><td>150.0</td></tr>
<tr><td>175</td><td>150.0</td></tr>
<tr><td>200</td><td>150.0</td></tr>
<tr><td>225</td><td>149.7</td></tr>
<tr><td>250</td><td>148.9</td></tr>
</table>平均轴向承重超过200 kg才发生轻微变形，≥100 kg可采购
注：标准值为被测物体与参照物固定距离，测量值为变形弯曲最低点与参照物距离</td></tr>
</table></td></tr>
<tr><td>结论</td><td colspan="2">通过测量和试验，该316L不锈钢满足需要并进行了采购，对策1实施成功。</td></tr>
</table>

制表人：×××　　制表时间：2019-11-22

6.2　对策 2：直筒

表 24　直筒

<table>
<tr><td>对策目标</td><td colspan="2">1. 表面粗糙度 Ra 小于 3 μm
2. 直筒长度 250 mm，直径 90 mm，厚度 6 mm，偏差≤2.5%</td></tr>
<tr><td>绘制图纸</td><td colspan="2"> 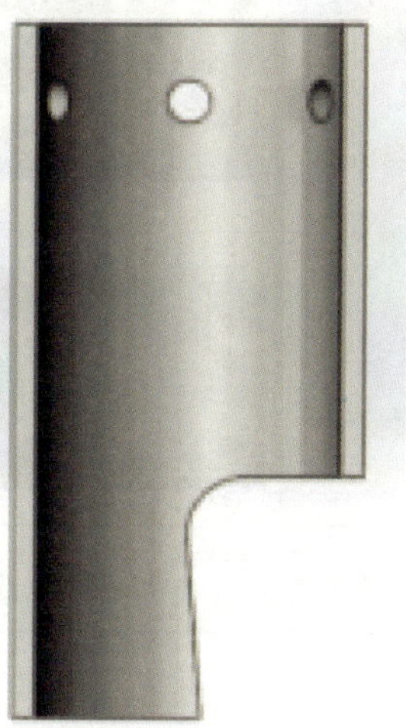 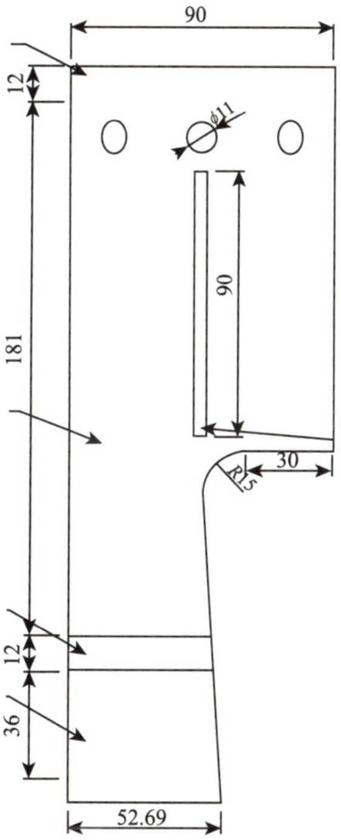

 </td></tr>
<tr><td>实施过程</td><td>1. 将采购的 316L 不锈钢钢整段进行加工，加工过程关注表面
2. 按图纸要求完成加工
① 车去圆柱表面形成直径 90 mm
② 车去内部形成厚度 6 m，切割圆筒状长度 250 mm
③ 切割为上下部直筒及铰链部分
④ 将上下部直筒切割为下半上全包结构
⑤ 上部直筒顶部开 6 孔，抛光</td><td></td></tr>
</table>

续 表

对策目标	1. 表面粗糙度 *Ra* 小于 3 μm 2. 直筒长度 250 mm，直径 90 mm，厚度 6 mm，偏差≤2.5%
效果检查	见下表
结论	通过测试，加工后的直筒尺寸合格且表面光滑，满足设计需要，对策 2 实施成功。

效果检查：

检查项目	标准	测量方法	图示	实测结果
尺寸检查：长度、直径、厚度	用游标卡尺测量尺寸，偏差≤2.5%	游标卡尺测量		见表A
表面粗糙度检查	*Ra* 小于 3 μm	SJ-210 粗糙度仪		见表B

表A

名称	尺寸（mm）	合格范围（mm）	结果
长度	247.76	243.75~256.25	√
直径	89.24	87.75~92.25	√
厚度	6.08	5.85~6.15	√

表B

测点	1 号	2 号	3 号
Ra（μm）	1.324	2.168	2.076
测点	4 号	5 号	6 号
Ra（μm）	1.970	2.316	2.678

制表人：××× 制表时间：2019-12-02

6.3 对策 3：连接杆

表 25 连接杆

对策目标	1. 连接杆穿入 6 孔顺畅 2. 连接杆长度 110 mm，直径 10 mm，偏差≤2.5%
绘制图纸	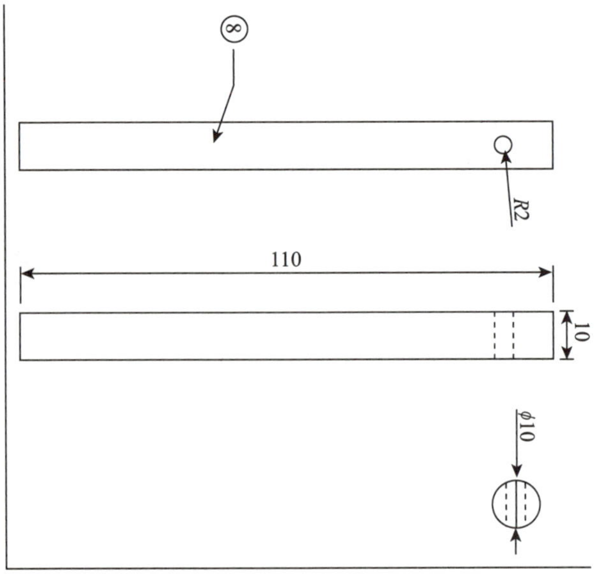

续　表

<table>
<tr><td>对策目标</td><td colspan="2">1. 连接杆穿入 6 孔顺畅
2. 连接杆长度 110 mm，直径 10 mm，偏差≤2.5%</td></tr>
<tr><td>实施过程</td><td>1. 将采购直径 15 mm 的 316L 不锈钢钢圆柱进行加工，加工过程关注表面
2. 按图纸要求完成加工
① 切割为长度 110 mm
② 车去圆柱表面形成直径 10 mm
③ 此处小组成员郭唐文提出合理化意见对连接杆进行防异物穿绳要求，进行一端开孔，开孔直径 2 mm
④ 打磨抛光</td><td></td></tr>
<tr><td>效果检查</td><td colspan="2">
<table>
<tr><th>检查项目</th><th>标准</th><th>测量方法</th><th>图示</th><th>实测结果</th></tr>
<tr><td>尺寸检查：长度、直径</td><td>用游标卡尺测量尺寸，偏差≤2.5%</td><td>游标卡尺测量</td><td>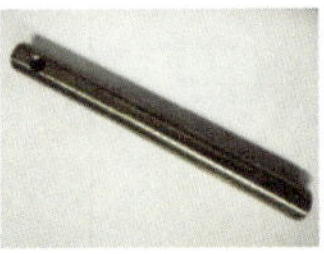</td><td>
<table>
<tr><th>项目</th><th>1 号（mm）</th><th>2 号（mm）</th><th>3 号（mm）</th><th>4 号（mm）</th><th>合格范围（mm）</th></tr>
<tr><td>长度</td><td>110.16 √</td><td>110.86 √</td><td>109.88 √</td><td>110.98 √</td><td>107.80~112.20</td></tr>
<tr><td>R10</td><td>10.14 √</td><td>10.14 √</td><td>10.14 √</td><td>10.14 √</td><td>9.80~10.20</td></tr>
<tr><td>R2</td><td>2.02 √</td><td>2.02 √</td><td>2.04 √</td><td>2.02 √</td><td>1.96~2.04</td></tr>
</table>
</td></tr>
<tr><td>活动性检查</td><td>连接杆穿入 6 孔顺畅</td><td>连接杆插入 6 孔各 10 次</td><td>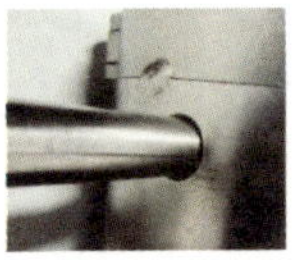</td><td>60 次测试顺畅，无出现卡涩</td></tr>
</table>
</td></tr>
<tr><td>结论</td><td colspan="2">通过测量和测试，加工后的连接杆尺寸合格且顺畅无卡涩，满足设计需要，对策 3 实施成功。</td></tr>
</table>

制表人：×××　　　　制表时间：2019-12-05

6.4 对策4：合页式铰链

表 26 合页式铰链

对策目标	1. 开合50次无松动 2. 尺寸符合图纸要求，偏差≤2.5%	
绘制图纸	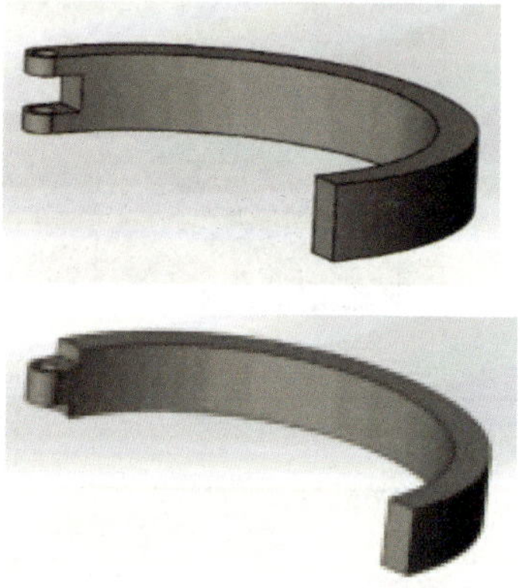  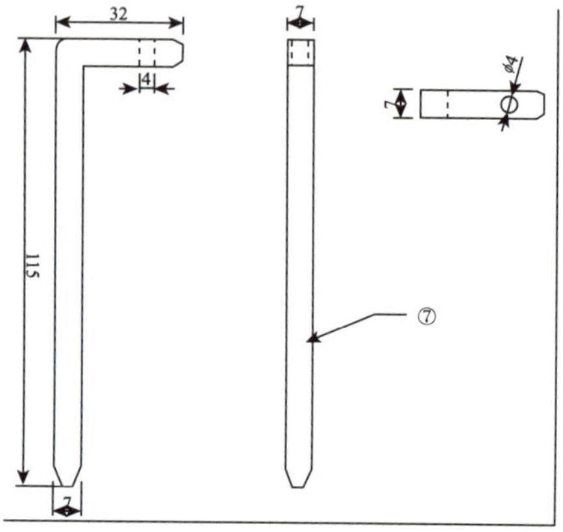	
实施过程	1. 按图纸要求完成加工： ① 加工直筒状叶片 ② 加工叶片上转轴连接环，抛光 ③ 加工铰链转轴及部件 ④ 8个锁片： ·3 mm不锈钢板切割为12×20 mm方块 ·中心打孔直径9 mm ·两角磨圆整体打磨 ⑤ 2个锁针： ·车出长度160 mm直径7 mm圆柱 ·32 mm附近弯折为90° ·车去底部和顶部倒角 ·弯折附近开孔4 mm用于穿防坠绳 ·整体打磨抛光 2. 安装测试开合无问题	

续　表

<table>
<tr><td>对策目标</td><td>1. 开合 50 次无松动
2. 尺寸符合图纸要求，偏差≤2.5%</td></tr>
<tr><td>效果检查</td><td>
<table>
<tr><th>检查项目</th><th>标准</th><th>测量方法</th><th>实测结果</th></tr>
<tr><td>尺寸检查：合页式铰链、锁针、锁片</td><td>用游标卡尺测量尺寸，偏差≤2.5%</td><td>游标卡尺测量</td><td>
<table>
<tr><th>名称</th><th>尺寸（mm）</th><th>合格范围（mm）</th><th>结果</th></tr>
<tr><td>长度</td><td>11.86</td><td>11.7~12.3</td><td>√</td></tr>
<tr><td>圆周直径</td><td>89.28</td><td>87.75~92.25</td><td>√</td></tr>
<tr><td>厚度</td><td>5.92</td><td>5.85~6.15</td><td>√</td></tr>
</table>
<table>
<tr><th>项目</th><th>1 号（mm）</th><th>2 号（mm）</th><th>3 号（mm）</th><th>4 号（mm）</th><th>5 号（mm）</th><th>6 号（mm）</th><th>7 号（mm）</th><th>8 号（mm）</th><th>合格范围（mm）</th></tr>
<tr><td>长度</td><td>20.22√</td><td>19.94√</td><td>19.78√</td><td>19.80√</td><td>20.22√</td><td>20.28√</td><td>20.16√</td><td>19.90√</td><td>19.60~20.40</td></tr>
<tr><td>宽度</td><td>12.08√</td><td>11.88√</td><td>11.94√</td><td>12.2√</td><td>12.18√</td><td>12.00√</td><td>12.06√</td><td>11.84√</td><td>11.76~12.24</td></tr>
<tr><td>厚度</td><td>3.02√</td><td>3.00√</td><td>3.04√</td><td>3.04√</td><td>2.98√</td><td>2.94√</td><td>2.98√</td><td>3.00√</td><td>2.94~3.06</td></tr>
<tr><td>R9</td><td>9.18√</td><td>9.18√</td><td>9.04√</td><td>9.08√</td><td>9.16√</td><td>9.12√</td><td>9.18√</td><td>9.14√</td><td>8.82~9.18</td></tr>
</table>
<table>
<tr><th>项目</th><th>1 号（mm）</th><th>2 号（mm）</th><th>合格范围（mm）</th></tr>
<tr><td>长度</td><td>113.88√</td><td>117.56√</td><td>109.25~120.75</td></tr>
<tr><td>折柄</td><td>33.26√</td><td>30.88√</td><td>30.40~33.60</td></tr>
<tr><td>R7</td><td>7.02√</td><td>7.18√</td><td>6.65~7.35</td></tr>
<tr><td>R4</td><td>4.14√</td><td>4.10√</td><td>3.8~4.2</td></tr>
</table>
</td></tr>
<tr><td>活动性检查</td><td>开合顺畅无松动磨损</td><td>测试开合 50 次</td><td>开合顺畅，未出现松动情况，铰链转轴未磨损，锁片锁针拔插顺利，其直径与孔洞适配。</td></tr>
</table>
</td></tr>
<tr><td>结论</td><td>通过测量和测试，合页式铰链锁片锁针尺寸合格且性能完好，满足设计需要，对策 4 实施成功。</td></tr>
</table>

制表人：×××　　　　制表时间：2019-12-14

6.5　对策 5：嵌入圆环式插头连接固定环

表 27　嵌入圆环式插头连接固定环

<table>
<tr><td>对策目标</td><td>1. 固定环尺寸符合要求，偏差≤2.5%
2. 完全咬合连接螺帽</td></tr>
<tr><td>绘制图纸</td><td>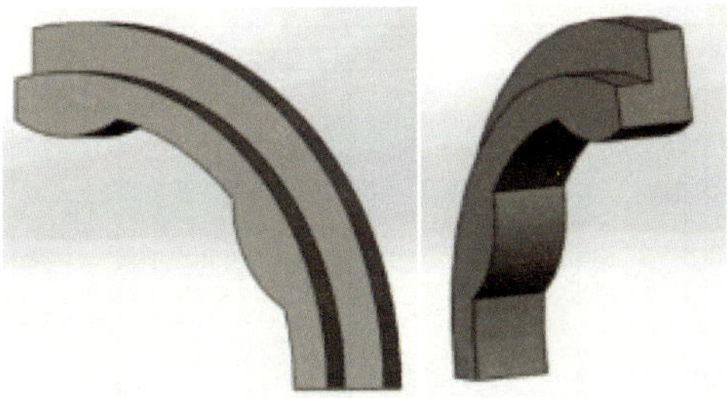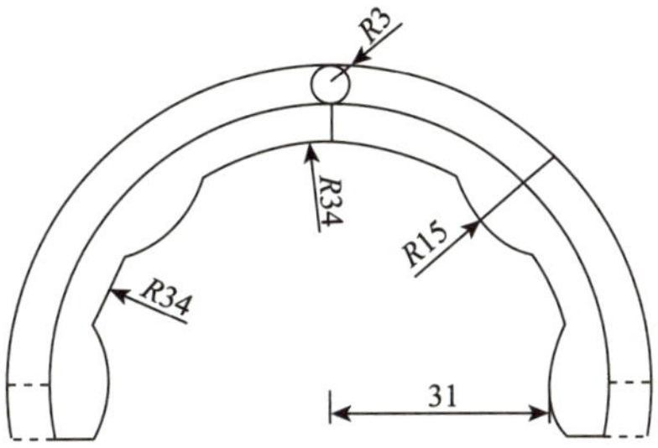

注：根据电缆连接螺帽的数据制定固定环的尺寸，根据现场孔洞情况和经验制定固定环厚度。</td></tr>
</table>

续 表

<table>
<tr><td>对策目标</td><td colspan="2">1. 固定环尺寸符合要求，偏差≤2.5%
2. 完全咬合连接螺帽</td></tr>
<tr><td>实施过程</td><td>1. 按图纸要求完成嵌入式结构固定环加工：
前期切割剩余圆筒不锈钢加工为圆环
· 车去嵌入部分的凹槽
· 车去咬合面倒角
· 根据图纸打磨咬合面
· 整体打磨抛光
2. 与模型对比吻合度。</td><td></td></tr>
<tr><td>效果检查</td><td colspan="2">
<table>
<tr><th>检查项目</th><th>标准</th><th>测量方法</th><th>实测结果</th></tr>
<tr><td>尺寸检查：
长度、凹槽
半径指标</td><td>用游标卡
尺测量尺寸，
偏差≤2.5%</td><td>游标卡
尺测量</td><td>
<table>
<tr><th>名称</th><th>尺寸（mm）</th><th>合格范围（mm）</th><th>结果</th></tr>
<tr><td>长度</td><td>9.00</td><td>8.82~9.18</td><td>√</td></tr>
<tr><td>R45</td><td>45.72</td><td>44.1~45.9</td><td>√</td></tr>
<tr><td>R39</td><td>38.86</td><td>38.22~39.78</td><td>√</td></tr>
<tr><td>R28</td><td>28.40</td><td>27.44~28.56</td><td>√</td></tr>
<tr><td>R21</td><td>20.62</td><td>20.58~21.42</td><td>√</td></tr>
</table>
</td></tr>
<tr><td>咬合面
检查</td><td>咬合面与
连接螺帽
表面吻合</td><td>固定环卡在
各自模型上
完全吻合</td><td>完全吻合</td></tr>
</table>
</td></tr>
<tr><td>结论</td><td colspan="2">通过测量和测试，加工后的棒控棒位插头连接固定环尺寸，满足设计需要，对策 5 实施成功。</td></tr>
</table>

制表人：×××　　　　制表时间：2019-12-23

6.6 对策 6：侧式把手

表 28　侧式把手

<table>
<tr><td>实施目标</td><td>1. 表面粗糙度 Ra 小于 3 μm
2. 尺寸偏差≤2.5%</td></tr>
<tr><td>绘制图纸</td><td>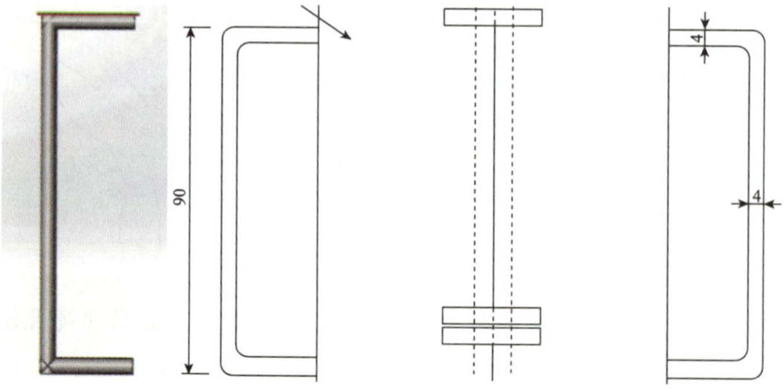
</td></tr>
</table>

续 表

<table>
<tr><td>实施目标</td><td colspan="2">1. 表面粗糙度 Ra 小于 3 μm
2. 尺寸偏差≤2.5%</td></tr>
<tr><td>实施过程</td><td>1. 按图纸要求完成加工：
① 选取采购的较细的 316L 不锈钢细杆
② 车成长度 150 mm 直径 4 mm
③ 两头弯折 25 mm 呈 90°制成把手
2. 加工过程关注表面</td><td></td></tr>
<tr><td>效果检查</td><td colspan="2">
<table>
<tr><th>检查项目</th><th>标准</th><th>测量方法</th><th>实测结果</th></tr>
<tr><td>尺寸检查：长度、直径、弯曲度</td><td>用游标卡尺测量尺寸，圆规测量角度，偏差≤2.5%</td><td>游标卡尺、圆规测量</td><td>
<table>
<tr><th>项目</th><th>1 号（mm）</th><th>2 号（mm）</th><th>合格范围（mm）</th></tr>
<tr><td>长度</td><td>89.88√</td><td>89.56√</td><td>87.75～92.25</td></tr>
<tr><td>折柄</td><td>25.26√</td><td>25.18√</td><td>24.375～25.625</td></tr>
<tr><td>角度</td><td>90√</td><td>90√</td><td>87.75°～92.25°</td></tr>
<tr><td>R4</td><td>4.04√</td><td>4.10√</td><td>3.9～4.1</td></tr>
</table>
</td></tr>
<tr><td>表面粗糙度检查</td><td>Ra 小于 3 μm</td><td>SJ-210 粗糙度仪</td><td>
</td></tr>
</table>
</td></tr>
<tr><td>结论</td><td colspan="2">通过测量和测试，加工后的把手满足设计需要，对策 6 实施成功。</td></tr>
</table>

制表人：×××　　　　制表时间：2020-01-06

6.7 对策 7：主体安装焊接

表 29 主体安装焊接

<table>
<tr><td>实施目标</td><td>1. 安装位置正确无误
2. PT 检验无 2 mm 以上线性显示
3. 焊接牢固</td></tr>
<tr><td>绘制图纸</td><td>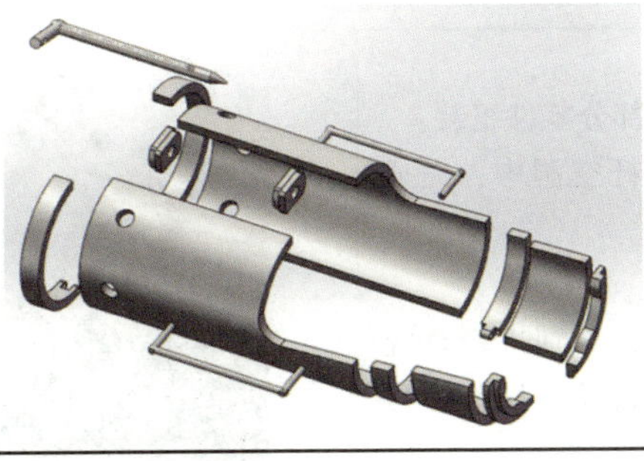 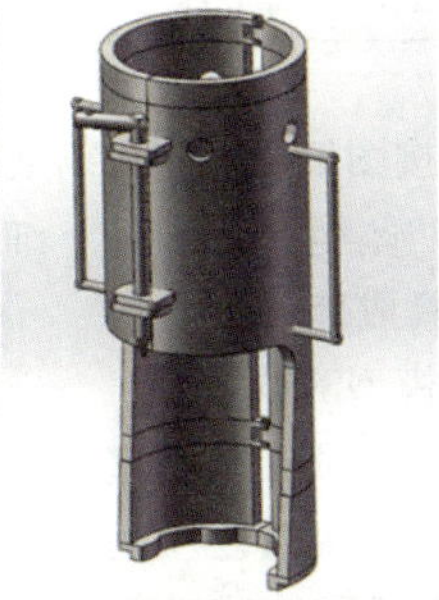</td></tr>
</table>

续　表

<table>
<tr><td>实施目标</td><td colspan="2">1. 安装位置正确无误
2. PT检验无2 mm以上线性显示
3. 焊接牢固</td></tr>
<tr><td>实施过程</td><td>1. 按图纸要求完成加工：
① 上层铰链与上部直筒焊接执行6处焊点
② 上部直筒与下层铰链焊接执行8个焊点
③ 下层铰链与下部直筒焊接执行8个焊点
④ 固定环与下部直筒焊接执行6个焊点
⑤ 锁片与上部直筒焊接执行4个焊点
⑥ 两把手与上部直筒焊接执行4个焊点
2. 加工过程关注表面对出现毛刺、变形、裂痕等问题及时修整</td><td></td></tr>
<tr><td>效果检查</td><td colspan="2"><table>
<tr><th>检查项目</th><th>标准</th><th>测量方法</th><th>实测结果</th></tr>
<tr><td>焊接位置检查</td><td>焊点数量正确，位置与图纸相符</td><td>目视检查部件部件位置是否正确</td><td>无误</td></tr>
<tr><td>隙缝检查</td><td>PT检验无2 mm以上线性显示</td><td>使用PT试剂涂抹焊接部位，半小时后除去表面试剂，经干燥后涂抹显像剂，1000 Lx光源下观察缺陷显示</td><td>无2 mm以上线性显示</td></tr>
<tr><td>焊接牢固度</td><td>连接强度高</td><td>用手扳动焊合部位检验是否松动，轻轻敲击焊合部位查看是否裂开</td><td>牢固</td></tr>
</table></td></tr>
<tr><td>结论</td><td colspan="2">通过测试，主体安装焊接性能满足设计需要，对策7实施成功。</td></tr>
</table>

制表人：×××　　　　制表时间：2020-01-17

6.8 对策8：整体安装调试

表30　整体安装调试

<table>
<tr><td>实施目标</td><td colspan="2">1. 工具整体开合旋转流畅
2. 单次模型测试时间低于6 min</td></tr>
<tr><td>实施过程</td><td>1. 按图纸要求完成剩余部分零件组装：
将防坠绳穿入锁针、细杆空洞中，完成工具成套
2. 模型测试：
小组成员在办公室环境，分别进行棒控棒位连接器模型的模拟拆装，检查连接有效性，统计耗时</td><td>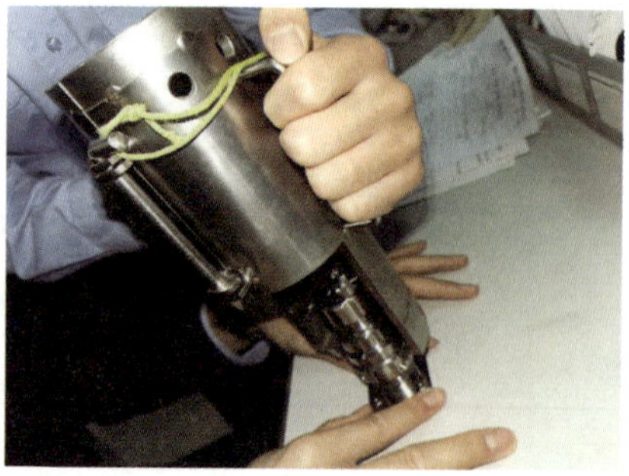</td></tr>
</table>

续　表

实施目标	1. 工具整体开合旋转流畅 2. 单次模型测试时间低于 6 min

效果检查

操作成员	拆除棒控	拆除棒位	复装棒控	复装棒位	一束棒用时
×××	0: 01: 12	0: 01: 13	0: 01: 34	0: 01: 28	0: 05: 27
×××	0: 01: 21	0: 01: 10	0: 01: 38	0: 01: 36	0: 05: 45
×××	0: 00: 50	0: 00: 45	0: 01: 18	0: 01: 12	0: 04: 05
×××	0: 00: 49	0: 00: 42	0: 01: 07	0: 01: 08	0: 03: 46
×××	0: 00: 53	0: 00: 40	0: 00: 58	0: 01: 01	0: 03: 32
×××	0: 01: 06	0: 00: 58	0: 01: 08	0: 01: 17	0: 04: 29
×××	0: 00: 52	0: 00: 48	0: 00: 59	0: 00: 57	0: 03: 36
×××	0: 01: 00	0: 00: 43	0: 00: 59	0: 01: 01	0: 03: 43
×××	0: 01: 09	0: 01: 05	0: 01: 04	0: 01: 05	0: 04: 23
平均时间	0: 01: 01	0: 00: 54	0: 01: 12	0: 01: 12	0: 04: 18

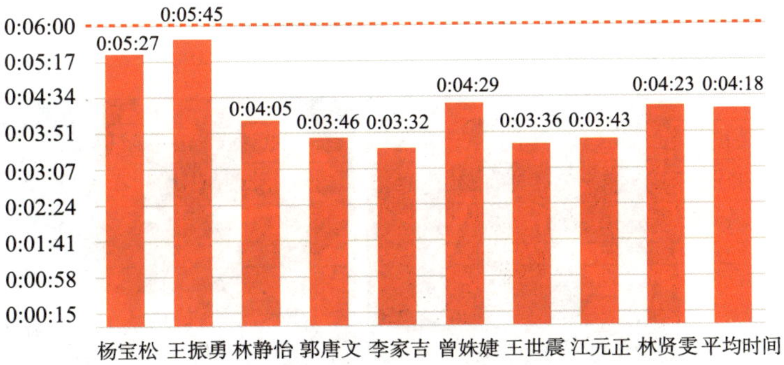

完成一根电缆拆装四部分操作平均用时 4 min 18 s，低于 6 min。

其中，成员杨宝松、王征勇是第一次使用工具进行模型操作，这两位的时间为 5 min 27 s，5 min 45 s，也低于目标值 6 min，本次模拟试验效果显著。

结论	通过测试，工具通过整体安装调试，与设计需求相符，模拟过程顺利，对策 8 实施成功。

制表人：×××　　　　制表时间：2020-02-07

七、检查效果

7.1　检查确认连接有效

对策实施后，为验证棒控棒位电缆连接是否可靠有效，2020 年 2—3 月小组成员在使用工具复装电缆后，迎来棒控棒位系统调试试验，该试验需要对棒控棒位所有线圈进行测量。

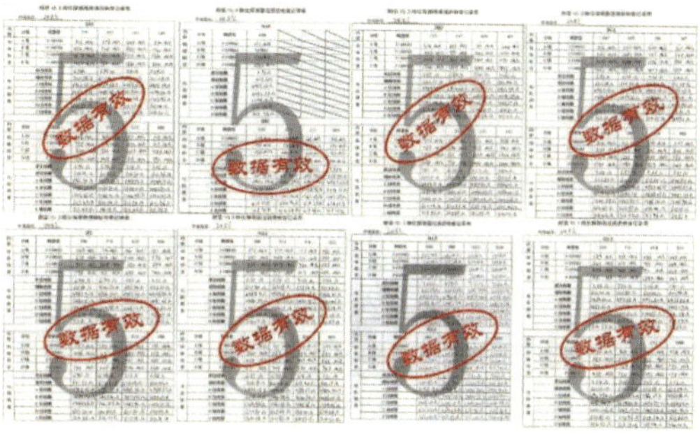

图 24　棒位探测器连接后检查记录

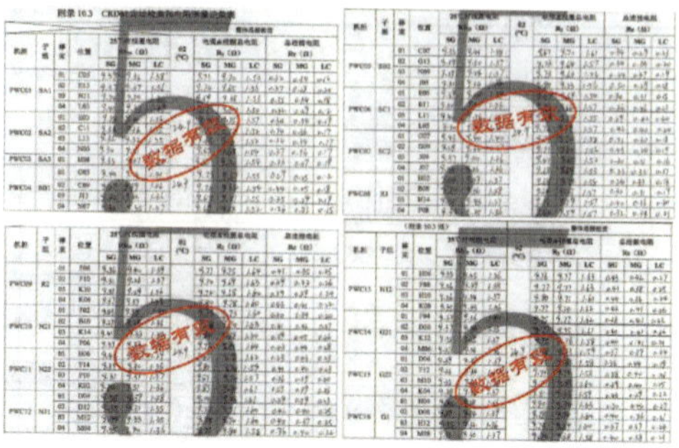

图 25　棒控线圈连接后检查记录

从上图可知所有线圈测得电阻均在合格范围，紧固全部有效。

7.2　耗时目标检查

小组成员 4 人在核反应堆堆顶，选取 8 束棒进行现场拆除复装棒控棒位电缆掐表测时记录（见组图），并与 QC 活动前的耗时进行对比。

图 26　×××堆顶拆装记录

表 31　新型工具拆装电缆耗时记录

堆芯位置	操作人员	拆除棒控	拆除棒位	复装棒控	复装棒位	一束棒用时
SA1-3	×××	0: 01: 51	0: 01: 33	0: 03: 14	0: 02: 42	0: 09: 20
SB1-1	×××	0: 01: 32	0: 01: 27	0: 03: 18	0: 02: 39	0: 08: 56
R1-4	×××	0: 01: 53	0: 01: 45	0: 03: 38	0: 03: 15	0: 10: 31
N2. 1-4	×××	0: 01: 39	0: 01: 22	0: 03: 17	0: 02: 38	0: 08: 56
N2. 2-3	×××	0: 01: 23	0: 01: 16	0: 02: 37	0: 02: 21	0: 07: 37
N1. 1-1	×××	0: 01: 26	0: 01: 10	0: 02: 46	0: 02: 33	0: 07: 55
G2. 1-1	×××	0: 01: 22	0: 01: 28	0: 02: 39	0: 02: 22	0: 07: 51
G1-4	×××	0: 01: 31	0: 01: 38	0: 03: 23	0: 03: 01	0: 09: 33
平均时间		0: 01: 35	0: 01: 27	0: 03: 07	0: 02: 41	0: 08: 50

制表人：×××　　　　制表时间：2020-02-12

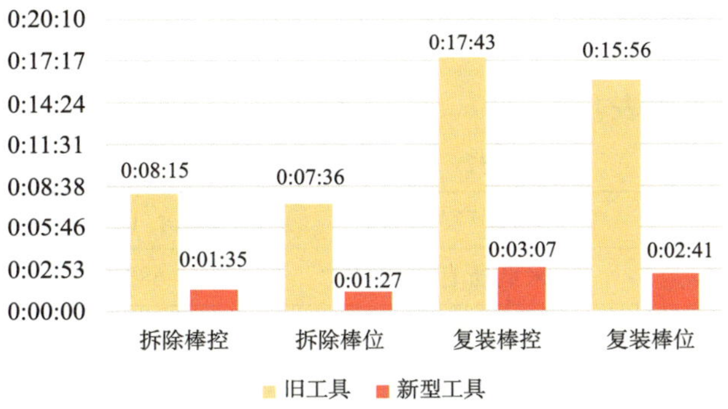

图 27　活动前后单束棒电缆拆装耗时对比

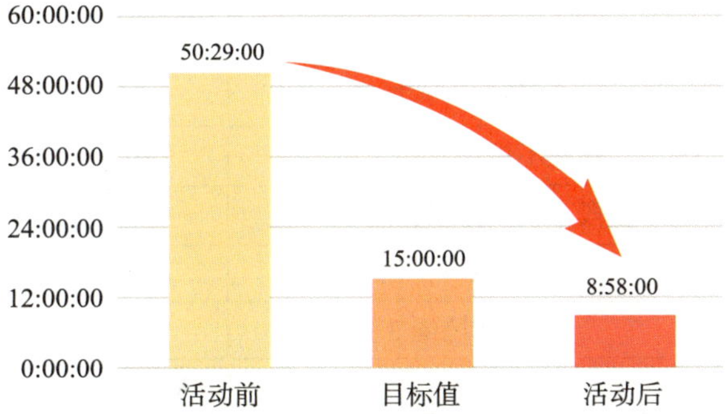

图 28　目标达成图

从上表和柱状对比图可以得出，通过研制新型紧固工具拆装 61 束棒控棒位电缆总耗时由活动前 50 h 29 min 缩短至 8 h 58 min，低于目标值 15 h。

结论：设定目标达成。

7.3　后续跟踪

为了进一步验证活动成果，小组成员在 2020 年 3 月底的 TP5RPC18 控制棒驱动机构不带棒步进试验中，记录所有棒束的驱动机构动作时的线圈电流正常，验证了动态情况下经过数月电缆连接紧固依旧有效。

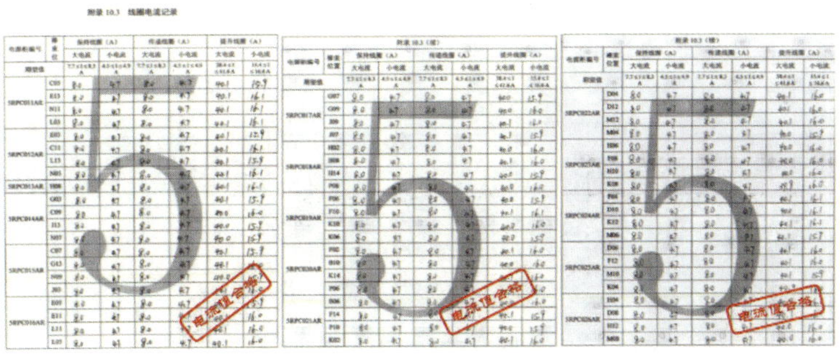

图 29　TP5RPC18 控制棒驱动机构不带棒步进试验线圈电流记录

7.4 经济效益

成本：1796 元（见下表）

表 32 本次活动成本构成

名称	费用产生原因	单价（元）	总价（元）
圆柱整段 316L 不锈钢	采购所有原材料	680	680
上部直筒	整段不锈钢原料，加工	250	250
下部直筒	整段不锈钢原料，加工	100	100
上层铰链	整段不锈钢原料，加工	90	90
下层铰链	整段不锈钢原料，加工	90	90
插头连接固定环	整段不锈钢原料，加工	155	155
锁片	不锈钢板原料，加工 4 片	25	100
锁针	整段不锈钢原料，加工	105	105
细杆	整段不锈钢原料，加工 2 根	90	180
把手	不锈钢条原料，加工 2 个	20	20
防坠绳	购买防坠绳 3 条	2	6
一套工具价格	1796 元		

制表人：×××　　制表时间：2020-03-10

产生效益：26 145 元（单次拆装效益 4357.5 元＝节约时间 41.5 小时×工时单价 105 元/小时，截止 3 月工程调试需要已进行拆装 6 次）

最终经济效益＝产生效益－成本＝26 145－1796＝24 349

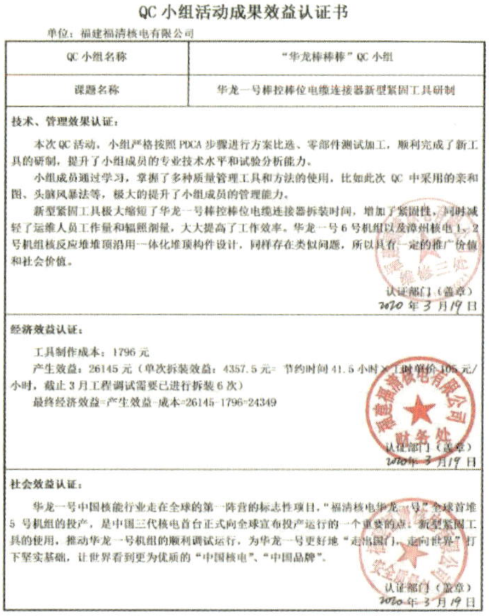

QC 小组活动成果效益认证书

单位：福建福清核电有限公司

QC 小组名称	"华龙棒棒棒" QC 小组
课题名称	华龙一号棒控棒位电缆连接器新型紧固工具研制

技术、管理效果认证：

本次 QC 活动，小组严格按照 PDCA 步骤进行方案比选、零部件测试加工，顺利完成了新工具的研制，提升了小组成员的专业技术水平和试验分析能力。

小组成员通过学习，掌握了多种质量管理工具和方法的使用，比如此次 QC 中采用的亲和图、头脑风暴法等，极大的提升了小组成员的管理能力。

新型紧固工具极大缩短了华龙一号棒控棒位电缆连接器拆装时间，增加了紧固性，同时减轻了运维人员工作量和辐照剂量，大大提高了工作效率。华龙一号 6 号机组以及漳州核电 1、2 号机组核反应堆堆顶沿用一体化堆顶构件设计，同样存在类似问题，所以具有一定的推广价值和社会价值。

认证部门（盖章）
2020 年 3 月 19 日

经济效益认证：

工具制作成本：1796 元

产生效益：26145 元（单次拆装效益：4357.5 元＝节约时间 41.5 小时×工时单价 105 元/小时，截止 3 月工程调试需要已进行拆装 6 次）

最终经济效益＝产生效益－成本＝26145－1796＝24349

认证部门（盖章）
2020 年 3 月 19 日

社会效益认证：

华龙一号中国核能行业走在全球的第一阵营的标志性项目，"福清核电华龙一号"全球首堆 5 号机组的投产，是中国三代核电首台正式向全球宣布投产运行的一个重要的点。新型紧固工具的使用，推动华龙一号机组的顺利调试运行，为华龙一号更好地"走出国门、走向世界"打下坚实基础，让世界看到更为优质的"中国核电"、"中国品牌"。

认证部门（盖章）
2020 年 3 月 19 日

图 30 QC 小组活动成果效益认证书

7.5　潜在效益

1）安全效益

本次活动解决了电缆连接失效问题，使调试试验按期执行，消除了机组商运后电缆松脱导致停机停堆风险，为机组带来的潜在安全效益是**不可估量**的。

2）辐射防护效益

装料后核反应堆堆顶环境较为恶劣辐射计量约为 2 μSv/h，新型工具的应用能有效减少人员在辐照环境暴露时间，每次累计减少剂量 83 μSv，维护辐射防护安全。

7.6　社会效益

2020 年 5 月两会上，全国人大代表中核集团总经理顾军表示：华龙一号对核工业是一个鼓舞，是中国核能行业走在全球的第一阵营的标志性项目，福清核电华龙一号全球首堆 5 号机组的投产，是中国三代核电首台正式向全球宣布投产运行的一个重要的点。

图 31　央视新闻采访及两会专访

新型紧固工具的使用，推动华龙一号机组的顺利调试运行，是为华龙一号更好地“走出国门，走向世界”打下坚实基础，让世界看到更为优质的“中国核电”“中国品牌”！

八、标准化

在本次活动的后期，小组成员对相关成果进行了整理和标准化。

表 33　对策标准化

对策	标准化
对策 2：直筒	《棒控棒位电缆新型紧固工具设计图纸》SH02
对策 3：连接杆	《棒控棒位电缆新型紧固工具设计图纸》SH03
对策 4：铰链	《棒控棒位电缆新型紧固工具设计图纸》SH04～SH06
对策 5：插头固定环	《棒控棒位电缆新型紧固工具设计图纸》SH07
对策 6：侧式把手	《棒控棒位电缆新型紧固工具设计图纸》SH08

续 表

对策	标准化
对策 7：组装	《棒控棒位电缆新型紧固工具设计图纸》SH09

制表人：××× 制表时间：2020-03-20

同时编写了新工具的操作手册《华龙一号棒控棒位电缆连接器新型紧固工具使用手册》，并对仪控科相关员工进行培训，使员工熟知装置操作规范。

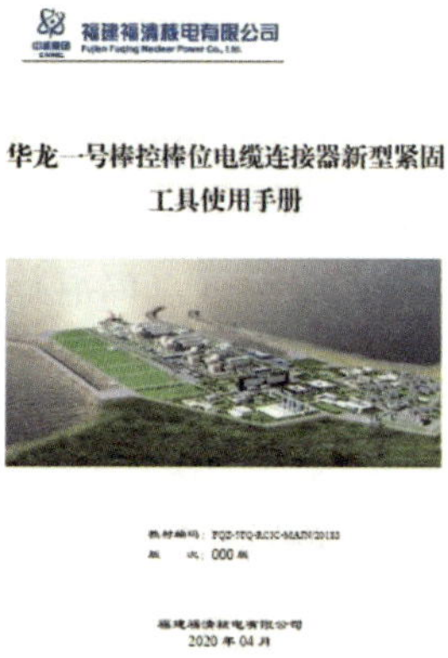
福建福清核电有限公司
Fujian Fuqing Nuclear Power Co., Ltd.

华龙一号棒控棒位电缆连接器新型紧固工具使用手册

版 次：000版

福建福清核电有限公司
2020 年 04 月

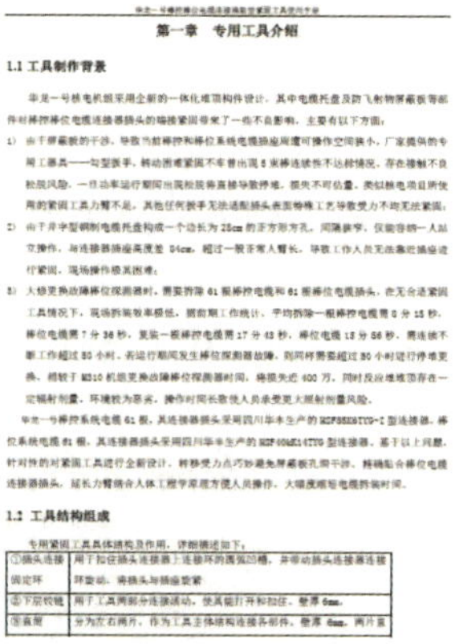
第一章 专用工具介绍

1.1 工具制作背景

1.2 工具结构组成

图 32 《华龙一号棒控棒位电缆连接器新型紧固工具使用手册》

图 33 新型紧固工具操作培训

推广 1：解决连接板侧棒控棒位电缆卡死问题

2020 年 1 月 18 日福清核电 5 号机连接板侧棒控棒位插头出现卡涩现象难以解列问题，详见下组图，新型工具可加强扭力并成功解决该问题，目前已在福清核电 5 台机组连接板侧推广，后续将进行全厂推广。

图 34　连接板侧插头卡涩组图

推广 2：漳州核电“华龙一号”机组

漳州核电 1、2 号机组目前处于建安期，堆顶沿用一体化堆顶构件设计同样存在类似问题，漳州核电仪控部门已表示调试及商运期间使用新型紧固工具解决问题。

图 35　“华龙一号”漳州核电 1 号机组建安图

九、总结及下一步打算

9.1　总结

专业创新特色

本项目明显缩短了拆装电缆所需时间，进而大幅度减少了检修人员在拆装电缆时所受到的辐照剂量，这对**减少辐照职业危害**有很大的帮助，也是减少辐射剂量防护措施的新方向、新思路。

除此之外，本项目采用了不同以往传统工具的扳手结构，使用了全新的套筒结构，为

核电领域首创，且适配度高操作方便快捷，改变固定环形式能够广泛运用于核电机组中各类电缆连接，提高其紧固效率和质量，充分体现了小组成员的创造性。

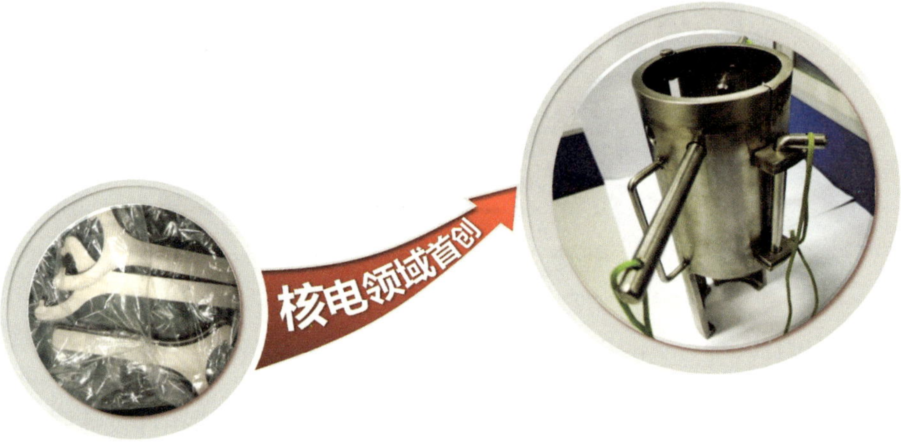

图 36　紧固工具结构变化

活动自我评价

小组对本次活动前、后的自我评价如表 34 和图 37 所示。

表 34　活动评价表

序号	项目	详述	活动前（分）	活动后（分）
1	创新意识	本次活动中小组成员充分认识到创新的重要性和对工作带来的巨大帮助，创新意识得到大大的提升，今后也将继续挖掘具有创新潜力的工具及工作方法。	3.0	4.5
2	QC 知识	在活动中，小组成员通过学习，掌握了多种质量管理工具和方法的使用，如头脑风暴，亲和图，正交实验法，树图等，并顺利应用到课题项目中。	2.0	4.2
3	团队精神	通过团队协作，激发了小组成员的积极性和创造力，增进了小组成员的交流和了解，大家通力协作，提升了成员的凝聚力和战斗力，也为日后工作培养了默契。	4.0	4.8
4	问题分析能力	本次项目小组成员面对过程中出现的或大或小的疑点难点，表现出深入钻研决不放弃的精神，通过这些问题的解决举一反三，总结经验方法同时提高了成员问题分析能力。	2.5	4.0
5	操作技能	掌握了包括 AutoCAD、solidworks 等制图软件、能掌握各零部件的选择依据及测试零部件基础性能，能熟练进行部分器件加工，并细致组织参与相关试验项目。	3.5	4.5

制表人：×××　　　　制表时间：2020-04-13

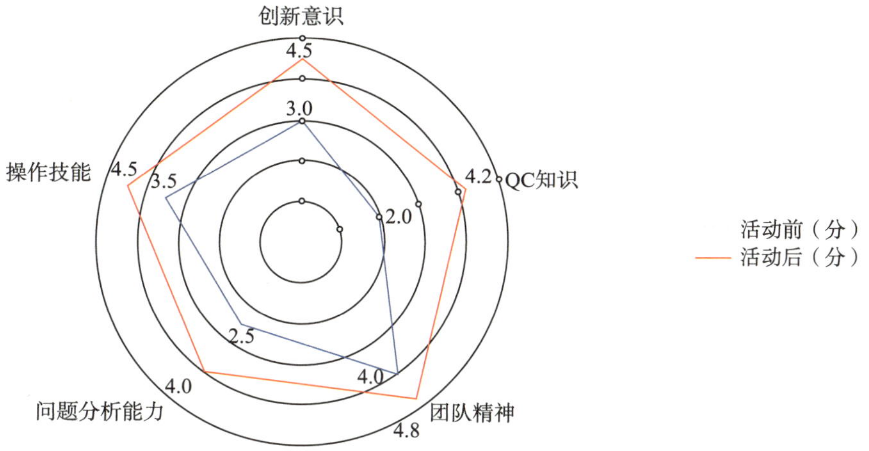

图 37　活动前后雷达图

合理化建议

小组成员郭唐文提出一条合理化建议予以采纳：

核反应堆堆顶为防异物 1 级环境，工具存在三个离开主体的部件，因此需要进行防异物细化设计防止部件坠落，采用尼龙防坠绳将各部件拴住可以很好防坠落遗失。

9.2　今后打算

今后小组将会继续深入地开展 QC 活动，力求更多、更有效地解决实际工作中的难题，不断自我提升。小组的下一个课题为：《减少“华龙一号”棒控棒位系统报警数量》。

图 38　棒控棒位系统机柜

专家点评：江苏核电　韩娜

1. 总体评价

该课题类型为创新型，小组成员根据公司调试部门提出的缩短拆装电缆总耗时的需求，通过广泛借鉴，研制出了一种新型棒控棒位电缆紧固工具，既大大提高了工作效率，又降低了人员的辐射剂量，保证了安全，取得了较好的效果。小组严格遵照创新型课题活动程序要求，通过多方案的选择和有效的对策、措施制定和实施，成功的实现了课题目标，达到了小组活动的预期，是一个较好的创新型成果。

2. 成果亮点

（1）思路清晰，活动程序应用基本正确。

（2）科学的选择方案。在主要的选择过程，小组成员很少凭感觉、推理或猜测，而是通过多次的试验验证，以事实为依据，用数据说话。从报告中可以清楚的看到，整个方案选择过程中，小组有试验、有数据、有事实。

3. 改进建议

（1）小组活动计划表中的某些活动程序名称不规范，如设定目标及可行性分析应为设定目标及目标可行性论证，提出并确定最佳方案因应为提出方案并确定最佳方案，总结与打算应为总结和下一步打算。

（2）选择课题阶段中的需求分析不直接，应直接描述由调试部门提出的调试计划要求是61束棒控棒位电缆的拆装总耗时为15 h，然后再表述目前现有流程的实际耗时是50 h 29 min，无法满足需求，就可以开展下一步的借鉴了，这里无需体现其他需求和电缆连接失效的问题及相关数据。市场调查的内容没有可借鉴的地方，建议删除。借鉴应该借鉴相关的技术或原理而不是实物，如借鉴1和借鉴3，借鉴2不算是借鉴。

（3）目标可行性论证阶段中，虽然依据了借鉴的相关数据，但无法真正论证课题目标可行，如借鉴1和3都是借鉴的紧固工具的部件，论证时却是依据整体的效率提升数据。借鉴2的试验条件和实际情况不一致，如是在堆顶无屏蔽板，不存在孔洞干涉。

（4）提出总体方案应依据借鉴的原理，而不是采用头脑风暴法，因此亲和图应用错误。既然提出3个总体方案，那么就应该借鉴对应的3个原理。分方案选择缺少事实和数据依据，如插头固定环结构选择、把手方案选择。将具体的措施当作方案进行选择，如整体工具的材质、直筒的长度、直径和厚度。

（5）制定对策未将确定的最佳方案逐一纳入对策表中，将课题目标作为对策目标，如对策8整体安装调试的对策目标为单次模型测试时间低于6 min。

（6）效果检查阶段，将问题解决型课题活动程序中巩固期效果检查与创新型课题活动程序中的效果检查相混淆，删除后续跟踪。效果检查必要时才需检查经济效益和社会效益，无需检查安全效益和辐射防护效益，这里的社会效益应该是研制的新工具在社会上有什么效益，而不应该是华龙一号整机组取得的社会效益。

（7）标准化阶段检查应该先进行成果推广价值的评价，然后进行相关处置，对员工开展培训不属于标准化的内容。